光学与光电检测系统

何玉青　许廷发　编著

国防工业出版社

·北京·

内 容 简 介

本书以系统为主线，综合全面地介绍了光学与光电检测系统的构成及检测方法，并融入具体检测原理与技术，给出典型应用。主要内容包括：光电检测系统构成及性能、光电传感信息检测、光纤传感检测系统、光度量与辐射度量的测量、光谱检测系统、视觉检测系统、光电成像系统综合特性测试、典型光电检测系统应用实例。

本书理论与实际相结合，实用性强，适用面广，可作为电子信息类理工科专业高年级本科生和研究生的教材，也可供相关专业的科研人员和工程技术人员参考。

图书在版编目（CIP）数据

光学与光电检测系统/何玉青，许廷发编著．—北京：国防工业出版社，2023.8

ISBN 978-7-118-12975-5

Ⅰ. ①光⋯ Ⅱ. ①何⋯ ②许⋯ Ⅲ. ①光电检测 Ⅳ. ①TN2

中国国家版本馆 CIP 数据核字（2023）第 140218 号

※

国防工業出版社 出版发行

（北京市海淀区紫竹院南路 23 号 邮政编码 100048）

北京虎彩文化传播有限公司印刷

新华书店经售

*

开本 787×1092 1/16 印张 24½ 字数 609 千字

2023 年 8 月第 1 版第 1 次印刷 印数 1—1000 册 **定价** 168.00 元

国防书店：（010）88540777 书店传真：（010）88540776

发行业务：（010）88540717 发行传真：（010）88540762

前　言

光学与光电检测系统具有测量精度高、速度快、非接触、自动化程度高等特点。近年来，随着新型光电探测器件的出现，以及电子技术、智能信息技术的发展，光学与光电检测技术在理论与实践方面都有了长足的发展，光学与光电检测系统的内容更加丰富，实现了系统的数字化、智能化和自动化。光学与光电检测系统的应用范围越来越广泛，在工业、农业、医疗、国防、科教等领域均有应用并起到重要的作用，且已融入日常社会生活的各个方面。

本书在北京理工大学"光学与光电检测系统"研究生专业课程已退休主讲教师高稚允教授多年经验积累的课程讲义资料基础上进行完善修改，融合了作者近年来从事"光学与光电检测系统"课程教学和科学研究的技术成果，并吸收了国内外先进光电检测系统研究成果。

本书从系统及工程应用角度出发，以特定类型的光学与光电检测系统为主线，综合全面地介绍了光学与光电检测系统的构成及检测方法，并融入具体检测原理与技术，给出典型应用，力求具有综合性、系统性、先进性和实用性。全书包含了基于不同传感信息、不同传感器件、不同检测方法的光学与光电检测系统，并涉及光电成像系统的性能评测方法，同时也对现代化、智能化的典型光电检测系统进行了介绍。

全书共分 8 章，各章内容安排如下。第 1 章概述了光电检测系统构成、检测方法及性能，并对基础的光电检测技术进行了介绍。第 2 章介绍了长度、角度、微小面形、温度这些基础信息量的传感检测系统。第 3 章介绍了光纤传感的基本技术及系统检测实例，并补充了光纤器件的性能检测。第 4 章重点介绍了光度量和辐射度量的测量方法、系统设计和检测应用实例。第 5 章重点介绍了光谱仪器及光谱特性检测系统，并专门介绍了荧光、拉曼、太赫兹光谱检测系统。第 6 章主要介绍了视觉检测系统及其典型应用。第 7 章对于各类光电成像系统的综合特性测试方法进行了介绍。第 8 章介绍了典型及新型的光电检测系统的应用实例。

本书由北京理工大学光电学院何玉青组织编写并统稿。何玉青编写了第 1、2、4、5、7、8 章，许廷发编写了第 3、6 章。在本书编写的过程中，姜梦蝶、魏帅迎、翟向洋、丁宇同、高宇、杨峻凯、张聃、孙春丽、胡奇、张丹峰、吴衍达、胡文杰参与了部分资料搜集和整理工作，在此表示感谢。

光电检测系统应用十分广泛、技术发展较快、内容较新，并涉及诸多学科领域。由于作者水平有限，书中难免有错漏或不妥之处，恳请广大读者、同行及专家批评指正。

作者

2022 年 10 月

目　　录

第1章 概 述

光学与光电检测系统是指对待测光学量或由非光学待测物理量转换成光学量，通过光电变换和电路处理方法进行检测的系统。近年来，随着新型光电探测器件的出现，以及电子技术、智能信息技术的发展，光学与光电检测系统的内容更加丰富，实现了系统的数字化、智能化和自动化，并在科学研究、工业、农业、国防和军事、资源与环境、林牧渔业等行业中得到广泛应用。

1.1 光电检测系统的组成

光电检测系统的基本组成部分可包括光学变换、光电传感、电路处理模块，如图 1-1 所示，这些环节按照不同的检测需要进行增加或者删减。光电检测系统是通过将光源发出的光信号通过光学系统与被检测对象，以进行光学变换，使得光信号上携带了观测对象的特性，这种特性经过配套的光电探测器将携带信息的光信号转化为电信号，再对电信号经过放大、采集和处理，进而得到待测光信号携带信息的检测系统。有时也用“测试”“测量”表示检测。下面对其主要部分进行简单说明。

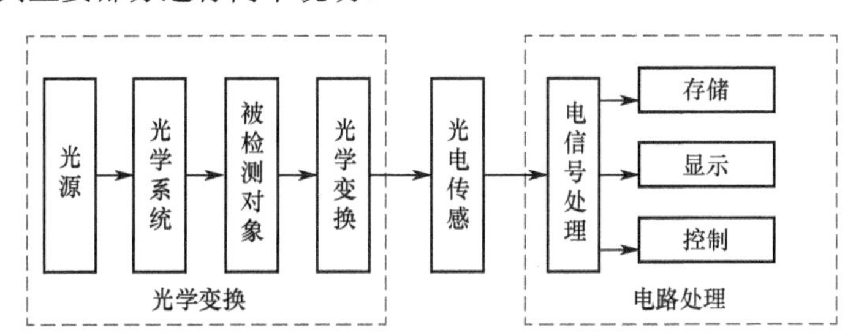

图 1-1 光学与光电检测系统原理框图

（1）光源。

光源发出的光信号是光电检测系统的直接检测对象。其中，由于用途的不同，需要的光源也不同，而不同光源的光信号在强度、波长和持续时间等方面均有所差异，这就要求光电检测系统能够根据具体观测的光信号的特性来满足设计要求，而且，也可以利用非发光物体，通过某些反应或者外部光源作用使其发出光信号。常见的光源有白炽灯、发光二极管、黑体和激光光源，另外，对于某些特殊用途，还会用到一些不常见的光源，例如等离子体光源、纳米光源和太赫兹光源。

（2）光学系统。

来自光源的光信号一般都先要经过光学系统进行光学变化，以使得光信号变得更容易观测，更贴合观测对象的特性，并放大需要观测的特性信息，或者针对元件的工作原理和性质作一些处理，如折射、偏振、过滤、干涉、时序截断等，从而使得待测光信号具有一定的附加特性。为了使待测光信号更好地入射到光电探测器中，光学系统中也会包含一些机械结构作为辅助器件。实现光学变化的常用器件有：偏振片、滤光片和光栅等。

（3）光学变换。

光学变换是一种对光学信号的处理，可以将待测信息加载到光载波上形成光电信号。光学变换可以形成能够被光电探测器接收并便于后续电学处理的光学信号。光学变换主要包括时域变换、空域变换、光学参量调制等。时域变换包括振幅调制、频率、相位和脉宽调制等，空域变换包括光机扫描，四象限管等，光学参量调制包括光强、波长、偏振等参量。这些信息可以用于配合各类器件的工作原理，以达到增强系统探测信息的用途。

（4）光电传感与变换。

光电传感与变换通过光电探测器实现，它是光电检测系统的核心部分，发挥着承前启后的重要作用。光电探测器能将待测光信号转化为可以驱动后端电路处理系统的电信号，而且其参数特性决定着光电转换质量，直接影响整个测试系统的灵敏度、响应速度和信噪比等。一般包括直接将光学信号变成电信号的传感器，以及其后的变换电路以及前置放大器。目前市场上的光电探测器种类繁多，需要根据待测光信号的辐射功率、波长范围和持续时间等参数进行仔细筛选，以保证检测的精度。常用的光电探测器有光敏电阻、光电二极管、光电倍增管（PMT）、图像传感器以及各种集成的探测器模块。

（5）电信号处理。

通常情况下，由光电探测器转化形成的电流信号是比较微弱的，需要先经过电流放大器对其放大转化成合适幅值的电压信号。电流放大器一般包括前置放大器、后置放大器（电压放大器）和一些其他配套的电子元器件。其中，前置放大器的设计是关键。在设计过程中除了要考虑输入电流信号的大小和持续时间，还要考虑电流放大器自身的噪声水平和外界干扰强度。经过电流放大器输出的电压信号经过各类接口被采集系统采集、储存，经过处理分析得到待测光信号的基本信息，用以得出所需的待测对象的各类信息，并对检测出的信息进行显示，以及给出相应的控制信号。

以光纤面板准直透过率为例，上述原理可以用图 1-2 进行描述。这个系统比一般单一物理量的检测要复杂些。

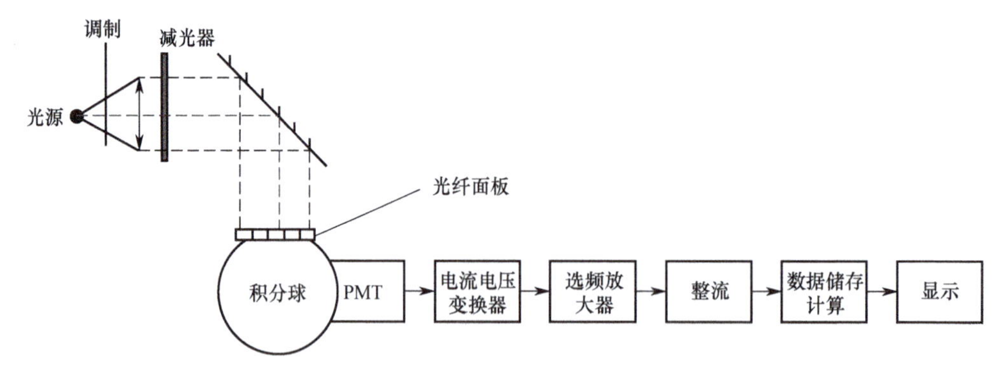

图 1-2 光纤面板准直透过率检测

从原理上讲，光学与光电检测系统除了可以检测很多光学参量，还能检测诸多能够影响光电（光）特性的非光物理量，如位移、振动、力、角度、转矩、转速、温度、压力、流量、液位、温度、液体浓度、物体成分、表面粗糙度等，通过检测这些非光物理量引起的光特性的变化实现特定参量的测量。由于光电检测系统具有非接触、高灵敏、高准确度的特点，能够实现三维、相关性和实时性测量，在信息科学、生命科学、工农业生产和制造业、航天航空、国防军事以及科学研究和人们的日常生活等领域得到广泛的应用，是当代先进检测技术之一。

光电检测系统的设计内容一般应包括检测方法的选择、光信号变换、光信号的频率特性分析、选取光电传感器、输入电路设计、前置放大电路设计及微处理接口电路设计等。

1.2　光电检测基本方法

对于不同的光电检测系统，光电变换装置的组成和结构形式有所不同。根据检测原理，光电检测方法可分为直接作用法、差动测量法、补偿测量法、脉冲测量法等。

1.2.1　直接作用法

直接作用法是一种利用光强度携带的信息进行分析的方法。该方法将被测参量作用在光强信号上，经光电接收器转换成电量后由检测系统直接得到欲测量的物理量，检测原理如图 1-3 所示。

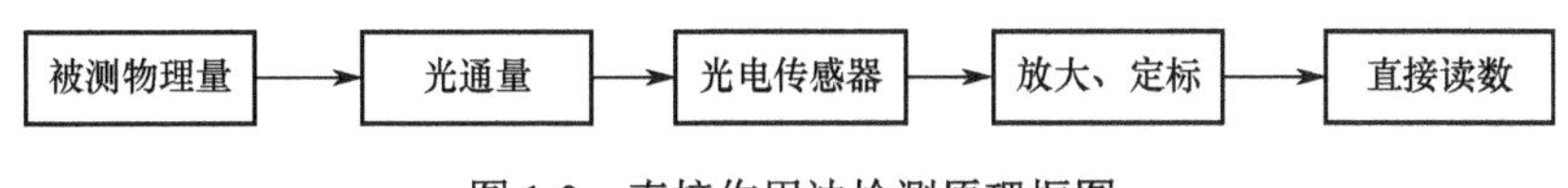

图 1-3　直接作用法检测原理框图

光强型光电信号的检测又分为直接检测和调制检测两种。直接检测将待测量反映为辐射光强，一般应用于温度监测、红外侦察、火灾报警、夜视观察、光谱分析、成像测量等应用；调制检测常常用于运动的对象，例如光学制导、速度检测等用途。

直接作用法的最大优点是简单方便，仪器设备造价低廉。这种方法的缺点是检测结果受参数、环境、电压波动等影响较大，精度及稳定性较差，适合于测量精度要求不高的场合。对光信号进行光强调制可以有效提高系统的各项精确度，且可以增加抗干扰能力，更好地适应环境的变化。

1.2.2　差动测量法

在直接作用法的光电检测系统中，光路的通道只有一个，这会造成环境的影响和光源自身的波动而使测量结果造成漂动。为了减少单通道入射光通量的波动对测量结果造成的影响，可以采用差动测量方法。图 1-4 为双光路差动测量法测量物体长度的示例。差动测量方法将同一环境下的光路分为两支，一支光路ϕ_2通过调光元件调至光强的默认值，另一支光路ϕ_1则纳入待测量的光学系统。待测量的光学系统对一路的光强造成一个变化量，这个变化量可以通过差动的方式被系统观察到，而环境和光源引起的漂动则会在差动过程中相互抵消，通过这种差动的方法可以有效排除环境噪声干扰，提高测量精度。

但差动测量法的光电探测器部分一般由两个同一型号的光电探测器构成，而这使得差动测量方法的精度很大程度上依赖于两个光电探测器性能的一致性，要做到两个探测器性能完全相同是十分困难的，这就对器件选型和系统设计提出了较高要求。通过调制盘（反射/透射间隔分布）来时序阻断某一路光路，以达到两路光交替照射同一光电探测器的效果，构成一个单探测器的差动测量，这可以在某种程度上消除双探测器性能带来的差异，同时抑制环境的影响。

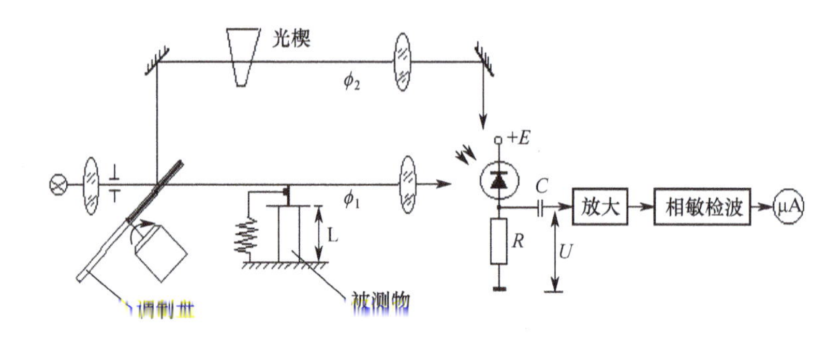

图 1-4 双光路差动测量法检测示例（双光路差动法测量物体长度）

1.2.3 补偿测量法

补偿测量法是用光或电的方法补偿由被测量变化而引起的光通量变化，补偿器的可动元件连接读数装置指示出补偿量值，补偿值的大小反映了被测量变化的大小。可以通过单通道或者双通道实现补偿测量。

（1）单通道光电补偿式测量。

该方法又称补偿直读法，测量原理如图 1-5 所示。由光敏电阻 R_G 和电阻 R_0、R_1、R_2 组成电桥，当无光照时，调整 R_W 使电桥平衡，当信号光照射光敏电阻时，其阻值 R_G 下降为 R'_G，使电桥失去平衡，检流计 G 中有信号输出。调整 R_W 使电桥恢复平衡，调整 R_W 时标尺指示器 A 随之移动，电桥平衡时，A 指示的数值就是待测量值的大小。

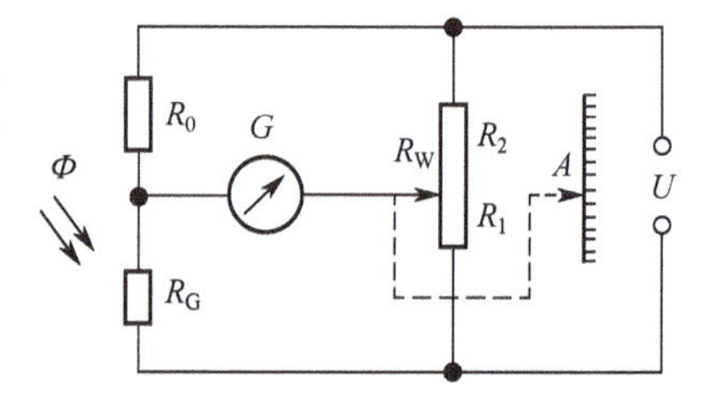

图 1-5 单通道光电补偿测量

（2）双通道光电补偿式测量。

一路光路放入待测物，另一路放入参数可以往复变化并且能够被准确定标的系统，例如光楔。让一路光路的光通量不断往复扫描，令其补偿作用从最小到最大往复变化。在补偿作用变化过程中，将出射的光强与测量光路光强进行过零比较，当光楔到达补偿位置时，两条光路会在光学参数上到达平衡，这会使得后端放大器产生过零脉冲以提示读数。图 1-4 的双光路差动法测量中，用相敏检波器的输出量直接控制光楔上下移动，直到$\phi_1-\phi_2=0$，即相敏检波器的输出量为零，而光楔的上下移动与一个读数机构相连，从读数机构得到的读数正好反映光通量的变化量，也就是被测量的值。

补偿测量法的优点：

（1）双光路作用可互相抵消光通量波动及周围环境影响；

（2）不受光电探测器光特性和非线性的影响；

（3）误差小，准确度高。

该方法也存在一定缺点：调制补偿器有惯性时，对快速变化量测量不利。

1.2.4 脉冲测量法

脉冲测量法是一种利用脉冲来进行检测的方法，受被测量控制的光通量转换成电脉冲，其参数（脉宽、相位、频率、脉冲数量等）反映了被测量的大小。通过光路的通断，产生开关的脉冲，通常用于确定时间间隔，以探测可以用时间推导的量，如距离、长度、速度等信息。例如可以通过光脉冲作为光电门，用以确定流水线上的物体位置，也可以通过光电探测器确定液面位置，又或是通过探测器阵列来读取物品表面的信号码，也可以用于测定转速、激光测距、直径检测等。

（1）频率法测速。

图 1-6 是频率法测轮子转速的原理框图。将光源照射在贴有间隔反射片的轮子上，通过光电探测器接收反射片反射的光强。没有反射片的部分则发生漫反射，不能被探测器接收。设 m 为发射片数，n 为每分钟转速，f 为单位时间的计数，则

$$f = mn/60 = N/t \tag{1-1}$$

只要测量在一定的时间 t 内光电探测器的计数 N，就可计算得到轮子的转速 n，即

$$n = 60N/mt \tag{1-2}$$

（2）相位法测距。

上述方法都是基于对光强的直接测定，稳定性高，但是精度普遍受到探测器制造工艺和电路噪声，以及在观测过程中纳入的背景噪声限制。为了进一步提高精度，需要从几何光学方法转换到物理光学方法，即利用光的相位和频率信息探测，这就需要用到相位法建立光电检测系统。

相位法观测使用了光的相位信息，而如果想得知光的精确相位信息，则不能再借助环境光源和普通光源，而需要使用相干光源，例如激光。高度相干的光源可以使得观测的结果尽量少受到外界环境的影响，而常见的光波长又较短，从而使得相位法测得的精确度较高。

相位法最常见的应用是用于精确测距，该方法的原理是基于受正弦调制的激光波束，通过测定波束的传播过程中相位的变化来确定待测距离。通过在待测地点设置反射器，使得从测距仪发出的调制波束返回到测距仪中，再通过测相系统来测定传播过程的相位变化量。设调制波形如图 1-7 所示，若调制频率为 f，光速为 c，则调制波长$\lambda = c/f$。调制光波的相位在传播中不断变化，设调制波从 A 到 B 的传播过程中相位的变化为 φ，其值可表示为

$$\varphi = M \cdot 2\pi + \Delta\varphi = (M + \Delta m) \cdot 2\pi \tag{1-3}$$

式中：M 为零或正整数，是相位变化的整周期数；Δm 是小数，为 $\Delta\varphi/2\pi$，相位变化不足一周期的尾数。

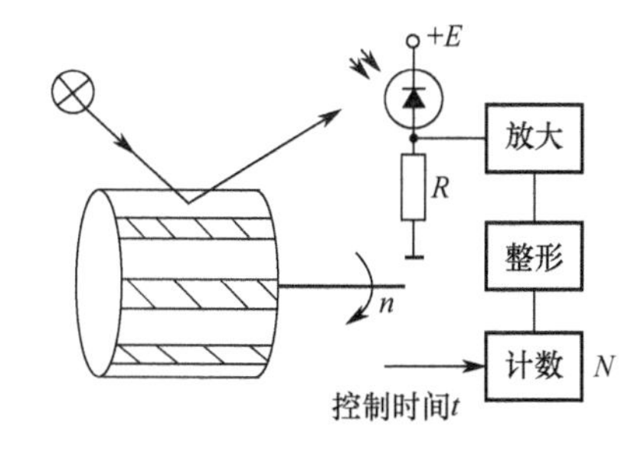

图 1-6 频率法测速原理框图

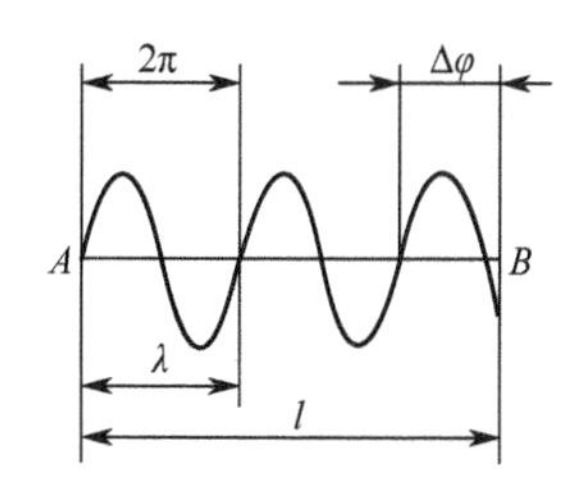

图 1-7 调制波形

调制光波每前进一个波长λ，相当于相位变化 2π，与相位 φ 变化相对应的传播距离 l 为

$$l = \lambda(M + \Delta m) \tag{1-4}$$

可见，只要测得 M 和 Δm，就相当于用调制波长λ这把尺子来量出光束所传播的距离。

另一种测距仪设计的思路是通过在激光器的轴向增加一个磁场使得激光的主频率线分解

为两束偏振光，其中有微小的频率差异。两束有微小频率差异的激光仍然可以发生干涉，而且会产生拍频，通过拍频获得传播距离。另外，采用相位法的应用还有激光流速计、光电显微镜等。

1.2.5 其他方法

还可以利用物理光学原理进行测量，例如利用光的衍射特性或者利用平行玻璃板的干涉测量细丝直径，利用干涉方法测面型和表面缺陷，利用干涉测力的仪器，或者利用全反射测定液面水平的装置等。

现代技术利用图像传感器进行视觉检测是新型的光电检测方法，例如利用 CCD 进行测温、进行工业在线尺寸检测、瑕疵检测等。

1.3 光电检测系统性能

检测系统的特性就是检测系统的输入量和输出量对应关系的描述。衡量检测系统性能的主要指标有精度、稳定性和输入输出特性。

精度包括精密度、准确度和精确度。精密度是在相同条件下，对同一个量进行重复测量时，这些测量值之间的相互接近程度，它反映了随机误差的大小；准确度是表示测量仪表指示值对真值的偏离程度，它反映了系统误差的大小；精确度（简称精度）是精密度和准确度的综合反映，它反映了系统综合误差的大小，并且常用测量误差的相对值表示。在实际测量中，人们总是希望得到精确度高的结果。

稳定性反映了在一定条件下，保持检测装置的输入信号不变，检测装置的输出信号随时间或者环境变化的情况。

输入输出特性是检测系统最基本的特性。人们都希望无论在什么情况下其输入量和输出量都具有一一对应的关系。实际上，这种理想的检测系统的特性是不存在的。

检测系统的特性分为静态特性和动态特性。静态特性是输入不随时间变化的输入输出关系；动态特性是输入随时间变化的输入输出关系。要提高检测系统的精度、改善检测系统的性能，先要了解检测系统的静态、动态特性，再设法改进检测系统的性能。

1.3.1 检测系统的静态特性

检测系统静态特性的重要指标有量程、线性度、灵敏度、重复性、变差、分辨率、漂移、稳定性等。下面以热电偶测温系统为例进行具体描述。

（1）量程。

量程指的是检测系统的测量范围，其值由系统的最小测量值和最大测量值决定。设输入量为 I，输出量为 O，则输入输出量均存在最大值和最小值。

$$I_{\min} < I < I_{\max}, O_{\min} < O < O_{\max} \tag{1-5}$$

例如，热电偶测温，输入量 I 为 100～250℃；输出量 O 为 4～10mV。

（2）线性度。

通常输入输出之间存在理想直线，$O = f(I)$，即为从最小点 $A(I_{\min}, O_{\min})$到最大点 $B(I_{\max}, O_{\max})$间的理想直线，对应方程

$$O_{理想} = KI + a \tag{1-6}$$

式中：K 为斜率，$K=\dfrac{O_{\max}-O_{\min}}{I_{\max}-I_{\min}}$；$a$ 为截距。式（1-6）中热电偶测温对应的 $K=4\times10^{-2}\mathrm{mV/℃}$，$a=0$。

但是探测器通常为非线性元件，实际曲线不一定与理想直线重合，实际曲线与理想直线之间的偏差即为非线性度，在实际测量时，则为标定曲线和拟合直线之间的偏差，如图 1-8 所示。

非线性度 $N(I)$ 可以表示为

$$N(I)=O(I)-(KI+a) \tag{1-7}$$

一般用最大非线性值 $\hat{N}$ 表示标定曲线偏离拟合直线的最大偏差。非线性度定义为最大非线性值对检测量程间隔偏离的百分数：

$$\delta=\frac{\hat{N}}{O_{\max}-O_{\min}}\times100\% \tag{1-8}$$

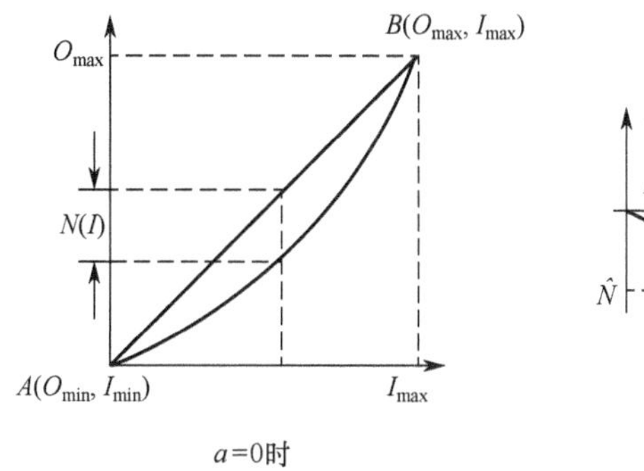

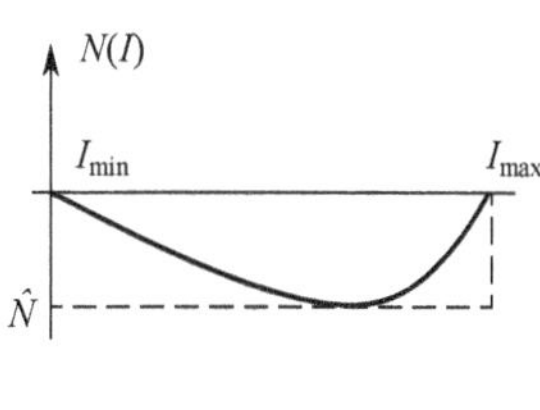

图 1-8　检测系统非线性

在许多情况下这种非线性关系可用多项式表示，即

$$O(I)=a_0+a_1I+a_2I^2+\cdots+a_qI^q+\cdots+a_mI^m=\sum_{q=0}^{m}a_qI^q \tag{1-9}$$

例如，铜–康铜热电偶接点在 0～400℃之间，热电动势 $E(T)$[μV]与接点温度 T 之间多项式关系的前四项为

$$E(T)=38.74T+3.319\times10^{-2}T^2+2.071\times10^{-6}T^3-2.195\times10^{-9}T^4+\cdots$$

根据 $T=0℃$，$E=0$，$T_{\max}=400℃$，$E_{\max}=20870\mu\mathrm{V}$，求得 $K=E_{\max}/T_{\max}=52.17\mu\mathrm{V/℃}$，则理想直线为 $E_{理想}=KT+a=52.17T$，非线性度则为

$$N(T)=E(T)-(KT+a)=-13.43T+3.319\times10^{-2}T^2+\cdots \tag{1-10}$$

有时这种非线性关系用其他表达式比多项式更合适，如热敏电阻用指数表示

$$R(T)=0.04\exp\frac{3300}{T+273} \tag{1-11}$$

（3）灵敏度。

灵敏度指的是输出量相对输入量的变化率之比，对理想系统

$$\frac{\mathrm{d}O}{\mathrm{d}I}=K \tag{1-12}$$

对实际系统

$$\frac{\mathrm{d}O}{\mathrm{d}I}=K+\frac{\mathrm{d}N}{\mathrm{d}I} \tag{1-13}$$

可以看出，线性系统灵敏度为固定值，非线性灵敏度随 I 变化而变化。

对于铜–康铜热电偶，按式（1-12）、式（1-13），其理想灵敏度为 $\mathrm{d}E_{理想}/\mathrm{dT}=52.17\mu\mathrm{V}/℃$，实际灵敏度为

$$\mathrm{d}E/\mathrm{d}T=38.74+6.638\times10^{-2}T+6.213\times10^{-6}T^{2}-8.78\times10^{-9}T^{3}+\cdots \tag{1-14}$$

式（1-14）是变量 T 的函数，例如，当 $T=200℃$时，$\left(\frac{\mathrm{d}E}{\mathrm{d}T}\right)_{T=200}=52.194\mu\mathrm{V}/℃$，偏离了理想值。

（4）重复性。

重复性指在正常和正确操作情况下，由同一操作人员，在同一实验室内，使用同一仪器，并在短期内，对相同试样所作多个单次测试结果，在规定概率水平两个独立测试结果的最大差值ΔR，如图 1-9 所示。重复性测量时需要注意的是将输入量按同一方向（同为正行程或同为反行程）作全量程连续多次变动时所得特性曲线不一致的程度。

（5）变差。

变差又称为回程误差、滞后误差，指在相同条件下，对于一定输入量，计量器因行程方向不同其示值之差的绝对值。即传感器在正向行程（输入量增大）和反向行程（输入量减小）情况下，输出输入特性曲线不一致的程度。

如图 1-10 所示，在行程环中同一输入量 x_i 对应的不同输出 y_i 和 y_d 的差值表示为变差 Δm，最大变差与满量程输出值的比值称最大变差率 E_{MAX}

$$E_{\mathrm{MAX}}=\frac{\Delta m}{O_{\max}-O_{\min}}\times100\% \tag{1-15}$$

（6）分辨率。

有些系统的特性是输入连续增加时，O 以步进或跳跃的方式增加，常用 O 输出没有变化时相应 I 能产生最大变化量ΔI_{R} 来定义分辨率，如图 1-11 所示，也可用百分数表示，即 $\frac{\Delta I_{\mathrm{R}}}{I_{\max}-I_{\min}}\times100\%$。

分辨率也可以理解为能引起系统输出变化的最小输入变化量，表示检测系统分辨微小输入量变化的能力极限。

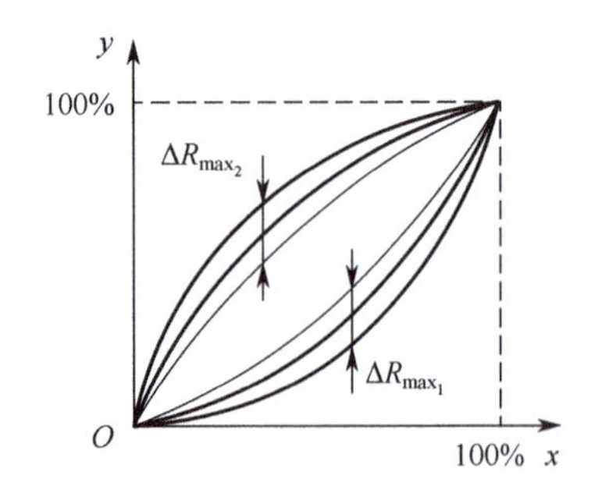

图 1-9 检测系统重复性

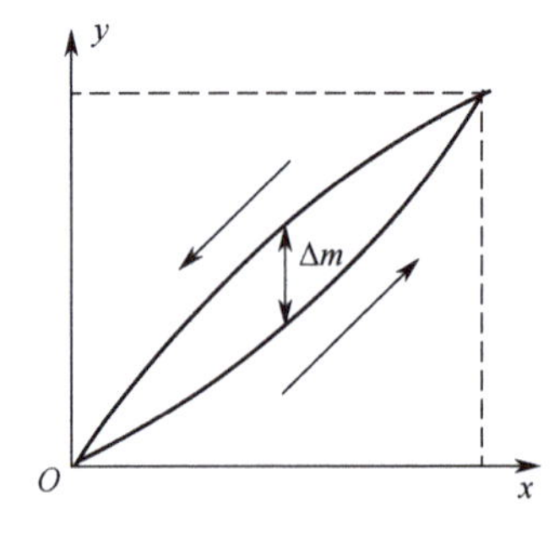

图 1-10 检测系统回程误差

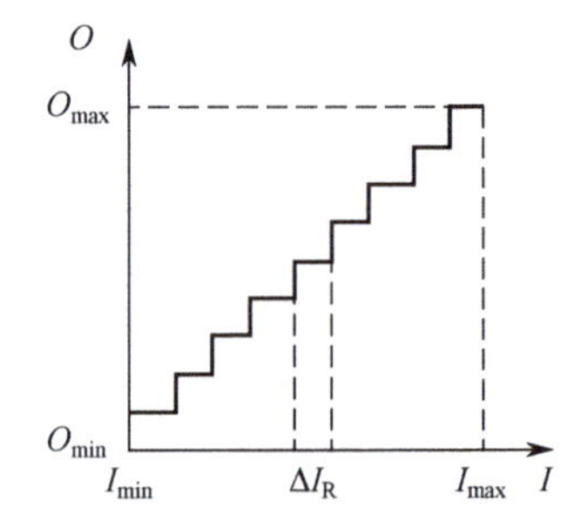

图 1-11 检测系统分辨率

（7）环境影响。

环境温度、大气压力、相对湿度、电源电压等因素会对测量系统产生影响，一般为固定

环境条件。对环境偏离标准的情况进行分析，如影响输出量必须给予修正。环境对系统的输入影响有两种主要形式：一种为引起元件线性灵敏度的变化，添加扰动 I_M 使信号偏离正常的输入，添加线性灵敏度使 K 发生变化，K 则更新为 $K+K_M(I_M)$；另一种为引起截距或零偏置发生变化，a 则更新为>$a+K_I I_I$，其中 K_I 称为环境耦合系数或环境耦合灵敏度。因此输入输出对应关系曲线为

$$O = KI + a + N(I) + K_M I + K_I I_I \tag{1-16}$$

（8）漂移。

漂移指检测系统随时间发生检测性能缓慢变化。在规定条件下，对于一个恒定输入，在规定时间内的输出在标称范围最低值处的变化，称为零漂，而由于温度变化引起的漂移称为温漂。

（9）稳定度。

稳定度指检测系统在规定的条件下保持其测量性能恒定不变的能力。常见的有磨损和老化，会引起 K 和 a 在寿命中缓慢而有规律的变化。例如，弹簧刚性随时间减弱，因此定期标定很重要。

（10）精度。

精度表示为仪器的随机误差和系统误差综合的评定指标。变差与线性度所表示的误差为系统误差，重复性所表示的误差为随机误差。系统总精度由其量程范围内的基本误差与满度值之比的百分数表示。

一般而言，非线性、变差和分辨率对现代传感器的影响很小，不值得也难以定量化，在这种条件下，用误差带 h 来表示元件的性能。对应输入量 I，则输出量 O 在 $O_{理想}\pm h$ 范围内来表示。

（11）元件或系统的一般静态性能形式。

在不考虑非线性、变差和分辨率的影响时，式（1-16）可以用图 1-12 表示。

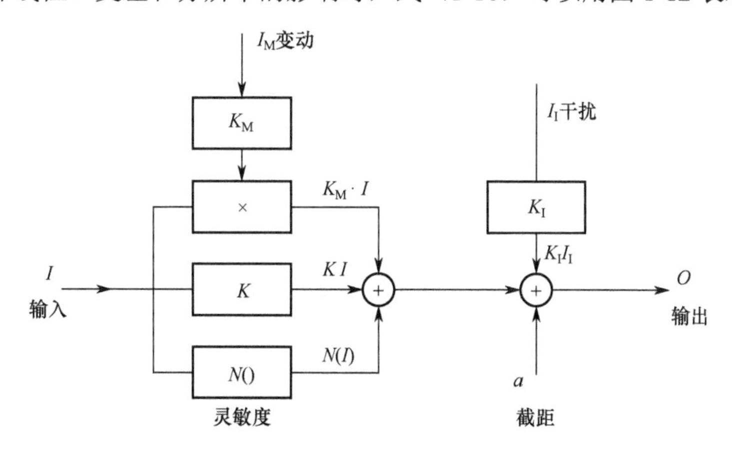

图 1-12　检测系统静态性能

1.3.2　检测系统的动态特性

检测系统的动态特性是指系统对随时间变化的输入量的响应特征。研究检测系统的动态特性时，首先必须根据其工作原理建立物理模型，然后由物理模型列出其数学模型，即运动微分方程式，最后求解方程则得动态响应特性。大多数检测系统工作在其工作点附近的一定

范围内，因而可以忽略其非线性和随机变化等负载因素的影响，认为它是线性的、定常的、集总参数的系统，进而用线性常微分方程表示其输入/输出关系。

大量被测物理量是随时间变化的动态信号，即 $x(t)$是时间 t 的函数。检测系统的动态特性反映测量动态信号的能力。理想检测系统的输入量 $x(t)$与输出量 $y(t)$的时间函数表达式应该相同。但实际上，两者只能在一定频率范围内，在允许的动态误差条件下保持一致。

连续时间系统的动态特性主要有 3 种形式：时域中的微分方程、复频域中的传递函数 $H(s)$、频域中的频率特性 $H(jw)$。系统的动态特性是由系统本身的固有属性决定的。

通常可分别用零阶、一阶和二阶的常微分方程来描述常见的检测系统的输入与输出之间的关系。电位器传感器可视为零阶系统，热敏传感器可视为一阶系统，加速度传感器则可视为二阶系统。

1．微分方程

用微分方程描述随时间变化的输入 $x(t)$ 与输出 $y(t)$ ，其关系式如下：

$$a_n\frac{\mathrm{d}^n y(t)}{\mathrm{d}t^m}+a_{n-1}\frac{\mathrm{d}^{n-1}y(t)}{\mathrm{d}t^{n-1}}+\cdots+a_1\frac{\mathrm{d}y(t)}{\mathrm{d}t}+a_0 y(t)=b_m\frac{\mathrm{d}^m x(t)}{\mathrm{d}t^m}+b_{m-1}\frac{\mathrm{d}^{m-1}x(t)}{\mathrm{d}t^{m-1}}+\cdots+b_1\frac{\mathrm{d}x(t)}{\mathrm{d}t}+b_0 x(t) \tag{1-17}$$

式中：t 为时间常量； $a_n, a_{n-1}, \cdots, a_1, a_0$ 和 $b_m, b_{m-1}, \cdots, b_1, b_0$ 均为常数，此系统为线性定常系统。线性定常系统满足叠加性、齐次性（比例性）、微分性和积分性。

常见检测系统是一阶或二阶系统，任何高阶系统也都可以看作是一阶和二阶系统的合成。

（1）一阶系统。

可以用一阶微分方程的形式表征一阶系统的动态特性，一阶微分方程为

$$\tau \mathrm{d}y/\mathrm{d}t+y=Kx \tag{1-18}$$

式中：y 为系统的输出量；x 为系统的输入量；K 为放大倍数；τ 为时间常数，由系统的固有属性决定。

分析热电偶的动态特性，当热电偶接点温度 T_0 低于被测介质温度 T_i 时，则有热流流入热电偶接点。它与 T_i 和 T_0 的关系可表示如下：

$$q=\frac{T_i-T_0}{R}=C\frac{\mathrm{d}T_0}{\mathrm{d}t} \tag{1-19}$$

式中：R 为介质的热阻；C 为热电偶的热容。

若令 $\tau=RC$，则式（1-19）可写为

$$\tau\frac{\mathrm{d}T_0}{\mathrm{d}t}+T_0=T_i \tag{1-20}$$

式（1-20）为一阶微分方程，$T_{\rm i}$、T_0 分别为系统的输入量、输出量，可见热电偶是一个一阶系统。

（2）二阶系统。

二阶系统的动态特性可由二阶微分方程描述，二阶微分方程可写成如下的标准形式：

$$\frac{1}{\omega_n^2}\frac{\mathrm{d}^2y}{\mathrm{d}t^2}+\frac{2\zeta}{\omega_n}\frac{\mathrm{d}y}{\mathrm{d}t}+y=Kx \tag{1-21}$$

式中：y、x 分别为系统的输出量、输入量；ω_n 为系统无阻尼固有角频率；ζ 为阻尼比；K 为直流放大倍数/静态灵敏度。

ω_n、ζ、K 均是由系统本身固有属性决定的常数，以质量块–弹簧–阻尼力学系统为例，其分别为

$$\omega_n=\sqrt{\frac{k}{m}},\quad \zeta=\frac{b}{2\sqrt{mk}},\quad K=\frac{1}{k} \tag{1-22}$$

式中：m 为运动部分的等效质量；k 为弹簧刚度系数；b 为阻尼系数。

2．传递函数

零初始条件下，线性定常系统输出量的拉普拉斯变换和输入量的拉普拉斯变换之比称为系统传递函数。通常它是零初始条件和零平衡点下，以空间或时间频率为变量表示的线性定常系统的输入与输出之间的关系。在零初始条件下，对式（1-17）两边同时作拉普拉斯变换，则有

$$[a_n s^n+a_{n-1}s^{n-1}+\cdots+a_1 s+a_0]x_0(s)=[b_m s^m+b_{m-1}s^{m-1}+\cdots+b_1 s+b_0]x_i(s) \tag{1-23}$$

故有

$$H(s)=\frac{x_0(s)}{x_i(s)}=\frac{b_m s^m+b_{m-1}s^{s-1}+\cdots+b_1 s+b_0}{a_n s^n+a_{n-1}s^{n-1}+\cdots+a_1 s+a_0} \tag{1-24}$$

传递函数表示了系统本身的动态性能与输入量大小及性质无关。对于具体的系统，其传递函数不因输入的变化而不同，对任何一个输入都有确定的输出。传递函数不拘泥于被描述系统物理结构而只反映动态性能。不同的物理系统，可以用相同的传递函数来描述，称为相似系统。传递函数可以有量纲，也可以无量纲。传递函数是复变量 s 的有理分式。对于实际系统，分子阶次 $m<n$，分母最高阶次 n 为输出量最高阶导数的阶次，也确定系统的阶次为 n 阶系统。

（1）一阶系统的传递函数。

仍以热电偶为例，对式（1-20）两边求拉普拉斯变换，根据 $x(t)$、$y(t)$以及它们各阶时间导数在 $t=0$ 时的初始值均为零，可得

$$\tau sY(s)+Y(s)=KX(s) \tag{1-25}$$

于是一阶系统的传递函数为

$$H(s)=K/(\tau s+1) \tag{1-26}$$

（2）二阶系统的传递函数。

对式（1-21）两边求拉普拉斯变换，在零初始条件下可得

$$\frac{1}{\omega_n^2}s^2Y(s)+\frac{2\zeta}{\omega_n}sY(s)+Y(s)=KX(s) \tag{1-27}$$

于是二阶系统的传递函数为

$$H(s)=\frac{K}{\dfrac{1}{\omega_n^2}s^2+\dfrac{2\zeta}{\omega_n}s+1} \tag{1-28}$$

3．频率响应函数

根据线性定常系统的同频性，如果输入信号为 $x(t)=X_0\mathrm{e}^{\mathrm{j}\omega t}$，输出信号为 $y(t)=Y_0\mathrm{e}^{\omega+\phi}$，则有

$$y(t)=H(\mathrm{j}\omega)x(t) \tag{1-29}$$

式中

$$H(\mathrm{j}\omega)=\frac{y(t)}{x(t)}=\left|H(\mathrm{j}\omega)\right|\mathrm{e}^{\mathrm{j}\angle H(\mathrm{j}\omega)} \tag{1-30}$$

$\left|H(\mathrm{j}\omega)\right|=\frac{Y_0}{X_0}$ 为频率响应函数的模，是 ω 的函数，也是动态检测系统的灵敏度，随着频率变化，故称为幅频特性，与静态测量中灵敏度为常数有显著的区别。

$\angle H(\mathrm{j}\omega)$ 为频率响应函数的相角，表示了检测系统输出信号相对于输入信号初始相位的迁移量，也是 ω 的函数，所以也称为相频特性。

频率特性是 s 的实部为零时的传递函数。可以令 $s=\mathrm{j}\omega$，直接由传递函数写出频率特性。

一阶系统的频率特性为

$$H(\mathrm{j}\omega)=K/(1+\mathrm{j}\omega\tau) \tag{1-31}$$

二阶系统的频率特性为

$$H(\mathrm{j}\omega)=\frac{K}{\left[1-\left(\frac{\omega}{\omega_n}\right)^2\right]+\mathrm{j}2\zeta\frac{\omega}{\omega_n}} \tag{1-32}$$

1.4 光学与光电检测基础

光电检测是采用光电的方法对含有待测信息的光辐射进行检测。因此，光学与光电检测系统离不开一定形式的光源、光电探测器以及光电检测电路。下面对常用的基础检测部件及其要求进行介绍。

1.4.1 光源与辐射源

广义来说，任何发出光辐射的物体都可以称为光辐射源。这里所指的光辐射包括紫外线、可见光和红外光的辐射。通常把主要发出可见光的物体称为光源，而把主要发出非可见光的物体称为辐射源。上述分类也不是绝对的，有时把它们统称为光源，有些场合又把他们统称为辐射源。

1. 光源的类型

按照辐射来源不同，通常将光源分为两大类：自然光源和人工光源。自然光源主要包括太阳、月亮、恒星和天空等，一般受到大气传输的影响，到达地面的辐射不稳定，地面系统具有较少自然光源，但由于这些辐射源具有相对稳定的辐射特性，可以作为遥感卫星仪器中的辐射定标源。例如恒星，其有不同的星等，对应不同的照度。

人工光源包含类型如表 1-1 所列，是在光电检测系统中应用较多的光源。按其工作原理不同，人工光源大致可以分为热辐射源、气体放电光源、固体发光光源和激光光源。

表 1-1 常见人工光源及分类

<table>
<tr><td rowspan="4">光源</td><td>热辐射源</td><td>太阳、白炽灯、卤钨灯、黑体辐射</td></tr>
<tr><td>气体放电光源</td><td>汞灯、荧光灯、钠灯、氙灯、金属卤化物灯、空心阴极灯</td></tr>
<tr><td>固体发光光源</td><td>场致发光灯、发光二极管</td></tr>
<tr><td>激光光源</td><td>气体激光器、固体激光器、染料激光器、半导体激光器</td></tr>
</table>

（1）热辐射源。

利用物体升温产生光辐射的原理制成的光源称为热光源。在照明工程、光学和光电检测系统中，这类光源有着广泛的应用。常用热光源中主要是黑体源和以炽热钨发光为基础的各种白炽灯。

热光源发光或辐射的材料或是黑体，或是灰体，因此它们的发光特性，如出射度、亮度、发出通量的光谱分布等，都可以利用普朗克公式进行精确的估算。也就是说，可以精确掌握和控制它们发光或辐射的性质。这是热光源的第一个优点。

热光源的第二个优点是，它们发出的通量构成连续的光谱，且光谱范围很宽，因此使用的适应性强。但是它们在通常温度或炽热温度下，发光光谱主要在红外区域中，少量在可见光区域中。只有在温度很高时，才会发出少量的紫外辐射，从这一特点来说，又限制了这类光源的使用范围。

热光源的第三个优点是，这类光源大多属于电热型，通过控制输入电量，可以按需要在一定范围内改变它们的发光特性。同时采用适当的稳压或稳流供电，可使这类光源的光输出获得很高的稳定度。这在检测中是很重要的。

热光源除用作照明或在各种光学和光电检测系统中充当一般光源外，还可用作光度或辐射度测量中的标准光源或标准辐射源。这时它们的作用是完成计量工作中的光度或辐射度标准的传递，这在光学和光电检测中是必不可少的。

（2）气体放电光源。

利用置于气体中的两个电极间放电发光构成了气体放电光源，这类光源又可分为开放式气体放电光源和封闭式电弧放电光源两种。开放式光源是将两电极直接置于大气中，通过极间放电而发光。封闭式电弧放电光源是将电极间的放电过程密封在泡壳中进行的，所以又称为气体灯。

气体灯的特点是辐射稳定、功率大，使用寿命长，且发光效率高。因此在照明、光度和光谱学中都起着很重要的作用。气体灯是在封闭泡壳内的某种气体或金属蒸气中发生“封闭式电弧放电”。这里主要不是金属电极的辐射，而是电弧等离子体本身的辐射，所以气体灯的电极常用难熔金属材料制成。气体灯中除弧光放电灯外，也有利用辉光放电或辉光与弧光中间形式的光源。气体灯的种类繁多，灯内可充不同的气体或金属蒸气，如氩、氖、氢、氦、氙等气体和汞、钠、金属卤化物等，从而形成不同放电介质的多种灯源。就是充有同一材料时，由于结构不同又可构成多种气体灯。如汞灯可分为：低压汞灯，管内气压低于0.8Pa，它又可分为冷阴极辉光放电型和热阴极弧光放电型两类；高压汞灯，管内气压约为1～5 个标准大气压，该灯的发光效率可达 40～50lm/W；超高压汞灯，管内气压可达 10～200 个标准大气压。又如氖灯有长弧和短弧之分，它们各有各自的发光效率、发光强度、光谱特性、启动电路以及具体结构等。

（3）固体发光光源。

电致发光是电能直接转换为光能的发光现象。实现这种发光的材料很多，利用电致发光现象制成的电致发光屏和发光二极管，将完全脱离真空，成为全固体化的发光器件。当荧光材料在足够强的电场或电流作用下，被激发而发光构成电致发光屏。

发光二极管的发光特点如下。

① 发光亮度与正向电流之间存在一定的关系。当电流低于 25mA 时，两者基本为线性关系。当电流超过 25mA 后，由于 PN 结发热而使曲线弯曲。采用脉冲工作方式，可减少结

发热的影响，使线性范围得以扩大。正是由于这种线性关系，使之可以通过改变电流大小的方法，对所发光量进行调制。

② 响应速度很快，时间常数约为 10^{-6}～10^{-9}s，有着良好的频率特性，因此调制频率可以很高。

③ 正向电压很低，约 2V 左右，因此它能直接与集成电路匹配使用。

④ 具有小巧轻便、耐振动、寿命长（大于 5000h）和单色性好等系列优点，使其应用越来越广泛。

⑤ 主要缺点是发光效率低，有效发光面很难做大。另外，发出短波光（如蓝紫色）的材料极少，制成的短波发光二极管的价格昂贵。

（4）激光光源。

激光器作为一种新型光源，与普通光源有显著的差别，它利用受激发射原理和激光腔的滤波效应，使所发光束具有如下特点。

① 极小的光束发散角，即所谓方向性好或准直性好，其发散角可小到 0.1mrad 左右。

② 激光的单色性好，或者说相干性好。普通的灯源或太阳光都是非相干光，就是作为长度标准的氪 86 的谱线 6057Å 的相干长度也只有几十厘米。而氦−氖激光器发出的谱线 6328Å，其相干长度可达数十米甚至数百米之多。

③ 激光的输出功率虽然有限度，但光束细，所以功率密度很高，一般的激光亮度远比太阳表面的亮度大。

由于激光光源的这些特点，使它的出现成为光学中划时代的标志。作为光源已应用于许多科技及生产领域中。激光光源的应用促进了技术的新发展，已成为十分重要的光源。

2．选择光源的基本要求

光源及辐射源在光电测量中是不可缺少的，也是检测系统能否完成功能的重要保证。选择光源的基本要求如下。

（1）光源的发光光谱。

发光光谱主要包括线状光谱、带状光谱、连续光谱、混合光谱等，如图 1-13 所示。线状光谱由若干条明显分隔的细线组成，如低压汞灯；带状光谱由一些分开的谱带组成，每一谱带中又包含许多细谱线，如高压汞灯、高压钠灯就属于这种分布；连续光谱，所有热辐射光源的光谱都是连续光谱；混合光谱由连续光谱与线、带谱混合而成，一般荧光灯的光谱就属于这种分布。

按工作需要选择相应光谱。例如单色仪校正用线性光谱，单色仪光源用连续光谱，照明可以选择可见光带多的带状光谱。

还需要考虑光谱匹配系数。这里主要指光源与探测器之间的匹配，用系数 α 来表示：

$$\alpha = \frac{A_1}{A_2} = \frac{\int_0^{\infty} S_\lambda W_\lambda \mathrm{d}\lambda}{\int_0^{\infty} W_\lambda \mathrm{d}\lambda} \tag{1-33}$$

式中：W_λ为波长为λ时，光源辐射通量的相对值；S_λ为波长为λ时，光电探测器灵敏度的相对值。

A_1和 A_2的物理意义如图 1-14 所示，它们分别表示 $W_\lambda \cdot S_\lambda$和 W_λ两曲线与横轴所围成的面积。由此可见，匹配系数 α 是光源与探测器配合工作时产生的光电信号与光源总通量的比值。因此，希望所设计的系统的匹配系数尽可能高。

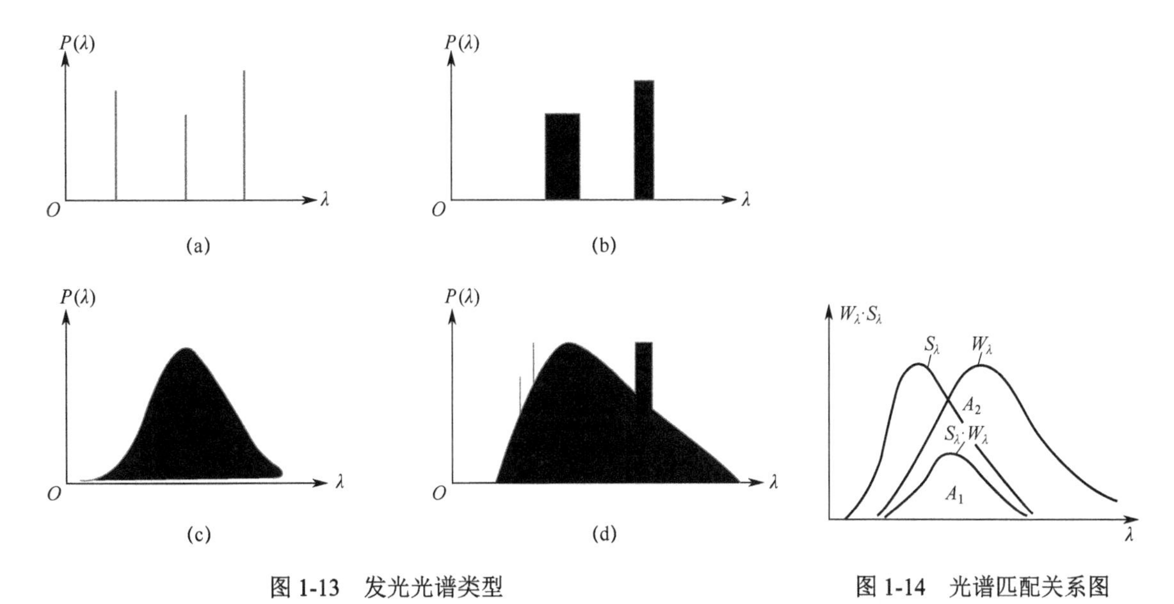

图 1-13　发光光谱类型

（a）线状光谱；（b）带状光谱；（c）连续光谱；（d）混合光谱。

图 1-14　光谱匹配关系图

光电测量系统光谱特性的一致性，从光产生、传播直到接收的全过程都存在这一问题，包括光源、介质、待测物、滤光片、光学系统、探测器等环节均要考虑匹配问题。

（2）光源强度。

光源强度要和系统的量程范围相匹配，光源强度过低，系统获得信号过小，以至无法正常检测；光源强度过高会导致系统工作的非线性，有时可能损坏系统、待测物或光电探测器等，同时也导致不必要的能源消耗而造成浪费。重点还是光源和探测器在光功率上的匹配，因此在系统设计时，必须对探测器所需获得的最大、最小光通量进行正确的估计，按估计来选择光源，使得系统工作在最合适的动态范围内。光源强度首先保证满足系统工作中探测器的下限，光功率低于下限探测器将无法工作，而且这是无法解决的问题。另外，光也不能太强，不然会超过线性范围的上限或超使用范围或使器件深度疲劳或损伤（灼伤）。如果光源强度较强，可以采用变光度的方法降低光源强度。

常用的减光措施包括如下几个方面。

① 发黑铜网。用铜丝编织而成，并进行黑化处理，或者在金属板上用腐蚀法制成多孔板型式的减光器。这类减光器是利用小孔通光，而非孔处由黑化金属将光吸收，所以在很宽的光谱范围内中性较好。例如，应用于照度计的探测器的前端。一般说来，这类减光器不会使光学像发生位移，但它却改变了光能在光束截面上的分布，不能用在成像光路中，对光束的偏振性无大影响。

② 光阑或可变光阑。通过改变光束的横截面积实现减光，但不能均匀减光，狭缝也是相同的原理。这类减光器从原理上讲有着良好的中性性能，只在开口极小时，由于衍射产生少量选择性，其衰减不仅与通光面积有关，还与光束横截面上分布的均匀性有关，因而很少用于要求精确、并预计衰减的系统中。同样，这类减光器不会引起像点的移动，对光束的偏振性也无影响。

③ 中性减光片。这种滤光片对不同波长减弱光线的效果，没有差异和选择，因此不同的光线波长条件下，使用中性滤光片的效果都是一样的。光强的衰减可以通过下式计算

$$\mathrm{I} = I_0(1-\rho)^2 \mathrm{e}^{-\alpha t} \tag{1-34}$$

式中：α为吸收系数；t 为厚度；ρ为反射损失率，$\rho=\left(\dfrac{n_1-n_0}{n_1+n_0}\right)^2$，$n_1$ 为减光片折射率，n_2 为周围介质的折射率。

④ 偏振片减光。这类减光器可用两偏振器构成，第一个偏振器不动，第二个偏振器绕光轴转动。根据马吕斯定律，两个偏振片的主方向存在一定角度θ时，光强的衰减符合公式$I=I_0\cos^2\theta$。因此这是一种强度可变的减光方法，但其缺点是输出光振动面随第二个偏振器的旋转而变化。为适应多种场合的应用，可采用三偏振器系统，第一和第三偏振器主方向不变且平行，转动第二个偏振器，输出光通量减少。各种偏振器的偏振度与波长有关，其吸收也与波长有关，所以这类减光器在输出偏振光的同时，还有较明显的选择性。它们只使用在要求不高，而又要连续变光度的场合。

⑤ 镀膜减光。这是一种固定的减光方法，可根据需求进行不同波段减光率的定制。这类减光器是在玻璃或与其类似的衬底上，形成多层介质膜或金属薄膜，通过膜层的增反干涉或反射使透射辐射得到衰减。这类减光器可以制成整片均匀衰减的形式，也可制成透射比随位置不同而连续变化衰减的形式，但后者工艺复杂、精度较差，且只能用于细光束的条件下。

这类减光器的中性程度，不仅取决于材料的选择性，还与干涉膜系的设计有关，所以只能在一定光谱范围内相对保持中性。如对可见光的各波段相对 550nm 波长的选择性误差小于 10%。

减光器透射比的精度与玻璃滤光器类似。为获得大的衰减系数，可采用多片堆积，并通过标定来确定其衰减系数。当用斜光束入射玻璃、石英等基底的减光器时，由于不同振动方向的光辐射反射比不同，使得透射光有一定的偏振性。此外，干涉膜是针对垂直入射光设计的，对斜光束，光谱特性会有所偏移。

（3）光源稳定性。

不同的光电检测系统对光源的稳定性有着不同的要求。通常根据不同的检测对象来确定使用何种稳定度的光源。例如：脉冲量的检测，包括脉冲数、脉冲频率、脉冲持续时间等，这时对光源的稳定性要求可稍低些，只要确保不因光源波动产生伪脉冲和漏脉冲即可。对调制光相位的检测，稳定性要求与上述要求类似。又如光量或辐射量中强度、亮度、照度或通量等的检测系统，对光源的稳定性就有较严格的要求。即使这样，按实际需要也有所不同，其关键是满足使用中的精度要求。同时也应考虑光源的造价，过高的要求会使设备昂贵，而对检测并无好处。综合来说，要在造价、性能和稳定性之间保持平衡。

稳定光源的方法较多，一般采用稳压电源供电，当要求较高时，可以采用稳流源供电。根据供电时电流 I、电压 V 与电阻 R 对功率 W 影响的关系式

$$W=I^2R \quad \frac{\mathrm{d}W}{\mathrm{d}I}=2IR \quad \frac{\mathrm{d}W}{W}=2\frac{\mathrm{d}I}{I} \tag{1-35}$$

$$W=\frac{V^2}{R} \quad \frac{\mathrm{d}W}{\mathrm{d}V}=2V/R \quad \frac{\mathrm{d}W}{W}=2\frac{\mathrm{d}V}{V} \tag{1-36}$$

可以看出，电流、电压的相对波动都以两倍的关系影响着功率，对电热光源来讲，稳压、稳流的作用相当。但因光源电路中有各种元件间的接触，这些接触电阻不稳定，因此稳压不一定能够稳到灯丝两端的电压。稳流则不然，稳的是全回路的电流，因此稳流源供电稳定性更高。

所有的光源应预先进行老化处理，使得在使用时使其工作在稳定的范围内。新灯经额定工作 24h 可达平稳，这个过程称为老化。老化寿命曲线包含三段，如图 1-15 所示，第一段性能衰减，之后达到平稳期，再之后性能衰减。光源老化之后正常工作在平稳期。

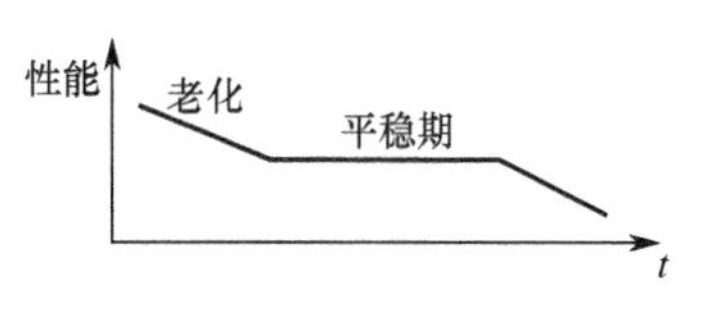

图 1-15　光源老化寿命曲线

（4）其他要求。

还有一些参数如光源面积、光源发光效率和空间分布、光源均匀性、灯丝的结构和形状等方面均可以根据系统要求考虑。若系统采用相位探测的方法，则需要使用激光等相干光源，若有对发光面型等有要求则需要选择相应光源等。

3．准直光与漫射光的获得

根据不同的测量要求常用准直光与漫射光这两种类型光源，这些光源常用人工方法产生。

（1）准直光与小光点的产生。

准直光即平行光，可以通过放于透镜焦点处的小光点产生，如图 1-16 所示。

绝对的点光源不存在，光点半径 r 总有一定大小，因此绝对的平行光不存在。由于 $\mathrm{tg}\alpha = r/f$，则 $\alpha = \mathrm{arctg}(r/f)$，如果光点半径减少，焦距 f 增大，则α减小，即平行性增加。因此，为了获得好的平行性，只有减小光源的线度、加大准直物镜焦距。

还应注意到的是，f 增大，平行性好的同时，输出准直光的光通量以平方关系减少

$$\Phi = \frac{1}{f^2} \cdot \frac{\pi D^2}{4} \tag{1-37}$$

式中：I 为光源光强；D 为准直物镜口径。但是这种情况会引起结构增大，因此需要综合考虑。

有时为了获得点光源或小光点，也采用针孔（小孔）作为二次光源的方法，如图 1-17 所示。

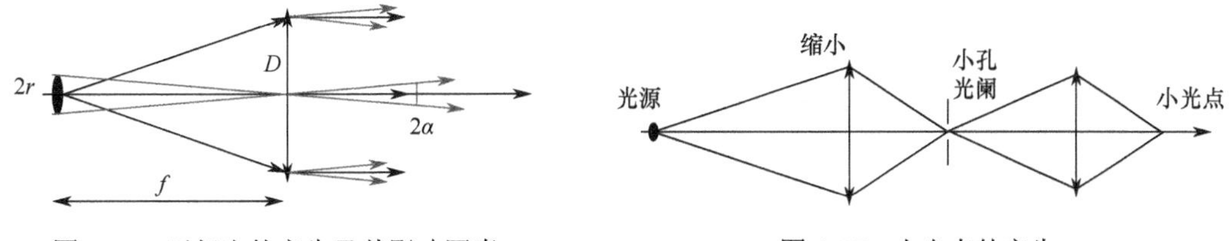

图 1-16　平行光的产生及其影响因素　　图 1-17　小光点的产生

小孔光阑直径一般在 0.1～0.5mm，再成缩小像形成小光点。这样的小光点可以用来测量 CCD 每个像元的性能和有关的传递特性。小光点的产生为良好的准直性光束提供了方便，可以通过反置望远镜扩束以提高平行性。

（2）漫射光源的产生。

完全消除了入射光束几何形状的信息和偏振信息，常用于纯光通量的衰减。通常为了实现均匀照明或大孔径角照明，需要漫射光源。实用中的漫射体主要有透射式漫射体、反射式漫射体和内腔式漫射体三类。

透射式漫射体是由漫射平板构成，光束由背面入射，而漫射光由正面输出，如图 1-18（a）所示。毛玻璃片是这类漫射体最常见的一种，其漫射性能较差，性能较好的是乳白玻璃和乳白塑料，但不适宜在高温下使用。设背面入射的照度为 E，平板透射比为τ，则平板漫射输出

亮度 $L=E\tau/\pi$。如果漫射面是非朗伯面，则输出亮度 $L_\alpha=L\cdot K_\alpha$，其中 L_α是与输出面法线成α角方向上的亮度；K_α是方向系数，$K_\alpha=I_\alpha'/I_\alpha$，$I_\alpha$是对应朗伯体在$\alpha$方向上的发光强度，$I_\alpha'$是非朗伯面在$\alpha$方向上的发光强度。

反射式漫射体由在平板上涂以高反射比，且漫射性能好的材料构成，一般表面涂以MgO、$BaSO_4$、聚四氟乙烯等，常称为漫反射屏，也称为白板，如图 1-18（b）所示。入射光束与漫射光在平板的同侧，当入射光形成的照度为 E，漫射光的出射度 $M=\rho E$，其亮度 $L=M/\pi=\rho E/\pi$。在检测某些材料如面粉、布和纸张等的反射比时，常用一定ρ值的白板作为对比的标准。

内腔式漫射体是利用漫射面构成各种形状的内腔，如球形、柱形等。其中球形内腔为积分球，它在光学及光电测量中有着广泛的应用。如图 1-18（c）所示，积分球通常由两个半球的外壳相接而成，按需要在球面上开若干小孔，内部还可附加挡板、反射镜以及光陷阱等。球内壁涂敷反射系数极高，且漫射性能又极好的材料，这是构成积分球的关键。常用涂层材料有氧化镁和硫酸钡等。氧化镁的漫反射比高，但随时间增长会逐渐变黄，光谱性能不够稳定。硫酸钡的反射比稍低，但光谱性能稳定。

设入射到积分球的光通量为Φ_0，经内腔漫反射后，当漫反射系数ρ趋近于 1 时，球内壁非第一次照明面上的照度相等，且为

$$E=\frac{\Phi_0}{4\pi R^2}\frac{\rho}{1-\rho} \tag{1-38}$$

当$\rho=0.98$ 时，$\rho/(1-\rho)=49$。均匀半径为 R 的球面上照度为$E_0=\dfrac{\Phi_0}{4\pi R^2}$，现在用到高漫反射材料，使得平均照度大为增加，所以称为积分球，输出口处的亮度 $L=E/\pi$。积分球的工作条件是：ρ很高，入出口开口面积很小，且应远远小于球面面积。

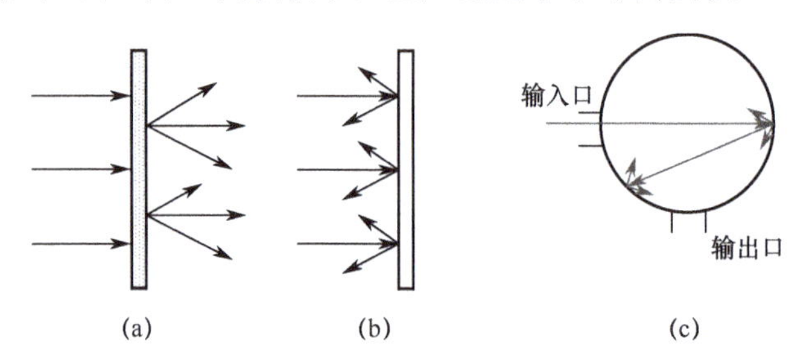

图 1-18 漫射光的产生

（a）透射漫射体；（b）漫反射屏；（c）积分球。

1.4.2 光电探测器

光辐射探测器是将入射的光辐射信号转换为电信号的器件。根据工作原理的不同，包含光电探测器和热电探测器，其使用场合不同。在光电检测系统中，通常会把光辐射探测器称为光电探测器。作为光电检测系统的前端器件，光电探测器能对入射的光信号进行第一步处理。同时作为光电检测系统的核心器件，其性能的好坏直接影响整个检测系统的精度，因此需要根据入射光信号的特性来确定适宜的光电探测器。

1. 光电探测器类型

目前市场上可供选择的光电探测器有很多种，其探测原理也不尽相同。通常情况下，光

电探测器的工作原理可分为两类：外光电效应和内光电效应。内光电效应是被光激发所产生的载流子（自由电子或空穴）仍在物质内部运动，使物质的电导率发生变化或产生光生伏特的现象。外光电效应是被光激发产生的电子逸出物质表面，形成真空中的电子的现象。把检测中常用的光电探测器分为如下类型。

① 光电子发射器件：光电管和光电倍增管，属外光电效应型。

② 光电导器件：包括单晶型、多晶型、合金型的光敏电阻等，属内光电效应型。

③ 光生伏特器件：雪崩光电管、光电池、光电二极管和光电三极管等，属内光电效应型。

光电探测器也可分为单元器件、阵列器件或成像器件等。单元器件只是把投射在其光接收面元上的平均光能量变成电信号，而阵列器件或成像器件则可测出物面上的光强分布。成像器件一般放在光学系统的像面上，能获得物面上的图像信号。光电探测器还可从用途上分为用于探测微弱信号的存在及其强弱的探测器，这时主要考虑的是器件探测微弱信号的能力，要求器件输出灵敏度高，噪声低；用于控制系统中作光电转换器，主要考虑的是光电转换的效能。

常用的光电探测器有光电倍增管、光敏电阻、红外探测器、图像传感器等。

（1）光电倍增管。

光电倍增管（PMT）是一种具有极高灵敏度的光探测器件，同时还有快速响应、低噪声、大面积阴极（光敏面）等特点。光电倍增管的工作原理如图 1-19 所示，它采用了二次发射倍增系统，在可以探测到紫外、可见和近红外区的辐射能量的光电探测器件中具有极高的灵敏度和极低的噪声。

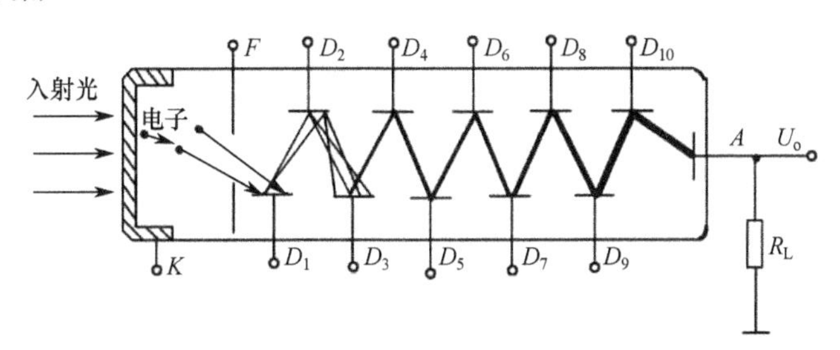

图 1-19 光电倍增管

（2）光敏电阻。

光敏电阻是用硫化镉或硒化镉等半导体材料制成的特殊电阻器，电阻值会随着电阻受到的照射光强增强而减弱，如图 1-20 所示。光敏电阻对外部光照极其敏感，无光照状态时，光敏电阻的阻值可以达到数兆欧。当外部光照增加时，电阻会迅速减小到 1kΩ以下。

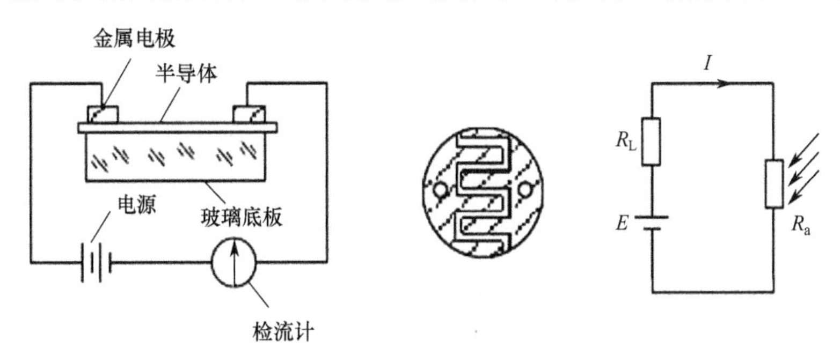

图 1-20 光敏电阻

（3）红外探测器。

红外探测器主要有多晶型和单晶型两类，多晶型红外探测器种类较少，单晶型的种类较多，分为本征型和掺杂型两种。本征型的探测器早期以锑化铟（InSb）为主，能探测 7μm 以下的红外辐射。后来发展了响应波长随材料组分变化的碲镉汞（HgCdTe）和碲锡铅（PbSnTe）三元化合物探测器。

掺杂型红外探测器，主要是锗、硅和锗硅合金掺入不同杂质而制成的多种掺杂探测器。如锗掺金（Gu:An）、锗掺汞（Ge:Hg）、锗掺锌（Ge:Zn）、锗掺铜（Ge:Cu）、锗掺镉（Ge:Cd）、硅掺镓（Si:Ga）、硅掺铝（Si:AI）、硅掺锑（SiSb）和锗硅掺锌（Ge-Si:Zn）等。

为了更好地观测红外辐射，尽量消除噪声，现代高性能、高分辨力且有多波段探测能力的红外焦平面普遍采用制冷方法。而中等性能和普通的红外焦平面不采用制冷方法。

（4）雪崩光电二极管。

雪崩光电二极管（APD）是具有内部增益的光检测器，可以用来检测微弱光信号并获得较大的输出光电流，而且具有超低噪声、高速、高互阻抗增益的优点。根据倍增区所用的半导体材料，可以构成不同响应波长的光电二极管。

雪崩光电二极管能够获得内部增益是基于碰撞电离效应。当 PN 结上加高的反偏压时，耗尽层的电场很强，光生载流子经过时就会被电场加速，当电场强度足够高时，光生载流子获得很大的动能，它们在高速运动中与半导体晶格碰撞，使晶体中的原子电离，从而激发出新的电子–空穴对，这个过程称为碰撞电离。碰撞电离产生的电子–空穴对在强电场作用下同样又被加速，重复前一过程，这样多次碰撞电离的结果使载流子迅速增加，电流也迅速增大，形成雪崩倍增效应，APD 就是利用雪崩倍增效应使光电流得到倍增的高灵敏度的光检测器。

图 1-21 为雪崩光电二极管的 APD 拉通型（RAPD）结构。器件和电极接触的 P^+区和 N^+区都是重掺杂，在 I 区和 N^+区中间是宽度较窄的另一层 P 区。当偏压加大到某一值后，耗尽层从 N^+-P 结区一直拉通到 P^+区。从图中可以看到，电场在 N^+-P 结区分布较强，雪崩区即在这一区域。这一结构的器件具有高效、快速、低噪声的特点。此外，器件还可以采用异质结构，进一步提高器件的增益、响应速度及减少过剩噪声。

（5）PN/PIN 光电二极管。

光电二极管是一种可以将光信号转换成电信号的光电传感器。PN 型光电二极管暗电流小、响应速度较低，可应用于彩色传感器、照相机曝光计等设备中；PIN 型光电二极管暗电流大、响应速度快，可应用于高速光的检测和遥控、扫描仪等设备中。

光电二极管工作在反向电压作用下，我们将无光照时极微弱的反向电流称为暗电流，将有光照时迅速增至几十微安的反向电流称为光电流。有光照时，携带能量的光子进入 PN 结，将能量传递给共价键上的束缚电子，束缚电子能量增至一定程度就后挣脱共价键的束缚，成为光生载流子，同时产生电子空穴对。载流子在反向电压作用下发生漂移，从而使得反向电流迅速增大，且其增大的程度与光强成正比。光强的变化引起反向电流的变化，即将光信号转换为电信号，可作为光电传感器件存在于电路中。

（6）位置敏感器件。

位置敏感器件（Position Sensitive Detector，PSD）是一种能检测光电位置的器件，常作为与发光源组合的位置传感器广泛应用。PSD 基本上属于光传感器，也称为坐标光电池，有两种：一维 PSD 和二维 PSD。一维 PSD 用于测定光电的一维坐标位置，二维 PSD 用于测定光电的二维坐标位置，工作原理与一维 PSD 相似。

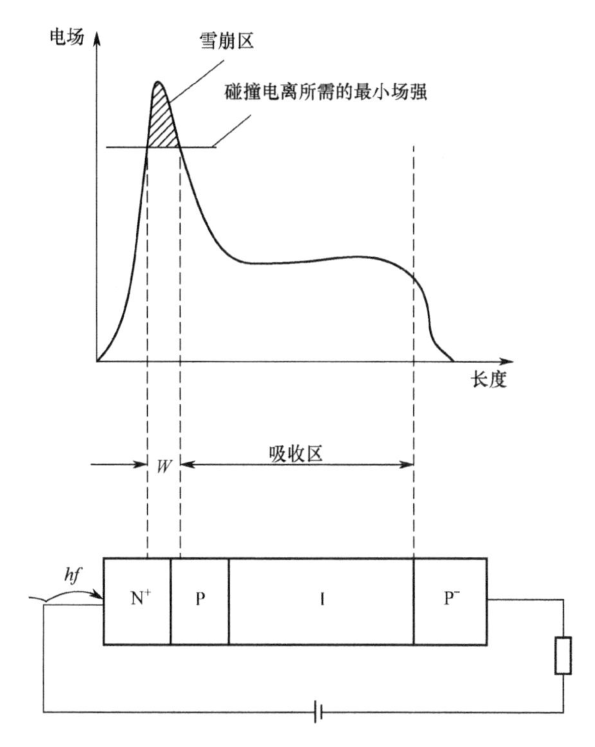

图 1-21　雪崩光电二极管 RAPD 结构

PSD 的典型结构如图 1-22（a）所示，分为外部（金属、陶瓷或塑料）和内部两大部分。外部有传感器的信号输出端子，输出信号常为电流方式；外部还有让入射光通过的窗口（材料为玻璃或树脂）。内部有将入射光信号变为电信号的半导体 PN 结。

图 1-22（b）为一维 PSD 工作原理图。入射光在半导体内产生正负等量电荷，即通过 PN 结在入射点附近的 P 层产生正电荷，在 N 层产生负电荷。P 层不均匀的正电荷形成电流，引出端取出与到输出电极距离成反比的电流。二维 PSD 的工作原理基本类似，仅是在一维 PSD 的电极或垂直方向安装二维 PSD，但位置间性能不太好，需要进一步改进。PSD 的光点入射位置与输出电流之间存在固定关系，可以根据电流求出光点位置，因此 PSD 可用于距离传感器。

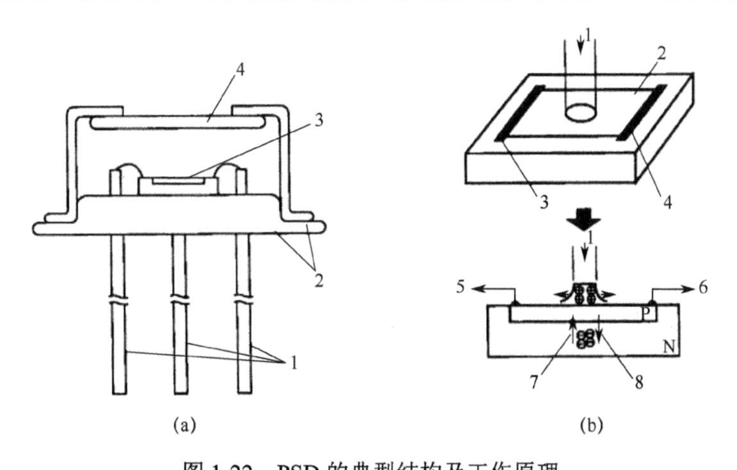

图 1-22　PSD 的典型结构及工作原理

（a）典型结构，1—外部引出端子；2—外封装；3—P-N 结；4—窗口；（b）一维 PSD 工作原理，1—入射光点；2—受光面（电阻层）；3—输出电极 1；4—输出电极 2；5—电流 1；6—电流 2；7—正电荷移动方向；8—负电荷移动方向。

（7）图像传感器。

CCD 电荷耦合器件和 CMOS 图像传感器在数字信息存储、模拟信号处理以及作为图像传感器方面有广泛的应用。具有体积小、质量轻、功耗低、工作电压低等优点，且在分辨率、动态范围、灵敏度、实时传输和自扫描方面具有优越性。目前，固体成像器件不论在文件复印、传真，零件尺寸的自动测量和文字识别等民用领域，还是在空间遥感遥测、卫星侦察、导弹制导、潜望镜摄像机等军事侦察系统中也都发挥着重要作用，是现代光电检测系统中重要的光电探测器件。

2. 光电探测器的选择

不同光电检测系统检测的光信号都具有自己的特性，目前市面上的光电探测器种类非常多，确定合适的探测器是系统设计非常关键的一步。下面介绍选定具体型号的光电探测器需要考虑的方面。

（1）确定待测光信号的功率。

不同的光电探测器对不同功率的光信号感知能力不同，即辐射灵敏度不同，需要优先考虑辐射灵敏度最大的光电探测器以提高光子到电子的转换率。

（2）确定待测光信号的波长。

光电探测器都有一定的波长响应范围，要先保证待测光信号的波长在有效的波长响应范围之内，然后选择对应波长具有最高灵敏度的探测器。光电探测器的量子效率由探测器对光信号的辐射灵敏度和光信号自身的波长共同决定。图 1-23 是日本滨松公司 H9305 系列中不同型号的 PMT 对不同波长的光信号的量子效率，从图中可以看出，当入射光信号的波长确定时，不同型号的 PMT 具有不同的量子效率，所以优先考虑高量子效率的探测器。

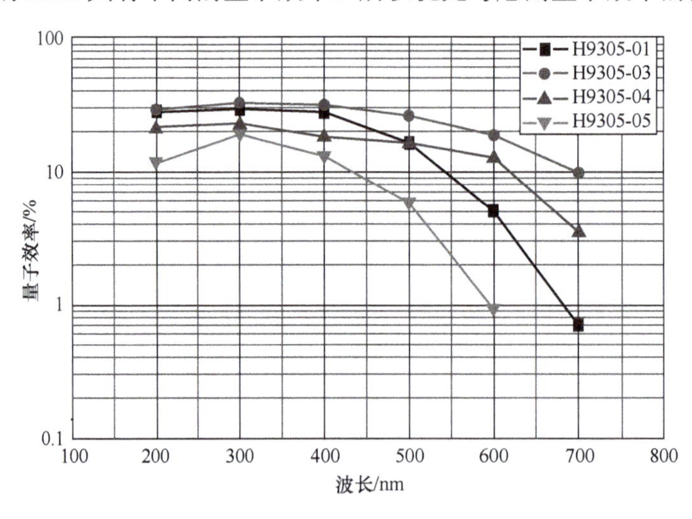

图 1-23 不同型号的 PMT 对应波长的量子效率

（3）考虑光电探测器的上升时间。

探测器的上升时间必须短于待测光信号的，只有这样才能完整地将光信号检测出来，并转化为电信号，防止光信号信息丢失。

（4）优先考虑低噪声水平的光电探测器。

当光电探测器检测的光信号比较微弱时，即使探测器具有高的量子效率，能将光子转化为较多的电子，但光电流水平还是比较微弱。在这种情况下，探测器自身的噪声水平高于光电流水平，就意味着探测器的信噪比会比较低，所以要优先选用自身噪声水平低的探测器。

（5）考虑光电探测器体积和外形。

光电检测系统可能只是某些系统的一部分，占有的空间有限，这就要考虑探测器的体积和外形。

（6）明确光电探测器工作温度范围。

当探测器所处的工作环境温度过高或者过低时，都会影响其性能，甚至会破坏内部结构。

（7）光电探测器的价格。

系统的设计都需要考虑成本问题，而光电探测器的价格一般与系统性能都有关系。性能越好，价格越高，这就需要在成本和性能之间做出权衡。

因此，经过上述参数及选择因素的考虑，在选择探测器时主要从以下方面配合整体系统进行选择。

（1）光电检测器件必须和辐射信号及光学系统在光谱特性上匹配。如测量波长是紫外波段，则选 PMT 或专门的紫外光电半导体器件；如果信号是可见光，则可选 PMT、光敏电阻与 Si 的光电器件；如是红外信号，则选光敏电阻；近红外信号选 Si 的光电器件或 PMT。

（2）光电检测器件的光电转换特性必须和入射辐射能量相匹配。首先要注意的是器件的感光面要和照射光源匹配好。因光源必须照到器件的有效位置，如发生变化，则光电灵敏度将发生变化。如光电池具有大的感光面，一般用于杂散光或者没有达到聚焦状态的光束的接收。又如光敏电阻是一个可变电阻，有光照的部分电阻就降低，必须设计光线照在两电极间的全部电阻体上，以便有效地利用全部感光面。光电二、三极管的感光面只是 PN 结附近的一个极小的面积，故一般把透镜作为光的入射窗，要把透镜的焦点与感光的灵敏点对准。光电池的光电流比其他器件因照射光的晃动要小些，一般要使入射通量的变化中心处于检测器件光电特性的线性范围内，以确保获得良好的线性检测。对微弱的光信号，器件必须有合适的灵敏度，以确保一定的信噪比与输出足够强的电信号。

（3）光电检测器件必须和光信号的调制形式、信号频率及波形相匹配，以保证得到没有频率失真的输出波形和良好的时间响应。这种情况下主要是选择响应时间短或上限频率高的器件，但在电路上也要注意匹配好动态参数。

（4）光电检测器件必须和输入电路在电特性上良好地匹配，以保证有足够大的转换系数、线性范围、信噪比及快速的动态响应等。

（5）为使器件具有长期工作的可靠性，必须注意选好器件的规格和使用的环境条件。一般要求在长时间的连续使用中，能保证在低于最大限额状态下正常工作。当工作条件超过最大限额时，器件的特性会急剧劣化，特别是超过电流容限值后，其损坏往往是永久性的。使用的环境温度和电流容限一样，当超过温度的容限值后，一般将引起缓慢的特性劣化。总之，要使器件在额定条件下使用，才能保证其稳定、可靠地工作。

1.4.3 光电信号检测电路

通常的光电检测电路由光电器件、输入电路和前置放大器组成。其中，光电器件是实现光电转换的核心器件，是沟通光学量和电子系统的接口环节，它把被测光信号转换成相应的电信号；输入电路是为光电器件提供正常的工作条件，进行电参量的变换（如将电流或电阻变换为电压），同时完成和前置放大器的电路匹配；光电器件输出的微弱电信号由前置放大器进行放大，前置放大器另一作用是匹配后置处理电路与检测器件之间的阻抗。

1．光电检测电路的类型

光电信号处理为将包含有用信息和噪声干扰的微弱信号进行滤波、放大、隔离、激励、线性化、限制带宽、整形、鉴幅等处理，从中提取出有用信息。再将信号送到终端进行显示、测量、控制等。

（1）滤波。

指从所测量的信号中除去不需要的成分。大多数信号调理模块都有低通滤波器，用来滤除噪声。为了滤除信号中最高频率以上的频率信号，还需要抗混叠滤波器。某些高性能的数据采集卡自身带有抗混叠滤波器。

（2）放大。

微弱信号都要进行放大以提高分辨率和降低噪声，使调理后信号的电压范围和 A/D 的电压范围相匹配。信号调理模块应尽可能靠近信号源或传感器，使信号在受到传输信号的环境噪声影响之前已被放大，信噪比得到改善。通过前置放大器进行光电信号的增强，主要从减小噪声影响出发，正确选择工作频率及带宽，后续电路通常是功率放大器或整形放大器。选频放大器可以突出信号和抑制噪声，将放大器的选放频率与光电信号的调制频率一致，同时限制带宽，使所选频率间隔外的噪声尽可能滤除，达到提高信噪比的目的。

在光电检测系统中，信号处理电路的关键在于前置放大器的设计。光电器件偏置电路输出信号较强时，前置放大器及后续放大器的设计主要是从增益、带宽、阻抗匹配和稳定性着手，在此基础上考虑噪声的影响。如果供给前置放大器的信号很小，那么设计适用于弱信号的低噪声前置放大器将十分重要，应以尽力抑制噪声作为考虑问题的出发点。通常在选定探测器和相应的偏置电路以后就可知所获信号和噪声的大小，常用恒压信号源或恒流信号源来等效探测器和偏置电路的输出信号。同时用源电阻的热噪声来等效探测器和偏置电路的总噪声，用最小噪声系数原则设计前置放大器。

（3）隔离。

指使用变压器、光或电容耦合等方法在被测系统和测试系统之间传递信号，避免直接的电连接。使用隔离的原因有两个：一是从安全的角度考虑；二是隔离可使从数据采集卡读出的数据不受地电位和输入模式的影响，如果数据采集卡的地与信号地之间有电位差，而又不进行隔离，就有可能形成接地回路，从而引起误差。

（4）激励。

信号调理也能够为此传感器提供所需的激励信号，如应变传感器、热敏电阻等需要外界电源或电流激励信号，很多信号调理模块都提供电流源和电压源，以便给传感器提供激励。

（5）线性化。

许多传感器对被测量的响应是非线性的，因而需要对其输出信号进行线性化，以补偿传感器带来的误差，但目前的趋势是数据采集系统可以利用软件来解决这一问题。

（6）数字信号调理。

即使传感器直接输出数字信号，有时也有进行调理的必要，其作用是对传感器输出的数字信号进行必要的整形或电平调整。大多数数字信号调理模块还提供一些其他电路模块，使得用户可以通过数据采集卡的数字 I/O 直接控制电磁阀、电灯、电动机等外部设备。

（7）相关基本电路。

相敏检波器能够在检测信号大小的同时，检测出待测信号的正负或方向，相位检测器能够检测信号波的相位变化。此外还有频率鉴别器、脉宽鉴别器等，应用于待测信息包含在调制波的检测系统中，通过检测频率高低或脉宽表征待测信号量。积分、微分运算器、锁相环等都是应用于光电检测系统的基本电路。

2．光电检测电路的设计要求

光电检测电路的设计应根据光电信号的性质、强弱、光学和器件的噪声电平以及输出电平和通频带等技术要求来确定电路的连接形式和电路参数，保证光电器件和后续电路最佳的工作状态，最终使整个检测电路满足下述要求。

（1）灵敏的光电转换能力。

将光信号转变为适合的电信号，是实现光电检测的先决条件。具备较强的光电转换能力，是对光电检测电路的最基本要求。表示光电转换能力强弱的参数，通常采用光电灵敏度（或称传输系数、转换系数、比率等），即单位输入光信号的变化量所引起的输出电信号的变化量。一般而言，给定的输入光信号在允许的非线性失真条件下应有最佳的信号传输系数，即光电特性的线性范围宽，斜率大，从而可以得到最大的功率、电压或电流输出。

（2）快速的动态响应能力。

随着对检测系统与器件的要求不断提高，对检测系统每个环节动态响应的要求也随之提高。特别是在诸如光通信等领域，对光电器件以及光电检测电路的动态响应速度的要求甚至是第一位的。光电检测电路应满足信号通道所要求的频率选择性或对瞬变信号的快速响应。

（3）最佳的信号检测能力。

信号检测能力，主要是指光电检测电路输出信号中有用信号成分的多少，常用信噪比、功率等参数表征。要求光电检测电路具有可靠检测所必需的信噪比或最小可检测信号功率。

（4）长期工作的稳定性和可靠性。

光电检测电路在长期工作的情况下应该稳定、可靠，特别是在一些特殊场合下，对稳定性、可靠性的要求会更高。

一般光电信号检测电路，对于不同的应用场景，有着不同的设计要求。例如在微光环境下，需要灵敏的光电转换能力；在目标快速变化的环境下，需要快速的动态响应能力；在要求精确测量的应用下，需要准确的信号检测能力和较低的噪声水平；在一些军用和工业用途中长期使用的探测器，需要长期工作的稳定性和不断测量的重复性。对应不同的应用场景，有着不同的设计指标侧重点和设计思路。

（1）缓变信号。

缓变信号指在测量过程中变化速度较小的信号，一般用于定量测量、信号检测等用途中。一般采用直流电路进行检测。缓变信号直流检测电路的设计重点是电路的静态特性，即确定电路的静态工作状态。由于光电检测器件伏安特性的非线性，一般采用非线性电路的图解法和分段线性化的解析法来计算。通过图解法可以确定电路工作的静态工作点。也可以根据图解法判断各种信号输入状态下，静态工作点的范围会不会超过转折点造成失真，可以借助图解法合理地选择电路参数使之能可靠地动作，同时保证不使器件超过其最大工作电流、最大工作电压和最大耗散功率等。

（2）交变信号。

很多场合下，光信号是随时间变化的，例如瞬变信号或各种形式的调制光信号。交变光信号的特点是信号中包含着丰富的频率分量；当信号微弱时，则需要多级放大。与缓慢变化光信号检测电路的静态计算不同，在分析和设计交变光信号检测电路时，需要解决下述动态计算问题：

① 避免非线性失真：确定检测电路的动态工作状态，使在交变光信号作用下负载上能获得不失真的线性电信号输出；② 避免线性失真（频率不失真，包括幅频和相频）：使检测电路具有足够宽的频率响应，以能对复杂的瞬变光信号或周期性光信号进行无频率失真的变换和传输。

在交变光信号输入电路中，为提供检测器件的正常工作条件，首先要建立直流工作点，而输入电路和后续电路通常是经阻容连接等多种方式耦合的，后续电路的等效输入阻抗将和输入电路的直流负载电阻并联组成检测器的交流负载。

（3）光电检测电路的频率特性。

光电检测电路的频率特性反映了检测系统的动态反应能力。分析系统频率特性的方法有时域法和频域法。光电检测电路设计有几点要求，非线性失真尽量小，频率不失真，电路的通频带足以覆盖光信号的频谱分布。故而设计电路思路一般包括如下内容：对输入光信号进行傅里叶分析，确定频谱分布；确定多级光电检测电路的允许通频带和上限截止频率；根据级联系统的带宽计算方法，确定单级检测电路的阻容参数。

（4）光电信号检测电路的噪声特性。

噪声是由系统内的各类随机因素造成的，一般分为外部噪声和内部噪声。外部噪声是外部条件变化引起的，可采取抗干扰措施改善或消除，内部噪声是由光电检测器件和检测电路器件本身带来的，无法完全消除，但可以用各类方法降低，以提高信噪比。最常见的内部噪声包括电子无规则运动引起的热噪声，光辐射中光子到达率和由光子激励形成的光电流的随机起伏所造成的散粒噪声，半导体接触点电导随机涨落引起的 $1/f$ 噪声，半导体 PN 结电流突然变化引起的爆裂噪声等。确定系统噪声可以用于计算信噪比，以及确定系统为保证检测精度所需要的最低输入光功率值。

在设计光学与光电检测系统时，需要兼顾光电信号检测电路的各类重要参数，在对应不同应用场景时，结合以上几种性质，选择最重要的一种或几种参数进行着重处理，对应观测的不同对象选择最合适的光电传感器组成系统，构成性能优秀的光电信号检测系统和电路。

习题与思考题

1. 简述光电检测系统的基本组成。
2. 光电检测方法有哪些类别，试举例说明。
3. 你身边有哪些常见的光电检测系统，阐述基本检测原理、分析系统构成。
4. 光电检测系统的静态特性有哪些？各是怎么定义的？
5. 光源及辐射源在光电测量中是不可缺少的，选择光源应从哪些方面进行考虑？
6. 列举减光措施及其减光原理。
7. 光电探测器应从哪些方面配合整体系统进行选择？

第 2 章　光电传感信息检测

长度及位移、角度及角位移、温度等信息是常用的计量参数，很多时候需要对其进行精确测量。本章主要介绍基于光电传感方法的常规信息检测技术。

2.1　长度及位移检测

对长度及位移进行检测可以有多种方法将这些量转变为光学信息，例如光栅传感、激光干涉、激光衍射、三角法等方式，然后利用光电探测器进行检测及信号处理。

2.1.1　光栅位移传感器

在玻璃尺或玻璃盘上类似刻线标尺或度盘那样，进行长刻线（一般为 10～12mm）的密集刻划，得到如图 2-1 所示的黑白相间且间隔细小的条纹，没有刻划的（白色部分）地方透光，刻划处（黑色部分）不透光，这就是光栅。

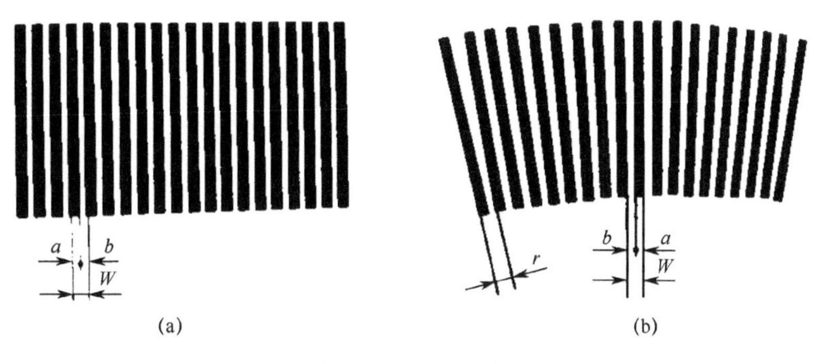

图 2-1　光栅示意图

（a）长光栅；（b）圆光栅。

a—栅线的宽度；b—缝隙的宽度；W—光栅的栅距。

早期，人们利用光栅的衍射效应进行光谱分析和光波波长的测定。到了 20 世纪 50 年代，人们开始利用光栅的莫尔条纹现象进行精密测量，从而出现了光栅式传感器，现在把这种光栅称为计量光栅，以区别于其他的光栅。最近一些年，光栅式传感器在精密测量领域中的应用得到了迅速的发展。

光栅式传感器有如下特点。

（1）精度高。光栅式传感器在大量测量长度或直线位移方面仅仅低于激光干涉传感器，分辨率可达 0.1μm。在圆分度和角位移测量方面，一般认为光栅式传感器是精度最高的一种，可达 0.15″，分辨率能做到 0.1″甚至更小。

（2）大量程测量兼有高分辨率。感应同步器和磁栅式传感器也具有大量程测量的特点，但分辨力和精度都不如光栅式传感器。透射式光栅尺量程一般小于 1m，反射式可以做到几十米。

（3）响应快，可实现动态测量，易于实现测量及数据处理的自动化。

（4）具有较强的抗干扰能力，对环境条件的要求不像激光干涉传感器那样严格，但不如感应同步器和磁栅式传感器的适应性强，油污和灰尘会影响它的可靠性。因此，主要适用于实验室条件下工作，也可在环境较好的车间中使用。

（5）高精度光栅的制作成本较高。

1．光栅类别

光栅种类很多，按工作原理可分为物理光栅和计量光栅两种。物理光栅刻线细密、节距小，工作原理是基于光的衍射理论，常作为光学仪器中的色散元件，用于光谱分析、波长测定等领域；计量光栅的刻线较物理光栅粗，工作原理建立在莫尔条纹技术的基础上，是光栅传感器中的核心元件。

计量光栅种类很多，按制造方法可分为直接刻制的刻划光栅和照相复刻光栅；按基本材料的不同可分为玻璃光栅和金属光栅；按栅线结构可分为振幅光栅和相位光栅；按光路形式可分为透射光栅和反射光栅；按用途可分为长光栅和圆光栅（圆光栅按刻线方向的不同又分为径向光栅和切向光栅）。计量光栅的主要分类如图 2-2 所示。下面按用途对计量光栅进行介绍。

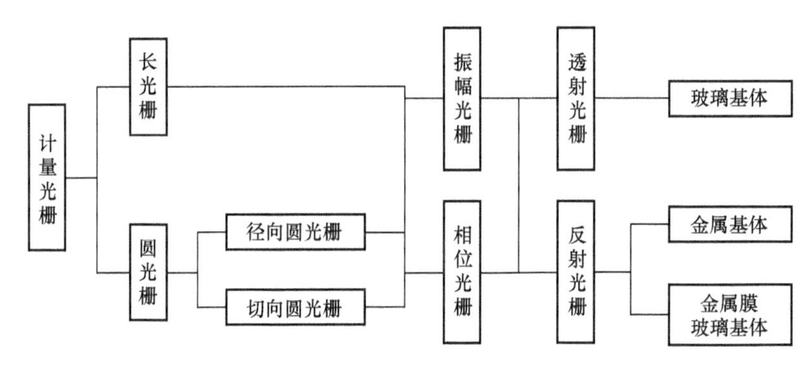

图 2-2　计量光栅类型

（1）长光栅。

刻划在玻璃尺上的光栅为长光栅，也称光栅尺，用于长度或直线位移的测量，它的刻线相互平行，图 2-3 所示为一种透射长光栅。长光栅栅线的疏密（也称栅线密度）常用栅线数每毫米（线/mm）来表示，如栅线间距 $W=0.02$mm 时，栅线密度为 50 线/mm。

长光栅有振幅光栅和相位光栅两种形式。振幅光栅是对入射光波的振幅进行调制，也称为黑白光栅，它又可分为透射光栅和反射光栅两种。在玻璃的表面上制作透明与不透明间隔相等的线纹，可制成透射光栅；在金属的镜面上或玻璃镀膜（如铝膜）上制成全反射或漫反射相间、二者间还有吸收的线纹，可制成反射光栅。相位光栅是对入射光波的相位进行调制，也称为闪耀光栅，可使能量集中到有用的某一级上去，而不是无用的零级。通过控制刻槽的形状使光栅本身在各个衍射单元处给入射光波引进附加的相位，就能把衍射的中央主极大转移到其他的干涉主极大上去。相位光栅也有透射光栅和反射光栅两种形式。透射光栅是在玻璃上直接刻划具有一定断面形状的线条，图 2-4 所示为一种对称形刻线的玻璃相位光栅的断面。反射式相位光栅通常是在金属材料上用机械的方法压出一道道线槽，这些线槽就是相应光栅的刻线。振幅光栅与相位光栅相比，突出特点是容易复制、成本低廉，这也是大部分光栅传感器都采用振幅光栅的一个主要原因。

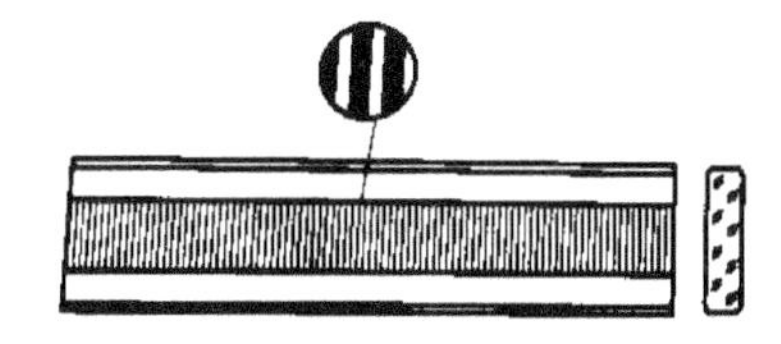

图 2-3　透射长光栅

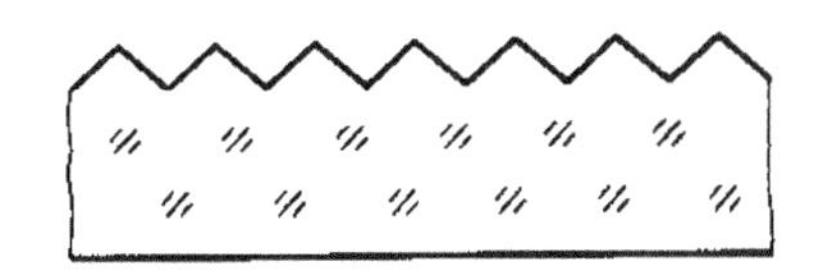

图 2-4　玻璃相位光栅的断面

（2）圆光栅。

刻划在玻璃圆盘上的光栅称为圆光栅，也称为光栅盘，用来测量角度或角位移，如图 2-5 所示，光栅的参数多用整圆上刻线数或栅距角 δ（也称节距角）来表示，是指圆光栅上两条相邻栅线的中心线之间的夹角。每周的栅线数从较低精度的 100 线到高精度等级的 21600 线不等。

根据刻线的方向圆光栅可分为径向光栅和切向光栅。径向光栅的延长线全部通过光栅盘的圆心，切向光栅线的延长线全部与光栅盘中心的一个小圆（直径为零点几到几毫米）相切。切向光栅适用于精度较高的场合。圆光栅只有透射光栅。

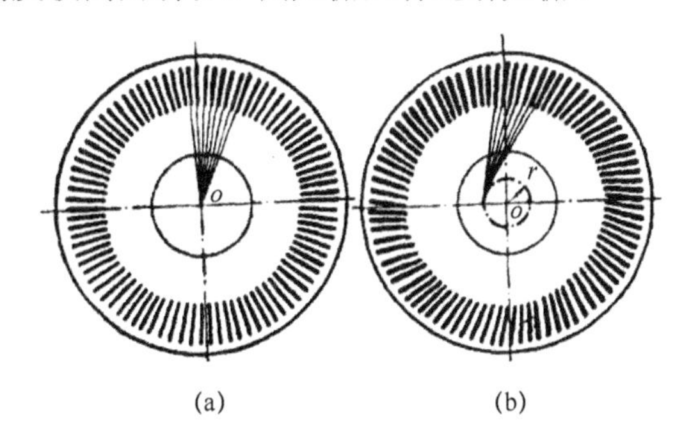

图 2-5　圆光栅类型

（a）径向圆光栅；（b）切向圆光栅。

2．光栅莫尔条纹测量位移原理

以黑白光栅传感器为例，介绍莫尔条纹测量位移原理。

把光栅常数相等的主光栅和指示光栅相对叠合（片间留有很小的间隙），并使栅线（光栅刻线）间保持很小的夹角，于是在近似垂直栅线的方向出现明暗相间的条纹。如图 2-6 所示，在 $a-a'$ 线上两光栅的栅线重合，光线从缝隙中通过，形成亮带；在 $b-b'$ 线上，两光栅的栅线彼此错开，形成暗带。这种明暗相间的条纹称为莫尔条纹，因其方向与刻线方向垂直，故又称为横向莫尔条纹，由图 2-6 可见横向莫尔条纹的斜率为

$$\tan\alpha = \tan\frac{\theta}{2} \tag{2-1}$$

式中：α 为亮（暗）带的倾斜角；θ 为两光栅的栅线夹角。

横向莫尔条纹（亮带与暗带）的间距为

$$B_{\mathrm{H}} = AB = \frac{BC}{\sin\frac{\theta}{2}} = \frac{W}{2\sin\frac{\theta}{2}} \approx \frac{W}{\theta} \tag{2-2}$$

式中：B_{H} 为横向莫尔条纹间距；W 为光栅常数。

由此可见，莫尔条纹的宽度 B_{H} 由光栅常数和光栅的夹角决定。对于给定光栅常数的两光栅，夹角越小，条纹越稀，通过调整夹角，可使条纹宽度具有任何所需值。

使用两块光栅，主光栅较长，与测量范围一致，固定在运动零件上，随着零件仪器运动。指示光栅较短，与光电元件固定不动。两块光栅相对移动时，可以观察到莫尔条纹的光强变化。设初始位置为接收亮带信号，随着光栅移动，光强的变化如图 2-7（a）所示，由亮进入稍暗，然后半亮半暗、全暗、半暗半亮、稍暗、全亮。这意味着光栅移动一个栅距，莫尔条纹的变化经历一个周期，即移动了一个条纹间距。光强的变化或硅光电池输出电压的变化规律由图 2-7（b）的曲线看作为一近似的正弦曲线。

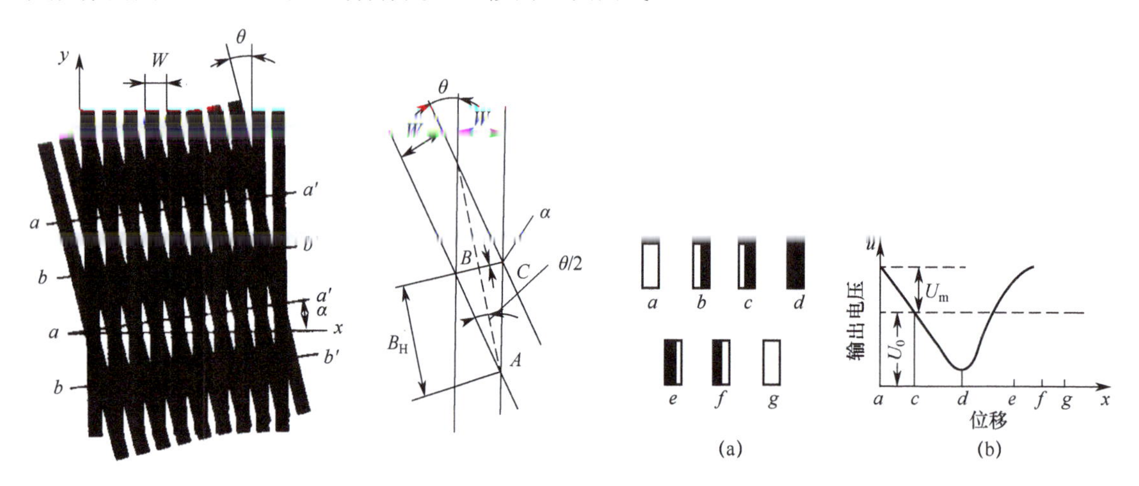

图 2-6 光栅和横向莫尔条纹　　　　图 2-7 光强（输出电压）同位移的关系

光电元件把接收到的光强变化转换为电信号输出，输出与位移的关系由下式表示

$$u = U_0 + U_0 \sin\left(\frac{\pi}{2} + \frac{2\pi x}{W}\right) \tag{2-3}$$

式中：U_0 为直流电压分量；W 为栅距；x 为位移。

当光栅移动一个栅距时，莫尔条纹走过一个条纹间距。电压输出的正弦变化正好经历一个周期，可通过电路整形处理，变成一个脉冲输出。脉冲数和条纹数与移动的栅距数是一一对应的，因此位移量 x 为

$$x = Nw \tag{2-4}$$

式中：N 为条纹数。据此可知运动零件的位移量。

莫尔条纹具有如下特性。

（1）方向性。

莫尔条纹垂直于角平分线，与光栅移动方向垂直。当指示光栅不动，主光栅的刻线与指示光栅刻线之间始终保持夹角 θ，主光栅沿刻线的垂直方向做相对移动时，莫尔条纹将沿光栅刻线方向移动；光栅反向移动，莫尔条纹也反向移动。当两光栅的相对移动方向不变时，改变 θ 的方向，则莫尔条纹的移动方向改变。由于光栅刻线夹角 θ 可以调节，因此可以根据需要改变 θ 的大小来调节莫尔条纹的间距，这给实际应用带来了方便。

（2）同步性。

主光栅每移动一个栅距 W，莫尔条纹也相应移动一个间距 B_H。因此通过测量莫尔条纹的移动，就能测量光栅移动的大小和方向，这要比直接对光栅进行测量容易得多。

（3）放大性。

当两个光栅刻线夹角 θ 较小时，由式（2-2）可知，W 一定时，θ 越小，则 B_H 越大，相

当于把栅距 W 放大了 $1/\theta$ 倍。例如，对 50 条/mm 的光栅，$W=0.02$mm，若取 $\theta=0.1°$，则莫尔条纹间距 $B_H=110459$mm，$K=573$，相当于将栅距放大了 573 倍。因此，莫尔条纹实现了大倍率光学放大，可以实现高灵敏度的位移测量。

（4）准确性。

莫尔条纹是由光栅的许多刻线共同形成的，对刻线误差具有平均效应，能在很大程度上消除由于刻线误差所引起的局部和短周期误差影响，可以达到比光栅本身刻线精度更高的测量精度。因此，计量光栅特别适合于小位移、高精度位移测量。

3．光栅位移传感器结构

光栅位移传感器通常由光源、聚光镜、主光栅（标尺光栅）、指示光栅和光电接收元件组成，包含透射式结构和反射式结构两种。透射式光栅传感器如图 2-8 所示，光源经指示光栅透射后与主光栅产生的莫尔条纹被光电元件接收。

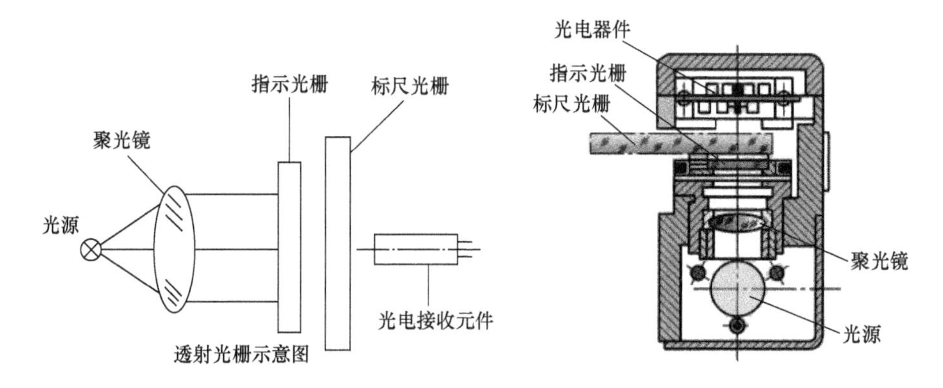

图 2-8　光栅位移传感器的结构

（1）光源。

光源供给光栅传感器工作所需的光能。光栅传感器的光源有单色光和普通白光两种，单色光源有激光、汞灯等，也可以采用普通光源加滤光片得到，普通白光选用白炽灯泡。对于栅距较小的光栅尺，常用单色光源照明，栅距较大的黑白光栅，常采用白炽灯作光源。近年来固态光源发展很快，如砷化镓发光二极管可以在−66～100℃的温度下工作，发出的光近似红外光，脉冲响应速度约为几十纳秒，与光敏三极管组合可得到 2μm 的响应速度，这种快速响应的特性，可使光源工作在触发状态，从而减小功耗和热耗散。

（2）聚光镜。

聚光镜将光源发出的光转换成平行光，通常采用单个凸透镜作为聚光镜。

（3）主光栅和指示光栅。

主光栅又称标尺光栅，是测量的基准，它与指示光栅组合成光栅组，光栅组是光栅传感器的核心部分，整个光栅传感器的精度主要由光栅组的精度决定。

在长光栅尺中，一般来说标尺光栅比指示光栅长。标尺光栅的长度由测量范围确定，指示光栅则为一小块，只要能满足测量所需的莫尔条纹数量即可。在采用长光栅的系统中，指示光栅一般不动，标尺光栅随测量工作方向移动。但在使用长光栅的数控机床中，标尺光栅往往固定在机床上不动，指示光栅随拖板一起移动。

采用圆光栅尺的情况与此类似。圆光栅中的标尺光栅通常是整个圆光栅，固定在主轴上，并随主轴一起转动，指示光栅则为一小块，通常固定不动。

标尺光栅与指示光栅刻线面相对，两者之间保持很小而且均匀的间隙，该间隙越小越好，以保证在运动过程中不会发生摩擦为原则，间隙增大将会使莫尔条纹信噪比下降。

（4）光电接收元件。

光电接收元件包括光电池和光敏三极管等，采用固态光源时，选用敏感波长与光源接近的光敏元件可提高转换效率。光敏元件输出端常接有放大器，以增强信号输出。光电接收元件的作用是将形成的莫尔条纹的明暗强度变化转换为电量输出。有时，为了增大莫尔条纹的信号强度，在光栅和光电接收元件之间加置一块聚光镜，此时光电接收元件的敏感面安置在该聚光镜的焦面上，从而能使光电接收元件输出较大的光电流，以利于后续电路处理。

（5）辨向电路。

辨向电路根据传感器的输出信号判别移动方向。在实际应用中，大部分被测物体的移动往往不是单向的，既有正向运动，也可能有反向运动。采用一个光电原件的光栅传感器，无论光栅作正向还是反向移动，莫尔条纹都作明暗交替变化，光电元件总是输出同一规律变化的电信号，此电信号只能计数，但不能分辨运动方向，以致不能正确测量位移。

设主光栅随被测零件正向移动 10 个栅距后，又反向移动 1 个栅距。可是由于单个光电元件缺乏辨向本领，从正向运动的 10 个栅距得到 10 个条纹信号，从反向运动的 1 个栅距又得到 1 个条纹信号，总计得到 11 个条纹信号。这就和正向移动 11 个栅距得到的条纹信号相同，因而所测的位移量结果是不正确的。

如果能够在物体正向移动时，将得到的脉冲数累加，物体反向移动时从已累加的脉冲数中减去反向移动的脉冲数，因而能得到正确的测量结果。

能完成辨向功能的电路是辨向电路，辨向逻辑原理如图 2-9 所示。图 2-9（a）展示了在相距 1/4 纹间距的位置上设置两个光电元件 1 和 2，以得到两个相位互差 90° 的正弦信号 u_1 和 u_2，此信号经过放大、整形后得到两个方波信号 u_1' 和 u_2'，分别送到图 2-9（b）所示的辨向电路中，从图 2-9（c）中可看出，在指示光栅正向（向右）移动时，u_2' 的上升沿经微分后产生的尖脉冲正好与 u_2' 的高电平相与，与门 Y_1 产生计数脉冲。而 u_2' 经反向后产生的微分尖脉冲正好被 u_2' 的低电平封锁，与门 Y_2 无法产生计数脉冲，始终保持低电平。反之，当指示光栅向左移动时，由图 2-9（d）可知，Y_1 关闭，Y_2 产生计数脉冲，并被送到减法计数器，作减法技术。这样就达到了辨别光栅正、反移动的目的。

4. 光栅式传感器应用

由于光栅传感器测量精度高、动态测量范围广、可进行无接触测量、易实现系统的自动化和数字化，因而在机械工业中得到了广泛的应用。特别是在量具、数控机床的闭环反馈控制、工作母机的坐标测量等方面，光栅传感器都起着重要作用。光栅式传感器在几何测量领域中多用于测量长度（或直线位移）和角度（或角位移）。具体应用有以下几方面。

（1）长度和角度的精密计量仪器。如线值计量的工具显微镜、测长仪、比长仪、三坐标测量机等，角度计量的分度头、圆转台，以及度盘检验仪等。

（2）位移测量同步比较动态测量仪器。如测量线位移和角位移的渐开线齿形检查仪、丝杠动态检查仪，以及测量角位移和角位移的齿形单面啮合检查仪、传动链测量仪等。在这类仪器中，测量角位移绝大多数用光栅式传感器，测量线位移也多数用光栅式传感器。

（3）高精度机床上的线位移和角位移测量。如高精度的光学坐标镗床、长刻线机和圆刻线机等。

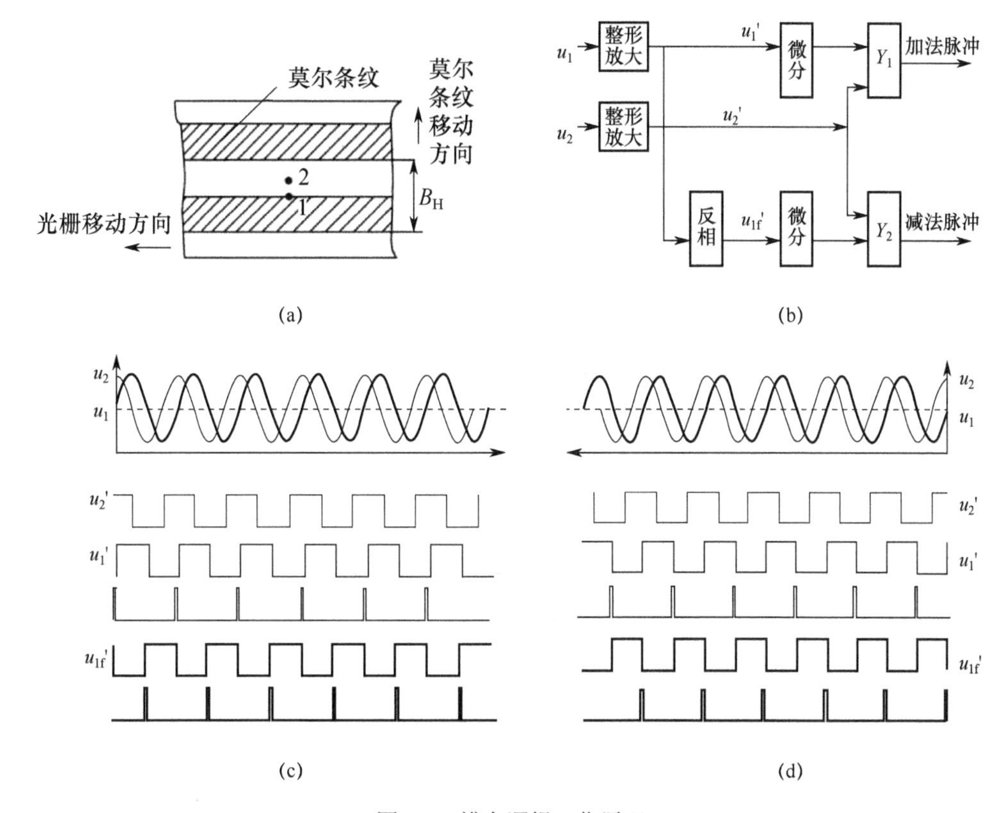

图 2-9　辨向逻辑工作原理

（a）光电元件位置；（b）辨向电路；（c）正向移动时信号；（d）反向移动时信号。

（4）数控机床上的位移测量。当前在数控机床的检测系统中，光栅式传感器用得很普遍，如数控车床、数控铣床以及数控滚齿机等。

（5）其他应用。如在测量振动、速度、加速度、重量、应力和应变等方面也将光栅作为检测元件使用。

2.1.2　激光干涉位移传感器

激光干涉位移传感器以激光为光源，测量精度高、分辨率高，测量 1m 长度精度可达 $10^{-1}\sim10^{-8}$ 量级，并可测出 10^{-4}nm 以下的长度变化，量程可达几十米，便于实现自动测量。激光干涉传感器可用作普通干涉系统（迈克尔逊干涉系统），这时所用的激光器可以是一般的稳频激光器（即单频激光器），也可以用塞曼效应或声光效应分成两个频率相近的双频激光器作光源，其抗干扰能力较强。

激光干涉传感器可应用于精密长度计量，如线纹尺和光栅的检定、量块自动测量、精密丝杆动态测量等，还可用于工件尺寸、坐标尺寸的精密测量中。

1．基本工作原理

激光干涉传感器的基本工作原理就是光的干涉原理。在实际长度测量中，应用最广泛的仍是迈克尔逊双光束干涉系统。如图 2-10 所示，来自光源 S 的光经光透半反分光镜 B 后分成两路，这两路光束分别由固定反射镜 M_1 和可动反射镜 M_2 反射在观察屏 P 处相遇产生干涉。

当镜 M_2 每移动半个光波波长时，干涉条纹亮暗变化一次，因此测长的基本公式为

$$x = N\frac{\lambda_0}{2n} \tag{2-5}$$

式中：x 为被测长度；n 为空气折射率；λ_0 为真空中光波波长；N 为干涉条纹亮暗变化的数目。干涉条纹由光电器件接收，经电路处理由计数器计数，则可测得 x 值。当光源为激光时就称为激光干涉系统。所以激光干涉测长是以激光波长为基准，用对干涉条纹计数的方法进行的。

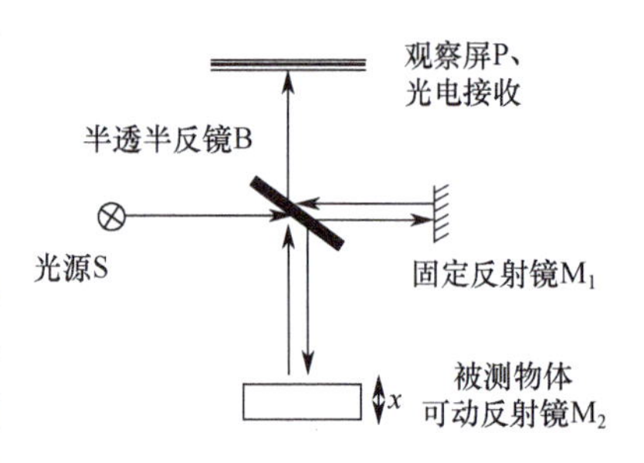

图 2-10　迈克尔逊干涉系统

由于激光波长随空气折射率 n 而变化，n 又受测量环境条件（温度、气压、湿度、气体成分等）的影响。因此在高精度测量中，特别是较长距离高精度测量中，对环境要求甚严，而且必须实时测量折射率 n，并自动修正它对激光波长的影响。

2．单频激光干涉传感器

单频激光干涉传感器是由单频氦氖激光器作为光源的迈克尔逊干涉系统，其光路系统如图 2-11 所示。氦氖激光器发出的激光束经平行光管 14（由聚光镜、光缆、准直镜组成）成为平行光束，通过反射镜 12 反射至分光镜 7 反射至可动角锥棱镜 4（固定在工作台上）返回。这两路返回光束在分光镜 7 处汇合形成干涉。被测物 1 安置在工作台 2 上，随工作台带着角锥棱镜 4 一起平稳移动，从而改变了该路的光程，使干涉条纹亮暗变化。工作台每移动 $\lambda/2$（λ 为激光波长），干涉条纹亮暗变化一个周期。相位板 5 是用来得到两路相位差为 90° 的干涉条纹信号为电路细分和辨向用。该两路相差 90° 的条纹信号分别经反射镜 11 和 10 反射，由各自物镜 9 汇聚于各自的光电器件 8 上，产生两种相位差为 90° 的光电信号，经电路处理成为具有长度单位当量的脉冲，由可逆计数器计数并显示工作台移动的距离（即被测长度）；或由计算机处理，打印出测量结果。

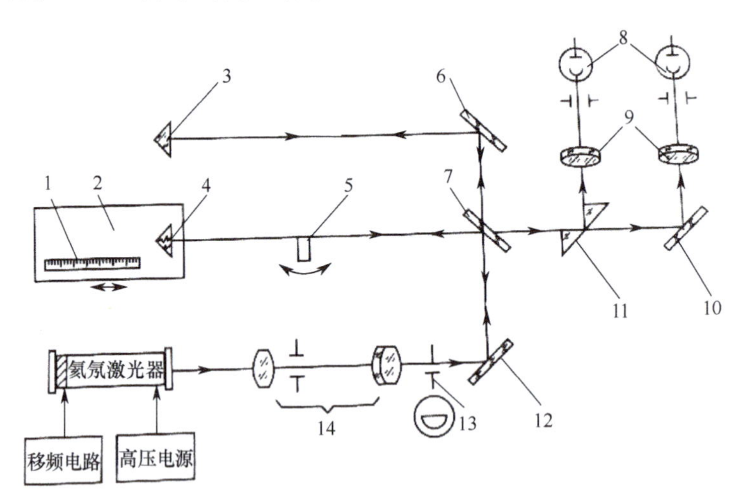

图 2-11　单频激光干涉传感器光路系统原理图

1—被测物；2—工作台；3,4—角锥棱镜；5—相位板；6,10,11 和 12—反射镜；7—分光镜；8—光电器件；9 物镜；13—半圆光阑；14—平行光管。

光路系统中的可动反射镜 4 和固定反射镜 3 均采用角锥棱镜，而不采用平面反射镜，这是为了消除工作台在运动过程中产生的角度偏移而带来的附加误差。半圆光阑 13 是为了防

止返回的光束经反射镜 12 返回到激光器中，从而保证激光器的工作稳定。也可利用 1/4 玻片来改变激光束的偏振方向，使激光器正常工作。

单频激光干涉传感器精度高，例如采用稳频单模氦氖激光器测 10m 长，可得 0.5μm 精度，但对环境条件要求高，抗干扰（如空气湍流、热波动等）能力差，因此主要用于条件较好的实验室以及被测距离不太大的情况下。

3．双频激光干涉传感器

双频激光干涉传感器采用双频氦氖激光器作为光源。其精度高，抗干扰能力强，空气湍流、热波动等影响甚微，因此降低了对环境条件的要求，使它不仅能用于实验室，还可在车间条件下测量大距离用。

双频激光干涉传感器的光路系统如图 2-12 所示。通常将单频氦氖激光器置于轴向磁场中，成为双频氦氖激光器。

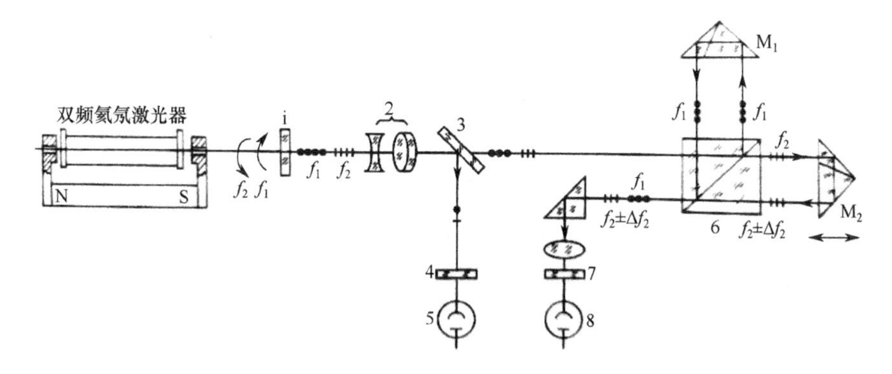

图 2-12　双频激光干涉传感器光路系统原理图

1—1/4 玻片；2—扩束透镜；3—分光镜；4 和 7—检偏器；5 和 8—光电器件；6—偏振分光镜。

由于塞曼效应（外磁场使粒子获得附加能量而引起能级分裂和谱线分裂）使激光的谱线在磁场中分裂成两个旋转方向相反的圆偏振光，从而得到两种频率的双频激光。设它们的振幅为 A，频率分别为 f_1 和 f_2，则振动方程为

$$右旋\begin{cases} x_1(t) = A\sin(2\pi f_1 t + \varphi_1) \\ y_1(t) = A\cos(2\pi f_1 t + \varphi_1) \end{cases} \tag{2-6}$$

$$左旋\begin{cases} x_2(t) = -A\sin(2\pi f_2 t + \varphi_2) \\ y_2(t) = A\cos(2\pi f_2 t + \varphi_2) \end{cases} \tag{2-7}$$

式中：φ_1 和 φ_2 分别为频率为 f_1 和 f_2 光波的初相角。f_1 与 f_2 的频率差 $\Delta f = f_1 - f_2$，与磁场强度及激光器增益有关，一般磁场强度约 0.2～0.3T，频差约为 1.2～1.8MHz。Δf 与氦氖激光频率 4.74×10^{14}Hz 相比是极小的。由于激光时间相干性和空间相干性都很好，因此两种波长（或频率）稍有差异的激光也能相干，这种特殊的干涉称作“拍”。若两光波在水平方向合成，按叠加原理，则由上式可得到合成振动为

$$y(t) = 2A\cos\left(\pi\Delta f t + \frac{\Delta\varphi}{2}\right)\cos(2\pi f t + \varphi) \tag{2-8}$$

式中：$\Delta\varphi = \varphi_1 - \varphi_2$；$\varphi = (\varphi_1 + \varphi_2)/2$；$f = (f_1 + f_2)/2$，$\Delta f = f_1 - f_2$。由此可知合成振动仍可看作频率为 f 的高频简谐振动，其振幅 $2A\cos(\pi\Delta f t + \Delta\varphi/2)$ 是随时间 t 作缓慢周期变化的，变化频率为 $\Delta f = f_1 - f_2$，这种现象就称为“拍”（也称为振幅的调制），幅值变化的频率 Δf

称为拍频。

合成振动的光强 I 可用振幅的平方表示

$$I = 4A^2\cos^2\left(\pi\Delta ft + \frac{\Delta\varphi}{2}\right) \tag{2-9}$$

由此可知，光强也是随时间 t 从 $0\sim 4A^2$ 周期地变化，变化频率就是拍频 $\Delta f = f_1 - f_2$。光强变化用光电器件接受，则可得到频率为拍频 Δf 的正弦电信号。

双频激光器所输出的两个旋向相反的圆偏振光经过 1/4 玻片 1（其光轴与水平方向 45°放置）后，变成垂直和水平方向的两个线偏振光，经扩束透镜 2 扩束并准直，由分光镜 3 分成两路，反射的一路光（约 4%～10%）经检偏器（只让一个特定方向的线偏振光通过）4 在光电器件 5 上取得频率为 $f_1 - f_2$ 的拍频信号作为参考信号 $\cos 2\pi(f_1 - f_2)t$，其余大部分光透过分光镜 3 进入干涉系统。偏振分光镜 6 对偏振面垂直于入射面频率为 f_1 线偏振光产生全反射，使之进入固定角锥棱镜 M_1；同时，偏振分光镜 6 使偏振面在入射面内频率为 f_2 的线偏振光全透过，使之进入可动角锥棱镜 M_2。f_1 和 f_2 分别经 M_1 和 M_2 反射后，返回到偏振分光镜 6 的分光面的同一点上。当 M_2 随被测物以速度 v 移动时，根据多普勒效应，频率 f_2 将产生偏移，变成 $f_2 + \Delta f_2$。

$$f_2 + \Delta f_2 = f_2\sqrt{\frac{c \pm 2v}{c \mp 2v}} \tag{2-10}$$

式中：c 为光速。当 M_2 移近分光镜 6 时，上式分子取 $c + 2v$，分母取 $c - 2v$；M_2 移远时，则反之。由于 $c \gg 2v$，因此式（2-10）展开取前两项作近似值，则得

$$f_2 + \Delta f_2 = f_2\left(1 \pm \frac{2v}{c}\right) \tag{2-11}$$

在分光镜 6 的分光面汇合的频率分别为 f_1 和 $f_2 + \Delta f_2$ 的两束互相垂直的线偏振光，在 45° 方向上的投影经检偏器 7，在光电器件 8 上获得频率为 $f_1 - (f_2 + \Delta f_2)$ 的测量信号 $\cos^2(f_1 - (f_2 \mp \Delta f_2))t$。

参考信号和测量信号分别经放大、整形后，由减法器进行相减。减法器输出的脉冲数就是多普勒频差 Δf_2 在 M_2 移动的间距所对应的时间 t 内求积分，即

$$N = \int_0^t \Delta f_2 \mathrm{d}t = \int_0^t \frac{2v}{c} f_2 \mathrm{d}t = \int_0^l \frac{2}{c} f_2 \mathrm{d}l = \int_0^l \frac{2}{\lambda_2} \mathrm{d}l = \frac{2l}{\lambda_2} \tag{2-12}$$

式中：λ_2 为频率 f_2 的光波波长；l 为 M_2 的位移（即被测位移）。由 N 值可得到被测位移。

由上述分析可知，双频激光干涉传感器输出的是频率为 Δf 以及 $\Delta f \pm \Delta f_2$ 的交流电信号，被测位移仅使信号的频率 Δf 变化，变化量为 $\pm\Delta f_2$，是一种频率调制信号，中心频率 Δf 与被测物位移速度无关，因此可用高放大倍率窄带交流放大电路，从而克服单频激光干涉仪直流放大器的零漂，且在光强衰减 90%的情况下仍能正常工作。$\Delta f = f_1 - f_2$ 在 f_1 和 f_2 受外界干扰而变化时，仍能基本保持稳定，所以双频激光干涉传感器抗干扰性能好，不怕空气湍流、热波动、油雾、尘烟等干扰，可用于现场大量程精密测量。在波长稳定性为 10^{-8} 情况下，在 10～50m 范围内可得到 1μm 精度，分辨率小于 0.1μm，测速低于 300mm/s。

4．共光路激光干涉测量

在干涉测量中应用最普遍的迈克尔逊干涉仪、马赫–泽德干涉仪、泰曼–格林干涉仪等的测量光路与参考光路都是分开布局。当它们受到的温度和振动影响不同时，会造成接收面上

干涉条纹的不稳定，影响高精度测量。采用共光路干涉仪会很好地解决上述问题。共光路干涉仪就是干涉仪中测量光束和参考光束经过同一光路，对环境的振动、温度变化和气流变化所产生的共模干扰是相同的，可以被抑制，不仅可以降低对测量环境的要求，而且会得到很高的测量精度。

共光路干涉仪不需要专门的参考表面，参考光束直接来自被测表面的一个微小区域，它不受被测表面的误差影响。当这一光束与通过被测表面的全孔径测量光束发生干涉时就可直接获得被测表面的缺陷信息。在这类共光路干涉仪中，干涉场中心的两支光束光程差一般为零，对光源的时间相干性要求不高。还有一类共光路干涉仪的干涉条纹是由一路光束相对另一路光束错位产生的，参考光束与测量光束均受被测表面信息影响，干涉图需经某些处理后才能得到被测表面的信息，这类干涉仪称为共路错位干涉仪。

图 2-13 为斐索干涉仪原理图。激光光源发出的光被汇聚到针孔光阑处，该针孔光阑又处于准直镜的焦点上。单色光经针孔和准直物镜形成平行光直接射向参考镜和被测表面。参考镜是半反半透镜，经参考镜反射的光作为参考光，经物镜汇聚在干涉面上。透射过参考镜的光经被测件表面反射，再经准直物镜也汇聚到干涉平面上，并与参考光相遇，形成干涉条纹。如果参考表面和被测表面都是理想的，两者形成等厚条纹，如果被测表面凹凸不平，则形成与被测表面相对应的弯曲条纹。对该平面干涉图作图像测量和图像分析计算就可得到被测表面的缺陷值（如表面粗糙度、球面或非球面的缺陷等）。

斐索干涉仪中针孔的离焦、分光镜的厚度、准直物镜的像差都会使出射光的准直性受到破坏，使成像质量受到影响，设计时应严格要求。参考镜常常做成 10′～20′的楔形角，以隔离其背面产生的有害反射光线。

斐索干涉仪的参考面与被测面之间的空气间隔越小，其共路性越好。如果不能做到这一点，只能称其为准共路干涉仪。

图 2-14 为米勒干涉仪。光源发出的光经整形成扩束的平行光后，被长工作距离的物镜汇聚，照明被测物表面。在物镜和被测物之间放置半反半透镜和参考镜，光源的照明光被半反半透镜反射和透射。反射光经参考镜和物镜透射到 CCD 光敏面上，而透过半反半透镜的光经被测物反射也被物镜成像在 CCD 的光敏面上，两束光相遇形成干涉。由于得到的干涉图是被物镜放大的，因此该仪器的垂直分辨力能达到 0.1nm，水平分辨力约 1.5μm，但测量范围很小，仅为几微米。

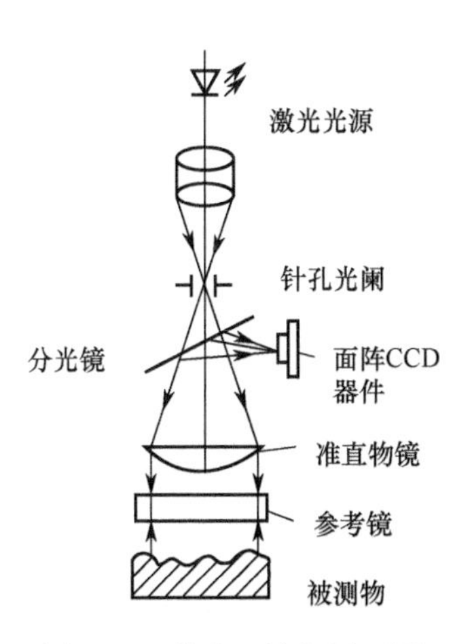

图 2-13　斐索干涉仪原理图

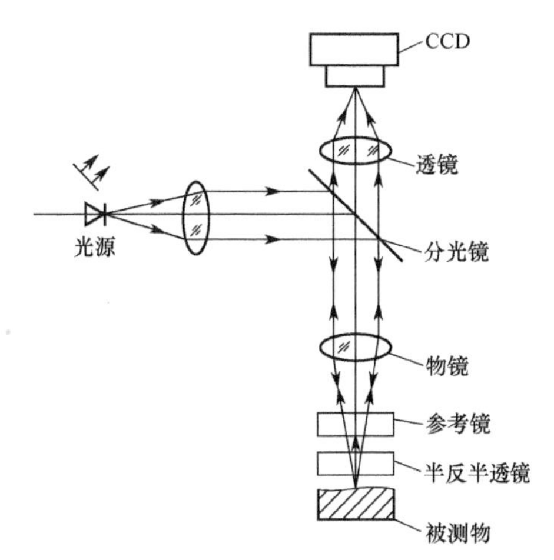

图 2-14　米勒干涉仪

2.1.3 激光衍射传感器

光的衍射是光的波动性的反映。当光遇到障碍物或孔时，可以绕过障碍物到达几何光学（光的直线传播）要成为“阴影”的区域或到孔的外面去，这种现象称为光的衍射。由于光的波长较短，因此只有当光通过很小的孔或狭缝或细丝时，才能有明显的衍射现象。激光衍射传感器利用了激光单色性好、方向性好、亮度高的特点，使光的衍射现象能真正应用于微小直径、位移、振动、压力、应变等高精度非接触测量中。例如，测量 0.1mm 以下的细线外径，测量精度可达 0.05μm。

1．基本工作原理

光束通过被测物产生衍射现象时，在其后面的屏幕上形成光强有规则分布的光斑。这些光斑条纹称为衍射图样。衍射图样和衍射物（即障碍物或孔）的尺寸，以及光学系统的参数有关，因此根据衍射图样及其变化就可确定衍射物，也就是被测物的尺寸。

按光源 S、衍射物 x 和观察衍射条纹的屏幕 P 三者之间的位置，可将光的衍射现象分为两类：菲涅尔衍射（S、x 和 P 三者间距较小，是有限距离处的衍射）和夫琅禾费衍射（S、x 和 P 三者间距无限远，是无限距离处的衍射）。若入射光和衍射光都是平行光束，就好似光源和观察屏幕分别在两个透镜的焦平面上，就可将菲涅尔衍射转变为夫琅禾费衍射。夫琅禾费衍射在理论分析上较为简单，所以在此仅讨论夫琅禾费衍射。

（1）夫琅禾费单缝衍射。

平行单色光垂直照射宽度为 b 的狭缝 AB，经透镜在其焦平面处的屏幕上形成夫琅禾费衍射图样。若衍射角为 φ 的一束平行光经透镜后聚焦在屏幕上 P 点，如图 2-15 所示，AC 垂直 BC，则衍射角为 φ 的光线从狭缝 A、B 两边到达 P 点的光程差，即它们的两条边缘光线之间的光程差为

$$BC = b\sin\varphi \tag{2-13}$$

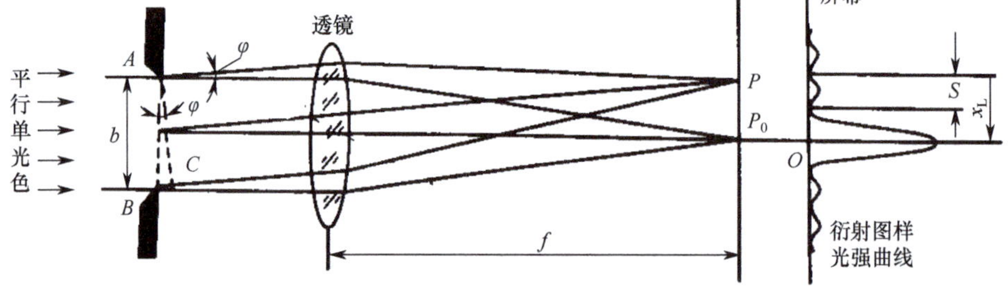

图 2-15 夫琅和费单缝衍射原理图

P 点干涉条纹的亮暗由 BC 值决定；BC 值为光波半波长 $\lambda/2$ 的偶数倍，P 点为暗条纹；BC 值为 $\lambda/2$ 的奇数倍，P 点为亮条纹。亮暗条纹分布于零级亮条纹的两侧，中央零级亮条纹最亮最宽，为其他亮条纹宽度的两倍。两侧亮条纹随级数增大而逐渐减小，它们的位置可以近似认为是等距分布的。暗点等距分布在中心两点的两侧。当狭缝宽度 b 变小时，衍射条纹将对称于中心亮点向两边扩展，条纹间距增大。

当采用氦氖激光器作为光源时，由于激光的方向性好，发散角仅 1mrad，因此相当于平行光束，可以直接照射狭缝。又由于激光单色性好、亮度高，因此衍射图样明亮清晰，衍射

级次可以很高。此时，若屏幕离开狭缝的距离 L 远大于狭缝宽度，则将透镜去掉，仍可以在屏幕上得到垂直于缝宽方向的亮暗相同的夫琅禾费衍射图样。

$$b=\frac{kL\lambda}{x_k}=\frac{L\lambda}{S} \tag{2-14}$$

式中：k 为从 $\varphi=0$ 算起的暗点数；x_k 为第 k 级暗点到中心亮条纹的间距；λ 为激光波长；$S=x_k/k$ 为相邻两暗点的间隔。

图 2-16 显示了屏幕离狭缝距离 L 为 1m 时，不同 b 值所形成的几种衍射图样。由于 b 值的微小变化将引起条纹位置和间隔的明显变化，因此可以用目测或相机记录或光电测量出条纹间距，从而求得 b 值或其他变化量。用物体的微小间隔、位移或振动等代替狭缝或狭缝的一边，则可测出物体微小间隔、位移或振动等值。

夫琅和费单缝衍射测量装置的误差由 L 和 x_k 的测量精度决定。狭缝宽度 b 一般为 0.01～0.5mm。

（2）夫琅禾费细丝衍射。

由氦氖激光器发出的激光束照射细丝（被测物）时，其衍射效应和狭缝一样，在屏幕（在焦距为 f 的透镜的焦平面处）上形成夫琅禾费衍射图样，如图 2-17 所示，与上同理，相邻两暗点或亮点间隔 S 与细丝直径 d 的关系为

$$d=\frac{\lambda f}{S} \tag{2-15}$$

当被测细丝直径变化时，各条纹位置和间距也随之变化。因此可根据两点或暗点间距测出细丝直径。其测量范围为 0.01～0.1mm，分辨力为 0.05μm，测量精度一般为 0.1μm，也可高达 0.05μm。

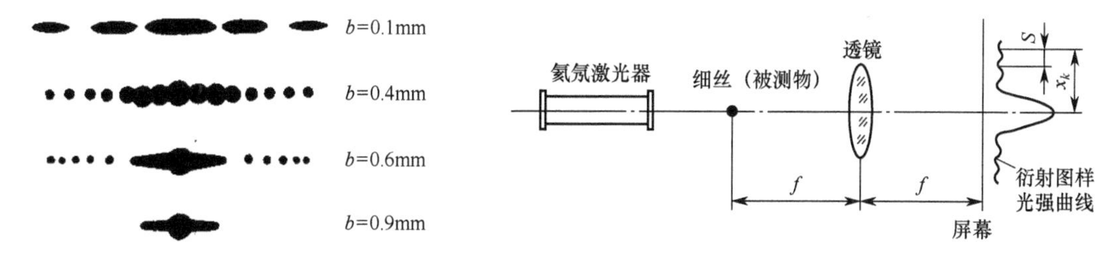

图 2-16　不同狭缝宽度 b 的衍射图案

图 2-17　激光细丝衍射原理图

由激光器、光学零件和将衍射图样转换成电信号的光电器件所组成的激光衍射传感器的特点是：结构简单、精度高、测量范围小、需选用 1.5mW 较大功率的氦氖激光器，激光平行光束要经望远镜系统扩束成直径大于 1mm（有时为 3mm）的光束。

2．测量应用

利用激光衍射传感器可以测量微小间隔、微小直径、薄带宽度、狭缝宽度、微孔孔径、微小位移以及能转换成位移的物理量（如质量、温度、振动、加速度、压力等）。

（1）转镜扫描式激光衍射测径。

该测径仪的测量范围为 0.01～0.3mm，精度为 0.1μm。如图 2-18 所示，氦氖激光器 1 发出的平行激光束照射被测细丝 2，在反射镜 3 处形成夫琅禾费衍射图样。同步电机 4 带动反射镜 3 稳速转动。随着反射镜 3 的转动，使衍射图样亮暗条纹相继扫过狭缝光阑 5 而被光电倍增管接收，转换成电信号。若将某两暗点（例如第 2 暗点和第 3 暗点）之间的扫描时间 t

由电路测出，则经数显电路最后显示出被测细丝的直径 $d=\dfrac{(L_1+L_2)\lambda}{4\pi nL_2t}=\dfrac{k}{t}$。其中，$L_1$ 为反射镜到被测细丝的距离；L_2 为光电倍增管到反射镜的距离；n 为电机转速（r/s）。

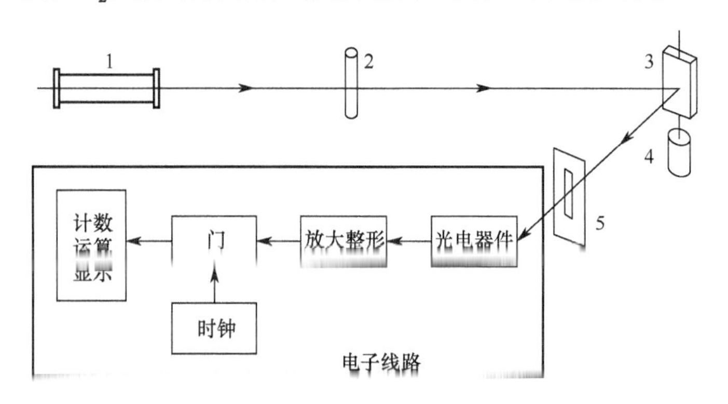

图 2-18　转镜扫描式激光衍射测径原理图

1—氦氖激光器；2—被测细丝；3—反射镜；4—同步电机；5—光阑。

（2）激光衍射振幅测量。

激光衍射测量振动原理如图 2-19 所示，氦氖激光器发出的激光照射由基准棱和被测物所组成的狭缝，在 P 处产生夫琅和费衍射图样。设狭缝初始宽度为 b，光电器件置于第 k（一般取 2 或 3）级条纹的暗点处，距零级中心线为 x_k，即 $x_k=kS=kL\lambda/b$。当被测物体作简谐振动时，若振动方程为 $x=X_M\sin wt$，则狭缝宽度变为 $b-x=b-X_M\sin wt$，衍射条纹位置和间隔相应变化，则

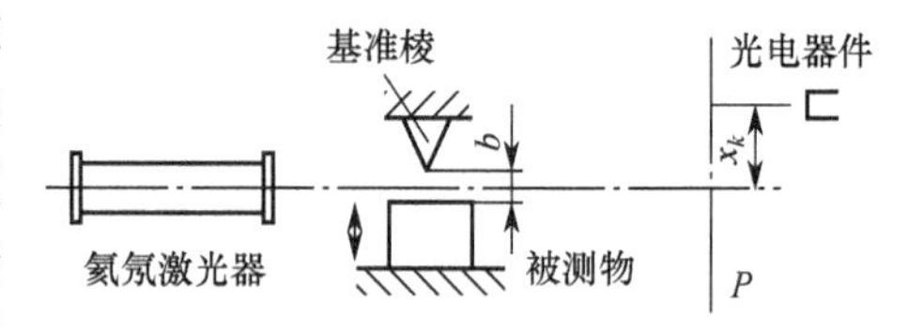

图 2-19　激光衍射测振原理图

$$x_k'=\frac{kL\lambda}{b-X_M\sin wt} \tag{2-16}$$

因此，x_k' 是 X_M 的函数。由于光电器件位置固定，即 x_k 为定值，因此 x_k' 的变化使光电器件所接收的光强随之变化。若满足被测振幅 $X_M<\dfrac{b}{2}$，则可直接根据光电信号幅值得到 X_M 值。

（3）激光扫描测径。

激光束以恒定的速度扫描被测物体（如圆棒），由于激光方向性好、亮度高，因此光束在物体边缘形成强对比度的光强分布，经光电转换器件转换成脉冲电信号，脉冲宽度与被测尺寸（如圆棒直径）成正比，从而实现了物体的非接触式自动测量。

图 2-20 为激光扫描测径仪原理图。同步电机 1 带动位于透镜 3（能得到完全平行光和恒定扫描速度的透镜）焦平面上的多面反射镜 2 旋转，使激光束扫描被测物体 4，扫描光束由光电器件 5 接收转换成电信号并被放大。

为了确定被测物轮廓边缘在光电信号中所对应的位置，采用两次微分电路，其输出波形如图 2-21 所示。由于物体轮廓的光强分布因激光衍射影响而形成缓慢的过渡区，如图 2-21（a）所示，因此不能准确形成边缘脉冲。为此，要尽量减小衍射图样，除了选取短焦距透镜外，还采用了电路处理方法。在一般的信号处理中，取最大输出的半功率点（即 $I_0/2$）作为边缘信号。这种方法受激光光强波动、放大器漂移等影响，而不易得到高的精度。为了得到

较高的测量精度，可对光电信号通过电路二次微分，并根据二次微分的过零点作为轮廓的边缘位置。经过电路运算，最后数字形式显示出被测直径。

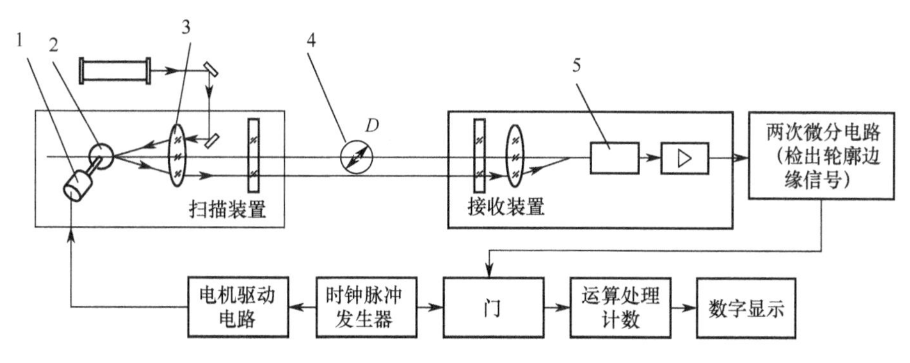

图 2-20 激光扫描测径仪原理图

1—同步电机；2—多面反射镜；3—透镜；4—被测物体；5—光电器件。

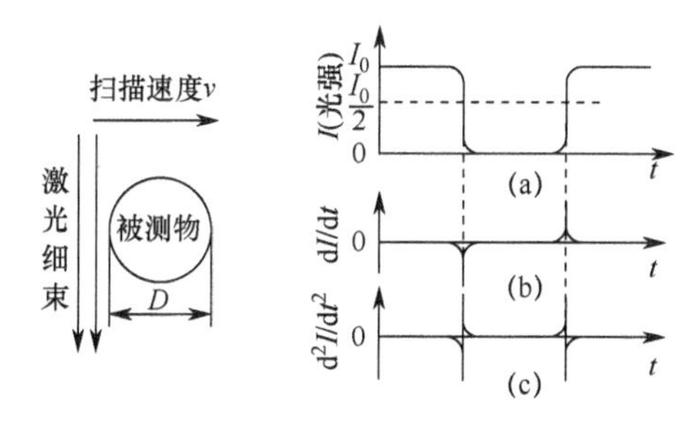

图 2-21 检出被测物轮廓边缘两次微分输出波形

当被测直径较小时，例如金属丝或纤维，直径在 0.5mm 以下，若采用激光扫描法测量，由于线径小，扫描区间窄，扫描镜不需要大幅度的转动，因此可以采用音叉等作为扫描镜偏转驱动装置。其测量范围为60～200μm，测量精度为1%。

当被测直径大（大于 50mm）时，可采用双光路激光扫描传感器，工作原理同上，只需将两个光路的光电信号合成，经电路处理则可测得被测直径。

2.1.4 激光三角法测距

激光三角法测距传感器是利用光电技术对距离进行非接触测量的一种新型传感器，具有测量速度快、抗干扰能力强、测量点小、适用范围广等优点。

1. 激光三角法测距的基本原理

激光三角法测距的基本原理是基于平面三角几何，如图 2-22 所示。一束激光经发射透镜准直后照射到被测物体表面，物体表面散射的光线通过接收透镜汇聚到高分辨率的光电检测器件上，形成一个散射光斑，该散射光斑的中心位置由传感器与被测物体表面之间的距离决定，而光电检测器件输出的电信号与光斑的中心位置有关。因此，通过对光电检测器件输出的电信号进行运算处理就可获得传感器与被测物体表面之间的距离信息。

为了达到精确的聚焦，发射光束和光电检测器件受光面以及接收透镜平面必须相交于一点。在图 2-22 中，假设发射光束和接收透镜光轴之间的夹角为θ，光电检测器件的受光面和接收透镜光轴之间的夹角为φ，接收透镜在基准距离处的物距和像距分别为E和E'，不难

推出被测物体的距离变化Δ和光电检测器件上散射光斑像点的位置变化δ之间的关系为

$$\Delta = E \cdot \sin\varphi \cdot \frac{\delta}{[E' \cdot \sin\theta - \delta \cdot \sin(\theta+\varphi)]} = \frac{(D_1 \cdot \delta)}{(D_2 - \delta)} \tag{2-17}$$

式中：$D_1 = \dfrac{E \cdot \sin\varphi}{\sin(\theta+\varphi)}$；$D_2 = \dfrac{E' \cdot \sin\varphi}{\sin(\theta+\varphi)}$。

式（2-17）的推导不带任何先行假设或近似，因此这一关系是严格精确的，它对任何距离的变化都成立。基于这一关系进行运算处理，便可实现激光三角法测距传感器的高分辨率和大量程。三角法测距具有非接触、不易划伤表面、结构简单、测量距离大、抗干扰、测量点小（几十微米）、测量准确度高等优点。测量精度受到光学元件本身的精度、环境温度、激光束的光强和直径大小以及被测物体的表面特征等影响。

2．传感器系统结构

激光三角法测距传感器的系统组成如图 2-23 所示，它由传感头、激光驱动电路和信号处理电路等三大部分组成。

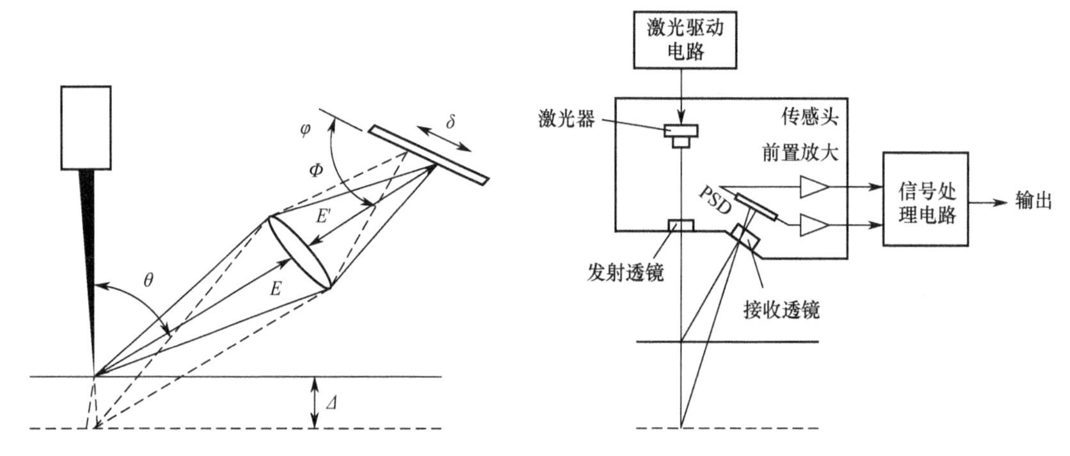

图 2-22　激光三角测距原理图

图 2-23　激光三角法测距传感器系统结构图

传感头主要包括光路系统和对光电检测器件输出的电信号进行放大变换的前置电路。光电检测器件采用的是新型位敏元件 PSD。PSD 是为适合位置、位移、距离等精确实时测量而发展起来的一种新型半导体光电敏感器件，它利用半导体的横向光电效应来测量入射光点的位置。PSD 器件与电荷耦合器件 CCD 不同，属于非离散型器件，其输出电流随光点位置的不同而连续变化，具有体积小、灵敏度高、噪声低、分辨率高、频谱响应宽、响应速度快、价格低等优点，目前在光学定位、跟踪、位移、距离及角度测量等方面获得了广泛的应用。

在位移和距离的测量中一般使用一维 PSD。如果有光斑入射到 PSD 的表面，那么将在光斑位置产生一个与光能量成正比的光生电荷，当 PSD 的公共端加上正电压时，其两端输出电极便会产生光电流I_1和I_2，而且电流I_1、I_2与光斑中心位置到输出电极X_1、X_2间的距离成反比。如果以 PSD 的中心为零点，并假设δ为光斑中心位置对零点的偏移，L为 PSD 两电极之间的距离，则有

$$W = L/2 \cdot (I_1 - I_2)/(I_1 + I_2) \tag{2-18}$$

通过式（2-18）便可由 PSD 的输出电流I_1和I_2计算出入射光斑的中心位置，再利用式（2-17）即可计算出相应的距离变化量。

激光光束的光源为半导体激光器。激光驱动电路的功能是为半导体激光器提供恒定的、无浪涌的脉冲驱动电流。为了提高激光测距传感器的抗干扰能力，半导体激光器工作在脉冲状态，也就是采用调制光源。由于半导体激光器抗“浪涌”电流的能力非常弱，因此，在设计激光光源驱动电路时，采用了自动电流控制（ACC）电路，使注入半导体激光器的电流保持恒定，并使该电路具有慢起动功能，以便保护激光器免遭“浪涌”损坏。另外，为提高半导体激光器的抗静电能力，驱动电路里还采取了一定的防静电措施。

信号处理电路的主要功能是将位敏元件 PSD 的输出电流 I_1 和 I_2，经过放大和运算处理，变换成与距离相对应的电压信号。信号处理电路由前级放大电路、脉冲解调电路、算术运算电路、后级放大电路、自动控制增益电路和监测指示电路几部分组成，其中，算术运算电路是最核心的部分。由于各光学器件的实际定位值与理论设计值之间有一定的差别，这些差别都会以非线性的形式反映在传感器的输出上。因此，算术运算电路除了能实现上述公式所要求的算术运算功能外，还能够通过调整电路参数来改善传感器的非线性。可以说，该部分电路的性能直接影响了测距传感器的测量精度和线性度。

3．传感器测量应用

实际应用时，可以采用两个传感器以提高效率，如图 2-24 所示。图 2-24（a）为有参考表面的情况，两传感器同向，可以减小偏心误差；图 2-24（b）为相对测量，两传感器反向，无参考表面，可以克服钢板本身上下起伏造成的误差。

图 2-25 为冷轧钢板在线测厚系统。激光测厚仪由上、下两个对射的激光测头组成，激光测头 1 和激光测头 2 以固定间距 A 相对布置，工作时激光测头 1 发射一束激光照射被测物的上表面，上表面光斑的漫反射光再返回到激光测头 1 内的光电元件上，通过光斑的位置分析和计算，可以得到激光测头 1 到被测物上表面的实际距离 B_1，同理可以得到激光测头 2 到被测物下表面的距离 B_2。用两个测头之间的间距 A 减去两个测头到被测物上下表面的距离 B_1、B_2 即可得到被测物的厚度 H。这种系统适用于在线测量钢板/铝板等板材厚度，测头对表面颜色和纹理变化以及背景光的影响不敏感。

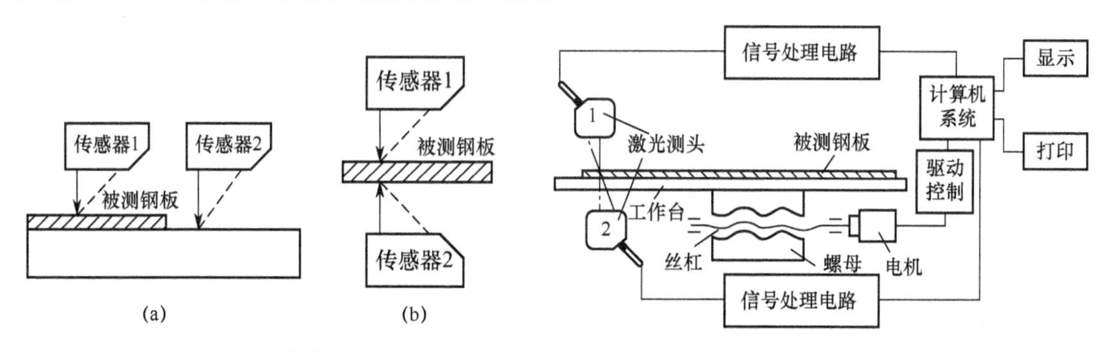

图 2-24 冷轧钢板厚度线测量方法

图 2-25 冷轧钢板在线测厚系统

相关测试结果表明，在室温和自然光下，以具有均匀散射特性的物体作为被测目标时，可以达到较好的精度和线性度。如以白纸为目标，测距范围可达 60～140mm，分辨率可达 0.1mm。以非均匀散射的物体作为被测目标时，该传感器的精度和线性度略有下降。以黑色物体（如橡胶）作为被测目标时，由于散射光斑较弱，位敏元件 PSD 的输出较小，测距误差较大。以非匹配表面（粗糙度太高或太低）的物体及透明体作被测目标时，由于位敏元件 PSD 接收不到散射光斑，传感器基本上无输出。

2.1.5 绝对测距

1. 激光测距

利用脉冲激光的发射角小，能量在空间相对集中、瞬时功率大（兆伏数量级）的优点，可在被检测处设有反射器时，获得极远的测程，也可在无反射器时，获得几千米的目标测程。可以利用激光脉冲或相位进行测距。激光相位测距的原理在 1.2.4 节已有描述，这里不再赘述，下面主要分析脉冲激光测距原理及影响其精度的因素。

脉冲激光测距原理是利用对激光传播往返时间的测量来完成测距的。当往返时间为 t、光速为 c 时，所测距离为

$$l = ct/2 \tag{2-19}$$

在激光器发射功率为一定的情况下，光电探测器接收的回波功率 P_L 的大小与测距机的光学系统的透过率有关，与目标表面的物理性质有关，与被测距离 L 大小有关。显然，实现测距的基本条件是回波功率 P 必须大于或等于测距机的最小探测功率。

图 2-26 是脉冲激光测距的方框图。由脉冲激光发射系统、接收系统、控制电路、时钟脉冲振荡器和计数显示电路等组成。其工作过程如下：按下启动开关，复原电路给出复原信号使整机复原，处于准备测量状态，同时触发脉冲激光发生器，产生激光脉冲，该脉冲光中一小部分由参考信号取样器直接送到接收系统，作为计时的起始点信号，而大部分激光射向目标，由目标反射后返回测距仪，由接收系统接收，形成测距信号。参考及测距信号的两个光脉冲先后经光阑、干涉滤光片限制探测入射光的波长，它们都是为减小非信号背景的影响、提高信噪比而设置的。由光电探测器产生的电脉冲，经放大器和整形器之后，输出一定形状的负脉冲至控制电路。由参考信号产生的负脉冲 A 经控制电路去打开电子门，这时具有一定频率的时钟振荡器所产生的时钟脉冲，通过电子门，进入计数显示电路，进行计数或计时。当测距信号 B 到时，关闭电子门，计数或计时停止，从而获得了用脉冲数表示的激光测距往返时间。各脉冲波形之间的相互关系如图 2-27 所示。

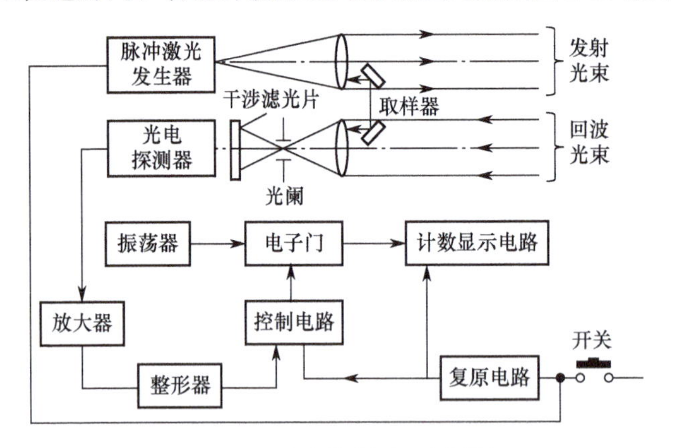

图 2-26 脉冲激光测距方框图

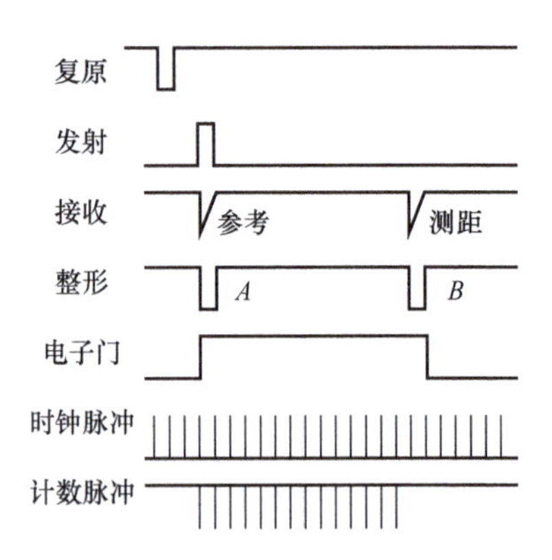

图 2-27 各脉冲波形间的关系

当测距为 1500m 时，脉冲时间 $t = 2l/c = 10\mu s$，如果这时采用的时钟脉冲率 f=150MHz，那么在 10μs 时间间隔内只对应计数 1500 个脉冲，也就是说每个脉冲所代表测距为 1m。在检测中如有 1 个脉冲的误差，其测距误差则是 1m。这对于远距离测量来说尚能允许，但对近距离如 50m 来说，其相对误差就太大了。通过提高时钟脉冲的频率可以减小这一误差，但是过高的时钟脉冲不易获得。

由式（2-19）可以求出测距误差的表达式，即

$$\Delta L = \frac{t}{2}\Delta c + \frac{c}{2}\Delta t \tag{2-20}$$

误差的第一项是由于大气折射率的变化而引起光速的偏差，此项误差很小，可以忽略不计。第二项为测量时间的误差而引起测距误差。影响测时误差的主要因素有时钟脉冲的周期（时钟量化单位）引起的误差：激光脉冲前沿受目标或反射器影响而展宽；放大器和整形电路的时间响应不够使脉冲前沿变斜，主要决定于放大器的上限截止频率 f_h。图 2-28 表示了由于脉冲前沿的变斜而产生的误差。当$\Delta t = 1$ns 时，将产生 1m 的测距误差。一般测距准确度为 1～5m。因此要减小测时误差 Δt，一方面要求放大器和整形电路有足够的时间响应，另一方面压窄激光脉冲宽度，使脉冲前沿变陡。压窄激光脉冲宽度的手段是采用激光调 Q 技术，如电动机转镜调 Q、电光调 Q 和锁模技术。使激光脉冲宽度变窄，不仅可提高测距精度，而且还能大大提高激光输出的峰值功率。例如：锁模激光的脉宽可达 10～13fs，峰值功率达 10～12W。前置放大器设计的好坏直接影响测距的准确度和测距的量程。由于前置放大器的上限频率不高引起信号脉冲前沿变斜，产生测距误差，而前置放大器的固有噪声直接影响探测最小信号脉冲幅值，使测量距离受到限制。前放电路抑制噪声干扰的办法是：通过 1200pF 耦合电容将 0.5MHz 以下的干扰衰减掉，用 RC 去耦电路和电感线圈抑制级间干扰。减小前置放大器固有噪声的办法是：选用低噪声放大管；设计第一级的放大倍数为 100 多倍，第二级为几十倍，因为放大器的噪声系数主要取决于第一级。

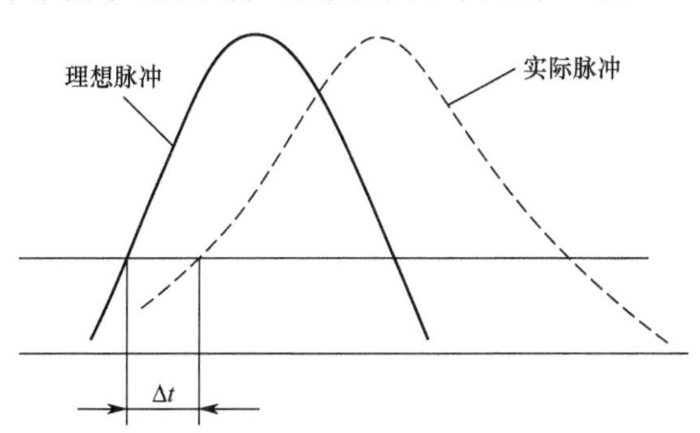

图 2-28　脉冲前沿的变斜产生的误差

脉冲激光测距的原理和结构都较为简单，且测程远、功耗小。但这类测距装置的主要缺点是绝对测距的精度较低，约为 m 数量级。

2. 超声波测距

声波是媒质中传播的质点的位置、压强和密度对相应静止值的扰动。高于 2×10^4 Hz 时的机械波称为超声波，媒质包括气体、液体和固体。流体中的声波常称为压缩波或压强波，对一般流体媒质而言，声波是一种纵波，传播速度为

$$c = \mathrm{sqrt}(E/\rho) \tag{2-21}$$

式中：E 为媒质的弹性模量（$\mathrm{kg/mm^2}$）；ρ 为媒质的密度（$\mathrm{kg/mm^3}$）；E 为复数，其虚数部分代表损耗；c 也是复数，其实数部分代表传播速度，虚数部分则与衰减常数（每单位距离强度或幅度的衰减，m/s）有关。测量后者可求得媒质中的损耗。声波的传播与媒质的弹性模量密度、内耗以及形状大小（产生折射、反射、衍射等）有关。

利用声波反射原理，已知声速 c，测量发射波与反射波的时间间隔 t，可得到发射点与

反射点的距离 S 为

$$S = c \cdot t / 2 \tag{2-22}$$

超声波测距的特点是：超声波束发散，测量范围小；波束聚焦困难，测量精度低；另外要求测量目标不能太小。因此超声波测距适用于大目标、近距离、一般精度测距。例如手持测距仪，可用于盲人导盲；汽车倒车雷达，应用于汽车安全；工业中应用较多，如超声测量液位、物位等。

2.2 角度及角位移检测

对角度及角位移检测可以通过光电编码器、圆光栅、CCD 或其他方式实现。

2.2.1 光电编码器

脉冲编码是一种旋转式脉冲发生器，它将机械转角或速度变化转换为电脉冲输出，是一种常用的角位移检测传感器。脉冲编码器有光电式、接触式和电磁感应式三种。

光电式脉冲编码器，在发光元件和光电接收元件之间，有一个直接安装在旋转轴上的具有相当数量的透光与不透光扇形区的编码盘，当它转动时，就可得到与转角或转速成比例的脉冲电压信号，而且具有非接触、速度高、反应快、可靠性高等特点，是精密数字控制、数控机械系统中常用的角位移检测传感器。

表 2-1 为光电编码器按其结构和数字脉冲的性质进行的分类。

表 2-1 光电编码器的分类

<table>
<tr><td rowspan="4">构造类型</td><td rowspan="2">转动方式</td><td colspan="2">直线–线性编码器</td></tr>
<tr><td colspan="2">转动–转轴编码器</td></tr>
<tr><td rowspan="2">光束形式</td><td colspan="2">透射式</td></tr>
<tr><td colspan="2">反射式</td></tr>
<tr><td rowspan="5">信号性质</td><td rowspan="4">增量式</td><td rowspan="2">辨向方向</td><td>可辨向的增量式编码器</td></tr>
<tr><td>不可变相的脉冲发生器</td></tr>
<tr><td rowspan="2">零位信号</td><td>有零位信号</td></tr>
<tr><td>无零位信号</td></tr>
<tr><td colspan="3">绝对式编码器</td></tr>
</table>

1. 增量式光电编码器

增量式编码器与光栅传感器有类似之处，它也需要一个计数和辨向系统，旋转的码盘通过光电元件给出一系列脉冲，在计数中对每个基数进行加或减，从而记录下转动的方向和角位移，由于它只能反映相对于上次转动角度的增量，因此称为增量式。

增量式光电编码器工作原理如图 2-29 所示。

图 2-29 中的编码盘是一个沿周向开出许多角度相等的辐射状透光窄缝（透光区）的圆盘，也称为栅格码盘。外侧码道为增量码道，一般只有三个码道，当码盘（设编码盘一周共 n 个透光窄缝）转过 $1/n$ 圈时，光电元件 B 即发出 1 个计数脉冲，计数器对脉冲的个数进行计数，从而判断编码盘旋转的相对角度。内侧码道为辨向码道，将光电元件 C 发出的辨向脉冲及光电元件 B 发出的计数脉冲送到后面的辨向电路进行处理即可辨别转动的方向。

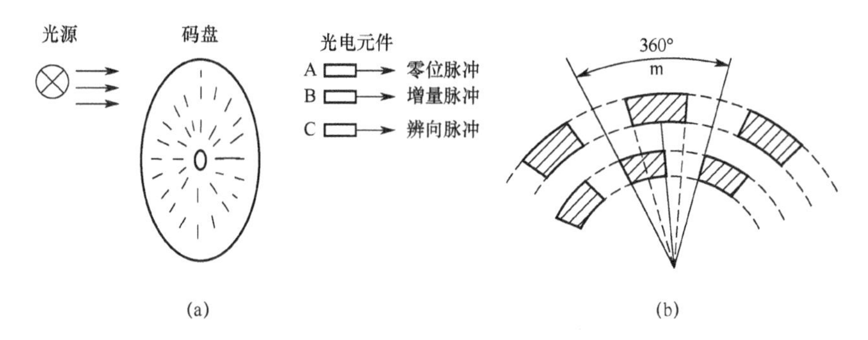

图 2-29 增量式光电编码工作原理

（a）脉冲盘式数字传感器；（b）增量码道与辨向码道。

为了规定旋转原点，在栅格盘靠近圆周一侧设置一原点定位用零脉冲窄缝（图中光电元件 A 所指处），每当工作轴旋转 1 周，光电元件就产生 1 个基准脉冲信号。

目前，在数控系统中应用的增量式编码器，有每转产生 2000、2500、3000、40000 脉冲等多种，最高速度可达 2000r/min。

2. 绝对式光电编码器

绝对式光电编码器将被测角转换成相应的代码，指示其绝对位置，这种编码器是通过读取编码盘上的图案来表示数值的。绝对式光电编码器可以在任意位置给出一个固定的与位置相对应的数字码输出。如果需要测量角位移量，也不一定需要计数器，只要把前后两次位置的数字码相减就可以得到要求测量的角位移量。

图 2-30 所示为绝对式光电编码器的结构示意图。图 2-30（a）为一个四位二进制码盘，有四个码道，16（2^4）个黑白间隔。图中空白的部分不导电，用“0”表示：涂黑的部分为导电区，用“1”表示。所有导电部分连在一起，并通过连续地激励轨道上的电刷接到高电位。在每圈码道上都有一个电刷分别对应（2^0）、（2^1）、（2^2）及（2^3）。电刷经电阻接地，当码盘与被测转轴一起转动时，电刷上将出现相应的高电位和低电位，对应一定的数码。图中内侧是二进制的高位（2^3），外侧是低位（2^0），比如当编码盘转到 11 扇区时，用二进制的“1101”读出的是十进制“13”的角度坐标值。

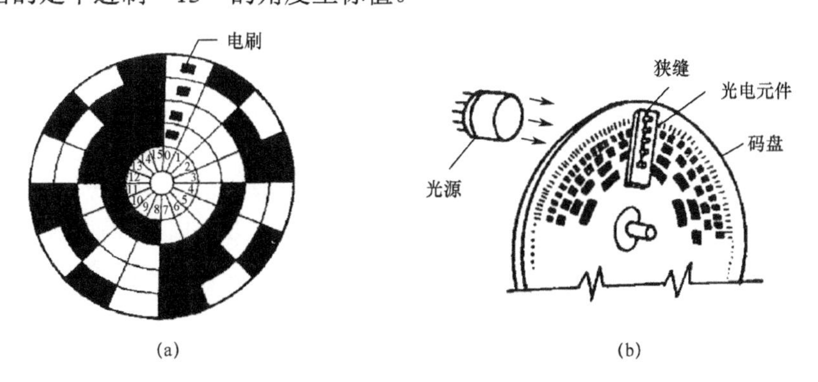

图 2-30 绝对式光电编码器的结构示意图

（a）四位二进制码盘；（b）绝对式光电编码器工作原理。

图 2-30（b）为绝对式光电编码器的工作原理图。光源发射的光线经柱面透镜变为一束平行光照射在编码盘上。编码盘上有一环环间距不同并按一定编码规律刻划的透光和不透光扇形区，这一环环刻划区称为码道。光电元件的排列与各码道一一对应。通过编码盘上不透光区的光线经狭缝板上的狭缝形成一束细光照射在光电元件上，经它把光信号转换成点信号

输出，读出的是与转角位置相对应的扇区的一组代码。

若采用 n 位码盘，则能分辨的角度为

$$\alpha=\frac{360^{\circ}}{2^{n}} \tag{2-23}$$

普通二进制编码盘由于相邻两扇区图案变化时在使用中易产生较大误差，因而在实际应用中可采用格雷码图案的编码盘，它的特点是编码盘从一个计数状态下转到下一个计数状态时，只有一位二进制码改变，所以能把误差控制在一个数单位内，提高了可靠性。

绝对式编码盘能直接指示出机械转动的绝对位置（绝对位置是指规定坐标中的坐标值，即到固定原点的角度），具有机械位置存储功能，停电后再次通电仍能找到编码盘上次指示得到绝对位置。但这种码盘在位数较高时制作困难，成本高，而且在进给转数大于 1 转时，往往需将两个以上编码盘连接起来，组成多级检测装置，使结构复杂，安装困难，不利于推广使用。

3. 光电编码器应用

由于光电编码器能方便地将转动和直线位置数字化，因此它在角度测量中被广泛应用，图 2-31 为光学码盘测角仪的原理图。

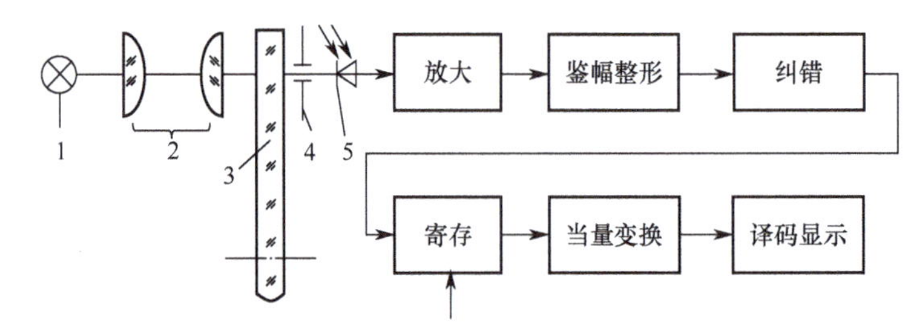

图 2-31　光学码盘测角仪原理图

1—光源；2—聚光镜；3—码盘；4—狭缝；5—光电元件。

光源 1 通过大孔径非球面聚光镜 2 形成均匀狭长的光束照射到码盘 3 上。根据码盘所处的转角位置，位于狭缝 4 后面的一排光电元件 5 输出相应的电信号。该信号经放大、鉴幅（鉴测“0”或“1”电平）、整形后，经当量变换、译码显示（纠错电路和寄存电路在需要时采用），即可测出待测量。

2.2.2　圆光栅测角编码器

圆光栅测角编码器以计量圆光栅为核心基准元件，一般由轴系、光源、准直透镜、主光栅、指示光栅、接受元件以及后续的数据处理电路组成，主要应用于各种精密仪器中，可以将转轴的转角位置转换成对应的数字代码，起着定位和控制反馈作用。圆光栅测角技术在制造业、航空航天领域得到了广泛应用。

1. 圆光栅测角原理

圆光栅有径向光栅、切向光栅、环形光栅等类型，使用较多的是径向光栅（图 2-5）。采用两块栅距相同的径向光栅叠合，并使两光栅中心保持一个不大的偏心量 e，就可产生莫尔条纹，如图 2-32 所示。在偏心方向上由于重叠处两光栅的栅距不同，θ角接近于零，将产生类似纵向的莫尔条纹。在与偏心相垂直的方向上，栅距接近相等，且$\theta\neq0$，产生横向莫尔条纹。在其他方向上，栅距不等，$\theta\neq0$，将产生斜向莫尔条纹。如果仔细研究全面积上的莫尔条纹，如图 2-33 所示，有以下两个特点：

（1）莫尔条纹由一系列切于中心的圆组成；

（2）莫尔条纹的法向宽度随距中心的半径 R 变换而不同，可用下式表示

$$B = d_R R / e \tag{2-24}$$

式中：B 为莫尔条纹的法向宽度；d_R 为位于 R 处的栅距；e 为两光栅间的偏心量。通过调整 e，可达到改变条纹间隔的目的。

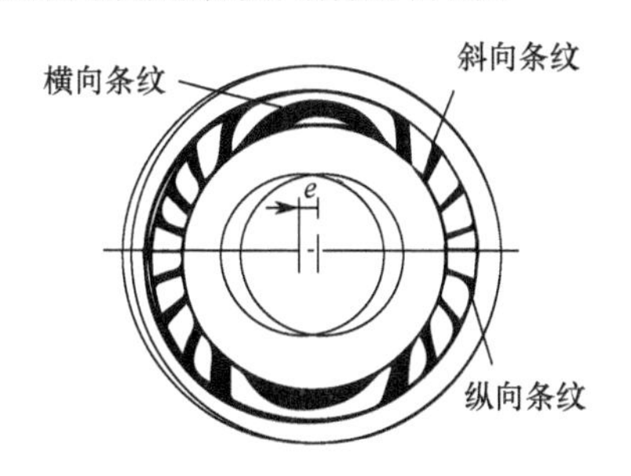

图 2-32　径向光栅的莫尔条纹

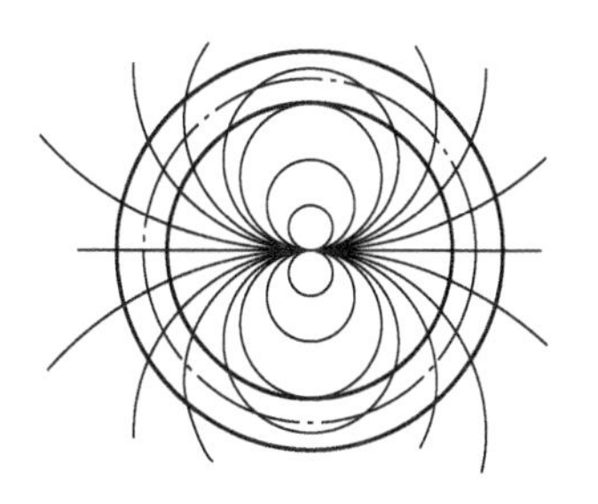

图 2-33　全面积莫尔条纹

实际常用这类光栅产生横向莫尔条纹，当主光栅转动时，横向莫尔条纹径向移动，使之与转角相对应。通过测定莫尔条纹的移动，来测定转角的大小。目前所用径向光栅的栅距多为 20'～20"，相当于每周 1080～64800 条栅线，这就是圆光栅实现精密测角或分度的原理。

2. 圆光栅编码器组成及工作特点

圆光栅编码器是一种数字式角位移传感器，它通过光电转换将角位移信号转换为数字信号，图 2-34 为编码器系统构成图，有透射式和反射式两种。圆光栅编码器由光栅圆环和光栅读数头组成，光栅圆环通常由金属或玻璃制成，不同于光电轴角编码器，圆光栅是在光栅圆环表面刻划光栅条纹，光栅读数头读出光栅圆环表面圆弧所在的位置，通过测量表面弧长间接测量角度。与光电轴角编码器相比，圆光栅编码器具有分辨率高、体积小、安装方便、响应速度快、处理电路简单、中间通光孔径大等优点，因而广泛应用于大型望远镜、精密机械加工、伺服系统位置和速度测量。

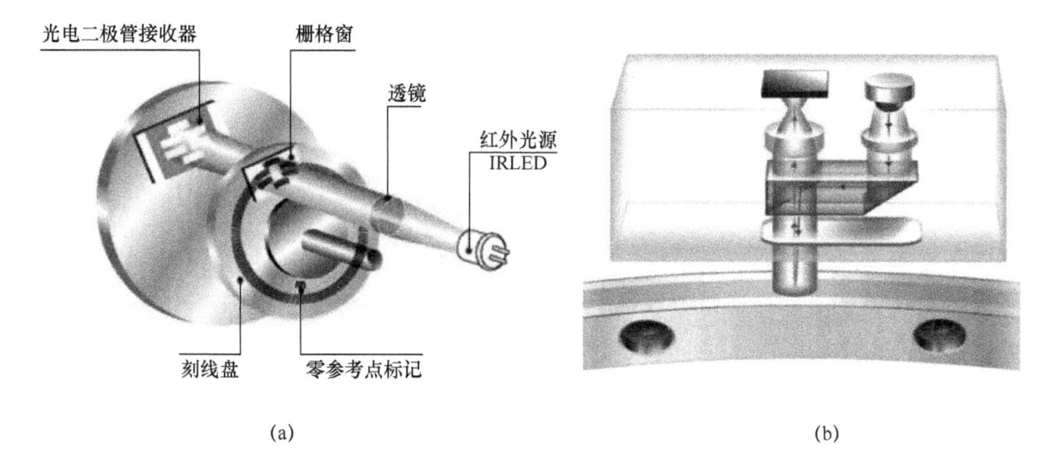

图 2-34　圆光栅编码器系统构成图

（a）透射式；（b）反射式。

高精度圆光栅精密测角装置应用于各种各样的精密仪器、机床或装置，可对角度实现高精度的数字测量。如：长春光机所研制的 GSJ-A 光电数字测角仪，采用 648000 线对的圆光

栅，电子八十倍频，最小读数 0.25 弧秒；中科院光电所研制的 JC-1 精密测角仪，采用 129600 线对圆光栅，电子 500 倍频，最小读数 0.02 弧秒，任意一次动态测量平面夹角的不确定度为 0.19 弧秒；航天工业部一院计量站研制的精密数显转台，采用中科院光电所研制的 129600 线对大圆光栅，电子 1000 细分电路，测角分辨率 0.01″，动态检测圆光栅最大直径间隔误差准确度峰峰值为 0.16″，一次静态测量任意角的准确度，极限误差的峰峰值为 0.22″；中科院长春光机所、光电技术研究所和昆明机床厂研制的光电圆刻机，用ϕ320mm 的圆光栅，五个读数头读取信号，其合成信号的定位精度达 0.2″；中科院光电所研制的 MJ-50 型码盘自动检验仪和 CD-50 型光电圆刻机，采用ϕ280mm 的 64800 线对的圆光栅，多头读取信号，光纤传输合成，其精度均在 0.2″之内。

2.2.3 CCD 测角仪

1. CCD 光电测角仪

CCD 光电测角仪是利用自准直的原理来进行小角度测量的，它将被测件上反射镜旋转角度量变换成光电接收器件上的线量变化，通过测出线量的变化来间接检测出反射面微小角度的变化，测量原理如图 2-35 所示。位于准直物镜焦面上的分划板(A)被照明光源照明后，出射的平行光像经平面镜反射后再经准直物镜成像到 CCD 相机光敏面上(A')。如果平面镜相对于准直物镜光轴有一微小倾角，则分划板中心(A)的像(A')将成在轴外。通过计算反射像相对中心的偏离量，即可以测量平面镜的倾斜角：$\alpha = y'/2f'$。

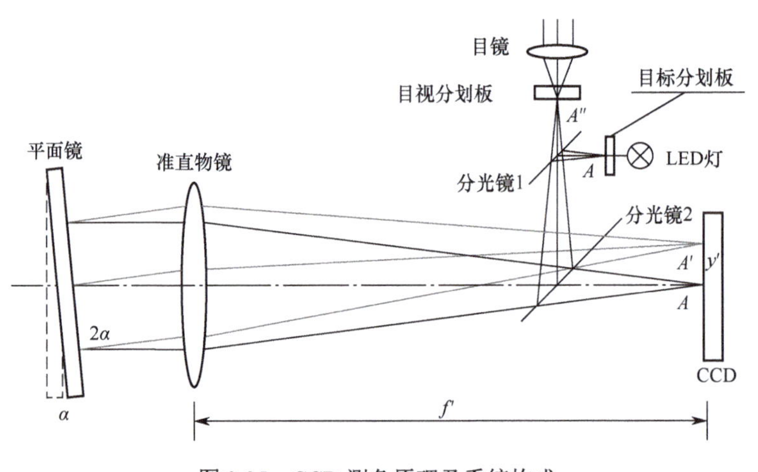

图 2-35　CCD 测角原理及系统构成

设 CCD 像素大小为 c，平面镜垂直光轴时，目标分划板的像位于准直物镜的光轴上(A)。这时 CCD 上提取的目标位置为 N_0。如果平面镜倾斜，在 CCD 上提取的目标的位置为 N_1，则 $y' = (N_1 - N_0) \times c$，故 $\alpha = (N_1 - N_0)c/2f$。

系统的实现原理：LED 灯发出的光经聚光镜均匀照明位于物镜焦平面上的十字分划板上的十字刻线，经分划板后成狭缝光投射到半透射半反射的分光镜 1 上，再经过准直物镜成平行光出射，投射到平面镜上的光线传播方向将发生 180° 的改变反射回准直物镜，透过准直物镜的光线到达分光镜 2，此时光线一部分被分光镜 2 透射至位于物镜焦平面上的线阵 CCD 上，另一部分反射并穿过分光镜 1 后到达目镜，通过目镜可以观察到光像与目视分划板的角度偏差。平面镜法线与系统光轴重合时，光像应与目视分划板重合，CCD 上所测角度值可设置为 0 位。根据 CCD 测量的光像的位置与 0 位的偏差就可计算出平面镜的偏转角度。

2．电视测角仪

电视测角仪常用在反坦克导弹系统中，采用两个 CCD 摄像机和背景抵消的信号提取方法，可使反坦克导弹的制导过程不受太阳的反光、战火的火光、灯光、曳光弹等干扰。电视测角仪是一种集光、机、电于一体的设备，属于技术密集的光电仪器，其关键的技术参数有：视场、零点、精度、灵敏度、抗干扰能力、变焦时间、短焦到位时间等。

（1）工作过程。

如图 2-36 所示，电视测角仪由 7 个部分组成：光学变焦系统、分光镜、滤光片、CCD 摄像机、监视器、图像处理系统和伺服云台。

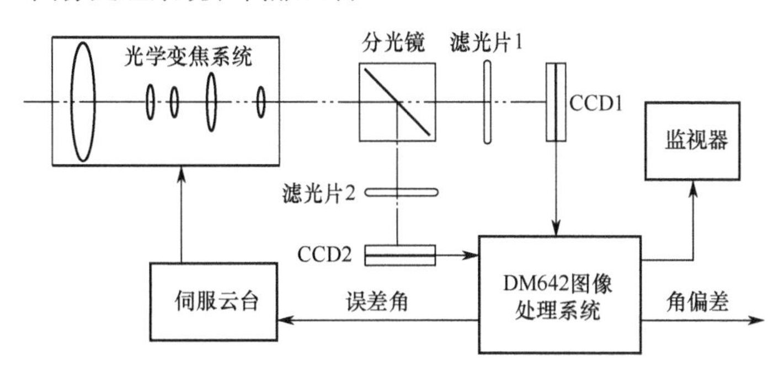

图 2-36　电视测角仪组成

电视测角仪先通过监视器，瞄准视场中的靶目标，然后发射导弹，目标图像由测角仪的光学变焦系统经分光棱镜分成两路：一路经滤光片 1，滤除辐射源发出的光（导弹在飞行中由尾部向后发出一定波长的红外光），给 CCD1 摄像机，转换为视频电压信号，输出到 DM642 图像处理系统，进行靶目标识别，以瞄准线锁定靶目标，计算出瞄准线偏离光轴的误差角，来控制伺服云台转动，使瞄准线始终指向靶目标，实现对靶目标的跟踪；另一路经滤光片 2，只让辐射源发出的光通过，传给 CCD2，然后输出到 DM642 图像处理系统，提取被跟踪的导弹位置，计算出导弹偏离瞄准线的角偏差，用来控制弹目标的飞行方向，使导弹始终朝向靶目标飞行，直至命中目标。

（2）测角原理。

电视测角仪测量角偏差分为两步完成：首先确定瞄准线，然后计算导弹偏离瞄准线的角偏差。瞄准线是通过靶目标在 CCD 上的成像位置确定。设靶目标偏离 CCD 光学轴心的误差角为$\Delta\phi$，弹目标偏离轴心的角度为$\Delta\theta$，CCD1 和 CCD2 的成像面完全重合，可看作一张 CCD 像面，导弹偏离瞄准线的角度为$\Delta\omega$。由于靶目标和弹目标到光学透镜的物距u，都远大于焦距f，即$u \gg f$，则可用小孔成像模型来代替透镜成像模型，如图 2-37 所示。

角度可通过靶目标和弹目标在 CCD 成像面上的位置计算出来。设 CCD 成像面上光学变焦系统的轴心为坐标原点，向左向上的方向为正，则误差角为

$$\Delta\phi = \arctan(\sqrt{\Delta x^2 + \Delta y^2} / f) \tag{2-25}$$

式中：角度$\Delta\phi$在坐标平面上的水平和垂直方向的误差角分别为$\Delta\phi_x$，$\Delta\phi_y$，分别控制云台的水平和垂直转动，且有

$$\Delta\phi_x = \Delta\phi\frac{\Delta x}{\sqrt{\Delta x^2 + \Delta y^2}},\quad \Delta\phi_y = \Delta\phi\frac{\Delta y}{\sqrt{\Delta x^2 + \Delta y^2}} \tag{2-26}$$

由余弦定理，可得角偏差：

$$\Delta\omega=\arccos\frac{f^2+\Delta y\Delta n+\Delta x\Delta m}{(\sqrt{\Delta x^2+\Delta y^2+f^2})(\Delta n^2+\Delta m^2+f^2)} \tag{2-27}$$

$\Delta\omega$ 在水平坐标和垂直坐标方向的角偏差分别为 $\Delta\omega_x$、$\Delta\omega_y$，分别控制导弹的水平和垂直飞行，且有

$$\Delta\omega_x=\Delta\omega\frac{\Delta m-\Delta x}{\sqrt{(\Delta m-\Delta x)^2+(\Delta n-\Delta y)^2}} \tag{2-28}$$

当 $\Delta n=\Delta y$，且 $\Delta m=\Delta x$ 时，则有 $\Delta\omega=\Delta\omega_x=\Delta\omega_y=0$。

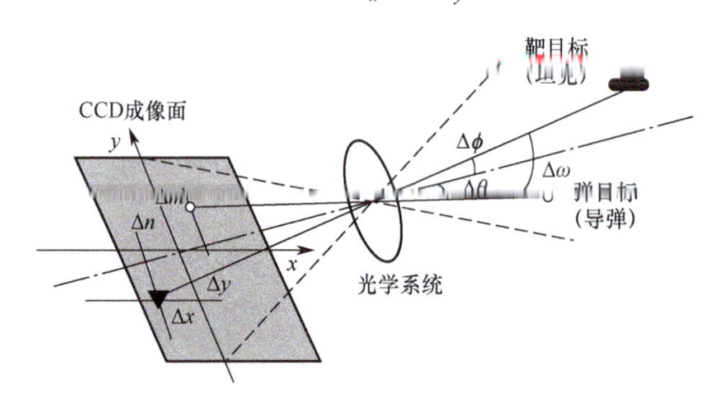

图 2-37　电视测角仪成像原理

2.2.4　其他测角仪

1. 光电水平仪

光电水平仪作为一种常用小角度测量仪器，其在各个领域中有着广泛的应用和重要地位。光电水平仪的角度测量主要是基于光的折射原理和光的反射原理，并结合自准仪模块组合而成。如图 2-38 所示，当水平仪放置在绝对水平的平台上时，光束垂直经过具有一定黏度系数的液体射在平面反射镜上，经平面反射镜后经液体原路射出回到自准直仪，此时入射光与出射光重合。当光电水平仪有角度变化时，由于空气与液体折射率的不同，光束经过液体折射及平面镜反射后进入自准直仪的角度也发生改变，从而测量出光电水平仪偏离的角度。

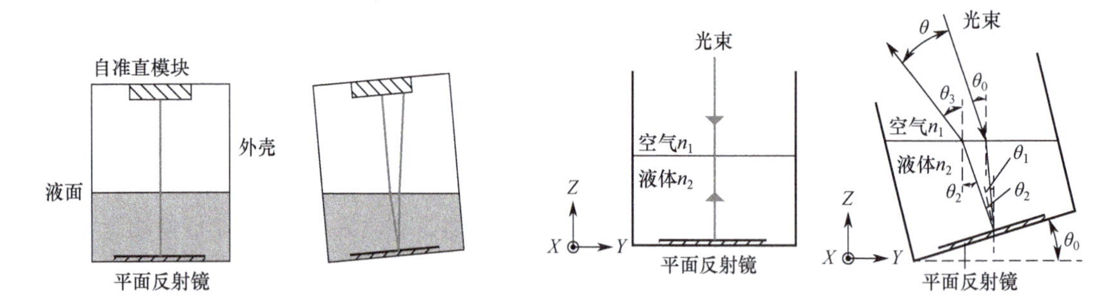

图 2-38　光电水平仪测量原理示意图　　图 2-39　光电水平仪的角度测量原理图

如图 2-39 所示为光电水平仪的角度测量原理图，水平仪的倾斜角为 θ_0，则光束入射角为 θ_0，透过液体时的折射角为 θ_1，经平面镜反射后反射角为 θ_2，再次透过液面的折射角为 θ_3，光束经过一系列的折射—反射—再折射过程后入射光与出射光的夹角为 θ，则水平仪绕 X 方向的滚动角 θ_0 可由下式计算出：

$$\theta_0 = \frac{n_1}{2(n_2 - n_1)}\theta \tag{2-29}$$

式中：n_1为空气的折射率；n_2为液体的折射率；θ为自准直仪的读数。

还有利用发光二极管、二维酒精水平仪及四象限光电二极管做成的水平仪，其原理如图 2-40 所示。在四象限二极管的上方密闭空间内加入酒精，且留有一定空间。当仪器倾斜时，则四象限光电二极管在每个象限接收的信号有差异，因此能够根据四象限信号的关系计算出倾角。输出为电信号，可以方便地进行数据的自动采集、处理及传送。仪器的体积小，结构简单，能进行二维倾斜角的测量。

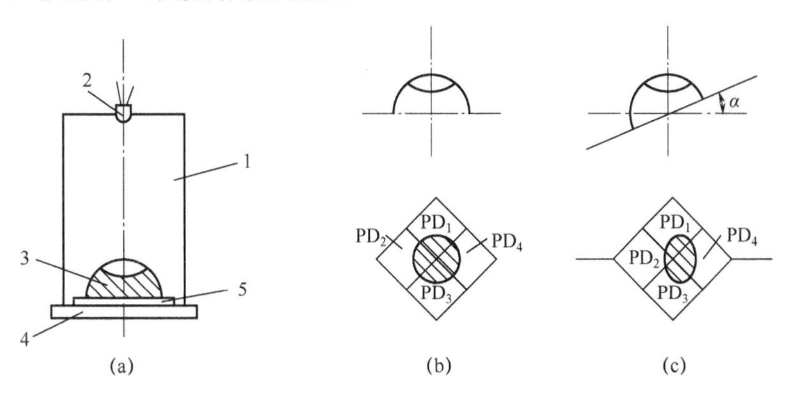

图 2-40　光电式水平仪

（a）整体结构；（b）水平时四象限二极管信号；（c）倾斜时四象限二极管信号。

1—黑箱；2—发光二极管；3—二维酒精水平仪；4—底座；5— 四象限光电二极管。

2．陀螺转子测角仪

陀螺转子偏转角的测量装置示意图如图 2-41 所示。陀螺转子为一个球台，处于初始位置（即自转轴位于竖直位置），在其表面涂覆有黑、白相间的条纹图案，将一个黑色条纹和与其相邻的一个白色条纹作为一组条纹。在距转子表面一定距离且与陀螺转子初始位置自转轴垂直的同心圆上，每隔 90° 放置一个能够发射光并且能够接收黑、白条纹反射光的光电传感器，共放置 4 个光电传感器。

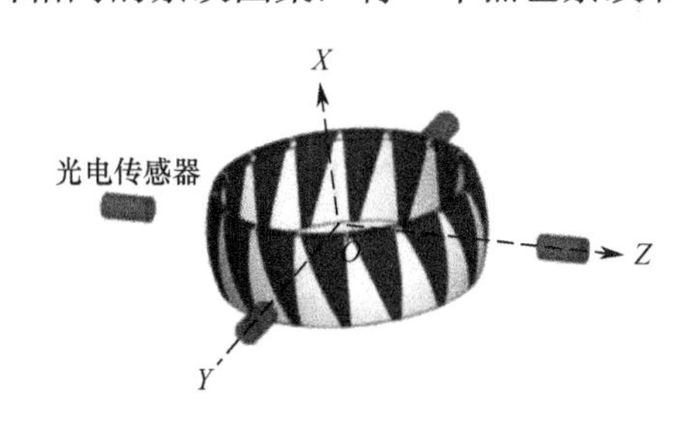

图 2-41　陀螺转子偏转角的测量装置示意图

当陀螺转子以一定的角速度绕其自转轴旋转时，光电传感器可以接收到黑、白色条纹反射的光。由于黑、白条纹对比信号光的反射率存在差异，可以将光电传感器接收到白条纹反射光的随时间与接收到该组黑白条纹反射光之比定义为占空比 k。若陀螺转子转速固定，则占空比 k 可以转化为光电传感器所在的平面与陀螺转子表面相交的交线在白条纹部分的弧长与在该组黑白条纹部分的弧长之比。若陀螺转子的自转轴没有发生偏转（即处于初始位置），4 个光电传感器所测得的占空比是相同的；若陀螺转子的自转轴以球心为定点发生偏转，则 4 个固定不动的光电传感器所测得的占空比会发生变化。根据光电传感器测得的占空比值即可得到陀螺转子的偏转角度。

3．角度的间接测量

可以通过测量与被测角度有关的长度尺寸，通过三角函数计算出被测角度值。例如，双频激光干涉测角仪如图 2-42 所示，以双频干涉测距为基础，根据工作台上反射器移动的距离与边长的关系$\Delta L = L\sin\theta$，计算出转动的角度。

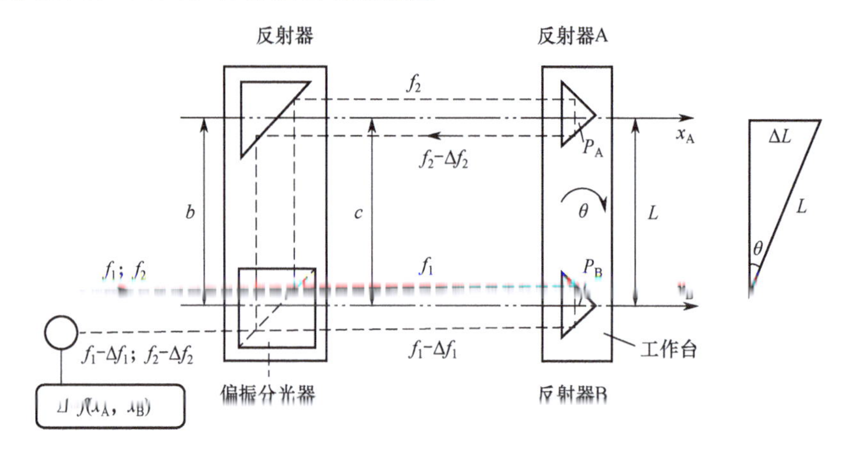

图 2-42　双频激光干涉测角仪

2.3　微小面形检测

物体表面面形检测技术在精密工艺领域非常重要。比如在半导体产业中，使用位置敏感器件（PSD）等精密仪器扫描得到硅片表面面形，可以进一步估算残余应力。对于非球面光学元件的面形检测可以有效评估加工精度。在这些情况下，物体表面的高度差别很小。同时，为防止破坏物体表面，面形检测一般需要非接触、无损等技术手段。光学测量方式是非接触式无损测量物体面形的一个非常好的技术手段。可以通过数字散斑干涉、刀口阴影法进行微小面形的检测。

2.3.1　数字散斑干涉测量

由于电子技术和计算机技术的发展，数字散斑干涉技术（DSPI）在全息散斑计量技术中成为最有实用价值的技术之一。在数字散斑干涉中，摄像机、CCD 等成像设备将散斑干涉场由光信号转换成电信号记录下来，利用模拟或数字的方式将有用的信息提取出来，形成的散斑干涉场可以存入计算机或者直接显示在图像显示器上。在图像处理方面，数字散斑干涉法和光学滤波方法不同，采用图像相减技术，能够尽量减少光学噪声，并且具有实用性强、操作简单、自动化程度高、可以进行静态和动态测量等优点。

1. 散斑的形成

当相干光照射粗糙表面时，漫射光在物体表面前方相遇而产生干涉。有些地方光强加强，有些地方光强减弱，从而形成大小、形状、光强都随机分布的立体斑点，称为散斑。这种随机分布的散斑结构称散斑场，对于确定的漫射面，其对应的散斑场也是确定的，漫射面与散斑场有着一一对应的关系，称为自相关。当物体表面发生刚体位移或弹性形变时，空间散斑将发生相应的位移或运动，这种对应关系称为散斑运动规律。空间散斑的运动规律，是散斑干涉计量的理论基础，通过比较物体变形前后散斑的变化，从而测得物体各部分的位移或应变。

光的干涉在散斑形成中有很重要的作用，两列光波在传播过程中相遇叠加后，如果光的强度在叠加区域的一些地方有极大值，一些地方有极小值，这种叠加区域出现的光强度的强弱分布现象称为光的干涉现象。而两列波相遇时要发生干涉的条件是：振动频率相同时，振动方向相同，相位相同或相位差恒定。当满足上述 3 个条件时，就能发生干涉。由于光干涉的条件非常苛刻，要得到光的干涉，现在常用的方法就是把同一个光源所发出的光分成两束，然后使这两束光再在空间相遇，在这种情况下，由光源发出的两束光，都能满足相干条件，从而发生干涉，这两束光称为相干光。光学干涉检测是一项复杂的精密测试技术，它需要结合并运用光学、电子、机械、计算机等多个领域的知识和技术，这种检测方法最终归结为对一系列静态或动态连续的实时干涉条纹图进行分析和计算。条纹图像数字化处理技术基本上分为两类：基于条纹亮度分析的条纹中心法和基于时间与空间相位分析的相位法。

2. 数字散斑干涉测量原理

数字散斑干涉技术的基本思想是：相干光束照射到被测物体表面，从粗糙表面发生各个方向的反射，入射光与反射光互相干涉形成原始散斑干涉场。在物体状态发生改变前后分别记录散斑干涉场，将两次记录的图像信号进行相减或者其他处理，就可以得到被测物体的状态变化的信息。

散斑干涉测量光路主要有两种：一种是能够测量平面面内位移的双光束型记录光路，另一种是能够测量离面位移的参考型记录光路。参考束干涉法分为散斑参考束型和平滑参考束型两种，其光路区别在于参考束是直接照射记录平面，还是由散射面反射后再照射记录平面。这里只考虑散斑参考束型干涉法，一束准直相干光，通过分光镜同时照射到待测物体和参考物体上。从两个表面漫反射光形成的散斑场，经过成像系统在像面上相干叠加，构成第三个散斑场，物体变形前和变形后分别采集散斑图像，光路如图 2-43 所示。

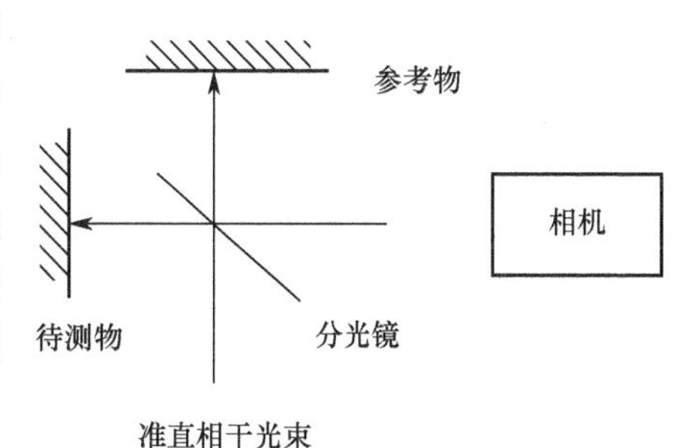

图 2-43　参考型记录光路

当被测物体发生形变时，仅由离面位移方向引起两组光波波前发生相对相位变化，并有如下关系：

$$\Delta\phi = \frac{4\pi}{\lambda}\omega \tag{2-30}$$

式中：$\Delta\phi$ 为相对相位变化；λ 为入射光波波长；ω 为离面位移方向的位移量。

设物体变形前两束相干光在 CCD 相机的成像面上的光波复振幅分别为

$$E_0(x, y) = A_0(x, y)e^{i\varphi_0(x, y)} \tag{2-31}$$

$$E_1(x, y) = A_1(x, y)e^{i\varphi_1(x, y)} \tag{2-32}$$

式中：A_0 和 A_1 为两束光波的振幅；φ_0 和 φ_1 为两束光的初相位，两束光波的合成复振幅为

$$E(x, y) = A_0(x, y)e^{i\varphi_0(x, y)} + A_1(x, y)e^{i\varphi_1(x, y)} \tag{2-33}$$

对应的光强分布为

$$I_a(x, y) = E(x, y)\cdot E^*(x, y) = A_0^2 + A_1^2 + 2A_0A_1\cos(\varphi_1 - \varphi_0) \tag{2-34}$$

式中：$E^*(x, y)$ 为 $E(x, y)$ 的共轭光波复振幅。

令 $I_0 = A_0^2$，$I_1 = A_1^2$，即

$$I_a = I_0 + I_1 + 2\sqrt{I_0 I_1}\cos(\varphi_1 - \varphi_0 + \Delta\phi) \tag{2-35}$$

物体变形前后的电子散斑场光强分布式（2-34）和式（2-35）包含有物体变形的信息，

对其进行适当的运算可将这种信息提取出来，现在最常用的数字散斑条纹图生成方式是相减模式。考虑到相减可能出现负数，因此一般还进行取绝对值运算。对物体变形前后的两个电子散斑场做减法运算，即式（2-35）减式（2-34），并取绝对值得

$$I=\left|I_b-I_a\right|=4\sqrt{I_0 I_1}\left|\sin\left(\varphi_1-\varphi_0+\frac{\Delta\phi}{2}\right)\right|\cdot\left|\sin\left(\frac{\Delta\phi}{2}\right)\right| \tag{2-36}$$

相减处理后的光强是包含有高频载波项 $\sin\left(\varphi_1-\varphi_0+\frac{\Delta\phi}{2}\right)$ 的低频条纹 $\sin\left(\frac{\Delta\phi}{2}\right)$，该低频条纹取决于光波相位变化 $\Delta\phi$。这种条纹与干涉条纹有着本质的不同，它反映了两幅干涉图之间的相关性，一般称为“相关条纹”。

在 $\Delta\phi=2n\pi$，n 为整数的位置上，变形前后的两散斑图光强差相同，相减后为 0，即为“相关条纹”的暗纹位置。

在 $\Delta\phi=(2n+1)\pi$，n 为整数的位置上，变形前后的两散斑图光强差最大，相减后出现最大值，即为“相关条纹”的亮纹位置。

3．数字散斑法测量面内位移的测量范围

散斑场随物体表面的变形或运动而变化，当在某一平面上观察或记录散斑图时，设定一初始散斑图，当物体有较大应变时，在记录平面上的散斑图和初始的散斑图完全不同，相减后就不会出现散斑相关条纹，这种情况称为两幅散斑图不相关。应用数字散斑干涉法测量面内位移场时，根据光学干涉的原理，其测量上限与散斑的大小有关。当采集两幅图像之间的时间间隔内，位移大小超出了散斑颗粒的大小时，将出现不相关现象，因此有必要对散斑颗粒的大小进行定量研究，以确定散斑干涉方法的测量范围。

散斑是由相干光源照射到物体的光学粗糙表面，发生漫反射，在物体前后相互干涉形成的明暗相间的散斑场。空间随机分布的散斑称为客观散斑，用透镜对照明的表面成像称为主观散斑。采用摄像机记录散斑图，就属于主观散斑的范围。当物距不大，且考虑透镜的放大倍数时散斑的横向尺寸 s 近似为

$$s=1.2(1+M)\lambda F \tag{2-37}$$

式中：M 为透镜的放大倍数；F 为透镜焦距 f 与光瞳 D 之比，称为透镜的孔径比。

当物体表面粗糙的起伏大于一个波长，且表面的随机起伏是高斯型的，散斑的尺寸将与表面的粗糙无关；当表面较光滑，属微漫反射时，散斑的大小与表面粗糙有关。散斑的尺寸决定了被测物体位移的上下限，一般采用主观散斑记录时，应选择较大的孔径 D 和短焦距 f 的透镜。

4．数字散斑干涉形貌测量系统

数字散斑干涉形貌测量的实质是利用散斑干涉原理产生类似于投影条纹的一系列相互平行的栅线或空间平行线的等高面，这些栅线或等高面被所测物体表面形貌所调制，通过对这些被空间调制的栅线或等高面的解释得到被测物体的表面形貌信息。从形貌信息的表征手段来看，该技术可分为角散斑和双波长散斑等高技术。

角散斑等高技术是在两次散斑干涉图记录之间。物体的照明几何结构发生变化，从而得到被测物体的形貌信息。目前，研究较多的技术可分为被测物体偏转和入射光束偏转两种情形。

在图 2-44 中，激光束经过分束器（Beamsplitter，BS）被分成幅度相等的两束照明光束 A 和 B。这两束光束经各自的反射镜反射后被扩束和准直并入射到被测的物体表面。压电陶

瓷驱动器被用来引入相位偏移以实现步进相移技术。CCD 摄像机完成数字图像的获取并送到主机用于处理和显示。在两次记录之间物体发生微小偏转，两幅图像相减的结果显示在监视器上，产生等高条纹。图 2-45 所示是偏转光束型双光束数字散斑干涉仪，激光束被准直并通过分束器分成两束照明光束。然后经过反射镜 $M_1M_2M_3$ 入射到被测物体表面。它与图 2-44 中偏转物体型数字散斑干涉仪的最大不同是增加了一个反射镜 M_3，它的作用是当光束在分束镜 BS 前发生偏转时 M_3 能保证入射到被测物体表面的光束沿同一方向移动。在实际操作中，光束的偏转是通过微移准直透镜 L 实现的，安装在 PZT 驱动器上的反射镜完成光束方向的改变并引入步进相移。

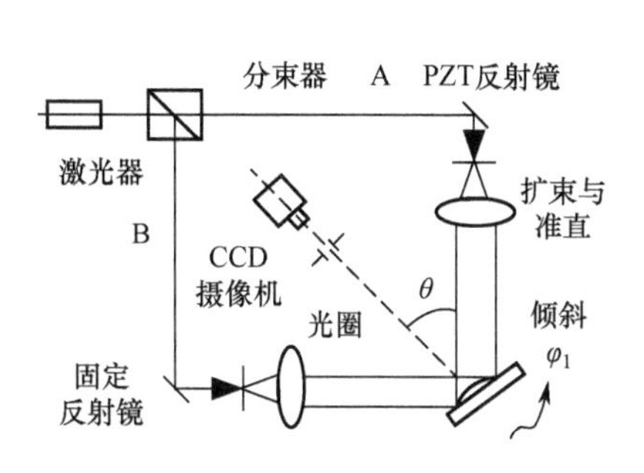

图 2-44　偏转物体型数字散斑干涉仪

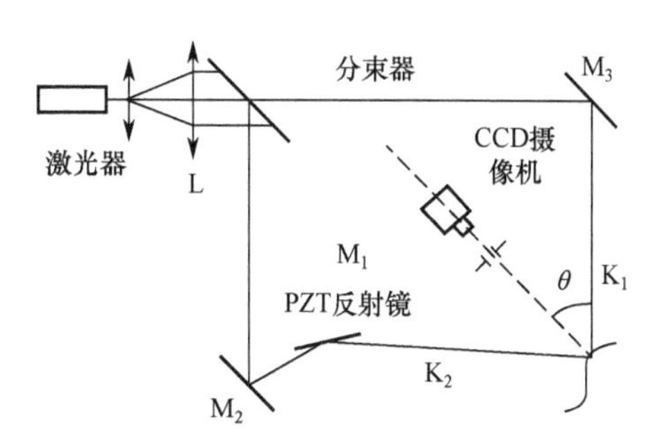

图 2-45　偏转光束型数字散斑干涉仪

2.3.2　光学干涉显微法

光学干涉法测量微表面形貌可以分为共光路干涉和分光路干涉。共光路指产生干涉的参考光和测量光走过同样的光程，都从被测面上返回，因此抗干扰较好，主要有 Nomarski 微分干涉显微镜和双焦干涉显微镜。

微分干涉相衬显微光路结构原理如图 2-46 所示。光源发出的白光经过起偏器后变成线偏振光，经光路转折后进入由两个光轴互相垂直的双折射直角棱镜黏合而成的 Nomarski 棱镜。当来自起偏器的线偏振光第一次通过 Nomanski 棱镜时，在棱镜胶合面上被剪切成振动方向互相垂直的两束分离的线偏振光。当这两束线偏振光由被测物反射并按原路穿过 Nomarski 棱镜时，则被复合。复合光穿过 1/4 波片后，在两束光之间产生了恒定的相位差，

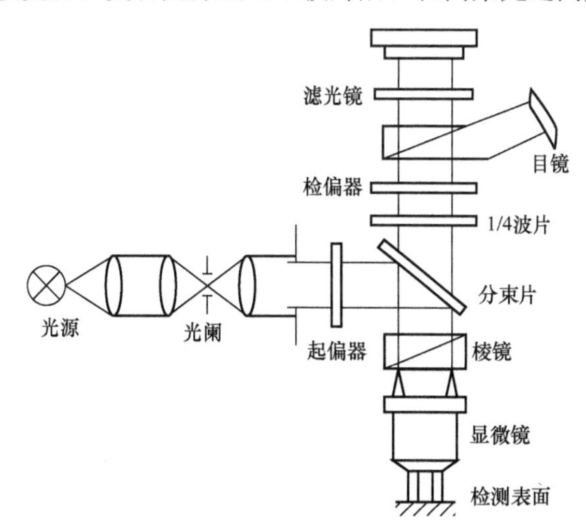

图 2-46　微分干涉相衬显微光路结构原理

再穿过检偏器后两束光振动方向相同，满足干涉条件，因此发生干涉。在微分相衬干涉显微镜的基础上，加上波片相移装置和图像采集系统，构成基于微分干涉相衬显微镜的表面显微测量系统。波片相移装置根据干涉光强与检偏器方位角的线性关系产生等间距满周期的相移。其工作原理：微分相衬干涉显微镜形成的干涉图像被成像在 CCD 靶面上，图像采集电路把 CCD 摄像机接收到的图像数字化后送入计算机并完成一幅干涉图像的采样；计算机控制步进电机驱动检偏器旋转一定的角度以实现对干涉图像的移相，然后图像采集电路完成一幅图像采样。如此依次进行，直到完成所需要的多幅干涉图像的采样。相移器件为 1/4 波片及检偏器，并采用步进电机带动检偏器旋转来达到更精确的移相精度。

分光路干涉一般可以分为 Michelson、Mirau、Linnik 三种形式。国内某款数字光学轮廓仪选用国产 6JA 型干涉显微镜作为主体，在其参考臂引入 PZT 作为相移器，而目镜部分选用 CCD 作为探测器并有监视器显示干涉图像。国产 6JA 型显微镜源于 Linnik 干涉显微镜。图 2-47 所示为 6JA 型干涉显微镜光学系统，灯丝 S 发出的光线经聚光镜 O_6 和 O_5 投射到孔径光阑 Q_2 平面上，照明了位于照明物镜 O_7 前面的视场光阑 Q_1，通过照明物镜的光线投射到分光板 T 上，分光板 T 把投射在它上面的光束分成两部分，一部分反射，另一部分透射。从分光板 T 反射的光线经物镜 O_1 射向标准反射镜 P_1，再由 P_1 反射，重新通过物镜 O_1 和分光板 T，射向目镜 O_3；从分光板透射的光线，通过分光板 T、补偿板 T_1 和物镜 O_2 射向工件的表面 P_2、再由 P_2 反射，重新经过物镜 O_2、补偿板 T_1、分光板 T，射向目镜 O_3、在目镜焦平面上两束光相遇，产生干涉，形成干涉条纹。使用单色光，测量精度可以更精确。为此，仪器同时备有干涉滤光片 F，可以移入或移出光路。S_3 在光路中时，可以从目镜中直接观测干涉条纹。当 S_3 移入光路时，干涉条纹直接成像到 CCD 上。数字轮廓仪是在 6JA 型干涉显微镜的基础上，对参考光路进行相移来进行表面粗糙度的检测。PZT 采用开环控制，靠迭代最小二乘拟合相移算法和提出的相移初值确定方法进行标定。

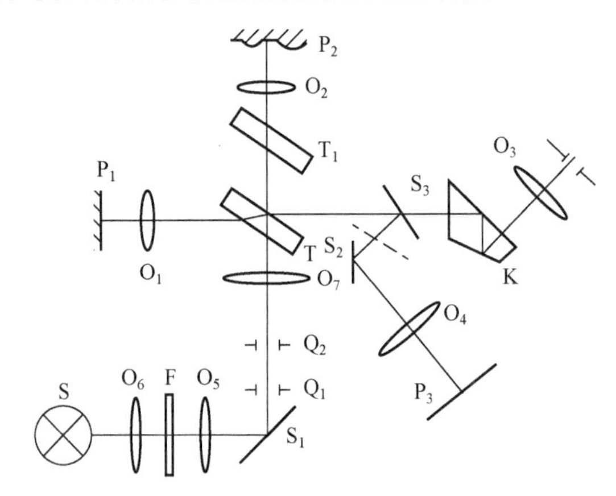

图 2-47　6JA 型干涉显微镜光学系统

O_1、O_2—物镜；O_3—目镜；O_4—照相物镜；O_5、O_6、O_7—聚光镜；S_1、S_2、S_3—反射镜；P_1—标准镜；P_2—工件；P_3—光电器件；B—遮光板；T_1—补偿板；T—分光板；S—灯源；F—干涉滤光片；Q_1—视场光阑；Q_2—可变光阑；K—转像棱镜。

2.3.3　外差干涉法

外差干涉法利用双光外差干涉原理测量表面形貌。两束干涉光的一束作为测量光束经显微物镜聚集在被测表面上，另一束则作为参考光。采用声光调制器或电光调制器使两束相干光的光波频率产生频差，对两相干光的相位差引入时间调制，用光电探测器检测随时间变化的干涉条纹，再把干涉条纹的光学相位转换成低频电信号的相位，就可用电子相位计进行高精度的测量。在外差术中，消去了直流噪声，提高了图像对比度，使得相位值的测量精度达到了 2π/1000，即外差干涉光学探针的分辨率可达 0.01～0.1nm，精度比传统方法提高了 2～3 个数量级，并且具有较高的测量速度。但是，外差术对系统硬件要求较为苛刻，它要求探测器带宽大于光波频差，对于点探测器而言，这个带宽较易达到，但对于用数字图像处理的二维传感器如 CCD 来说，难以达到带宽要求。此外，该系统对机械振动及扫描机构的运动误差比较敏感，需要更复杂的条纹图电子机械扫描系统。图 2-48 所示是一种外差干涉型光学探针，其纵向分辨率为 0.1nm，横向分辨率为 4μm。

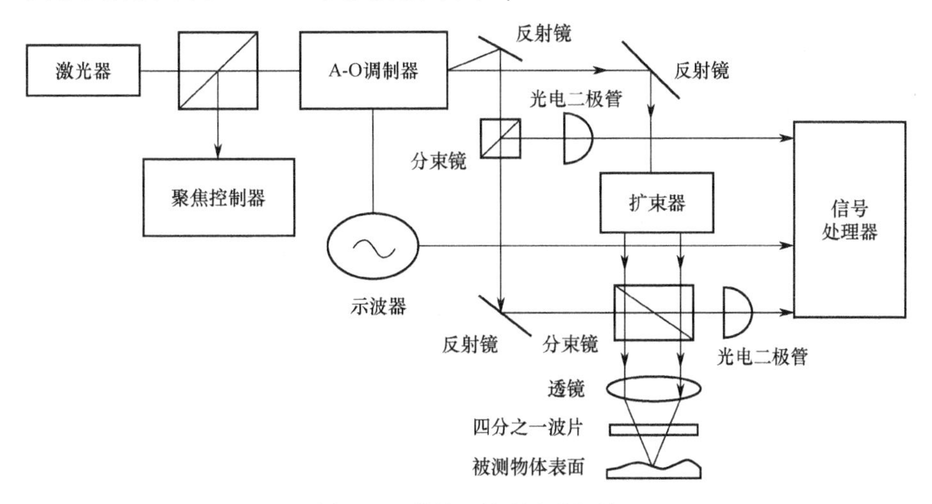

图 2-48 外差干涉型光学探针

2.3.4 刀口阴影法

非球面光学元件的面形是评价光学元件加工质量的一项重要指标。非球面光学元件的面形质量直接关系到光学系统的成像像质。为了保证光学元件的加工质量，需要对光学元件的面形进行精密检测。检测光学元件面形的传统方法是干涉法，但在工程实践和生产活动中，经常会遇到大量的大口径非球面光学元件。为了检测大口径光学元件必须配备大口径干涉仪，而大口径干涉仪不仅价格十分昂贵，更重要的是，在测量时需要一个与测量光学元件相同面形的标准光学元件。对于非常规口径的非球面光学元件加工和检测都比较费时费力，因此在生产实践中对一些加工完的非常规非球面大口径光学元件无法进行全口径干涉检测。

刀口法是评估光学元件质量的一种经典方法，刀口检验技术是 Foucauh 于 1858 年提出的。这种方法是利用小孔光源或狭缝光源照明被检测的光学元件，当被测量的光学元件存在几何相差时，不同区域的光将汇聚在像空间的不同位置上。刀口在像面附近切割成像光束，就可以看到具有特定形状的阴影图，根据阴影图就可判断出光学元件的面形。刀口仪特别适用于大口径、长焦距、凹面镜光学元件的检验。100 多年来，虽然光学零件检测方式推陈出新，但是刀口仪以灵敏度高、直观性强、操作方便、简单灵活、成本低、速度快等优点，仍是光学加工中最为常用的检测仪器之一。

不过传统的刀口仪是一种定性检测技术，不能定量给出被测光学元件的面形质量。鉴于刀口检测的诸多优点以及传统刀口检测存在的缺点，从刀口仪发明以后，人们就提出了刀口数字化的想法，已经有很多科研工作者致力于刀口仪的定量分析研究工作。

1．工作原理

数字刀口仪是从几何光学的原理出发，推算光学元件表面面形的波面差，进而实现刀口仪的定量测量。刀口仪定量计算分析原理如图 2-49 所示。

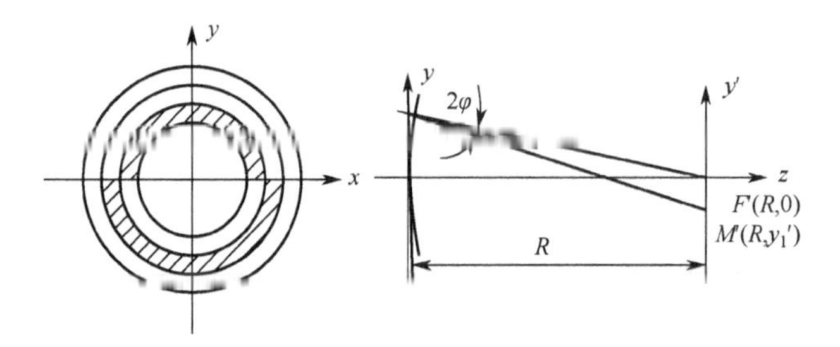

图 2-49　刀口仪定量计算分析原理图

以球面反射镜为例，当点光源放于球心 F' 处，若被测面为理想球面，则自准直镜返回的光束将汇聚于 F' 点。当被测光学元件表面存在缺陷时，光线将偏离汇聚点，到达一个新的位置，如图中所示的 M' 点。光束偏离理想汇聚位置的角度 φ_x、φ_y 可以表示为

$$\varphi_x = \left(-\frac{1}{n}\right)\left(\frac{\partial \Delta w(x,\ y)}{\partial x}\right) \tag{2-38}$$

$$\varphi_y = \left(-\frac{1}{n}\right)\left(\frac{\partial \Delta w(x,\ y)}{\partial y}\right) \tag{2-39}$$

式中：n 为空气折射率，可假定为 1；$\Delta w(x,\ y)$ 为被测元件波像差。

刀口在 x'，y' 平面进行切割时，由刀口的切割位置可获得汇聚光束偏离理想汇聚中心的距离 E_x 和 E_y。可计算得到被测元件波像差值 ΔOPD_{wave} 为

$$\Delta OPD_{\text{wave}} = \iint E(x, y)\mathrm{d}x\mathrm{d}y \tag{2-40}$$

通过准确判断刀口切割光束一半时的刀口位置，就可建立每一个像素对应的偏离值，从而获得被测元件的波像差值。

2．数字刀口仪结构

数字刀口仪检测系统结构如图 2-50 所示。

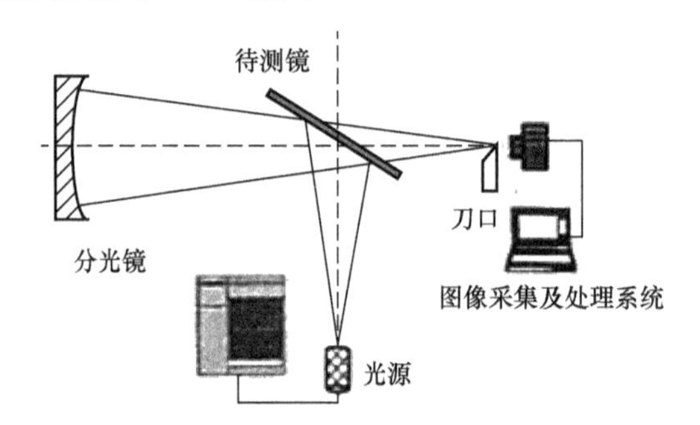

图 2-50　数字刀口仪检测系统结构图

数字刀口仪由光源、刀口、图像采集及处理系统构成。采用固定光源的设置方式，光源与刀口处于分光镜的共轭位置，由于光源固定不动，则当刀口切割光斑时，光斑位置不发生移动，便于 CCD 图像处理。

采用绿色的发光二极管作为光源，使用毛玻璃对光源发出的光进行均匀化。与传统的刀口仪光源相比，发光二极管的发热量小，在光路中没有强热气流，不会对阴影图像产生干扰。刀口固定在三维移动平台上，可沿轴向、水平及垂直 3 个方向运动，移动平台由步进电机进行控制，可以精确定位刀口的动位置。刀口切割光斑时形成的由全亮至全暗的一系列阴影图像都由 CCD 进行记录，最终通过图像采集卡采集并存储到计算机内。通过编写测量程序，对系统进行控制、分析、处理和计算。

数字刀口仪软件分为刀口测试、径向波像差、三维波像差等模块。在刀口测试中，可选择输入待测光学零件的类型和尺寸，并完成对三维移动平台的运动操控，实现刀口切割光斑以及 CCD 图像采集等功能。当光路调整好后，通过计算机软件的控制，刀口以一定的精细步长沿水平（或垂直）方向切割像点，在刀口每切割一个位置，CCD 采集一幅阴影图像。在径向波像差与三维波像差模块中，对 CCD 采集的系列阴影图像进行分析处理，并计算出波像差的 P-V 值和 RMS 值，显示二维径向波像差与三维波像差。

与传统干涉仪相比，数字刀口仪光学元件面形检测技术不需要引入额外的、面形已知的高精度参考平面，因此更适合于大口径光学元件面形的检测。

2.4　温度检测传感器

随着工业生产的发展，温度测量与控制十分重要，温度参数的准确测量对输出品质、生产效率和安全可靠的运行至关重要。本节主要对体积小巧的常规温度传感器及其应用形式进行介绍，非接触辐射测温系统会在第 4 章进行介绍。

2.4.1　热电阻

热电阻传感器主要用于测量温度及与温度有关的参数，在工业生产过程中被广泛用于测量−200～500℃范围内的温度。按照热电阻的性质不同，热电阻可分为金属热电阻和半导体热电阻两类。前者称为热电阻，后者称为热敏电阻。以热电阻或热敏电阻为主要器件制成的传感器称为热电阻传感器或热敏电阻传感器。

热电阻传感器主要是利用电阻随温度变化这一特性来测量温度的。其主要优点是：测量精度高；有较大的测量范围，尤其在低温方面；易于使用在自动测量和远距离测量中。热电阻传感器之所以有较高的测量精度，主要是一些材料的电阻温度特性稳定，复现性好。

1. 热电阻材料

目前应用较为广泛的热电阻材料有铂、铜、镍等，它们的电阻温度系数在$(3\sim6)\times10^{-3}$℃$^{-1}$范围内。作为测温用的热电阻材料，应具有电阻温度系数大、线性好、性能稳定、适用温度范围宽、加工容易等特点。铂的性能最稳定，采用特殊的结构可制成标准铂电阻温度计，它的适用温度范围为−200～960℃；镍比铂便宜，它的温度系数大，但性能一致性差，使用温度范围为−100～300℃。铜电阻价廉并且线性较好，但温度高了易氧化，故只适用于温度较低的环境中（−50～150℃），热电阻的主要技术性能如表 2-2 所列。

表 2-2 热电阻的主要技术性能

材料	铂（WZP）	铜（WZC）
使用温度范围/℃	−200～960	−50～100
电阻率/（$\Omega\cdot m\times10^{-6}$）	0.0981～0.106	0.017
0～100℃间电阻温度系数平均值/$℃^{-1}$	0.00385	0.00428
化学稳定性	在氧化性介质中较稳定，不能在还原性介质中使用，尤其在高温情况下	超过100℃易氧化
特性	特性近于线性，性能稳定，精度高	线性较好，价格低廉
应用	可作标准测温装置	适于测量低温、无水分、无腐蚀性介质的温度

金属热电阻按其结构类型可分为普通型、铠装型、薄膜型等。其中，普通型热电阻由感温元件（热电阻丝）、支架、引出线、保护套管及接线盒等组成。为了避免通过交流电时产生感应电抗，电阻丝常采用双线绕制。

热电阻的阻值 R_T 不仅与温度 T 有关，而且还与温度为0℃时的热电阻 R_0 有关。即使在同样的温度下，R_0 取值不同，R_T 也就不相同。目前国内统一设计的工业用铂电阻的 R_0 值有10Ω、100Ω等。

2．热电阻的测量转换电路

热电阻传感器的测量线路一般使用电桥，如图 2-51 所示。实际应用中，热电阻安装在生产环境中，感受被测介质的温度变化，而测量电阻的电桥通常作为信号处理器或显示仪表的输入单元，随相应的仪表安装在控制室。由于热电阻很小，热电阻与测量桥路之间的连接导线的阻值 R_1 会随环境温度的变化而变化，给测量带来较大的误差。为此，工业上常采用三线制接法，如图 2-52 所示。使导线电阻分别加在电桥相邻的两个桥臂上，在一定程度上可克服导线电阻变化对测量结果的影响。尽管这种补偿还不能完全消除温度的影响，但在环境温度为0～50℃内使用时，这种接法可将温度附加误差控制在0.5%内，基本可满足工程要求。

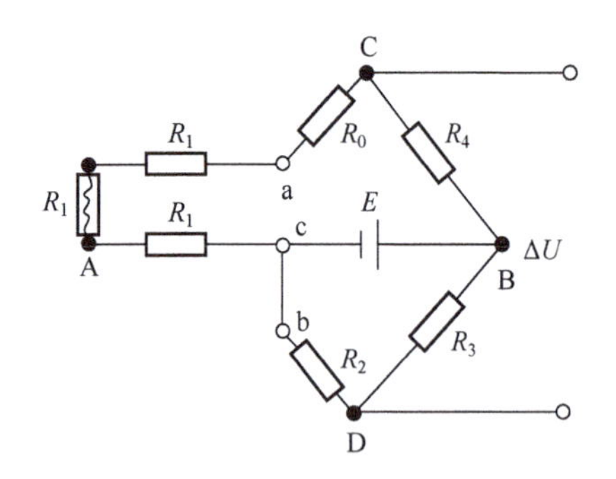

图 2-51 热电阻测温电桥原理

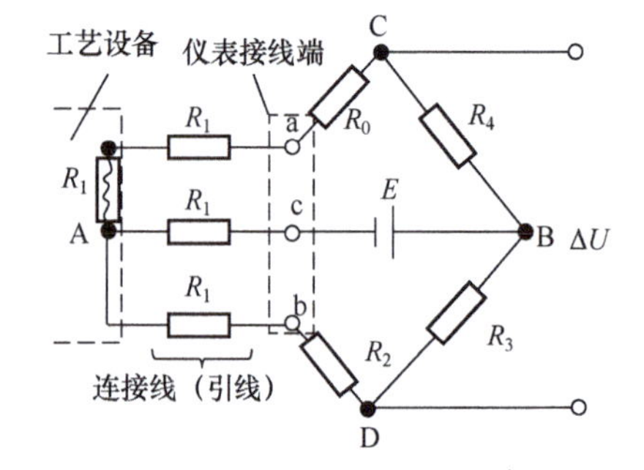

图 2-52 热电阻三线制电桥电路

2.4.2 热敏电阻

热敏电阻是辐射热计效应为基础的，可由单晶、多晶以及玻璃、塑料等半导体材料制成。多数热敏电阻具有负的温度系数，即当温度升高时，其电阻值下降，同时灵敏度也下降，这限制了其在高温情况下的使用。

热敏电阻的响应灵敏度很高，对灵敏面采取制冷措施后，灵敏度会进一步提高。但其机械强度较差，容易破碎，所以使用时要小心。与热敏电阻相接的放大器要有很高的输入阻抗，流过热敏电阻的偏置电流不能大，以免电流产生的焦耳热影响灵敏面的温度。

热敏电阻有以下优点：

① 电阻温度系数大，灵敏度高，测量电路简单，甚至不用放大器便可输出几伏电压。

② 体积小，质量小，热惯性小。

③ 本身电阻值大（3～700kΩ），无需考虑引线长度带来的误差，适于远距离测量。

④ 寿命长，价格低，易于维护。其缺点是稳定性和互换性较差，且一般不适用于高精度温度测量，但在测温范围较小时也可获得较好的精度。

热敏电阻常用于日常机电一体化产品如家用电器、空调、复印机、电子体温计等产品中。

1. 热敏电阻主要类型及特性

热敏电阻主要由热敏探头、引线和外壳组成，有多种结构形式。其中，圆柱形热敏电阻的外形与一般玻璃封装的二极管一样，这种结构生产工艺成熟、生产效率高、产量大而且价格低，是热敏电阻的主流产品。珠粒形热敏电阻，由于体积小、热时间常数小，适合进行点温度测量。

热敏电阻主要有三种类型：正温度系数型（PTC）、负温度系数型（NTC）和临界温度系数型（CTR）。它们的电阻特性如图2-53所示。NTC热敏电阻测温范围较宽，PTC热敏电阻测温范围较窄。

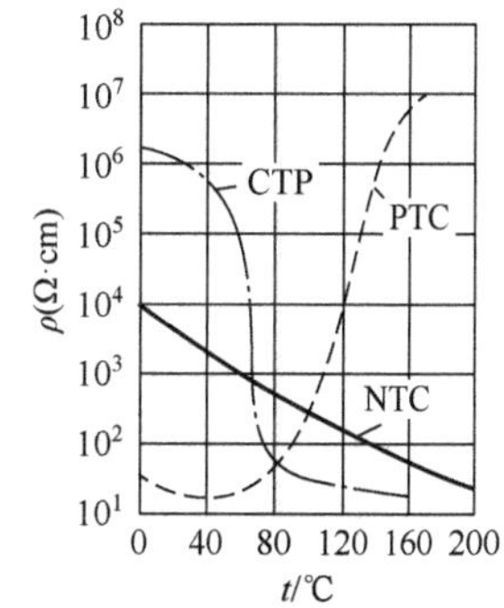

图2-53 半导体热敏电阻的温度特性

NTC半导体热敏电阻研究得最早，生产最成熟，是应用最广泛的热敏电阻之一。它通常是一种氧化物的复合烧结体，主要由Na、Co、Ni、Fe等金属的氧化物烧结而成，通过不同材质组合，能得到不同的电阻值 R 及不同的温度特性。特别适合于−100～300℃之间的温度测量，其色标标记为绿色。其阻值与温度的关系为

$$R = A\mathrm{e}^{\frac{B}{T}} \tag{2-41}$$

式中：R 为温度 T 时的阻值（Ω）；T 为温度（K）；A、B 为取决于材质和结构的常数，其中 A 的量纲为Ω，B 的量纲为K。

PTC型热敏电阻是由在 $BaTiO_3$ 和 $SrTiO_3$ 为主的成分中加入少量 Y_2O_3 构成的烧结体。其特性曲线是随温度升高而阻值增大，其色标标记为红色。PTC热敏电阻又分为突变型和缓变型。突变型（开关型）正温度系数热敏电阻在居里点附近阻值发生突变，有斜率最大的区段。通过成分配比和添加剂的改变，可使其斜率最大的区段处在不同的温度范围内。例如加入适量铅，其居里温度升高；若将铅换成锶，其居里温度下降。$BaTiO_3$ 的居里点为120℃，因此习惯上将120℃以上的称为高温PTC，反之称为低温PTC，其阻值与温度的关系为

$$R = R_0\mathrm{e}^{B(T-T_0)} \tag{2-42}$$

式中：R 为温度为 T 时的电阻值；R_0 为温度为 T_0 时的电阻值，B 由材料工艺结构等决定。

CTR型热敏电阻采用V、Ge、W、P等的氧化物在弱还原气氛中形成半玻璃状烧结体，是负温度系数型，但在某个温度范围内阻值急剧下降，曲线斜率在此区段特别陡峭，灵敏度极高，其色标标记为白色。可用于自动控温和报警电路中。

2．热敏电阻的测量电路及应用

（1）热敏电阻在过热保护电路中的应用。

图 2-54 为采用负温度系数型热敏电阻的电机过热保护电路。R_{t1}、R_{t2}、R_{t3} 为三只特性相同的负温度系数型热敏电阻，分别固定在各项绕组中。当电机正常工作时，温度较低，热敏电阻阻值较大，三极管 T 因偏置小而截止，继电器 J 不动作。当电机过载、断相或一相接地时，电机绕组温度急剧上升，热敏电阻阻值急剧下降、三极管因偏置增大而导通，继电器动作以切断电源，从而保护了电机。

图 2-55 为采用正温度系数型热敏电阻的三极管过热保护电路。R_t 为正温度系数型热敏电阻，紧靠被保护的三极管放置，当三极管达到温度限制值时，热敏电阻阻值增加，三极管基极偏置减小，从而有效地限制了三极管集电极电流的增加，起到保护三极管的作用。

（2）热敏电阻在温度补偿电路中的应用。

在实际情况中，经常会出现因温度升高而使电路中某些元器件特性变化，最终影响电路正常工作的情况，可通过选择合适的热敏电阻在一定温度范围内对元件进行温度补偿，使问题得到解决。

图 2-56 所示电路中，R_2 为金属电阻，具有正温度系数，所以选择具有负温度系数的热敏电阻 R_t 进行补偿。但由于热敏电阻的标称电阻较大，不能直接与被补偿电阻串联，因此实际使用中，应将热敏电阻 R_t 与温度系数较小的锰铜电阻 R_1 并联后再与补偿电阻 R_2 串联。

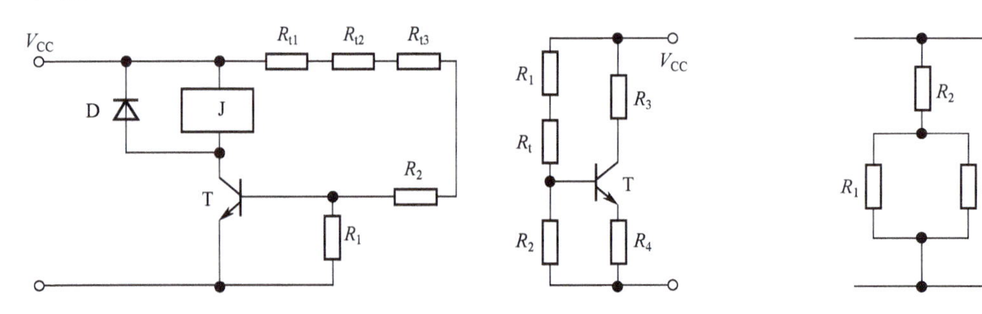

图 2-54　电机过热保护电路　　图 2-55　三极管过热保护电路　　图 2-56　金属电阻的温度补偿电路

（3）温度测量电路。

利用热敏电阻测温是接触式测温中很常见的一种，它常适用于家用电器，例如用热敏电阻作为测量元件制成的半导体温度计、电子体温计等。作为测量温度用的热敏电阻，应尽可能做到结构简单、使用方便。对于没有外保护层的热敏电阻，一般限于在干燥的环境中使用；而已密封处理的热敏电阻因不怕湿气侵蚀，所以可用于任何环境中，由于热敏电阻本身的阻值很大，故其连接导线的电阻和接触电阻可忽略不计，因而热敏电阻可进行远距离的温度检测。

图 2-57 所示为 T-X 型 PTC 线性热敏电阻的温度测量电路，该电路的测温范围为 0～100℃，输出电压为 0～5V，输出灵敏度为 50nV/℃。

D_1 为稳压二极管，并经 R_1、R_2、R_3 分压，使跟随器输出保持在 2.5V，为桥路提供稳压电源。热敏电阻的工作电流应限制在 1mA 以下，否则电流过大会使热敏电阻发热，影响测量精度，桥路输出经放大器放大后，其非线性误差不大于±2.5℃。

对于 NTC 热敏电阻，需要调整桥路参数以补偿其非线性。

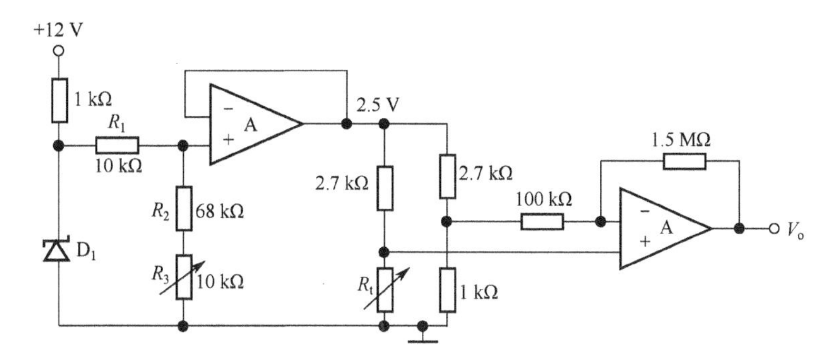

图 2-57 PIC 线性热敏电阻的温度测量电路

2.4.3 热电偶

热电偶传感器是一种将温度转换为电动势的装置。热电偶测温的特点是测温范围宽，测量精度高，性能稳定，结构简单，且动态响应较好，输出直接为电信号，可以远传，便于集中检测和自动控制。目前，热电偶是接触式测温中应用最广的温度传感器，常用测温区为500℃以上的高温，测温范围一般在−50～2000℃，最高可达 2800℃。

1．热电偶工作原理

热电偶的测温原理基于热电效应：将两种不同的导体 A 和 B 连成闭合回路，当两个接点处的温度不同时，回路中将产生热电势。由于这种热电效应现象是 1821 年由塞贝克首先提出的，故又称塞贝克效应，如图 2-58 所示。

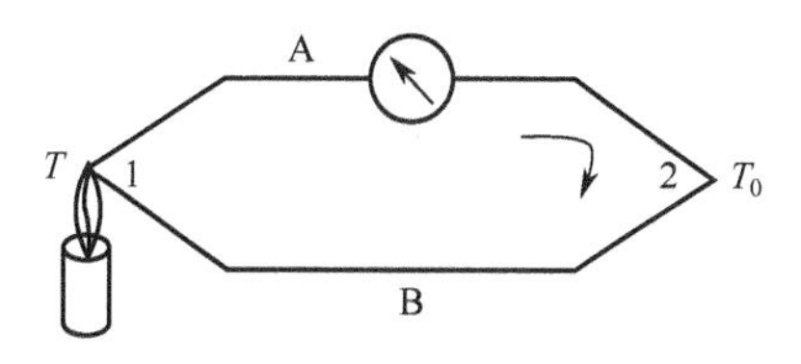

图 2-58 塞贝克效应示意图

人们把图 2-58 中两种不同材料构成的上述热电变换元件称为热电偶，导体 A 和 B 称为热电极，通常把两热电极的一个端点固定焊接，用于对被测介质进行温度测量，这一接点称为测量端或工作端，俗称热端；两热电极另一接点处通常保持为某一恒定温度或室温，称为参比端或参考端，俗称冷端。

热电偶闭合回路中产生的热电势由温差电势和接触电势两种电势组成。温差电势是指同一热电极两端因温度不同而产生的电势。当同一热电极两端温度不同时，高温端的电子能量比低温端的大，因而从高温端扩散到低温端的电子数比逆向的多，结果造成高温端因失去电子而带正电荷，低温端因得到电子而带负电荷。当电子运动达到平衡后，在导体两端便产生较稳定的电位差，即为温差电势，如图 2-59 所示。热电偶接触电势是指两热电极由于材料不同而具有不同的自由电子密度，在热电极接点接触面处产生自由电子的扩散现象；扩散的结果是接触面上逐渐形成静电场。该静电场具有阻碍原扩散继续进行的作用，当达到动态平衡时，在热电极接点处产生一个稳定电势差，称为接触电势，如图 2-60 所示。其数值取决于热电偶两热电极的材料和接触点的温度，接点温度越高，接触电势越大。

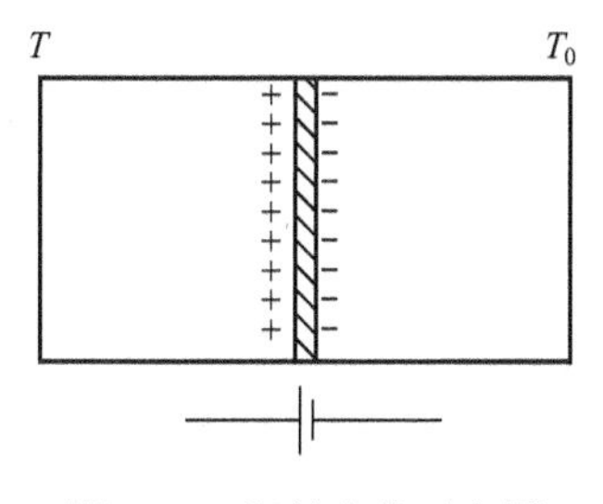

图 2-59 温差电势示意图

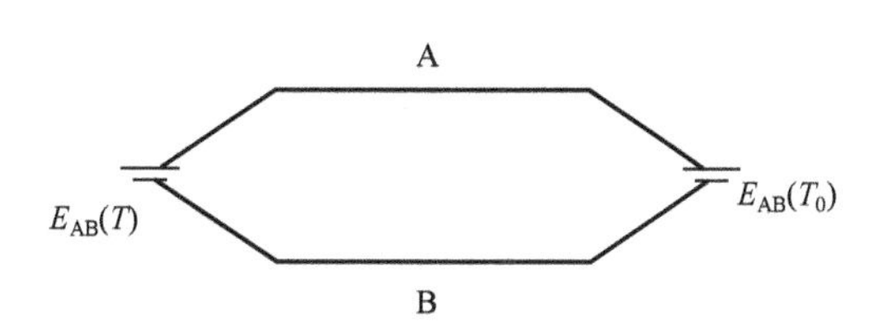

图 2-60 接触电势示意图

设热电势两热电极分别为 A（正极）和 B（负极），两端温度分别为 T 和 T_0，且 $T > T_0$，则热电偶回路总电势为

$$E_{AB}(T,\ T_0) = E_{AB}(T) - E_{AB}(T_0) - E_A(T,\ T_0) + E_B(T,\ T_0) \tag{2-43}$$

由于温差电势 $E_A(T,\ T_0)$ 和 $E_B(T,\ T_0)$ 均比接触电势小得多，通常均可忽略不计。又因为 $T > T_0$，故总电势的方向取决于接触电势 $E_{AB}(T)$ 的方向，并且 $E_{AB}(T_0)$ 始终与 $E_{AB}(T)$ 的方向相反。这样，式（2-43）可简化为

$$E_{AB}(T,\ T_0) = E_{AB}(T) - E_{AB}(T_0) \tag{2-44}$$

由此可见，当热电偶两热电极材料确定后，其总电势仅与其两端温度 T、T_0 有关。为统一和实施方便，世界各国均采用在参比端保持为零摄氏度，即 $T_0 = 0$℃ 条件下，用实验的方法测出不同热电极组合的热电偶在不同热端温度下所产生的热电势值，制成测量端温度（通常用国际摄氏温度单位）和热电偶电势对应关系表，即分度表；也可据此计算得出两者的函数表达式。

2．热电偶的基本定律

通过对热电偶回路的大量研究、测量、实验，已建立了几个基本定律。

（1）均质导体定律。

两种均值金属组成的热电偶，其电势大小与热电极直径、长度及沿热电极长度的温度分布无关，只与热电极材料和两端温度有关。热电极材料的均匀性是衡量热电偶质量的重要指标之一。

（2）中间导体定律。

在热电偶回路中插入第三、四、……种导体，只要插入导体的两端温度相等，且插入导体是均质的，即无论插入导体的温度分布如何，都不会影响原来热电偶热电势的大小。因此可将毫伏表（一般为铜线）接入热电偶回路，并保证两个接点温度一致，就可对热电势进行测量，而不影响热电偶的输出。

（3）中间温度定律。

热电偶 AB 在接点温度分别为 T、T_0 时的热电势，等于热电偶在接点温度为 T、T_n 和 T_n、T_0 时的热电势的代数和，即

$$E_{AB}(T,\ T_0) = E_{AB}(T,\ T_n) + E_{AB}(T_n,\ T_0) \tag{2-45}$$

若温度采用摄氏温度，则表示为：$E_{AB}(t,\ t_0) = E_{AB}(t,\ t_n) + E_{AB}(t_n,\ t_0)$。当自由端温度 t_0 为0℃时，则通过式（2-45）可将热电偶工作温度与热电势的对应关系列成表格，即热电偶的分度表，如果 t_0 不为0℃，也可以通过式（2-45）及分度表求得工作温度 t。

3．热电偶的温度补偿

由热电偶测温原理可知，热电偶的输出电动势与热电偶两端温度差有关，而在实际应用中，热电偶冷端温度会随着环境变化，因而会引入误差，由于使用的分度表是在冷端温度为零摄氏度的条件下测得的，故应用热电偶时必须满足冷端温度为零摄氏度的条件，可采用以下几个方法使冷端温度保持恒定。

（1）冷端恒温法。

为了使热电偶冷端温度保持恒定，可以把热电偶做得很长，使冷端远离工作端，但这种方法要耗费很多金属材料。因此一般是用一种导线（称为补偿导线），将热电偶冷端延伸出来，这种导线在一定温度范围内（0～100℃）具有和所连接的热电偶相同的热电性能。延伸

的冷端可采用冰浴法、电热恒温器法、恒温槽法等方法保持温度恒定。

（2）冷端温度矫正法。

当冷端温度高于零摄氏度时，可以根据热电偶中间温度定律对热电动势进行修正，修正公式为

$$E_{AB}(t,\ 0) = E_{AB}(t,\ t_0) + E_{AB}(t_0,\ 0) \tag{2-46}$$

式中：$E_{AB}(t,\ t_0)$ 为毫伏表直接测出的热电毫伏数。

矫正时，先测出冷端温度 t_0，然后在该热电偶分度表中查出 $E_{AB}(t_0,\ 0)$，并把它加到所测得的 $E_{AB}(t,\ t_0)$ 上，根据公式求出 $E_{AB}(t,\ 0)$，根据此值再在分度表中查出相应的温度值。

4. 热电偶测温线路

图 2-61 是测量某点温度的基本电路，图中 A、B 为热电偶，C、D 为补偿导线，T_0 为使用补偿导线后热电偶的冷端温度，E 为铜导线。在实际使用中，就把补偿导线一直延伸到配用仪表的接线端子，这时冷端温度即为仪表接线端所处的环境温度。

图 2-62 是测量两点之间温度差的测温电路，用两支相同型号热电偶，配以相同的补偿导线，这种连接方法应使各自产生的热电势相互抵消，仪表 G 可测 T_1 和 T_2 之间的温度差。

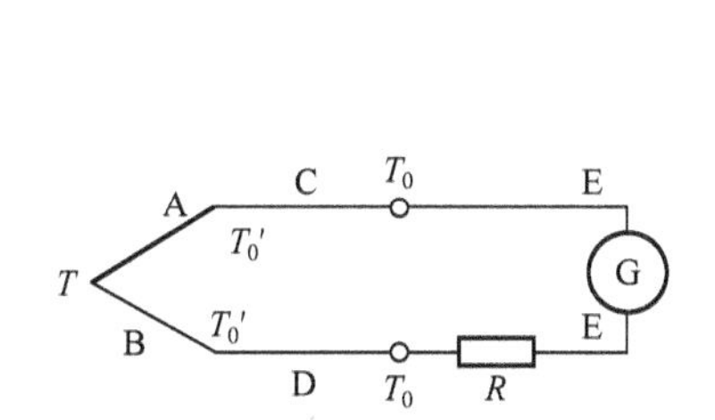

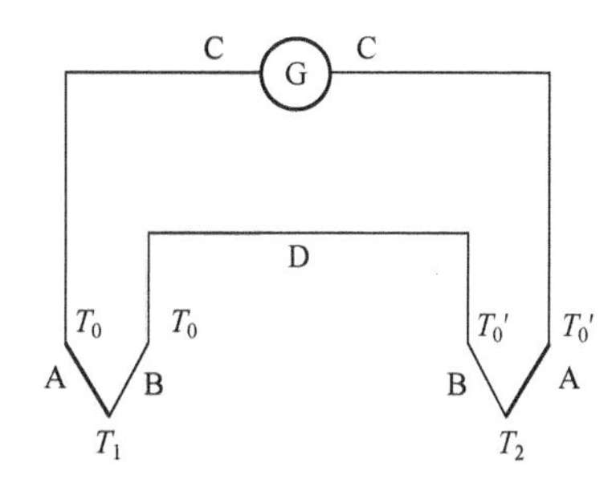

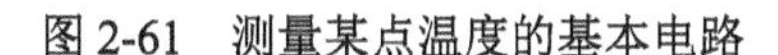

图 2-61 测量某点温度的基本电路

图 2-62 测量两点之间温度差的基本电路

用热电偶测量平均温度一般采用热电偶并联的方法，测量几点温度之和的测温线路一般采用热电偶串联的方法。

2.4.4 热敏晶体管与集成温度传感器

二极管和三极管半导体器件对温度十分敏感，利用半导体器件的温度特性可检测温度。如双极性晶体管的发射极和基极之间的电压 V_{BE} 和温度 T 的变化为

$$V_{BC} \propto \ln[(I_E + I_{E0}) / I_{E0}]T \tag{2-47}$$

式中：I_E 为发射极电流；I_{E0} 为发射极反向饱和电流。

晶体管型热敏传感器是依据此公式的关系设计的，若发射极电流 I_E 恒定，则 V_{BC} 正比于 T。实际晶体管 V_{BC} 的温度系数约为 $-2.3\text{mV}/℃$。

集成化的晶体管型热敏传感器，其线性度远优于上述热电阻、热敏电阻、热电偶等。但是，这种传感器使用半导体材料，其检测范围仅限于−100～150℃。

集成温度传感器是利用晶体管 PN 结的伏安特性与温度的相互关系并将感温器件及其外围电路等集成在同一基片上而制成的一种固态传感器。优点是有理想的线性输出，体积小。由于 PN 结受耐热性能和特性范围的限制，集成温度传感器只能用来测 150℃以下的温度。集成温度传感器按输出量不同可分为电压输出型、电流输出型和频率输出型三类。电压输出型除了可以直接输出电压外，其输出阻抗低，且与外部设备、电路（如控制电路、读取电路

等）的接口比较容易；电流输出型的输出阻抗比较高，较远距离温度的精密测量与遥测效果比较好，还可用于多点温度测量系统；频率输出型的长处则是易于与微机接口，信号传输失真度小。

1. 工作原理

集成温度传感器是利用 PN 结的伏安特性与温度之间的相互关系制成的一种传感器件，根据晶体管原理，其 PN 结伏安特性的表达式为

$$I = I_s\left(e^{\frac{qU}{kT}} - 1\right) \tag{2-48}$$

$$U = kT / q \cdot \ln I / I_s \tag{2-49}$$

式中：I 为 PN 结正向电流；U 为 PN 结正向电压；I_s 为 PN 结反向饱和电流；q 为电子电荷量（$1.59\times10^{-19}\,\mathrm{C}$）；$k$ 为玻尔兹曼常数（$1.38\times10^{-23}\,\mathrm{J/K}$）；$T$ 为绝对温度。

由此可见，只要通过 PN 结上的正向电流 I 恒定，那么 PN 结上的正向压降 U 与温度 T 的线性关系就只受反向饱和电流 I_s 的影响，因 I_s 是温度的缓变函数，所以只要选择合适的掺杂浓度，就可认为在不太宽的温度范围内 I_s 为常数，此时 $\frac{\mathrm{d}U}{\mathrm{d}T} = k / q \cdot \ln I / I_s$。因此，$U$、$T$ 之间就呈线性关系，这就是集成温度传感器的基本原理。

2. 集成温度传感器测温注意事项

用集成温度传感器进行温度测量时，由于测温方式和条件不同，常常会使测量的结果与实际温度不符。为使测量结果尽可能接近真值，测温应尽量做到：

（1）在接触式测温中，测温元件必须与被测对象接触良好，并使两者均达到同一温度。

（2）用于测温的元件的热容量要小，使其不至于破坏被测的温度场（尤其是被测对象很小时要特别注意）。

（3）动态温度测量时，应采用时间常数小的测温元件进行测量。

（4）测量某一物体内部温度时，测温端应有一定的插入深度。

（5）严格防止测温端、测温元件被腐蚀。

2.4.5 热释电辐射传感器

热释电辐射传感器是一种用热释电材料构成的传感器。热释电材料是一种具有自发极化的电介质，它的自发极化强度随温度变化，可用热释电系数 p 来描述，$p = \mathrm{d}P/\mathrm{d}T$（$P$ 为极化强度，T 为温度）。在恒定温度下，材料的自发极化被体内的电荷和表面吸附电荷所中和。如果把热释电材料做成表面垂直于极化方向的平行薄片，当红外辐射入射到薄片表面时，薄片因吸收辐射而发生温度变化，引起极化强度的变化。中和电荷由于材料的电阻率高跟不上这一变化，其结果是薄片的两表面之间出现瞬态电压。若有外电阻跨接在两表面之间，电荷就通过外电路释放出来。电流的大小除与热释电系数成正比外，还与薄片的温度变化率成正比，可用来测量入射辐射的强弱。

使用热释电辐射传感器时，需要对辐射进行调制，使其成为断续辐射，以得到交变电动势。热释电元件的响应时间短，还需要配置交流放大电路，通常将其与场效应管一起封装在一个壳体里，当热辐射经锗或硅窗口射入后，由场效应管阻抗变换并与放大电路配合后可对温度进行检测，其结构和电路如图 2-63 所示，图中只画出了管壳内部的电路，使用时还需配接相应的放大器。热释电辐射传感器主要用于红外波段的热辐射温度检测。

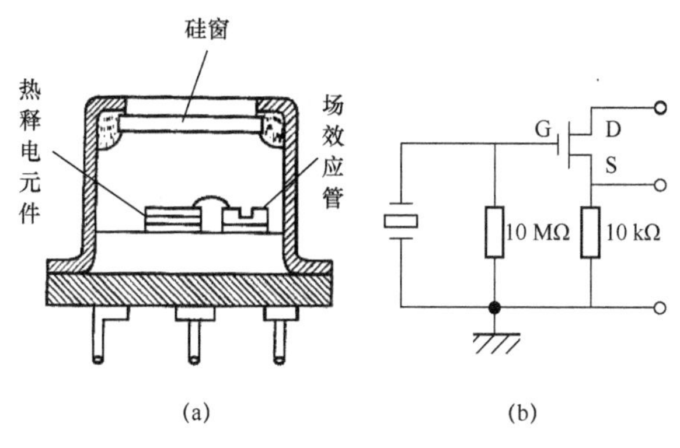

图 2-63　热释电辐射传感器

(a) 结构图；(b) 电路图。

图 2-64 所示为热释电型红外传感器（PIR）实物图，PIR 传感器是通过菲涅耳透镜和热释电红外敏感元件来检测附近的热红外信号的变化，检测周围远达 6m 的具有一定温度物体的移动（例如人体），价格低廉易于使用。菲涅耳透镜有折射式和反射式两种形式，其作用一是聚焦，将热红外信号折射（反射）在 PIR 上；二是将检测区内分为若干个明区和暗区，使进入检测区的移动物体能以温度变化的形式在 PIR 上产生变化热释电红外信号，这样 PIR 就能产生变化电信号。

图 2-65 为红外温度传感器模块实物图，该传感器由一个专用集成电路和红外温度探测器组成。模块中采用的感温元件 MLX90614（图 2-65 右图）是一款无接触式的红外温度感应芯片，整个模块是一个智能非接触式温度传感器，它拥有 90° 的视场以及一个方便连接到微控制器的串行接口。通过 MLX90614 传感器的圆锥形探测器可进行非接触式温度测量。

图 2-64　热释电型红外传感器实物图

图 2-65　红外温度传感器模块（DM-S28040 及 MLX90614）实物图

习题与思考题

1．单频与双频激光干涉位移检测的差异及优缺点是什么？

2．阐述激光三角法测距的基本原理。

3．分析激光测距方法的飞行时间法与相位差法各有什么优缺点，其应用范围是否存在差异？

4．计量光栅有长光栅、圆光栅等类型，举例说明不同类型光栅的应用。

5．分析影响电视测角仪测量精度的因素有哪些。

6．举例说明利用干涉、衍射原理如何获得光电检测信号。

7．除了本章介绍的方法，微小面形检测技术还可以通过什么途径实现？

8．热电偶测温为什么需要进行温度补偿？有什么途径？

第3章　光纤传感检测系统

光纤传感是20世纪70年代伴随着光纤通信迅速发展起来的一种新型传感技术，它以光波为载体，光纤为媒质，实现被测量信号的感知和传输，作为现代传感领域的重要分支，光纤传感展现速度快、损耗低、抗干扰性高等许多优异的性能。本章将以目前主要光纤传感技术为例，介绍其主要技术原理与应用。

3.1　光纤传感器基础

光纤在传感器中可以同时作为信息传输介质与信号发生器的角色，是光纤传感器中最为关键的物理元件，其自身参数往往决定了光纤传感器的性能，本节将主要介绍光纤的基本结构与原理，并根据原理对光纤传感器进行分类介绍。

3.1.1　光纤的结构与原理

光纤是光导纤维的简称，是用光透射率高的电介质（如石英、玻璃、塑料等）构成的光通路，是一种介质圆柱光波导。光波导是指将以光的形式出现的电磁波能量利用全反射原理约束并引导光波在光纤内部或表面附近沿轴线方向传播。

光纤一般由两层光学性质不同的材料组成，如图3-1所示，它由折射率 n_1 较大（光密介质）的纤芯和折射率 n_2 较小（光疏介质）的包层构成双层同心圆柱结构。

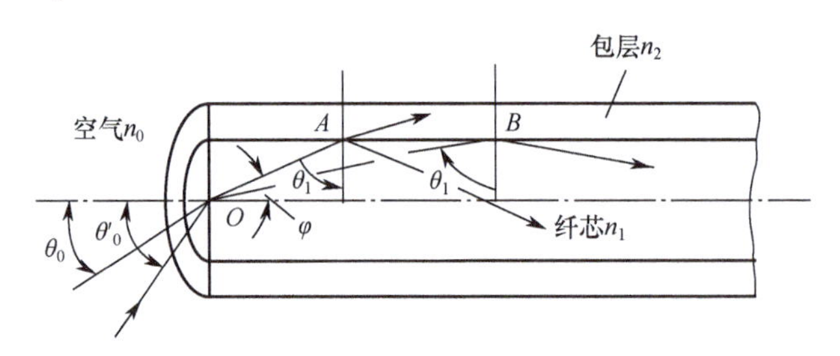

图3-1　光纤的基本结构与波导

如图3-2所示，根据几何光学原理，当光线以较小的入射角 θ_1 由光密介质1射向光疏介质2（即 $n_1 > n_2$）时，则一部分入射光将以折射角 θ_2 折射入介质2，其余部分仍以 θ_1 反射回介质1。依据光折射和反射的斯涅尔（Snell）定律，有

$$n_1 \sin\theta_1 = n_2 \sin\theta_2 \tag{3-1}$$

当 θ_1 角逐渐增大，直至 $\theta_1 = \theta_c$ 时，透射入介质2的折射光也逐渐折向界面，直至沿界面传播（$\theta_2 = 90^\circ$）。对应于 $\theta_2 = 90^\circ$ 时的入射角 θ_1 称为临界角 θ_c。由式（3-1）则有

$$\sin\theta_c = \frac{n_2}{n_1} \tag{3-2}$$

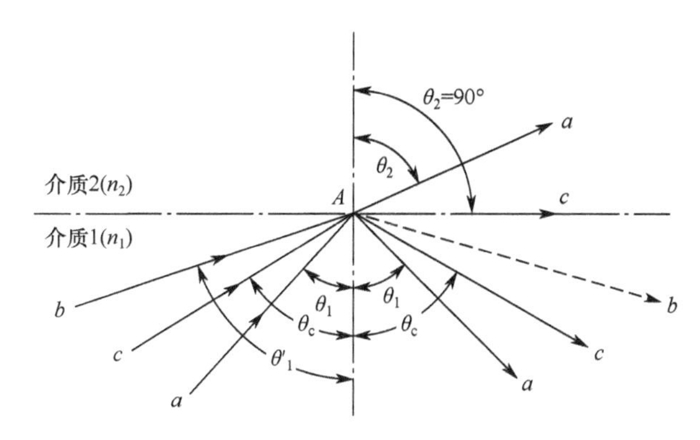

图 3-2　光在两介质界面上的折射和反射

由图 3-2 可见，当 $\theta_1 > \theta_c$ 时，光线将不再折射入介质 2，而在介质（纤芯）内产生连续向前的全反射，直至内终端面射出，这就是光纤波导的工作基础。

同理，由图 3-1 和 Snell 定律可导出光线由折射率为 n_0 的外界介质（空气 $n_0=1$）射入纤芯时实现全反射的临界角（始端最大入射角）θ_c，即由下式求出

$$n_0 \sin\theta_0 = n_1 \sin\varphi = n_1(1-\sin\theta_1^2)^{\frac{1}{2}} \tag{3-3}$$

式中：θ_0 为入射到光纤端面的入射角；φ 为在端面发生折射时的折射角；θ_1 为入射至纤芯与包层界面的入射角。

出现全反射时，由式（3-2）得 $\sin\theta_1 = \dfrac{n_2}{n_1}$，此时对应的 $\theta_0 = \theta_c$，所以得

$$n_0 \sin\theta_c = \sqrt{n_1^2 - n_2^2} = NA \tag{3-4}$$

式中：NA 为“数值孔径”，是衡量光纤集光性能的主要参数。NA 越大，光纤的集光能力越强。光纤产品通常不给出折射率，而是只给出 NA，石英光纤的 NA=0.2～0.4。

按纤芯横截面上材料折射率分布的不同，光纤又可分为阶跃型和梯度型，如图 3-3 所示。阶跃型光纤纤芯的折射率不随半径而变，但在纤芯与包层界面处折射率有突变。梯度型光纤纤芯的折射率沿径向由中心向外呈抛物线从大逐渐变小，至界面处与包层折射率一致。因此，这类光纤有聚焦作用，光线传播的轨迹近似于正弦波，如图 3-4 所示。

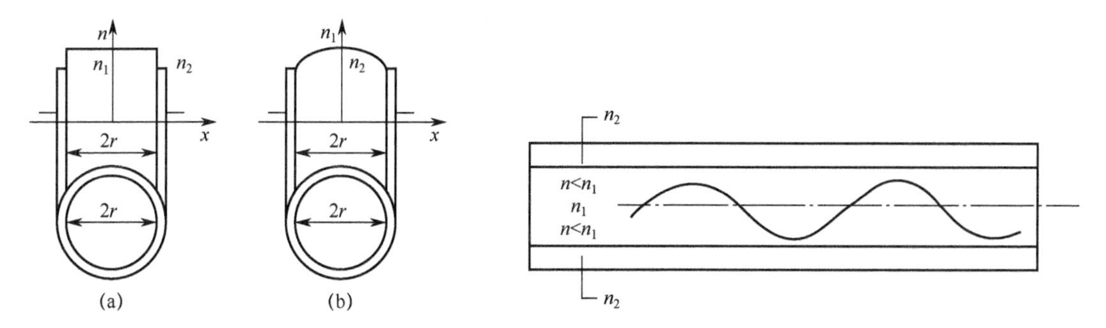

图 3-3　光纤的折射率断面

（a）阶越型；（b）梯度型。

图 3-4　光在梯度型光纤中的传播

3.1.2　光纤传感器分类

光纤传感器是通过对被测量光纤内的传输光进行调制，使传输光的强度（振幅）、相

位、频率或偏振等特性发生变化，再通过对被调制过的光信号进行检测，从而得出相应被测量的传感器。

光纤传感器一般可分为两大类：一类是功能型传感器（Function Fiber Optical Sensor），又称 FF 型光纤传感器，是利用光纤本身的特性，把光纤作为敏感元件，既感知信息又传输信息，所以又称为传感型光纤传感器。另一类是非功能型传感器（Non Function Fiber Optical Sensor），又称为 NF 型光纤传感器，是利用其他敏感元件感受被测量的变化，光纤仅作为光的传输介质，用以传输来自远处或难以接近场所的光信号，因此，也称为传光型光纤传感器。

对传感型光纤传感器来说，光纤本身起敏感元件的作用。光纤与被测对象相互作用时，光纤自身的结构参量（尺寸和形状）发生变化，光纤的传光特性发生相关变化，光纤中光波参量受到相应控制，即在光纤中传输的光波受到了被测对象的调制，空载波变为调制波，携带了被测对象的信息，这是一层意思；再一层意思是，光纤与被测对象作用时，光纤自身的结构参量并不发生变化，而光纤中传输的光波自身发生了某种变化，携带了待测信息。将这两层意思结合起来，才是光纤用做敏感头的完整理解。

对传光型光纤传感器来说，关键部件是光转换敏感元件。这里也有两层含义。其一是光转换元件与待测对象相互作用时，光转换元件自身的性能发生了变化，由光纤送来的光波通过它时，光波参量发生了相关变化，空载波变成了调制波，携带了待测量信息；其二是不采用任何光转换元件，仅由光纤的几何位置排布实现光转换功能，结构十分简单。

表 3-1 列出了常用的光纤传感器分类及常规物理量测量时的简要工作原理，后续会对这些调制原理进行阐述。

表 3-1 光纤传感器分类及简要工作原理

被测物理量	测量类别	光的调制	效应	材料	特性性能
电流、磁场	FF	偏振	法拉第效应	石英系玻璃 铅系玻璃	电流 50～1200A（精度 0.24%）磁场强度 0.8～4800A/m（精度 2%）
		相位	磁致伸缩效应	镍 68 碳莫合金	最小检测磁场强度 8×A/m^{-2}（1～10kHz）
	NF	偏振	法拉第效应	YIG 系强磁体 FR-5 铅玻璃	磁场强度 0.08～160A/M（精度 0.5%）
电压、电场	FF	偏振	Pockels 效应	亚硝基苯胺	—
		相位	电致伸缩效应	陶瓷振子压电元件	—
	FF	偏振	Pockels 效应	$LiNbO_3$，$LiTaO_3$， $Bi_{12}SiO_{20}$	电压 1～1000V 电场强度 0.1～1kV/cm（精度 1%）
温度	FF	相位	干涉现象	石英系玻璃	温度变化 17 条/（℃·m）
		光强	红外线通过	SiO_2，CaF_2，ZrF_2	温度 250～1200℃（精度 1%）
	FF	偏振	双折射效应	石英系玻璃	温度 30～1200℃
		开口数	折射率变化	石英系玻璃	—
	NF	断路	双金属片弯曲	双金属片	温度 10～50℃（精度 0.5℃）
湿度	NF	断路	磁性变化	铁氧体	开（57℃）～关（53℃）
			水银的上升	水银	40℃时精度 0.5℃

（续）

被测物理量	测量类别	光的调制	效应	材料	特性性能
湿度	NF	透射率	禁带宽度变化	CaAs，CdTe 半导体	温度 0～80℃
			透射率变化	石蜡	开（63℃）～关（52℃）
		光强	荧光辐射	（Cdo.coEuo.01）$_{2}O_{2}S$	−50～+300℃（精度 0.1℃）
振动压力音响	FF	频率	多普勒效应	石英系玻璃	最小振幅 0.4μm（120Hz）
		相位	干涉现象	石英系玻璃	压力 154kPa·m/条
		光强	微小弯曲损失	薄膜+模条	压力 9×10^{-2}Pa 以上
	NF	光强	散射损失	$C_{45}H_{75}O_{2}$+VL·2255N	压力 0～40kPa
		断路	双波长透射率变化	振子	振幅 0.05～500μm（精度 1%）
		光强	反射角变化	薄膜	血压测量误差 2.6×10^{3}Pa
射线	FF	光强	生成着色中	石英系玻璃 铅系玻璃	辐照量 0.01～1Mrad
图像	FF	光强	光纤束成像	石英系玻璃	长数米
			多波长传输	石英系玻璃	长数米
			非线性光学	非线性光学元件	长数米
			光的聚焦	多成分玻璃	长数米

光纤传感器种类繁多，可以称为万能传感器。目前已证明可作为加速度、角加速度、速度、角速度、位移、角位移、压力、弯曲、应变、转拒、温度、电压、电流、液面、流量、流速、浓度、pH 值、磁、声、光、射线等 70 多个物理量的传感器。

光纤传感器的应用与光电技术密切相关。因而光纤传感器也成为光电检测技术的重要组成部分。与其他传感器相比较，光纤传感器有许多优点：

（1）光纤传感器的电绝缘性能好，表面耐压可达 4kV/cm，且不受周围电磁场的干扰。

（2）光纤传感器的几何形状适应性强。由于光纤所具有的柔性，使用及放置均较为方便。

（3）光纤传感器的传输频带宽，带宽与距离之积可达 30MHz·km～10GHz·km 之多。

（4）光纤传感器无可动部分、无电源，可视为无源系统，因此使用安全，特别是在易燃易爆的场合更为适用。

（5）光纤传感器通常既是信息探测器件，又是信息传递器件。

（6）光纤传感器的材料决定了它有强的耐水性和强的抗腐蚀性。

（7）由于光纤传感器体积小，因此对测量场的分布特性影响较小。

（8）光纤传感器的最大优点在于它们探测信息的灵敏度很高。

3.2　光调制与解调技术

无论是传感型还是传光型光纤传感器，都有一个敏感头或传感臂。其作用是通过与待测对象的相互作用，将待测量的信息传递到光纤内的导光波中，或将信息加载于光波之上。这个过程称为光纤中的光波的调制，简称光调制。在光纤传感器中，光的解调过程通常是将载波光携带的信号转换成光的强度变化，然后由光电检测器进行检测。显然，光调制技术是光纤传感器的基础和关键技术。

按照调制方式分类，光调制可分为：强度调制、相位调制、偏振调制、频率调制和光谱调制等。同一种光调制技术，可以实现多种物理量的检测；检测同一个物理量可以利用多种光调制技术来实现。

以下分别对光的强度、偏振、相位、频率等调制和解调特点进行讨论。

3.2.1 强度调制与解调

光纤传感器中光强度调制是被测对象引起载波光强度变化，从而实现对被测对象进行检测的方式。光强度变化可以直接用光电检测器进行检测。解调过程主要考虑的是信噪比是否能满足测量精度的要求。常用的光强调制技术如下。

1. 微弯效应

微弯损耗强度调制器的原理如图 3-5 所示。当垂直于光纤轴线的应力使光纤发生弯曲时，传输光有一部分会泄露到包层中去。

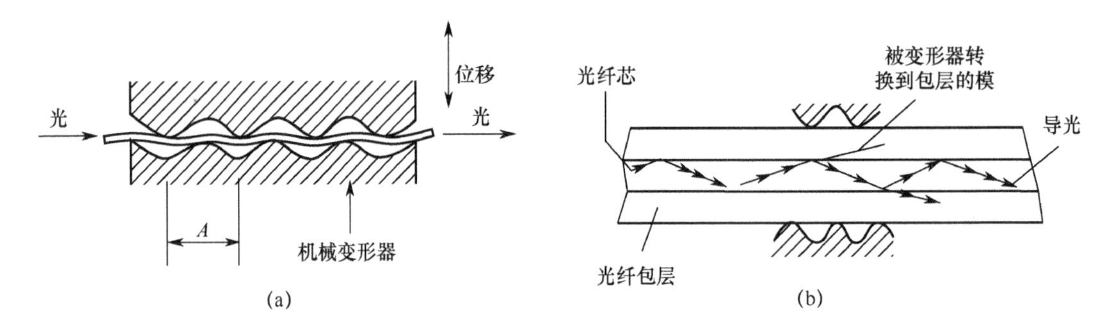

图 3-5 微弯损耗强度调制器原理

（a）结构；（b）光纤内光的传输。

光纤中的模式耦合对理想光纤来说，光归一化频率参量 v 值确定之后，光纤中存在着一定数目的传导模式。这些导模都是麦克斯韦方程的特解，彼此独立传播，相互之间没有能量交换，即没有模式耦合。实际光纤总是非理想的，存在着各种各样的缺陷。例如，内芯折射率的不均匀性、芯−包层之间的界面畸变、光纤弯曲等。这些波导不完善的因素，可能是由于光纤制造工艺中的问题，也可能是使用环境中的干扰所致。这些实际存在的波导的不完善性，破坏了理想的边界条件，从而破坏了理想条件下的各导模的独立传播，导致了波导模之间的能量交换。一部分芯模能量会转化为包层能量，或从光纤包层向外辐射，或者芯模能量的交换，使模式的幅度发生起伏变化。

波动理论分析指出，当一对模的有效传播常数之差为 $\Delta\beta = \beta_1 - \beta_2 = 2\pi / \varLambda$ 时，纤芯传输模与包层辐射模之间的耦合程度最强。

图 3-6 中引起光纤微弯的装置为一对带齿或槽的板，相邻两齿之间的距离为 $\varLambda$，β_1 和 β_2 分别为纤芯传输模的传输常数和包层辐射模的传输常数。

在梯度型光纤中

$$\Delta\beta = \sqrt{\frac{2\varDelta}{r}} \tag{3-5}$$

在阶跃型光纤中

$$\Delta\beta = \frac{2\sqrt{\Delta}}{r} \tag{3-6}$$

式中：$\Delta = [n^2(0) - n^2(r)] / 2n^2(0)$；$n(0)$ 和 $n(r)$ 是距离光纤轴为 0 和 r 的折射率；r 为纤芯半径。

2．光强度的外调制

外调制技术的调制环节通常在光纤外部，因而光纤本身只起传光的作用。这里光纤分为两部分：发送光纤和接收光纤。两种常用的调制器是反射器和遮光屏。

反射式光强调制器的结构原理如图 3-6（a）所示。在光纤端面附近设有反光物体 A，光纤射出的光被反射后，有一部分光再返回光纤。通过测出反射光强度，就可以知道物体位置的变化。为了增加光通量，也可以采用光纤束。

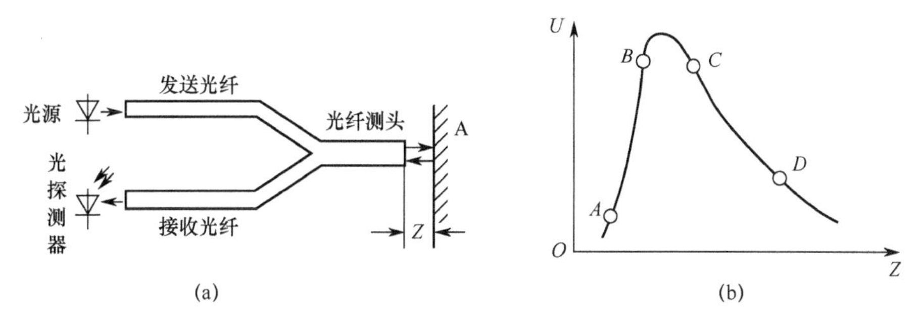

图 3-6　反射式光强调制器的原理

（a）原理结构；（b）输出电压与位移关系。

图 3-7 为遮光式光强度调制器原理图。发送光纤与接收光纤对准，光强调制信号加在移动的遮光板上；或直接移动接收光纤，使接收光纤只接收到发送光纤发送的一部分光，从而实现光强调制。

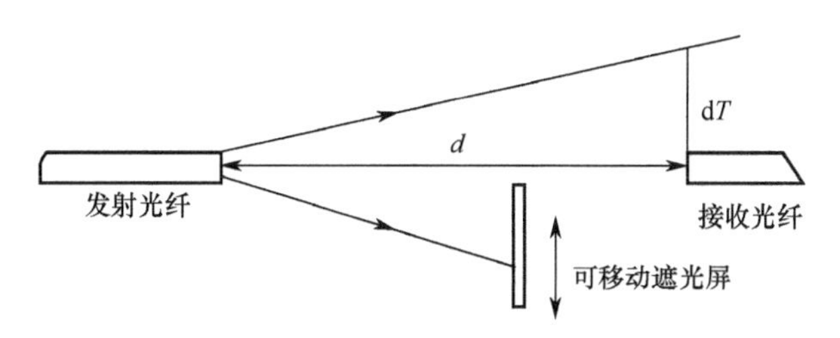

图 3-7　遮光式光强度调制器原理

3．强度调制的解调

强度调制型光纤传感器的关键是信号功率与噪声功率之比要足够大，其功率信噪比 $(SNR)_\mathrm{p}$ 可用下面公式计算

$$(SNR)_\mathrm{p} = \frac{i_s^2}{i_\mathrm{Nph}^2 + i_\mathrm{NR}^2 + i_\mathrm{ND}^2} \tag{3-7}$$

式中：i_s 为信号电流；i_Nph 为光信号噪声电流；i_NR 为前置放大器输入端等效电阻热噪声电流；i_ND 为光电检测器噪声电流。

应该指出，利用式（3-7）计算的信噪比，对大部分信号处理和传感器应用来说绰绰有余。但是，光源与光纤、光纤与传感器之间的机构部分引起的光耦合随外界影响的变化，调制器本身随温度和时间老化出现的漂移，光源老化引起的强度变化以及检测器的响应随温度的变化等，比信号噪声和热噪声对测量精度的影响往往要大得多，应在传感器结构设计和制造工艺中设法减小这些影响。此外，如果采用激光光源，由于只有有限几种模式的光程差引起明显的强度调制（即模式噪声），也会影响测量精度。所以强度调制型光纤传感器需要某种形式的强度参考，并要求光源是不相干的。

3.2.2 偏振调制与解调

光波是一种横波。光振动的电场矢量 $\boldsymbol{E}$、磁场矢量 $\boldsymbol{H}$ 和光线传播方向 $\boldsymbol{S}$ 正交。按照光的振动矢量 $\boldsymbol{E}$、$\boldsymbol{H}$ 在垂直于光线平面内矢端轨迹的不同，又可分为线偏振光（又称平面偏振光）、圆偏振光、椭圆偏振光和部分偏振光。利用光波的这种偏振性质可以制成光纤的偏振调制传感器。

光纤传感器中的偏振调制器常利用电光、磁光和光弹等物理效应，在解调过程中应用检偏器。调制原理包括如下效应。

1. 普克尔（Pockels）效应

如图 3-8 所示，当压电晶体受光照射并在其正交的方向上加以高电压，晶体将呈现双折射现象——普克尔效应。在晶体中，两正交偏振光的相位变化为

$$\varphi=\frac{\pi n_0^3 r_e U}{\lambda_0}\cdot\frac{l}{d} \tag{3-8}$$

式中：n_0 为正常光折射率；r_e 为电光系数；U 为加在晶体上的横向电压；λ_0 为光波长；l 为光传播方向的晶体长度；d 为电场方向晶体的厚度。

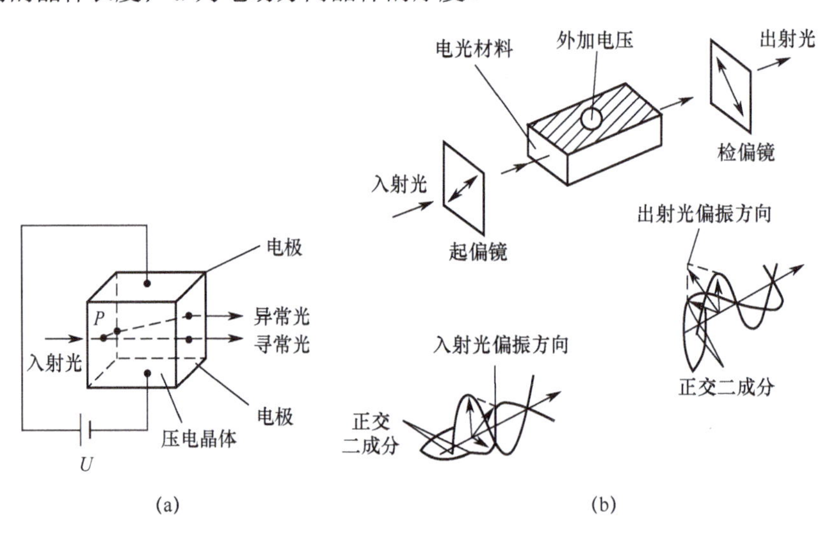

图 3-8 普克尔（Pockels）效应

（a）晶体双折射；（b）光的传输。

2. 法拉第磁光效应

如图 3-9 所示，平面偏振光通过带磁性的物体时，其偏振光面将发生偏转，这种现象称为法拉第磁光效应，光矢量旋转角为

$$\theta=V\oint_L H\cdot dl \tag{3-9}$$

式中：V 为物质的费尔德常数；L 为物质中的光程；H 为磁场强度。

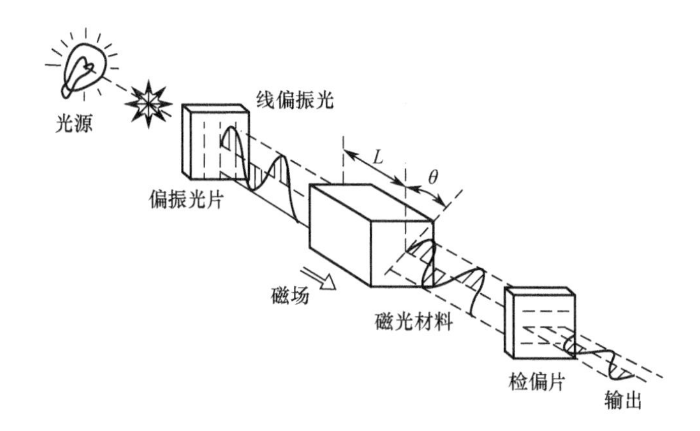

图 3-9　利用法拉第效应测量磁场

3．光弹效应

当一束单色光入射到各向同性介质表面时，它的折射光只有一束光，但是当一束单色光入射到各向异性介质表面时，一般产生两束折射光，这种现象称为双折射。

双折射得到的两束光中，一束总是遵循折射定律，这束光称为寻常光，或称为 o 光。另一束光则不然，一般情况下，它是不遵守折射定律的，称为异常光，或称为 e 光。o 光和 e 光都是线偏振光，且 o 光的振动面垂直于晶体的主截面；而 e 光的振动面在主截面内，两者的振动面互相垂直。若 o 光折射率为 n_o，e 光的折射率为 n_e，则双折射率差

$$\Delta n = |n_o - n_e| \tag{3-10}$$

是用来描述晶体双折射特性的重要参数。

某些非晶体如透明塑料、玻璃等，在通常情况下是各向同性的，不产生双折射现象。但当它们受到外力作用时就会产生双折射现象。这种应力双折射现象称为光弹效应。当外力除去，材料内部处于无应力状态时，双折射随之消失，这是一种人工双折射，或称暂时双折射。

如图 3-10 所示，在垂直于光波传播方向施加应力，材料将产生双折射现象，其强弱正比于应力，即

$$(n_o - n_e) = kp \tag{3-11}$$

光波通过的材料厚度为 l，则光程差为

$$\varDelta = (n_o - n_e)l = kpl \tag{3-12}$$

偏振光的相位变化

$$\Delta\varphi = 2\pi kpl / \lambda \tag{3-13}$$

式中：k 为物质光弹性常数；p 为施加在物体上的压强；l 为光波通过的材料长度。

4．解调原理

这里我们仅仅讨论线偏振光的解调。利用偏振光分述器能把入射光的正交偏振线性分量在输出方向分开。通过测定这两束光的强度，再经一定的运算就可确定偏振光的相位变化。渥拉斯顿棱镜是常用的偏振光分束器，如图 3-11 所示，它由两块冰洲石直角棱镜组成，两棱镜沿着斜边黏合起来。棱镜 ABC 的光轴平行于直角边 AB；棱镜 ACD 的光轴平行于棱 C 而和图面垂直。自然光垂直射到 AB 面上，在棱镜 ABC 中形成寻常光和异常光，它们各以速度 v_o 和 v_e 垂直于光轴沿同一方向传播。在第二棱镜 ACD 中，此两光线仍沿垂直于光轴的方向传播。但因为两棱镜的光轴互相垂直，所以第一棱镜中的寻常光在第二棱镜中即变成异常光；反之亦然。因此，原先在第一棱镜中的寻常光，在两棱镜的界面上以相对折射系数

n_e/n_o 折射，而原先在第一棱镜中的异常光则以相对折射系数 n_o/n_e 折射。对于冰洲石，$n_o > n_e$，因而 $n_e/n_o < 1$。所以第一条光线向棱镜 ACD 的 C 棱方向偏折，而第二条光线则向棱镜底边 AD 方向偏折。两条光线都是平面偏振光：第一光线（第二棱镜中的异常光）中电矢量的振动与第二棱镜的光轴平行，第二光线（第二棱镜中的寻常光）中电矢量的振动与第二棱镜中的光轴垂直。

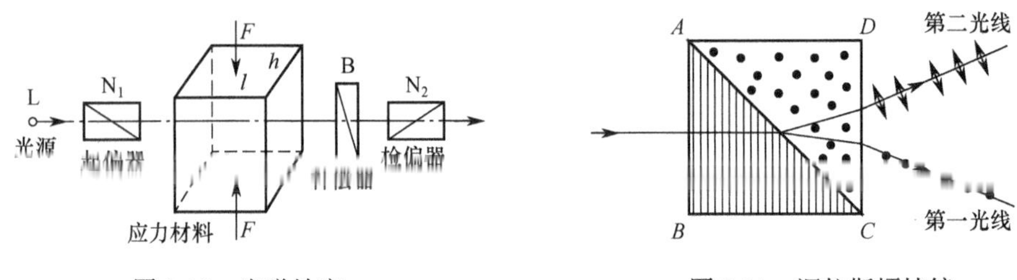

图 3-10　光弹效应　　　　图 3-11　渥拉斯顿棱镜

图 3-12 是偏振矢量示意图。当取向偏离平衡位置 θ 时，轴 1 的光分量振幅是 $A\sin(\pi/4+\theta)$，轴 2 则为 $A\cos(\pi/4+\theta)$。两分量对应的光强度 I_1 和 I_2 正比于这两个分量振幅的平方，从而可以得出

$$\sin 2\theta = \frac{I_1 - I_2}{I_1 + I_2} \tag{3-14}$$

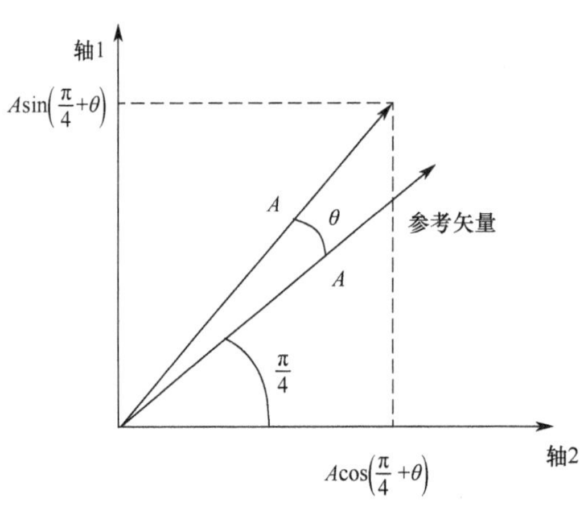

图 3-12　偏振矢量示意图

式（3-14）表明偏振角 θ 与光源强度和通道能量衰减无关，由 θ 值可推知需要传感的物理量。

3.2.3　相位调制与解调

相位调制的光纤传感器的基本原理是：通过被测能量场的作用，使能量场中的一段敏感单模光纤内传播的光波发生相位变化，利用干涉测量技术把相位变化变换为振幅变化，再通过光电检测器进行检测。下面从可引起相位调制的几种物理效应、利用光强度检测解调光相位变化的原理和干涉测量仪器的基本原理进行阐述。

1. 物理效应

物理效应主要为应力应变效应。当光纤受到纵向（轴向）的机械应力作用时，将产生三

个主要的物理效应，导致光纤中光相位的变化：光纤的长度变化——应变效应、光纤芯的直径变化——泊松效应、光纤芯的折射率变化——光弹效应。

光纤还有热胀冷缩效应，在所有的干涉型光纤传感器中，光纤中传播光的相位响应 φ 都是与待测场中光纤的长度 L 成正比，这个待测场可以是变化的温度 T。由于干涉型光纤传感器中的信号臂光纤可以是足够长的，因此，信号光纤对温度变化有很高的灵敏度。

2. 相位解调原理

相位解调原理是通过干涉现象把光束之间的相位差转变为光强变化。两束相干光束（信号光束和参考光束）同时照射在光电检测器上，光电流的幅值将与两光束的相位差成函数关系，两光束的光场相叠加，合成光场的电场分量为

$$E(t) = E_1\sin\omega t + E_2\sin(\omega t + \varphi) \tag{3-15}$$

光电探测器对合成光束的强度发生响应。设自由空间阻抗为 Z_o，则入射到光电探测器光敏面 A_d 的功率为

$$p(t) = E^2(t)\cdot A_d / Z_o \tag{3-16}$$

最终探测信号电流为

$$\begin{aligned} i(t) &= \frac{qp(t)\eta}{h\nu} = \frac{q\eta}{h\nu}\cdot\frac{A_d}{Z_o}\cdot E^2(t) = \sigma E^2(t) \\ &= \sigma\left[\frac{1}{2}(E_1^2 + E_2^2) + E_1E_2\cos\varphi - \frac{1}{2}E_1^2\cos2\omega t - \frac{1}{2}E_2^2\cos(2\omega t + 2\varphi) - E_1E_2\cos(2\omega t + \varphi)\right] \end{aligned} \tag{3-17}$$

式中：$\sigma = (q\eta / h\nu)\cdot(A_d / Z_o)$。探测器响应的是光波在许多周期内测得的平均功率。式（3-17）括号中的后三项相当于光频（2ω）的电流变化，光电探测器不能响应如此高频率的变化，可以忽略。因此式（3-17）可以简化为

$$i(t) = \sigma\left(\frac{1}{2}(E_1^2 + E_2^2) + E_1E_2\cos\varphi(t)\right) \tag{3-18}$$

$$\mathrm{d}i(t) = -\sigma E_1E_2\sin\varphi_0\mathrm{d}\varphi \tag{3-19}$$

式（3-18）、式（3-19）表明，探测器输出电流的变化取决于两光束的初始相位和相位变化。可见，通过干涉现象能将两光束之间的相位差转化为电流变化。如果 $\sin\varphi_0=1$，即干涉光束初相位正交，相差 $\varphi_0 = \pi/2$，则可较容易地把这种相位变化提取出来，这种探测方式称为外差检测。

3. 干涉测量仪与光纤干涉传感器

实现干涉测量的仪器主要有以下四种。

（1）迈克尔逊干涉仪。

图 3-13 所示为普通光学迈克尔逊干涉仪工作原理。由激光器输出的单色光由分束器（把光束分成两个独立光束的光学元件）分成为光强相等的两束光。一束射到固定反射镜，然后反射回分束器，再被分束器分解：透射光由光探测器接收，反射光又返回到激光器。由激光器输出经分束器透射的另一束光入射到可移动反射镜上，然后也反射回分束器上，经分束器反射的一部分光传至光探测器上而另一部分光则经由分束器透射，也返回到激光器。当两反射镜到分束器间的光程差小于激光的相干长度时，射到光探测器上的两相干光束即产生干涉。两相干光的相位差为

$$\Delta\varphi = 2k_0\Delta l \tag{3-20}$$

式中：k_0 为光在空气中的传播常数；$2\Delta l$ 为两相干光的光程差。

（2）马赫–泽德尔干涉仪。

图 3-14 所示为马赫–泽德尔干涉仪工作原理。它和迈克尔逊干涉仪区别不大，同样是激光经分束器输出两束光，先分后合，经过可移动反射镜的位移获得两相干光束的相位差，最后在光探测器上产生干涉。与迈克尔逊干涉仪不同的是，它没有或很少有光返回到激光器。返回到激光器的光会造成激光器的不稳定噪声，对干涉测量不利。

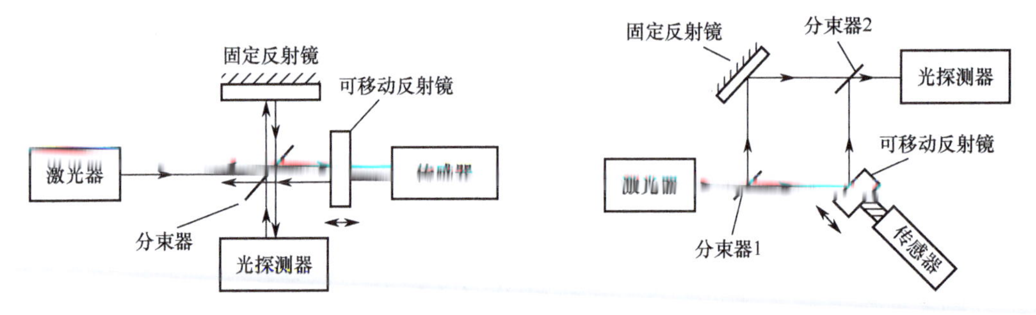

图 3-13 迈克尔逊干涉仪工作原理　　图 3-14 马赫-泽德尔干涉仪原理

（3）塞格纳克（Sagnac）干涉仪。

塞格纳克干涉仪工作原理如图 3-15 所示，它是利用塞格纳克效应构成的一种干涉仪。激光经分束器分为反射和透射两部分，这两束光均由反射镜反射形成与传播方向相反的闭合光路，并在分束器上会合，送入光探测器，同时也有一部分返回到激光器。在这种干涉仪中，两光束的光程长度相等。因此根据双束光干涉原理，在光电探测器上检测不到干涉光强的变化。但是当把这种干涉仪装在一个可绕垂直于光束平面轴旋转的平台上时，两束传播方向相反的光束到达光电探测器就有不同的延迟。若平台以角速度 Ω 顺时针旋转，则在顺时针方向传播的光较逆时针方向传播的光延迟大。这个相位延迟量可表示为

$$\Delta\varphi = \frac{8\pi A}{\lambda_0 c}\Omega \tag{3-21}$$

式中：Ω 为旋转率；A 为光路围成的面积；c 为真空中的光速；λ_0 为真空中的光波长。这样，通过检测干涉光强的变化，就能知道旋转速度。利用这一原理可构成光纤陀螺。

（4）法布里–珀罗干涉仪。

图 3-16 示出法布里–珀罗干涉仪工作原理框图，它由两块部分反射、部分透射、平行放置的反射镜组成。在两个相对的反射镜表面镀有反射膜，其反射率常达 95%以上。激光入射到干涉仪，在两个反射面作多次往返反射，透射出来的平行光束由光电探测器接收。

这种干涉仪是多光束干涉，与前几种双光束干涉仪不同。根据多光束干涉原理，探测器检测到干涉光强度的变化为

$$I = \frac{I_0}{1 + \dfrac{4R}{(1-R)^2}\cdot\sin^2\left(\dfrac{\Delta\varphi}{2}\right)} \tag{3-22}$$

式中：R 为反射镜的反射率；$\Delta\varphi$ 为相邻光束间的相位差。

必须指出，上述几种干涉仪有一个共同点：它们的相干光均在空气中传播。由于空气受环境温度变化的影响，会引起空气折射率扰动及声波干扰。这将导致空气光程的变化，造成工作不稳定，降低精度。利用单模光纤作干涉仪的光路，就可以排除这些影响，并可克服加长光路时对相干长度的严格限制，从而创造出有千米量级光路长度的光纤干涉仪。

图 3-17 所示为四种不同类型的光纤干涉仪结构。其中，以一个或两个 3 dB 耦合器取代了分束器，光纤光程取代了空气光程。并且，这些干涉仪都以置于被测场中的敏感光纤作为相位调制元件，由于被测场对敏感光纤的作用，导致光纤中光相位的变化。

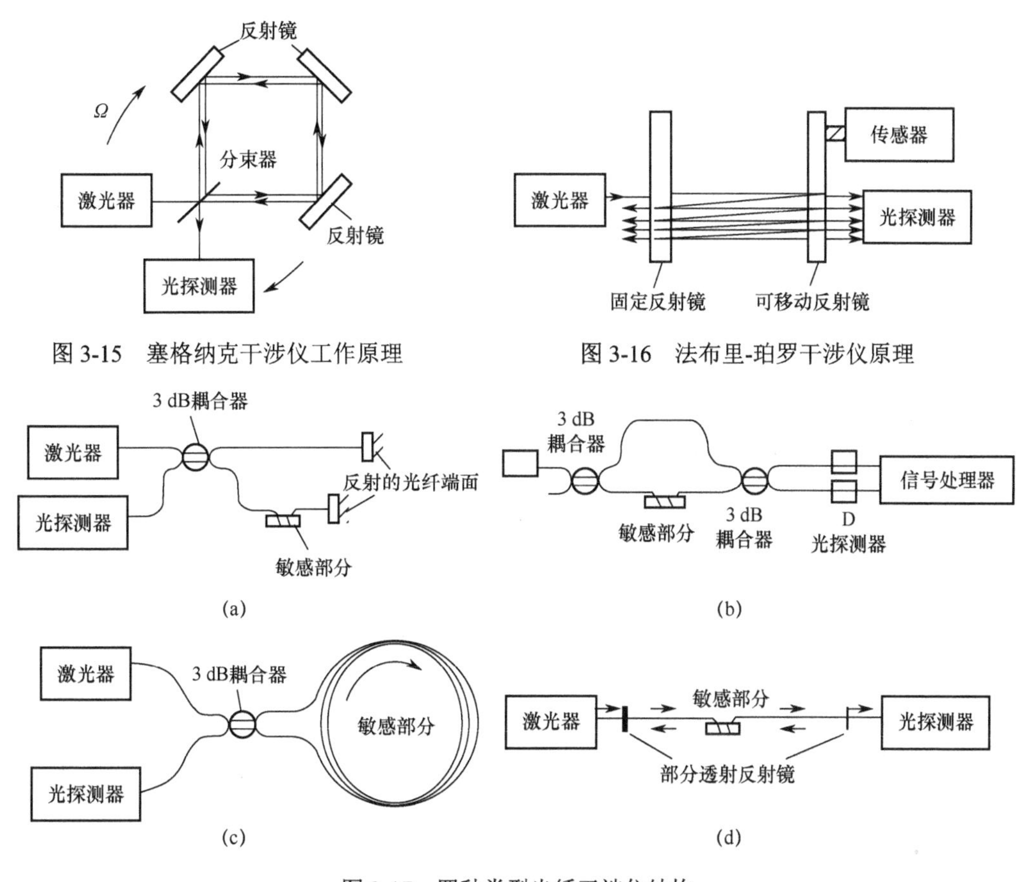

图 3-15　塞格纳克干涉仪工作原理

图 3-16　法布里-珀罗干涉仪原理

图 3-17　四种类型光纤干涉仪结构

（a）迈克尔逊干涉仪；（b）马赫-泽德尔干涉仪；（c）塞格纳克干涉仪；（d）法布里-珀罗干涉仪。

3.2.4　频率调制与解调

频率调制并不以改变光纤的特性来实现调制。这里，光纤往往只起着传输光信号的作用，不再作为敏感元件。目前主要是利用光学多普勒效应实现频率调制。图 3-18 中，S 为光源，P 为运动物体，Q 是观察者所处位置。如果物体 P 的运动速度为 v，方向与 PS 及 PQ 的夹角分别为 θ_1 和 θ_2，则从 S 发出的频率为 f_1 的光经过运动物体 P 散射，观察者在 Q 处观察到的频率为 f_2。根据多普勒原理可得

$$f_2 = f_1\left[1+\frac{v}{c}(\cos\theta_1+\cos\theta_2)\right] \tag{3-23}$$

图 3-19 是一个典型的激光多普勒光纤测速系统，其中激光沿着光纤投射到测速点 A 上，然后被测物的散射光与光纤端面的反射光（起参考光作用）一起沿着光纤返回。为消除从发射透镜和光纤前端面 B 反射回来的光，利用安置在与入射激光偏振方向相正交的检偏器来接收散射光和参考光。这样频率不同的信号光与参考光共同作用在光电探测器上，并产生差拍，光电流经频谱分析器处理，求出频率的变化，即可推知速度。

光频率调制的解调原理与相位调制的解调相同，同样需要两束光干涉。

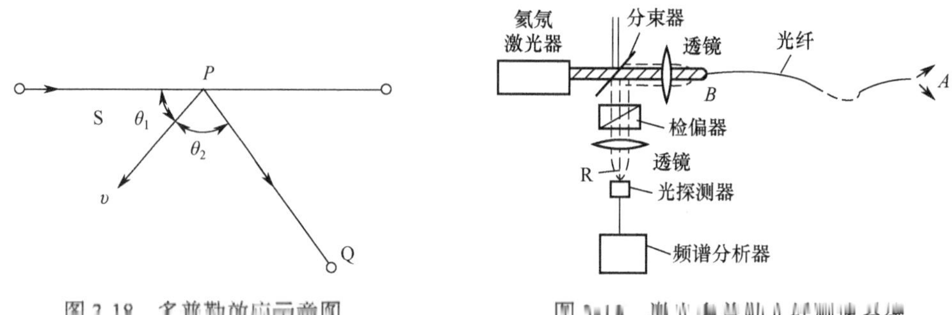

图 3-18 多普勒效应示意图

图 3-19 激光多普勒光纤测速系统

3.3 光纤传感检测实例

光纤传感器以其成本低、灵敏度高的优势在监控、测量等领域得到广泛的应用，几乎涉及国民经济的所有重要领域，本节将从光纤传感器的一些成功应用实例出发，介绍光纤传感检测系统的应用方法及原理。

3.3.1 光纤电流传感器

图 3-20 为偏振态调制型光纤电流传感器原理图。根据法拉第旋光效应，由电流所形成的磁场会引起光纤中线偏振光的偏转。检测偏转角的大小，就可得到相应的电流值。从激光器发生的激光经起偏器变成线偏振光，再经显微镜（10×）聚焦耦合到单模光纤中。为了消除光纤中的包层模，可把光纤浸在折射率高于包层的油中，再将单模光纤以半径 R 绕在高压载流导线上。

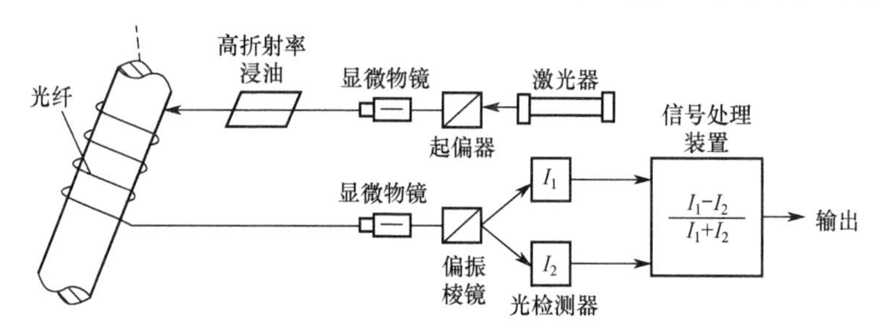

图 3-20 偏振态调制型光纤电流传感器原理

设通过其中的电流为 I，由此产生的磁场 H 满足安培环路定律。对于无限长直导线，则有

$$H = I / 2\pi R \tag{3-24}$$

由磁场 H 产生的法拉第旋光效应，引起光纤中线偏振光的偏转角为

$$\theta = VlI / 2\pi R \tag{3-25}$$

式中：V 为费尔德常数，对于石英：$V = 3.7\times10^{-4}\,\text{rad/A}$；$l$ 为受磁场作用的光纤长度。

受磁场作用的光束由光纤出端经显微镜耦合到偏振棱镜，并分解成振动方向相互垂直的两束偏振光，分别进入光探测器，再经信号处理后其输出信号为

$$P = \frac{I_1 - I_2}{I_1 + I_2} = \sin 2\theta \approx \frac{VlI}{\pi R} = 2VNI \tag{3-26}$$

式中：N 为输电线缆的单模光纤匝数。

该传感器适用于高压输电线大电流的测量，测量的范围 0～1000A。

3.3.2　光纤液位传感器

在石油、化工、储罐和航空等领域，液位实时准确的测量对生产安全起着至关重要的作用。随着光纤技术的迅猛发展及其良好的电气隔离特性、较强的抗电磁干扰能力、耐腐蚀、耐水等一系列优点，光纤式传感器在液位测量领域受到广泛关注。目前，光纤液位传感器有三类，基于受抑全反射光纤液位传感器（点测量）、基于微弯式光纤液位传感器、基于模式泄露式光纤液位传感器。

1．受抑全反射光纤液位传感器（点测量）

受抑全反射光纤液位传感器的探头是用聚合物光纤做成，这种光纤液位传感器被用来进行液位的点测量，这种类型的传感器可以是玻璃光纤也可以是塑料光纤。其工作方式主要是通过探头对反射光线的检测来判定液位的存在，工作原理主要是基于光的全反射。此传感器可以分为由一根光纤组成的单光纤点式液位传感器和两根光纤组成的双光纤点式液位传感器，如图 3-21 所示。以双光纤传感器为例，其原理是发光管发射的光经过传光光纤到达光学折射检测元件。当检测元件在空气中时，光在该元件表面发生内反射，并通过接收光纤被接收管探测到。当检测元件在液体中时，全内反射消失，接收管接收到的光量较少。在探头上当光线的入射角 θ_i 大于临界角时，即 $\theta_i > \theta_c$ 时，全反射条件便获得满足，光线全部产生反射。否则，光线既要发生反射也要发生折射。值得强调的是，当探头端被更高折射率的材料包围时，由于一小部分的光线满足全反射条件，而其余部分则散射到液体中，这样一来反射的光线会发生强烈的衰减。返回光强是液体折射率的线性函数。通过检测接收管中的光量，就能判断传感器在液体还是空气中。

图 3-22 所示为基于全内反射原理的液位传感器，由 LED 光源、光电二极管和多模光纤等组成。图 3-22（a）所示结构主要是由一个 Y 型光纤、全反射锥体、LED 光源以及光电二极管等组成。图 3-22（b）所示为一种 U 型结构。当测头浸入液体内时，无包层的光纤光波导的数值孔径增加，液体起到包层的作用，接收光强与液体的折射率和测头弯曲的形状有关。为了避免杂光干扰，光源采用交流调制。图 3-22（c）所示结构中，两根多模光纤由棱镜耦合在一起，它的光调制深度最强，而且对光源和光电接收器要求不高。

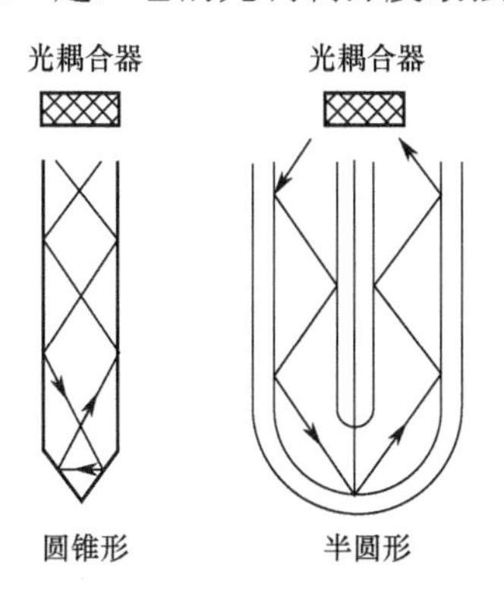

图 3-21　单根光纤全内反射液位传感器原理

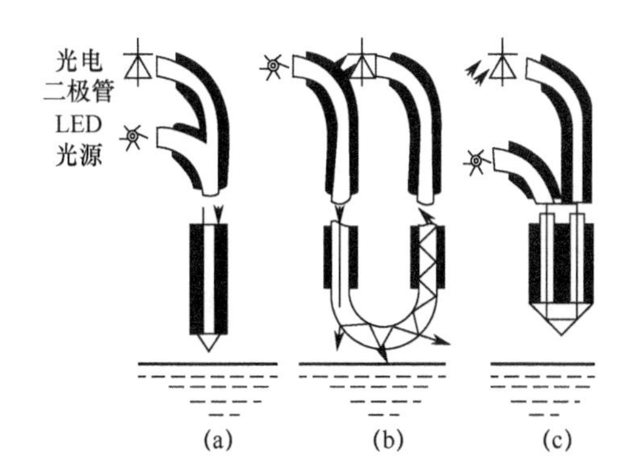

图 3-22　光纤液位传感器

（a）Y 型结构；（b）U 型结构；（c）多模光纤的耦合。

由于同一种溶液在不同浓度时的折射率也不同，所以经过标定，这种液位传感器也可作为浓度计。光纤液位计可用于易燃、易爆场合，但不能检测污浊液体以及会黏附在探头表面的黏稠物质。

2．光纤微弯式液位传感器

光在普通光纤中沿直线传输时几乎不损耗，但当光纤弯曲时，光就会有一部分损耗。光纤微弯式液位传感器是利用压力使光纤变形，进而影响光纤中传输光强度的一种压力型光纤液位传感器。变形器是这种液位传感器的重要组成部件。将传感器安装在被测液体容器的底部，由于压力的作用，使得变形器发生形变而挤压光纤，光纤上出现很多小的弯曲部分。当光纤的弯曲损耗从可以忽略的数值急剧增加到不可承受的数值时，影响光纤的传输功率。液体高度的不同，变形器受到的压力就不相同，从而光纤的微弯损耗就会不一样。通过检测光纤中光功率的变化，就可以得出容器液位的高度。

3．模式泄露式光纤液位传感器

如图 3-23 所示此类传感器将两根同规格光纤平行放置，其中一根与发光管耦合作为发射光纤，另一根与接收管耦合作为接收光纤。两根完整的光纤侧面之间由于全反射的原理，光耦合的能量很小，很难检测出来。为了增大两根光纤之间光耦合的能量，将两根带包层的光纤相对面的包层磨去，使得两根光纤露出纤芯部分相对。这种传感器主要是通过探测接收光纤与发射光纤之间介质变化而引起的耦合程度的变化，来探测液位的变化情况。

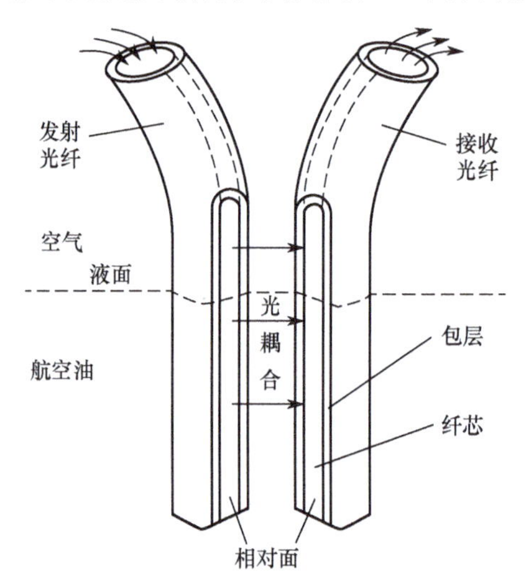

图 3-23　模式泄露式光纤传感器原理示意

3.3.3　光纤水声传感器

利用马赫泽德尔干涉仪制作的声音传感器可作为高灵敏度检测水中声音的水中微音器。在水中，声压加在光纤上，则由于其长度和基于光弹效应的折射率的变化，输出端光波的相位发生变化。随着光纤长度变长，灵敏度就增大。当光强为 1mW、光纤长度为 100m 时，可探测的最小声压为 3.9dB(RE:1μPa)。

图 3-24 是光纤水声传感器的原理图。激光器发出的光束被半透镜分成两路：一路是经单模光纤的参照匝环；另一路是经单模光纤的敏感匝环。敏感匝环放于水中感知水中音响（压力、振动），参照匝环只起传输参照光的作用。传输作用与敏感匝环上的水中音响（压力、振动）使光纤的几何尺寸发生变化，影响单膜光纤的“等效折射率”，最终体现为传输系数 p 的变化。根据 p 的定义，两路光之间的相位差为

$$\varphi = pL \tag{3-27}$$

式中：L 为敏感匝环光纤长度。由于相位差 φ 的存在，光敏元件接收到的功率为

$$P = a^2 + b^2 + 2ab\cos\varphi \tag{3-28}$$

式中：a、b 分别为敏感与参照光路中的光振幅。

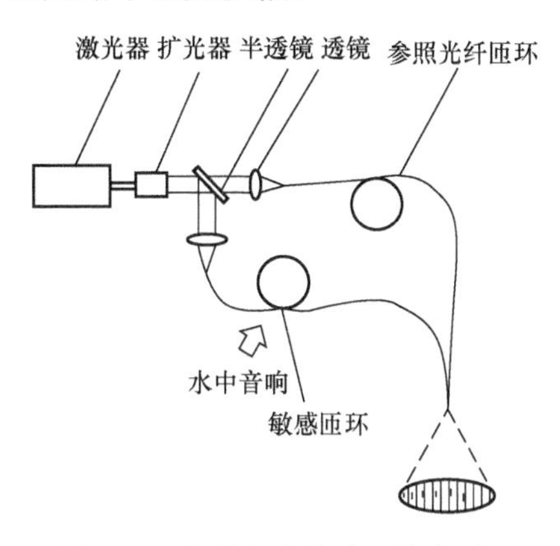

图 3-24　光纤水声传感器基本原理

光敏元件将干涉光信号变为电信号，在测得 P 后，便可由上式求出 φ，利用 φ 与被测音响之间的关系，就可构成水中声响传感器。

3.3.4　光纤血流计

光纤血流计的工作原理是多普勒频移原理，其基本结构如图 3-25 所示。氦-氖激光器线偏振光由分束器分成两束，一束由透镜耦合进 150μm 的光纤。光纤的另一头插入注射针头内，注射器以角度 φ 插进血管内。激光经光纤到达血液中，被直径约 7nm 的流动红血球色散后，再次返回，光纤的光信号产生的多普勒频移由下式给出

$$\Delta f = 2nv\cos\varphi / \lambda \tag{3-29}$$

式中：v 为血流速度；n 为血液的折射率（1.33）；φ 为光纤轴线与血管轴线间的夹角；λ 为激光波长。

分束器的另一束光用作参考光，将驱动频率 $f_1 = 40\text{MHz}$ 的布拉格盒频移器用于参考光路中，以区别光路方向。频移以后的参考光路信号率为 $f_0 - f_1$（f_0 是光源的频率）。

将新的参考光路信号与多普勒频移信号混频，就得到要探测的光信号，这种方法称为光外差法。以雪崩光敏二极管探测混频光信号，变换成光电流送进频谱分析仪，可得到血流速度的多普勒频移谱，如图 3-26 所示。

图中，Δf 的符号由血流方向而定，当 $0^\circ < \varphi < 90^\circ$ 时，Δf 为正，即出现右移频率；当 $90^\circ < \varphi < 180^\circ$ 时，Δf 为负，即出现左移频率。

在实际的血流测量中，所观察的多普勒信号为宽谱信号。主要原因是血流在光纤末端受到局部干扰，因此，大部分后向散射光信号包含了该干扰区域的流动信息，因而造成了宽谱的干扰信号，只在最大频移 f_{cut} 部位给出了正确的流速。

光纤血流计的实际参数如下：光源为氦–氖激光器、功率为 5mW、波长 632.8nm、光纤外径 500μm、芯径 50μm 的梯度型多模光纤，最佳长度应选为光源相干长度（L/n_1）的整数倍的二分之一。其中，L 为激光器腔长；n_1 为光纤折射率。

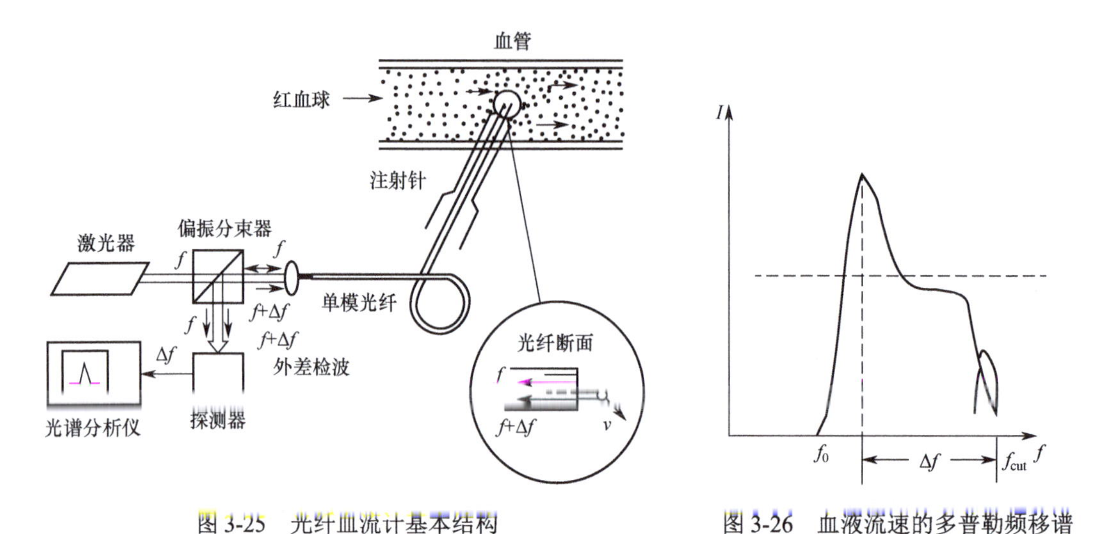

图 3-25 光纤血流计基本结构　　图 3-26 血液流速的多普勒频移谱

光纤多普勒速度计还有很多别的设计方式，主要是选取参考信号的方法不同。图 3-27 简要示出了已经在医学上得到很多实际应用的一种仪器。

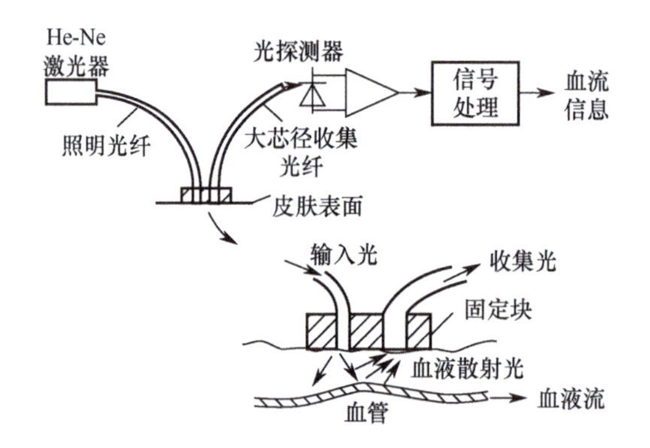

图 3-27 非插入式光纤多普勒血流计

3.3.5 光纤辐射计

这里辐射是指射线辐射。由于射线辐射可以在特种光纤中产生荧光效应或着色中心，根据荧光大小或着色中心引起光纤变黑而使吸收增大的程度来检测射线辐射的强度。

光纤辐射计利用 X 射线或γ射线照射下产生着色中心，改变光纤对光的吸收特性而制成的仪器，其工作原理如图 3-28 所示。

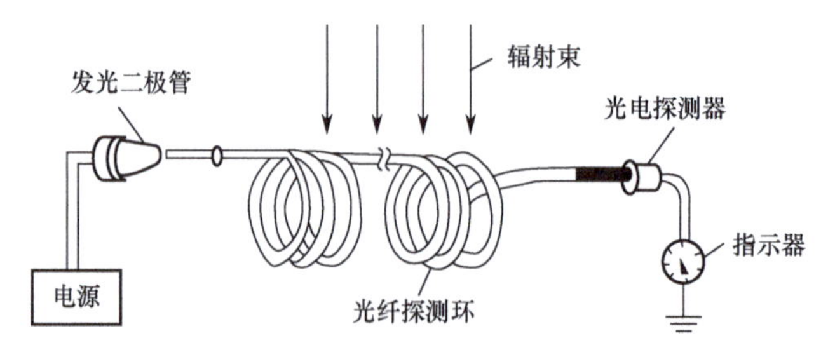

图 3-28 光纤辐射计工作原理

发光二极管发出稳定的光通量，经耦合器输入光纤探测环，探测环在射线辐射照射下透光性发生变化，输出带有射线强度变化信息的光信号，经耦合器由光电探测器接收并转换为电信号，再经放大后由指示器显示。

改变光纤材料的组分，可对不同射线辐射敏感。增加光纤探测环的总长度可提高接收射线的量，从而提高其传感灵敏度。这种方法的灵敏度可比一般测定射线辐射的方法高 10^4 倍。

3.3.6 光纤位移传感器

1. 传光型光纤位移传感器

传光型光纤位移传感器是利用光纤传输光信号的功能，根据检测到的反射光的强度来测量被测反射表面的距离，其工作原理（图 3-29）是：当光纤探头端部紧贴被测件时，发射光纤中的光不能反射到接收光纤中去，因而光电元件中不能产生电信号。当被测表面逐渐远离光纤探头时，发射光纤照亮被测表面的面积 A 越来越大，因而相应的发射光锥和接收光锥重合面积 B_1 也越来越大，因而接收光纤端面上被照亮的 B_2 区也越来越大，有一个线性增长的输出信号。当整个接收光纤端面被全部照亮时，输出信号就达到位移–输出信号曲线上的“光峰点”。当被测表面继续远离时，由于被反射光照亮的 B_2 面积小于 C，即有部分反射光没有反射进接收光纤；由于接收光纤更加远离被测表面，接收到的光强逐渐减少，光电元件的输出信号逐渐减弱，如图 3-29（c）所示，曲线 I 段范围窄，但灵敏度高，线性好，适用于测微小位移和表面糙度等，在曲线Ⅱ段，信号的减弱与探头和被测表面之间的距离平方成反比。

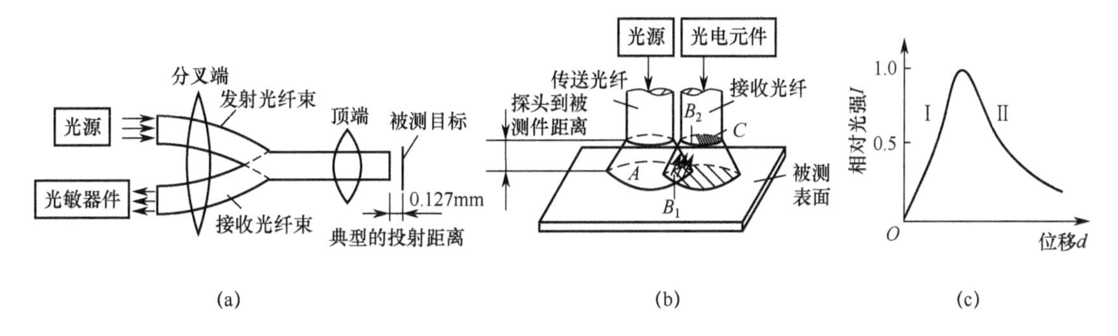

图 3-29 传光型光纤位移传感器工作原理

（a）结构；（b）原理图；（c）相对光强与位移的关系曲线图。

2. 微弯效应光纤位移温度传感器

利用改变光纤的微弯状态，可实现对光强的调制。图 3-30 是利用光纤微弯效应测定光纤位移传感器的工作原理。多模光纤在受到微弯时，一部分芯模能量会转换为皮模能量，通过测量皮模能量来实现对位移量的检测。氦氖激光器发光经扩束镜和汇聚镜，将激光尽可能多地耦合到光纤中去，再经光纤传输由探测器检测皮模能量，获得输出信号。光纤经变形器产生微弯，引入位移量的信息。变形器右边与待测位移物连接，其位移量大会产生大的微弯，位移量小则产生较小的微弯。变形器的左边是由振荡器控制的压电变换器，用来对微弯进行调制，这样光纤皮料中光通量的变化经光电转换后成为交变信号，可由数字毫伏表指示，也可经锁相放大器放大后由 x-y 记录仪记录。这样处理对消除杂光干扰、减小噪声、提高信噪比十分有利。

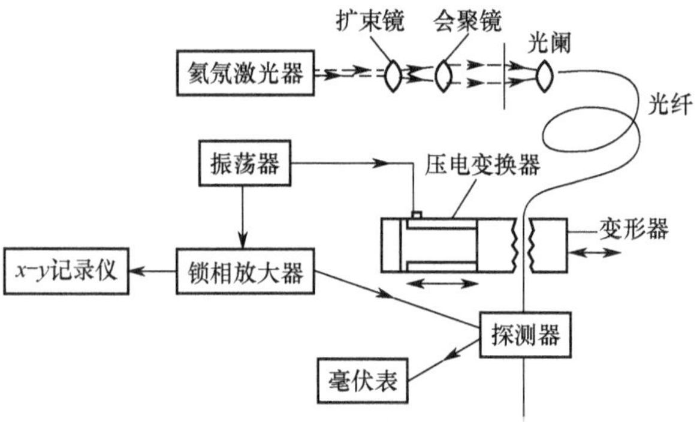

图 3-30　光纤微弯位移传感器工作原理图

该光纤位移传感器的测量灵敏度可达 6mV/mm，最小可测位移约 $0.8\times10^{-4}\mu m$，动态范围超过 110dB。这种传感器很容易推广到压力、水声等物理量的检测中去。

此外，多模光纤发生微弯时，还会使各传导模之间的相位差发生变化，而使输出光斑图得到调制。利用这一原理，也可制成多种光纤传感器。

3.3.7　光纤温度传感器

1．半导体光吸收型光纤温度传感器

许多半导体材料在比它的红限波长 λ_g（即其禁带宽度对应的波长）短的一段光波长范围内有递减的吸收特性，超过这一范围几乎不产生吸收，这一波段范围称为半导体材料的吸收端。例如 GaAs、CdTe 材料的吸收端在 0.9μm 附近，如图 3-31（a）所示。用这种半导体材料作为温度敏感头的原理是，它们的禁带宽度随温度升高几乎线性地变窄，相应的红限波长 λ_g 几乎线性地变长，从而使其光吸收端线性地向长波方向平移。显然当一个辐射光谱与 λ_g 相一致的光源发出的光通过半导体时，其透射光强即随温度升高而线性地减小，图 3-31（a）示出了这一说明。

采用图 3-31（b）的结构，就组成了一个最简单的光纤温度传感器。这种结构实用性不高，例如光源不稳定的影响很大。

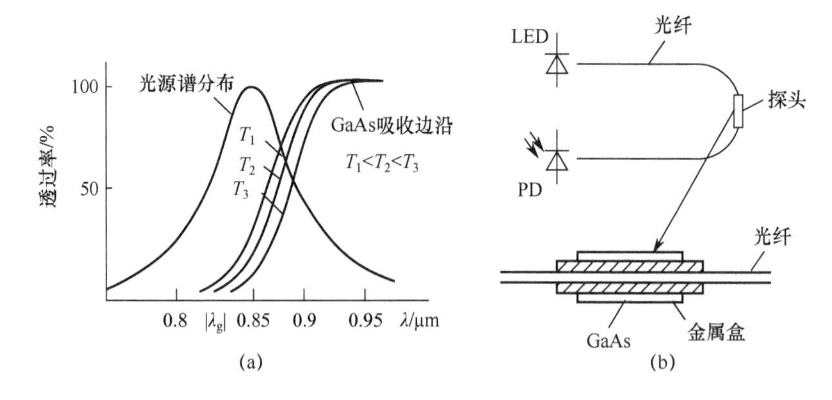

图 3-31　半导体吸收型光纤温度传感器

（a）光吸收温度特性；（b）结构示意图。

实用化半导体吸收型光纤温度传感器设计如图 3-32 所示，它采用了两个光源，一只是铝镓砷发光二极管，波长 $\lambda_2\approx0.88\mu m$；另一只是铟镓磷砷发光二极管，波长 $\lambda_2\approx1.27\mu m$，敏感

头对 λ_1 光的吸收随温度而变化，对 λ_2 光不吸收，故取 λ_2 光作为参考信号，用雪崩光电二极管作光检测器。经采样放大器后，得到两个正比于脉冲高度的直流信号，再由除法器以参考光（λ_2）信号为标准将与温度相关的光信号（λ_1）归一化。于是除法器的输出只与温度 T 相关。采用单片机信息处理即可显示温度。这种传感器的测量范围是−10～300℃，精度可达±1℃。

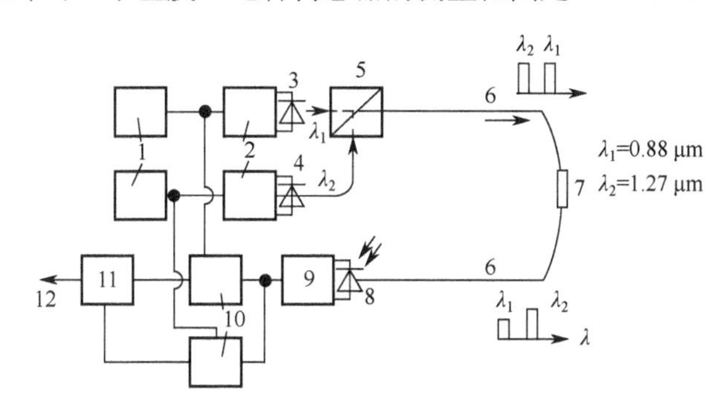

图 3-32　实用化半导体吸收型光纤温度传感器

1—脉冲发生器；2—LED 驱动器；3—LED（λ_1）；4—LED（λ_2）；5—光耦合器；6—光纤；7—敏感头；8—APD 检测器；9—放大器；10—采样放大器；11—信号处理器；12—信号输出。

2．传光型双色光纤高温计

新型光纤高温计在国内也进行了不少研究工作。如图 3-33 所示为双色高温计的工作原理。探头由蓝宝石棒作基底，探测端镀有特殊膜层。膜层材料常用某种贵重金属，如铱、铂等，它们在高温中发光，其强度及光谱成分随温度而变化。蓝宝石棒的输出端接有两根多模光纤引出探测端所发的光。在进行光电转换前对光纤输出的两束光先行滤光。当测温在 800～1600℃时最佳波长选在 0.8μm 和 0.9μm 两处。光电探测器接收这两束单色光，并转换为电信号，然后处理信号以获得对高温的检测结果。类似的方法是，采用白宝石晶体作探头基底，可测约 2000℃的高温，且精度可达万分之五。

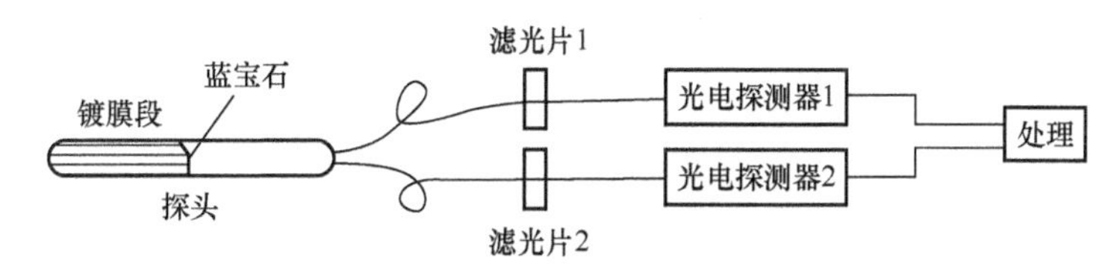

图 3-33　双色高温计工作原理

3．改变光纤折射率的光纤温度传感器

光强型光纤温度传感器是利用温度变化引起光纤芯料和皮料的折射率发生变化，由于它们的变化规律不同，造成两者的折射率差发生变化，从而使芯、皮界面处全反射临界角 i_0 发生变化。当 i_0 增大时，可使光纤传输漫射光的透射比增大；反之，因温度变化使 i_0 减小时，光纤对传输的漫射光由皮料输出较多，而减小了光纤的透射比。当输入光稳定时，按输出光通量的大小就可测定折射率差的变化，相应测出温度的变化，达到测量温度的目的。

4．利用相位干涉的光纤温度传感器

可以用马赫泽德尔干涉仪制作传感器进行温度的测量，系统结构与图 3-24 水声传感器结构相同。当光纤干涉仪探测臂的温度不同于参考臂时，探测光纤的折射率 n、长度 L 和直径 d 都会发生变化，其中直径变化较小可以忽略。这些变化造成两光束相位差为

$$\varphi=\frac{2\pi}{\lambda}(\Delta nL+n\Delta L) \tag{3-30}$$

单位长度、单位温度变化所产生的相位差为

$$\frac{\Delta\varphi}{\Delta TL}=\frac{2\pi}{\lambda}\left(\frac{\Delta n}{\Delta T}+\frac{n\Delta L}{\Delta TL}\right) \tag{3-31}$$

式中：ΔT 为温度的变化量。

选用氦氖激光器作为光源，其激光波长λ=0.6328μm，一般石英玻璃的有关参量为：n=1.456，$dn/dT=1\times10^{-5}$ ℃，$(1/L)(dL/dT)=5\times10^{-7}$/ ℃。这样可以估算出$\Delta\varphi/(\Delta TL)$ = 107mrad/(℃·m)。对应干涉级移动级数 $N=\Delta\varphi/(2\pi\Delta TL)\approx17$ 级。这就是说采用 1m 长的光纤，当温度变化 1℃时，干涉级变化 17 级。如果进一步采用频率细分的技术，该方法比一般测试方法的灵敏度要高得多。

5. 热色效应光纤温度传感器

许多无机溶液的颜色随温度而变化，因而溶液的光吸收谱线也随温度而变化，称为热色效应，其中钴盐溶液表现出最强的光吸收作用，利用无机溶液的这种热色特性，可以制成温度计。

热色溶液例如$[(CH_3)_3CHOH+CoCl_2]$溶液的光吸收频谱如图 3-34 所示，从图中可见在 25～75℃之间的不同温度下，波长在 0.4～0.8μm 范围内，有强烈的热色效应。在 0.65μm 波长处，光透过率几乎与温度呈线性关系，而在 0.8μm 处，几乎与温度无关。

同时这样的热色效应是完全可逆的，因此可将这种溶液作为温度敏感探头，并分别采用 0.655μm 和 0.8μm 波长的光作为敏感信号和参考信号。

这种温度传感器的组成如图 3-35 所示。光源采用卤素灯泡，光进入光纤之前进行斩波调制。探头外径 1.5mm，长 10mm，内充钴盐溶液，两根光纤插入探头，构成单端反射型。从探头出来的光纤经 Y 型分路器将光分为两种，再分别经 655nm 和 800nm 滤光器得到信号光和参考光，再经光电信息处理电路，得到温度信息。由于系统利用信号光和参考光的比值作为温度信息，消除了光源波动及其他因素影响，保证了系统测量的准确性。

该光纤温度传感器的温度测量范围在 25～50℃之间，测量精度可达±0.2℃，响应时间小于 0.5s，特别适用于微波场下的人体温度测量。

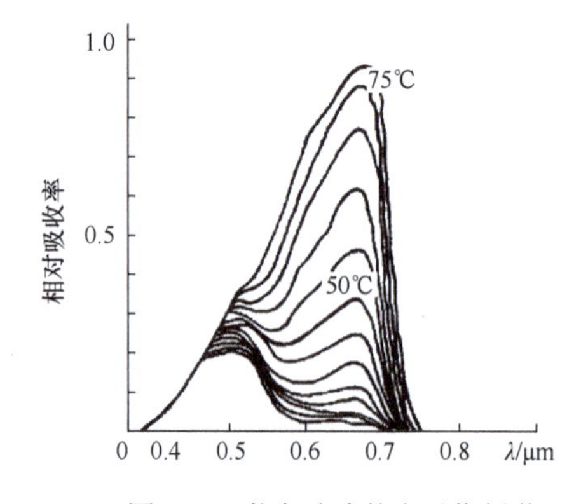

图 3-34　热色溶液的光吸收频谱

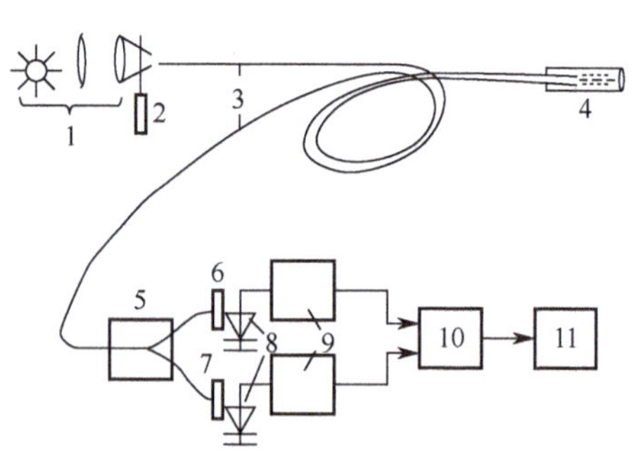

图 3-35　热色效应光纤温度传感器

1—光源；2—斩波器；3—光纤；4—探头；5—分路器；6—655nm 滤光片；7—800nm 滤光片；8—PIN 光二极管；9—放大器；10—A/D 转换器；11—微机系统。

3.3.8　光纤压力传感器

可以通过多种方式实现压力传感，如强度调制、频率调制、相位调制、波长调制、偏振调制和分布式调制光纤压力传感器等。

基于反射式光纤压力传感器应用较为广泛，它是在反射式光纤位移传感器的探头前加一个液晶或弹性膜片构成的，如图 3-36 所示，反射式光纤压力传感器测量系统包括 4 个基本部分：光源、传输光纤、光电探测器以及液晶或膜片。首先光源发射出的光信号进入入射光纤，然后光信号耦合进入传光束，接着经过反射耦合到接收光纤，最终由光电探测器件来接收光信号。通过施加在液晶或弹性膜片上的压力改变接收光信号的强度。如果没有施加外力，液晶/膜片就不会产生形变位移；当施加外力的情况下，此时液晶引起了反射光的变化，膜片弯曲程度发生的改变使测量探头接收到的光信号强度也发生改变，最后通过检测光信号强度从而得到外界施加外力的大小。

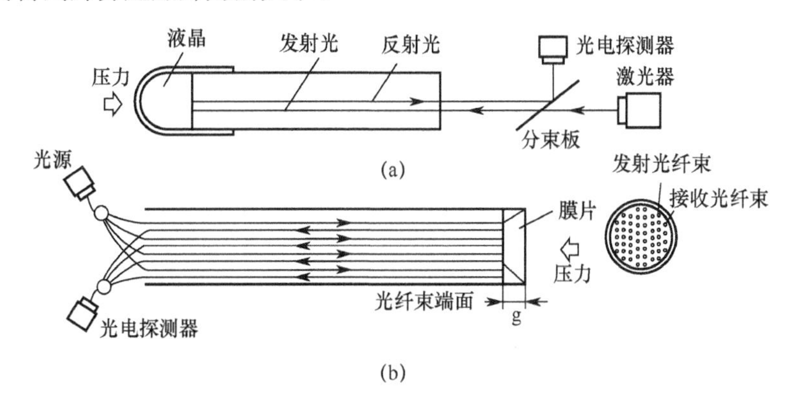

图 3-36　光纤压力传感器工作原理

（a）液晶式；（b）膜片式

一种膜片式 F-P 光纤压力传感器结构如图 3-37 所示。F-P 干涉腔的入射光信号连接端直接固定在封装套件上，而另一端由固定在弹性金属膜片的介质基底来构建。为对传感器进行有效保护，在金属膜片前增加了外保护盖，一方面可以对金属膜片进行有效保护，另一方面也保证了外界压力能均匀作用在金属膜片上。为提高干涉信号的对比度，在干涉腔的两个反射端面采用离子溅射技术镀制多层介质膜，金属膜片粘接有介质基底，介质基底上镀制的是反射率为 98.2%～99.8%的高反膜，单模光纤经切割抛光后镀制有反射率为 46.5%～54.5%的多层介质膜。介质基底为圆形且直径与裸光纤的直径相等，它们之间相互平行且在同一轴向上，并保持一定的间隙（腔长）L，构成光纤 F-P 干涉微腔。光信号从光源传输进导引连接光纤后，一部分光信号在第一个反射端面处被反射，另一部分光继续传播进 F-P 腔的腔体，并在第二个反射端面发生部分反射，反射回的光会有一部分再次耦合进光纤中，并产生与腔长值相关的相移，与第一个端面的反射光发生干涉。光信号在多次反射后在干涉腔内进行 F-P 干涉，干涉信号从连接光纤输出，通过测量反射的干涉信号可实现对干涉腔变化参量的测量。

当外界压力载荷 P 均匀作用于金属膜片时，金属膜片会发生弯曲形变，金属膜片距中心点位置的形变可用挠度 $w(x,y)$来表述

$$w(x,y)\cong\frac{1}{47}P\frac{r^2}{D}\left(1-\frac{x^2}{r^2}\right)^2\left(1-\frac{y^2}{r^2}\right)^2 \tag{3-32}$$

式中：D 为抗弯刚度，主要取决于膜片的材料和厚度；r 为金属膜片的直径。

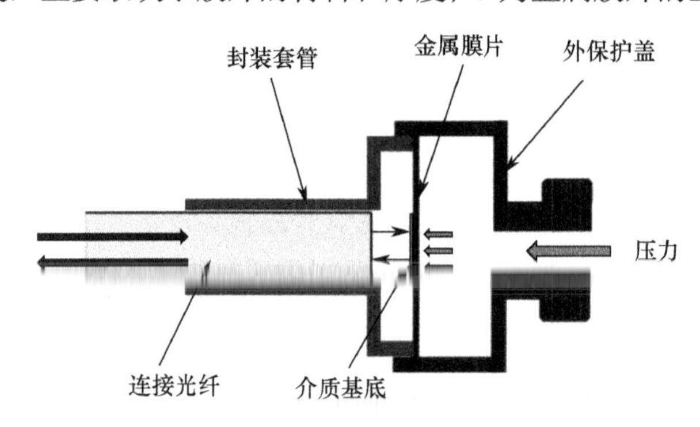

图 3-37　膜片式 F-P 光纤压力传感器结构

当外界压力均匀作用于膜片，膜片中心处的位移最大，位移 ΔS 可表述为

$$\Delta S=\frac{1}{47}P\frac{r^4}{D} \tag{3-33}$$

从式（3-32）可以看出，对光纤 F-P 传感器，r 和 D 为固定值，位移ΔS 与外界压力 P 成正比。在本系统中，位移ΔS 可看成光纤传感器的腔长变化量ΔL，传感器的腔长变化量与膜片所受压力成正比。

在一定的压力作用下，膜片的有效半径越大、膜片厚度越薄，光纤 F-P 干涉腔的腔长变化量也越大，能够获得的检测灵敏度也就越高。通过优化传感器膜片材料的半径与厚度可得出较高检测灵敏度的光纤 F-P 干涉式传感器结构的相应参数。

3.3.9　光纤陀螺

光纤角速度传感器又名光纤陀螺，以塞格纳克效应为其物理基础，其理论测量精度远高于机械和激光陀螺仪，对于 N 匝光纤，塞格纳克相移为

$$\Delta\varphi=\frac{8\pi NA}{\lambda_0 c}\Omega \tag{3-34}$$

图 3-38 是光纤陀螺的最简单的结构。除光源、光检测器、偏振器和传感光纤环外，还包括两个分束器和装在闭合回路一端的调制器。光源一般选用半导体激光器 LD、发光二极管 LED 和超辐射发光二极管 SLD。由于 SLD 性能介于 LD 和 LED 之间，既有较高的输出功率，又有较大的光谱宽度，是光纤陀螺较为理想的光源。而检测器则采用 PIN 光敏二极管。

在光纤中，光传播的每一种模对实验环境波动的敏感性不同于其他模。因此，光纤角速度传感器的左旋光和右旋光虽然在同一光纤中传播，如果两个方向的传播模不一样，那么实验环境变化引入的相位差，将大于旋转产生的相位差。若能使整个光学系统限制在单模工作状态，当然可以解决这个问题，但这样做技术上有一定难度。在图 3-38 的结构中，采用偏振器和空间滤光器（在两透镜间的洐射小孔），只让一种模通过，使进入光纤两端的光工作于同一模。为了实现零差检测，需要对进入光纤某一端的光，相对

于另一端相移 $\pi/2$。为了避开低频端 $1/f$ 噪声，也需要对信号进行调制，故在系统中设置了调制器。

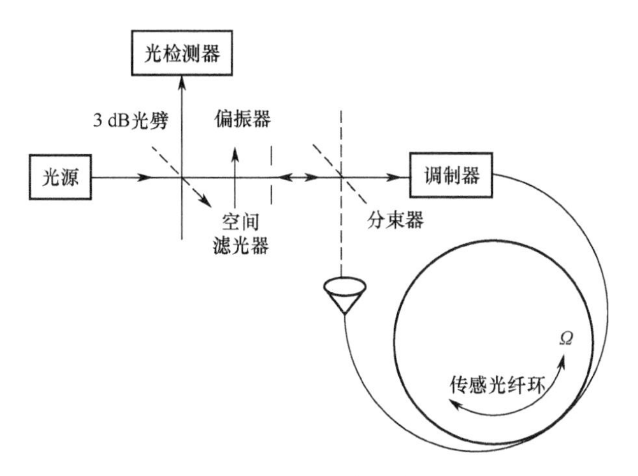

图 3-38　光纤陀螺结构

光纤陀螺最大优点是无机械活动部件，无预热时间；对加速度不敏感，动态范围宽；数字输出且体积小。这类陀螺取代传统陀螺的优势已十分明显。光纤陀螺已广泛应用于导航、制导、无人驾驶、虚拟现实头盔及姿态控制等领域。

3.4　光纤器件参量的检测

光纤器件往往作为探测、测量工具投入我们日常的生产生活当中，因此其自身的一些重要参量则成为对光纤器件性能评定的重要指标，本节阐述光纤器件主要参量的检测方法，以便对光纤传感器有更加全面的认知。

3.4.1　数值孔径的检测

数值孔径（NA）是光学系统收集光的能力的度量标准，这个光学系统可能是光纤、显微镜物镜或摄影镜头。数值孔径的定义见式（3-4），它是入射介质的折射率和最大入射光线角正弦的乘积。

定义折射率差

$$\varDelta = (n_{\text{core}} - n_{\text{cl}}) / n_{\text{core}} \tag{3-35}$$

当 $\varDelta \ll 1$ 时，NA 可近似为

$$NA = \sqrt{n_{\text{core}}^2 - n_{\text{cl}}^2} = \sqrt{(n_{\text{core}} - n_{\text{cl}})(n_{\text{core}} + n_{\text{cl}})} = \sqrt{(2n_{\text{core}})(n_{\text{core}}\varDelta)} = n_{\text{core}}\sqrt{2\varDelta} \tag{3-36}$$

典型的多模通信光纤 $\varDelta \approx 0.01$，即 $\varDelta \ll 1$，对弱波导近似当然是合理的。对硅制备的光纤 n_{core} 近似 1.46。利用式（3-35）和 $\varDelta$、n_{core} 值算出 $NA = 0.2$。单模光纤的 NA 值约为 0.1，多模通信光纤的 NA 值在 0.2～0.3 之间，大芯光纤的 NA 值约为 0.5。

1．测量装置及原理

实际测量中，应找出光纤输入端入射光线满足全反射条件的最大孔径角 θ_c。这将涉及某个极限量的测量，实际测量中极限量难以正确判断。因此在检测技术中，常用最大值的某相对百分比值所对应的点作为极限的度量。例如光电器件的红限波长，在检测中不可能找到正

好不发生光电效应的最短波长值，只能找到光谱灵敏度下降到最大光谱灵敏度的某个百分数时所对应的波长，并以此定义红限。通常百分比按共同约定，如 10%、1%或 0.1%等。同样在数值孔径测量中，最大孔径角θ_c难以测准。通常是测定光纤器件的角透射比分布函数，按透射比下降到垂直入射时透射比所约定的百分比时，所对应的角度作为孔径角。该孔径角的正弦与所在介质折射率的乘积就是光纤器件数值孔径测量的定义值，常用约定百分比为50%。

图 3-39 所示为光纤面板数值孔径测试仪的工作原理。光源发出的光经聚光镜引入积分球，光束在积分球内产生漫反射，使积分球输出的是漫射光。这里漫射光的作用是使 2π立体角内各角度上均有光输出。光电探测系统主要由物镜、光阑和光电探测器组成，图中采用光电倍增管作为探测器。接收物镜的有效直径大于积分球出射孔直径，光阑置于物镜的焦平面上，光电倍增管在光阑后一段距离处，使通过光阑的光照射光阴极较大的面积。为使接收面照射均匀，在探测器前也可加漫射光器。光阑的作用是限定测量光束的角间隔$\Delta\alpha$。当透镜焦距为 f、光阑孔径为 D 时，有$\Delta\alpha=2\arctan(D/2f)$。要使角透射比测量准确，角间隔$\Delta\alpha$应尽量小，但太小又使输入光量过少而难以探测。通常 $\Delta\alpha\approx20'$。为测定光纤面板的角透射比分布函数，必须进行两次测量，即不加光纤面板前测定积分球出射光通量的角分布，再测加光纤面板后输出光通量的角分布，对应角度上将后者被前者除即是角透射比分布函数。光电探测头将光信号转换为电信号，经前置放大、功率放大、A/D 转换后存储于单片机中，待对各角度两次测量完毕后进行计算，找到对应的θ_c，算出数值孔径 $n_0\sin\theta_c$，打印输出结果。

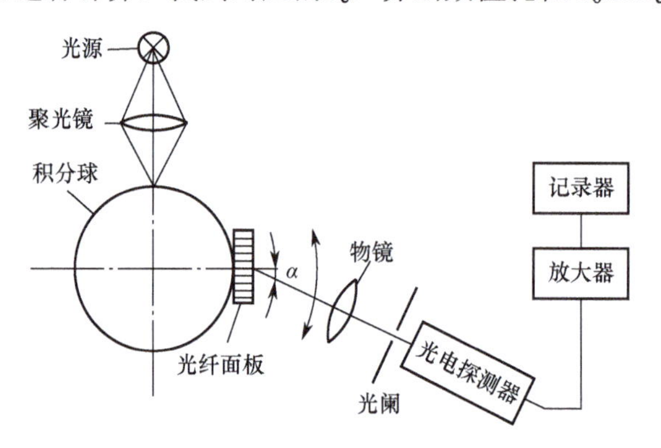

图 3-39　光纤面板数值孔径测试仪工作原理

2．装置设计中的几个问题

（1）在测定角分布的过程中，要不断改变转角 α，从 0～π/2 之间取点的多少将直接影响最终结果的精度。常取 0.5° 作为角步距。

（2）当 $\alpha=0$ 时，信号值最大。该位置的确定也是一个极限值的测量问题，常采用对称取值和几何位置标定的方法，尽力获得这一中心位置。为确保精度，采用 0 到±π/2 的双向测量，然后取平均值。

（3）为使光电探测系统对不同角度的光信号进行测量，需要通过转动该系统来实现，无面板时转动中心在积分球输出光孔面的中心线上，有面板时转动中心应移到光纤面板输出端的中心上。当采用光电探测系统被旋转时，则装置体积必然很大；如改用光源、积分球系统转动则机构大为减小。

（4）该测量的角度测量点，按上述要求为 360 个，完成一块光纤面板的测量将有 720 个数据，这些数据的处理、存储、计算和输出应采用计算机来完成。

（5）由于透射比要进行两次测量，因此要求光源发光稳定，常用稳流源给光源供电。另外对光源色温和探测器光谱特性也应有共同的约定，以确保测量的精度和一致性。

3.4.2 透射比的检测

光纤束的传光质量可由光透射比来表示，它是衡量光纤束性能的重要指标，通常用积分球测得。影响光纤束透射比的因素很多，它涉及传输光的特性、传输损耗、光纤束的制作工艺和诸多外界不确定因素等。光纤的损耗主要来自材料本身的吸收和散射，称为本征损耗；另外光纤的弯曲也会产生损耗。

1．光纤透射比的测量

目前，对于光纤透射比的主要测试方法是绝对功率测量法和后向散射法。使用的仪表主要有各种型号的稳定光源、光功率计、光万用表、光时域反射仪等。

（1）绝对功率测量法。

如图 3-40 所示，用稳定光源、光功率计、光万用表等通过绝对功率测量法，测量中继段总衰减特性。

图 3-40　绝对功率测量法

用稳定光源选择发光波长后，调定发光功率 P_i，在另一端用光功率计选择相同波长测得 P_0，可计算出该根光纤一个传输方向的总衰减值 P_l，单位为 dB：

$$P_l = P_i - P_0 \tag{3-37}$$

再由已知的光纤长度信息 l 计算出光纤每千米平均衰减系数 α：

$$\alpha = \frac{P_l}{l} \tag{3-38}$$

该根光纤另一传输方向的衰减系数及总衰减也按同样的方法测试并计算后，再求出两个传输方向的平均值，作为该光纤的衰减系数及总衰减值，$1-\alpha$ 则为光纤的透射比。

（2）后向散射法。

后向散射法是测量光纤衰减特性的替代试验方法，它测量从光纤中不同点后向散射至该光纤始端的后向散射光功率。这是一种单端测量，该方法的测量结果受光纤中光传输速度和光纤后向散射特性的影响，不可能像截断法那样精确测量光纤衰减。该方法能测试整个光纤链路的衰减，并能提供和长度有关的衰减细节，可获得距离、损耗、衰减、反射等重要特性。

2．光纤面板漫射光谱透射比测量

光纤面板的漫射光谱透射比测量原理如图 3-41 所示。为完成这一测量，需要获得不同波长的漫射单色光，按图 3-40 中所示光源发光经聚光镜射入单色仪，转动波长手轮则从单色仪出口狭缝处输出不同波长的单色光，单色光经积分球 1 由输出孔输出单色漫射光，也可用其他漫射光器使单色光漫射。测量头由积分球 2 和光电探测器如光电倍增管构成。采用积分球 2 的目的是实现大孔径角的信号接收并使探测器表面光照均匀化。光纤面板透射比的确定要进行两次测量，一次是无光纤面板时测定积分球 1 出射光的光谱分布，第二次是有光纤面板时，测量光纤面板出射光的光谱分布。对应波长上后者被前者除就可获得该波长下的透射比。不同波长下透射比的排列就是光纤面板的光谱透射比分布。

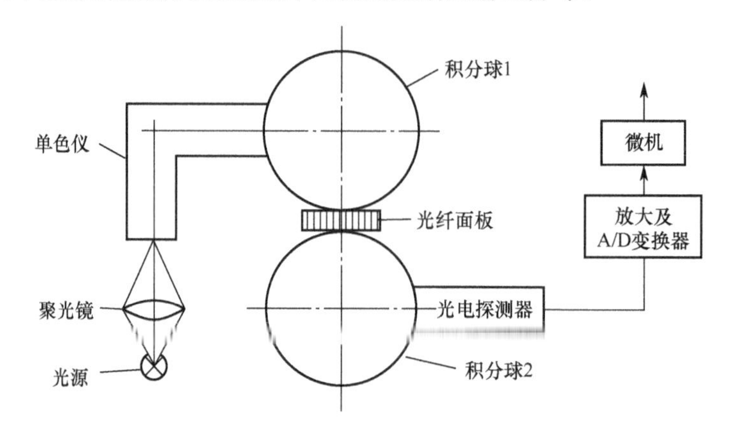

图 3-41 光纤面板的漫射光谱透射比测量原理

光纤器件漫射光光谱透射比测量中应注意如下问题：

（1）光源的稳定性要求与数值孔径测量时一样。

（2）光谱范围的选定，依待测光纤器件的要求而定。应按所要求的光谱范围选用光源和光电探测器，并使用适合需要的单色仪分光元件。

（3）在有关光谱特性的测量中，要求各单色光有良好的单色性。当单色仪输出某波长 A 的光束时，实际上光束包含着一定的波长间隔$\lambda\pm\Delta\lambda$，$\Delta\lambda$越小说明其单色性越好。对确定分光元件的单色仪，输出光的单色性由λ、出口狭缝的宽度决定。也就是说，单色性与所获光量的大小相矛盾，只能按实际要求和可能来选定。

（4）在测定光谱范围内，测量点采样间隔的大小应由实际要求确定。当要求表达详细的变化规律时，采样点应多些，如每隔 0.01μm 取一个样点。当只需几个光谱点的结果时，可用几块干涉滤光片代替单色仪，使结构大为简化。

（5）光纤器件光谱透射比分布的测量需对多点进行两次测量，并需对测得数据存储、计算等处理，所以应采用计算机。这样光谱透射比、平均透射比以及透射比偏差等许多有关参量可很快计算完毕并输出。

3.4.3 刀口响应的检测

刀口响应是光学纤维面板主要的光学性能之一，基本定义为：在垂直刀口的方向上的不透明区域内测得的光纤面板传递刀口像的强度分布。图 3-42 是传递刀口图像的光强分布，曲线 1 是无光扩散的阶跃曲线即理想的光强分布，传递图像绝对清晰。实际上再好的光纤面板传递刀口图像的光强分布也有亮暗渐变的过渡阶段，曲线 2 是通过光纤面板传递刀口图像的光强分布，相对阶跃曲线已有偏离，越是接近阶跃曲线光扩散越少，“刀口响应”性能指标越好，传递图像越是清晰。

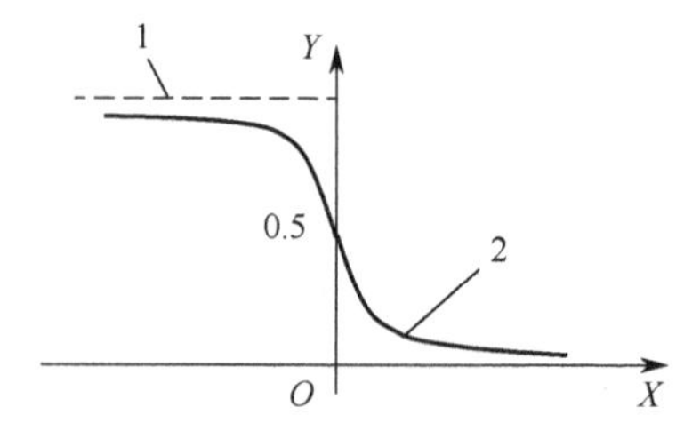

图 3-42 传递刀口图像光强分布图

根据光纤面板刀口响应的定义，以面板输出光强的最大值为 100%，随着位置坐标的变化，相对光强降到 50%时定为坐标原点，各个不同坐标下的相对光强（%）则是对应的“刀口响应”值。光纤面板标准规定的测点坐标和刀口响应允许值如表 3-2 所列，刀口响应值小于等于以上规定值为合格。

表 3-2　光纤面板刀口响应的测试点坐标与对应允许值

位置坐标/μm	12.5	25	50	125	375
刀口响应值/%	4	1	0.5	0.25	0.15

图 3-43 为光纤面板刀口响应测试仪的原理。在光纤面板前产生一个光强分布为阶跃函数（刀口函数）的目标物，在光纤面板后形成接近阶跃函数但是存在空间过渡过程的目标像，光纤面板之后是探测目标像光强分布的系统。光源发光经透镜照明漫射板形成测量用的漫射光源。刀口紧贴在待测光纤面板入射端面上。刀口响应的测量是利用显微物镜、狭缝和光电探测器所构成的光电接收头完成。为使光电接收头具有与光纤面板类似的数值孔径，应采用大数值孔径的显微物镜并加油浸后收集光信号。狭缝用以确定测试点的宽度。移动光电接收头来确定测试点的位置。系统中增加分光镜是为人眼提供观察光路。光电接收头产生的电信号经放大器处理后由记录器输出。

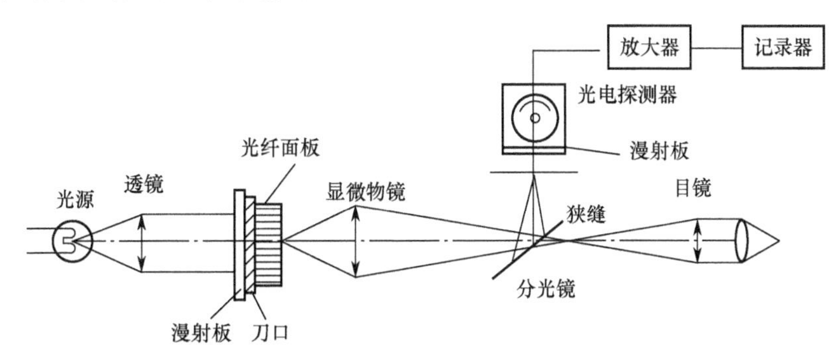

图 3-43　光纤面板刀口响应测试仪原理

在光纤器件的刀口响应的测量中应注意如下问题：

（1）由于光纤器件常具有大数值孔径的特点，为与实际应用相一致，在测试时应满足大数值孔径测定的条件。

（2）全部测量点的移动距离为几微米到几百微米，移动量很小，需要精密的移动机构和准确的检测微量位移的手段。

（3）在刀口阴影处所测定透光量将很小，需要高灵敏度的探测器和良好的消除杂光干扰的措施。

（4）刀口响应的测点距离应从刀口对应的零位开始计量，但零位不好确定。通常的确定方法是当通光率下降到无刀口遮挡处的 50%时所对应的点作为测量零位。

3.4.4　色散特性的检测

光纤的色散是指光纤中不同的频率成分和不同的模式成分传输速度不同而使信号散开的现象。色散导致光脉冲产生相当大的展宽（约 10μs/km），引起相邻脉冲发生重叠，影响光纤的带宽，从而限制光纤的传输容量和传输距离。多模光纤有很大的模间色散，不同的模式对应不同的模折射率或有效折射率，不同模式间的有效折射率差，将导致群速度的不同和脉冲展宽。单模光纤不存在模间色散，但由光源发射进入光纤的光脉冲能量包含许多不同频率分量，脉冲的不同频率分量将以不同的群速度传输，因而在传输过程中将出现脉冲展宽，称为群速度色散、模内色散或光纤色散。模内色散的主要来源有两种：

（1）材料色散：具有不同波长的光脉冲通过光纤传输时，不同波长的电磁波在材料中传播时其折射率不同，传输速度也就不同，从而使得脉冲发生畸变，这个效应即为材料所产生的色散。

（2）波导色散：波导色散又称为结构色散，是由光纤的几何结构决定的色散，其中光纤的横截面积、尺寸起主要作用。当在光纤中通过芯与包层界面时，由于全反射效应作用，被限制在纤芯中的传输。但是，如果横向尺寸沿光纤轴向发生波动，除导致模式间的模式变换外，还有可能引起小部分高频率的光线进入包层，在包层中传输。而包层的折射率低、传播速度大，这就会引起光脉冲展宽，从而导致光纤色散。

光纤色散测试方法主要有相移法、时延法等。

1．相移法

相移法是光纤色散测试中最常用的方法。通过比较相位参考值和测量值，得到相位差并进而求出所要的色散值。如图 3-44 为相移法光纤色散测试装置，图中电信号发生器通过外置调制器对窄带可调谐光源输出的光进行强度调制，调制后载有信息的光信号通过待测光纤，经光电二极管检测出传输信号后，再使用矢量电压表测量接收信号对于调制信号源的调制相位。在所传输信号的频谱范围内，波长每固定隔测量一次，使用这种测量方法可在任意波长上进行测量，从而得到相邻间隔之间的群时延：

$$\Delta\tau_{\lambda} = \frac{\varphi_{\lambda+\Delta\lambda/2} - \varphi_{\lambda-\Delta\lambda/2}}{2\pi f_{\mathrm{m}}} \tag{3-39}$$

式中：λ 为波长间隔内的中心波长；f_{m} 为调制频率，单位为 MHz；φ 为测量中得到的调制相位，根据测量的数据可以得到群时延随波长变化的曲线图，经线性拟合可得到 $\Delta\tau_{\lambda}$ 与 λ 的函数关系，将此函数对应求导进而可得到色散造成的脉冲展宽。

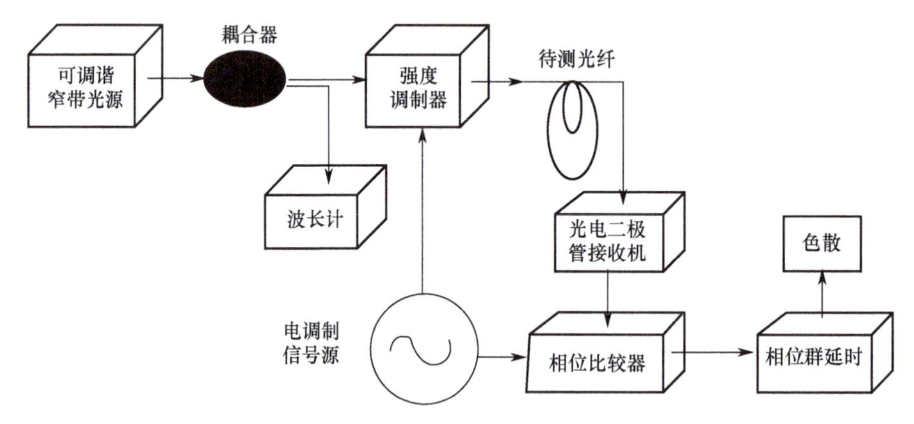

图 3-44 相移法光纤色散测试装置

2．时延法

时延法是测量光纤全色散方法中较简单的一种，它通过测量频率光脉冲之间的时延量，再进行多项式拟合而得到，也称为脉冲法。在输出端直接测量输入光脉冲所产生的波形畸变，并由此反推出脉冲响应。全色散包括材料、模式等原因在内所引起脉冲扩展的全部色散。光源可采用激光器，光电探测器可采用响应截止频率为 3MHz 的雪崩光电二极管（APD）。

当输入光纤的脉冲波形为 $x(t)$，输出波形为 $y(t)$时，脉冲响应为 $h(t)$，如果它们都是高斯波形，其宽度分别为Δt_1、Δt_2 和$\Delta\tau$，它们之间有下列线性关系

$$y(t)=\int_0^t h(t-\tau)x(\tau)\mathrm{d}\tau \tag{3-40}$$

$$\Delta t_2^2=\Delta t_1^2+\Delta\tau^2 \tag{3-41}$$

式中：$x(t)$、$y(t)$和 $h(t)$都表示光强随时间的变化。这里的关键是计算出脉冲响应 $h(t)$。利用图 3-45 所示系统，把抽样同步示波器的平滑曲线采样输出，经计算机的傅里叶变换和逆变换处理就可得到脉冲响应。

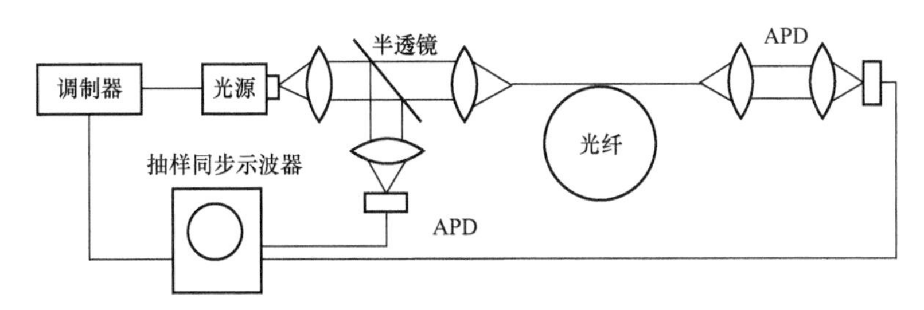

图 3-45　脉冲法测定全色散系统示意图

习题与思考题

1. 什么是阶跃光纤？什么是梯度折射率光纤？其工作原理与差异是什么？
2. 什么是单模光纤、多模光纤？光纤模式由什么决定？
3. 简述功能性光纤传感器和非功能性光纤传感器的区别。
4. 简述功能性光纤传感器的主要类型及工作原理。
5. 分析对强度、偏振、相位、频率信号的解调有什么异同。
6. 利用马赫泽德尔干涉仪制作的光纤传感器可以测量哪些物理量，其系统有什么异同？
7. 调研列举基于不同的调制方式实现压力传感器的途径。
8. 调研列举光纤传感器在医学方面有哪些用途？
9. 调研列举光纤传感器在航空航天方面有哪些用途？
10. 阐述光纤陀螺的工作原理，调查分析现今主流光纤陀螺器件的性能。
11. 光纤面板有哪些用途，包含哪些参量，说明这些参量的测试过程？

第 4 章　光度量与辐射度量的测量

光度量和辐射度量的工程测量是光电检测的重要组成部分，也是研究一切与光辐射有关的物理或化学过程所不可缺少的内容，如对光电或热电探测器特性的研究；对夜天光和各种照明器材的发光特性研究，对物体辐射特性的研究，以及各种测温、控温等技术中都离不开光度量和辐射度量的测量。

光度量是以人眼视觉为基础的计量标准，辐射度量是建立在物理测量系统基础上的辐射能客观度量。光度量和辐射度量之间的差异在于功率所建立的基础不同。辐射度量中辐射功率是建立在普通物理通用单位“W”的基础上，而光度量是建立在人眼平均感觉，以“lm”为单位的光通量基础上的。两者之间通过人眼光谱光视效率 $V(\lambda)$（视见函数）和最大光谱光视效能 K_0 实现转换。在明视觉条件下，频率为 540×10^{12}Hz（λ＝0.555μm）单色辐射的最大光谱光视效能 K_m =683 lm/W。暗视觉的转换为 0.51μm 单色辐射的最大光谱光视效能 K'_m=1725 lm/ W。

光度量和辐射度量各自包含着许多对应的量，如强度、亮度、出射度、通量和照度等。在工程测量中大多通过测定通量来确定亮度和照度，其他量一般不直接测量，而是利用亮度或照度值通过各量之间的关系计算得出，例如光度量的计量仪器常见的有光照度计和光亮度计。光度量和辐射度量的测量可以用许多方法进行，如目视光度计、气动测辐射计、照相测辐射等等。目前多采用光电检测的方法来测定光度量和辐射度量，能消除主观因素带来的误差。此外光电检测仪器经计量标定，可以达到很高的精度。目前常用的这类仪器有照度计、亮度计、辐射计以及光测高温计和辐射测温仪等。

4.1　光度量的测量方法

光度量是以人眼为基础的计量标准，基本光度量的名称、符号和定义方程如表 4-1 所示。光度量中最基本的单位是发光强度——坎德拉（Candela），记作 cd，是国际单位制中 7 个基本单位之一，定义为发出频率为 540×10^{12}Hz（对应在空气中 555nm 的波长）的单色辐射，在给定方向上辐射强度为(1/683) W/sr 时，光源在该方向上的发光强度规定为 1cd。

表 4-1　基本光度量的名称、符号和定义方程

名称	符号	定义方程	单位	单位符号
光量	Q		流明秒 流明小时	lm·s lm·h
光通量	Φ	$\Phi = \mathrm{d}Q/\mathrm{d}t$	流明	lm
发光强度	I	$I = \mathrm{d}Q/\mathrm{d}\Omega$	坎德拉	cd (lm/sr)
（光）亮度	L	$L = \mathrm{d}2\Phi/\mathrm{d}\Omega \mathrm{d}A\cos\theta$ $= \mathrm{d}I/\mathrm{d}A\cos\theta$	坎德拉每平方米	$\mathrm{cd}\cdot\mathrm{m}^{-2}$

（续）

名称	符号	定义方程	单位	单位符号
光出射度	M	$M = \mathrm{d}\Phi / \mathrm{d}A$	流明每平方米	$\mathrm{lm \cdot m^{-2}}$
（光）照度	E	$E = \mathrm{d}\Phi / \mathrm{d}A$	勒克斯（流明每平方米）	$\mathrm{lx\ (lm \cdot m^{-2})}$

光通量指人眼所能感觉到的辐射功率，它等于单位时间内某一波段的辐射能量和该波段的相对视见率的乘积。光通量的单位是 lm，1lm 是光强度为 1cd 的均匀点光源在 1sr 内发出的光通量。可以用积分球测量光通量，测量积分球壁出射窗口处的光照度 E，得到光通量 Φ，即

$$\Phi = 4\pi R^2 E\left(\frac{1-\rho}{\rho}\right) \tag{4-1}$$

式中，R 为积分球半径；ρ为积分球内壁反射率。

发光强度 I 可以用一定距离 L 处产生的照度推算，可以由以下关系计算

$$I = EL^2 \tag{4-2}$$

光出射度 M 定义为离开表面一点处的面元的光通量除以面元的面积，即从一发光表面的单位面积上发出的光通量称为该表面的光出射度。光出射度和照度 E 是一对相对意义的物理量，前者是发出光通量，后者是接收光通量，也可以用积分球进行测量。

通过上述测量方法，可以看出光照度是基本的物理量，很多物理量可以通过测量光照度后计算得出。lx 是光照度的单位，表示光照射在表面上的密度。光照度通过照度计进行测量。

光亮度则通过亮度计进行测量。一些实际光源亮度的近似值如表 4-2 所示。

表 4-2　实际光源亮度近似值

光源	亮度近似值	光源	亮度近似值
与人眼最小灵敏度相对应的物体	10^{-6}	乙炔焰	8×10^4
无月的晴空	10^{-3}	钨丝白炽灯	$(4\sim15)\times10^6$
满月的表面	0.25×10^4	超高压球状汞灯	$10^8\sim10^9$
煤油灯焰	1.5×10^4	在地面上看到的太阳	1.5×10^9
阳光照射下的洁净表面	3×10^4	在地球大气层外所看到的太阳	1.9×10^9

在光度量的测量中，根据接收器不同（用人眼接收或物理探测器接收），可分为两种测量方法：以人眼作为接收器称为目视光度法；以物理探测器，如光敏元件、照相底片等，作为接收器旳称为客观光度法。目前在光度量领域，目视光度法有被客观光度法取代的趋势。照度计和亮度计可以看作特殊的光电检测系统，下面将介绍照度计和亮度计这类光电检测系统的设计。

4.2　照度计及其设计

照度计是专门测量光度的仪器仪表。室内的平均光照度是（100～1000）lx，室外的太阳光照度大概是 50000lx。可以根据光照度的定义进行照度计的设计。照度定义为：在某受

光面的小面元 ds 上，接收到入射的光通量为 dΦ，则小面元上的照度 $E = \mathrm{d}\Phi/\mathrm{d}s$。如果整个受光面 s 上照射均匀，总入射通量为Φ，则 s 面的照度 $E=\Phi/s$。

4.2.1 照度计的构成

KZD-1 型宽量程照度计是以光电倍增管作为光探测器的高灵敏度照度测量仪器，具有量程宽、量程自动转换、强光自动保护（切断倍增管高压电源）、交直流两用等功能。最小可测量照度为 5×10^{-6}lx，最大测量照度为 199.9×10^{1}lx（配有衰减为 10^4 倍的中性减光器，如需进一步扩大量程，可按需要加配减光器即可），测量误差小于±5%。

照度计的结构原理如图 4-1 所示，由以下几部分组成：

（1）漫射光器。它作为余弦校正器使用，当有与光轴不平行的光束入射时，通过漫射光器进行余弦校正，以满足光度量之间的变换关系。同时漫射光器也起到均匀照射光敏面的作用。

（2）减光器。照度计中使用减光器是为扩大量程。这里采用叠加发黑处理后的铜网作为减光器，其减光倍数为 10^{-4} 倍。

（3）校正滤光片。任何光电探测器的光谱特性和人眼视见函数都不会完全一致，因此采用光电探测器作为光度测量元件时，必须进行光谱校正。使该滤光片和后面的探测器的组合光谱特性尽可能与人眼视见函数一致。该照度计中的校正滤光片采用了 CB 和 LB_6 两种有色玻璃的滤光片和长波截止膜组合而成。

（4）光电探测器。由于该照度计要对 10^{-6} lx 左右的照度进行测量，因此采用了灵敏度高的多碱光阴极光电倍增管，使用的阳极灵敏度约为 10A/lm。要使光电倍增管正常工作，还需相应的分压电路和稳定的 1kV 左右的高压电源。

（5）放大器和显示器。它们将光电倍增管输出的电流信号进行直接放大。测量结果由数字显示器输出。为了满足 $10\sim10^{-6}$lx 宽量程测量的需要，放大器的放大倍数以十倍关系共分四档。这样与前述减光器配合满足了八个数量级宽量程测量的需要。

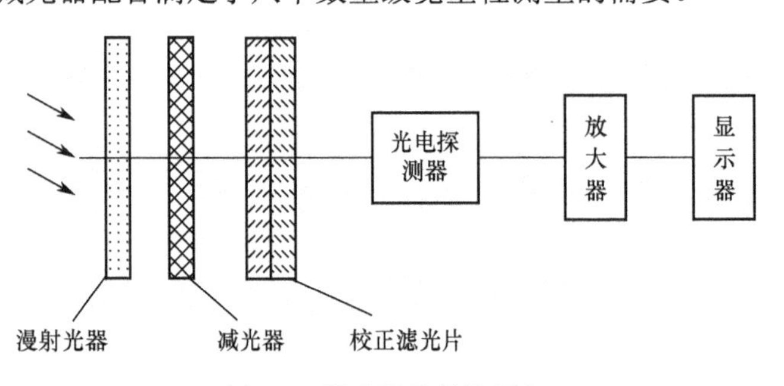

图 4-1 照度计的结构原理

4.2.2 光电接收器的选择

（1）光电流的计算。

一定照度下光电探测器产生的光电流 I_a 为

$$I_a = E \cdot \frac{\pi D^2}{4} \cdot \tau_1 \cdot \tau_2 \cdot S_0 \tag{4-3}$$

式中：E 为入射照度；D 为探测器光敏面直径；τ_1 为漫射光器透过率；τ_2 为减光器透过率；S_0 为校正滤光器与探测器联合组成具有人眼光谱特性的光电接收器的灵敏度。

如选用电流−电压变换器反馈电阻为 R_F，则产生电压为

$$U_0 = I_a \cdot R_F = E \cdot \frac{\pi D^2}{4} \cdot \tau_1 \cdot \tau_2 \cdot S_0 \cdot R_F \tag{4-4}$$

（2）光电探测器的选择。

在设计照度计或其他光度量检测仪器时，最关键的问题是选择适用的光电探测器。首先应当考虑探测器的灵敏度是否满足要求。一般从照度计检测的下限照度出发进行选择。当要 E_{min} 在几 lx 数量级时，可选用光电二极管、硅光电池或硒光电池等器件。通过增大探测器的敏感面，可使 E_{min} 值减小到 10^{-1} 甚至 10^{-2}lx 的数量级。当 $E_{min}<10^{-2}$lx 时，则要考虑使用灵敏度高的光电倍增管。如果 $E_{min}<10^{-6}$lx，甚至要求对光子数进行检测，则要精选优良的光电倍增管。对上限照度的测量比较容易实现。要使输入照度增大而又保持输出电流在一定范围中得以测量，可通过减光器减小透射比 τ 来实现；也可以改变放大器的放大倍数 K 来实现；还可以减小敏感面或降低光电探测器的灵敏度来实现。

光电接收器的选择要根据待测量的最低档来考虑，下面以最小档满量程值为 $E=10^{-4}$lx，$\tau_1=0.7$，探测器口径 $D=30$mm 探测系统为例进行计算。实际产生的光通量为 $\Phi = 10^{-4}\frac{\pi(30\times10^{-3})^2}{4}\times0.7 = 4.9\times10^{-8}\text{lm}$。

如此小的光信号还是满量程值，以 5×10^{-6}lx 最小值计只有该值的 1/20，需选择一个灵敏度极高的探测器，这里选用了光电倍增管，设其阳极灵敏度 S_0 为 10A/lm，以 $E=10^{-4}$lx 计算，$I_a = 0.49\mu\text{A}$，对应数字电压表输出 $U_0=200$mV，则 $R_F = \frac{U_0}{I_a} = \frac{200\text{mW}}{0.49\mu\text{A}} = 408\text{k}\Omega$，看来可以满足要求，如果 S_0 较低还可再加一级放大。

在实际选用光电接收器时，还应考虑它的光谱特性。通常认为硒光电池的光谱特性与人眼视见函数类似，在要求不高的场合采用硒光电池作为探测器，无须进行光谱校正，这类照度计比较简单，体积小巧，方便携带。至于采用其他探测器，都必须进行光谱校正。为使光谱校正工作得以顺利进行，通常要求所选光电探测器光谱灵敏范围包括整个可见光区域，同时要求光谱特性在可见光区域中单调变化或呈钟形分布。此外，探测器选择还应考虑操作方便，结构简单，造价低廉等。

4.2.3　放大电路及显示

如图 4-2 所示为 KZD-1 型宽量程照度计的放大电路设计图，该放大电路包括多路电压放大器、模拟开关、超欠量程比较器与译码器、高低电压的选择。

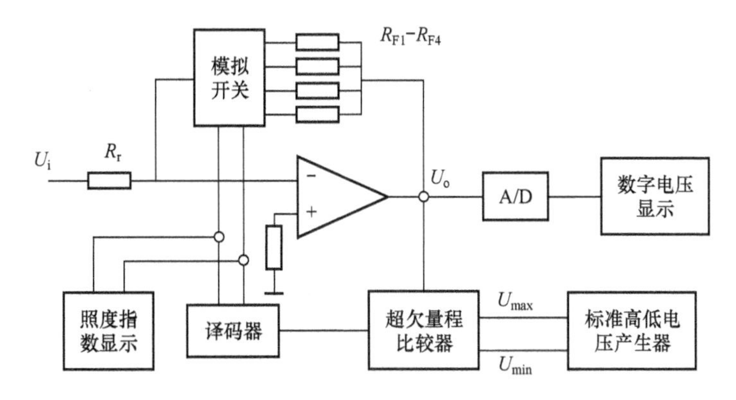

图 4-2　KZD-1 型宽量程照度计的放大电路设计图

1．多路电压放大器

图 4-3 为反相输入的两种电路，同样同相输入的也有两种电路，要实现多路不同放大率（1 倍、10 倍、100 倍、1000 倍）电压放大的方法很多，可以变化电阻 $R_r R_F$或R_A 实现量程的变更。

2．模拟开关

模拟开关是利用电压的高低来控制模拟电路的接通或关断的器件。如图 4-4 所示，由 U_c 来控制，U_c 升高，则开关接通，否则开关关断；开通时电阻尽可能小，关断漏电流尽可能小。四路模拟开关，由二位二进制数来控制 U_{c1}～U_{c4} 的高电位，使之接通相应的模拟开关，实现多放大率间的切换。

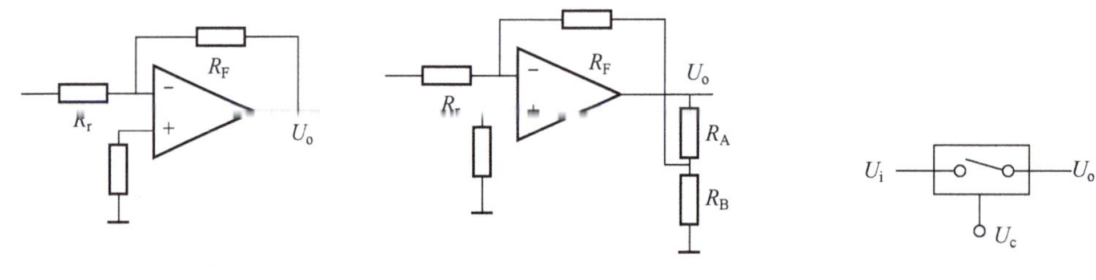

图 4-3　多路电压放大器

图 4-4　模拟开关

3．超欠量程比较器与译码器

采用切换信号发生器，当在某量程（即某放大倍数）下正常工作时，由于信号的增大，U_o 逐渐增高，在超量程前就要换量程，转向放大倍率低一档处转换，如 $U_o \geqslant 0.9$ 满量程时，则产生换放大率低档信号，同理当信号变小到一定程度则无法进行测量，则需切换为放大率大的量程中去测量。如当 $U_o \leqslant 0.9$ 满量程时进行这一切换。这一部分通过阈值比较器电路实现。

经比较后将正常、超、欠信号通过译码器产生控制使其按原量程工作、切换低放大率量程工作和切换高放大率量程工作，同时还需将译码信号控制输出显示的指数。

4．高低电压的选择

超出上限电压 U_{max} 则切换低放大率一档，低于下限电压 U_{min} 则切换高放大率一档。测量中变化不会很快超量程，要选得接近满度到 0° 之间，为了不产生震荡，假设待测电压为 U_m，上限电压为 $0.9U_m$，下限电压为 $0.1U_m$，达到 $0.9U_m$ 就切换到低放大率档，假设低放大率档为高放大率档的 1/10，则此时电压信号为 $0.09U_m$，如果 $0.09U_m$ 小于 $0.1U_m$ 就再切换为原档位，为避免来回切换，应选 $10U_{min} \leqslant U_{max}$，$U_{max}=0.9U_m$，$U_{min}=0.07U_m$，双向都不会反切。

4.2.4　光学元件选择

照度计中包含三个基本光学元件，分别是漫射光器、减光器和校正滤光片。

1．漫射光器

漫射光器的作用是散射入射光，使探测器得到均匀照明，另一个作用是用来进行余弦修正。

根据余弦定理，使用同一光源照射某一表面，表面上的照度随光线入射角而改变。设光线垂直入射时，表面照度为 E_0；当光线与表面法线夹角为α时，表面上的照度为

$$E_\alpha = E_0 \cos\alpha \tag{4-5}$$

当光束照射某接收面时，面上照度不仅与发光点到该面中心的距离有关，还与接收面法

线与中心光线之间的夹角有关。设光源强度为 I，受光面照度 E 如图 4-5（a）所示时，$E = I/L^2$；如图 4-5（b）所示时，$E = I\cos\alpha/L^2$，可见接收面照度与入射角的余弦成正比。如果探测器能将不同角度的入射通量全部接收，那么就必然符合余弦规律。也就是使用照度计测量某一表面上的照度时，光线以不同的角度入射，探测器产生的光电流或者说照度计的读数，也应随入射角的不同有余弦比例关系。

在利用光电探测器进行光度量或辐射度量测量时，由于探测器表面或探测器前面其他光学元件表面的反射作用，它们对不同入射角的光束有不同的反射比。造成探测器实际接收到的光量与光度学原理计算出的光量不符。由于多界面的存在，影响复杂，很难估计最终结果。但有一点可以肯定，随着光束入射角增大，接收到的光通量下降得比余弦规律更快。与此同时，还会带来光束偏振性的变化，造成探测器灵敏度的变化。为正确计量实际照度，必须对探测器空间特性进行修正。

为消除或减小探测器的非余弦响应给照度测量带来的误差，设计了多种余弦校正器。余弦校正器的基本原理是：利用漫射体，改变光滑平面的菲涅尔反射作用，对不同角度的入射光，均按相同的比例接收，再经漫射，并以相同的漫射光分布通过其他界面，最后均匀地照射探测器进行光电转换。也就是说，不论所接收光束的入射角如何，均经相同的衰减后，为探测器所接收。这样就克服了探测器的非余弦响应。

采用漫射修正后，可能带来两个问题：

（1）“相同的衰减”，即实际接收到的光量比应接收到的光量小，这一影响应在标定时给以消除；

（2）漫射体可能带来光谱特性非中性的影响。这应在使用波段范围内，对漫射材料认真选择。

下面是一些余弦修正的方案。图 4-6 所示为采用乳白玻璃的修正器。P 是平板形乳白玻璃，它置于探测器 D 和校正滤光片 F 的上面，用框架 C 支撑。框架上部外圆处高出一环带，上端与乳白玻璃上表面持平、作用是截止大于 90° 的入射光。这种修正器对大角度的修正误差较大，为此，可采用图中 P′所示的乳白玻璃弧形回转板代替平板 P，可获得较好的效果。也可以采用积分球构成余弦修正器的方案，它们的余弦修正特性较好，主要缺点是光能利用率低，有的只有万分之几。

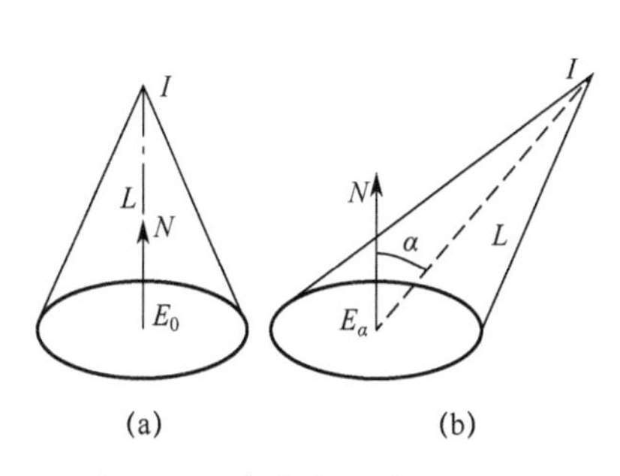

图 4-5　照度的余弦修正

（a）光束垂直接收面；（b）光束与接收面成α角。

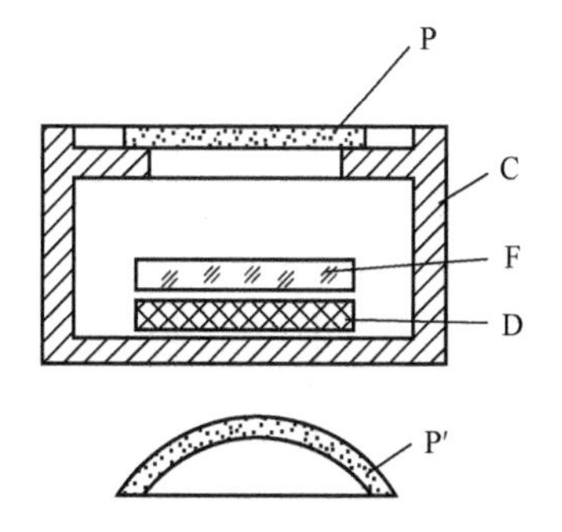

图 4-6　乳白玻璃修正器

2. 减光器

光接收设备接收的光信号强度需要在一定的范围内，光功率不能过强或过弱，否则会导致设备寿命变短或不能正常工作。减光器是一种可以使光强连续可调，从而控制入射光的装置。减光器的探测器的线性范围不可能很宽，对光强的要求需要满足探测器下限，但不超越其上限，在高入射照度时进行光的衰减。常用的一些减光方式可参考 1.4 节。在照度计里面因为是非成像光路，因此，采用发黑铜网进行减光，1 层铜网衰减为原光强的 1/10，4 层叠加使用则可以衰减为原光强的 $1/10^4$。

3．校正滤光片

由于光度量是以人眼视觉特性为依据的，因此要求探测器的光谱灵敏度应与人眼视见函数相一致，但几乎没有哪种探测器与人眼光谱完全一致，因此需要通过光谱修正来实现。设探测器光谱灵敏度为 $S(\lambda)$，采用滤光片的光谱透过率为 $\tau(\lambda)$，要求使得两者组合后的光谱响应尽量接近人眼光谱光视效率 $V(\lambda)$

$$\tau(\lambda)S(\lambda)=V(\lambda)\Rightarrow\tau(\lambda)=\frac{V(\lambda)}{S(\lambda)} \tag{4-6}$$

将所用探测器经光谱校正，获得尽可能与视见函数一致的光谱持性，如图 4-7 所示。图中校正滤光片是由两块光谱透射比分别为 τ_{λ_1} 和 τ_{λ_2} 的滤光片组成，于是有 $\tau_{\lambda}=\tau_{\lambda_1}\cdot\tau_{\lambda_2}$。

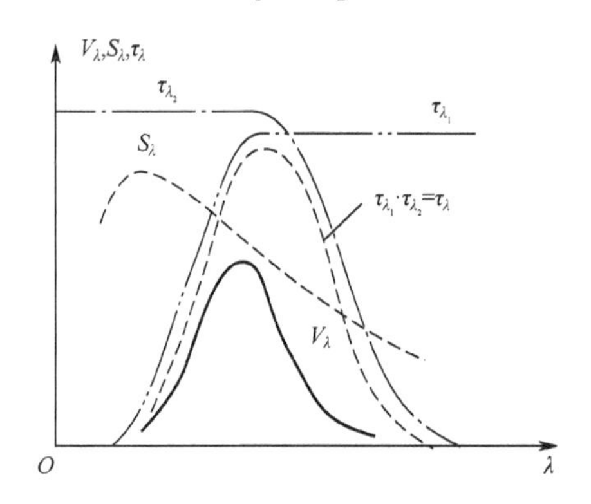

图 4-7 视见函数的修正

对光谱修正的要求是：探测器光谱灵敏区应大于可见光区，且曲线单调或只有一个峰值。常用校正滤光片可以通过镀膜、有色玻璃选配、分光后用模板或者后期计算时进行修正等形式实现。使用匹配滤光片必须注意，倾斜入射光线在滤光片内经过的路程要比垂直入射光线经过的路程长。所以只有在光线垂直入射时，测得的结果才是正确的。

（1）光谱校正方法。

光谱校正工作主要是配制适当的滤光片。所用滤光片可分为两类：均匀滤光片和镶嵌式滤光片。均匀滤光片的实现可以由适当滤光片组合、干涉滤光片、特殊掺杂的玻璃滤光片等形式实现。镶嵌滤光片的排列形式如图 4-8（a）所示。例如，用紫通和红通两块滤光片按图 4-8（b）所示排列，可得到如图 4-8（c）中粗实线光谱校正的效果。使用时可改变两滤光片的位置，使输出光谱曲线发生变化。左移则长波增多，短波减少，反之亦然。如在两滤光片间留一缝，则光谱曲线中间增高。

也可采用光谱模板校正法，基本原理如图 4-9 所示。光束经棱镜分光后，在物镜 1 的焦面上产生光谱带，在该平面上附加模板 M，将模板按需要做成一定形状。使各谱线的通光宽度按校正要求变窄，再经物镜 2 将光汇聚后，被光电探测器接收，该方法对光源光谱或探测器光谱都能进行校正。从原理上讲其精度可以很高，但结构较为复杂。

随着现代光电探测器列阵技术的发展，可以改进上述方法，将探测器列阵直接置于光谱平面上，每元探测器接收不同波长的通量，而各元探测器的灵敏度可用后续电路来控制。例如：某些光度计中，使用 17 个光电二极管的列阵去覆盖 0.38～0.70μm 的光谱区，光谱间距为 0.02μm。这一方案的好处是探测器光谱曲线可按需要通过软件来调整，从而实现了多种光谱校正，并能保证适当的精度。

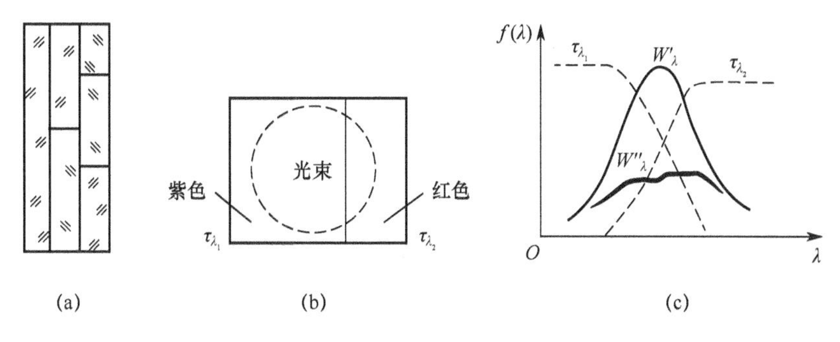

图 4-8　镶嵌滤光片的校正光谱

(a) 滤光片的排列；(b) 红紫色滤光片位置；(c) 红紫色滤光片组合光谱。

（2）其他光谱修正应用。

光谱修正也可以用于其他场景，根据需要曲线进行修正，如光子探测器的光谱修正。在许多光生物化学的过程中，所需测定的不是光的通量，而是光的量子数。例如，对植物光合作用的研究，要求测定的是 0.35～0.70μm 波长间隔中，光辐射的入射总光子数。非选择性探测器可直接测定入射光辐射的通量，而要使它的输出信号与入射光子数成正比，则应将探测器光谱特性校正成光子型特性。光子型光谱曲线是指它的光谱灵敏度按光子能量的倒数分布。不同波长 λ 所对应的光子能量 ε_λ 为

$$\varepsilon_\lambda = \frac{hc}{\lambda} \tag{4-7}$$

式中：h 为普朗克常数；c 为光速。

可见，光辐射通量相等而波长不同时，短波对应的光子数少，而长波对应的光子数多。因此，光子型光谱特性应按图 4-10 所示的实线进行校正。由于实际校正中的困难，如能按虚线进行校正也就可以了。

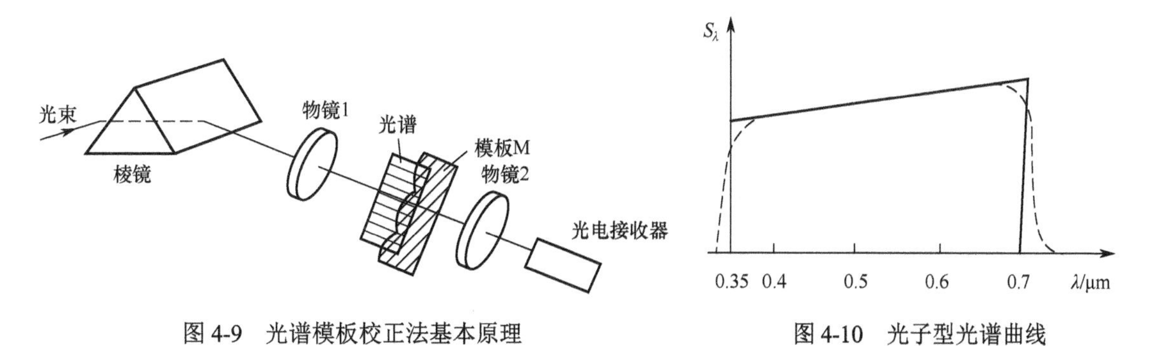

图 4-9　光谱模板校正法基本原理　　　图 4-10　光子型光谱曲线

光谱校正的应用场合还很多，如光源发光光谱特性校正中提高光源的色温等。

4.2.5　照度计的标定

光度仪器的精确度是在保证仪器精密度要求的基础上通过“标定”来实现的。因此，仪器的标定是必不可少的步骤。对要求精度高的仪器，规定半年最多不应超过一年标定一次。

通常把 1lx 照度以上或 1cd/ m^2 亮度以上的光度量称为强光度量。强照度和强亮度的标定在计量部门的光轨上进行。标定原则参照照度距离平方反比法则（亮度不变）。改变照度的具体方法有光轨法变照度和虚像法变照度两种。

1．光轨法变照度

光轨法是计量部门作为光度传递的基本方法。利用点光源在接收面处产生照度的距离平方反比定律，通过改变距离达到改变接收面照度的目的，其装置原理如图 4-11 所示，由可移动的标准光源、防杂散光的光阑、照度接收面、平直并带有距离刻度的光轨和支架组成。此外，为防止外界光的干扰需在暗室中工作，并在其周围拉上黑布帘以吸收杂散光。

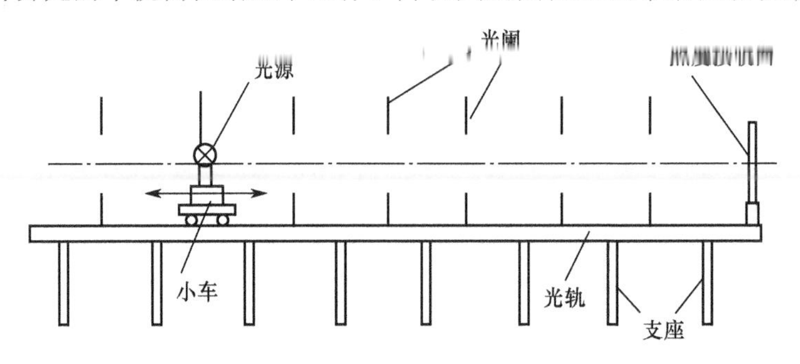

图 4-11　光轨示意图

光源是专门制造并经与光度基准校准后的专用标准灯。它在校准时所给定的输入电流条件下工作，将发出色温为 2856K 的具有一定发光强度的光，其发光强度的标称值为 1cd、10cd、100cd 等。平直的光轨供光源在上面移动，为获得照度较大范围的变化，光轨长约 8m，必要时还可接至 12m。光源在接收面处形成的照度 E 为

$$E=\frac{I}{r^2} \tag{4-8}$$

式中：I 为标准光源在光轨方向上的发光强度；r 为光源到接收面之间的距离。

光轨在无特殊空气污染的条件下，E 由 I 和 r 两参量决定。I 经标准原器校准，具有权威性。r 可进行精确测量，可以保证 E 值的权威性。这种方法不会引起光束光谱成分和偏振性的变化，可以认为这种方法没有原理性误差。

为保证光源按点光源处理，通常把光源与接收面间最近距离定为 0.5m。当光轨长 8m 时，变照度比为 256∶1；当光轨增至 12m 时，其照度比增至 576∶1。为扩大照度变化的范围，通常采用更换灯泡的方法，在检测中比较麻烦，且不能实现连续变化。此外，该方法对大照度扩展有效，而向低照度扩展就很困难，对应最小标准灯 1cd，在 8m 光轨上最小照度为 1.56×10^{-2}lx，在 12m 光轨上最小照度为 7×10^{-3}lx。再低的照度只有通过延长光轨来实现，这在工程上将很困难。

总之，该方法没有原理误差，是目前实现变光度的最佳设备。它的缺点是照度连续变化的范围不大，机构庞大等。标准亮度的产生也可在上述装置上实现，只要在照度接收面处加“标准白板”，由白板漫反射产生标准亮度。

2．虚像法变照度

虚像法变照度系统光路如图 4-12 所示。利用两块正透镜组成光学系统，透镜Ⅰ的焦点为 F_1 和 F_1'，焦距为 $f_1=-f_1'$；透镜Ⅱ的焦点为 F_2 和 F_2'，焦距为 $f_2=-f_2'$。组成系统时，将透镜Ⅰ的后焦点 F_1' 和透镜Ⅱ的前焦点 F_2 重合。按照成像原理可导出以下关系

$$H'' = -H\frac{f_2'}{f_1'} \tag{4-9}$$

$$b' = a\frac{f_2'^2}{f_1'^2} \tag{4-10}$$

式中：H 为物高；H'为经透镜Ⅰ后产生的像高；H''为经透镜Ⅰ和Ⅱ后产生的像高；a 为按成像关系的牛顿公式所规定的物距；$a' = b$ 为经透镜Ⅰ后产生的像距或该像对透镜Ⅱ的物距；b' 为经两透镜后产生的像距。

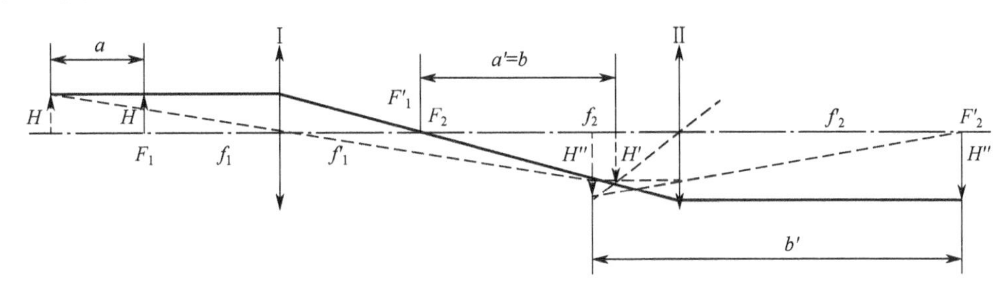

图 4-12　虚像法变照度系统光路

由此可以得出以下结论：

① 在上述安排的光学系统中，不论物在何处，像高与物高之比始终不变，且等于两透镜焦距之比。

② 当物沿光轴移动时，像距与物距之比也不变，且等于两焦距平方之比。

③ 按应用光学推导的物像能量关系可知，不论所成像是虚像还是实像，物的亮度 L_0 和像的亮度 L_i 之间的关系为

$$L_i = \tau L_0 \tag{4-11}$$

式中：τ 为所经光学系统的透射比。

以上三点结论就是实现虚像法变照度的理论依据。其原理说明如下：首先将光源放置在 F_1 处，经系统后灯丝成像于 F_2'处，选取 F_1 和 F_2'点作为物像的零位点。将光源由 F_1 点向左侧移动，则像点也对应由 F_2'点向左移动，当像移到透镜Ⅱ的右表面内以后，则成虚像，把该虚像称为虚光源。继续移动光源，可把该光源称为实光源，则虚光源也继续移动。由结论①可知，不论实光源移到何处，虚光源的大小永远不变。由结论③可知，只要实光源亮度不变，虚光源的亮度也不变。这就相当于有一个大小和发光强度都不变的虚光源在随物方实光源的移动而移动，其移动距离由结论②来确定。即虚光源移动距 F_2'点的距离等于实光源移动距 F_1 点距离的$(f_2'/f_1')^2$ 倍。当选用 $f_2' > f_1'$ 的两个透镜时，就可实现实光源移动不大的距离，而虚光源却移动了很大的距离，使设在 F_2'点处输出面照度随虚光源的远离而产生很大的变化。

假设实光源灯丝为圆形，其直径为 D，亮度为 L_0，并以 F_2' 点处垂直光轴的面为照度的输出面。这时灯丝虚像的直径 $D'' = -D(f_2'/f_1')$；而亮度 $L_i = \tau L_0$；虚光源距照度输出面的距离 $b' = a f_2'^2/f_1'^2$。输出面的照度为

$$E = \frac{I}{b'^2} = \frac{\pi\tau L_0}{4}\left(\frac{f_1'}{f_2'}\right)^4\frac{D'^2}{a^2} \tag{4-12}$$

式中：I 为虚光源的发光强度。

假设 $f_2'=20f_1'$，则 b'=400a，该结果说明当实光源移动 1m 时，虚光源却移动了 400m。仍以虚光源距照度输出面 0.5m 作为近点，而以 400m 作为远点，其照度变化约为 6.4×10^5 倍，是 12m 光轨变化的 1000 倍，这是目前任何其他连续变照度装置所望尘莫及的。此外，如忽略两透镜光谱透射比极小的选择性偏差，则这种方法基本上无原理误差。

通过推算可知，两透镜焦点不重合并不影响该原理的应用。该系统对光源移动的距离检测精度要求较高，如要求输出照度误差小于 1%时，距离相对误差应小于 0.5%，对此当前检测技术不难满足。该系统对输出面的位置精度要求较低，绝对误差在毫米数量级时，仍能保证很高的精度。

虚像法变照度可在大范围内实现照度的连续变化，相应装置可以较小，操作方便，并较易消除杂光。虽然还存在一些有待解决的问题，但不失为一种很有前途的方法。

3．弱光度量的标定系统和过程

弱光度量的标定标准形成和传递系统框图如图 4-13 所示。基准指国家光度基准，它的总不确定度小于或等于 0.3%。

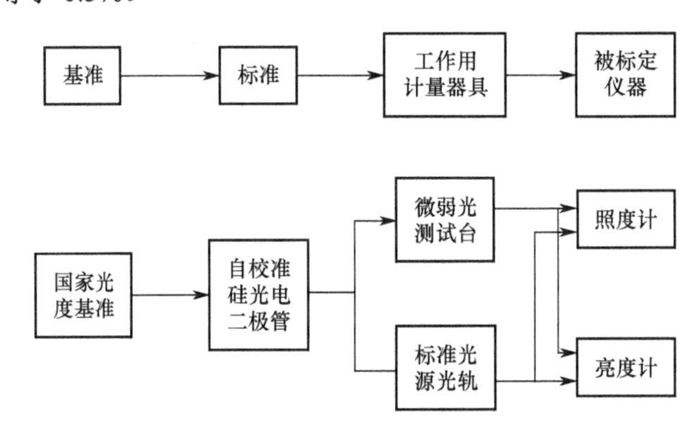

图 4-13　弱光度量的传递

从基准采用自校准硅光电二极管过渡法建立弱光度量的标准，也就是说，标准将由光电二极管复现。弱光度量的范围和不确定度分别为：光照度范围 $10^2\sim10^{-6}$lx，不确定度 ±1.1%；光亮度范围 $10^2\sim2\times10^{-3}$cd/m^2，不确定度±1.2%。检测亮度时的标准漫射板反射比数的不确定度应小于或等于 1.5%。用于标定光度仪器的器具称为“工作用计量器具”，目前中国计量科学研究院采用微弱光测试台和标准光源光轨测试台。在这两个测试台上，利用上述自校准硅光电二极管复现标准，对光度仪器进行标定。测试台复现光度标准的范围和不确定度分别为：明视觉光照度范围 $10^1\sim1.5\times10^{-6}$lx，不确定度±3%；暗视觉光照度范围 $10^{-3}\sim10^{-7}$lx，不确定度±4%；明视觉光亮度范围 $1\sim10^{-4}$cd/m^2，不确定度±4%；暗视觉光亮度范围 $10^{-2}\sim10^{-6}$cd/m^2，不确定度±4%。利用该系统被标定仪器的分级性为：照度计 I 级 $1\sim10^{-7}$lx,7%；照度计 II 级 $1\sim10^{-6}$lx,12%。亮度计 I 级 $1\sim10^{-6}$cd/m^2,7%；亮度计 II 级 $1\sim10^{-6}$cd/m^2,12%。

（1）微弱光测试台及标定法。

作为“工作用计量器具”的微弱光测试台结构原理如图 4-14 所示。测试台置于暗箱中，光源发光输入积分球，经漫射后由积分球出口射出。积分球输出的光量通过可调的入、出口光阑进行调节。积分球出口光阑相当于一个光谱不变强度可调的二次光源。二次光源发出的光经若干中性减光片减光后在法兰盘处形成所规定的光度量，标定时待标光度仪的接收面将置于法兰盘开孔处，另设多块防杂光挡板。

测试台的各部件有严格的要求，光源采用 12V 100W 的溴钨灯，使用前经规定的老化处理，并在稳流源供电条件下工作，发光稳定性要求 0.2%/ h ，发光复现性 0.2%。要求二次光源的色温是 2856±30K。中性滤光片 4～5 片，其透射比为 10%左右。光谱的中性度在 0.4～0.7μm 之间，最大和最小之差不超过平均值的 20%。采用三只自校准硅光电二极管作为弱光标准探测器，显示光照度单位的不确定度为±1.5%。

进行标定的条件是温度 20±5℃；相对湿度 75%以下；稳流电源稳定度 0.02%/10min，并用 0.02 级以上的电位差计控制电流、电压的变化。

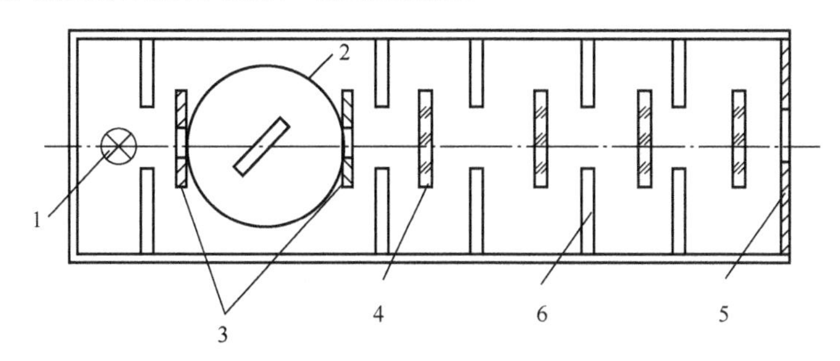

图 4-14　微弱光测试台结构示意图

1—光源；2—积分球；3—光阑；4—中性减光片；5—法兰盘；6—防杂光挡板。

标定弱光照度计的程序大致如下：

（1）光源预热十分钟。

（2）先选用二只弱光标准探测器之一，放在法兰盘中心位置上。

（3）调整可调光阑和中性滤光片的片数，找到各照度示值的对应条件。

（4）将照度计的探测器替换标准探测器，复现标准照度标定照度计。

（5）用另一只标准探测器重复上述检测工作，两次的偏差对 I 级仪器应不大于 3%，对Ⅱ 级仪器应不大于 4%。

（6）取两次的平均值作为这次标定仪器的结果。

暗视觉仪器的标定，按下式进行

$$\frac{E'}{E}=\frac{K'_m\int_0^{\infty}E_\lambda\cdot V'_\lambda\cdot \mathrm{d}\lambda}{K_m\int_0^{\infty}E_\lambda\cdot V_\lambda \mathrm{d}\lambda}=1.412 \tag{4-13}$$

式中：E 、E' 分别为对同一标准光源在同一位置上产生的明视觉和暗视觉照度；K_m 、K'_m 分别为对应明、暗视觉的最大光谱光视效能；V_λ 、V'_λ 分别为明、暗视觉的人眼视见函数；E_λ 为光源的光谱照度值。

对带有暗视觉校正滤光片的照度计，只要利用 $E'=1.412E$ 的关系就可标定。

（2）标准光源光轨测试台及定标法。

另一种“工作用计量器具”是标准光源光轨测试台，结构原理如图 4-15 所示。测试器具放置在光轨上。标准光源 1 置于光箱 2 中，箱中挡板 3 和光陷阱 4 用以消除杂光，光束经中性减光片 5 后射到黑绒布 9 附近的工作面上，通过变换中性减光片和光箱与工作面间的距离，获得标定所需的照度值，图中 6 是快门，7 是挡光屏，8 是被标定的仪器。

测试台上各部件均有一定要求，明视觉标定用灯泡 BDQ_2，色温 2356K，暗视觉标定用灯泡 BDQ_1，色温 2650K。采用每类标准灯各三支，经规定的老化处理，稳定性达 0.2%/ h，复现性误差达 0.2%，重复调整光强变化小于 0.5%。光箱内涂黑色无光漆以消杂光。中性滤光片共 6 块，它们的透射比分别为 10^{-1}、10^{-2}、10^{-3}、10^{-4}、10^{-5}和 10^{-6}，其减光偏差不大于标称值的 40%，中性度在 0.4～0.7μm 光谱范围内，最大与最小值之间的差应小于平均值的 30%。整机放置在 6m 光轨上，用挡光屏和大面积黑绒布包围整机，以消除杂光对标定结果的影响。实验室为暗室以减少外界杂光。该装置每年最少用弱光标准探测器标定一次，以保证其精度。

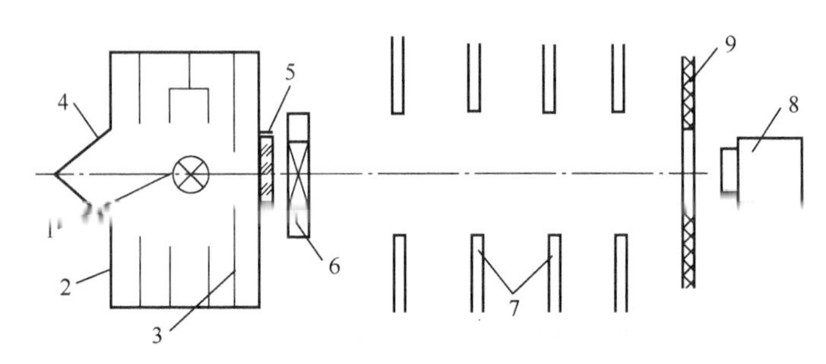

图 4-15　标准光源光轨测试台示意图

1—标准光源；2—光箱；3—挡板；4—光陷阱；5—减光片；6—快门；7—挡光屏；8—待标定仪器；9—黑绒布。

BDQ 标准灯标定明视觉范围是 10～1.5×10^{-6}lx，不确定度是±3%；BDQ 标准灯标定暗视觉范围是 10^{-3}～2×10^{-7}lx，不确定度是±4%。具体标定方法与强光照度光轨法标定相类似；具体要求与微弱光测试台标定法类似。

照度计除量值标定外，还应对接收头的余弦特性、红外和紫外响应误差以及自标定系统等特性进行相应的标定。

4.3　亮度计及其设计

光亮度（简称亮度）是表征面发光特性的物理量，目前通用的亮度单位是 $\mathrm{cd/m^2}$ 或 $\mathrm{lm/sr\cdot m^2}$，它表征某面元单位面积、向单位立体角中发出光通量的大小，如图 4-16，其表达式为

$$L=\mathrm{d}^2\Phi/\mathrm{d}\Omega\cdot\mathrm{d}A\cdot\cos\alpha \tag{4-14}$$

式中：α 为发光面法线与观察方向间的交角；$\mathrm{d}A\cdot\cos\alpha$ 为面元 $\mathrm{d}A$ 在 α 方向上的面积，如果某发光面 A 发光均匀，则有

$$L=I/A\cos\alpha \tag{4-15}$$

式中：$I=\Phi/\Omega$，为面光源的发光强度。

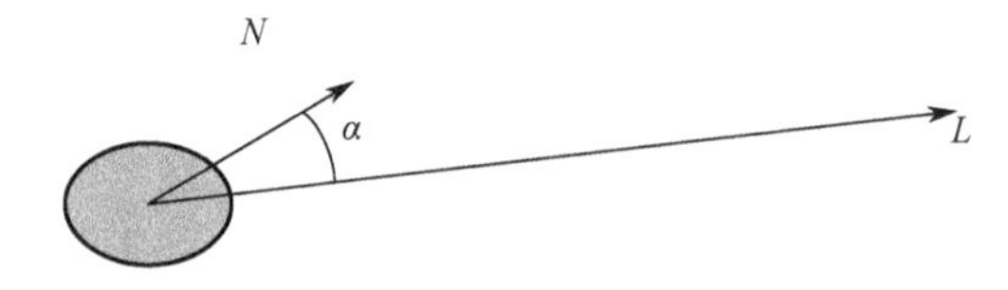

图 4-16　面发光示意图

4.3.1　成像式亮度计的结构原理

亮度的测量较照度测量复杂，由式（4-15）可知待测表面的亮度和观察距离无关。所设计的亮度计在测发光面的亮度时，测得值应与测试距离无关。测量亮度按原理不同有成像和非成像两种类型。图 4-17 所示为成像型亮度计的测量原理。

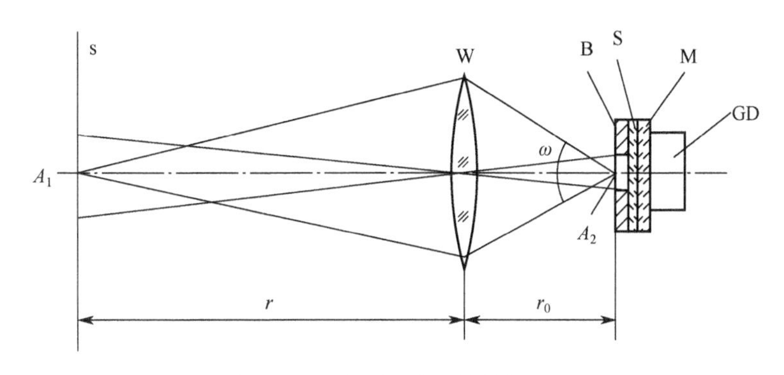

图 4-17　成像型亮度计的测量原理

设发光面 s 均匀发光，亮度计由物镜 L 和组合光电接收器组成。组合光电接收器又由光阑 B、漫射光器 M、校正光器 S 和光电探测器件 GD 组成。s 面发光经物镜 W 成像在光阑 B 上，通过光阑 B 的光通量由光电探测器接收。光阑 B 为视场光阑，光阑孔面积为 A_2，对应被测发光面面积为 A_1。改变光阑孔径 b，可改变所测发光面的面积。图 4-17 中 r 为物距，r_0 为像距，当 r 改变也就是测量距离改变时，r_0 也随之变化。按照几何光学中物、像亮度不变原理，待测发光面亮度为 L 时，对应像的亮度 L' 为

$$L' = \tau L \tag{4-16}$$

式中：τ 为物镜系统对光束的透射比。

光电探测器转换的是光通量而不是亮度，因此必须将亮度转换为光通量表示。进入视场光阑的光通量 Φ 为

$$\Phi = L' \cdot A_2 \cdot \omega = \tau L A_2 \omega \tag{4-17}$$

式中：ω 为物镜孔径对视场光阑中心所张的立体角，对应孔径角。

不同测距时的立体角如图 4-18 所示。立体角 ω 为

$$\omega_{\mathrm{m}} = \pi {D_{\mathrm{L}}}^2 / 4r_0^2 \tag{4-18}$$

式中：D_W 为物镜的有效直径。

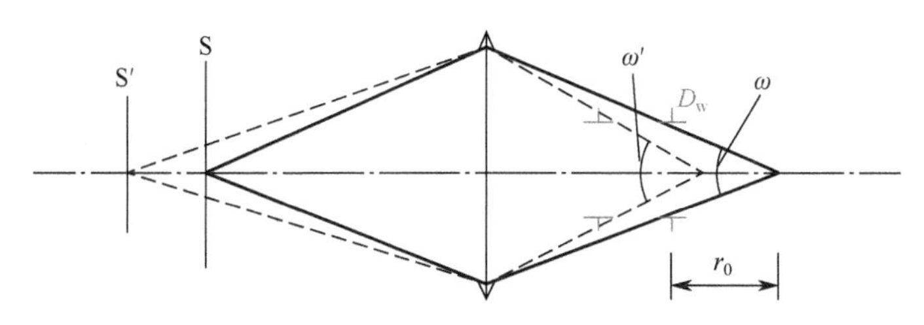

图 4-18　不同测距时的立体角

随着测距 r 变化，像距 r_0 也发生变化，引起 ω 的变化，这样的亮度计在测量同一亮度时，在不同测量距离上，光电探测器获得不同的光通量，这将是错误的。主要是因为不同测距时立体角变化，因此光通量不同。因此，需对接收光束的立体角加以限制，增加孔径光阑。通常确定一个最近的测试距离（立体角最小），以此对应的像方建立孔径光阑，孔径光阑不随物镜镜头调焦时移动，而是与探测器固定在一起。从光学原理可知，当物位于无穷远时，$r_0 = f'$，当物越靠近物镜，r_0 越大，对应 ω 越小。为找到能共同接受的 ω 角，取最近测量距离 r_{m} 所对应的立体角 ω_{m}，于是在装置中增加一个孔径光阑 C，其孔径直径为 D，面积为 A，则有 $\omega_{\mathrm{m}} = A_{\mathrm{L}} / r_0'^2$，$A_{\mathrm{L}} = \pi D^2 / 4$，其中，$r_0'$ 是孔径光阑与视场光阑间的距离。这样亮

度计在不同距离上测定同一目标的亮度，将获得相同的亮度值。但应注意测量距离不应小于设计时规定的最近距离 r_m。

亮度计产生的输出电流信号可用下式表示

$$I_s = \tau_1 \omega_m \cdot K_1 A_2 \tau_2 \int_{0.38}^{0.76} L_\lambda \tau_\lambda S_\lambda \mathrm{d}\lambda \tag{4-19}$$

式中：K_1 为电流放大器的放大倍数；τ_λ 为校正滤光片的光谱透射比；S_λ 为光电探测器的光谱灵敏度；τ_1 为漫射光器的透射比；τ_2 为减光器的透射比。

以 PR1980B 实用成像式亮度计为例，其光谱范围为 360～830nm；视场范围为 2′～3°；亮度范围：10^{-4}～10^8cd/m^2，共有 5 档亮度可调节。图 4-19 为实用成像式亮度计的原理图。物镜具有调焦成像作用，可更换多种焦距的物镜系统、显微镜及带光纤物镜。孔径光阑与探测器固定，限制并统一探测器受光光锥的立体角。孔径分光镜作为可选视场的光阑盘，通过旋转选择直径不同的圆孔导入测量光路，按待测目标的大小和亮度选择视场光阑。校正滤光片校正探测器的光谱特性。漫射光器将信号光漫射后均匀地落到探测器的敏感面上。光电探测器常用光电倍增管，也有用硅光电池的，都要进行光谱修正，并按要求的测量下限选择探测器并估算探测器的工作参量。放大器将信号直流放大到要求的输出量，零点漂浮小，可调零点以清除暗电流的影响，同照度计一样可分档自动切换。不同物镜焦距将采用不同的孔径光阑、视场大小，这都与探测器接收到的通量有关，必须按照不同的情况进行计算。通过反射镜面及观察系统，人眼可以观察到景物的图像及待测点的位置，使亮度测量操作方便直观。

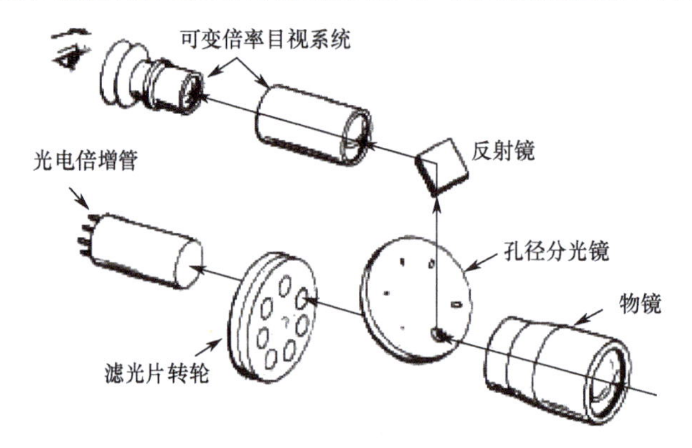

图 4-19　PR1980B 实用成像式亮度计的原理

4.3.2　CCD 亮度计

传统的亮度测量方法是点对点的测量方式，若要测量整个表面的亮度分布，则必须采用逐点扫描法进行测量，仪器结构复杂而且测量效率低。近年来随着 CCD 技术的发展，器件性能包括分辨率、灵敏度、动态范围都有了很大的提高，而且价格也越来越低，基于 CCD 的测量技术成为光学检测的一个主要手段。利用可进行帧积分的 CCD 摄像机研制的 CCD 亮度计成为亮度测量的新方法。利用光谱响应特性与观察者光视效率函数一致的 CCD 光电耦合器件，通过光学系统同时获取发光体的光辐射强度和图像，再经线性信号处理系统，可得到测量视场中被检测目标的亮度结果。

CCD 亮度计的原理框图如图 4-20 所示，被测物发出的光经过成像光学系统，照射在 CCD 光敏元件面上，经过光电转换系统，利用图像采集卡通过模数转换，得到视频信号输入计算机中。利用数字图像处理技术对图像进行灰度提取，然后利用已经标定得到的参数，根据图像中对应每个像素的灰度值和曝光时间得到被测物体表面对应的亮度值，最终描绘出被测物体表面的亮度分布。

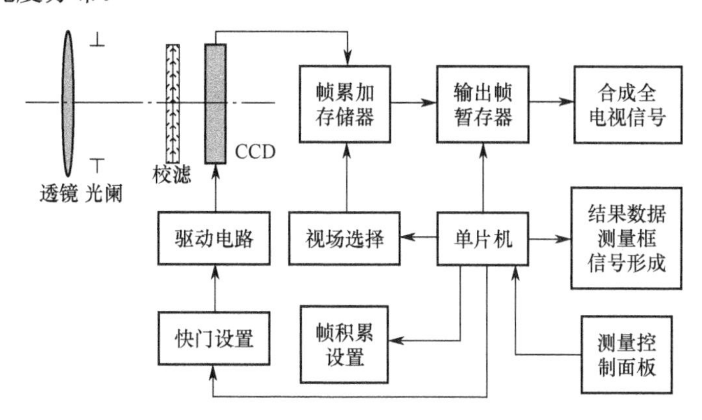

图 4-20　CCD 亮度计的原理框图

1. 光谱修正

CCD 亮度计和其他光度仪器一样，要求光电接收元件在可见光（380～780nm）范围内的相对光谱灵敏度必须与标准光度观察者的光谱效率函数 $V(\lambda)$ 相一致，以模拟人眼视觉感受特性来评价光源的各种光度特性。Si-CCD 对可见光和近红外敏感，通过光谱校正可以实现与人眼视见函数一致的光谱灵敏度曲线。

2. 帧间信号叠加

CCD 可自行进行信号间的帧叠加。通常帧间叠加时，信号实现相加，而噪声实现平均，因此 N 帧叠加时，信号提高 N 倍，而噪声增加 $\sqrt{N}$ 倍，使信号信噪比提高 $N/\sqrt{N}=\sqrt{N}$ 倍。由于一般的 CCD 摄像机的工作极限照度为 0.1lx 左右，通过帧叠加可以提高 CCD 摄像机的极限灵敏度，从而可用于弱亮度探测。将 CCD 自行帧累加 256 帧，采样存储后又可进行 64 帧累加，这样灵敏阈可下降 2 个数量级。当然这种做法是以消耗时间为代价，只能对静止、变化很小的目标进行探测，好在多数弱光亮度测量对象是静态的。

3. 变视场增加或减小灵敏度

与前述成像亮度计类似，视场光阑可按目标大小和亮暗程度进行选择。这个由 CCD 工作像元数来决定。如可从 4×4 扩至 16×16、128×128、256×256。随视场增大又是一次信号叠加，以此来提高灵敏度。

4. 利用电子快门扩大量程

利用电子快门，控制电荷积累时间可以扩大 CCD 亮度计的量程。对于 25 帧 50 场的标准视频信号，场积累时间约 20ms，CCD 电子快门可控制在 2ms 或 1ms，可使得 CCD 量程向强光方向扩展约 20 倍。这样可达到技术指标：量程 $1\times10^{-4}\sim1\times10^{5}\text{cd/m}^2$；分辨率 512×512；总视场 3.7°；最近距离 1.2m。

5. CCD 亮度计的特点

（1）CCD 亮度计相当于成像式亮度计，但没有复杂的光学系统，工艺成本都要求较低。

（2）成像式亮度计采用光电倍增管，灵敏度很高，但在背景昏暗中测定低亮度目标时，用人眼通过光学系统则不容易看清楚；帧累加 CCD 可以把原本看不见的昏暗背景增强，因此同步增强了像面亮度的测量和观察。

（3）随着电子技术、微电子技术的发展，许多处理电路较易实现，成本降低。

（4）该系统还可用于测定工业中高温物体的亮温和色温（需配适当滤光片），且有图像，这在工业中比较有用。

（5）但同时由于 CCD 需要一定的曝光时间，其时间特性和灵敏度提高仍是一个待解决的问题。

4.3.3 亮度计的标定及自校准

为保证亮度测量读数的正确性，开始使用之前或经过一段使用时间之后，需要对亮度计进行标定。实现亮度计的标定可以通过多种途径

1．用高精度照度计进行标定

图 4-21 是标定系统的示意图，取一稳定的光源照亮乳白玻璃，紧贴乳白玻璃放一光阑，其开孔直径为 D；光阑与光源的距离 r_1 应大于光阑口径 D 的 10 倍。乳白玻璃为一均匀面光源，在相距 r_2 处用高精度照度计测得照度为 E。由亮度与照度的关系可得

$$L=\frac{4E\cdot r^2}{\pi D^2} \tag{4-20}$$

用待标定的亮度计替换照度计，并保证亮度计光轴垂直于乳白玻璃，调整亮度计，使读数符合上述公式计算的数值，标定完毕。

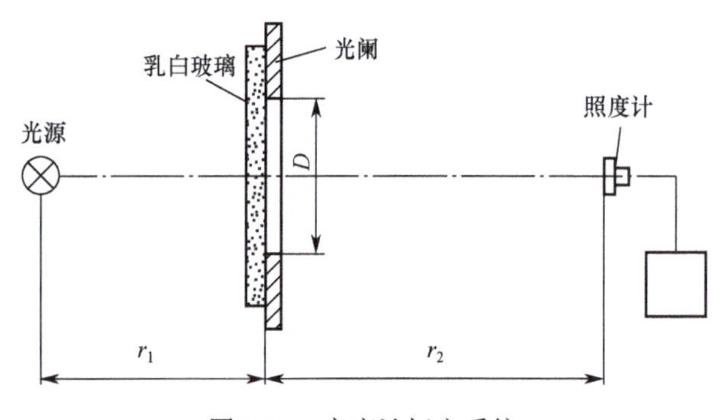

图 4-21 亮度计标定系统

2．用光强度标准灯和理想漫射板进行标定

标定方法如图 4-22 所示，漫反射板是反射比为ρ的朗伯反射体，板的照度 $E=I_0/r^2$，其中，I_0 是标准灯的发光强度；r 是光源到漫反射板的距离。漫反射板的亮度为

$$L=\frac{\rho E}{\pi}=\frac{\rho I_0}{\pi r^2} \tag{4-21}$$

通过改变 r 获得不同的亮度值，从而标定亮度计的读数。

3．用已知发光强度标准灯标定

得到亮度计亮度响应度 R_{L} 就可确定探测器的输出电压与实际亮度的对应关系。求探测器照度响应度 R_{E} 的方法如图 4-23 所示，发光强度为 I_0 的标准灯放在距测光部件 l_0 的位置，则

$$R_{\mathrm{E}}=\frac{V'}{E}=\frac{V'\cdot l_0^2}{I_0} \tag{4-22}$$

测τ的方法如图 4-24 所示，将一光源放在乳白玻璃屏后面，屏上加一通孔面积为 S_0 的光

阑，再把探测器放在距光阑 r_0 的距离上，测得输出电压 V。再把亮度计的物镜加上，物镜的通光口径面积为 S。把物镜调焦到使光阑像落在测光部件上（图 4-24（b）），测得输出电压 V，则物镜的透射比为

$$\tau=\frac{V}{V_0}\frac{S_0r^2}{Sr^2} \tag{4-23}$$

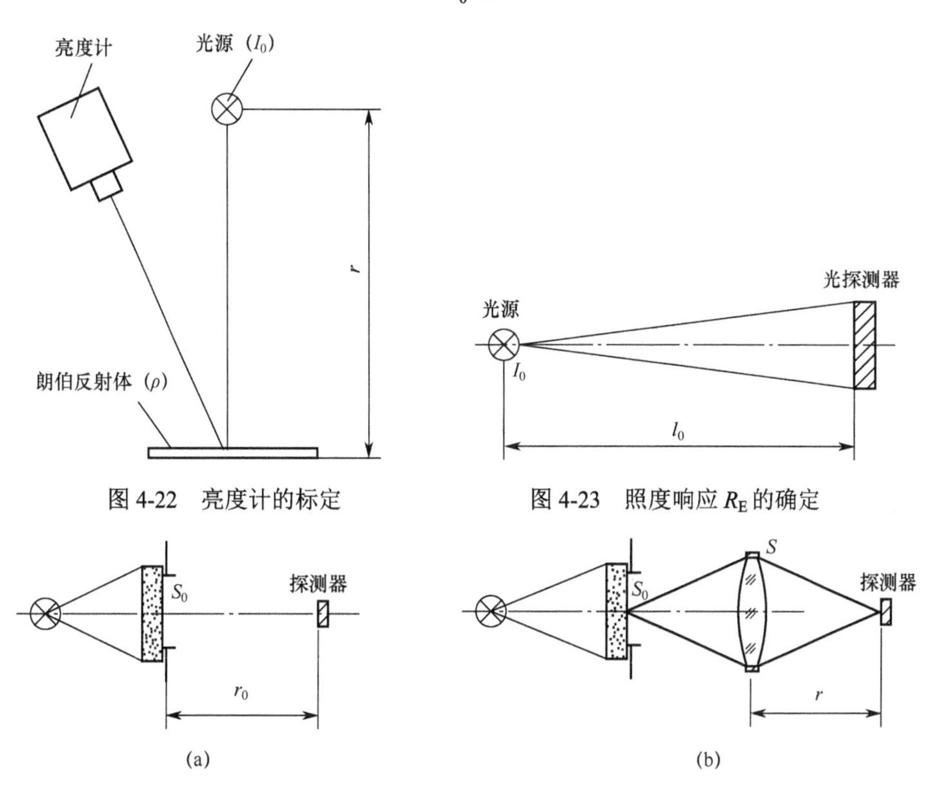

图 4-22　亮度计的标定

图 4-23　照度响应 R_E 的确定

图 4-24　物镜透射比的测量方法

（a）加物镜前；（b）加物镜后。

4．用已知的亮度标准灯标定

先后将标准灯和待测表面移入亮度计的测量视场，测得标准灯亮度读数 V_0 和待测表面亮度读数 V，可得待测表面的亮度

$$L=\frac{V}{V_0}L_0 \tag{4-24}$$

式中：L_0 为已知标准灯的亮度。

4.4　光度量检测实例

对光电器件的光学特性进行测量、对光子进行探测及成像等均属于光度量范畴。

4.4.1　LED 的测量

LED 属于固态光源，其基本结构是一块电致发光的半导体材料，置于一个有引线的架子上，然后四周用环氧树脂密封，起到保护内部芯线的作用。

1. LED光特性

LED的性能主要包括电特性、光特性和光安全性能等3个方面。类似于其他光源，LED光特性主要包括光通量、发光效率、辐射通量、辐射效率、光强和光谱参数等，各参数的意义如下。

（1）光谱分布和峰值波长：某一个发光二极管所发出的光并不是单一波长，其波长分布按图 4-25 所示，由图可见，该发光管所发出的光中某一波长 λ_0 的光强最大，该波长为峰值波长。

（2）发光强度 IV：发光二极管单位时间内发射的总电磁能量称为辐射通量，也就是光功率（W）。对于 LED 光源，更关心的是照明的视觉效果，即光源发射的辐射通量中能引起人眼感知的那部分当量，称为光通量 $\varPhi$ 。光通量 $\varPhi$ 与辐射通量 P 之间的关系为

$$\varPhi = \int_{\lambda_1}^{\lambda_2} P(\lambda)V(\lambda)\mathrm{d}\lambda \tag{4-25}$$

式中：$P(\lambda)$ 为光源光谱辐射通量；$V(\lambda)$ 为人眼的明视觉光谱光视效率函数；λ_2 和 λ_1 为上、下限波长。

LED的发光强度 IV 可表达为

$$IV = \frac{\mathrm{d}\varPhi}{\mathrm{d}\omega} \tag{4-26}$$

式中：$\mathrm{d}\varPhi$ 为光通量；$\mathrm{d}\omega$ 是点光源在某一方向上所照射的立体角元。

通常发光强度是空间角度的函数，如图 4-26 所示，中垂线（法线）的坐标为相对发光强度（即发光强度与最大发光强度之比）。显然，法线方向上的相对发光强度为 1，离开法线方向的角度越大，相对发光强度越小。

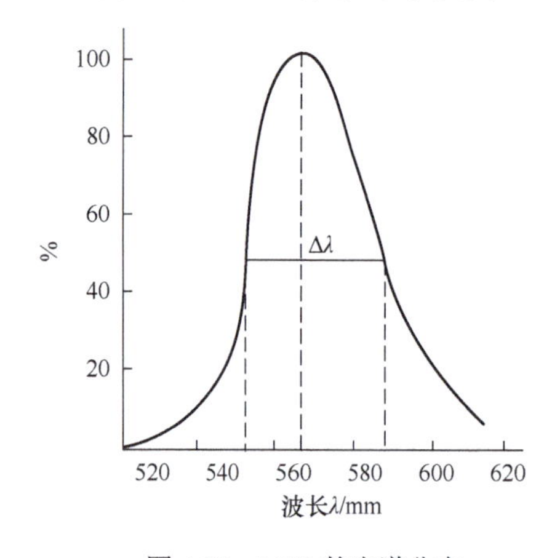

图 4-25　LED的光谱分布

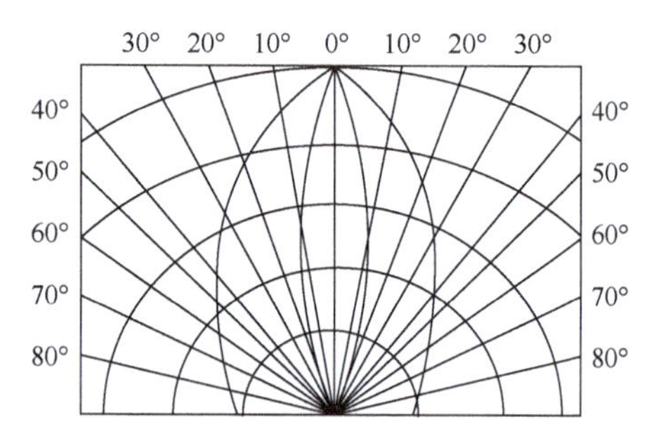

图 4-26　LED发光强度空间分布图

光具有方向性，光源在不同的方向上发射出来的光强度不同。通常以光源中轴线为中心的某一截面上光强的分布曲线，称为光强分布，曲线称为配光曲线。

（3）光谱半宽度 $\Delta\lambda$：它表示发光的光谱纯度。如图 4-25 中 1/2 峰值光强所对应两波长之间隔，$\Delta\lambda = \lambda_2 - \lambda_1$。

（4）半值角 $\theta_{1/2}$ 和视角：$\theta_{1/2}$ 是指发光强度值为轴向强度值一半的方向与发光轴向（法向）的夹角。半值角的 2 倍为视角（或称半功率角）。发光角（或光束角）通常用半强度角表示，即在光强分布图中光强大于等于峰值光强 1/2 时所包含的光束角度。

（5）正向工作电流 I_{f}：是指发光二极管正常发光时的正向电流值。在实际使用中应根据

需要选择 I_f 在 $0.6 \cdot I_{fm}$ 以下。

（6）正向工作电压 V_F：正向工作电压在给定的正向电流下得到。一般是在 I_f=20mA 时测得的。发光二极管正向工作电压 V_F 在 1.4～3V。在外界温度升高时，V_F 将下降。

（7）V-I 特性：表征发光二极管的电压与电流的关系。在正向电压小于某一值（阈值）时，电流极小，不发光。当电压超过某一值后，正向电流随电压迅速增加，发光。由 V-I 曲线可以得出发光管的正向电压，反向电流及反向电压等参数。

2．发光强度检测

传统光源的发光强度检测一般遵循点光源距离平方反比定律，即一个发光强度为 I 的各向同性的点光源向面积为 dS 的表面发出光辐射，其距离为 r，其表面照度 $E=I/r^2$，因此可以通过一定距离的照度测量，获得光源的发光强度。但是 LED 由于形状各异，通过对 LED 光线追迹可以发现，LED 各个区域发出的光线有不同的聚焦点，因此 LED 不能以点光源来描述，这给发光强度测量带来了困难。

CIE 对于 LED 发光强度测量做出规定，CIE 规定了发光强度的测量距离有 2 种：远场（条件 A，如图 4-27（a）所示）为 316mm，对应的立体角为 0.001sr；近场（条件 B，如图 4-27（b）所示）为 100mm，对应的立体角为 0.01sr。二者之间可以相互转换，远场测量结果乘以 10 就得到近场测量结果。CIE 明确规定 LED 测量距离为从 LED 的外壳顶端到探测器光灵敏面，而且还规定了探测器光敏面的面积为（10×10）mm^2。

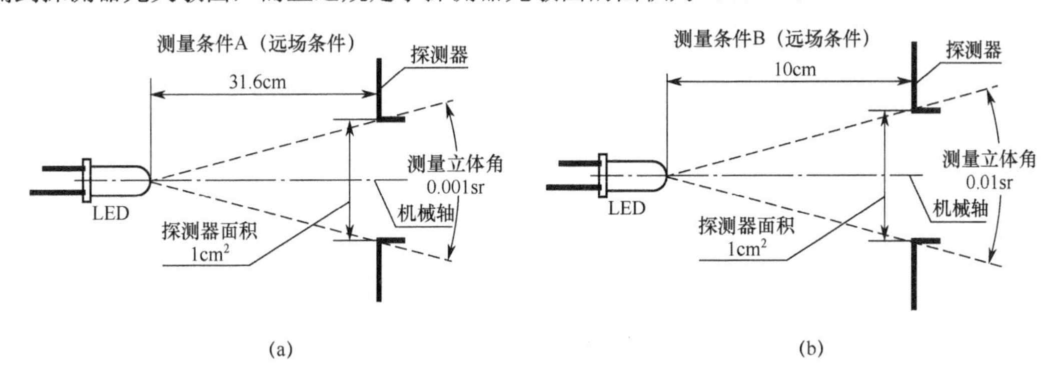

图 4-27　LED 测量的条件

（a）远场条件；（b）近场条件。

发光强度测试方法：将 LED 和标准照度探测器安装在光具座上，使 LED 的几何中心线与标准探测器表面垂直。分别测量在远场为 316mm 和近场为 100mm 的照度，然后按照公式 $I=L^2E$ 计算，求出远场和近场发光强度。LED 发光强度可以通过目视法或者客观法进行测量，客观法测量系统如图 4-28 所示。该系统由三维调整支架、标准探测器、信号放大电路、采集电路和计算机组成。

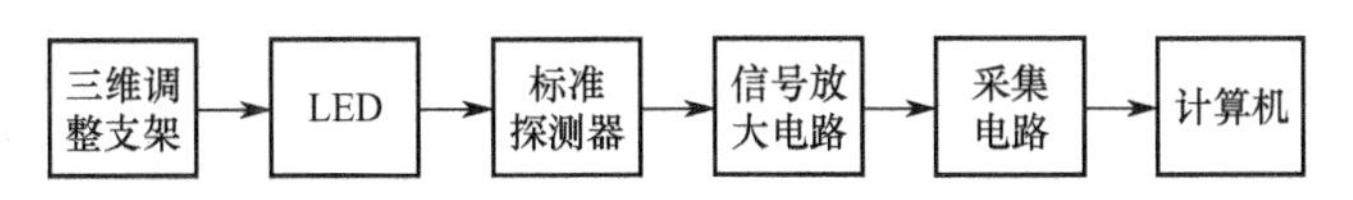

图 4-28　LED 发光强度测量系统

3．光通量和空间光强分布检测

应用分布式光度计可对 LED 总光通量进行精确测量（探测器光谱响应曲线已修正的条件下），这是 LED 总光通量的绝对测量方法。分布光度计是测量光度量（照度或光强）随空间角度变化的光度计，通常包括一个用于支撑和定位被测光源的机械机构（即转台）、光度计、其他必需的传感器和测量信号处理系统等。传统的卧式分布式光度计在测试灯具或光源的空间光强分布和总光通量中应用非常广泛，分布式光度计一般采用照度积分法测量灯具的总光通量，即探测器保持不动，被测光源或灯具绕自身的光度中心自转，在发射光达到整个角度区域内选择合适的角度间隔，测量以分布式光度计的探测器到被测 LED 发光中心之间的测量距离为半径的虚拟球面上的各点的照度，如图 4-29 所示。分布式光度计的工作原理简单来说就是：光度探测器绕光度中心旋转时，在空间各方向上采集光强数据，并通过光学参量的数学关系运用软件得出其他参量的数值和相应的配光曲线。测量时，平面间角度间隔一般为 5°，平面内的角度间隔一般为 1°，当被测 LED 尺寸较大或光束角较窄时，应采用更小的平面间隔和角度步距，以保证照度分布的取样完整性。对应的总光通量 Φ 为

$$\Phi = \int_0^{4\pi} E\mathrm{d}S = \int_0^{4\pi} r^2 E(\theta,\phi)\mathrm{d}\Omega = \int_0^{2\pi}\int_0^{\pi} r^2 E(\theta,\phi)\sin\theta\mathrm{d}\theta\mathrm{d}\phi \tag{4-27}$$

式中：r 为虚拟球面半径；S 为虚拟球面总面积；$E(\theta,\phi)$为空间角光强；θ 为 γ 轴角度；ϕ为 C 轴角度。

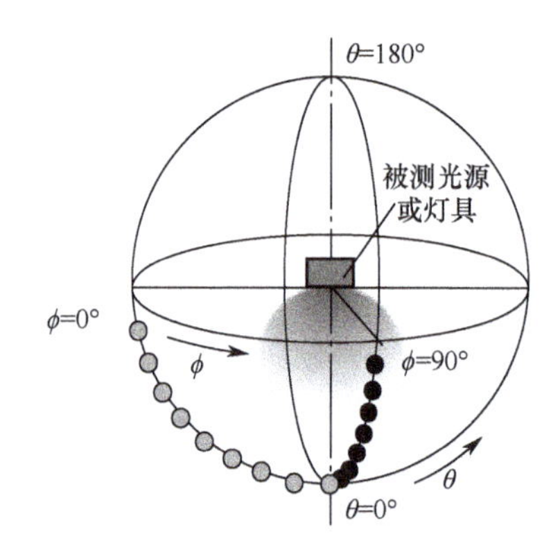

图 4-29　选择合适的角度进行测量的几何图

但分布式光度计测试仪器昂贵，所以工业中常用积分球对光通量进行测量，LED 的光通量测试系统如图 4-30 所示。将 LED 安装在直径 300mm 的积分球上，在挡光板后用光度探测器接收和进行光电转换，再经放大电路将信号放大，经采集电路进入计算机；数据经计算机校准后，输出测试结果。待测 LED 灯的光通量测量结果：

$$\phi_{测} = \frac{v_{测} - v_0}{v_{标} - v_0} \cdot \phi_{标} \cdot K \tag{4-28}$$

式中：v_0 为噪声信号；$v_{标}$ 为标准光通量灯的测量信号；$v_{测}$ 为待测 LED 灯的测量信号；$\phi_{标}$ 为标准光通量灯的光通量值；K 为色修正系数。

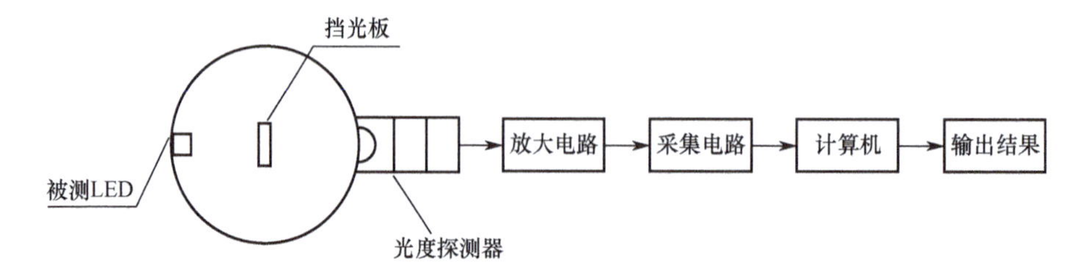

图 4-30　LED 光通量测量系统

检测空间光强分布检测方法和总光通量检测方法一致，也可采用分布式光度计测量。

4. 光谱特性检测

光谱特性将在第 5 章中详细讲述，为保持 LED 检测的完整性，在这里提前进行了讲解。LED 的光谱特性检测主要包括色品坐标、相关色温、显色指数、主波长等的测量。根据色度学原理，为了计算光源或物体的颜色，首先需要测量进入人眼的光谱组成。进入人眼的光谱能量为 $\varphi(\lambda)$，称为色刺激函数。由测量所获得的色刺激函数，可根据下式计算出 CIE 三刺激值 X、Y、Z，X、Y、Z 分别代表了颜色（光源色或物体色）的红、绿、蓝组成成份，$\bar{x}(\lambda)$、$\bar{y}(\lambda)$、$\bar{z}(\lambda)$ 分别为光谱三刺激值。

$$\begin{aligned} X &= K\int_{380}^{780}\varphi(\lambda)\bar{x}(\lambda)\mathrm{d}\lambda \\ Y &= K\int_{380}^{780}\varphi(\lambda)\bar{y}(\lambda)\mathrm{d}\lambda \\ Z &= K\int_{380}^{780}\varphi(\lambda)\bar{z}(\lambda)\mathrm{d}\lambda \end{aligned} \tag{4-29}$$

颜色的色品坐标为

$$x=\frac{X}{X+Y+Z},y=\frac{Y}{X+Y+Z},z=\frac{Z}{X+Y+Z} \tag{4-30}$$

因此对于色品坐标和相关色温测量可以有两种方法：

（1）光电积分法。

探测器的响应分别与 XYZ 曲线相一致。此类测试仪器可以检测色度坐标、相关色温等颜色参数，测量速度快。上述发光强度和光通量测量即为光电积分法。

（2）分光光度法。

测量进入人眼的色刺激函数 $\varphi(\lambda)$，得到被测物体在各个波长下的光谱能量值，采用积分运算获得光谱三刺激值、色度坐标及相关色温等参数。这是高精度的测量方法。LED 的光谱分布和显色指数测量需要分光光度法完成。

分光光度法核心为单色仪，用单色仪对被测目标进行单波长扫描，以获得被测目标在各波长上的光谱特性，然后根据色度学公式计算被测目标的光色参数，如图 4-31 所示。目前，也有采用 CCD 的快速光谱测量法。

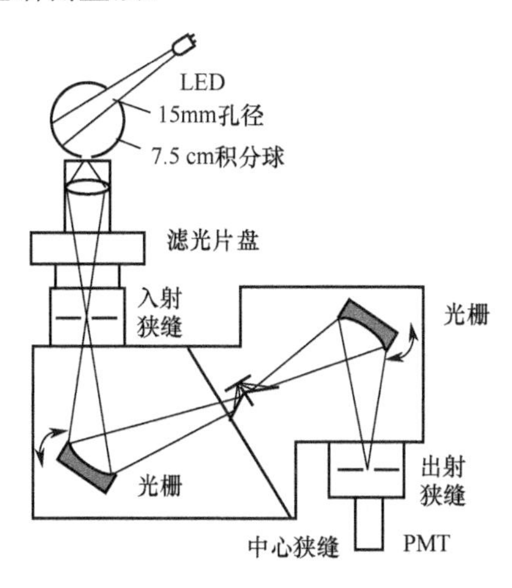

图 4-31　LED 光谱分析系统

4.4.2 单光子检测技术

单光子探测器（SPD）是一种超低噪声器件，增强的灵敏度使其能够探测到光的最小能量量子——光子。单光子探测器可以对单个光子进行探测和计数，在许多可获得的信号强度仅为几个光子能量级的新兴应用中，单光子探测器可以一展身手。单光子检测技术是在光子尺度对光信号进行探测、分析和处理的关键技术，是光电检测技术领域的研究前沿。单光子精密定量检测的实现，不仅可以加深人类对量子微观世界的认识，而且也是实现实用化的量子通信技术的保证。

单光子探测器性能指标主要有：工作波段、系统效率、暗计数、时间抖动和重复速率。工作波段是指该 SPD 能够探测到的光子的波长范围，系统效率是指一个光子入射到探测器上被检测到的概率。实际中，SPD 系统效率和入射光子的波长相关。因此，通常将系统效率和工作波段这两个性能参数联系在一起。如，硅基单光子探测器在 650nm 波段的系统效率可达 65%。

在没有输入入射光子情况下，由于器件、电路和其他一切因素导致的光子计数被称为暗计数。暗计数反映了 SPD 工作时的噪声情况。探测器探测响应和光子入射的时间差存在一定波动。由于该波动有一定的随机性，服从高斯分布。因此，其分布的宽度常采用半高宽（FWHM）来定量描述，即器件的时间抖动。重复速率是反应器件探测光子的最大速度。

1. 光子计数器的基本原理

光子计数器是一种利用光电倍增管能检测单个光子能量的性质，通过光电子计数的方法测量极微弱光脉冲信号的装置。单光子探测技术主要用来实现对微弱光信号的探测，并输出脉冲信号。这种极其微弱的信号会被淹没在一般光电探测器自身产生的热噪声上，所以一般光电探测器无法探测单光子信号。单光子探测技术是利用光电倍增器件对单个光子进行探测，早期的光电探测器件是利用光电效应原理来完成光的检测，而光电倍增器件相比于早期的光电探测器件多了增益机制，因此可探测更加微弱的光。

光子计数系统是理想的微弱光探测器，它可以探测到每秒 10～20 个光子水平的极微弱光。由于光电倍增管的放大倍数很高，因此常用来进行光子计数。但是当测量的光照微弱到一定水平时，由于探测器本身的背景噪声（热噪声、散粒噪声等）而给测量带来很大的困难。例如，当光功率为 10^{-7}W 时，光子通量约为每秒 100 个光子，这比光电倍增管的噪声还要低，即使采用弱光调制，用锁相放大器来提取信息，有时也无能为力。所以光照也不能太小，光子计数器一般用于测量小于 10^{-14} W 的连续微弱辐射。

基本型光子计数器的工作原理如图 4-32 所示。入射到光电倍增管阴极上的光子引起输出信号脉冲，经放大器输送到一个脉冲高度鉴别器上。由放大器输出的信号除有用光子脉冲之外，还包括器件噪声和多光子脉冲。多光子脉冲是由时间上不能分辨的连续光子集合而成的大幅度脉冲。脉冲高度鉴别器的作用是从多光子脉冲中分离出单光子脉冲，再用计数器计数光子脉冲数，计算出在一定时间间隔内的计数值并以数字和模拟信号形式输出。比例计用于给出正比于计数脉冲速率的连续模拟信号。

由光电倍增管阴极发射的电子电荷量被倍增系统放大。设平均增益为 10^6，则每个电子产生的平均输出电荷量为 $q=10^6\times1.6\times10^{-19}$ C。这些电荷是在 t_0=10 ns 的渡越时间内聚焦在阳极上的，因而产生的阳极电流脉冲峰值 I_p 可用矩形脉冲的峰值近似表示，并有

$$I_p=\frac{q}{t_0}=\frac{10^6\times1.6\times10^{-19}}{10\times10^{-9}}\mu A=16\mu A \tag{4-31}$$

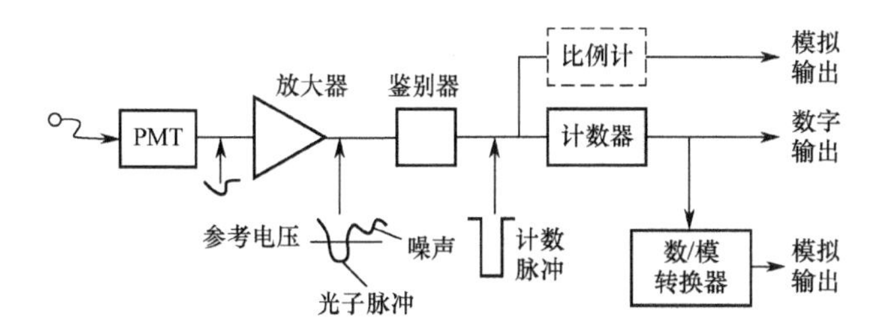

图 4-32　光子计数器的基本原理

检测电路将电流脉冲转换为电压脉冲。设阳极负载电阻 R_a=50 Ω，分布电容 C=20 pF，则 $\tau=R_a C$=1 ns≪t_0，因而输出脉冲电压波形不会产生畸变，其峰值为

$$U_P = I_P R_a = 16\times10^{-6}\times 50\text{V} = 0.8\text{mV} \tag{4-32}$$

这是由一个光子引起的平均脉冲峰值的期望值。

实际上，除了单光子激励产生的信号脉冲外，光电倍增管还输出热辐射，倍增极电子热辐射和多光子辐射，以及宇宙线和荧光辐射引起的噪声脉冲（图 4-33）。其中，多光子脉冲幅值最大，其他脉冲的高度相对要小一些，因此，为了鉴别出各种不同性质的脉冲，可采用脉冲峰值鉴别器。简单的单电平鉴别器具有一个阈值电平 U_{s1}，调整阈值位置可以滤除掉各种非光子脉冲而只对光子信号形成计数脉冲。对于多光子大脉冲，可以采用有两个阈值电平的双电平鉴别器（又称窗鉴别器），它仅使落在两电平间的光子脉冲产生输出信号，而对高于第一阈值 U_{s1} 的热噪声和低于第二阈值 U_{s2} 的多光子脉冲没有反应。脉冲幅度的鉴别作用抑制了大部分的噪声脉冲，减少了光电倍增管由于增益随时间和温度漂移而造成的有害影响。

光子脉冲由计数器累加计数。图 4-34 所示为简单计数器的原理，它由计数器 A 和定时器 B 组成。利用手动或自动启动脉冲，使计数器 A 开始累加从鉴别器来的信号脉冲，计数器 C 同时开始对由时钟振荡器来的计时脉冲进行计数。计数器 C 是一个可预置的减法计数器，事先由预置开关置入计数值 N。设时钟脉冲计数率为 R_C，而计时器预置的计数时间是

$$t = \frac{N}{R_C} \tag{4-33}$$

于是在预置的测量时间 t 内，计数器 A 的累加计数值可计算为

$$N_A = R_A t = R_A \frac{N}{R_C} = R_A \times 常数 \tag{4-34}$$

式中：R_A 为平均光脉冲计数率。

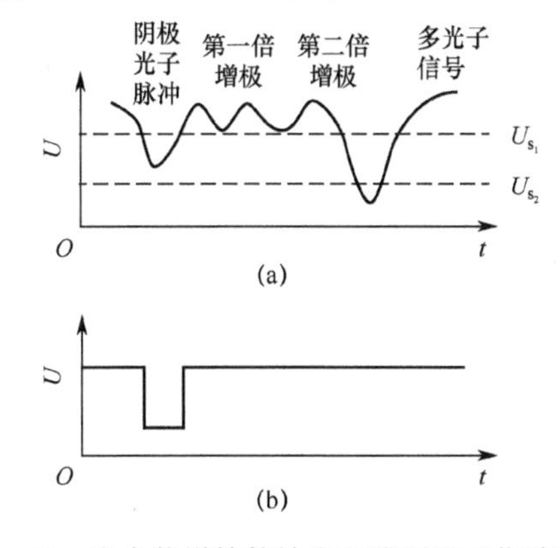

图 4-33　光电倍增管的输出和鉴别器工作波形

（a）PMT 输出；（b）鉴别器输出。

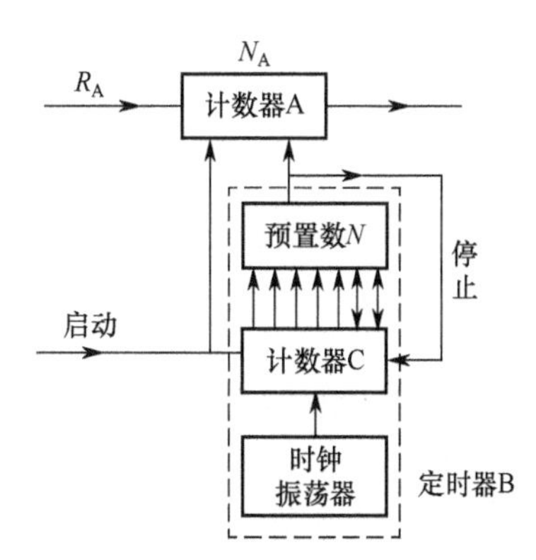

图 4-34　计数器原理

2．影响光子计数器分辨时间的因素

（1）光电倍增管渡越时间分散。

光电子从光电阴极表面释放以后，在管内飞渡到达阳极。在渡越时间内，电子运动形成了电流。电子到达阳极时，电流就终了，在渡越时间内输出光电流脉冲。因为从光电阴极发出的光电子的初速有所不同，倍增极发射的二次电子的初速也有所不同。电极之间还有不相等的通道长度以及不均匀电场等原因，都使光电子渡越时间不是一个定值，形成渡越时间分散（或称散差）。好的光电倍增管渡越时间散差约小于十几毫微秒。由于光电倍增管渡越时间散差而使倍增管对光电计数脉冲的有效分辨时间 t_d 增大，光电倍增管的负载电阻通常取得很小，可以使分布电容引起脉宽展宽的影响减至最小。

（2）计数器电路有效分辨时间 t_w。

放大器的带宽直接影响输出脉冲的带宽。由于光电子脉冲极窄，如果放大器通频带宽度不够宽，就会使输出脉冲的脉宽变宽，从而增加重叠误差。因此光子计数器还要求设计性能良好的低噪声前置放大器，除要求其噪声尽量低外，还要能再现单光子脉冲，通常一个光电子脉冲宽度约为 20ns，所以放大器带宽应大于 50MHz，甚至放大器带宽应有百兆赫以上。此外，甄别器和计数器也有一定上升时间。若上升时间小，影响也就小些。

当光子到达率（每秒到达的平均光子数）R_s 很低时，即满足 t_d<l，$R_s\,t_w$ <1 时，脉冲堆积误差为

$$\varepsilon = R_d(t_d + t_w) \tag{4-35}$$

式中：R_d 为光电子发射率。

目前，好的光电倍增管的渡越时间散差小于 10ns，计数器分辨时间约为 10ns。当入射光子率下降时，其下限主要是受光电倍增管的热噪声的限制。

若平均光电子率为 R_s，平均热电子发射率为 R_n，实测平均电子脉冲率为 R_0，测量时间为Δt，信号中的噪声为泊松分布规律，得到的均方偏差为 $\sqrt{R_s\Delta t}$ 。实测时得到的噪声是信号噪声和热噪声的总和 N，其公式为

$$N = \sqrt{(R_s + R_n)\Delta t} \tag{4-36}$$

信号 S 为

$$S = R_s\Delta t \tag{4-37}$$

信噪比为

$$\frac{S}{N} = \frac{R_s\sqrt{\Delta t}}{\sqrt{R_s + R_n}} = \frac{(R_0 - R_n)\sqrt{\Delta t}}{\sqrt{R_0 + R_d}} \tag{4-38}$$

所以，当入射光子率减低时，信噪比会愈来愈低。式（4-36）中，R_n 可以把光电倍增管长时间遮光后再测量得到。为了提高信噪比，还可把光电倍增管制冷降低温度以减少热电子发射。对于一个分辨率为 10ns 和暗计数为每秒 5 个数左右的光子计数系统，上限可达 5×10^6 个计数值，下限为每秒 5 个数，动态范围为 6 个数量级。

3．光子计数器的基本过程及特点

光子计数的基本过程可归纳如下：

（1）用光电倍增管检测微弱光的光子流，形成包括噪声信号在内的输出光脉冲；

（2）利用脉冲幅度鉴别器鉴别噪声脉冲和多光子脉冲，只允许单光子脉冲通过；

（3）利用光子脉冲计数器检测光子数，根据测量目的，折算出被测参量；

（4）为补偿辐射源或背景噪声的影响，可采用双通道测量方法。

光子计数器的特点如下：

（1）只适合于极弱光的测量，光子的速率限制在大约 10^9/s 以内，相当于 1 nW 的功率，不能测量包含许多光子的短脉冲强度；

（2）不论是连续的、斩光的、脉冲的光信号都可以使用，能取得良好的信噪比；

（3）为了得到最佳性能，必须合理选择光电倍增管，并装备带制冷器的外罩；

（4）不用数模转换即可提供数字输出，可方便地与计算机连接。

4. 光子计数器的应用

光子计数方法在荧光、磷光测量、拉曼散射测量，夜光测量和生物细胞分析等微弱光测量中得到了应用。图 4-35 所示为用光子计数器测量物体磷光效应的原理。光源产生的光束经分光器由狭缝 A 入射到转筒上的狭缝 C 上，在转筒转动过程中断续地照射到被测磷光物质上，被测磷光经过活动狭缝 C 和固定狭缝 B 出射到光电倍增管上，经光子计数器测量出磷光的光子数值。转筒转速可调节，借以测量磷光的寿命和衰变。转筒的转动同步信号输送到光子计数器中，用来控制计数器的启动时间。

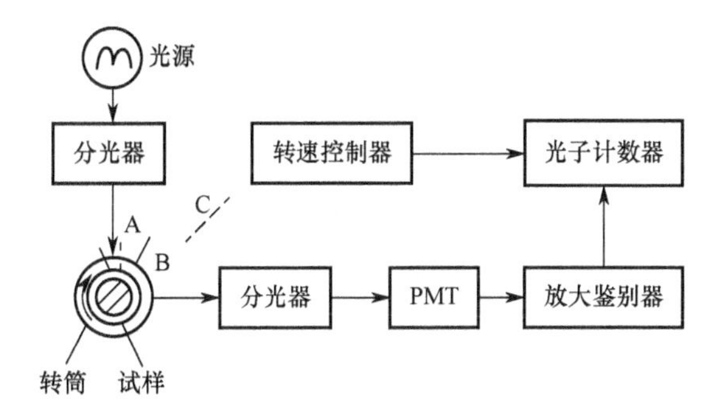

图 4-35　用光子计数器测量物体磷光效应的原理

4.4.3　光子计数成像技术

光子计数成像技术始终以光子计数成像器件的性能改进和更新换代为主题展开。光子计数成像器件可以理解为由多个光电倍增通道（MCP）组成且各自工作于单光子计数模式下的二维图像传感器阵列。就每一个通道而言，各类噪声是系统达到尽可能低的光子探测阈值的瓶颈因素。为此，必须通过对光电倍增过程输出脉冲高度分布的测试分析，寻找各类噪声的能量大小及其来源，并采取相应有效措施。例如，用适度光阴极制冷抑制热噪声；用阈值甄别电路斩除宇宙射线高能闪烁噪声；用弯曲 MCP 或多块 MCP 级联提高器件增益，并使脉冲高度分布呈高斯型单峰值分布，以抑制噪声，突显信号；继而借助高帧频 CCD 视频图像采集和计算机图像处理等手段，对掩埋于噪声中的二维超微弱光信号，进行探测、成像和分析。

光子计数成像器件大部分是由真空光电子成像器件和固体光电子成像器件经过优化组合和特殊处理的专用光子计数成像器件，它们各有特色和各自的局限性，已经应用于不同的技术领域。一些光子计数成像器件方案包括：多光电倍增管（PMTs）捆绑式系统、电磁复合聚焦像增强式电视摄像管系统、四级一代微光管级联式电视摄像管系统、多块 MCP 级联的二代微光管式（两块“V”字形级联和三块“Z”字形级联）ICCD 系统、三代近贴管/二代微光倒像管级联式 ICCD 系统、硅光电二极管阵列或雪崩二极管阵列（APD）系统、多阳极微通道阵列（MAMA）系统、电子轰击 CCD（EBCCD）系统、电子倍增 CCD（EMCCD）系统等。这些方案的共同特点是：一方面，力求达到高灵敏度[阈值≤10^{-10}lx(10^{-17}W/cm^2]、高增益（10^6）、快响应（ns 级）和高分辨率（1～10lp/mm）；另一方面，提供数字化输出视频信号，以便于计算机图像处理和分析；从主流结构上讲，大部分采用 MCP 微光管像增强 CCD 方式，如 ICCD 系统或 EBCCD 系统等。

1．光子计数成像的基本原理

光子计数成像系统（PCIS）的基本构成和工作原理如图 4-36 所示。光子计数像管通过成像物镜 1，把来自目标的光子流，经由其光阴极光电转换、MCP 电子倍增、荧光屏显示，再现为一幅亮度得到增强的景物图像。像管电源控制器 6 提供像管各级工作电压及控制信号。如果该器件具备上述单光子计数模式工作的两个基本条件：极低的暗计数速率和单光（电）子 PHD 特性，则通过中继透镜 3 耦合到高帧速 CCD 摄像机 5 输出的视频图像，即可被视为由近百万个 MCP 微通道电子倍增器分别放大了的目标光电子二维图像。其中，每一个微通道所提供的输出电子信号，具有如图 4-37 所示的单光（电）子脉冲高度分布（PHD）特性，包含了信号和各类噪声。它们经后续选通脉冲发生器 7 和视频图像处理器 8 中的幅度甄别器处理，斩除了复合信号中的高能离子闪烁噪声和低能 MCP 热噪声，而只让目标信息及光阴极热噪声信号通过，这样形成的复合信号，经计算机分析处理后送给末端显示器 9，再现为一个信噪比得到大大改善的景物图像。这就是光子计数成像系统的基本工作原理。以上光子计数过程也可通过图中的高速摄影机 4 直接拍摄。

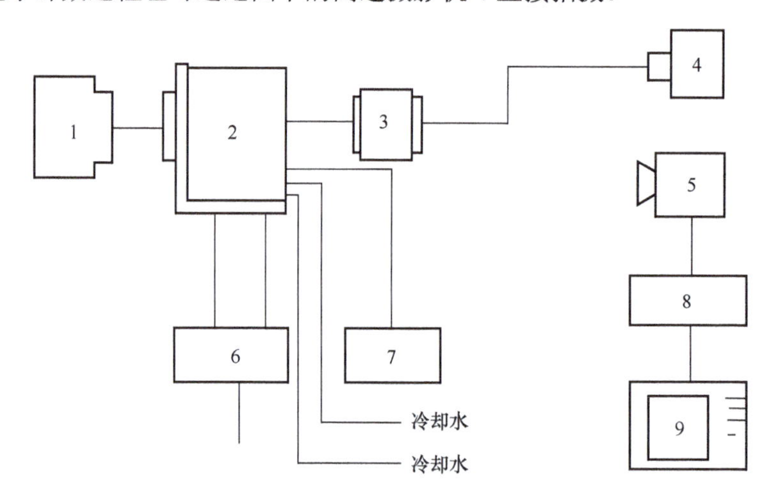

图 4-36　光子计数成像系统的基本构成和工作原理

1—成像物镜；2—光子计数像管（含光阴极、多块 MCP 和荧光屏）；3—中继透镜；4—高速摄影机；5—高帧速 CCD 摄像机；6—像管电源控制器；7—选通脉冲发生器；8—视频图像处理器；9—显示器。

光子计数成像系统以其亮度增益高、等效输入噪声低、响应运度快和易于视频处理控制及智能化等特点，在天文、物理、化学、生物、医疗和光电子能谱分析等诸多领域具有重要实用价值，例如可以用在天文自适应光学望远镜（波前畸变传感器）和生物医学超微弱光荧光显微诊断技术中。

2．PCIS 在天文自适应光学望远镜波前传感器上的应用

一个典型的天文自适应光学望远镜系统（图 4-38）通常由波前传感器、波前控制器和波前校正器 3 个子系统组成。波前传感器实时测量从目标或附近信标传来的波前误差；波前控制器把波前传感器所测得的波前畸变信息转化成波前校正器的控制信号，以实现自适应光学系统的闭环控制；波前校正器将波前控制器提供的信号转变为波前相位变化，反其相而行之，以校正光波波前的畸变。

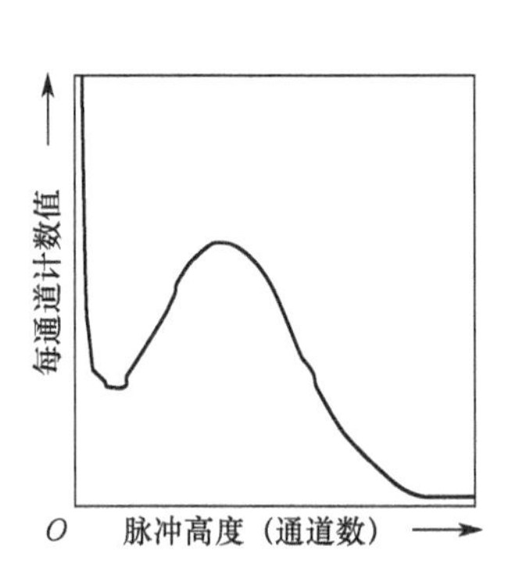

图 4-37　高斯式 PHD 特性

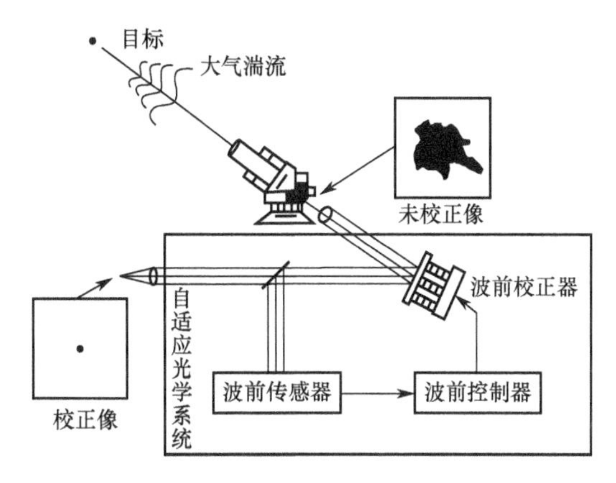

图 4-38　天文自适应光学望远镜系统示意图

本例所涉及的只是上述天文望远镜系统中的波前传感器子系统，如图 4-39 所示，也被称为哈特曼传感器（得名于 Hatemann-Shack 波前校正法），像面上均匀排列着几十个到近百个透镜组成的阵列，它们把畸变波前分别成像于像增强 ICCD 或 EBCCD 光阴极面上，变为二维光电子数分布，经过电子倍增、荧光屏电光转换为亮度得到 10^4～10^6 倍增强的可见光图像，继而通过 CCD 变为数字视频图像，并交由计算机进行处理和计算。由于在各子孔径内的波前倾斜会造成光斑的横向漂移，因此，通过测量光斑中心在两个方向上的漂移量，即可计算出各子孔径范围内的波前在两个方向上的平均斜率，从而实时地告知波前控制器控制波前校正器做相应的反向补偿。

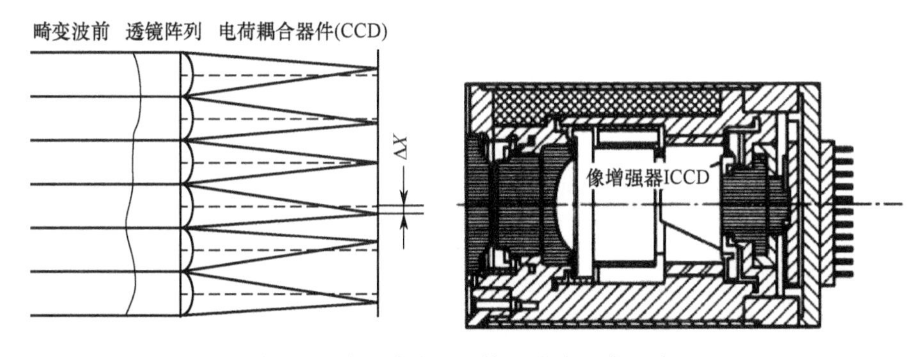

图 4-39　自适应光学哈特曼波前传感器原理

3．PCIS 在生命科学研究中的应用

在生物的许多功能和生理过程中，常常由于其内部分子能级间的跃迁会发出非常微弱的荧光，弱至 10^{-16}W/cm^2（相当于标准光源的 6.83×10^{-10}lx），它是一种不连续的光子流，人眼根本看不到，必须借助于先进的光子计数成像系统等仪器，进行生物器官解剖学和功能学的研究和诊断。PCIS 技术在医疗、卫生、生物、环保及生命科学等领域的应用包括：基因分析、发光免疫分析、细胞增殖与毒性分析、细胞内 Ca^{2+}检测、ATP 分析、DNA 定量及多药物耐药性、吞噬细胞作用、活性氧、微生物及酶活性等分析。

光子计数显微探测成像系统如图 4-40 所示，由光子成像头、耦合透镜组、高帧频 CCD

摄像机、图像采集系统、计算机，以及附路的分光镜、光电倍增管、光子计数器等部分组成。其工作原理过程是：样品发出的极微弱的光子图像被光子计数成像头接收，经像增强放大后，显示于荧光屏上，并经耦合透镜组成像于 CCD 输入面上，通过图像采集系统存入计算机；为了对极微弱入射光强进行监测，加入一路标定系统，它由附路的光子计数型光电倍增管及光子计数器构成。整个系统由计算机进行控制、标定、数据后处理、图像分析和显示。

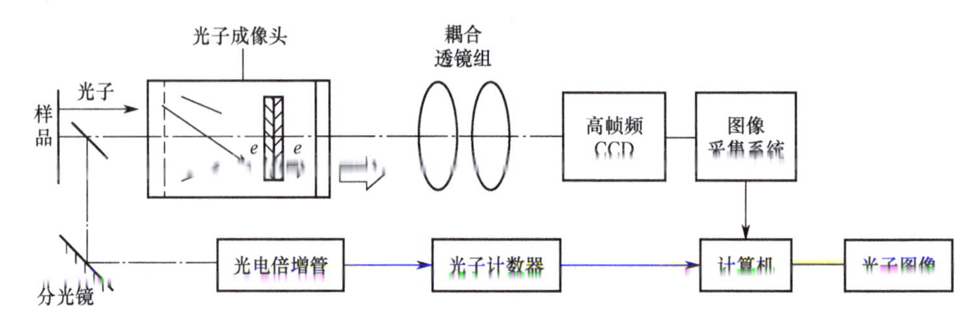

图 4-40　光子计数显微探测成像系统方框图

应用该系统进行了植物叶子荧光延迟发光的探测和成像实验验证研究，证实了图像质量对光子计数数量的依赖关系，在依次从 83、797、2052 个光子 / 幅，到模拟（多）光子成像（用弱照明）条件下，获得了叶子的照片，从可数的光子星点，逐渐成模糊图像，直到最后呈现出清晰的叶子图像。

4.5　辐射量的测量

与光度量的测量类似，辐射度量的测量也可以用经过标准光源或者具有已知响应度的探测器进行，我们称之为辐射计。辐射度量是建立在物理测量系统基础上的辐射能客观度量，基本辐射度量的名称、符号和定义方程如表 4-3 所列。

表 4-3　基本辐射度量的名称、符号和定义方程

名称	符号	定义方程	单位	单位符号
辐射能	Q,W		焦耳	J
辐射能密度	w	$w=\mathrm{d}Q/\mathrm{d}v$	焦耳每立方米	$\mathrm{Jm^{-3}}$
辐射能通量，辐射功率	Φ，P	$\Phi=\mathrm{d}Q/\mathrm{d}t$	瓦特	W
辐射强度	I	$I=\mathrm{d}\Phi/\mathrm{d}\Omega$	瓦特每球面度	$\mathrm{Wsr^{-1}}$
辐亮度	L	$L=\mathrm{d}^2\Phi/\mathrm{d}\Omega\mathrm{d}A\cos\theta=\mathrm{d}I/\mathrm{d}A\cos\theta$	瓦特每球面度平方米	$\mathrm{Wm^{-2}\,sr^{-1}}$
辐射出射度	M	$M=\mathrm{d}\Phi/\mathrm{d}A$	瓦特每平方米	$\mathrm{Wm^{-2}}$
辐照度	E	$E=\mathrm{d}\Phi/\mathrm{d}A$	瓦特每平方米	$\mathrm{Wm^{-2}}$

总辐射度量的测量是对待测光源在整个辐射谱段内总辐射能的测量，具有以下一些特点。

（1）由于待测光源一般包含相当宽光谱范围的辐射能，信号较强，在测量时一般可不需用光学系统聚光，从而可避免光学系统吸收、反射等所引入的辐射能损失使测量不精确。在辐亮度测量中，光学系统则是为了使测量有确定的视场大小。

（2）由于要适应测量光谱范围的光辐射能，探测器的光谱响应范围应足够宽，随之也带来背景辐射对测量值有较大影响的问题。减少背景噪声影响的一种方法是将探测器以及挡

光片、快门、滤光片等在探测器附近的对产生噪声电流影响较大的部件一起制冷，使它们在测量中温度恒定。另一种方法是调制光信号。调制盘在测量光路中的位置是较重要的。在图 4-41 所示的辐亮度测量装置中，调制盘距光源有一定的距离，以免光源加热调制盘，使之成为另一个热源。当调制盘打开测量光路时，入射光信号包括待测光源的直射辐射通量和探测系统背景辐射通量，而当调制盘切断测量光路时，调制盘朝向探测器侧的镀银表面（低的发射率）对探测器输出的贡献甚小，探测器的输出值只是探测系统内部各元件温度产生的辐射的贡献，这样，调制盘就把较强的背景噪声源影响消除掉了。图中温度检测用探测器用于监测探测系统内温度的变化。

（3）在宽谱段内测量时，应考虑光辐射能传输介质可能出现的吸收对测量结果的影响。介质中水蒸气、二氧化碳等过量及其变化，都会在测量结果中引入误差。所以，除了平方反比定律等对测量距离的限制外，测量距离不宜过大。也可用强迫通风、充入惰性气体、局部抽真空等方法，使介质的吸收、散射对测量的影响减小。

4.5.1　辐射通量的测量

1．绝对辐射计测量法

通常辐射通量（辐射照度）的测量是以探测器为标准的绝对测量，需要采用绝对辐射计进行测量。其中较为典型的辐射计有沃达辐射计、黑体辐射计。

（1）沃达辐射计。

将辐射能或被吸收的辐射通量与一种能定量的能量或其他形式的功率作比较。绝对辐射计中大多为光热型自校准式，即以电功率加热来等效的替代辐射量，精确度达 0.5～1%。具体而言，如图 4-42 所示的辐射计的辐射接收元件为 50mm×65mm ×0.03mm 锰铜箔，前表面涂碳黑，背面布满 50 μm 粗铜丝。

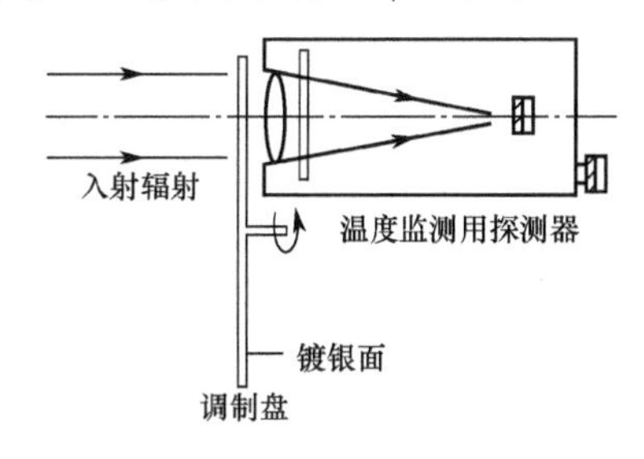

图 4-41　辐亮度测量装置

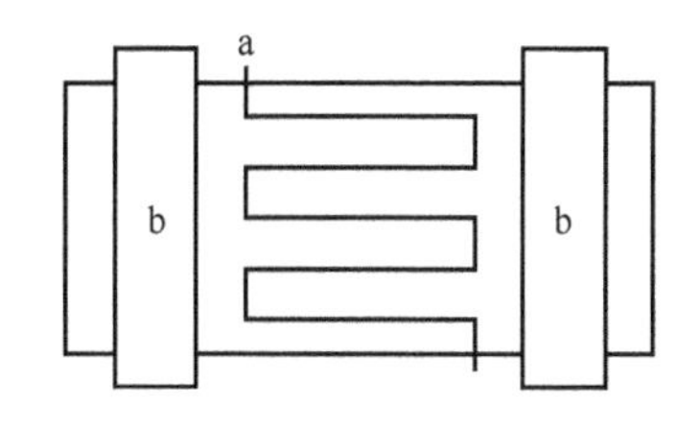

图 4-42　沃达辐射计

a—50μm 辐射热测量铜丝；b—铜板，金属箔焊接于其上，外加电源。

具体测量过程和方法：

第一步，辐射 Φ_V 入射黑箔，黑箔吸热产生温升，因此使得铜丝电阻发生变化，通过电桥测出阻值；

第二步，通电给铜板加热，金属箔吸热升温，铜丝电阻变化，通过电桥测出阻值，当阻值等于前面第一步的阻值时，此时相当于 $\Phi_e = E_e A\alpha = i^2 R$（$E_e$ 为辐照度，A 为铜箔面积，α 为吸收比，i 为电流，R 为电阻），也就是辐射温升和通电温升的能量两者相等时，则可以根据电流和阻值测出具体的辐射通量。

（2）黑体辐射计。

黑体辐射计是一种空腔辐射计，具体黑体辐射计的结构如图 4-43 所示，其内部空腔的吸收比约为 1。该黑体辐射计的参数如下：响应率 R=0.012V/W·cm^2，限光口径 S=3mm^2，积分时间 τ=14s。其原理与沃达辐射计类似，接收辐射使得黑体腔内的热电堆参数变化，当其与加热丝通电产生相同的变化时，可以算出辐射量。黑体辐射计的优点是，腔型黑体优于面型黑体，可标定辐射源的辐射强度或辐射亮度。

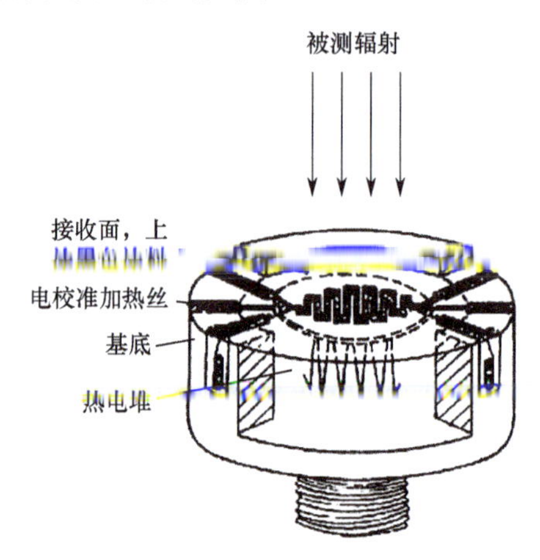

图 4-43　黑体辐射计

2．积分球测量总辐射通量

可以利用积分球进行总辐射通量的测量。根据积分球照度与辐射通量之间的关系式 $E=\dfrac{\Phi_0}{4\pi R^2}\dfrac{\rho}{1-\rho}$，通过测量照度进行总辐射通量的计算。测量时要求辐射源最大尺寸小于内球直径的 1/10。

可以利用对比法进行测量。利用标准源与待测源进行比较。标准源多用无选择性热探测器充当。对于标准源，$\Phi_s \Rightarrow E_s$，$\Phi_x \Rightarrow E_x$，则有 $\dfrac{\Phi_x}{E_x}=\dfrac{\Phi_s}{E_s}$，因此 $\Phi_x=\dfrac{E_x}{E_s}\Phi_s=\dfrac{i_x}{i_s}\Phi_s$。也可直接通过定标后的 E 和 i 来测定 Φ。

4.5.2　辐射亮度测量

待测辐射源 x 与标准辐射源 s 比对的情况下测量辐射量。光谱辐亮度响应可用下式表示：

$$R_L(\lambda)=R_{Lm}\cdot r_L(\lambda) \tag{4-39}$$

式中：$R_L(\lambda)$ 为光谱辐亮度响应；R_{Lm} 为最大光谱辐亮度响应；$r_L(\lambda)$ 为相对光谱辐亮度响应。

对标准辐射源而言，产生的电压 $V_S=R_{Lm}\cdot\int_{\lambda_1}^{\lambda_2}L_{\lambda S}(\lambda)r_L(\lambda)\mathrm{d}\lambda$，其中，$L_{\lambda S}(\lambda)$ 是标准光谱辐亮度，λ_1 和 λ_2 为波长间隔。

当探测器 $r_L(\lambda)=1$ 时，全黑热探测器 $V_S=R_L\cdot L_S$，则待测辐射源亮度 L_x 为

$$L_x=\frac{V_x}{R_L}=\frac{V_x}{V_s/L_s}=\frac{V_x}{V_s}\cdot L_s \tag{4-40}$$

式中：V_x 为待测辐射源产生的电压。显然，其他辐射量的测量同上原理，辐射照度、辐射强度均可测量。

图 4-44 为用单色仪和探测器测量光源光谱辐亮度的装置。由于这两个光源在近似相同的测量条件下进行，故单色仪的色散和透射特性以及探测器的光谱响应度对他们来说都相同，其影响可以在比对测量中自动消去。

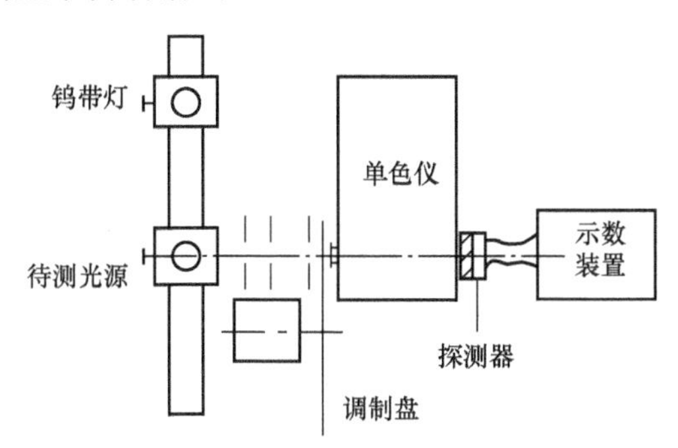

图 4-44　光源光谱辐亮度的比对测量装置

比对测量时，如果两个光源的尺寸不同，或者光源表面辐亮度不均匀时，最好是将这两个光源在相同的条件下照射同一块均匀朗伯反射板。这样，由这块朗伯板的反射辐亮度去照射单色仪的入射狭缝，可保证探测器接收均匀的辐照射。

4.5.3　材料光谱比辐射率的测量

比辐射率 ε （也称发射率）定义为辐射源的辐射出射度与具有同一温度的黑体的辐射出射度之比，表征了实际物体的热辐射与黑体热辐射的接近程度。测量比辐射率的基本方法就是与标准黑体进行比较，得出 $\varepsilon(\lambda,\ T)$ 。

测定不同温度下样品比辐射率的结构原理如图 4-45 所示，斩波器起到控制光路通断的作用，多为透射、反射交替的圆形调制盘。首先使样品路通过，黑体路断开，测量某一温度下样品的辐射出射度，波长在可见光范围用光电倍增管（PMT）测量，波长在可见光-红外波段范围用热电偶测量；再使样品路断开，黑体路通过，测量相同温度下黑体的辐射出射度，样品的辐射出射度与黑体的辐射出射度之比即为样品的比辐射率 ε，改变温度可以得到不同温度下样品的比辐射率。

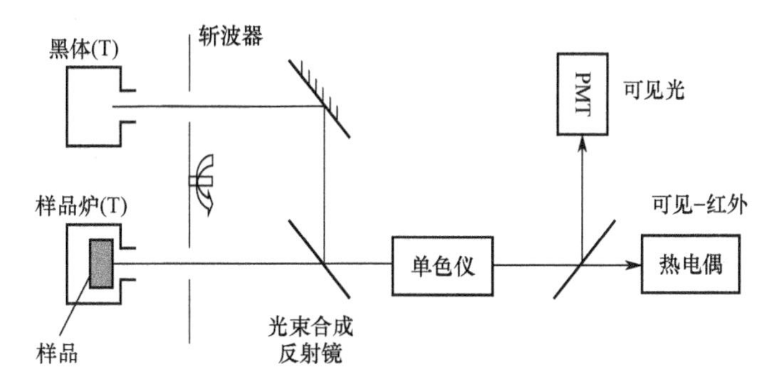

图 4-45　测量比辐射率的方法

4.5.4　常用标准辐射源

虽然自然界中并不存在能够在任何温度下全部吸收所有波长辐射的绝对黑体，但是用人工方法可制成尽可能接近绝对黑体的人工标准黑体辐射源。

腔型黑体辐射源是一种黑体模型器，其辐射发射率非常接近 1。典型的腔型黑体辐射源的结构如图 4-46 所示。主要由包容腔体的黑体芯子、加热绕组、测量与控制腔体温度的温度计和温度控制器等组成。通常腔型黑体源按使用要求分为高温、中温和低温黑体源。

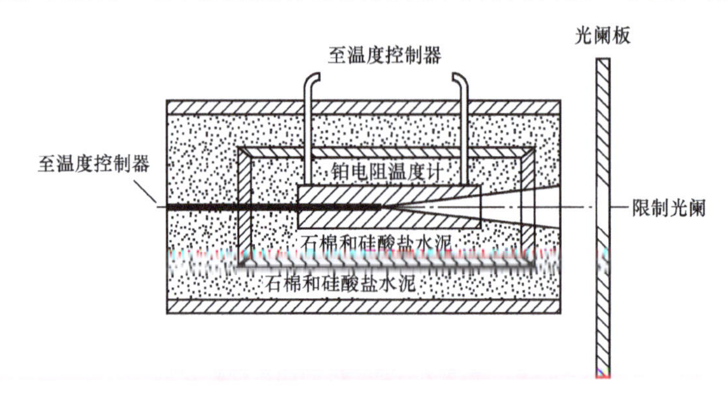

图 4-46　典型的腔型黑体辐射源

红外热成像系统的校准和红外辐射计量需要采用大面积的面型黑体辐射源。面型黑体源主要用于均匀性和系统响应等的测量或标定，此外，常采用差分黑体源（Differential Blackbody）方式作为热成像系统信号响应和性能测量的辐射源，如图 4-47（a）所示。黑体源通常采用高导热性的材料制作面型黑体面，并在其表面涂高辐射率的涂料，并采用半导体帕尔帖效应实现黑体温度的控制；同样，靶标采用高导热性的金属制作，上面掏出相应的靶标形状；靶标处于环境温度中，通过靶标温度传感器测得靶标温度后，则可以根据设定的黑体温差设置黑体温度。如图 4-47（b）所示，测量靶标可以有各种形状或参量，因此，实际应用中常采用在靶标轮上安置多种靶标，实现多种靶标的快速调整或选择。

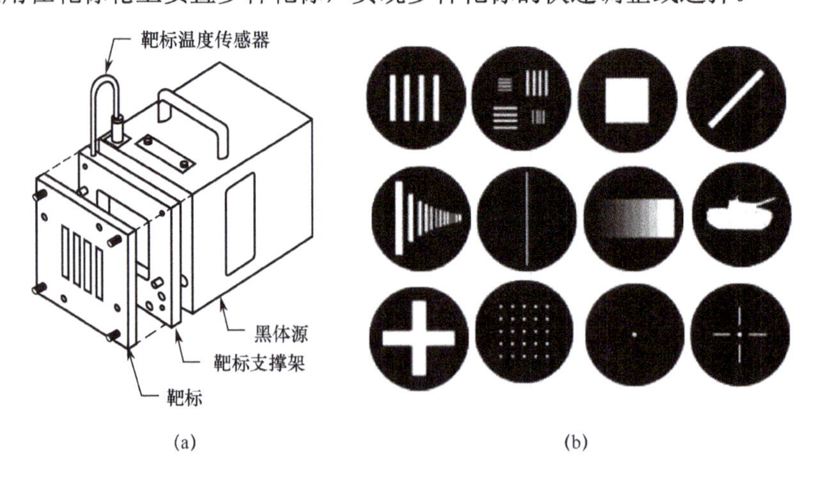

图 4-47　面型差分黑体源及靶标图案

（a）面型差分黑体源；（b）靶标图案。

在黑体源的实际应用中，往往需要通过红外平行光管将黑体目标投射到无穷远，红外平行光管一般采用离轴抛物面反射镜（图 4-48）。对于图 4-47 和图 4-48 的差分黑体源，由于靶标与环境温度一致，环境温度的波动将影响测试结果，因此，只适用于实验室等环境温度可控或波动不大的环境。对于更高精度的测量或野外测量，一般采用双黑体源技术（图 4-49）实现稳定的温差辐射。

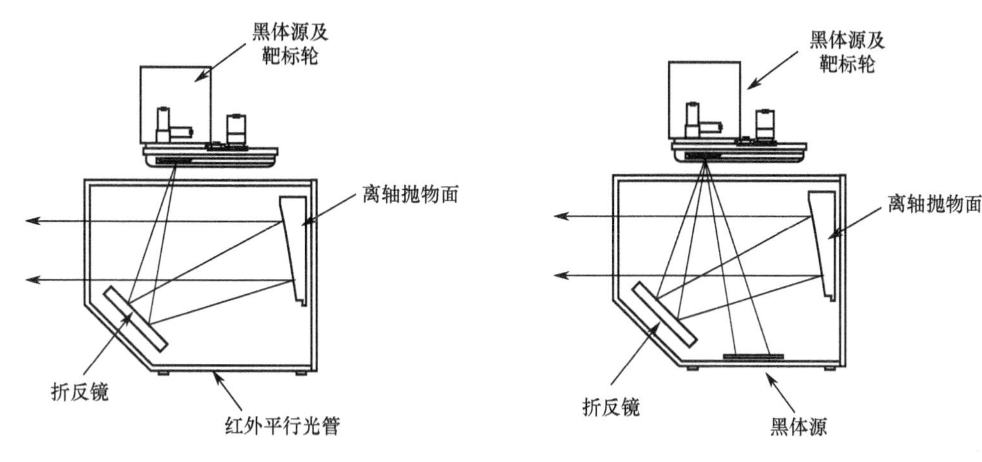

图 4-48　差分黑体源与红外平行光管　　　图 4-49　双黑体源与红外平行光管

具体而言，腔型黑体黑度易保障，面型黑体较差，但给定ε_λ的准确值也可以。各种物理量的标准实物不一定是整数或最佳值，关键是准确值和不变性。

黑体辐射源通常用作辐射标准，广泛用于各种辐射温度计、热成像系统等辐射测温设备的标定；标定各种红外辐射源的辐射强度；标定各种类型的辐射探测器的响应率；研究各种物质表面的热辐射特性；辅助测量材料表面发射率，光学系统的透射比及物质的透射、反射和吸收等光学性能；研究大气或其他物质对辐射的吸收或透射性能。

4.6　辐射测温原理及系统

一般地，各种发射辐射能的物体表面在不同的温度下可能具有不同的光谱辐射特性，其发射的辐射能比黑体发射的辐射能小，且发射率是波长、温度的函数。在辐射度学和光度学及其应用中，常常需要类似于黑体那样，用温度描述光源、辐射体等的某些辐射特性。常用的有亮温、色温和辐射温度。

辐射测温是一种非接触式的温度测量。对于被测对象难以通过接触来测量其温度时，辐射测温是最好的快速测温形式（例如被测对象处于高温，测温元件无法与其直接接触、否则元件自身就被破坏）。目前 3000℃以上的高温测量中，辐射测温几乎成了唯一可用的测温手段。应当说，辐射测温没有测温的上限，目前已测到高达 10^5℃的星体温度。此外，要在运动中实时测温或要测量温度的详细分布，例如，火车、发电机等轮轴轴瓦的温度，行进中发动机内部发热的车辆等，或者待测对象太遥远以致无法接近，夜间由空中对地观测，卫星对地球及其他星球的观测，地面观测宇宙星空等，都需要用辐射测温。由于辐射测温具有实时、高分辨能力和测温能力强等一系列优点，故辐射测温得到广泛应用，成为一门重要的应用学科——辐射测温学。

测温是通过测定辐射，再转换为目标温度。辐射测温是依据黑体辐射的基本规律然后按待测目标的性质进行换算和修正，从而实现测温。利用辐射测温可直接测定待测物体的表观温度，再转换成待测物体的实际温度。要由辐射温度得到物体的真实温度，需要考虑其发射率。物体发射率可采用专门的设备测量，但由于待测物体的种类繁多，表面状态各异，因而在测量前事先知道物体在不同温度下的光谱发射率往往相当困难，甚至是不现实的。目前的辐射测温仪大多是测辐射温度，并由已知被测对象的发射率进行温度修正，确定其真实温度。当被测对象发射率很高时，辐射温度代替真实温度的误差很小。

过去常把光测高温和辐射测温分成两个分支，虽然它们存在着利用可见光和红外光辐射测温的不同，但其基本原理是完全一致的。本节中将把它们放在一起进行讨论。

4.6.1 三种表观温度及计算

目标某辐射量相当于黑体相应辐射量时黑体所对应的温度，叫作目标的表观温度，按其定义不同有以下 3 种。下面介绍这些温度的概念及其与发射体真实温度之间的关系。

1. 亮温

在某波长间隔内待测物体的辐亮度与黑体相应波段的辐亮度相同时，此时黑体的温度定义称为待测物体的亮温 T_b。在光测高温技术中，常采用波长 λ_0=0.66μm。在辐射测温技术中，可按所测温度范围及黑体的工作特性来确定波长，波长间隔无统一规定，但应尽可能取得窄些。

非黑体待测物的实际温度 T 可通过与亮温 T_b 之间的关系求出。设某待测物实际温度为 T，辐射在波长 λ_0 处的亮度为 $L'_{\lambda_0,T}$，对应亮温为 T_b。而黑体温度如果也是 T，在波长 λ_0 处的辐射亮度是 $L_{\lambda_0,T}$。将两亮度的比值用物体的光谱比辐射率 $\varepsilon_{\lambda_0,T}$ 表示

$$\varepsilon_{\lambda_0,T} = L'_{\lambda_0,T} / L_{\lambda_0,T} \tag{4-41}$$

很多材料的光谱比辐射率可从有关手册中查到。

根据亮温的定义有

$$L'_{\lambda_0,T} = L_{\lambda_0,T_b} \tag{4-42}$$

式中：$L_{\lambda_0,T}$ 为黑体温度为 T_b 时，对波长 λ_0 处的辐射亮度。

将式（4-41）代入式（4-42），则有

$$\varepsilon_{\lambda_0,T} \cdot L_{\lambda_0,T} = L_{\lambda_0,T_b} \tag{4-43}$$

在检测中如有 $\lambda_0 T \ll c_2$，则普朗克公式可简化为维恩公式

$$L_{\lambda,T} = \frac{c_1}{\pi}\lambda^{-5}\mathrm{e}^{-\frac{c_2}{\lambda T}} \tag{4-44}$$

于是可以推导出

$$\varepsilon_{\lambda_0,T} = \mathrm{e}^{\frac{c_2}{\lambda_0}\left(\frac{1}{T}-\frac{1}{T_b}\right)} \tag{4-45}$$

$$T = \frac{c_2 T_b}{c_2 + \lambda_0 T_b \ln \varepsilon_{\lambda_0,T}} \tag{4-46}$$

$$T_b = \frac{c_2 T}{c_2 - \lambda_0 T \ln \varepsilon_{\lambda_0,T}} \tag{4-47}$$

由此可见，在已知 $\varepsilon_{\lambda_0,T}$ 的条件下，通过测量辐射亮度，测定待测物的亮温，就可以计算出待测物的实际温度。

计算实例 1：若测出铁水的亮温 T_b=1468℃，$\lambda_0 = 0.66\mu m$，$\varepsilon_{\lambda_0} = 0.8$，则铁水的实际温度 T 为

$$T = \frac{1.4388 \times 10^4 \times 1741}{1.4388 \times 10^4 + 0.66 \times 1741 \times \ln 0.8} = 1772.59K = 1500℃$$

如用亮温 T_b 代替实际温度 T，$\Delta T = |T_b - T| = |1741 - 1773| = 32K$，$\Delta T / T = 1.8\%$。

计算实例 2：已知抛光铝的实际温度 $T=697K$，$\lambda_0=2.05\mu m$，$\varepsilon_{\lambda_0}=0.088$，其亮温 T_b 为

$$T_b=\frac{c_2T}{c_2-\lambda_0 T\ln\varepsilon_{\lambda_0,T}}=\frac{1.4388\times10^{-4}\times697}{1.4388\times10^{-4}-2.05\times697\times\ln0.088}=562K$$

如用亮温 T_b 代替实际温度 T，$\Delta T=|T_b-T|=|562-697|=135K$，$\Delta T/T=19.4\%$。

2. 色温

物体色温度（简称色温）的定义为，某待测物体辐射功率随波长的分布曲线大致和温度为 T_c 的黑体辐射光谱特性相同时，把黑体的温度称为该待测物体的色温 T_c。即色温是由人眼从主观色度感觉上把光源用相当于一定温度的黑体来描述的。这个与色度学中略有不同。色度学中标准灯以色温定义，有明确光谱，有对应一定的光谱匹配系数。

在测温学中，常采用二色法，即用两波长处的辐射通量之比相同来表示曲线大致相同。两波长的选择按待测温度的光谱特性来选择。也可用三色法测量，但机构复杂，效果提高并不多。

二色法所取的波长为 $\lambda_1=0.47\mu m$、$\lambda_2=0.65\mu m$，对应的颜色分别是蓝色和红色。待测物体在这两个波长上的通量或亮度之比称为红蓝比，并以此比值确定待测物体的色温。即待测物体发光的红蓝比与黑体温度 T_c 时的红蓝比相等时，将黑体的温度则 T_c 称为待测物体的色温。

两波长间的功率比与温度间的关系，可利用黑体辐射公式计算。设 $L_{\lambda_1,T}$ 和 $L_{\lambda_2,T}$ 是黑体在温度 T 时，二色波长 λ_1 和 λ_2 处的辐射亮度，$\varepsilon_{\lambda_1,T}$ 和 $\varepsilon_{\lambda_2,T}$ 是待测物体在温度 T 时，对应波长 λ_1 和 λ_2 处的比辐射率，黑体温度为 T_c 时两波长的亮度分别为 L_{λ_1,T_c} 和 L_{λ_2,T_c}，按照色温定义，两波长上亮度比相等，则有

$$\frac{L_{\lambda_1,T_c}}{L_{\lambda_2,T_c}}=\frac{\varepsilon_{\lambda_1,T}L_{\lambda_1,T}}{\varepsilon_{\lambda_2,T}L_{\lambda_2,T}} \tag{4-48}$$

同样利用维恩简化式处理

$$L_{\lambda,T}=\frac{c_1}{\pi}\lambda^{-5}e^{-\frac{c_2}{\lambda T}}(\lambda_0 T<<c_2) \tag{4-49}$$

经整理有

$$\frac{1}{T}-\frac{1}{T_c}=\frac{\ln(\varepsilon_{\lambda_1,T}/\varepsilon_{\lambda_2,T})}{c_2(1/\lambda_1-1/\lambda_2)} \tag{4-50}$$

可求出

$$T=\frac{c_2(1/\lambda_1-1/\lambda_2)T_c}{c_2(1/\lambda_1-1/\lambda_2)-T_c\ln(\varepsilon_{\lambda_1,T}/\varepsilon_{\lambda_2,T})} \tag{4-51}$$

$$T_c=\frac{c_2(1/\lambda_1-1/\lambda_2)T}{c_2(1/\lambda_1-1/\lambda_2)+T\ln(\varepsilon_{\lambda_1,T}/\varepsilon_{\lambda_2,T})} \tag{4-52}$$

通过测定待测物体在选定两波长的辐亮度，在已知两波长比辐射率的条件下就可以计算出待测物体的实际温度 T。

计算实例：计算色温 $T_c=765K$ 的抛光铝的实际温度。选用 $\lambda_1=2.05\mu m$，$\lambda_2=2.45\mu m$，$\varepsilon_{\lambda_1}=0.088$，$\varepsilon_{\lambda_2}=0.076$，则实际温度为

$$T=\frac{c_2(1/\lambda_1-1/\lambda_2)T_c}{c_2(1/\lambda_1-1/\lambda_2)-T_c\ln(\varepsilon_{\lambda_1,T}/\varepsilon_{\lambda_2,T})}$$

$$=\frac{1.4388\times10^{-4}\times(1/2.05-1/2.45)\times765}{1.4388\times10^{-4}\times(1/2.05-1/2.45)-765\times\ln(0.088/0.076)}=697\text{K}$$

如用色温T_c代替实际温度 T，$\Delta T=T_c-T=765-697=68K$，$\Delta T/T=9.8\%$。

3. 辐射温度

待测物体的辐射出射度 M 与某温度T_r黑体的辐射出射度 M_r相等时，则把T_r称为待测物体的辐射温度。

设待测物体的实际温度为 T，其辐射出射度为$M'_T=\varepsilon\sigma T^4$，黑体温度为$T_r$，其辐射出射度为$M_{T_r}=\sigma T_r^4$，按照定义$M'_T=M_{T_r}$，则有

$$\varepsilon\sigma T^4=\sigma T_r^4 \tag{4-53}$$

式中：ε为待测物体的平均比辐射率。

则有

$$T=T_r/\sqrt[4]{\varepsilon} \tag{4-54}$$

$$T_r=\sqrt[4]{\varepsilon}\cdot T \tag{4-55}$$

ε值可由手册中查出，对非黑体物质该值总小于 1。所以非黑体的辐射温度总小于实际温度。

仍以前述例子进行计算：

抛光铝的实际温度$T=697K$，$\varepsilon_{\lambda_0}=0.088$，其辐射温度$T_r=\sqrt[4]{\varepsilon}T=\sqrt[4]{0.088}\cdot697=375\text{K}$。如用辐射温度$T_r$代替实际温度 T，$\Delta T=|T_r-T|=|375-697|=322\text{K}$，$\Delta T/T=46\%$。

铁水的实际温度$T=1500\text{K}$，$\varepsilon_{\lambda_0}=0.8$，则铁水的辐射温度$T_r$为$T_r=\sqrt[4]{\varepsilon}T=\sqrt[4]{0.8}\times1500=1419\text{K}$。如用辐射温度$T_r$代替实际温度 T，$\Delta T=|T_r-T|=|1419-1500|=81K$，$\Delta T/T=5.4\%$。

辐射温度规律与亮温的情况一致，同样ε越小，T与T_r相差越大，且$T_r<T$。

4. 三种温度对比

根据以上计算结果，可得出以下结论：

（1）表观辐射温度与实际温度不同，进行比辐射率$\varepsilon(\lambda,T)$的修正是必要的。

（2）从亮温、辐射温度情况来看，$\varepsilon(\lambda,T)$与黑体越接近，即越接近 1 时，温度误差越小，而相差越大，即$\varepsilon(\lambda,T)$越小，则误差越大。

（3）亮温、辐射温度永远小于实际温度，可以通过$\Delta T_r/T=\sqrt[4]{\varepsilon}-1<0$，$\Delta T_b/T=T_b\cdot[\lambda_0\ln\varepsilon(\lambda_0,T)]/c_2<0$得出此结论。

（4）在色温测试中，$\varepsilon(\lambda_1,T)>\varepsilon(\lambda_2,T)$，则$T_c>T$；而$\varepsilon(\lambda_1,T)<\varepsilon(\lambda_2,T)$，则$T_c<T$；而两者相等则$T_c=T$。

（5）在某些场合（军用）目标的比辐射率ε是未知的，则利用色温计算更接近实际温度，这是由$\varepsilon(\lambda_1,T)$和$\varepsilon(\lambda_2,T)$相差大小来决定的。相差越大，T_c与T相差也大；相差越小，T_c与T越接近，当$\varepsilon(\lambda_1,T)=\varepsilon(\lambda_2,T)$时，$T_c=T$。这一点很重要，通常在测定$T_c$时，如所选两波长间隔不大，其比辐射率数值相差较小，有的甚至相等，则$T_c\Rightarrow T$。双色测温系统比较复杂，但由于这一特性使它在应用中很有价值。上述抛光铝 T_b=562K，T_c=765K，T_r=375K，而

实际温度 T=697K，ΔT 分别为 135K、68K、322K。

5. 三种测温方法的温度灵敏度

温度灵敏度 S 是指物体相对温度变化 $\frac{\mathrm{d}T}{T}$ 引起信号电压的变化 $\frac{\mathrm{d}V_s}{V_s}$，即 $S=\frac{\mathrm{d}V_s/V_s}{\mathrm{d}T/T}$。信号电压在这里是与待测量大小成正比的。对辐射测温来说 $V\propto M$，所以有

$$\mathrm{d}M_{T_r}=4\varepsilon\sigma T_r^3\mathrm{d}T_r \tag{4-56}$$

$$\frac{\mathrm{d}V}{V}=\frac{\mathrm{d}M_{T_r}}{M_{T_r}}=\frac{4\varepsilon\sigma T_r^3\mathrm{d}T_r}{\varepsilon\sigma T_r^4}=4\frac{\mathrm{d}T_r}{T_r} \tag{4-57}$$

$$S_r=\frac{\mathrm{d}V/V}{\mathrm{d}T/T}=4 \tag{4-58}$$

对亮温度来说 $V\propto L$，所以有

$$L=\frac{c_1}{\pi}\lambda_0^{-5}\mathrm{e}^{-\frac{c_2}{\lambda_0 T}} \tag{4-59}$$

$$\mathrm{d}L=\frac{c_1}{\pi}\lambda_0^{-5}\frac{c_2}{\lambda_0 T^2}\mathrm{e}^{-\frac{c_2}{\lambda_0 T}}\mathrm{d}T \tag{4-60}$$

$$\frac{\mathrm{d}L}{L}=\frac{\frac{c_1}{\pi}\lambda_0^{-5}\frac{c_2}{\lambda_0 T^2}\mathrm{e}^{-\frac{c_2}{\lambda_0 T}}\mathrm{d}T}{\frac{c_1}{\pi}\lambda_0^{-5}\mathrm{e}^{-\frac{c_2}{\lambda_0 T}}}=\frac{c_2}{\lambda_0 T}\frac{\mathrm{d}T}{T} \tag{4-61}$$

$$S_b=\frac{\mathrm{d}V/V}{\mathrm{d}T/T}=\frac{c_2}{\lambda_0 T} \tag{4-62}$$

可以看出与 T 成反比，也与 λ 成反比。因此波长向短波方向取，会有更高的灵敏度。

对色温来说，用简化维恩公式代入两色比式中，做同样的处理，得出

$$S_c=c_2(1/\lambda_1-1/\lambda_2)/T \tag{4-63}$$

可以看出，辐射测温法的灵敏度 S_r 是一常数 4 且与所测温度无关；亮温测温法的灵敏度 S_b 与测温 T 成反比，与 λ 成反比，因此波长向小取会有更高的灵敏度；色温测温法的灵敏度 S_c 与 T 成反比。

当取 $\lambda_0=0.65\mu\mathrm{m},\lambda_1=0.65\mu\mathrm{m},\lambda_2=0.45\mu\mathrm{m}$ 时，可绘出 $S=f(T)$ 的曲线，如图 4-50 所示，可以看出，当 $T<2450K$ 时，$S_b>S_c>S_r$；当 $2450K<T<5500K$ 时，$S_b>S_r>S_c$；当 $T>5500K$ 时，$S_r>S_b>S_c$。可以按照待测温度的范围，选定灵敏度较高的方法。

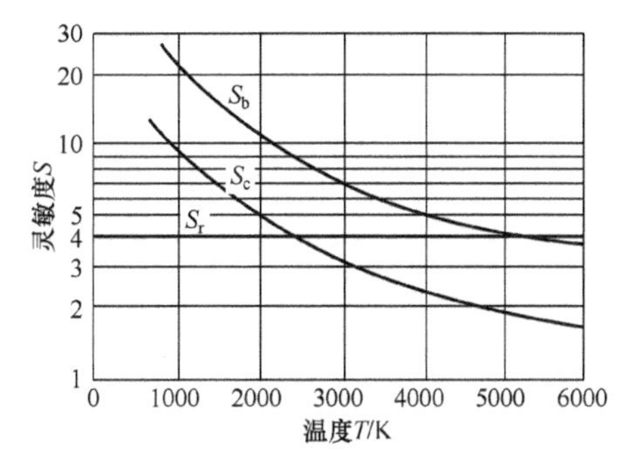

图 4-50　测温灵敏度与温度的关系

在一般高温情况下，待测物体$\varepsilon(\lambda,T)$接近 1 时，采用亮温测试；当两辐射波长处比辐射率接近时用色温测试。辐射温度测量简单，但用得很少。

4.6.2 辐射测温仪的关键技术

1. 辐射测温仪的基本结构

简单的辐射测温仪的基本结构如图 4-51 所示。辐射测温仪加孔径光阑和适当的滤光片就是亮温测温仪，更换双色滤光片即为色温测温仪。

按照如图 4-52 所示的物像关系来计算产生的信号。目标光谱辐射出射度M_λ，A_s为待测物面积，A_D为物镜光阑面积，光谱辐亮度$L_\lambda = M_\lambda/\pi$，光谱辐强度$I_\lambda = A_s M_\lambda/\pi$，物镜处光谱辐照度$E_\lambda = I_\lambda/l^2 = A_s M_\lambda/\pi l^2$，则通过物镜的光谱辐通量（功率）$\varPhi_\lambda$为

$$\varPhi_\lambda = \frac{M_\lambda A_s A_D}{\pi l^2}\tau_a \tau_o \tag{4-64}$$

根据图 4-52 可以得到$\dfrac{A_s}{l^2} = \dfrac{A_d}{f^2}$，故而有$\varPhi_\lambda = \dfrac{M_\lambda A_d A_D}{\pi f^2}\tau_a \tau_o$。

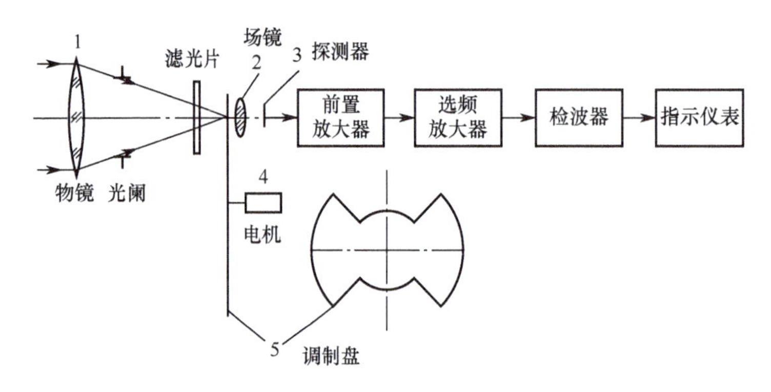

图 4-51 辐射测温仪的结构框图

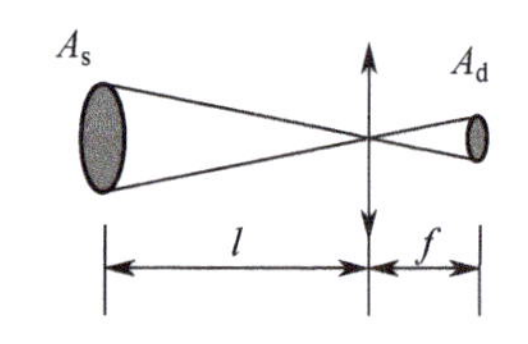

图 4-52 物像关系简图

由于调制型工作通光时探测器所获得光谱辅通量由目标 M_λ 产生；挡光时由调制盘的辐射决定，可等效为虚拟辐射源M'_λ，其变化量为

$$\Delta\varPhi_\lambda = \frac{\tau_a \tau_o A_d A_D}{\pi f^2}(M_\lambda - M'_\lambda) \tag{4-65}$$

$$M_\lambda = \sigma \varepsilon_1 T_1^4 \tag{4-66}$$

在调制盘的作用下，探测器将依次接收到来自目标和调制盘的辐射功率，其功率之差ΔP为

$$\Delta P = \frac{1}{\pi}\tau_a \tau_0 \frac{A_0 A_d}{f^2}\sigma(\varepsilon_1 T_1^4 - \varepsilon_2 T_2^4) \tag{4-67}$$

式中：τ_a为大气透射比；τ_0为光学系统透射比；A_0为光学系统通光孔径的面积；A_d为探测器的光敏面面积；f为光学系统的焦距；ε_1为目标的比辐射率；ε_2为调制盘的比辐射率；T_1为目标的实际温度；T_2为调制盘的实际温度。

如令

$$m = \frac{1}{\pi}\tau_a \tau_o \frac{A_d A_D}{f^2}\sigma \tag{4-68}$$

则有

$$\Delta P = m({T_{r1}}^4 - {T_{r2}}^4) \tag{4-69}$$

式中：T_{r1} 为目标的辐射温度；T_{r2} 为调制盘的辐射温度。

2．主要光学系统及要求

（1）光谱的要求：光学系统应在所需检测的光谱范围内有较高的且很一致的透射比。这对亮温测量选定某波长时较易实现，但对辐射测量较为困难，因为既含可见光又含中远红外的情况，如用折射系统，则材料很难兼顾，因此很难选择，有时只好顾及辐射光谱的主要部分或采用反射系统。

（2）观察的要求：与亮度测量原理相同，测量目标的选择必须通过观察来实现。可以是在同一光路中引出，也可以附加光学观察系统并使两者视场尽可能一致，以减小误差。

（3）物镜系统的型式：可用折射式、折反式或反射式。

双反射物镜系统包括：牛顿系统、格里高利系统、卡塞格伦系统。双反射物镜是由主镜和次镜组成的。光束首先经过主镜反射到次镜，再由次镜反射输出。牛顿系统如图 4-53（a）所示，主镜为抛物面反射镜，次镜为平面镜；轴上无穷远物点无像差；常用于像质要求较高的小视场光电系统。该系统镜筒较长，重量也随之加大。格里高利系统如图 4-53（b）所示，主镜为抛物面反射镜，副镜为凹椭球面；椭球的一个焦点与抛物面焦点重合。该系统无球差、成正像，缺点是长度较长。卡塞格伦系统如图 4-53（c）所示，主镜为抛物面反射镜，次镜为凹双曲面反射镜；将双曲面的一个焦点与抛物面的焦点重合，则系统焦点将在双曲面的另一个焦点处，焦距为正，成倒立实像。它比牛顿系统的轴外像差小，无穷远轴上点无像差，优点是像质好、镜筒短、焦距长、在焦点处便于放置探测器。

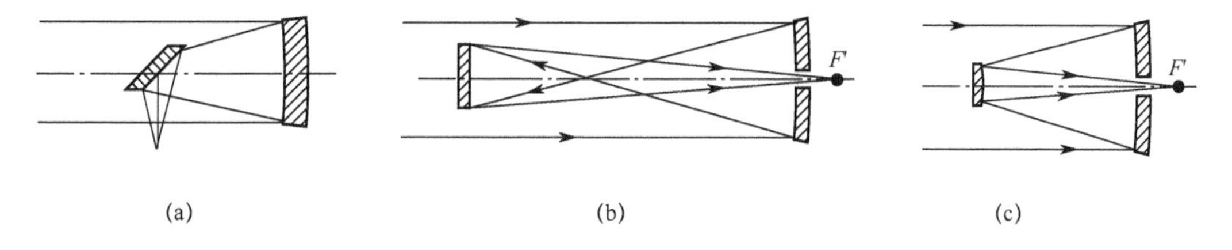

图 4-53　双反射物镜系统示意图

（a）牛顿系统示意图；（b）格里高利系统示意图；（c）卡塞格伦系统示意图。

折反式物镜采用球面（也可以是非球面）反射镜同适当的补偿透镜组合，后者的作用是校正球面反镜的某些像差，但它自身将带来色差，因此要求补偿镜在工作波段中消色差，或者做得很薄使色差较小。

马克苏托夫–卡塞格伦折反系统如图 4-54 所示，全辐射测温仪采用此折反系统。整流罩是用 ZnS 热压制成的小光焦度负透镜。测量光路由整流罩、主反射镜、次反射镜组成。观察光学系统由观察物镜、目镜、反射镜、棱镜和指示测量位置的分划板组成。该系统所有表面是球面的，容易制造。在同样的口径和焦距情况下，镜筒较短。

以上讨论的折反与反射式光学系统也适合于其他红外系统。

3．探测器辅助光学系统（二次集光系统）

探测器辅助光学系统可以提高光电探测器光能的利用率、合理安排光路。包括场镜、浸没透镜、光锥等具有集能作用的辅助光学元件。

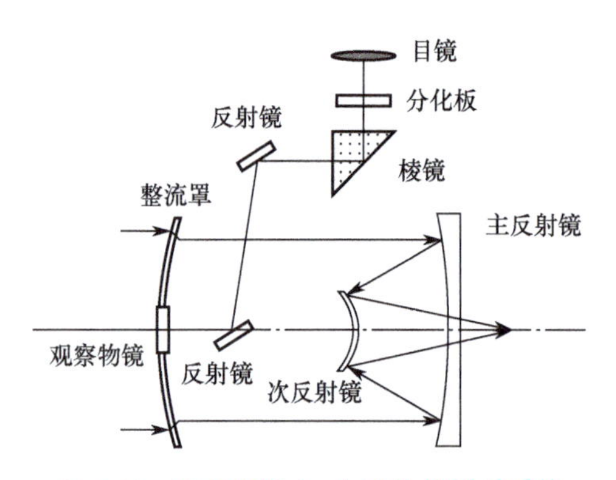

图 4-54 马克苏托夫–卡塞格伦折反系统

（1）场镜。

通常将探测器放置在焦面处，像面最小，但调制盘也希望置于焦面处，调制盘也可变小。为此常在焦面后几毫米处增设一个凸透镜，并将探测器移到对凸透镜来说与物镜入瞳相共轭的位置上，即物镜入瞳经凸透镜成像恰在探测器上。该凸透镜在在原物镜的像场附近工作，所以称为场镜，如图 4-55 所示。

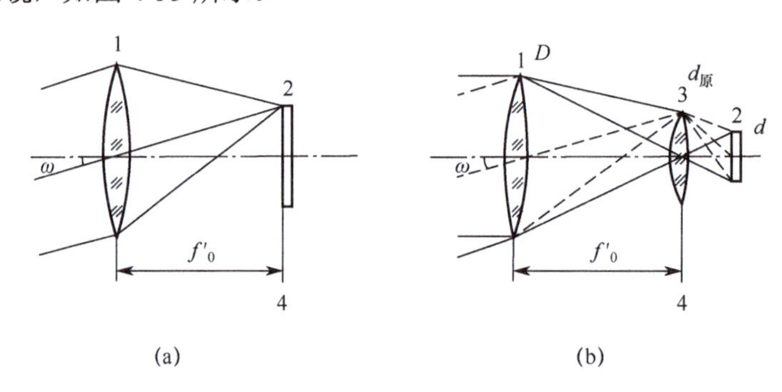

图 4-55 场镜的作用

（a）无场镜时的光路图；（b）有场镜时的光路图。

1—物镜；2—探测器；3—场镜；4—焦面。

场镜的主要作用如下：

① 场镜放置在像面附近，可让出像面位置放置调制盘，以解决无处放置调制盘的问题。

② 在同样视场条件下，附加场镜将减小探测器的面积，如果使用同样探测器的面积，可扩大视场、增加入射的总通量。

③ 场镜的应用可增大探测器接收边缘光束的能力。

④ 场镜的使用也使探测器光敏面上非均匀光照得以均匀化，可使探测产生均匀的照明。

加入场镜后光学系统参量可按薄透镜理想公式计算。图 4-55（b）中将场镜放在物镜的焦平面上，这是常用的一种形式。在需放置调制盘的系统中，则将场镜后移一段距离，而把探测器放在物镜口径经场镜所成像的位置上。图 4-55（b）中参量含义如下：D 是物镜的口径，f_0' 是物镜焦距，$F_0=f_0'/D$ 是物镜的 F 数，$d_{原}$ 是场镜的口径，f_e 是有效焦距，d 是探测器的直径。按成像公式有：有效焦距 $f_e = d/2\omega$，原焦距 $f_0' = d_{原}/2\omega$，因为入射角 ω 不变，$d<d_{原}$，所以 $f_e < f_0'$，$D/f_e > D/f_0'$。相对孔径增大，提高探测器照度，起到了集能作用。

（2）浸没透镜。

浸没透镜也是一种二次聚光元件，是由球面和平面组成的球冠体。如图 4-56（a）所示，探测器与浸没透镜平面间或胶合或光胶，使像面浸没在折射率较高的介质中，它的主要作用是显著地缩小探测器的光敏面积，提高信噪比。浸没透镜的设计和使用按物像共轭关系处理。

按物像关系及等明条件确定通常有两类浸没透镜：半球浸没透镜和超半球浸没透镜。符合像物距 L=球面半径 r =透镜厚度 b 的透镜称为半球浸没透镜，无球差和彗差，系统如图 4-56（b）所示。当平行于光轴光束经物镜汇聚到光轴上时，无论有、无浸没透镜都交汇于光轴的同一点上。对倾角为ω的平行光束则不同，无浸没透镜时光束汇聚在高度为 y'的像面上。而有浸没透镜时，光束汇聚点在同一像面上，下降到 y'/n'处。这时，$b=r$，$\beta= 1/n'$。该结果说明：半球浸没透镜的作用使像高缩小 $1/n'$倍；像面面积缩小$(1/n')^2$ 倍。在视场角 2ω 未变的情况下，探测器面积也缩小$(1/n')^2$ 倍。与之对应，光敏面照度增大了$(n')^2$ 倍。信噪比增加了 n'倍。例如在红外系统中用锗制成的半球浸没透镜，其折射率 n =4，则光敏面照度可增大 16 倍。

为进一步扩大入射光束的孔径角，可采用$b>r$的超半球浸没透镜，这时不仅不存在球差和慧差，也不存在像散。这种透镜称为标准超半球浸没透镜，如图 4-56（c）所示。其他超半球浸没透镜均不满足等明条件。采用标准超半球透镜时，像高缩小$(1/n')^4$ 倍，照度增加$(n')^4$ 倍，比半球浸没透镜的作用要显著得多。标准超半球浸没透镜已单独消像差，可与消像差的主光学系统组合，也可使用有像差的一般超半球浸没透镜，并与主光学系统一起消像差。一般超半球浸没透镜的性能及作用界于半球与标准超半球浸没透镜性能之间。

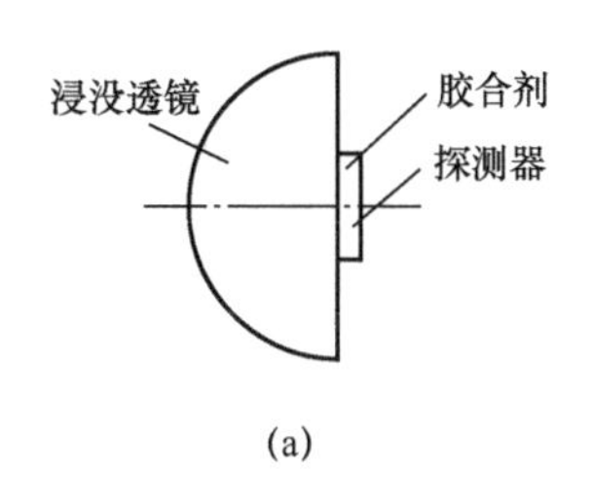

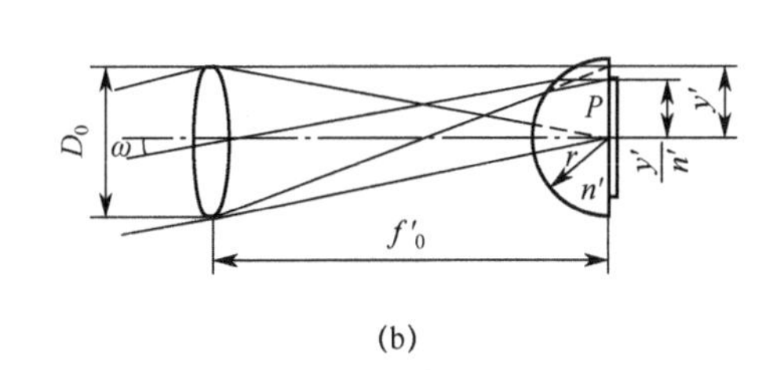

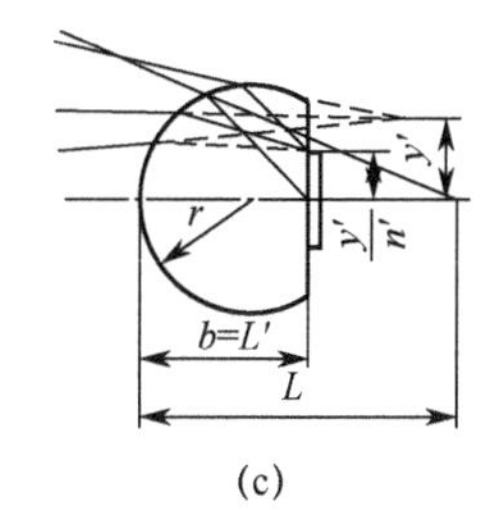

图 4-56　浸没透镜及类型

（a）浸没透镜与探测器位置；（b）半球浸没透镜；（c）超半球浸没透镜。

（3）光锥。

光锥是一种圆锥体状的聚光镜，内侧有高反射性能，可制成空心和实心两种类型。使用时将大端置于主光学系统的焦面附近收集光束，并利用圆锥内壁的高反射比特性，将光束引到小端输出，将探测器置于小端，接收集中后的光束，可见探测器面积可由大端减小为小端，是一种非成像的聚光元件，与场镜类似可起到增加光照度或减小探测器面积的作用。

① 光束在光锥内的传播。

以图 4-57 所示的实心光锥为例，说明其传播特性。光轴$x-x$与光锥重合，光锥顶角为2α，光线进入光锥前与光轴夹角为u，即入射角。经折射后光线与光轴的夹角，即折射角为u'。光线第一次与圆锥壁相遇在 B 点，入射角为i_1，反射后光线与光轴的夹角为u_1'。光线第二次与圆锥壁相遇于 G 点，对应角为i_2、u_2'。以后多次反射对应的角分别为：i_3、u_3'、i_4、u_4'、…等。由ΔBEF中可知

$$(90^\circ-\alpha)+(90^\circ-i_1)+(90^\circ-u')=180^\circ \tag{4-70}$$

所以

$$i_1 = 90° - u' - \alpha$$

按外角等于二内对角之和的关系，则有

$$u_1' = 90° - i_1 + \alpha = u' + 2\alpha$$

依次有

$$i_2 = 90° - u' - 3\alpha, u_2' = u' + 4\alpha$$

经 m 次反射的通式为

$$\begin{aligned} i_m &= 90° - u' - (2m-1)\alpha \\ u_m' &= u' + 2m\alpha \end{aligned} \tag{4-71}$$

对空心光锥 $u'=u$，经 m 次反射的通式为

$$\begin{aligned} i_m &= 90° - u - (2m-1)\alpha \\ u_m' &= u + 2m\alpha \end{aligned} \tag{4-72}$$

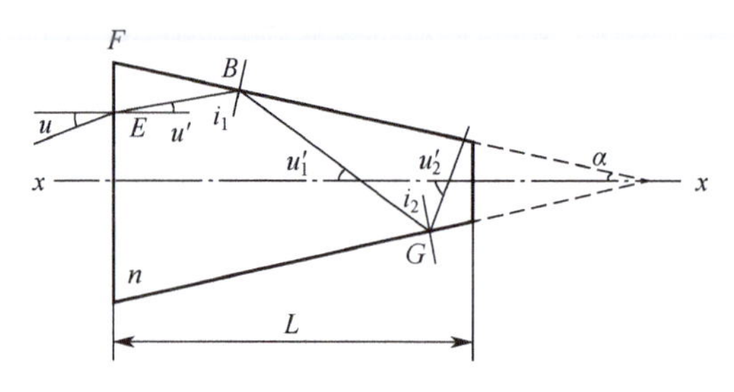

图 4-57　光线在光锥内的传播

由式（4-70）～式（4-72）可知，入射角 i 随反射次数的增加而迅速减小。当 $i_m \leqslant 0$ 之后，光线不再向小端传播，而返回大端。可见在其他条件不变时，i_1 角越大，允许向小端前进的反射次数越多。而 i_1 越小则返回越快。一个具体的光锥能否使光线由大端传到小端有一临界角 i_{1c} 存在，与此相应也有临界入射角 u_c 存在。它们与光锥的顶角 2α、光锥长度 L，以及实心光镀的材料折射率 n 有关。u_c 与 i_{1c} 的关系为

$$u_c = 90° - i_{1c} - \alpha \text{（空心光锥）} \tag{4-73}$$

$$u_c = \arcsin[n\sin(90° - i_{1c} - \alpha)] \text{（实心光锥）} \tag{4-74}$$

u_c 被称为光锥的孔径角（中心处）。并非任意方向入射的光线都能从大端引向小端，有的角度过大则会返回。以刚好到小端的轴上孔径角 u_c 来表征。从物理意义上说，u_c 也限制了系统的视场角 2ω，$u > u_c$ 的光束将传不到小端。

② 空心光锥参量的确定。

光锥的主要参量有：顶角 α、光锥长度 L、大端半径 R 和小端半径 r 等，图 4-58 所示为光锥的展开图。下面讨论子午面内光线传递的情况。A 光线以 u_0 角入射光锥，在光锥内壁上经点 P、Q 和 G 三次反射后从小端输出。作光锥子午面的展开图，其中 Q'、G' 和 B' 点与光锥中 Q、G 和 B 点相对应。同时以光锥的顶点 E 为圆心，以顶点到小端的距离 EF 为半径作一圆弧。光线 AB' 进入该圆弧内，说明它可从小端输出。可见凡能进入该圆弧的光线，均能由小端输出。其极限情况是，光线与圆弧相切，如光线 AM'。当光线与圆弧不相交时，从大端进入的光线，不能由小端输出，只能返回大端，如光线 $A'D'$。虽然 $A'D'$ 光线也以 u_0 角进入光锥，结果却与其平行的 AB' 光线相反，说明能否从小端输出还与光线入射的位置有关。

图 4-59 所示为设计实用光锥的作图法。将空心光锥的大端放置在系统物镜的焦平面

处，作为视场光阑，小端处放置探测器。

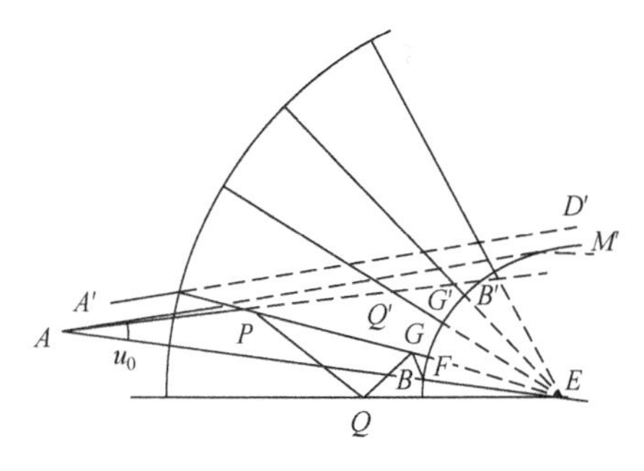

图 4-58　光锥的展开图

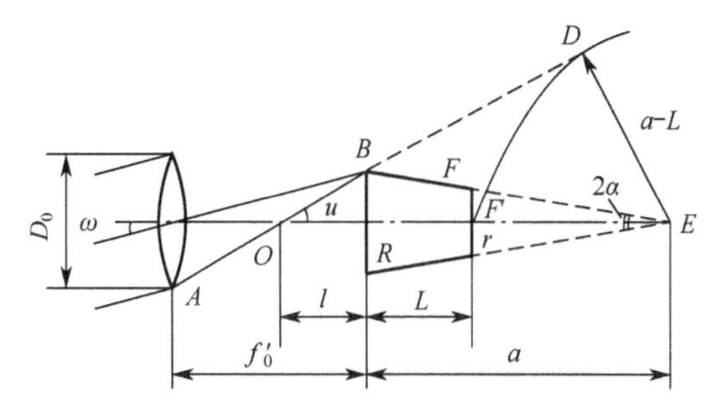

图 4-59　利用作图法设计光锥

光锥的具体设计步骤如下：

ⓐ 按系统所要求，视场ω的边缘光线 AO 与视场光阑交于 B，并将该光线延长。

ⓑ 以距焦面 a 处光轴上的 E 点为圆心，作 AB 光线延长线的切圆并切于 D 点。该圆周与光轴的交点 F' 就是光锥小端的中心。

ⓒ 连接 BE，过 F' 作 OE 的垂线交 BE 于 F 点，则 BF 为光锥斜面，并可找到小端半径 r。$\Delta BEO=\alpha$为半顶角，光锥长 $L=BF\cos\alpha$。其他参量均可按图确定。如不满意可另选 E 点，重新设计参量。

有关参量的计算公式为

$$
\begin{aligned}
&DE = a - L = (a + l)\sin a \\
&\frac{r}{R} = \frac{a - L}{a}\text{（压缩比）} \\
&R = l\tan u
\end{aligned}
\tag{4-75}
$$

③ 实心圆锥体光锥。

其讨论、展开图和设计均与空心光锥类似，只是增加了入射和出射时的两次折射。当入射角不大时，结合式（4-73）和式（4-74）有

$$u_{\mathrm{c}} = n(90^\circ - i_{1\mathrm{c}} - \alpha) = nu'_{\mathrm{c}}\ \text{（实心光锥）} \tag{4-76}$$

$$u_{\mathrm{c}} = 90^\circ - i_{1\mathrm{c}} - \alpha = u'_{\mathrm{c}}\ \text{（空心光锥）} \tag{4-77}$$

可见在完全相同的条件下，实心光锥的临界角要比空心光锥大 n（材料折射率）倍。相当于视场增大了 n 倍。

在使用实心光锥时，还应注意：

ⓐ 光锥材料的选择，注意使用波段及透射比是否满足要求。光锥不应太长。

ⓑ 为减小反射时的透射损失，光锥外要镀高反射层，并减少反射次数。可利用全反射，但只能在前几次反射中实现。

ⓒ 光锥材料折射率与元件折射率的匹配，两者间光胶连接，不应发生全反射。

④ 二次曲面光锥。

在空心光锥中，为减少光锥内壁上的反射次数，减少能量损失，可采用二次曲线为母线的光锥。母线可以是圆、椭圆、抛物线或双曲线等。图 4-60 所示为以椭圆为母线的二次曲面光维。P_1P_2 为光学系统的出瞳。A_1B_1 曲线是以 P_2、B_2 为两焦点的一部分椭圆；同样 A_2B_2 曲线是以 P_1、B_1 为两焦点椭圆的一部分。由 P_2 点发出并入射到 A_1B_1 曲线上的光束，经反射均会集到 B_2 点，并由小端输出。由 P_1 点发出的光束与此类似。可见这种光锥的聚光性能比

直线光锥要好。缺点是加工比较困难。此外，还有以方孔或长方孔为端孔的四棱形光锥等多种光锥型式。

在使用时，采用光锥还是场镜来聚光，主要由主光学系统的 F 数决定。当 $F>2$ 时，采用场镜较合适；而当 $F\leqslant 1$ 时，用光锥适合。当 F 数在 1～2 时，可用带场镜的光锥。

图 4-61 所示为两种场镜与光锥的组合结构，图（a）为场镜与空心光锥的组合，图（b）为场镜与实心光锥的组合。

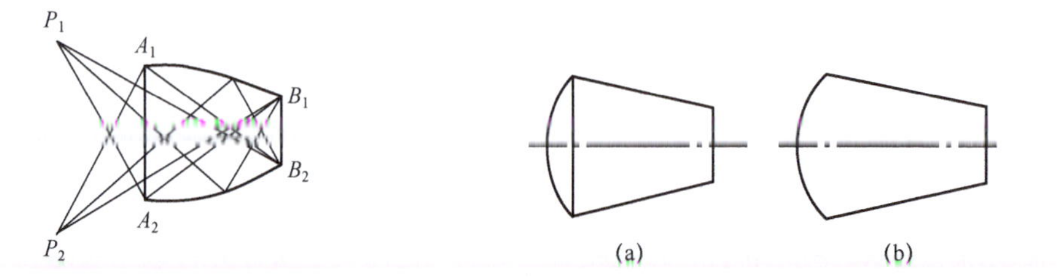

图 4-60　以椭圆为母线的二次曲面光维　　图 4-61　光锥与场镜的组合结构

4. 对环境温度影响的补偿

为解决调制盘辐射的补偿，可采用测头恒温法、光学补偿法和电气补偿法。测头恒温法以固定遮挡时的输入，如非制冷热像仪的调制；光学补偿法的原理框图如图 4-62 所示。调制盘 6 制成透射、反射两档相间的形式，使来自目标辐射 P_1 和来自参考源辐射 P_2 相间地落在探测器上。取得与 $\Delta P = P_1 - P_2$ 成正比的信号经前置放大器、主放大器后，与基准信号一起输入相敏检波器，检出直流信号经功率放大器后，控制参考辐射源电压，使 $\Delta P = 0$。预先标定出参考源电压与目标表观温度间的关系，于是通过电压显示就指示了目标的表观温度。

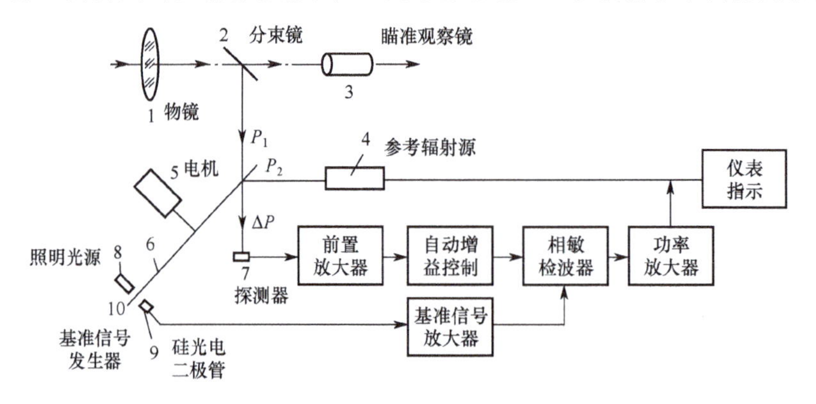

图 4-62　光学补偿法框图

电气补偿法是设法加进一个与环境温度有关的器件，获得环境温度电信号，以抵消因调制盘的影响，其原理如图 4-63 所示。设探测器的灵敏度为 S，则输出信号电压 U_s 为

$$U_s = S\Delta P = Sm(T_{r_1}^4 - T_{r_2}^4) \tag{4-78}$$

总电路增益 G，放大后输出电压信号 U_s' 为

$$U_s' = GU_s = K(T_{r_1}^4 - T_{r_2}^4) \tag{4-79}$$

式中：$K = GSm$，通过标定来确定。利用温度探测器 T，获得调制盘的温度信息，并按调制盘的辐射特性计算出温度补偿信号 $U_b = KT_{r_2}^4$，通过加法器与信号 U_s' 相加，对应目标辐射的信号 U_Σ 为

$$U_{\Sigma}=U_{s}'+U_{b}=KT_{r_1}^{4} \tag{4-80}$$

以上计算以辐温度测量为准，对于亮温度、色温度测量也适用。

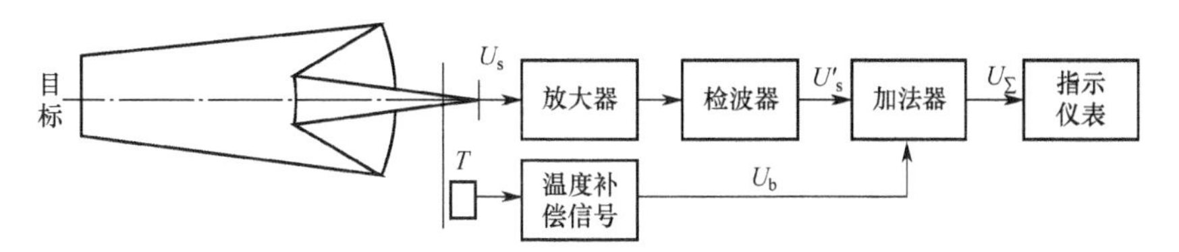

图 4-63　电气补偿法原理

5. 相敏检波与信号的获得

辐射测量中常采用调制的方法消除背景辐射的影响，利用调制盘或者斩波器，此时探测器接收到的信号通量（图 4-64），是目标信号和调制盘的差值，目标信号可能大于调制盘信号，也可能小于调制盘信号。为得到目标信号，需要知道 $\Delta\Phi$ 的正负，采用相敏整流（相敏检波）方法可以获得信号的大小与方向。

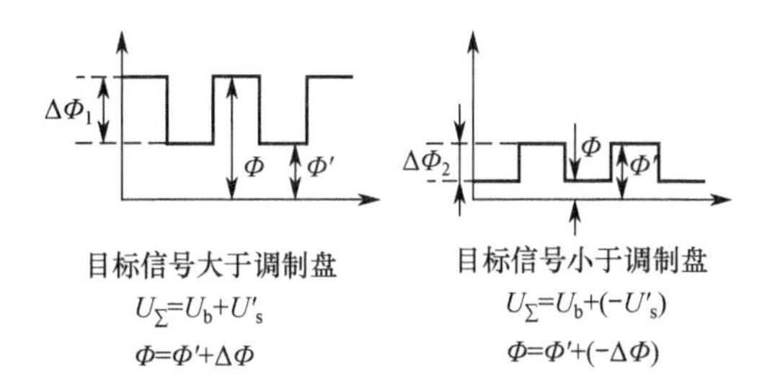

图 4-64　目标信号和调制盘的两种关系

相敏检波器的工作原理如图 4-65 所示，是由模拟乘法器和低通滤波器构成的，图中 $u_{i}(t)=u(t)\cos\omega t$ 为振幅调制信号，即待测的振幅缓慢变化的信号。

乘法器另一输入 $u_{L}(t)=u_{L}\cos(\omega t+\varphi)$ 是本机振荡或参考振荡信号，乘法器的输出信号为

$$u_{1}(t)=K_{M}u(t)\cos\omega t\cdot u_{L}\cos(\omega t+\varphi)=\frac{1}{2}K_{M}u(t)u_{L}[\cos\varphi+\cos(2\omega t+\varphi)] \tag{4-81}$$

低通滤波器滤去高频 2ω 的分量，其输出量为

$$u_{0}(t)=\frac{1}{2}K_{M}K_{\varphi}u(t)u_{L}\cos\varphi \tag{4-82}$$

式中：K_{φ} 为低通滤波器的传输系数。

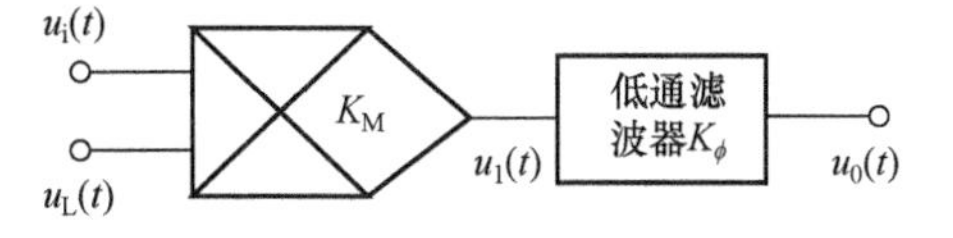

图 4-65　相敏检波器方框图

由式（4-82）可知，输出电压 u_0 的大小正比于载波信号 $u(t)$ 和本机振荡 u_L 之间的相位差的余弦。这说明输出大小对两者间相位差敏感，故称其为相敏检波器。当 $\varphi=0$ 时，检出信号幅度最大。

利用相敏检波器的上述特点可知，凡与载波频率不同，或频率虽相同但相位相差 90° 的非信号，均能被相敏检波器的低通滤波器所滤除，起到了抑制干扰与噪声的作用。因此在光

电检测系统中，相敏检波器可将淹没于强背景噪声中的微弱信号提取出来。具体做法是在对待检测信号进行调制的同时，引出与调制频率、相位一致的参考信号，以此作为载波信号。通过相敏检波器达到提取微弱信号的目的。

相敏检波器的另一个作用是在检测待测信号大小的同时，检测出待测信号的正负或方向。例如在进行某辐射目标的辐射量与黑体辐射量相比较的检测时，检测信号的大小表示了两辐射量的差值，差值的正负表示哪一个辐射量大。可通过图 4-66 所示相敏检波器原理电路加以说明。图中 3140 为集成运算放大器，S_1 和 S_2 为电子开关，高电平时开关闭合，低电平时开关断开，F 为反相器。待测信号 u_s 由信号输入端引入，与待测目标信号同频同相的参考信号 u_r 由参考输入端引入。为说明其原理及信号输出的情况可参考图 4-67 所示的波形，图（a）是当目标辐射 $M_目$ 大于黑体辐射 $M_黑$ 的情况，这时待测信号与参考信号的载波相位相同，即 $\cos\varphi=1$，经检波器后输出为正的直流信号。与此相反，图（b）是 $M_目$ 小于 $M_黑$ 的情况，这时待测信号与参考信号的载波相位相反，$\cos\varphi=\cos180°=-1$，经检波器后输出为负的直流信号。

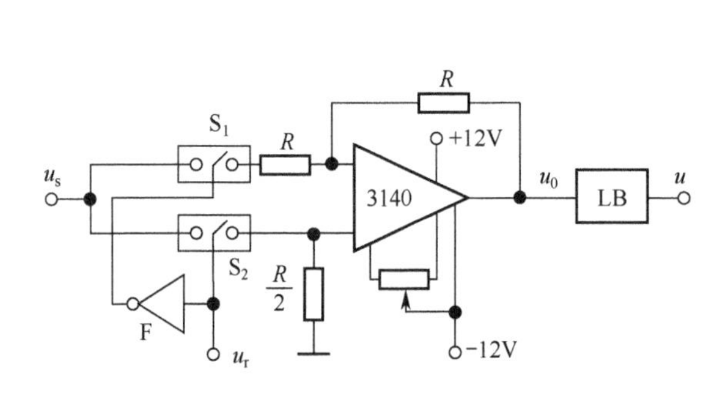

图 4-66 相敏检波原理电路

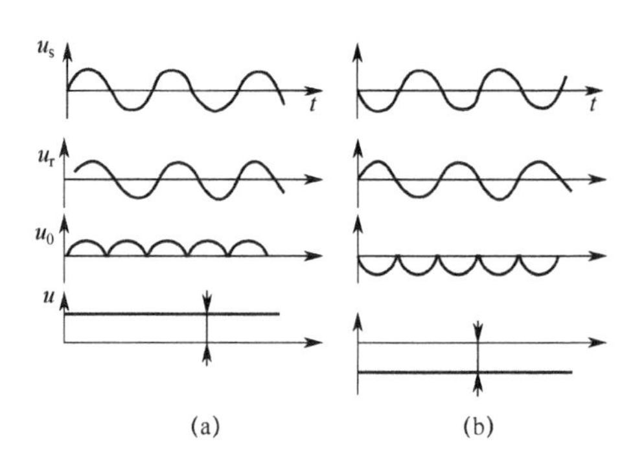

图 4-67 不同条件下各环节波形图

（a）$M_目>M_黑$；（b）$M_目<M_黑$。

6. 探测器的选择与修正

按照测量对象的温度范围、测量表观温度及选定光谱及范围来选定所用的探测器。通常测总辐射等辐射量（亮度、照度、强度等）或辐射温度时，由于测定光谱范围宽，常用热电探测器，如热敏电阻、热释电探测器等。对于亮温及色温测量，要看所选波长来定探测器，原则上光电和热电探测器都能用。此外还要看要求的精度，通常在可以应用不需制冷的光电探测器时，应首选光电器件，如在可见光或近红外到 2.5 μm，用 PbS 也是方便的。在中远红外波段，先选择热探测器，因其无需制冷，仪器结构造价都较合适。要求较高时，制冷探测器也可应用。

例 1：测量 800K 以下的全辐射测温仪，波长范围为 2～14μm，可采用热敏电阻接成桥式结构，热敏电阻从频率特性来说，如果 f_0=30Hz，则信号开始下降，取 f <30Hz，从噪声谱看，为避开 $1/f$ 噪声，须取 f>20Hz，综合考虑避开市电干扰，取 f_0=20Hz。

例 2：亮温测温仪测温范围 200～1200℃，通常按两个温段进行测量 200～800℃和 800～1200℃，以后者 800～1200 为例，800℃=1073K 可得 λ_m=2.7μm；1200℃=1473K 可得 λ_m=2.3μm。考虑到大气吸收的影响，选用 2～2.5μm 波段，工作波段的获得可以用滤光片来限制，如 K9+2.3μm 为中心的滤光片（K9 隔 2.7μm 以上的红外）或 K9+Ge 组合（1.8μm<K9+Ge<2.7μm）。由于 Ge 的折射率很高，但在很宽的光谱区很稳定，需要镀 ZnS 增透膜以减少损失。探测器选 PbS，它的 D*高，又不用制冷，避开 $1/f$ 噪声又不使信号下降，可取

f=400～1000Hz，D^* (300,400,1) =10^9～10^{10}cmHz$^{1/2}$W^{-1}，$\tau = 100\mu s$，光谱范围 0.4～3.2μm，λ_m=2.2～2.6μm。

使用探测器时灵敏度修正是不可或缺的工作。由于探测器灵敏度 S 与温度 T 有较大的关系，特别是热电器件，不同温度下，探测器灵敏度 S 不是一个常数，在不同环境温度时，测量同一辐射量将产生不同的信号而引起误差，如热敏电阻的灵敏度随环境温度的升高而下降。又如环境温度每升高 1℃，薄膜型热电堆的灵敏度将下降约 6%。

修正的方法通常是设法在 S 随温度变化的同时，使放大器的放大倍数 G 也随温度产生相反的变化，并使 $K = GSm$ 不发生变化。例如，在具有负反馈的放大电路的输入端串入一个负温度系数的热敏电阻来进行补偿，如图 4-68 所示。当环境温度升高时，S 下降，热敏电阻 R_r 下降，使放大器放大倍数 G 上升，最终的作用是保持 K 不变。

对于理想的修正，要求所选择的热敏电阻阻值的温度系数恰与探测器灵敏度的温度系数相匹配。

7. 目标比辐射率的修正

在一定目标温度范围中，各种目标的比辐射率通常是确定的，有表可查，在测温中应将这一系数引入，以达到对不同目标测温的修正。

修正原理仍是保证系统放大率 G 与ε的乘积保持不变。即按目标比辐射率ε的不同而改变 G。例如可在放大器的负反馈电路中，增加可变电阻，按ε变化而变换反馈电阻的大小。当ε较大，则使反馈电阻相应减小，G 随之减小，最终使 $G\varepsilon$不变。

8. 信号处理综述

信号处理系统的基本要求是低噪声、稳定可靠，实现必要的补偿和修正。HCW-1 型红外测温仪的信号处理框图如图 4-69 所示，其主要的部分如下。

（1）带通滤波器。

一级有增益的有源带通多端负反馈滤波器，结构如图 4-70 所示。除带通滤波外还有增强的作用。滤波器带通中心频率 f_0 为

$$f_0 = \frac{1}{2\pi C}\left(\frac{1}{R_3 R_{12}}\right)^{1/2} \tag{4-83}$$

式中：R_{12} 为 R_1 与 R_2 的并联。

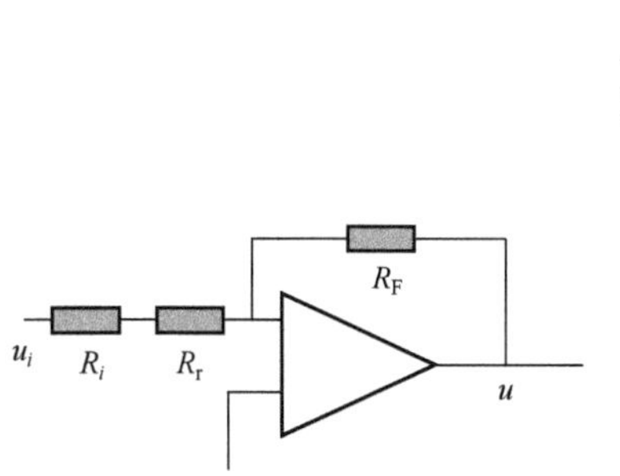

图 4-68　灵敏度修正

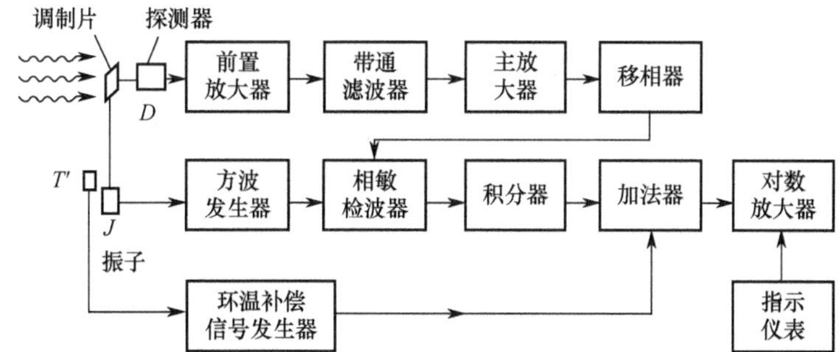

图 4-69　信号处理流程图

带通增益 G_0 为

$$G_0 = R_3 / 2R_1 \tag{4-84}$$

带宽 Δf 为

$$\Delta f=\frac{1}{\pi R_3 C}=\frac{1}{2\pi G_0 R_1 C} \tag{4-85}$$

实际红外测温仪选用热敏电阻f_0=20Hz，G_0=15，Δf=5Hz。

（2）主放大器。

由运算放大器构成的负反馈交流放大器，电路结构如图 4-71 所示。加入热敏电阻 R_t，并与 R_1R_2 构成输入电阻，R_t 随温度的变化来修正探测器灵敏度，反馈电阻中并联的一部分 R_5 置于面板，以修正目标比辐射率的影响。实际反馈电阻为 R_3+R_{56}+部分 R_4。

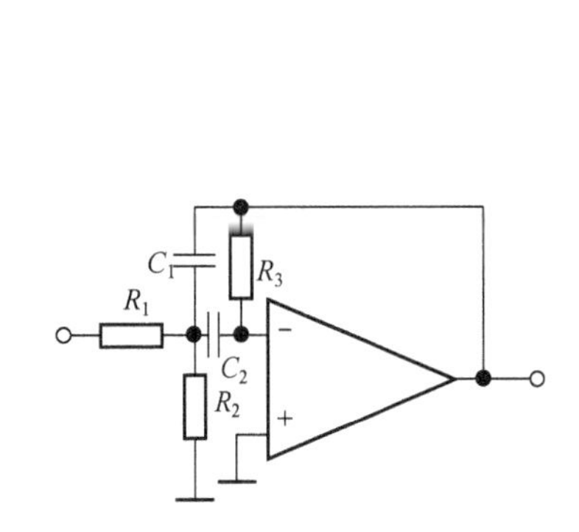

图 4-70　带通滤波器电路图

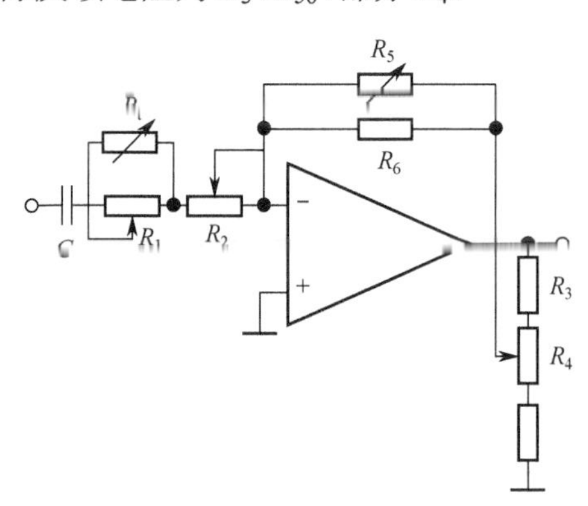

图 4-71　主放大器电路图

（3）移相、相敏及低通滤波器。

移相目的是使辐射信号与检波信号在相位上完全同步，以利于相敏检波。相敏检波的检波信号由方波发生器产生，同时还控制振子，使斩波片同步振动以完成调制斩波。后接一个 $\tau=2\text{s}$ 的 RC 积分电路低通滤波器，产生直流信号的同时，使噪声带宽压缩到 $\Delta f=1/\pi\tau=0.16\text{Hz}$，以削弱噪声干扰。

（4）环境温度补偿信号发生器。

如图 4-72 所示，环境温度补偿信号发生器是由二极管和电阻组成桥式电路，二极管在小电流条件下的正向特性为

$$I_\text{F}=I_\text{s}(\mathrm{e}^{qU_\text{F}/KT}-1) \tag{4-86}$$

式中：I_F 为正向小电流；I_s 为反向饱和电流；U_F 为正向电压。

I_F 不变时，U_F 随温度变化约为(−2～−2.5)mV/℃，将 D_1 作为调制盘测温元件，电桥输出电压作为温度补偿电压 U_b' 送到加法器，进行环境温度的修正。实验统计表明：−20～+35℃范围内，误差不超过 1%；+40℃范围内，误差不超过 1.6%。

（5）加法器。

如图 4-73 所示，将信号 U_S' 与温度补偿信号 U_b' 分别输入加法器的两端，输出 U_Σ' 为

$$U_\Sigma'=\left(\frac{R_4+R_5}{R_4}\right)\left(\frac{R_{13}}{R_1+R_{12}}\right)(U_\text{S}'+U_\text{b}') \tag{4-87}$$

式中：R_{12} 为 R_1 和 R_2 并联的阻值；R_{13} 为 R_1 和 R_3 并联的阻值

（6）对数放大器。用于实现输出电压与待测温度线性化，如图 4-74 所示，将与辐射成正比的相加电压 U_Σ' 转换为与待测温度成正比的输出电压 U_0。

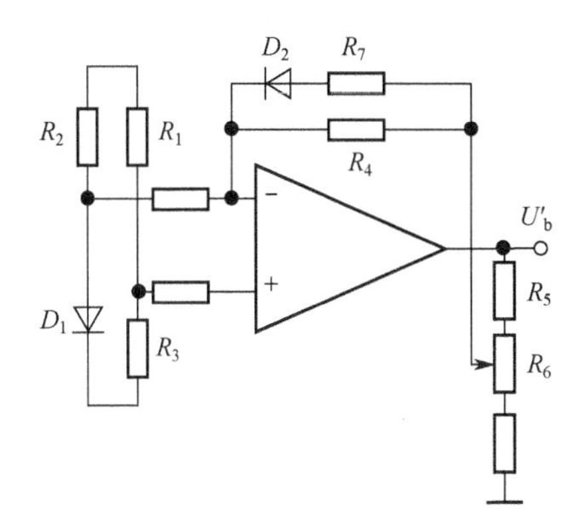

图 4-72 环境温度补偿信号发生器

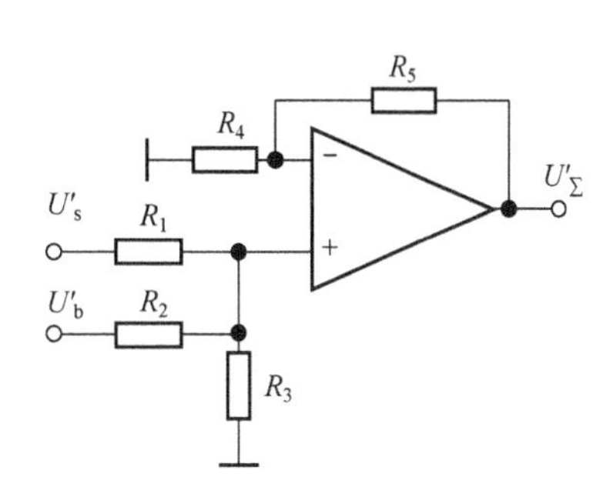

图 4-73 加法器

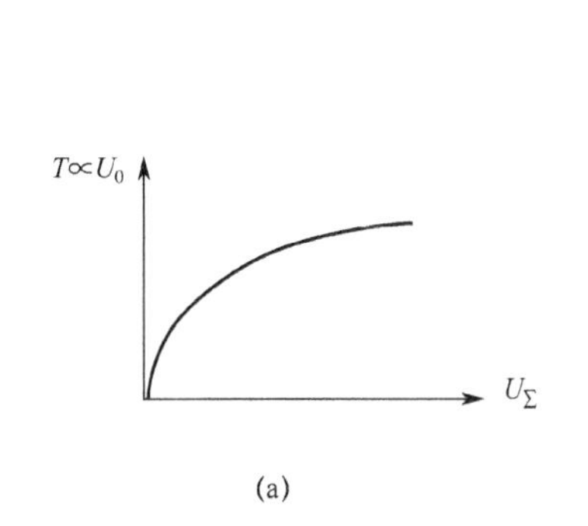

(a)

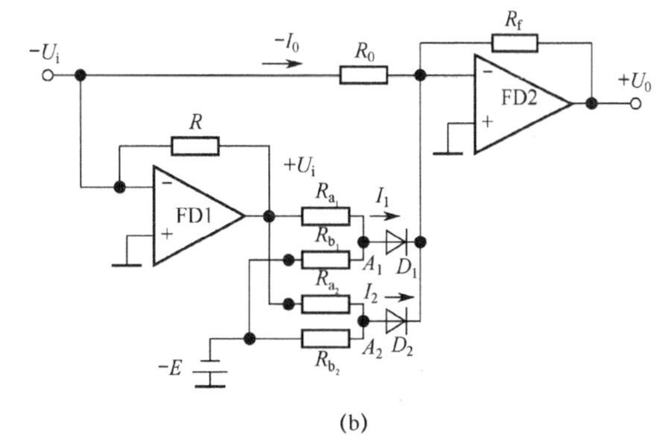

(b)

图 4-74 对数放大器

（a）电压对应关系；（b）电路图。

9. 辐射测温仪使用中应注意的问题

（1）仪器的标定。

常用的标定方法是用黑体作为标定源，仪器在距黑体一定的距离上测黑体的温度。标定在几个黑体温度下进行。黑体的辐射精度主要取决于热电偶等感温元件测黑体温度的精度。黑体的开口直径应当足够大，为仪器测量视场角对应面积的 1.5 倍左右，以使仪器视场对应黑体炉发射腔的深部，获得较均匀的腔温度。

（2）测量距离。

确定仪器到待测表面的距离时，要考虑待测表面的尺寸。当待测表面尺寸太小时，仪器不能正确地测量温度。仪器给定的“距离系数”是仪器到待测表面的距离和最小可测对象直径的比值。例如，当待测表面最窄部位为 20 cm，而仪器的距离系数为 12∶1 时，仪器距待测表面的距离不应大于 20×12 =2.4 m。

（3）环境照明光的考虑。

仪器用于生产现场监测温度时，现场自然光会被被测物体表面反射到仪器视场内，影响测量结果，故测量应当避开自然光照射被测表面，此外，被测物体附近不应有其他热源。

4.6.3 辐射测量仪器

辐射计是最基本的辐射测量仪器。辐射计一般包含四个基本组成部分。

（1）光学系统：以一定大小的孔径面积收集入射的辐射功率，成像后落在探测器的敏感面积上；

（2）探测器：使接收到的辐射量转变为可测量的信号，通常是电压信号；

（3）放大器和记录显示装置：对探测器输出的信号予以放大、处理、显示或记录；

（4）参考辐射源和调制器：用作仪器内部的辐射基准，一般取黑体的形式。

有不同形式的辐射计，如光学高温计、辐射测温仪灯。进一步扩展辐射计的功能即可改变为各种性能的辐射计，例如：

（1）光谱辐射计，将入射红外辐射分光后，对各波长的红外辐射分别测量辐射强度的仪器，如地物光谱仪、航空地物光谱仪等，可用于遥感研究。

（2）扫描辐射计，通过扫描对景物逐点逐行进行红外辐射强度测量的仪器。

（3）多光谱扫描辐射计，通过扫描方式对景物逐点逐行并同时用若干波段进行辐射测量的仪器。

1．光学高温计

光学高温计是基于亮度平衡原理来实现测温的仪表。根据物理学的理论我们知道：一般物体在高温状态下是会发光的，也就是说对应一定的高温，物体具有一定的亮度，而物体的亮度又总是与物体的辐射强度成正比的，物理学给出了物体在温度 T 下，波长为 λ 的单色辐射的亮度公式

$$B_{0\lambda}=\frac{C_1}{\pi}\lambda^{-5}\mathrm{e}^{-\frac{C_2}{\lambda T}}=CE_{0\lambda} \tag{4-88}$$

测量亮温最常用的仪器是光学高温计，下面以亮温的测量为例介绍光学高温计的使用方法。光学高温计的结构如图 4-75 所示，待测亮温的光源 B 置于仪器的通光孔前，通过仪器物镜 B_1、光阑 D_1 和中性滤光片 A 后，光源成像在高温计灯泡 P 的灯丝平面上。再经过光阑 D_2、目镜 B_2 和红色滤光片 F，由观察孔出射，人眼位于观察孔处。如果灯丝比背景（即被测物体元像）亮时，则表示灯丝温度高，即电流过大，于是用手调整滑线电阻 7 使电流减小，灯丝温度下降，亮度随之减弱。当两者的亮度在视觉中分不出来时，则表示两者的亮度已一致了，也就是达到亮度平衡了，测试灯泡中的电流即代表被测物体的温度。

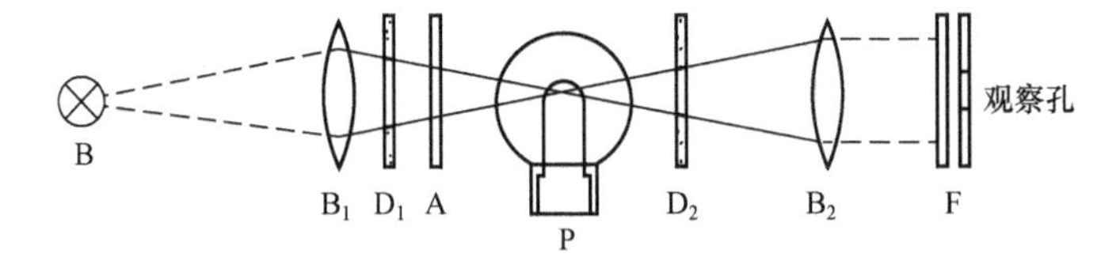

图 4-75　光学高温计的结构

光学高温计红色遮光片和人眼光谱光视效率曲线的组合，构成了中央波长约 0.65μm，谱段宽度约 80nm 的响应特性（图 4-76 中带剖面线部分）。由于人眼在这个窄的红色谱段内灵敏度很低，故辐射源温度变化所引起的颜色的变化，已很难为人眼所察觉，故不会因为色差异造成亮度平衡的困难。

光学高温计的观察视场内，人眼可看到待测辐射源和高温计灯泡灯丝像（图 4-77）。调节灯泡的灯丝电流，使人眼在视场内看到的灯丝像逐渐“消隐”，由指示仪表读数，可直接读得待测辐射源的亮温值。灯丝“消隐”表示灯丝亮度和待测辐射源在 0.65μm 窄谱段内亮度值相等，只要灯丝电流和亮温读数事先经过标定，则仪器就可方便地用于辐射源亮温的测量中。由于灯丝电流和亮温值之间的非线性关系，故亮温指示仪表刻度也是非等间隔。

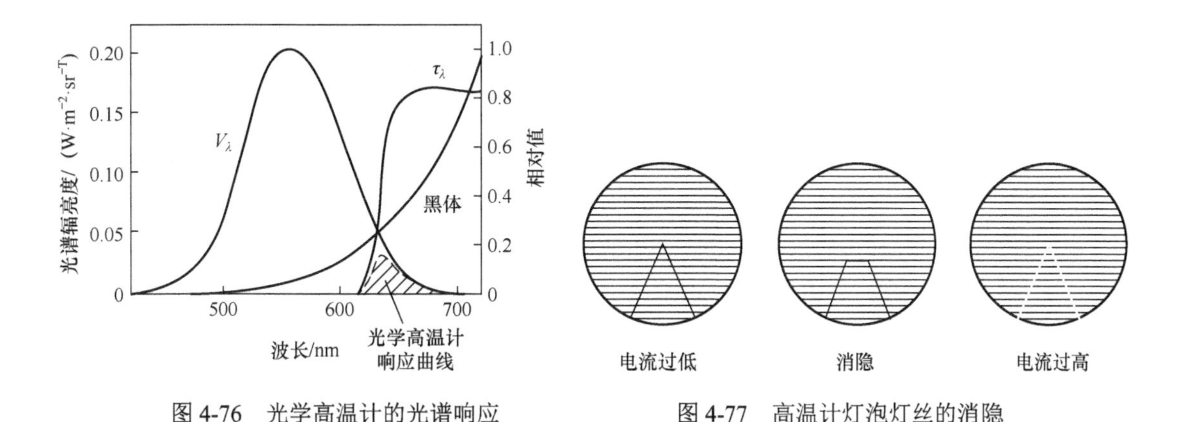

图 4-76　光学高温计的光谱响应　　　图 4-77　高温计灯泡灯丝的消隐

高温计标定的标准辐射源是经过标定的钨带灯，不加中性密度滤光片时标定的温度在 700～1200℃。温度太低时，人眼观察亮度太暗，会影响仪器的标定和测量精度。温度高于 1200℃时，应加入中性密度滤光片，以减弱像的亮度过大对人眼的强刺激。其透射比可由下式关系求得

$$\tau\frac{C_1}{\lambda^5}\exp\left(-\frac{C_2}{\lambda T_1}\right)=\frac{C_1}{\lambda^5}\exp\left(-\frac{C_2}{\lambda T_2}\right)\tag{4-89}$$

或

$$\frac{1}{T_2}-\frac{1}{T_1}=-\frac{\lambda\ln\tau}{C_2}\tag{4-90}$$

式中：T_1 和 T_2 分别为辐射源的亮温和加滤光片后测得的亮温。精密光学高温计和工业用高温计各有两块厚度为 2mm 和 3.2mm 的滤光片，分别用于 1200～1800℃和 1800～3200℃的测温。

当$1/T_2-1/T_1=$常数时，即 $\lambda ln\tau$ 为常数时，衰减与待测辐射源的温度值无关，即在测温范围内不因辐射源温度的变化而对温度示数进行必要修正。

光学高温计使用中应注意的问题如下。

（1）测量灰体时的温度修正。

一般光学高温计的温度标尺都是按照黑体的辐射强度与亮度的关系进行刻度的，但用这种刻度好的仪表来测量灰体的温度时，所测出的结果就会出现误差，这是因为即使在同一温度同一波长条件下，黑体的发射率与灰体的发射率也不同，因此它们的辐射强度就不同，亮度也就不同，这就是说在同一温度、同一波长下由于黑体的亮度与灰体的亮度不同，故此用一种按黑体亮度标定的温度标尺来测定灰体温度就必然产生差异，所以按这种方法测出的结果将不是灰体的真正温度，而是被测物体的亮度温度。

（2）中间介质的影响。

在实际使用中，如果光学高温计和被测物体之间有灰尘、烟雾或二氧化碳等气体时，则这些中间介质对热辐射会有吸收作用，从而给测量结果带来误差。

（3）对表面状况易变的物体测量。

在实际应用中，常常会遇到一些表面状况经常变化的被测对象，至使它们的黑度系数会在测量过程中是不稳定的，测量误差会很大。

（4）光学高温计不易在反射光很强的场合使用。

2．色温测量装置

最常用的测量色温的方法有两种：

（1）测量待测光源的相对光谱能量分布，利用色度计算公式，求出光源在色度图上的色坐标，从而由色度图上等温相关色温线确定光源在给定工作电压下的色温或相关色温。

（2）双色法，是最常用的色温测量或标定的方法。

测量需要已标定色温值的标准光源，再用待测光源和标准光源进行双色比对测量，求出待测光源的色温值，测量装置如图 4-78 所示。光源照射具有朗伯反射特性的白色漫射屏，在离屏一定距离处安置前部有两块滤光片的转动架，一块滤光片透射的峰值波长为 0.46μm，另一块为 0.66μm，它们正好在可见谱段最大光谱光视效率所对应波长 0.55μm 的两侧。由于测量值是两块滤光片移入测量光路时探测器的读数比，故对光源到漫射屏的距离没有特殊的要求，因为距离的变化不会改变漫射屏反射光的光谱特性，但距离值也不宜过小。由于两块滤光片透射谱段很窄，待测光源和标准光源在相同的透射谱段上进行比对测量，所以对探测器的光谱响应特性也没有特殊要求，只要在测量谱段上具有足够的响应度。

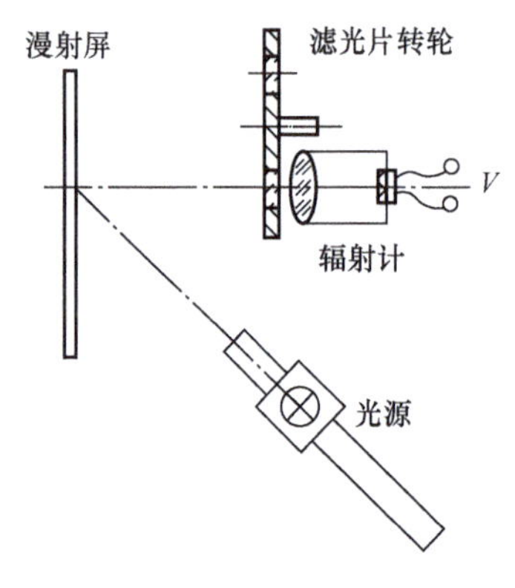

图 4-78　双色法测色温的装置

测量时，先求出标准光源在所标定的色温值下探测器的电压读数比 $(V_s/V_i)_{标准}$，下标 s 表示短波滤光片移入光路，下标 i 是长波滤光片移入光路。这一比值的测量应使标准光源置于离漫射屏不同的距离上，表 4-4 给出 4 个距离上测得 $(V_s/V_i)_{标准}$ 有所不同，取后 3 次测量的平均值 $(V_s/V_i)_{标准}=14.65$。然后将待测光源移入测量光路，边测边调节其灯丝电压，并改变它到漫射屏的距离，使探测器的读数 $V_{i待测}$ 和标准光源移入时探测器的读数 $V_{i标准}$ 相同（这样做是为了避免探测器非线性响应的影响以及读数 V_i 判断上的方便，具体测量时并非一定如此），表 4-5 给出待测光源的测试结果，若使

$$\left(\frac{V_s}{V_i}\right)_{待测}=\left(\frac{V_s}{V_i}\right)_{标准} \tag{4-91}$$

则待测光源工作在标定电压值（表中为 94.5V ），具有与标准光源相同的色温（表中色温为 2856K）。

表 4-4　标准光源的 $(V_s/V_i)_{标准}$

标准光源的色温：2856K　工作电压：77.61V			
标准光源到屏的距离/m	探测器输出读数		$(V_s/V_i)_{标准}$
	$V_{i标准}$	$V_{s标准}$	
0.76	86.0	1280	14.9
1.02	48.7	718	14.7
1.52	21.5	315	14.65
2.04	12.0	175	14.6

表 4-5　待测光源色温标定记录

标准光源到屏的距离/m	灯丝电压	探测器输出读数		注	色温/K
		$V_{i标准}$	$V_{s标准}$		
		21.5	315	由表 4-3	2856
1.17	89	21.5	400	红色偏多	
1.25	92	21.5	360	红色偏多	
1.36	95	21.5	310	红色偏多	
1.35	94.5	21.5	314	正好	2856

当光源的光谱能量分布特性和黑体相近时，例如白炽灯，利用维恩公式，可将光源的光谱辐射强度表示成

$$I(\lambda) \propto \lambda^{-5} \exp\left(-\frac{C_2}{\lambda T}\right) \tag{4-92}$$

设滤光片的光谱透射比为 $\tau(\lambda)$，探测器的光谱响应度为 $R(\lambda)$，滤光片谱段宽度为 $\Delta\lambda$，则探测器的输出信号为

$$V = \int_{\Delta\lambda} I(\lambda)\tau(\lambda)R(\lambda)\mathrm{d}\lambda \approx \overline{I}(\lambda)\overline{\tau}(\lambda)\overline{R}(\lambda)\Delta\lambda \tag{4-93}$$

由于滤光片谱段很窄，光谱量可取它们在谱段内的平均值。于是

$$\begin{aligned}\left(\frac{V_s}{V_i}\right)_b &= \frac{\varepsilon(\lambda)\lambda_s^{-5}\exp\left(-\dfrac{C_2}{\lambda_s T_b}\right)\overline{\tau}(\lambda_s)\overline{R}(\lambda_s)\Delta\lambda_s}{\varepsilon(\lambda)\lambda_i^{-5}\exp\left(-\dfrac{C_2}{\lambda_i T_b}\right)\overline{\tau}(\lambda_i)\overline{R}(\lambda_i)\Delta\lambda_i} \\ &= \exp\left[-\frac{C_2}{T_b}\left(\frac{1}{\lambda_s}-\frac{1}{\lambda_i}\right)\right]\frac{\varepsilon(\lambda)\overline{\tau}(\lambda_s)\overline{R}(\lambda_s)\Delta\lambda_s\lambda_i^5}{\varepsilon(\lambda)\overline{\tau}(\lambda_i)\overline{R}(\lambda_i)\Delta\lambda_i\lambda_s^5}\end{aligned} \tag{4-94}$$

式中：T_b 为待测光源的等效黑体温度（即色温）。

当标准光源和待测光源种类相同时，同理可写出对应的表达式，

$$\left(\frac{V_s}{V_i}\right)_s = \exp\left[-\frac{C_2}{T_s}\left(\frac{1}{\lambda_s}-\frac{1}{\lambda_i}\right)\right]\frac{\varepsilon(\lambda)\overline{\tau}(\lambda_s)\overline{R}(\lambda_s)\Delta\lambda_s\lambda_i^5}{\varepsilon(\lambda)\overline{\tau}(\lambda_i)\overline{R}(\lambda_i)\Delta\lambda_i\lambda_s^5} \tag{4-95}$$

两者相除得

$$\ln\left[\left(\frac{V_s}{V_i}\right)_b \Big/ \left(\frac{V_s}{V_i}\right)_s\right] = -C_2\left(\frac{1}{\lambda_s}-\frac{1}{\lambda_i}\right)\left(\frac{1}{T_b}-\frac{1}{T_s}\right) \tag{4-96}$$

或

$$\frac{1}{T_b} = \frac{1}{T_s} - \frac{\ln\left[\left(\frac{V_s}{V_i}\right)_b \Big/ \left(\frac{V_s}{V_i}\right)_s\right]}{C_2\left(\frac{1}{\lambda_s}-\frac{1}{\lambda_i}\right)} \tag{4-97}$$

当待测光源和标准光源种类相同且光谱能量分布和黑体相近时，由已知标准光源的色温以及由测得的$(V_s/V_i)_b$和$(V_s/V_i)_s$，就可求得待测光源的色温值。改变待测光源灯丝电压，测得一系列$(V_s/V_i)_b$，由式（4-97）可算出对应的T_b，从而可建立待测光源色温随灯丝电压的关系。

3．辐射测温计

一般地，辐射测温所用的谱段越宽，精确测温的困难越大。在窄谱段测温时，可用较高测量灵敏度的谱段。全辐射测温的最大优点是可测量较低的温度（例如可测到−100℃的样品温度），因为测量信噪比大，故它一般用于低温或温度控制而非温度的精确测量上。

图 4-79 是加了镀金半球前置反射器的辐射测温计结构。在半球顶点处开一小孔，待测表面的辐射能通过物镜汇聚在热偶堆上。前置反射器与待测表面接触形成的空腔相当于一黑体，其$\varepsilon \approx 1$，仪器直接测出待测表面的真实温度。

这种仪器用于测量发射率大于 0.5 的表面，测温范围为 100～400℃，400～800℃和 800～1300℃，误差约±10℃。由于镀金半球要和待测表面接触，表面温度较高时，易损坏测量头，故高温时只做短时间接触测量。

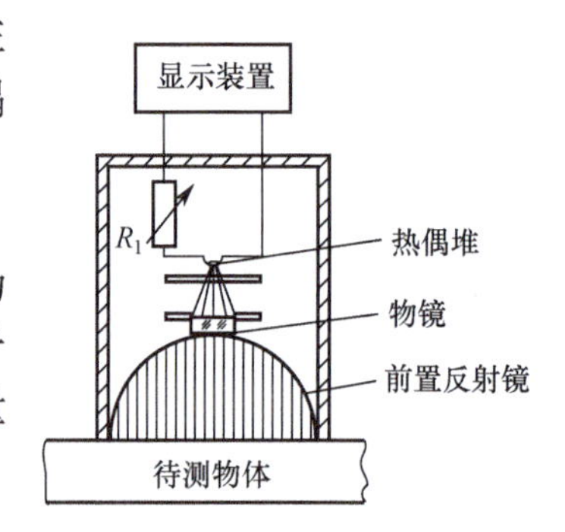

图 4-79　全辐射测温计

4．红外辐射计

有许多检测只需对辐射量进行，而无须转换为温度，特别是对红外波段。下面将介绍红外辐射测量、辐射计及应用的有关内容。任何一种测定红外辐射量的装置，都可称为红外辐射计。按照其工作时接收红外辐射的特点不同，可以分为以下几类。

（1）全通带辐射计。

这是一种对全波段各波长辐射有相同响应的辐射计，因此从光学系统到辐射探测器对全波段辐射，要求无光谱的选择性。这与辐射测温仪类似。

（2）宽通带辐射计。

全通带辐射计对所使用元件、部件的光谱特性要求严格，而无选择性在实际工作中很难满足，所以提出了实际上比较容易实现的宽通带辐射计，它采用相对光谱范围较宽的探测器作为辐射接收器，而辐射计的光谱特性由所采用的光电接收器的特性决定。常用的光电接收器有硫化铅 PbS、碲镉汞 TeGeHg 等。按照测量光谱范围选择探测器。

（3）滤光片辐射计。

这种辐射计的光谱范围由滤光片的光谱透射比特性决定。通常滤光片的带宽较宽，如 8～14μm 滤光片辐射计等，而且也易实现。当这种辐射计具有多个通带很窄的滤光片时，可视为光谱辐射计的一种。

（4）光谱辐射计。

这是一种带有分光仪器或器件的辐射测量装置，主要用于测定辐射体的单色辐射功率及分布，是研究辐射体特性的重要工具。

目前红外辐射计的应用深入到各个科技和生产领域中，这是由它的优点决定的。其主要是：辐射计进行无接触式的测量，这样的测量对被测物辐射特性无影响；辐射计实现的是全被动测量，只要目标存在且高于绝对零度，就有相应的辐射产生，因此对目标辐射特性的测量无需借助于其他辐射源，还因目标的辐射反映了其本身的特性，因此全被动测量也就是对其本身特性的检测；光机扫描式辐射计可检测到目标热图，扩展了人眼视觉的光谱范围，获得有关目标更多的信息；辐射计具有高的空间分辨力和温度分辨力，一般探测对应点直径 d=0.5mm，红外显微镜可达 d=0.025mm，其温度分辨力可达 0.2℃，有的可达 0.05℃甚至更低；辐射计测量还有快速、准确、安全等优点。

红外辐射计的性能由以下诸方面综合确定：

（1）带致冷器或不带致冷器的探测器组的工作特性；

（2）辐射计中光学系统的类型和有关特性；

（3）辐射计的空间分辨力；

（4）辐射计的最小可分辨温差或温度分辨力；

（5）探测器及电路系统的响应速度等。

由于辐射计的优点，使其具有广泛的应用领域。简单地说，凡是与温度和辐射量有关的物化过程，其特性变化均可用红外辐射计进行检测。例如化工管道、轮轴、大功率变压器、输电网络等方面的安全检测；防盗报警系统的安全监控；精密焊接的温度控制；医疗防病检测；生物性能研究；半导体性能分析；等等。目前又将红外测量应用于电子系统可靠性方面的研究，从而对电子元器件，集成电路的可靠性和寿命做出科学的判断，这对高科技的发展有重要的意义。

4.7　光学载荷的辐射定标

由于遥感图像成像过程的复杂性，传感器接收到的电磁波能量与目标本身辐射的能量是不一致的。传感器输出的能量包含了由于太阳位置和角度条件、大气条件、地形影响和传感器本身的性能等所引起的各种失真，这些失真不是地面目标本身的辐射，因此对图像的使用和理解造成影响，必须加以校正或消除。辐射定标和辐射校正是遥感数据定量化的最基本环节。辐射定标是指传感器探测值的标定过程，用以确定传感器入口处的准确辐射值。辐射校正是指消除或改正遥感图像成像过程中附加在传感器输出的辐射能量中的各种噪声的过程。

4.7.1　辐射定标

传感器定标是遥感信息定量化的前提，遥感数据的可靠性及应用的深度和广度在很大程度上取决于遥感器的定标精度。传感器定标就是指建立传感器每个探测元所输出信号的数值量化值与该探测器对应像元内的实际地物辐射亮度值之间的定量关系。

定标的手段是测定传感器对一个已知辐射目标的响应。定标的内容包括：

（1）强度（振幅）定标：确定传感器的响应值，如输出电平与输入功率之比；

（2）光谱定标：测量传感器随入射波长变化的响应；

（3）空间定标：测量传感器的调制传递函数。

辐射定标是将传感器记录的电压或数字量化值（Digital Number，DN）转换为绝对辐射亮度值（辐射率）的过程或者转换为与地表（表观）反射率、表面（表观）温度等物理量有关的相对值的处理过程，即确定传感器入瞳处的辐射量与其输出的数字量之间的转换关系。按不同的使用要求或应用目的，可以分为绝对辐射定标和相对辐射定标。绝对定标是对目标作定量的描述，指通过各种标准辐射源，建立辐射亮度值与数字量化值之间的定量关系，如对于一般的线性传感器、绝对定标通过一个线性关系式完成数字量化值与辐射亮度值的转换：

$$L = \text{Gain} \cdot \text{DN} + \text{offset} \tag{4-98}$$

式中：L 为辐射亮度值，常用的单位为 W/(m·μm·sr)；Gain和offset为定标系数，分别代表增益和偏置。

当定标为反射率时，反射率又分为大气外层表观反射率和地表真实反射率，后者属于大气校正的范畴，有的时候也会将大气校正视为辐射定标的一种方式。

相对定标则指确定场景中各像元之间、各探测器之间、各波谱段之间以及不同时间测得的辐射度量的相对值，只得出目标中某一点辐射亮度与其他点的相对值。相对辐射定标又称为传感器探测元件归一化，是为了校正传感器中各个探测元件响应度差异而对卫星传感器测量到的原始亮度值进行归一化的一种处理过程。由于传感器中各个探测元件之间存在差异，使传感器探测数据图像出现一些条带。相对辐射定标的目的就是降低或消除这些影响。当相对辐射定标方法不能消除影响时，可以用一些统计方法如直方图均衡化、均匀场景图像分析等方法来消除。

4.7.2 辐射定标类型

卫星传感器的绝对辐射定标按照时间可分为 3 个阶段或者说 3 个方面的内容：发射前定标、星上定标、发射后的替代定标（场地定标和交叉定标）。

1. 发射前定标

发射前定标就是在载荷制定阶段，利用实验室内部光源或者外部太阳光，经过对载荷全面测量，了解载荷各种物理参数的过程。根据采用的光源不同，发射前定标又可以分为实验室定标和外场定标两类。前者利用实验室内的人造光源，对遥感器进行各项基本参数如波长位置、辐射精度、光谱特性等的测量与辐射定标；后者利用太阳光作为光源，将发射前的遥感器挪到外界环境下，利用太阳光进行辐射定标，得到其定标系数。

一般包含两部分内容：

（1）光谱定标：确定遥感传感器每个波段的中心波长和带宽以及光谱响应函数。

（2）辐射定标：在模拟太空环境的实验室中，建立传感器输出的量化值与传感器入瞳处的辐射亮度之间的模型，一般用线性模型表示，见式（4-98）。

实验室定标是所有辐射定标的基础，是之后评价传感器是否衰减的依据，是不可替代的一环；外场定标的目的是将传感器放置在相较于实验室更加真实的环境中对传感器进行定标。但在卫星发射后，由于发射过程中的抖动、环境的变化等原因，仪器的定标系数会发生变化，需再次进行定标。

2．星上定标

在轨星上定标（On-Board Calibration，OBC）又称在轨定标或飞行定标，是指卫星在轨运行后，对载有辐射定标源的传感器在成像时实时、连续地进行定标，得到仪器实际在轨运行的系统性能和各项定标系数。卫星传感器在进入轨道后，所处的空间环境跟发射前非常不一样，会因为元器件老化等问题随时间产生辐射响应的衰变，影响定量化遥感精度，因此传感器不论经过多么严格的发射前定标，仍旧需要利用在轨定标方法对传感器进行辐射性能的跟踪和定标。

星上定标一般使用在地球外的辐射源作为基准，如标准灯、黑体等卫星搭载的人造辐射源，或恒星、月球等自然辐射源。它们发出的辐射通过卫星的定标光学系统产生响应值，进而与参考值建立转换关系完成定标。这种方法不受大气及地物类型的影响，可进行对遥感器快速、实时的标定，链路简单，具有较高的定标精度。

按辐射定标数据使用的波段不同辐射定标可分为反射波段的辐射定标和发射波段的辐射定标。反射波段的辐射定标是指在 0.36～3μm 的可见光到短波红外波段；发射波段的辐射定标是指大于 3μm 的热红外波段，也称为“热红外定标”。

遥感器自身携带的定标装置称为星上定标器，包括自带标准辐射源、太阳漫反射板、滤光片和偏振器等，受空间运行环境的影响，和传感器辐射特性变化一样，在轨辐射定标系统也会发生变化，这就是多数可见、近红外遥感器未配备在轨辐射定标系统的主要原因。为了能够检测在轨辐射定标系统自身的变化，需要配备更加复杂的系统，使得系统的可靠性下降，而造价明显上升，典型代表是 EOS/MODIS 的在轨星上定标系统。

MODIS 和 ETM+带有太阳漫反射板，进行每轨一次的定标。太阳辐射是很好的天然标准辐射源，引入太阳辐射进行定标，结果比较稳定可靠。但是由于太阳漫反射板直接裸露在太阳风中，造成其反射朗伯性以及反射率的不稳定，为解决这一问题，装备了监测元件，以监测太阳漫反射板的反射性能的变化。

星上定标的优点是可对一些光学遥感进行实时定标，不足的是大部分星上定标都只是部分系统和部分口径定标，没有模拟遥感器的成像状态，星上定标系统也不够稳定，也影响了定标精度。

3．替代定标

对于没有装载星上绝对辐射定标装置的遥感器，往往需要采用替代定标方法，完成其工作生命期内的辐射定标工作。交叉定标不受星上定标设备和地面同步观测条件的限制，实施难度低，且可用于历史卫星数据的再定标分析，对于提高定标频次和实现多源传感器间的数据融合具有重要意义。

星上定标的精度对星上定标设备的稳定性有较高要求，而定标设备性能同样存在性能变化，而且这种变化往往难以预计和测量，使得辐射标准难以传递，从而影响星上定标的精度。可见，发射前定标和星上定标都无法满足对卫星传感器辐射性能进行长时间序列监测和跟踪的需求，对此提出了在轨替代定标方法。在轨替代定标是指除了在轨星上定标以外其他的在轨定标方法，是在卫星运行期间选择地球表面某一区域作为替代目标，通过对替代目标的观测实现传感器定标。替代定标顾名思义就是不通过星上定标器，而是寻找可以替代的目标间接获取入瞳辐射量来实现定标的过程，根据替代目标的类型分为场地定标和交叉定标。

（1）场地定标。

场地定标是指在卫星在轨后，通过选择合适的均匀稳定目标作为辐射定标场地，在卫星传感器过境的同时，用精密仪器进行地面同步测量大气环境参量和地物反射率，利用大气辐射传输模型计算出传感器入瞳处的辐亮度值，建立图像与实际地物间的数学关系，得到定标参数，依赖于同步测量卫星过境的场地地表与大气参数。

场地定标以时间稳定性好、空间均匀性高的场地作为基准源，如敦煌辐射定标场、Dome-C 等（图 4-80），通过测量卫星过境时的场地反射率、辐射率、BRDF 等数据，使用辐射传输模型等工具模拟生成目标遥感器的观测参考值，建立与其实际响应值之间的转换关系，通过比对完成定标。绝大多数传感器的可见光–近红外通道都采用该方法进行过辐射定标，如 CBERS 02 搭载的分段式热红外辐射计（CE312）、FY-3D 搭载的中分辨率光谱成像仪（MERSI-II）等。场地定标技术手段已经比较完善，但是选择定标场及实际进行场地定标时，一般需要专业人员到场对进行严格测量，后续的数据处理过程复杂繁琐，整体消耗人力物力资源较大，并且精度受气候条件的制约，定标不方便且频次低。

(a)

(b)

图 4-80　定标用稳定场地

（a）敦煌定标场；（b）Dome-C 定标场。

还可以利用卫星传感器在不同场景成像的辐射特性定标，如沙漠、海洋、深对流云、极地场景等。这些场景的光谱响应稳定，如利比亚沙漠用于定标 AVHRR、北非沙漠定标 SPOT 图像、敦煌西戈壁沙漠定标 CBERS 图像、美国的白沙导弹靶场常用于高分辨率图像的定标。

（2）交叉定标。

交叉定标是指利用定标精度较高的传感器作为参考，对目标传感器进行定标。其过程中在理论上要满足两卫星遥感器在同一时间、地点、观测几何的条件下，对同一目标进行观测，从而保证两者观测到同一辐射值的目标，来实现定标系数的传递。

当目标遥感器与参考遥感器近似观测同一目标区域时，将参考遥感器的观测值与目标遥感器的响应值建立转换关系完成定标，从而将参考遥感器的高定标精度传递至目标遥感器，同时满足了目标遥感器的国际单位制追溯，如图 4-81 所示。根据目标区域的选取方式不同，可以分为基于场地的交叉定标和基于同时过星下点（Simultaneous Nadir Overpass，SNO）的交叉定标两类。

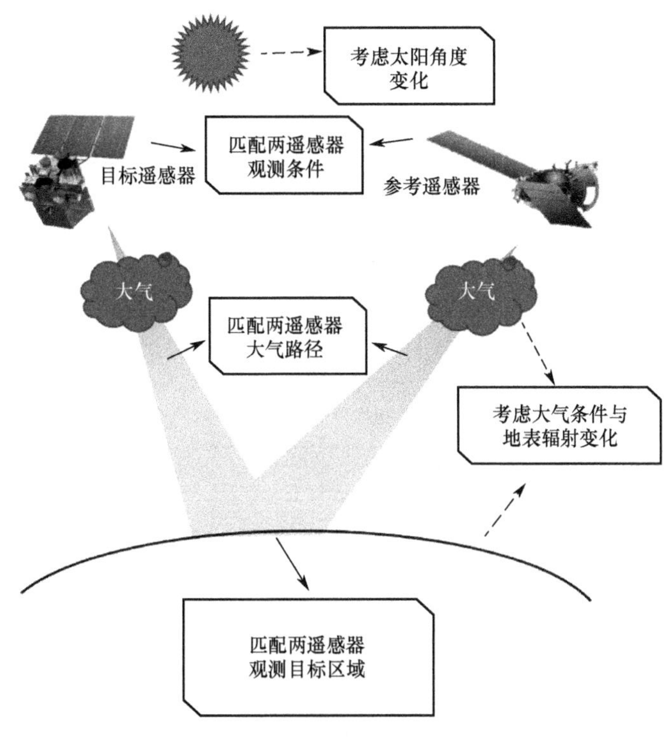

图 4-81　交叉定标示意图

基于场地的交叉定标需要两遥感器对固定的定标场地进行观测，由于所用场地自身的物理特性较为稳定，可以将两遥感器的观测条件差异放宽到一个比较大的阈值，基本满足了所需数据量和定标频次，但仍然没有脱离对于场地的依赖。

基于 SNO 的交叉定标设置了较为严格的观测匹配阈值，使参考遥感器和目标遥感器近似在相同观测条件下同时观测某一区域，在精度损失不大的情况下将参考遥感器的观测值和目标遥感器的响应值建立转换关系。这种方法进一步降低了对场地的要求，只需要目标和基准遥感器的运行轨迹存在交叉区域，并且在设定的匹配阈值下存在满足条件的像元即可，这种方法在可见光、红外等光谱范围内都被证明是十分有效的，而且无须建立地面定标场，操作方便、成本低，可以进行多遥感器之间高精度、高频次的标定，具有更为广泛的应用前景和良好的发展趋势。在 SNO 交叉定标过程中，参考遥感器一般为位于近地轨道（LEO）运行的高光谱遥感器，根据目标遥感器的运行轨道和定标波段的不同，SNO 交叉定标又可分为 LEO 对静止轨道（GEO）卫星遥感器的可见波段定标和红外发射波段定标、LEO 对 LEO 的可见波段定标和红外发射波段定标等多种类别，不同类别的定标流程相似，主要差异在数据选取和单位转换方法的不同。

两个卫星同时过轨道交叉点时的星下点观测数据具有同时同地同目标的观测特性，SNO 方法基于这些数据对比两个遥感器各自的观测数据，评估两遥感器的辐射响应差异，实现待定遥感器基于基准遥感器的绝对辐射定标。交叉定标以具有高定标精度的卫星数据为基准，通过对两传感器观测时间、几何、光谱、大气等方面的匹配与校正，完成对待标定传感器的相对辐射定标。SNO 交叉定标工作流程如图 4-82 所示。

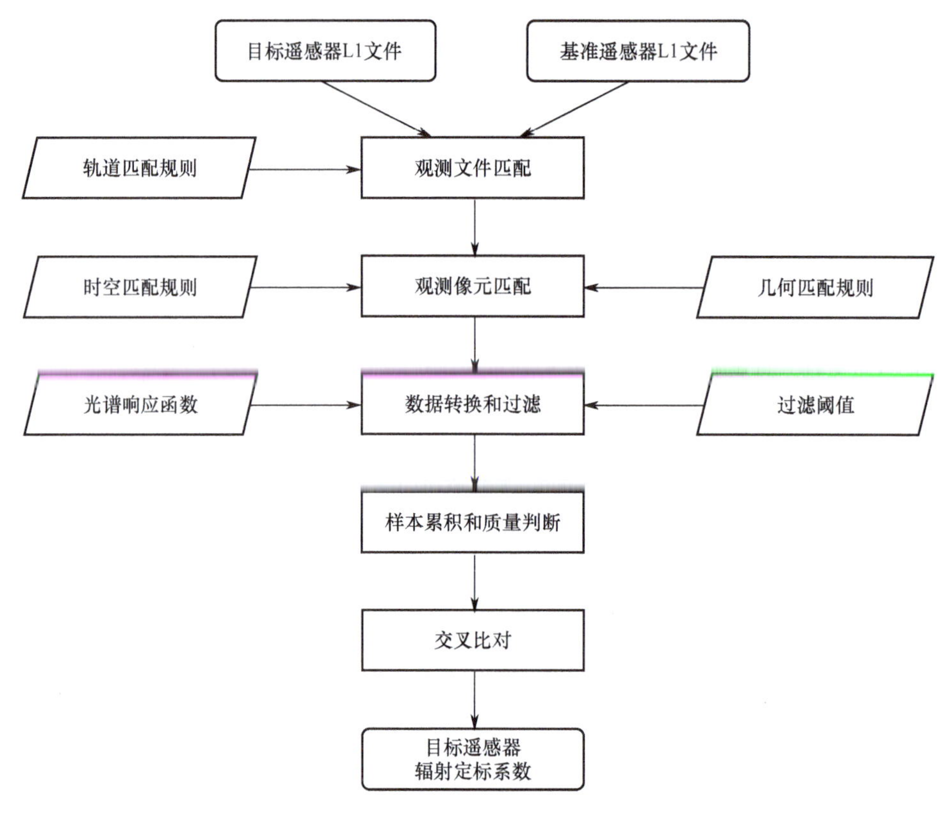

图 4-82 SNO 交叉定标工作流程

4.7.3 辐射定标实例

本节介绍风云三号 A 星中分辨率光谱成像仪（MERSI）反射太阳波段的辐射定标方法。

1. 仪器性能及定标模块

搭载于风云三号系列前 3 颗卫星上的第一代 MERSI 传感器，共有 20 个通道，其中 19 个为反射太阳通道（0.4～2.1μm）和 1 个红外发射通道 （10～12.5μm）。其中通道 1～4、19、20 的光谱带宽为 50nm，通道 6～18 为 20nm，通道 5 为 2μm。MERSI 用 45° 扫描镜并在消旋 K 镜协同下观测地球，每次扫描提供 2900km（跨轨）×10km（沿轨，星下点）刈幅带，实现每日对全球覆盖。它采用多探元（10 或 40 个）并扫，其星下点地面瞬时视场为 250m 或 1000m。MERSI 的星下点分辨率为 250m（通道 1～5）、1000m（其余通道），扫描范围±55.4°，每条扫描线采样点数为 2048（1000m）、8192（250m），量化等级 12bit，可见光和近红外通道定标精度 5%（反射率），红外通道定标精度 1K（270K），具有星上定标功能。

图 4-83 为 MERSI 的两个主要模块，一个是光机模块图（b），另一个是 VOC 星上定标器图（a）。扫描镜为椭圆形镀镍铍平面，表面镀银，能实现宽光谱范围内具有高反射率低散射特性。扫描镜以 40 转/min 的转速连续旋转，地面场景辐射能量经过其反射，照到主镜（入瞳）上，再经视场光阑进入次镜上。经次镜反射的辐射再传到 K 镜作图像消旋，用以消除因扫描镜 45° 旋转及多探元并扫导致的遥感图像旋转。K 镜以扫描镜的一半转速旋转，在连续对地扫描过程中会有两个镜面交替进行。光线经过 K 镜后便是双色分色片组件（由 3 个分色片组成），

随后通过 4 个折射组件经各自的带通滤光片到达 4 个焦平面阵列（FPA）。分色片的作用是实现光谱分离，将 MERSI 探测到的光谱域分成 4 个光谱区，即可见光（VIS，412～565nm）、近红外（NIR，650～1030nm）、短波红外（SWIR，1640～2130nm）以及热红外（TIR，12250nm）。利用被动辐射制冷器，短波红外以及热红外焦平面组件被冷却到 90K 左右。

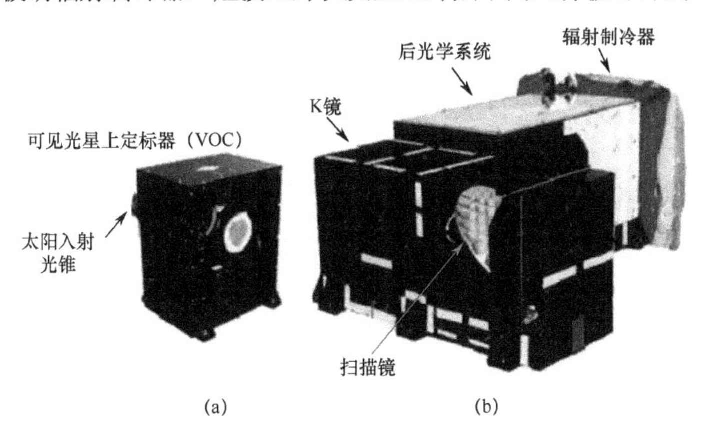

图 4-83 MERSI 两个主要模块组件实物图

（a）为星上定标器；（b）为仪器主光学—机械组件。

MERSI 的设计包括两个可见光星上定标设备：可见红外星上定标器（VOC）和冷空观测（SV），冷空观测得到暗信号。图 4-84 为 VOC 的结构图，它由 3 个主要的光学部件构成：6cm 直径的小型积分球、光线扩束系统、陷阱探测器。积分球内有两个卤钨灯，太阳光可通过入射光锥收集进入积分球内。光线扩束系统包括一个平面镜和一个抛物面反射镜，后者使得从积分球出来的小光束能够充满 MERSI 的大口径。从积分球出射的光束经过平面镜反射到抛物镜上使其成平行光，形成一个准高斯光束，该光束即为 MERSI 的定标光源。陷阱探测器安装在 VOC 的出口边缘，它包括四个硅探测器（470nm、550nm、650nm 和 865nm 通道）和一个无滤光片全色探测器。VOC 安装在 MERSI 仪器主体旁边，便于扫描镜能够扫描 VOC 的出口部分，并在卫星经过南极时能观测太阳光源信号。

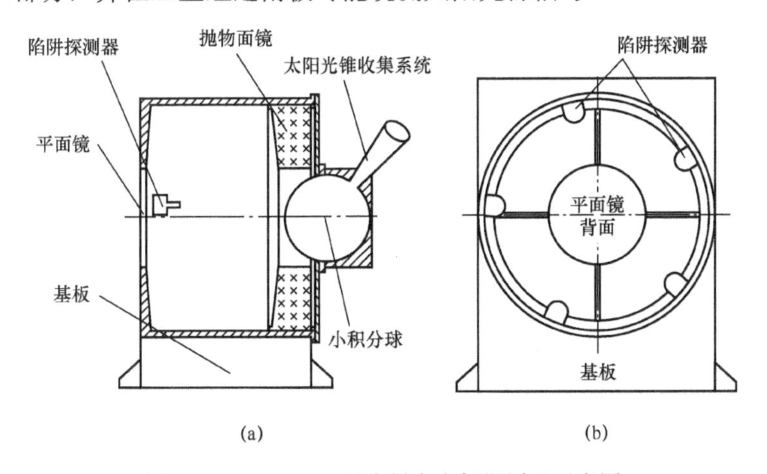

图 4-84 MERSI 可见光星上定标器原理示意图

（a）为纵剖面示意图，定标器由基板、太阳光锥收集系统、小积分球、平面镜、抛物面镜和陷阱探测器组成，MERSI 扫描镜接收来自抛物面镜反射的定标器辐射；（b）为正对 MERSI 扫描镜的前视图。

内置灯或太阳光经小积分球均一后，再由光线扩束系统准直成平行光线，平行光线充满整个 MERSI 口径，被每条扫描线探测到。但是，如果内部灯关闭或太阳光未进入光锥，则 VOC 的辐射输出为零。VOC 被用来监视 MERSI 响应的系统变化，这种变化由 MERSI 的响应衰减和 VOC 自身输出的变化共同引起。因此，VOC 的输出必须单独监测，这由陷阱探测器来完成。陷阱探测器相对稳定，能够直接探测出 VOC 的辐射输出。全孔径星上黑体设计成 V 形槽面，黑体表面通过阳极氧化处理，具有很高的有效发射率。MERSI 除扫描星上黑体外，还扫描冷空信号，从而实现热红外通道的两点法辐射定标。

2．定标方法

对于卫星观测地球场景在大气层顶某波长的表观反射率 ρ_{toa} 由下式计算：

$$\rho_{toa} = \pi L_{toa} / \left(\frac{\mu E_0}{D_{ES}^2} \right) \tag{4-99}$$

式中：L_{toa} 为 MERSI 在太阳反射波段观测的辐亮度值；μ 为太阳天顶角 θs 的余弦值；E_0 为一个天文单位的大气外界太阳辐照度；D_{ES} 为日地天文距离。观测辐亮度（单位为 $W \cdot m^{-2} \cdot sr^{-1} \cdot q\mu m^{-1}$）由下式得到：

$$L_{toa} = (DN - DN_0)k(t) \tag{4-100}$$

式中：DN 为 MERSI 观测计数值；DN_0 为暗背景计数值。对于 MERSI 的每一次扫描，望远镜观测仪器暗内部时得到 DN_0 测量值。$k(t)$为 t 时刻的辐射定标系数。

有两种可能途径来应对仪器定标随时间的变化。第一种通过经常更新定标系数来实现，第二种使用多种定标方法结果来模拟定标随时间的演变。第一种方法需要用到发射前定标系数或星上辐射定标获得的瞬时增益系数。因为瞬时数据的不确定性，该方法可能导致定标系数 k 的波动。MERSI 业务上，通过历史定标数据，模拟定标系数随时间的演变来实现定标更新。MERSI 的一级数据（L1）用户并不需要关心 MERSI 到底采用何种定标方法，只需直接使用 L1 级数据文件中最终的定标系数，把计数值（*DN*）转换为表观反射率。

MERSI 因多探元的响应差异和 K 镜前后两个连续镜面扫描差异，其原始图像显示出明显的各探元之间条纹和两帧之间的条带现象。为提高 MERSI 图像质量和简化辐射定标（即针对各通道而不是逐探元），在辐射定标前要对原始数据做条纹消除处理。通常，有 3 种主要的方法用以消除卫星图像上的逐探元条纹和镜面条带。第一种针对特定频率构造一个滤波器，去掉条纹噪声。第二种方法为小波分析法，近来被用来消除条纹噪声。第三种方法，检测各探元 DN 值的概率分布，并调整它们的分布与参考分布相匹配。前两种方法在业务上较难操作，因此，经验分布函数匹配算法被应用到 MERSI 的资料预处理系统中。该算法假定在一幅大尺度的场景中，各探元观测到地球入射辐射的密度分布函数相同，采用 MERSI 多天（一般 10 天）的全球数据进行累积分布函数离线分析。对某一通道，将各探元 EDF 与参考 EDF 直方图映射匹配，生成一个归一化查算表，将各探元每个 *DNx* 映射到一个参考 *DNx′* 上。每天离线统计查算表并分析它的变化，当发现它的变化超过 5%以及肉眼能看出图像条纹加剧，则更新查算表，通常每 3 个月更新一次。

探元均一化处理或相对辐射定标的目的是为了减少图像条纹效应，它将某一探元作为基准探元，然后通过改变或缩放等手段将其他探元的响应与基准探元匹配。通过图像条纹均一化处理，MERSI 的辐射定标简化到通道级别。探元均一化处理后，将不再考虑多探元等复杂问题，辐射定标仅针对通道进行。

3．发射前室外太阳辐射定标

由于发射前定标和入轨传递过程的不确定性，MERSI 不能提供在轨星上绝对定标基准。MERSI 第一个定标系数是基于室内扫描均匀积分球源的不同能级输出的测量得到。室内定标同时给出了所有通道的初步动态范围，再经过室外太阳定标后进行适当调整。图 4-85 显示了在大理由 MERSI 研制方进行的卫星发射前太阳辐射基定标（Solar-Radiation-Based Calibration，SRBC）照片。SRBC 定标以太阳作为辐照源，MERSI 测量 16 个不同反射率（5%～99%）参考板反射的太阳辐射。联合这些参考板的测量计数值，确定 MERSI 在各通道定标系数。

图 4-85　2006 年 12 月大理 FY-3A/MERSI 发射前室外太阳辐射定标（SRBC）照片

由式（4-100）变换得到 MERSI 的定标系数由下式计算：

$$k(g)=\frac{\bar{L}(\lambda)}{(DN-DN_0)} \tag{4-101}$$

式中，$\bar{L}(\lambda)$ 为 MERSI 观测参考板时在各通道的平均辐亮度值，即

$$\bar{L}(\lambda)=\frac{\int_{\lambda_1}^{\lambda_2}L(\lambda)R(\lambda)\mathrm{d}\lambda}{\int_{\lambda_1}^{\lambda_2}R(\lambda)\mathrm{d}\lambda} \tag{4-102}$$

式中：$R(\lambda)$ 为 MERSI 各通道的光谱响应函数；λ_1 和 λ_2 分别为光谱响应函数的起止波长；$L(\lambda)$ 为参考板太阳反射光谱辐亮度：

$$L(\lambda)=\frac{E_0(\lambda)\cos(\theta_i)}{\pi D^2}F(\theta_i,\lambda)T(\lambda) \tag{4-103}$$

式中：$E_0(\lambda)$ 为大气层顶太阳辐照度；D 为日地天文距离；$F(\theta_i,\lambda)$ 为太阳天顶角 θ_i 时参考板的二向性反射率因子；$T(\lambda)$ 为太阳直接辐射的大气透射率（无量纲）。联合式（4-101）～式（4-103）可求解 k，得：

$$k(g)=\frac{\cos(\theta_i)}{\pi(DN-DN_0)D^2}\frac{\int_{\lambda_1}^{\lambda_2}F(\theta_i,\lambda)E_0(\lambda)T(\lambda)R(\lambda)\mathrm{d}\lambda}{\int_{\lambda_1}^{\lambda_2}R(\lambda)\mathrm{d}\lambda} \tag{4-104}$$

使用太阳光源，通过测量一组参考板为 MERSI 定标，其传感器和电子组件必须放到室

外。MERSI 经过这种真实太阳源地面测试来检验实验室内的增益设置是否适当。同时，室外定标试验还需采用 CE318 太阳光度计测量主要大气成分的透过率。图 4-86 为大气透射率测试结果，它通过太阳光度计测量气溶胶光学厚度，通过插值并联合 MODTRAN 模型得到每个通道大气光谱透过率，也可以使用所有参考板测量的兰勒图（Langley）得到。图 4-87 为 FY-3A/MERSI 第 8 通道的辐射定标系数回归曲线，SRBC 太阳辐射校正定标曲线（接近直线）。室外定标的最大不确定性在于大气透射率和参考板的反射率。SRBC 试验得到的定标系数 $k(g)$可与发射前室内积分球绝对辐射定标系数做对比。用室外太阳光源开展传感器定标的方法也有一些风险和不足，仪器光学部件暴露室外环境容易受到污染。另外，只有天空晴朗并且气溶胶浓度比较低的情况下大气透射率测量才会更加准确。

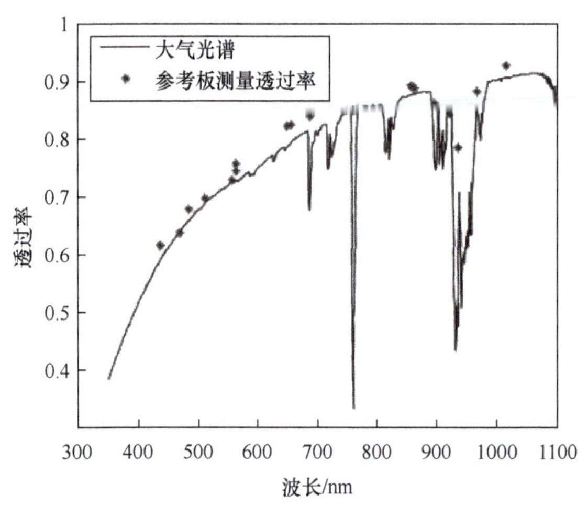

图 4-86 室外定标实验大气透射率测试结果

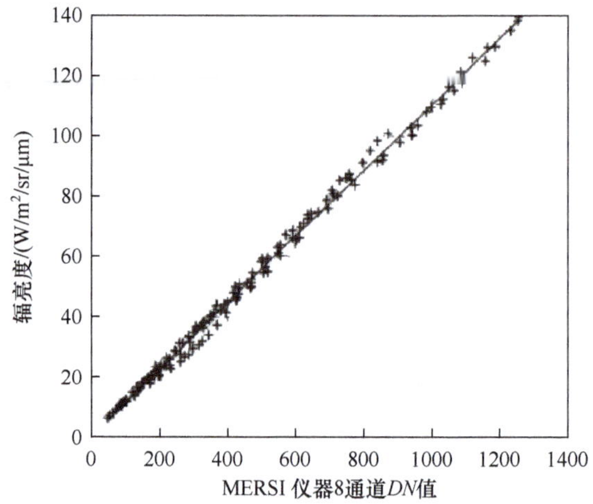

图 4-87 MERSI 第 8 通道辐射输入与 *DN* 值回归图

最后，室外 SRBC 定标结果需要传递到仪器在轨条件下，可见光星上定标器（VOC）通过以下两个步骤提供了这种传递桥梁。第一步，定标器内部定标灯发射前打开时，把室外 SRBC 定标基准转换成 VOC 辐射输出。第二步，在 MERSI 入轨后不久再次测量 VOC 开灯信号，认为此时 VOC 定标灯开启时辐射输出与发射前一致。发射后 MERSI 对 VOC 响应的初始变化被用来调整发射前室外 SRBC 试验得到的定标系数。

因此，最重要的就是评估 MERSI 对 VOC 开灯响应在发射前和 VOC 第一次星上测量的相对变化。MERSI 发射前的室内室外定标和特性测试为上述定标系数调整和数据预处理系统提供了初始输入。数据预处理系统将把仪器观测计数值转换成仪器入瞳辐射值。

4．在轨星上定标

MERSI 入轨后暴露在太空和无大气环境下，必须监测其在轨性能变化。除环境影响因素外，仪器还可能有短期的信号波动，如电源供应的不稳定，或者在 MERSI 冷却的光学元件表面上有冷凝物质逐渐聚集，因此设计一个有效的替代方法来监测仪器在轨性能显得尤为重要。当 FY-3A 数据预处理系统生成地球目标（Earth View，EV）文件的同时，会生成一个星上定标（OBC）数据文件，它包括了仪器在轨工程学和遥测数据。虽然 MERSI 可见光星上定标器不能实现星上绝对辐射定标，但它可以作为一个辐射源用来监视 MERSI 的辐射响应衰减。

VOC 经扩束系统后输出为平行光源，而非漫射源，其辐亮度或辐照度难以精确测量，尽管如此，但它的辐射输出在短时间内相对稳定，可由陷阱探测器监视其长期变化，因此，

VOC可用作监视MERSI响应的相对变化。图4-88显示了MERSI从2008年7月1日到2011年7月15日3年间的辐射响应衰减。陷阱探测器检测到了内部定标灯的照度衰减。图4-88（a）为MERSI在不同日期内部定标灯开启状态VOC的辐射输出变化趋势。为了能与其他替代定标在相同起始日期进行比较，归一化时间点定于2008年7月1日，第一次场地替代定标在2008年9月进行。自2008年7月1日起，VOC定标灯照度输出的衰减率在所有谱段均超过5%，而MERSI仪器小于550nm通道的衰减率超过10%。从MERSI扫描VOC的信号中扣除VOC输出源的变化，推导出了MERSI在所有太阳反射通道的响应衰减率，如图4-88（b）所示，由图可见，卫星发射后响应总衰减率超过10%的有第1（470nm），8（412nm），9（443nm），10（490nm）和11（520nm）波段。最大衰减率在第8通道，3年内衰减近20%。有两个绿光通道（550和565nm）和一个近红外通道（1030nm）衰减率超过5%。在650～980nm的近红外通道较稳定，其3年间的衰减率低于5%。有趣的是在近红外区的一些通道竟有响应不到5%的轻微增加。响应衰减的速率随时间间隔不同而不同，这意味着MERSI设备响应随时间呈非线性变化。第一年衰减率快，一年后衰减速率变慢，并在某些时段有小的起伏波动。

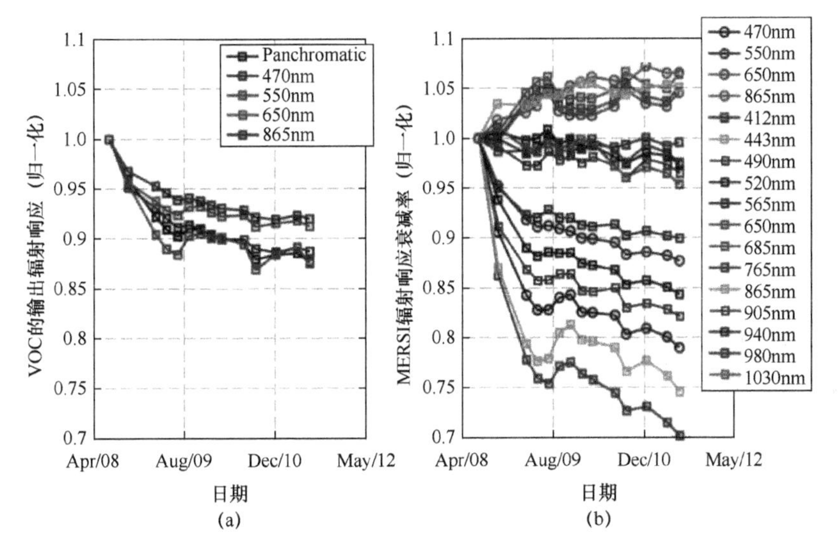

图4-88 VOC监测FY-3A MERSI在2008年7月1日至2011年7月15日期间的辐射响应衰减

（a）VOC的归一化辐射输出（内部定标灯开启时陷阱探测器信号分别在470，550，650和865 nm 4个全色通道）；

（b）MERSI 17个太阳反射通道辐射响应衰减率，由不同日期MERSI扫描内部定标灯开启时VOC的输出得到。

5. 基于敦煌场的场地定标

基于中国辐射校正场敦煌场的替代定标是目前风云系列卫星业务定标的基本手段。场地替代定标不仅用于在轨测试阶段订正发射前部分通道定标的明显偏差，还可用于跟踪在轨传感器辐射响应衰减。自2008年9月起，每年都开展一次敦煌场地MERSI替代定标，定标试验以星地面同步观测进行，获取地面反射率和大气参数（气溶胶、水汽含量、大气廓线）。另外，替代定标也基于部分现场测量进行，这种定标方法仅有大气参数观测而没有地表反射率测量，由于敦煌气象观测站有长期的CE318大气气溶胶观测和气象观测，从而可实现增加定标频次。基于多次敦煌场地替代定标结果，可以推断MERSI各通道在轨衰减情况，在短波波段辐射响应衰减显著，尤其在第1、8、9和10波段，第一年8通道最大衰减率超过15%。这些波段的衰减率在第二年变缓，但在这些短波波段的衰减率依旧较大。因为存在辐射响应衰减，定标系数不定期进行更新，表 4-6 列出了 2010 年的敦煌场地替代定标获得的部分通道定标系数及其衰减情况。

表 4-6　2010 年 8 月敦煌辐射校正场场地替代定标获得的部分通道定标系数（表观反射率/DN）

通道	8/13/10	8/14/10	8/18/10	8/20/10	平均值	标准值	CV/%	09/10/08	总衰减率/%
1	0.0339	0.0343	0.0343	0.0355	0.0345	0.0007	2.0275	0.0312	9.565
2	0.0301	0.0311	0.03	0.0314	0.0306	0.0007	2.2899	0.0295	3.595
3	0.0244	0.0252	0.0245	0.0255	0.0249	0.0005	2.0657	0.0253	−1.606
4	0.0283	0.0292	0.0287	0.0293	0.0289	0.0004	1.1814	0.0299	−3.460
6	0.0175	0.0181	0.0175	0.0181	0.0178	0.0003	1.8889	0.0229	—
7	0.0236	0.0241	0.0237	0.0251	0.0241	0.0007	2.7578	0.0241	—
8	0.0284	0.029	0.0287	0.0298	0.029	0.0006	1.9754	0.023	20.690
9	0.0275	0.0276	0.0277	0.0285	0.0278	0.0004	1.6174	0.0245	11.871
10	0.0257	0.0262	0.026	0.0269	0.0262	0.0005	2.0317	0.0247	5.725

CV：表示一段时间内定标系数的变异系数；总衰减率是指从 2008 年 9 月到 2010 年 8 月两年内的衰减率。

6. 基于敦煌沙漠交叉定标

由于 MODIS 仪器具备较高的定标精度，并且卫星过境局地时间和 FY-3A 相似，故 Terra/MODIS 被选作基准传感器。从 2008 年 7 月至 2010 年底，同时获取了 MERSI 和 Terra/MODIS 同一天在敦煌戈壁沙漠的晴空观测资料。用 6S 辐射传输模型，MODIS 测量的大气层顶反射率被转换为地表反射率，并用地面测量的 BRDF 模型将它们修正到 MERSI 几何观测视角上的反射率。基于敦煌沙漠具有相对平滑反射率光谱的假设，BRDF 修正后的 MODIS 地表反射率数据采用样条插值方法插值成连续反射率光谱，然后利用 MERSI 的光谱响应函数，将插值后的光谱反射率卷积到 MERSI 通道上，并进一步用 6S 辐射传输模型转换成与 MODIS 同样大气状况的大气层顶表观反射率。利用 MERSI 暗太空观测或其他定标点，用匹配数据计算所有太阳反射通道的传感器响应增益（定标系数 Scale 的倒数）。表 4-7 为 MERSI 与 MODIS 在太阳反射波段利用敦煌沙漠场地在选定时段内的交叉定标结果。

表 4-7　FY-3A MERSI 与 TERRA/MODIS 在太阳反射波段 2008 年 7 月-2010 年 12 月的交叉定标结果

表观反射率× $\cos(\theta s)$ = Scale×($DN-DN_0$) (%)				
Scale = ($a+b$ × Days_SinceLaunch) (%/DN)				
通道	a(%/DN)	b(%/DN/天数)	不确定度σ	衰减率(%/a)
1	0.0301	4.157E-06	0.0012	5.04
2	0.0297	1.354E-06	0.0009	1.66
3	0.0245	−1.002E-06	0.0007	−1.49
4	0.0301	−2.065E-06	0.0007	−2.51
6	0.0280	−1.158E-05	0.0046	−15.09
7	0.0225	−2.793E-06	0.0017	−4.53
8	0.0204	7.984E-06	0.0009	14.28
9	0.0229	4.936E-06	0.0012	7.86

（续）

表观反射率× cos(θs) = Scale×($DN-DN_0$) (%)				
Scale = ($a+b$ × Days_SinceLaunch) (%/DN)				
通道	a(%/DN)	b(%/DN/天数)	不确定度σ	衰减率(%/a)
10	0.0239	2.498E-06	0.0008	3.82
11	0.0197	1.551E-06	0.0006	2.86
12	0.0236	6.086E-07	0.0007	0.94
13	0.0225	−8.020E-07	0.0006	−1.3
14	0.0215	−6.217E-07	0.0006	−1.06
15	0.0266	2.747E-07	0.0007	0.38
16	0.0219	−6.553E-07	0.0005	−1.09
17	0.0261	−2.076E-07	0.0016	−0.29
18	0.0365	5.687E-08	0.0071	0.06
19	0.0247	−2.145E-07	0.0014	−0.32
20	0.0276	1.797E-06	0.0007	2.37

注：* Days_SinceLaunch = Day Count since FY-3A Launched @ 2008-05-27

由表 4-7 可见，短波通道的响应增益（1/Scale）在两年中始终有明显的衰减。如果假定这种衰减近似线性的话（但 VOC 结果不太支持），增益的线性回归可揭示仪器的衰减率，围绕线性回归直线（标准偏差 σ）的波动反映出定标系数的不确定性。对水汽吸收通道（第 17、18 和 19 通道）的沙漠交叉定标方法，其不确定性太大以至不能接受。第 8、9 通道与其他定标方法得到的衰减率一致，第 1、2、10 和 11 通道有中等程度的衰减，其他通道衰减不到 2%，增益近似稳定。

卫星传感器的精确辐射定标是定量遥感的基础，辐射定标精度限制了遥感数据的应用需求，MERSI 的定标跟踪和验证方法，为它的产品反演和定量应用提供了重要信息，积累了仪器维护和定标系数在轨更新经验。未来还将不断深入研究，进一步提升辐射定标精度。

习题与思考题

1. 为什么要进行余弦修正？通过哪些方式实现？
2. 校正滤光片的作用是什么？有哪些形式？
3. 光轨法变照度的原理是什么？
4. 虚像法变照度的原理及其优势是什么？
5. 成像式亮度计为什么要加孔径光阑？
6. 举例说明单光子计数成像系统的应用。
7. 分析材料比辐射率对于测温的影响。
8. 表观温度有哪些类型？分别适用于什么类型的测温场合？
9. 场镜的作用是什么？
10. 阐述光锥的孔径角定义及其计算方法，说明在应用光锥时对入射光有什么限制条件。
11. 辐射计有哪些类型？对比说明其差异。
12. 为什么要对遥感仪器进行辐射定标，有哪些方法？
13. 查询并阐述一种遥感仪器辐射定标实例。
14. CCD 是否可以实现测温？思考 CCD 测温基本原理及可测量温度范围为多少？

第 5 章　光谱检测系统

光辐射从发射、传播、各种效应（干涉、衍射、偏振），在界面上的反射、折射、透射、散射、甚至被物质的吸收而转换为其他能量形式，各种过程都存在着与光谱的联系，研究光谱特性是掌握各种过程规律的重要手段。观测物质产生的光谱，根据光谱产生的条件、光谱的频率和强度变化等方面的观测数据，可直接获得有关物质的成分、含量、结构、表面状态、运动情况、化学或生化反应过程等方面的信息。

当物质与辐射能相互作用时，其内部的电子、质子等粒子发生能级跃迁，对所产生的辐射能强度随波长（或相应单位）变化作图而得到光谱。利用物质的光谱可以进行定性、定量和结构分析。发射光谱法、吸收光谱法和散射光谱法是光谱法的 3 种基本类型，在药物分析、化工分析、卫生分析、生化检验等诸多领域有极广泛的应用。利用物质的发射光谱进行定性、定量分析的方法称为发射光谱法。常见的发射光谱法有原子发射、原子荧光、分子荧光和磷光光谱法等。吸收光谱是指物质吸收相应的辐射能而产生的光谱。其产生的必要条件是所提供的辐射能量恰好满足该吸收物质两能级间跃迁所需的能量。利用物质的吸收光谱进行定性、定量及结构分析的方法称为吸收光谱法。根据物质对不同波长的辐射能的吸收，建立了各种吸收光谱法，如原子吸收光谱、分子吸收光谱法。根据照射辐射的波谱区域不同，分子吸收光谱法可分为紫外分光光度法、可见分光光度法和红外分光光度法等。当光照射到物质上时，会发生非弹性散射，在散射光中除有与激发光波长相同的弹性成分（瑞利散射）外，还有比激发光波长长的成分和短的成分，后一现象统称为拉曼效应，所产生的光谱被称为拉曼光谱或拉曼散射光谱。太赫兹是新兴的分析技术，介于微波与红外之间，属于远红外波段，因具有独特的性质能够进行多方面光电信息检测。

5.1　常用光谱仪器

光谱仪器是用光学原理分析光谱分布的基本设备，通过应用光的色散、衍射或光学调制原理，将不同频率的光辐射按照一定的规律分解开，形成光谱，并对光谱的强度进行测量，得到光谱图。光谱仪器是光谱特性测量实验中不可或缺的仪器，常用的光谱仪器有单色仪、辐射计、光谱仪（也称为分光光度计）。可以用如下主要特征进行这 3 类仪器的区分：单色仪带光源，辐射计带接收器，光谱仪既带光源又带接收器。从用途方面，单色仪用于产生单色光；光谱辐射计可用于测定各种目标或待测物体的反射或辐射光谱；分光光度计（光谱仪） 可用于测定待测物体的光谱透射比或反射比。光谱仪类型较多，除了常规光谱仪，还有傅里叶变换光谱仪、成像光谱仪等。

5.1.1　单色仪

单色仪是常用的基本光谱仪器。研究任何过程的光谱特性都离不开单色光，可以通过棱镜、光栅、滤光片等方法获得单色光。

1. 棱镜单色仪

棱镜单色仪主要基于棱镜的分光作用，从多波段辐射中获取单一波长，光路如图 5-1。辐射光源发出的光通过狭缝 s_1 后经准直镜 L_1 后形成平行光入射到棱镜，不同入射光的折射率 n_λ不同，出射时形成色散谱，经聚焦镜 L_2 后汇聚在焦平面不同位置上，在焦平面放置狭缝 s_2，则出射光仅为单一波长的光。

光谱棱镜是一个顶角为α的等腰三角形棱镜，如图 5-2 所示。光束的入射方向和出射方向的夹角δ为偏向角。理论分析可以得到，在最小偏向角时光路对称，内部光平行于底边传播，像质最好，目前采用棱镜作为分光元件的仪器均使棱镜处于最小偏向角状态工作。此时，可以得到$i'=\alpha/2$，$i=(\delta+\alpha)/2$。

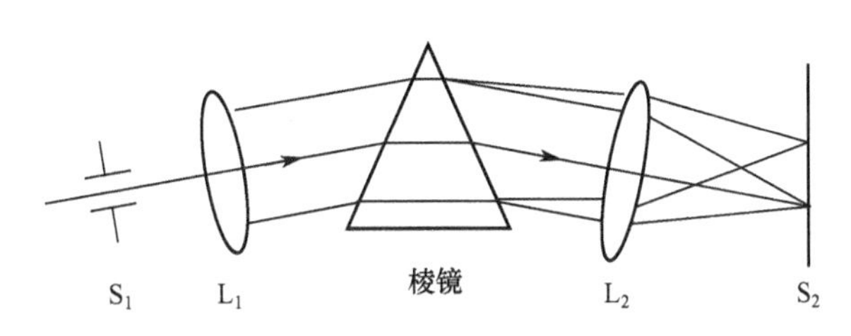

图 5-1 棱镜单色仪光路图

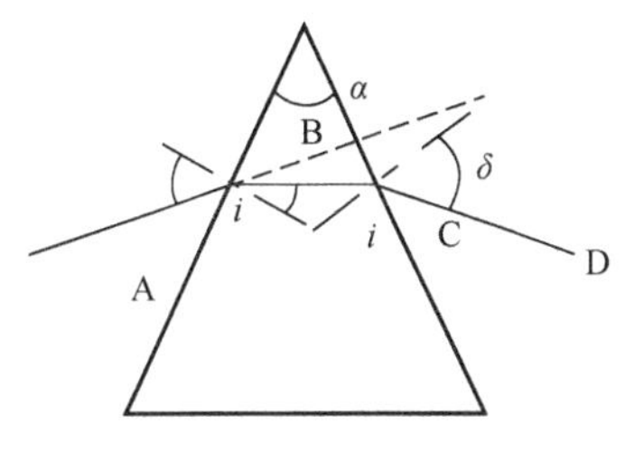

图 5-2 棱镜光路

棱镜色散率表明不同波长的光在经棱镜后出射光彼此分开的程度，常用角色散率或线色散率来表示。不同波长的单色光经过棱镜后有不同的偏向角δ，$\mathrm{d}\delta/\mathrm{d}\lambda$为棱镜角色散率。根据折射定律，分析可得角色散率如下

$$n\sin\frac{\alpha}{2}=\sin\frac{\alpha+\delta}{2} \tag{5-1}$$

$$\frac{\mathrm{d}n}{\mathrm{d}\lambda}\sin\frac{\alpha}{2}=\frac{1}{2}\frac{\mathrm{d}\delta}{\mathrm{d}\lambda}\cos\frac{\alpha+\delta}{2} \tag{5-2}$$

$$\frac{\mathrm{d}\delta}{\mathrm{d}\lambda}=\frac{2\sin\dfrac{\alpha}{2}}{\sqrt{1-n^2\sin^2\dfrac{\alpha}{2}}}\frac{\mathrm{d}n}{\mathrm{d}\lambda} \tag{5-3}$$

由式（5-3）可以看出，增加色散的途径如下：

（1）增加棱镜数，让光路多次通过棱镜；

（2）增加 $\mathrm{d}n/\mathrm{d}\lambda$，因此可以增大折射率 n；

（3）增大棱镜顶角α，但是增加不能太大，因为随着波长的减小，折射率增加，因此在第二折射面短波光可能产生全反射。

线色散与第二物镜焦距 f_2 有关，表示在第二物镜焦面上单位波长间隔分开的线距离，用 $\mathrm{d}L/\mathrm{d}\lambda$表示，单位为 mm/μm 或 mm/nm，与角色散之间的关系为

$$\frac{\mathrm{d}L}{\mathrm{d}\lambda}=\frac{\mathrm{d}\delta}{\mathrm{d}\lambda}f_2 \tag{5-4}$$

实用中常用 $\mathrm{d}\lambda/\mathrm{d}L$ 表示线色散，指的是单位长度内的光谱间隔，单位为μm/mm 或 nm/mm。

棱镜单色仪主要由光源、入射准直管、分光元件、出射准直管组成，一般结构如图 5-3 所示。从角色散考虑，对棱镜材料要求：折射率 n 应比较大，且 $\mathrm{d}n/\mathrm{d}\lambda$也应该大比较好；另一方面，在棱镜光谱仪中，被测光必须透过棱镜，必须对一定波长范围的光有很好的透射性

能。一般而言，分光棱镜的材质确定了单色仪的工作波长。材质为玻璃：则工作在可见至近红外波段，石英材质棱镜单色仪工作在紫外至近红外波段，晶体棱镜可工作于中远红外，如 NaF、CaF。反射镜作准直镜可消色差，离轴抛物面效果更好，如用球面会有球差。狭缝作为光源输入和单色光输出，入缝、出缝宽度都影响单色性，越宽输出光的单色性越差。缝宽一般在 0.01～3mm 之间。窄缝光谱纯度好，但功率下降，因此用缝在高度上给予补充，光源采用线状以提高传输效率。单色仪工作时，转动反光–分光棱镜组件，使输出的单色光恰处于最小偏向角的情况，从而在出射狭缝处得到波长不同的单色光。可以利用光电探测器记录这些单色光的强度。

2．光栅单色仪

与棱镜分光不同，光栅分光是通过衍射来实现复色光的分解。与棱镜光谱仪相比，光栅光谱仪具有更高的分辨率和色散率。衍射光栅可以工作于从数十埃到数百微米的整个光学波段，比色散棱镜的工作波长范围宽。此外，在一定范围内，光栅所产生的是均排光谱，比棱镜光谱的线性要好得多，因此，在光谱测量工作中，光栅光谱仪有着更为广泛的应用。

（1）色谱形成。

衍射光栅是光栅光谱仪的核心色散器件，是在一块平整的玻璃或金属片的表面刻划出一系列平行、等宽、等距的刻线，就制成了一块透射式或反射式的衍射光栅。通常刻线密度为每毫米数百至数十万条，刻线方向与光谱仪狭缝平行，有阶梯、平面、凹面类型光栅。单色光的产生是基于不同刻线的光程差，如图 5-4 所示。对于入射角为 i，出射角为θ的光，相干条件为

$$d(\sin i \pm \sin\theta) = m\lambda \tag{5-5}$$

式中：d 为相邻刻线的间距，也称为光栅常数；m 为干涉主极大级数，也称为衍射级次，入射光和反射光处于光栅面法线同侧时取正号，异侧时取负号。

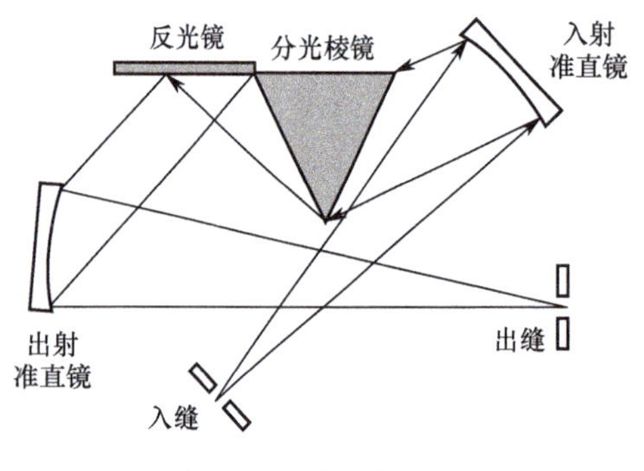

图 5-3　棱镜单色仪结构

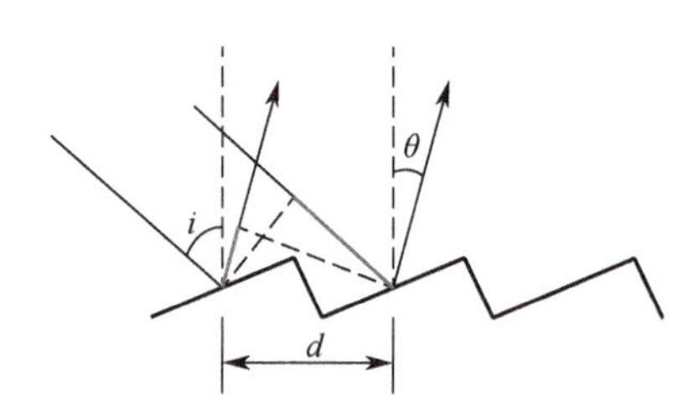

图 5-4　光栅色散示意图

根据光栅方程，可以分析出在单色光、复色光入射的情况下，光栅衍射光的特点：

① 单色光入射时，光栅将在（$2m$+1）个方向上产生相应级次的衍射光。其中只有 m=0 的零级衍射光才是符合反射定律的光束方向，其他各级衍射光均对称地分布在零级衍射光的两侧，且级次越高的衍射光，离零级衍射越远。

② 复色光入射时，同样产生（$2m$+1）个级次的衍射光。但是，在同一级衍射光中，波长不同的光衍射角又各不相同，长波光的衍射角较大。就是说，复色光经光栅衍射后产生的是（$2m$+1）个级次的光谱，当 m=0 时，不管什么波长都将在$\theta_m=\theta_0$ 的方向衍射出来，即零级光谱是没有色散的。

图 5-5 为典型光栅单色仪结构。

角色散 $\mathrm{d}\theta/\mathrm{d}\lambda$可通过下式计算

$$\frac{\mathrm{d}\theta}{\mathrm{d}\lambda}=\frac{m}{d\cos\theta} \tag{5-6}$$

根据相干条件

$$\frac{(\sin i\pm\sin\theta)}{\lambda}=\frac{m}{d} \tag{5-7}$$

将其代入式（5-6），可得

$$\frac{\mathrm{d}\theta}{\mathrm{d}\lambda}=\frac{1}{\lambda}\frac{\sin i\pm\sin\theta}{\cos\theta} \tag{5-8}$$

线色散可以表示为

$$\frac{\mathrm{d}l}{\mathrm{d}\lambda}=\frac{m}{d\cos\theta}f \tag{5-9}$$

由上述分析可看出，角色散不仅与入射角 i 有关，且与衍射角θ有关。因此，若要增大色散，可以通过以下途径：增大衍射角θ，则角色散增加；增大波长，则角色散减小；增大干涉级数，则角色散增大。

理论上，各级光谱是完全重叠的，即波长为λ的一级衍射光，将和波长为λ/m 的 m 级衍射光出现在同一衍射方向上，同时也由于 $m_1\lambda_1= m_2\lambda_2$，会产生不同波长的光谱重叠。对此问题的解决办法为：在可见光区，可用滤光片配合输出；在红外区，可以附加棱镜或光栅单色仪；利用探测器光谱响应进行分离。

单色仪的基本特征是单色度（即从出射狭缝出射的单色光束具有一定的光谱区间宽度）和出射单色光束的强度大小。单色仪这两个特征是相互联系的，出射的光谱区间越窄，则出射的光强度越弱。因此，在选择单色仪结构时，必须根据需要正确选择。在实际使用中由于各种条件的限制，单色仪出射的光束总有一定的光谱宽度，这一光谱区间宽度的窄或宽（亦即单色度的好或坏）主要受狭缝宽度、衍射及像差等因素的影响。

（2）其他类型光栅。

① 闪耀光栅。

平面光栅能量集中在 0 级，却不能产生色散，一级尚可，二级以上能量就很小了。为了将光能量集中到可产生色散的某级条纹上去，采用阶梯光栅，且将 i 与θ置于同侧，如图 5-6 所示。此时，对于镜面入射角衍射角均为β，镜面反射符合能量最大。控制刻槽平面和光栅平面之间的夹角α，使每个刻槽平面就好像一面镜子把光能高度集中到一个方向去。

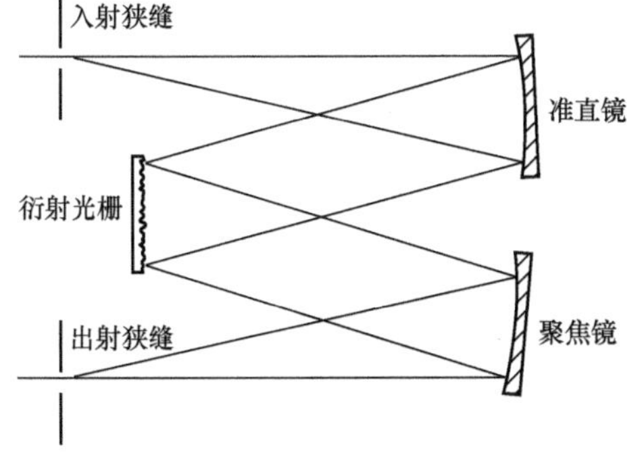

图 5-5　典型光栅单色仪结构

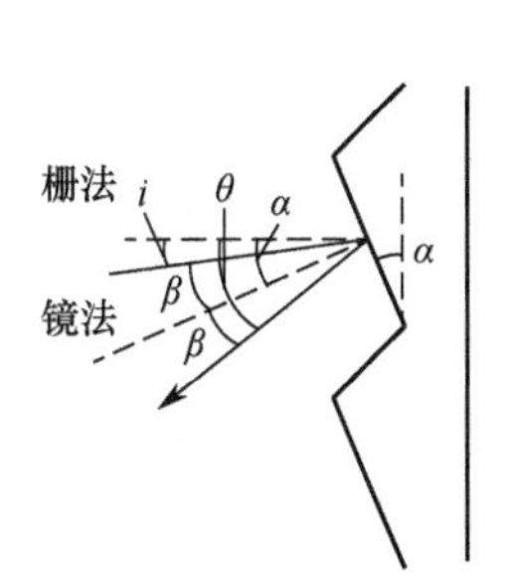

图 5-6　闪耀光栅示意图

也就是说，当光栅刻划成锯齿形的线槽断面时，光栅的光能量便集中在预定的方向上，即某一光谱级上。从这个方向探测时，光谱的强度最大，这种现象称为闪耀，这种光栅称为闪耀光栅。在这样刻成的闪耀光栅中，起衍射作用的槽面是个光滑的平面，它与光栅的表面夹角，称为闪耀角。最大光强度所对应的波长，称为闪耀波长。通过闪耀角的设计，可以使光栅适用于某一特定波段的某一级光谱。

如果使 $i=\alpha-\beta$，$\theta=\alpha+\beta$。固定 i，当$\beta=0$ 时，$i=\theta=\alpha$，此时为最佳匹配位置。此时，有如下关系

$$d(\sin\alpha+\sin\alpha)=m\lambda \tag{5-10}$$

可以根据此式计算闪耀波长λ_B。例如当$\alpha=9.5°$，$m=1$ 时，如果刻线为 1200/mm，即 $d=0.833$，则$\lambda_B=0.275\mu m$；若每毫米分别为 600、100、50 刻线，则对应λ_B 分别为 0.55μm、3.3μm、6.6μm。因此，单色仪控制改变不同的光栅刻线可以实现不同波段的闪耀波长输出。

② 凹面光栅。

凹面光栅为在半径为 r 的半球内侧刻划一系列平行刻槽而制成。此类光栅除具有分光作用，也具有准直与聚焦作用，因此分光系统中不需要汇聚透镜等光学部件。如图 5-7 所示，设置罗兰圆直径等于光栅表面曲率半径，此时由罗兰圆上的光源 S 发出的到达凹面光栅的任意位置的光，均会汇聚到以光栅的曲率半径为直径的罗兰圆相同的点，因此无须透镜实现不同级衍射光的汇聚。凹面光栅的问世不仅简化了光谱仪器的结构，而且还提高了它的性能。

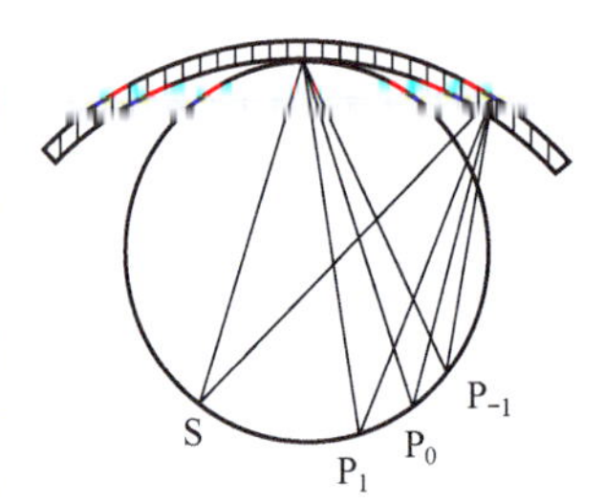

图 5-7　凹面光栅工作模式

3．单色仪的标定

单色仪色散元件的转动机构一般在单色仪的外部，棱镜或光栅的位置可在外部的鼓轮上读出。对光栅来说，转动的角度和波长之间呈线性关系，因而鼓轮的刻度直接以波长标出。但是对棱镜单色仪来说，常要作出鼓轮刻度和波长之间的关系曲线，即单色仪定标。

检验光栅单色仪的波长读数是否正确以及制作棱镜单色仪的定标曲线，都是依靠已知其谱线波长的光源来进行的。在可见光区，可用读数显微镜在出射缝 s_2 处观察经单色仪分光后的谱线，读数显微镜的十字准线对准出射缝的中央，在看清谱线的前提下尽量减小入射缝。转动鼓轮，记录各谱线与准线重合时的鼓轮读数和相应波长，重复测量几次，取平均值，然后作单色仪的校正曲线。

在紫外区和红外区，在出射缝处以一物理探测器代替人眼，重复上述过程。但这时出射缝也必须开得很小，以免有几条谱线同时进入探测器。波长定标最常用的光源是汞灯和镉灯，表 5-1 给出汞灯主要发射谱线波长及相对强度值。

表 5-1　汞灯的主要谱线波长

颜色	波长 Å	相对强度 *BH*
深紫	4046.7	7
紫	4077.8	5
蓝紫	4358.3	10
绿紫	4916.0	8
绿	5460.7	10
黄	5769.6	10
红	6234.4	7
深红	6907.2	7

5.1.2　光谱辐射计

辐射计是在宽光谱区间测量辐射通量的装置，光谱辐射计则是在窄光谱区间测量光谱辐射通量的装置。光谱辐射计常用于测定各种目标或待测物的反射或辐射光谱。图 5-8 给出了光谱辐射计的结构示意图，光谱辐射计主要由光学接收系统、产生窄谱带辐射的单色仪和测量辐射通量的辐射计组成。

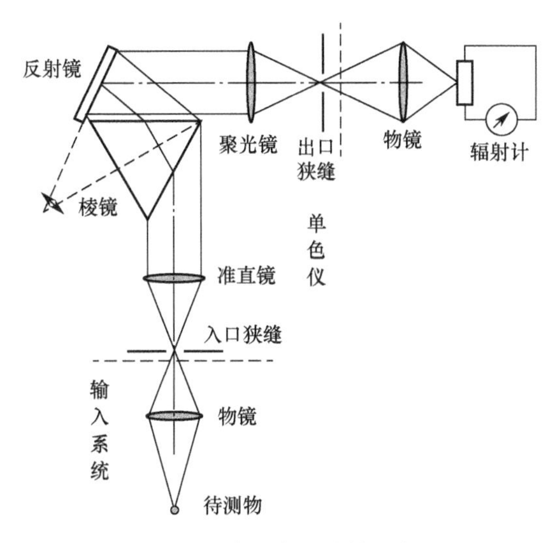

图 5-8　光谱辐射计结构示意图

图 5-8 中为棱镜式单色仪，且准聚镜均为折射式，要考虑材料的光谱透过率问题，准聚镜可采用反射式，棱镜按所测光谱区选择，也可换为光栅单色仪，闪耀光栅凹槽数要选择。待测物采样是输入系统的重点工作，关键是要将距离远近不同的待测物聚焦成像到入口狭缝上，同时还要以准直镜对狭缝相同的孔径角（光锥）入射。入射孔径角过大，无用且增加杂散光；入射孔径角过小，增大了衍射斑，分辨力下降。图 5-8 中的辐射计只是示意，按测量需要增加应有部件，如调制器、二次光学元件、测温系统及相应的处理电路等。

从待测物发出的辐射通量被光学接收系统接收，经棱镜色散成光谱，通过单色仪出射狭缝的辐射透射到探测器上。出射狭缝宽度决定了通过单色仪的光谱宽度。依靠棱镜和反射镜组合的旋转，可以改变通过出射狭缝的波长，因而整个光谱辐射计就可以给出光源的辐射通量的光谱分布，即辐射通量随波长的变化。

5.1.3　分光光度计

分光光度计又称光谱仪，是进行光谱测量的基本设备，主要测定待测物的光谱透射比或反射比。分光光度计同时具有分光及光度测量作用。分光光度计可分为测量吸收光谱的紫外、可见、红外分光光度计和原子吸收分光光度计，测量荧光光谱的荧光分光光度计，测量拉曼光谱的激光拉曼分光光度计这几种。在这些分光光度计中，虽然作用原理、应用范围并不相同，但是基本结构大致相同，一般由辐射源、单色仪、样品室、探测器、放大器和显示记录器等组成，其基本结构与基本工作原理如图 5-9 所示。

分光光度计根据其结构特征又可分为单光束分光光度计和双光束分光光度计两种。单光束分光光度计从光源到探测器只有一条光路或通道，通过变换标准样品和被测样品的位置，使其分别进入光路，在标准样品进入光路时，调零（使透射率为 100%），然后将被测样品推入光路，即可得出被测样品的透光度或吸光度。

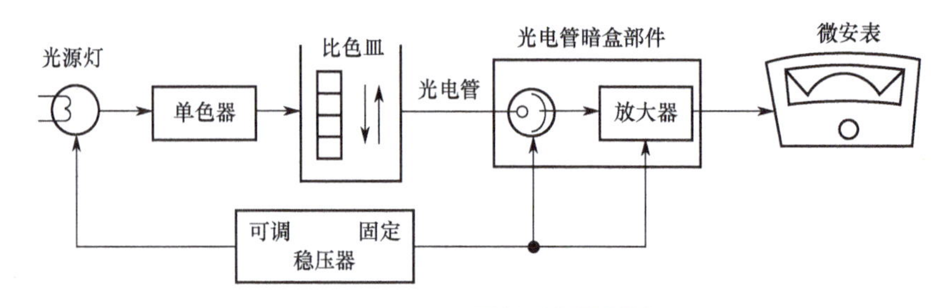

图 5-9　分光光度计工作原理图

双光束分光光度计是使用最多、性能较完善的一类分光光度计，如图 5-10 所示，包含双光路样品测试系统、单色仪、比较辐射计 3 部分。从光源到探测器有样品光路和参比光路两条光路，被测样品置于样品光路，参比物置于参比光路，两者同时测量，然后比对，可以消除因光源、探测器不稳定而引入的误差。单色仪利用棱镜两次透射，使得色散增加一倍；比较辐射计用于测定 2 路光差别。

双光束分光光度计光路设计与单光束相比的差别是：在样品室和单色仪、样品室和探测器之间加了同步转动的斩波器。斩波器为圆形，为透光、反射相间的调制盘，如图 5-11 所示。斩波器以一定频率把一个光束交替分成两路，反射一路为样品光路，透射一路为参比光路，探测器交替接收参比信号和样品信号。双光路为平衡的 2 束光，样品盒有待测材料 τ_λ 时，光路失衡，可以用光楔 w 补偿至双路输出平衡。此时光楔的改变量与透过率之间存在关联，可以根据光楔调整值得出透过率。如果不用比较辐射计和光楔也可实现测量，直接将探测器获得的双路信号通过计算处理后获得被测样品的透光度和吸光度。

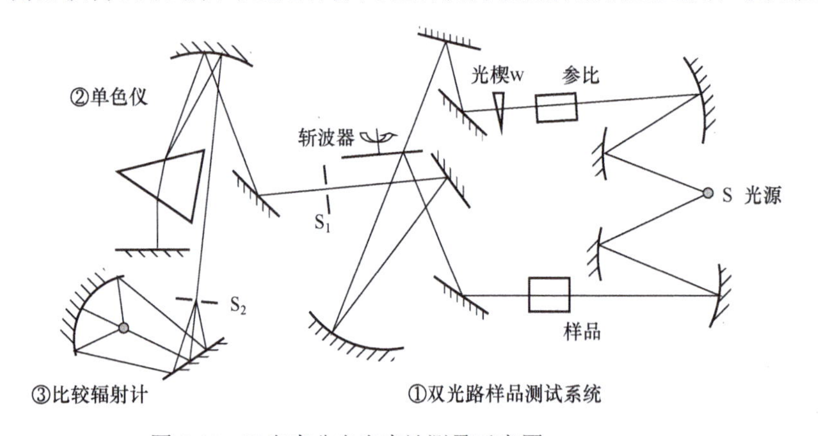

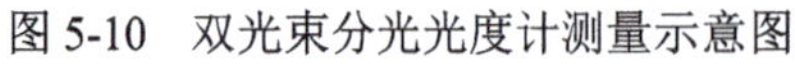

图 5-10　双光束分光光度计测量示意图

图 5-11　调制斩波器

5.1.4　傅里叶变换光谱仪

随着近代科学技术迅速发展，以光栅、棱镜等为色散元件的分光系统的经典光谱仪在许多方面难以满足需要，例如在远红外区由于能量很弱，用这类光谱不能得到理想的光谱，此外这类光谱仪的扫描速度过慢，使得一些动态研究以及和色谱仪等其他仪器的连用遇到困难。随着光学和计算机技术的极速发展，发展起基于干涉调制分光的傅里叶变换光谱仪。

1．工作原理

傅里叶光谱方法，是利用干涉图和光谱图之间的对应关系，通过测量干涉图和对干涉图进行傅里叶积分变换的方法来测定和研究光谱图。与传统的色散型光谱仪相比，它能同时测量，记录所有光谱的信息，并以更高的效率采集来自光源的辐射能量，从而使其具有比传统光谱仪高得多的信噪比和分辨率，成为目前红外和远红外波段中最有力的光谱工具。

傅里叶变换光谱仪是在迈克尔逊干涉仪的基础上利用傅里叶变换技术发展起来的，是根据干涉效应来分析光谱分布的仪器。如图 5-12 所示。由于不同波长干涉亮纹要求的光程差不同，M_1 匀速移动，各波长干涉亮纹不断出现，不同波长干涉级产生的数目不同，随距离变化产生干涉级的频率不同。探测器 D 将综合光信号转变为电信号（这一关系符合傅里叶变换），通过对信号频谱进行分析，得出光谱分布。

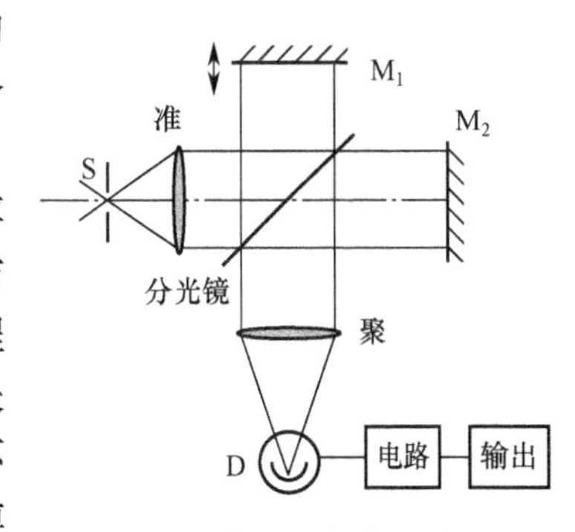

图 5-12　傅里叶光谱仪原理图

2．数学关系

对于入射单色光波长λ，其亮度为 L_λ，则探测器接收的辐射通量Φ_λ为相位差δ的 2 束光的干涉量，它们之间存在如下关系

$$\Phi_\lambda \propto L_\lambda \cos^2 \frac{\delta}{2} \tag{5-11}$$

用光程差Δ代替相位差δ，波数 v 代替λ，$v=1/\lambda$，根据

$$\delta = 2\pi v \Delta \tag{5-12}$$

$$\cos^2 \alpha = 1 + \cos 2\alpha \tag{5-13}$$

可得

$$\Phi_\lambda \propto L_\lambda + L_\lambda \cos(2\pi v \Delta) \tag{5-14}$$

复合光为不同 v 对应不同频率的余弦函数，则

$$\mathrm{d}\Phi_v \propto L(v)\mathrm{d}v + L(v)\cos(2\pi v \Delta)\mathrm{d}v \tag{5-15}$$

D 接收总通量

$$\Phi \propto \int_0^\infty \mathrm{d}\Phi_v = \int_0^\infty L(v)\mathrm{d}v + \int_0^\infty L(v)\cos(2\pi v \Delta)\mathrm{d}v \tag{5-16}$$

变化量为

$$\Phi(\Delta) \propto \int_0^\infty L(v)\cos(2\pi v \Delta)\mathrm{d}v \tag{5-17}$$

可看出，干涉条纹与亮度之间符合傅里叶余弦变换关系。对其进行逆变换，可得亮度值

$$L(v) \propto \int_0^\infty \Phi(\Delta)\cos(2\pi v \Delta)\mathrm{d}v \tag{5-18}$$

3．特点

傅里叶变换光谱仪有如下特点。

（1）多路接收：是一个无单色光出现的光谱仪器，能同时接收工作波段范围内的所有光谱，记录全部光谱的时间与一般色散型仪器记录一个光谱分辨单元的时间相同，在不到 1s 时间内可完成全部光谱扫描。

（2）高通量：一般单色仪为使光谱分辨力较高都采用出入狭缝，而要提高分辨率必须使狭缝的宽度变窄，从而使入射辐射通量受到很大的限制。傅里叶光谱仪则无狭缝，可宽束进行变换，能量收集力较前两种（棱、光栅）提高 2 个数量级以上，因而有更大的辐射通量和更高的测量灵敏度。

（3）高信噪比：在相同的光源和探测器条件下，如果记录一个光谱分辨单元的信噪比为 1，则同时记录 M 个光谱分辨单元的信号将增加 M 倍。由于噪声的随机性质，实际噪声只能增加 $\sqrt{M}$ 倍，总的信噪比可以提高 $M/\sqrt{M}=\sqrt{M}$，因此，大大提高了仪器测量的信噪比。

（4）其他：波长（或波数）准确度高（可达 0.01cm^{-1} 以下）、分辨力高（可达 0.005cm^{-1}）、杂散辐射低（通常低于 0.1%），以及光谱范围较宽（从紫外、可见、近红外直到中、远红外区）的优点。

由于具有上述优点，傅里叶变换光谱仪得到了广泛的应用，一些在色散型光谱仪器上不能进行的测量研究工作，可以在傅里叶变换光谱仪上完成，几乎被用于科学研究和工业部门的每一领域，例如，物理、化学、生物、医药的基础研究，天文观测、空间开发、大气环境污染的检测控制，还可用于产品质量分析、过程参数的检测与控制、半导体的纯度和掺杂物的测量以及计量工作等方面。

多利用傅里叶变换光谱仪获得物质的红外光谱。红外光谱定性分析一般采用两种方法：一种是已知标准物对照法，另一种是标准图谱检索比对法。

（1）已知标准物对照法是标准物和被检物在相同的条件下，分别绘出其红外光谱进行对照，图谱相同，则确认为同一化合物。

（2）标准图谱检索比对法是一个最直接、可靠的方法。根据待测样品的来源、物理常数、分子式以及谱图中的特征谱带，检索比对标准图谱来确定化合物。

在用未知物图谱检索比对标准图谱时，必须注意：

（1）比较所用仪器与绘制的标准图谱在分辨率与精度上的差别，可能导致某些峰的结构有细微差别。

（2）未知物的测绘条件一致，否则图谱会出现很大差别。当测定溶液样品时，溶剂的影响大，测定必须要求一致，以免得出错误结论。若只是浓度不同，只会影响峰的强度而每个峰之间的相对强度是一致的。

（3）应尽可能避免杂质的引入，因为杂质的引入必定干扰特征吸收带。如水的存在会引进水的吸收带等。

5.1.5 成像光谱仪

对于一些特殊情况的目标源的光谱需要同时测出，如闪光灯光谱测量，需要用到多通道光谱仪。在棱镜、光栅光谱仪的出口狭缝附近相对于入口狭缝产生光谱带，用线阵探测器与光谱带耦合，探测器同时接收两维信息（λ，I）；如果入射目标为一线列，要测定各点光谱分布，用面阵探测器接收，获得三维信息；对面目标多个线光谱进行分析，采用光机扫描，单行顺序输入，探测器面阵多帧输出，为四维信息。基于多通道光谱仪的思想类似的成像光谱仪，其原理如图 5-13 所示，在航空航天遥感领域具有广泛应用。

成像光谱技术是光谱分析技术和图像分析技术的结合，同时具备光谱分辨能力和图像分辨能力，如图 5-14 所示。可以对被测物体进行定性、定量、定位分析，利用物体表面成分的光谱差异，可以实现对目标的精确识别和定位，在物质识别、遥感探测、分析诊断等方向具有广泛的应用。

成像光谱仪按波段数目或者光谱分辨率可划分为多光谱成像光谱仪、高光谱成像光谱仪和超高光谱成像光谱仪。成像光谱仪的光谱接收模式有色散型、干涉型和滤光片型，模式的最终选择取决于灵敏度、空间分辨率、光谱分辨率、视场之间的折中。目前常见的成像光谱仪大多为基于分光棱镜、色散棱镜和衍射光栅的色散型成像光谱仪，其中又以采用光栅的色散型成像光谱仪最为突出。

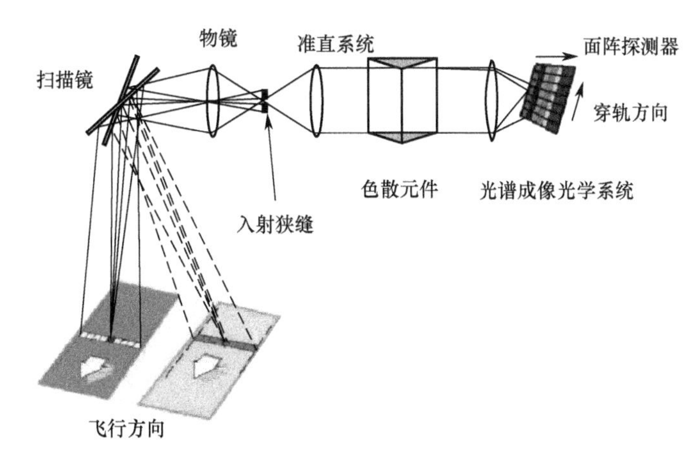

图 5-13　成像光谱仪工作原理

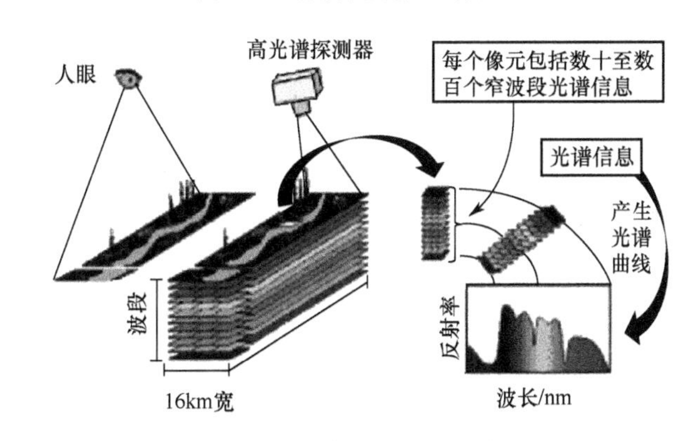

图 5-14　高光谱探测成像

1．色散型成像光谱仪

色散型成像光谱仪包括衍射光栅系统和棱镜系统，其原理是通过光栅或棱镜将来自同一个光源的不同波长的光送入不同的角度，并将它们聚焦在探测器列阵的不同部位，如图 5-15 所示，其原理简洁、性能稳定，可同时获得每一谱线且光谱分辨率高，简化了飞行后数据的处理，应用广泛。色散型成像光谱仪尽管能量利用率低，但通过选择高灵敏度探测器和高效光学系统，可以获得足够灵敏度。在光栅色散系统的实现形式上，凹面光栅由于兼具色散和成像作用，比平面光栅系统结构简单，光学结构紧凑、轻巧，设计简洁，常用于实际外场应用。

2．干涉型成像光谱仪

干涉型成像光谱技术所具有的多通道、高通量和较大的视场角等显著优点，具有良好的发展前景，成为各国学者研究的热点，包括时间调制型和空间调制型。时间调制干涉成像光谱仪，将入射光分裂成两部分，并通过一种可变光程差将这两束光复合，从而产生一幅场景光谱干涉图（图 5-16）。光程差在时间上的变化可通过移动反射镜来实现，具有傅里叶变换光谱仪的优点，如光谱分辨率高、光通量大、光学设计比色散光谱仪简单，以及在探测器噪声受限制的条件下具有优良的性能等。空间调制成像光谱仪是一种推帚式成像，干涉仪沿焦平面列阵的一条轴线产生光程差变化。近期，有研究人员开发了时–空联合调制新型成像光谱仪。

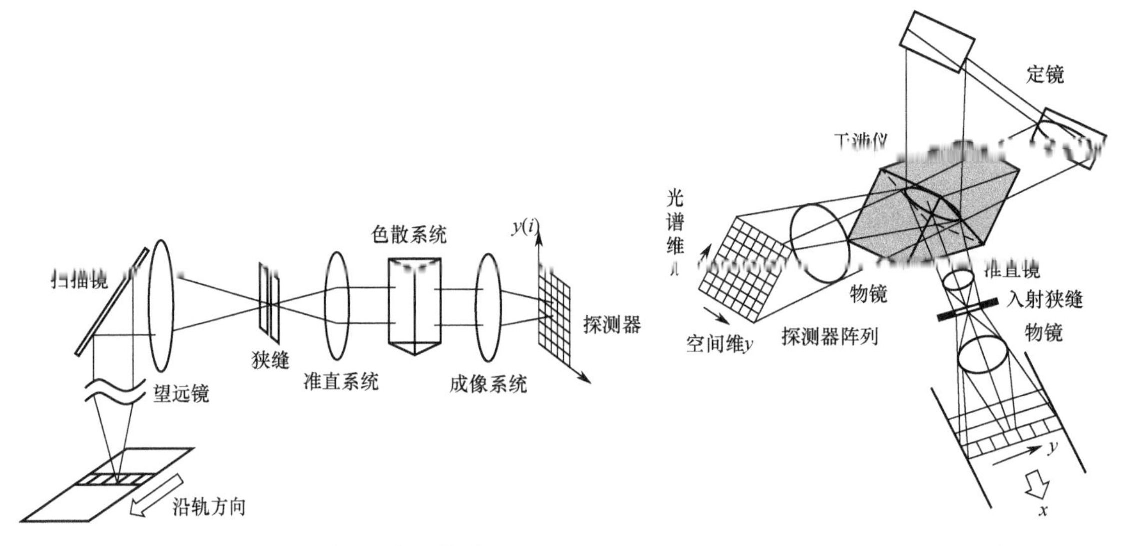

图 5-15　色散型成像光谱系统　　　　图 5-16　时间调制干涉成像光谱仪

3. 成像光谱系统的扫描方式

成像光谱系统的扫描方式有摆扫、推扫、窗扫（图 5-17）。摆扫用于扫描一个场景中的瞬时视场，一个空间像素的光谱分布由线阵探测器同时输出。推扫是对二维场景中的一行像素进行扫描，对于大多数飞机及低地球轨道平台来说，主平台的移动提供沿轨方向的扫描。推扫式比摆扫式更有效，因为它可以瞬时收集场景的大部分数据。就大多数推扫式成像仪而言，机械扫描器是不需要的，以降低仪器的成本和复杂性。一行空间像素的光谱分布由面阵探测器同时输出。窗扫则采用时空调制干涉成像原理，同时获取一个区域的图像光谱数据。

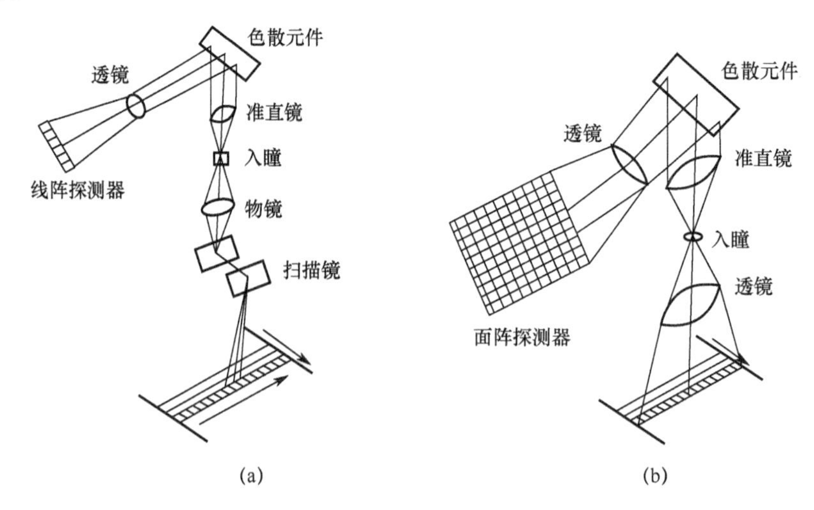

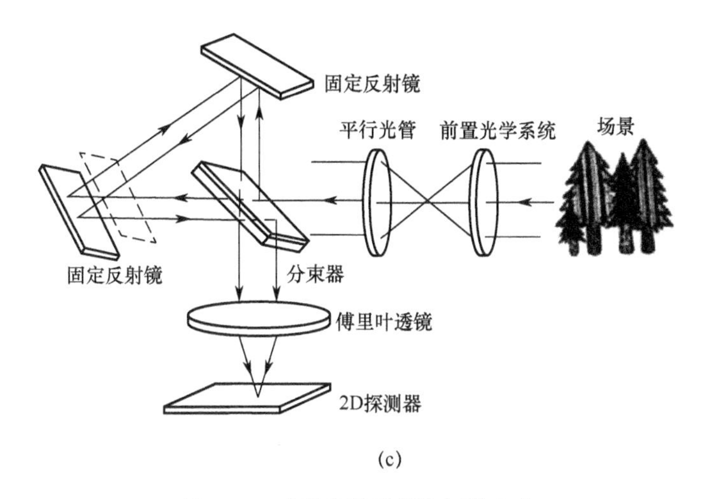

(c)

图 5-17　成像光谱系统的扫描方式

(a) 摆扫式；(b) 推扫式；(c) 窗扫式。

5.2　光谱特性的测量

光谱特性测量应用于各个领域。探测器的光谱响应、辐射源的辐射特性可以利用光谱仪器进行测量。利用吸收光谱可以测定血氧饱和度、脉搏、血糖等参量，基于紫外吸收光谱法可以进行水质分析，基于物质的红外吸收光谱可以进行微量痕迹检测、水果糖度检测等。

5.2.1　探测器光谱响应特性测量

光谱响应度是光电探测器的基本性能参数之一，表征了光电探测器对不同波长入射辐射的响应。通常热探测器的光谱响应较平坦，而光子探测器的光谱响应却具有明显的选择性。一般情况下，以波长为横坐标，以探测器接收到的等能量单色辐射所产生的电信号的相对大小为纵坐标，绘出光电探测器的相对光谱响应曲线。典型的光子探测器和热探测器的光谱响应曲线如图 5-18 所示。

在一定波长下，探测器输出信号电压 $V(\lambda)$ 与入射辐射光通量 $\Phi(\lambda)$ 之比，称为探测器光谱灵敏度 $S(\lambda)$，也称为光谱响应度。

$$S(\lambda)=V(\lambda)/\Phi(\lambda) \tag{5-19}$$

式中，$S(\lambda)$ 的单位为 V/W，V/lm(A/W, A/lm)。光谱灵敏度 $S(\lambda)$ 与波长 λ 的对应关系称为光谱响应，光谱灵敏度 $S(\lambda)$ 与波长 λ 的关系曲线，称为光谱响应曲线。常把光谱响应曲线的最大值定为 100%，求出其他光谱灵敏度对这一最大值的相对值，这样得出的光谱响应曲线，称为相对光谱响应曲线。

在选择光电探测器和辐射源时往往会了解探测器的光谱灵敏度。所使用的光电探测器的光谱灵敏度分布与光源的光谱能量分布一致的情况下，将有助于光探测器性能的发挥，也会获得较高的探测效率。

由定义可知，要测定光谱灵敏度，就要测定探测器输出电压或者电流以及光通量 $\Phi(\lambda)$，探测器输出电压或者电流可以通过探测器后的电路测出，而光通量需要预先标定或在测试过程中标定。$\Phi(\lambda)$ 的测定需用无选择性的接收器来进行标定，如真空热电偶、热释电探测器等，用高灵敏度的光电探测器也可以，但其光谱特性更要预先准确标定（且误差较大）。

探测器光谱特性测量可以用两次测量法（图 5-19）也可以用同时测量法（图 5-20）。两次测量法要求两次测量的时间段内光源发光稳定（恒流），仪器稳定，重复性好，两次探测器接收到的光功率完全相同，且光功率预先标定，光源稳定，由于单色光的绝对能量难以准确标定，所以通常都是测量探测器的相对光谱响应，即通常只测 $S'_\lambda = i_\lambda / i'_\lambda$ 即可，其中 i_λ 为待测探测器产生的光电流，i'_λ 为标定探测器产生的光电流。同时测量法可以消除光源影响，在系统结构中引入了分束镜，将光源发出的光分为参考和测量光路，分别被标定探测器和测量探测器所接收。

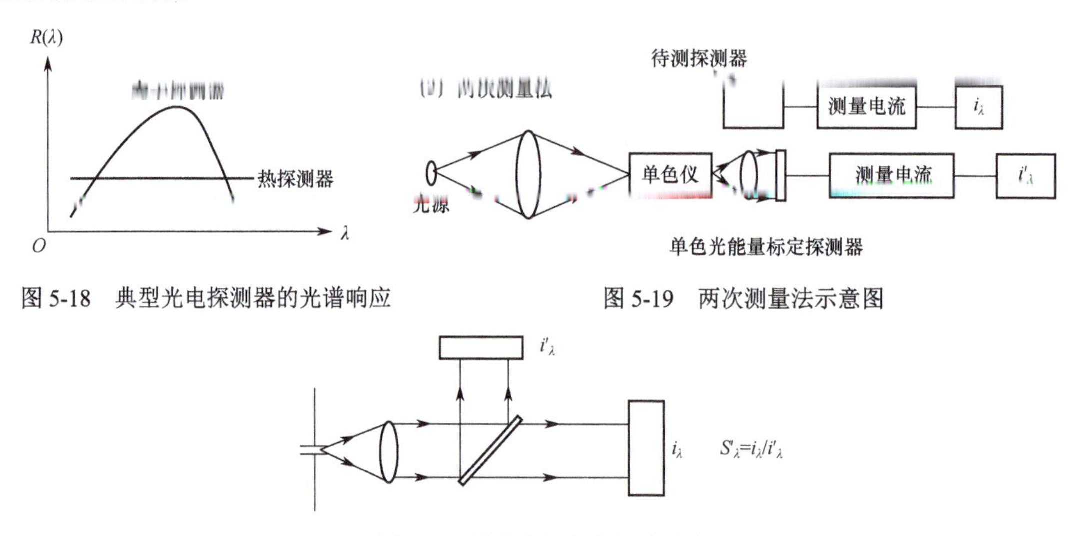

图 5-18　典型光电探测器的光谱响应

图 5-19　两次测量法示意图

图 5-20　消除光源影响同时测量

5.2.2　辐射源光谱特性的测量

采用无选择性探测器直接由出口缝测得的单色光分布不是光源的发射光谱分布，这是因为单色仪系统透过率 $\tau(\lambda)$随波长变化，此外，色散不均匀，相同入、出口缝条件下光谱带宽 $\Delta\lambda(\lambda)$有差异。

通常只能用比较法测辐射源的相对光谱分布。即通过与标准光源进行比较测量，计算得到辐射源的光谱分布。

1. 相对光谱分布的测量

测量光源的相对光谱分布，可以与标准辐射源相比较，测量中常用单色仪作为分光仪器，用色温为 2856K 的钨丝灯（光谱分布已知）做标准光谱辐射源，测量装置如图 5-21 所示。单色仪中的色散元件可以是光栅或棱镜。凹面反射镜 M_1 把辐射源发出的辐射汇聚到入射狭缝处，并使辐射源的像充满入射狭缝。反射镜 M_1 的 f 数设计得与第一准直镜 M_2 的相同，使光束充满单色仪的立体角，而不引入杂散辐射。当系统的像差在允许范围内的条件下，f 数应尽可能小，使传递到探测器上的能量最大。由光栅或棱镜色散后的平行光束被第二准直镜 M_3 汇聚到出射狭缝上，并被反射镜 M_4 反射至探测器形成信号。当仪器中的大气吸收变得很重要时，应把仪器密封并充入低吸收比的干燥气体。实际上，该装置已构成光谱辐射计。

先放标准辐射源，当狭缝不变时，对于各个波长，探测器的输出光电流（或电压）为

$$i_s(\lambda) \propto L_{\lambda s}(\lambda)\tau(\lambda)R_L(\lambda)\Delta\lambda \tag{5-20}$$

式中：$\tau(\lambda)$ 为整个仪器的光谱透射比；$R_L(\lambda)$ 为辐射亮度响应率；$\Delta\lambda$ 为波长为 λ 时单色仪出射辐射的带宽。

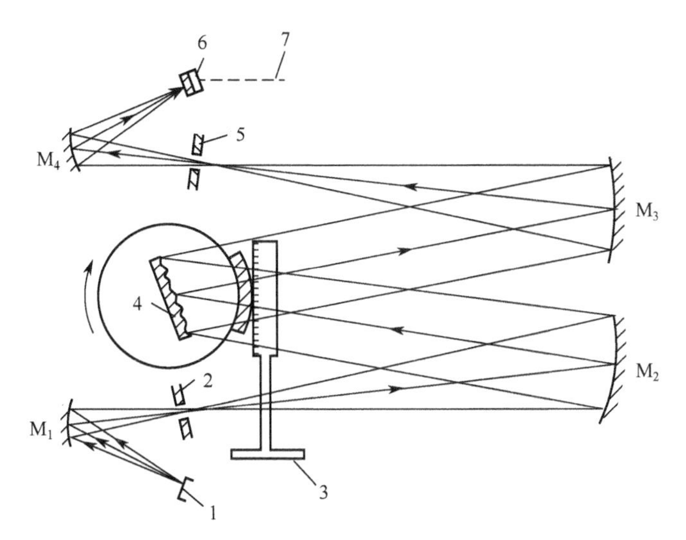

图 5-21　辐射源光谱分布测量装置

1—辐射源；2—入射狭缝；3—光波驱动器；4—光栅；5—出射狭缝；6—探测器；7—信号。

对于待测辐射源，可以分 3 种情况讨论。

（1）待测辐射源发射的是连续光谱。

用待测辐射源代替标准源，当峰宽不变时，对于各波长的光电流为

$$i_x(\lambda) \propto L_{\lambda x}(\lambda)\tau(\lambda)R_L(\lambda)\Delta\lambda \tag{5-21}$$

可求得待测辐射源的光谱辐射亮度为

$$L_{\lambda x}(\lambda) = k\frac{i_x(\lambda)}{i_s(\lambda)}L_{\lambda s}(\lambda) \tag{5-22}$$

式中：k 为与波长无关的比例常数；$i_x(\lambda)$ 与 $i_s(\lambda)$ 可由实验测得，$L_{\lambda s}(\lambda)$ 为已知。在测量相对光谱分布时，可以令 $k=1$，因此，由上式可算出待测光源的相对光谱辐射亮度。

（2）待测辐射源发射的是线光谱。

对于线光谱，应取光谱线的辐射亮度 $L_x^1(\lambda)$，则相应地有

$$i_x(\lambda) \propto L_x^1(\lambda)\tau(\lambda)R_L(\lambda) \tag{5-23}$$

$$L_x^1(\lambda) = k\frac{i(\lambda)}{i(\lambda)}L_\lambda(\lambda)\Delta\lambda \tag{5-24}$$

式中：k 为与波长无关的常数，计算时可取 1，$\Delta\lambda$ 为光谱带宽，其与单色仪狭缝宽度的关系为

$$\Delta\lambda = \frac{\overline{\mathrm{d}\lambda}}{\mathrm{d}L}(a_1 + a_2) \tag{5-25}$$

式中：$\frac{\overline{\mathrm{d}\lambda}}{\mathrm{d}L}$ 为在狭缝范围内，单色仪线色散率的倒数；a_1 为入射狭缝宽度；a_2 为出射狭缝宽度。

（3）待测辐射源发射的是在连续光谱的背景上叠加一些线光谱。

依次测量各个波长光电流，在测到线光谱时，光电流有明显的峰值，因此，可以把连续

光谱的光电流与线光谱的光电流分开，然后分别按式（5-22）、式（5-24）计算，最后再合在一起画出相对光谱分布曲线。必须指出，实际测量时，要在每一个波长交替对校准光源与待测光源进行测试。

2．绝对光谱分布的测量

式（5-22）、式（5-24）的比例常数 k 和 k_l 在计算相对光谱分布时，可当作 1 而被省略，但在测量光谱辐射亮度的绝对值时，就不能省略，即要考虑到标准光源和待测光源的辐射面积和它们对入射狭缝所张的立体角所引入的贡献，测量装置如图 5-22 所示。

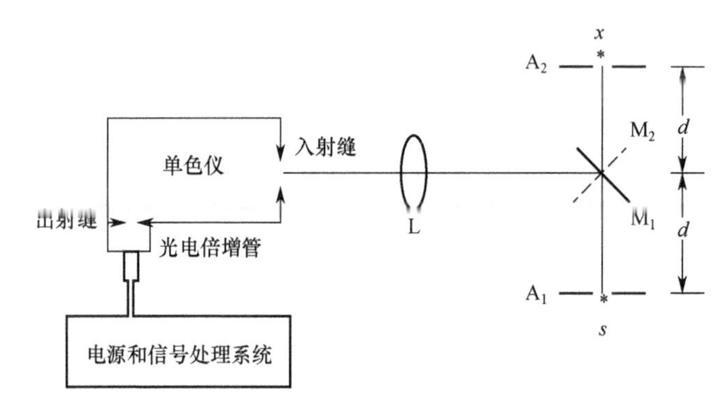

图 5-22　绝对光谱分布的测量

标准光源与待测光源的位置与单色仪的光轴对称，它们的辐射面积分别由光阑 A_1 和 A_2 所限制，它们相对轴线的距离均为 d。反射镜转到 M_1 位置时测量标准光源，转到 M_2 位置时测量待测光源。这样安排使两光源对入射狭缝所张的立体角相等。待测光源发射连续光谱时，可以将式（5-21）、式（5-23）两式分别写成

$$i(\lambda)=A_1\Omega L(\lambda)\tau(\lambda)R(\lambda)\Delta\lambda \tag{5-26}$$

$$i(\lambda)=A_2\Omega L(\lambda)\tau(\lambda)R(\lambda)\Delta\lambda \tag{5-27}$$

由此两式可得

$$L_{\lambda x}(\lambda)=\frac{A_1}{A_2}\frac{i(\lambda)}{i(\lambda)}L(\lambda) \tag{5-28}$$

式中：$L(\lambda)$ 是标准光源的光谱辐射亮度，为已知量；A_1、A_2、$i(\lambda)$、$i(\lambda)$ 均可由实验中测得。因此，由式（5-20）可以算出待测光源的光谱辐射亮度的绝对值。

同理，当待测光源发射线光谱时，可由下式计算光谱辐射亮度的绝对值，即

$$L_x^1(\lambda)=\frac{A_1}{A_2}\frac{i(\lambda)}{i(\lambda)}L_{\lambda s}(\lambda) \tag{5-29}$$

如果已测得光源的相对光谱分布，那么，也可以单独测量光源中某一波长的光谱辐射亮度的绝对值，再计算光源的绝对光谱分布。

本装置也可测量光源光谱功率的相对分布情况，对光阑 A_1、A_2 的位置和尺寸要求可以放宽，甚至可以不用光阑；另外，也不必知道标准光源的绝对光谱功率分布，只要知道其相对分布即可。

5.2.3　光学元件透射率测量

对光学器件进行光谱透过率和反射率的测量，其原理主要是利用光学传感器及单色仪分

别测量指定光谱范围内透射光强和入射光强的比。整个测量和分析系统由光源、单色仪、光学传感器组成，光源光谱范围涵盖光学元件透射光谱测量范围，光源经过单色仪分出单色光，单色光经过分光镜，分为两束光强一致的单色光，一束通过参考光路，一束通过测量光路，参考光路测量待测光学元件的入射光强 I_1，测量光路放置待测光学元件，可测出待测光学元件的透射光强 I_2，两者之比 I_2/I_1 即为待测元件在该波长下的透射率 T。调整单色仪即可实现对指定光谱范围内的光学器件的透射率光谱的测量，测量原理如图 5-23 所示，也可以采用 5.1.3 节的方法进行实现。

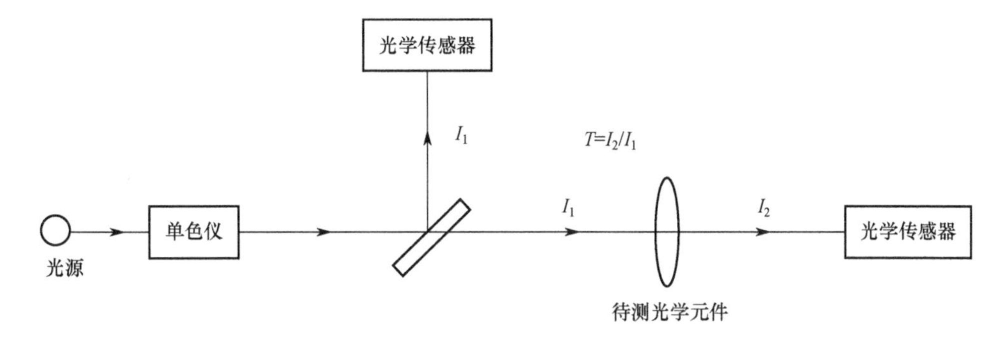

图 5-23　光学器件透射率测量

5.2.4　血氧饱和度检测

血氧饱和度是判断人体呼吸系统、循环系统是否出现障碍、周围环境是否缺氧的重要指标。传统的测量血氧饱和的方法是先进行人体采血，通过血气分析仪进行电化学分析来测出血氧分压后计算出血氧饱和度。该方法既不能进行连续实时的监测，还繁琐。在实际应用中，常用光电手段检测血液中血红蛋白（Hb）和氧合血红蛋白（HbO_2）含量的比值，通过计算得到血氧饱和度。检测时，让两种不同波长的光通过手指或耳垂等部位，根据朗伯–比尔（Lambert-Beer）定律，通过测量吸光度就可计算出 HbO_2、Hb 的含量，最后，通过计算得到血氧饱和度（SaO_2），其结构简单，使用方便，可以在无创伤的情况下实现连续监测病人动脉血液内的血氧饱和度，已经广泛应用到各种临床监护仪器当中。

1．离体血氧饱和度检测原理

当入射光通过某种均匀、无散射溶液时，其光吸收特性遵循朗伯–比尔定律，可描述为

$$I = I_0 e^{-\varepsilon CL} \tag{5-30}$$

式中：I_0、I 分别为入射光强度和透射光强度；C、ε 分别为物质的浓度、吸光系数；L 为光程长度。

在测量脉搏血氧饱和度的过程中，从光源发出的光需要通过人体脉搏组织，而该组织具有很强的散射性，基本 Lambert-beer 定律仅适用于均匀介质，因此需要对 Lambert-beer 定律进行修订，吸光度 A 为

$$A = \log\frac{I}{I_0} = -2.303\varepsilon CL \tag{5-31}$$

在波长为 λ_1 时，公式（5-31）可以写为

$$\log\frac{I}{I_0} = -[\varepsilon_1 C_1 + \varepsilon_2 (C - C_1)]L \tag{5-32}$$

式中：ε_1、ε_2分别为氧合血红蛋白和还原血红蛋白在波长λ_1处的吸光系数；C_1、C分别为氧合血红蛋白和总血红蛋白的浓度。

由脉搏血氧饱和度的定义，即血液中氧合血红蛋白浓度C_1与总的血红蛋白浓度C之比，即C_1/C。当采用入射波长为λ_1的光进行测量时，从式（5-30）可推出：

$$\mathrm{SaO_2}=\frac{C_1}{C}=\frac{-\log\dfrac{I}{I_0}}{(\varepsilon_1-\varepsilon_2)CL}-\frac{\varepsilon_2}{\varepsilon_1-\varepsilon_2} \tag{5-33}$$

当采用另一入射波长为λ_2的光同时测量，根据（5-31）有

$$\mathrm{SaO_2}=\frac{C_1}{C}=\frac{-\log\dfrac{I'}{I'_0}}{(\eta_1-\eta_2)CL}-\frac{\eta_2}{\eta_1-\eta_2} \tag{5-34}$$

式中：I'、I'_0分别为λ_2的透射和入射强度；η_1、η_2分别为氧合血红蛋白和还原血红蛋白在波长为λ_2时的吸收系数。

当两个不同波长的光λ_1和λ_2透过血液时，根据（5-33）和（5-34）式，联立可推算出血氧饱和度计算公式为

$$\mathrm{SaO_2}=\frac{\varepsilon_2 Q-\eta_2}{(\varepsilon_2-\varepsilon_1)Q-(\eta_1-\eta_2)} \tag{5-35}$$

式中：ε_1和ε_2为$\mathrm{HbO_2}$和Hb在波长λ_2处的吸光系数。$Q=A_1/A_2$，通常为一常数，A_1、A_2分别为血液对λ_1和λ_2波长光的吸光度。

若参考脱氧血红蛋白和氧合血红蛋白的吸收光谱曲线（图 5-24），选择波长λ_1在 Hb 和 $\mathrm{HbO_2}$吸光系数曲线交点（805 nm）附近，即$\varepsilon_1=\varepsilon_2=\varepsilon$时，方程（5-35）变为

$$\mathrm{SaO_2}=\frac{\varepsilon Q}{\eta_2-\eta_1}-\frac{\eta_2}{\eta_2-\eta_1}=AQ+B \tag{5-36}$$

式中：A，B为常数，由此可知，脉搏血氧饱和度不依赖总血红蛋白浓度C和光程长L，这就是脉搏血氧饱和度测量的基本原理。

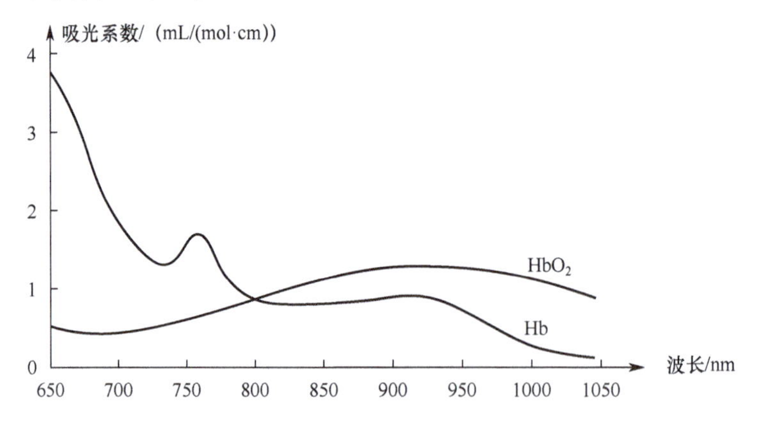

图 5-24　脱氧血红蛋白和氧合血红蛋白的吸收光谱曲线

2．脉搏血氧饱和度检测原理

以上推导过程只针对动脉血液部分，而实际无创测量人体脉搏血氧脉搏饱和度时，人体测量部位组织内非动脉血液部分对光的吸收及散射影响必须予以考虑，并且要对在测量过程

中造成的误差进行消除和抑制。由于人体脉搏动脉血液组织周期性搏动会导致测量部位血液容量的变化，从而引起光吸收量的变化，而非脉动血液组织（皮肤、肌肉、骨骼、静脉组织等）产生的光吸收量一般认为是恒定不变的。根据这两种特性可消除人体组织内非血液部分的影响，从而求得更为精确的血氧饱和度。

人体组织内与脉动血液无关的非脉动血液部分的光吸收量可视为常量，设光在穿过被测部位之后的强度为 I，光在穿过人体组织内非脉动血液部分之后，未穿过动脉血液之前的强度为 I'，这样根据 Lambert-beer 定律及式（5-31），动脉血液的吸光度为

$$A=\log\frac{I}{I'}=-2.303\varepsilon CL \tag{5-37}$$

当动态血液搏动时，厚度 L 增加 ΔL 时，透射光强 I 则会减少 ΔI ，这样根据（5-37）式，动脉血液吸光度 A 的变换量 ΔA 可表示为

$$\Delta A=\log\frac{I-\Delta I}{I'}=-2.303\varepsilon C\Delta L \tag{5-38}$$

当采用 λ_1，λ_2 两路波长光同时测量时，则有

$$Q=\frac{\Delta A_{\lambda_1}}{\Delta A_{\lambda_2}}=\frac{\varepsilon_2}{\varepsilon_1} \tag{5-39}$$

式中：ΔA_{λ_1}、ΔA_{λ_2} 分别为动脉血液对 λ_1 和 λ_2 波长光的吸光度变化量；ε_1 和 ε_2 分别为动脉血液对 λ_1 和 λ_2 波长光的吸光系数。

由于动脉的脉动现象使血管中血流量呈周期性变化，而血液是高度不透明液体，光照在一般组织中的穿透性比在血液中大几十倍，因此脉搏搏动的变化必然引起近红外光谱吸光度的变化，如图 5-25 所示。

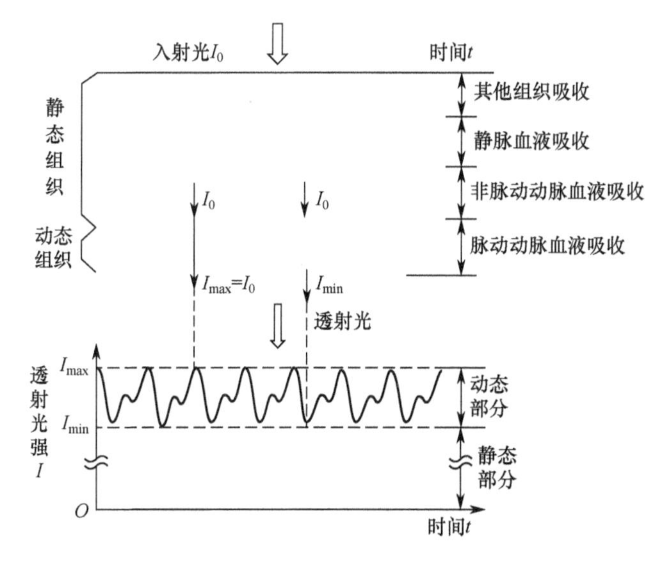

图 5-25　脉搏动态光谱

考虑动脉血管充盈度最低状态，来自光源的入射光没有受到脉动动脉血液的作用，此时的透射光强 I_{max} 最强，可视为脉动动脉血液的入射光强 I_0；动脉血管充盈度最高状态对应光电脉搏波谷点，即脉动动脉血液作用最大的时刻，此时的透射光强 I_{min} 最弱，为脉动动脉血液的最小透射光强 I，所以通过记录动脉充盈至最大与动脉收缩至最小时的吸光度值，就

可以消除皮肤组织、皮下组织等一切具有恒定吸收特点的人体成分对于吸光度的影响。

实际上，人体脉搏组织具有很强的光散射性的，光源发出的光线在到达光敏检测器之前，需要在血液中经过无数次散射。因此测量光线的实际光程长要远大于光源到接收器的直线距离。在运用近红外光谱检测技术测量脉搏血氧饱和度时，吸光度主要是由人体脉搏血液组织对光线的吸收和散射组成，而脉动血液组织造成的光线散射较小，可忽略不计。而由脉搏动脉血液组织外的组织作用所造成的散射因子 G，在测量过程中可认为保持恒定不变。设脉搏动脉血液外的被透射组织共分 n 层，第 i 层的光吸收系数为 ε_i，动脉血液的光吸收系数为 ε_{ab}，在一个光电容积描记的脉搏波周期上动脉充盈时光程长最大为 l_{max}，动脉收缩时的光程长最小为 l_{min}，则动脉充盈和动脉收缩时，吸光度 A_1，A_2 可分别表示为

$$A_1 = -2.303\sum_{i=1}^{n}\varepsilon_i CL_{max} - 2.303\varepsilon_{ab}CL_{max} + G \tag{5-40}$$

$$A_2 = -2.303\sum_{i=1}^{n}\varepsilon_i CL_{min} - 2.303\varepsilon_{ab}CL_{min} + G \tag{5-41}$$

设 ΔL 为 L_{max} 与 L_{min} 之差。由于脉搏动脉血液组织以外的其他组织认为恒定不变，因此在动脉血液充盈和收缩时该部分对检测光的吸光度没有影响，即上述汇总第一个分量相等，则动脉血液充盈和收缩时吸光度之差为

$$\Delta A = A_1 - A_2 = -2.303\varepsilon_{ab}C(L_{max} - L_{min}) = -2.303\varepsilon_{ab}C\Delta L = \log\left(\frac{I_0}{I_{min}}\right) - \log\left(\frac{I_0}{I_{max}}\right) = \log\left(\frac{I_{max}}{I_{min}}\right) \tag{5-42}$$

式中：I_0 为入射光强；I_{min}、I_{max} 分别为动脉充盈时和动脉收缩时检测到的光强，测量各个波长的 I_{min} 和 I_{max} 即可得到各个波长所对应的吸光度差值 ΔA，由式（5-39）得

$$Q = \frac{\Delta A_{\lambda_1}}{\Delta A_{\lambda_2}} = \frac{\lg\left(\dfrac{I_{\lambda_1 max}}{I_{\lambda_1 min}}\right)}{\lg\left(\dfrac{I_{\lambda_2 max}}{I_{\lambda_2 min}}\right)} = \frac{\lg I_{\lambda_1 max} - \lg I_{\lambda_1 min}}{\lg I_{\lambda_2 max} - \lg I_{\lambda_2 min}} \tag{5-43}$$

将式（5-43）得到的 Q 代入式（5-37）或式（5-38）即可求出血氧饱和度的值。

3．脉搏血氧检测仪系统构成

脉搏血氧检测仪主要由红外发射源、近红外发射源、光敏传感器、信号处理电路、单片机等构成，光源采用了红光（如 660nm）和近红外光（如 940nm），传感器使用透射式夹指传感器，测量结构及光吸收如图 5-26 所示。

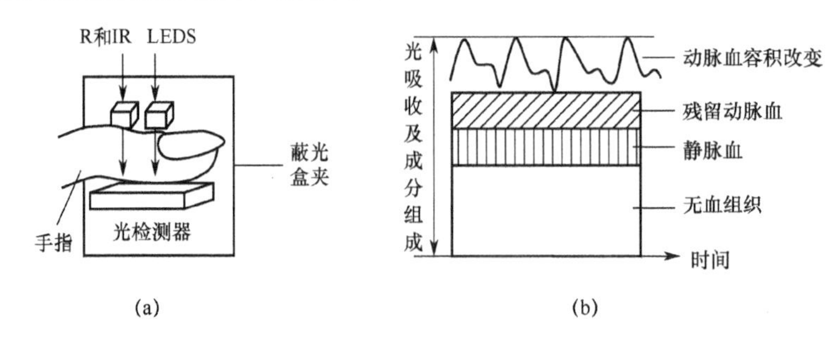

图 5-26 脉搏血氧饱和度测量结构及光吸收

（a）测量结构示意图；（b）光脉搏容积波形和光吸收成分组成。

脉搏血氧饱和度检测时周围杂散光、暗电流等各种干扰对系统影响比较大。为了克服这一问题，可以在系统设计中采取光的调制技术。采用脉冲振幅光调制技术，通过单片机产生两路不同频率的脉冲信号驱动发光二极管。由于光电二极管的输出短路电流与输入光强有极好的线性关系，因此，为得到良好的精度和线性，采用电流/电压转换电路作为接口电路，后续结合放大器和单片机微处理器进行控制和数据处理。电路图如图 5-27 所示。

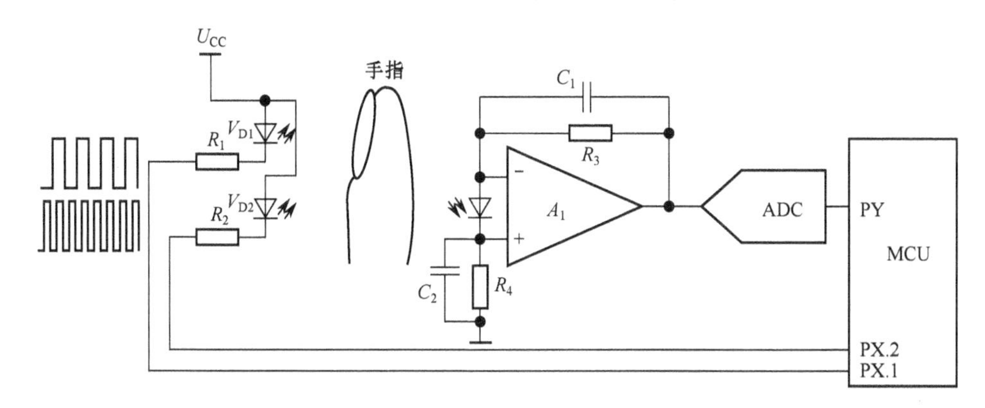

图 5-27 方波激励 LED 的血氧饱和度检测电路

公式计算中系数 A 和 B 理论上可通过动脉血液中的 HbO2 和 Hb 对红外和红光的吸收系数联立方程计算，但由于光电传感器特性实际离散性，一般要通过实验定标来确定。即通过标准血氧信号值和单片机计算所得比值代入式（5-38），进行定标。为进一步减小患者移动的影响和提高读数的稳定性，通常还对所测得的一系列 SaO_2 值进行加权移动平均，从脉动信号中还可计算出脉博率，最后将血氧饱和度与脉率值送到相应的显示器显示。

5.3 荧光光谱检测系统

荧光光谱属于发射光谱法。一些物质被某种波长激发光照射后，能选择性吸收特定波长的能量，并发射出比原吸收波长更长的光，这种现象为光致发光。当激发光停止，所发射的光也立即消失，这种光称为荧光。根据激发光的波长范围不同，可分为 X 射线荧光、紫外–可见荧光、红外荧光等。根据发射荧光的粒子不同，可分为分子荧光、原子荧光。本节主要对分子荧光进行介绍。基于对物质荧光的测定而建立起来的定性和定量分析方法称为荧光分析法或荧光分光光度法。

荧光分析法具有以下优点：

（1）灵敏度高，由于在黑背景下测定荧光发射强度，荧光分析法较吸收光度法灵敏度高出 2～3 个数量级，可达 10^{-10}～10^{-12}g/mL；

（2）选择性强，光谱干扰少，可以通过选择适当的激发和发射波长来实现选择性测量的目的；

（3）线性范围宽，荧光分析法线性范围为 3～5 个数量级，而吸收光度法线性范围仅为 1 或 2 个数量级；

（4）试样用量小、操作方便，荧光分析法在药学、生物化学、临床、食品及环境等分析中具有特殊的重要性，特别是联用技术更扩大了荧光分析法的应用范围。

5.3.1 荧光光谱

当某些物质受到特定波长的激发光照射，吸收了全部或部分光能量后，分子、原子的能级升高而处于非稳定状态。经过一段时间后，分子、原子汇总电子自发地从非稳态的高能级跃迁到稳态或亚稳态的较低能级，并发出光子，这就是荧光；当光停止激发后发出的光为磷光。从跃迁的角度来讲，荧光是指某些物质吸收了与它本身特征频率相同的光子以后，原子或分子中的某些电子从基态中的最低振动能级跃迁到能级较高的激发态，再以辐射的形式跃迁到第一电子激发态中的最低振动能级。由于发射前后的振动弛豫，荧光发射的光子能量总是小于所吸收的光子能量，因此荧光波长总是大于激发光或吸收的波长，对于荧光，当激发光停止照射后，发光过程也几乎立刻停止（10^{-9}～10^{-6}s）。荧光的产生与分子结构密切相关。由于物质的分子结构不同，所吸收的波长和发射的荧光波长也会有所不同。

1．荧光光谱类型

由于荧光属于被激发后的发射光谱，因此它具有两个特征光谱，即激发光谱和发射光谱，如图 5-28 所示。

（1）激发光谱。

激发光谱是指不同激发波长的辐射引起物质发射某一波长荧光的相对效率。即固定荧光发射波长，扫描记录荧光激发波长，获得的荧光强度与激发波长的关系曲线。以荧光强度（F）为纵坐标，激发波长（λ_{ex}）为横坐标作图，所得到的图谱为荧光物质激发光谱。激发光谱上荧光强度最大值所对应的波长为最大激发波长（λ_{exmax}），是激发荧光最灵敏波长。物质的激发光谱与它的吸收光谱相似，是因为荧光物质吸收了这种波长的紫外线才能发射荧光，但两者不可能完全重叠。

（2）发射光谱。

发射光谱又称为荧光光谱，是指在所发射的荧光中各种波长组分的相对强度。即固定荧光激发波长，扫描荧光发射波长，记录荧光强度（F）对发射波长（λ_{em}）的关系曲线，所得到的图谱称为荧光物质发射光谱。荧光发生光谱上荧光强度最大值对应的波长为最大荧光发射波长（λ_{emmax}）。荧光物质的最大激发波长和最大荧光波长常用于对其进行定性，是物质分析的主要信息。

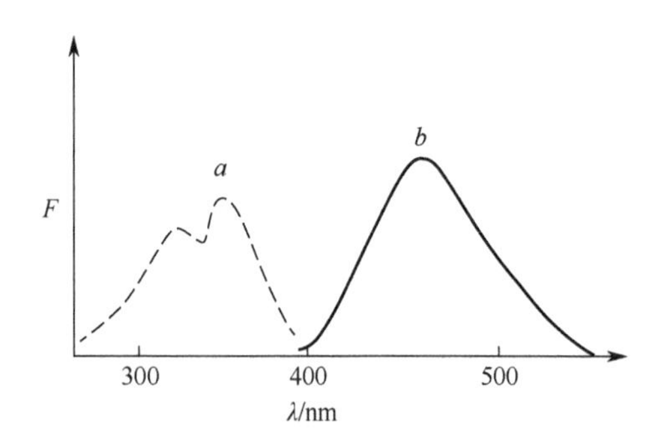

图 5-28 硫酸奎宁的激发光谱 （a，虚线）及荧光光谱 （b，实线）

2．荧光光谱基本特征

（1）荧光光谱的形状与激发波长无关。

虽然荧光物质的吸收光谱可能含有几个吸收带，即使分子被激发到高 S_1^*的电子激发态的各个振动能级，由于内转换和振动弛豫的速率很快，最终都会下降至激发态 S_1^*的最低振动能级。而荧光发射均由第一激发单重态的最低振动能级跃迁到基态的各振动能级，所以荧光发射光谱由第一激发单重态和基态间能量决定，而与激发波长无关。从图 5-28 看到，硫酸奎宁的激发光谱有两个峰，而荧光光谱仅有一个峰，这是内转换和振动弛豫的结果。

（2）镜像规则。

如果将某一物质的激发光谱和荧光光谱进行比较，就可发现这两种光谱之间存在着“镜像对称”的关系，如图 5-29 所示的蒽的激发光谱和荧光光谱。镜像对称产生原因是激发光谱是由基态最低振动能级跃迁到第一激发单重态的各个振动能级而形成，其形状与第一激发单重态的振动能级分布有关。发射光谱是由第一激发单重态的最低振动能级跃迁到基态的各个振动能级而形成，其形状与基态振动能级分布有关。由于基态和激发态振动能级结构相似，激发和去激发过程相反，因此不同激发波长照射荧光物质都可以获得相同的荧光光谱。

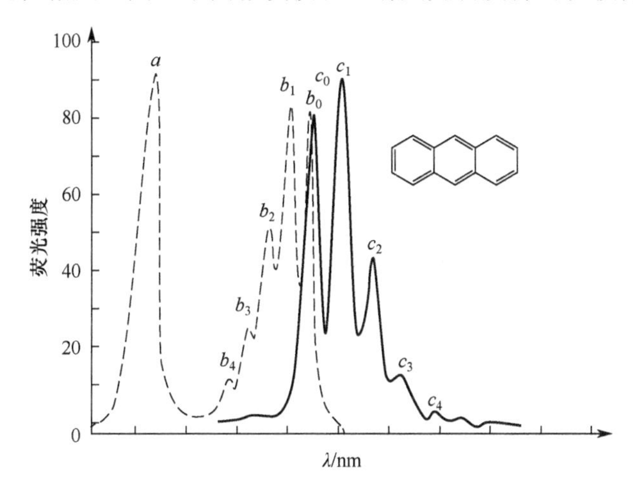

图 5-29　蒽的激发光谱（虚线）和荧光光谱（实线）

（3）Stokes 位移。

在溶液中，分子荧光的发射光谱的波长总比激发光谱长，产生位移的原因是激发态时分子通过弛豫振动、内转换消耗了部分能量，同时溶剂分子与受激发分子的碰撞也会失去部分能量，故产生 Stokes 位移现象。

3．影响荧光强度的外界因素

具有合适的结构和具备较高的荧光效率是物质产生荧光必需的两个条件。荧光的强度与分子结构中的跃迁类型、共轭效应、刚性结构和共平面、取代基有非常重要的联系。荧光强度不仅与荧光物质内在结构有关，还与测定时的外界环境有关。温度、溶剂、pH 值、散射光、氢键、荧光猝灭剂、表面活性剂都对荧光强度有很多影响。分子所处的外界环境，如温度、溶剂、pH 值、散射光、荧光猝灭剂等都会影响荧光效率，甚至影响分子结构及立体构象，从而影响荧光光谱的形状和强度。下面简单列举部分对荧光产生影响的因素。

1）散射光影响

当一束平行光照射在液体样品上：一部分光线透过溶液被分子吸收；另一部分由于光子和物质分子相碰撞，光子的运动方向发生改变而向不同角度散射，这种光称为散射光。

光子和物质分子只发生弹性碰撞，不发生能量的交换，仅光子运动方向发生改变，其波长与入射光波长相同，这种散射光称为瑞利光。

光子和物质分子发生非弹性碰撞，光子运动方向改变的同时，光子与物质分子发生能量交换，光子能量增加或减少，而发射出比入射光波长稍长或稍短的光，这种光称为拉曼光。其中，长波长光称为 Stokes 线，而短波长光称为反 Stokes 线，Stokes 线比反 Stokes 线强度大。

瑞利光和拉曼光强度与激发波长有关，一般激发波长越短散射光越强，但拉曼光较瑞利光强度弱。瑞利光波长与激发波长相同，可通过选择适当的荧光波长或加入滤光片消除对荧光测定干扰。拉曼光波长与物质荧光波长相近，对荧光测定的干扰大。可利用拉曼波长随激发波长改变而改变，而荧光波长与激发波长无关的性质，通过选择适当的激发波长将二者区分开。

以硫酸奎宁为例，由图 5-30（a）可见，无论激发波长是 320nm 还是 350nm，硫酸奎宁的最大荧光波长总是为 448nm。由图 5-30（b）可见，用相同的激发波长照射空白溶剂，在激发光波长为 320nm 时，溶剂的瑞利光波长是 320nm，拉曼光波长是 360nm，360nm 的拉曼光对荧光无影响。在激发光波长为 350nm 时，溶剂的瑞利光波长是 350nm，拉曼光波长是 400nm，400nm 的拉曼光对荧光有干扰，因而影响测定结果。

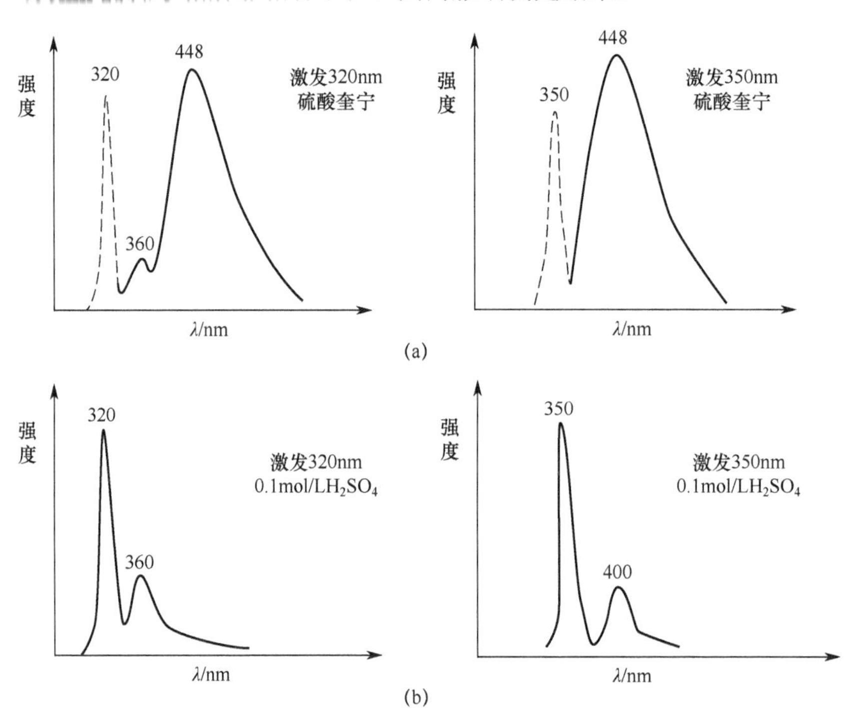

图 5-30 不同波长激发下的荧光与散射光谱

（a）硫酸奎宁；（b）溶剂。

2）荧光猝灭剂的影响

荧光物质分子与溶剂分子或其他分子相互作用，引起荧光强度降低或消失的现象称为荧光猝灭。引起荧光猝灭的物质称为猝灭剂。根据荧光猝灭的机制分为动态猝灭 （碰撞猝灭）、静态猝灭、转入三重态猝灭、自吸收猝灭。

碰撞猝灭又称动态猝灭，是由于激发态荧光分子与猝灭剂分子碰撞而失去能量，无辐射跃迁回到基态，是引起荧光猝灭的主要原因。碰撞猝灭受扩散控制，服从 Stern-Volmmer 猝灭方程。当溶液黏度或猝灭剂浓度增加时，猝灭效应降低。静态猝灭是荧光物质与猝灭剂形成不能产生荧光的配合物。静态猝灭可减小激发分子的浓度，改变荧光强度，但不改变荧光寿命。转入三重态猝灭是由于引入高电荷重原子，使荧光分子由激发单重态转入激发三重态后不能发射荧光。这种随着重原子加入而出现的荧光强度减弱，而磷光强度增强的现象称为重原子效应。自吸收猝灭是荧光分子浓度增大后，一些分子的荧光发射光谱被另一些分子吸收，造成荧光强度降低。自吸收现象是因为荧光发射光谱的短波长端与其吸收光谱长波长端重叠造成，浓度越大，自吸收现象越严重，故也称浓度猝灭。

O_2 是最常见的荧光猝灭剂，荧光分析时要除去溶剂中的氧。常见的荧光猝灭剂还包括卤素离子、重金属离子、硝基化合物、重氮化合物、羰基和羧基化合物。

5.3.2 荧光光谱检测系统

1. 荧光分光光度计

荧光分光光度计由光源、激发和发射单色器、样品池、检测器、放大器、读出装置等部件组成，如图 5-31 所示。与其他分光光度法仪器相比，其结构特点是具有两个单色器，且光源与检测器通常呈直角，可避免光源的背景干扰。

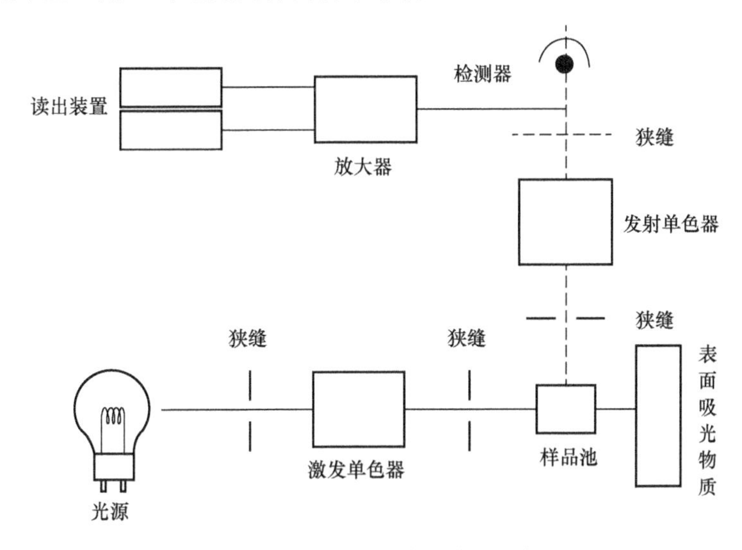

图 5-31　荧光分光光度计结构示意图

（1）光源。

荧光分光光度计所用的光源应能发射紫外到可见区波长的光，且强度大、稳定。常用的有汞灯、氙灯、溴钨灯、氢灯。氙灯所发射的谱线强度大，在 250～700nm 内是连续光谱，在 300～400nm 波长之间的谱线强度几乎相等，目前荧光分光光度计大都以其作为光源。

（2）单色器。

荧光分光光度计有两个单色器，置于光源和样品池之间的单色器称为激发单色器（第一单色器），用于对光源进行分光，得到所需单色性较好的特定波长激发光。置于样品池后和检测器之间的单色器称为发射单色器（第二单色器），用于选择某一波长的荧光，消除其他杂散光干扰。

在滤光片荧光计中，通常使用滤光片作单色器，在荧光分光光度计中，激发单色器可以是滤光片也可以是光栅，发射单色器均为光栅。定量分析中以获得最强的荧光和最低的背景作为选择滤光片或光谱条件的原则。

（3）样品池。

测定荧光用的样品池必须由低荧光的玻璃或石英材料制成，样品池为四面透光且散射光较少的方形池，适用于 90° 测量，以消除透射光的背景干扰。

（4）检测器。

光电荧光计以光电管为检测器，荧光分光光度计多采用光电倍增管检测。目前，对光敏荧光物质、复杂样品进行分析时，也有采用二极管阵列检测器 （PDA），具有检查效率高、寿命长、扫描速度迅速的优点。

（5）读出装置。

荧光分光光度计的读出装置有数字电压表、记录仪等，现在常用的是带有计算机控制的读数装置。

2．荧光分析法

荧光分析法可用于物质的定性和定量分析，在测定时需对荧光计进行波长、灵敏度、激发和发射光谱校正。对于同一种分子结构的物质，在给定条件下，其荧光光谱是一定的，用同一波长的激发光照射，可发射相同波长的荧光，这可作为定性鉴别物质的依据；若该物质的浓度不同，则浓度大时，所发射的荧光强度也强，利用这个性质可以定量测定物质的浓度。

荧光物质的特征光谱包括激发光谱和荧光光谱，因此用它鉴定物质比吸收光谱可靠。通过荧光对物质定性通常用纯品作对照测定，或测定荧光物质的最大激发波长和最大荧光波长。荧光分析法可利用在低浓度时荧光强度和荧光物质呈线性关系的特点进行定量分析，常用的分析方法包括标准曲线法、比例法。

（1）荧光强度与浓度的关系。

溶液中的荧光物质被入射光 I_0 激发后，可以在各个方向观察到荧光强度（F），但由于激发光一部分可透过溶液，所以一般是在与透射光 I_t 垂直的方向观测荧光。

由于荧光物质吸收光能被激发后发射荧光，因此溶液的荧光强度正比于溶液中荧光物质吸收光能的程度，即 $F \propto (I_0-I_t)$，它们之间的关系遵从朗伯比尔定律。当荧光物质浓度低时（Ecl≤0.05），在一定的温度下，激发光的波长、强度和液层厚度都固定后，溶液的荧光强度与溶液中荧光物质的浓度呈线性关系，这是荧光法定量分析的基础。当 Ecl>0.05 时，荧光物质会发生自吸收猝灭，此时荧光强度与溶液浓度之间不呈线性关系，荧光强度浓度（F−c）曲线向下弯曲。

可以通过以下 4 个方面提高荧光分析法的灵敏度：

① 提高荧光检测系统的灵敏度，即改进光电倍增管和放大系统，或增加单色器的狭缝宽度；

② 增加激发光的强度 I_0，选择适宜的激发光源可使灵敏度提高几个数量级；

③ 选择吸收光强、荧光效率高的分子结构和外界环境；

④ 选择最大激发波长和最大荧光发射波长作为测定波长。其中前两个方面是提高荧光分析法灵敏度的主要措施。

在紫外−可见分光光度法中，吸光度 $A \propto c$，测定的是透光率 T 或吸光度 A，即透过光与入射光的比值（I_t/I_0）。当待测物质浓度很低时，增强入射光强度，放大入射光强信号，虽然使透过光强度和透过光信号增加，但 I_t/I_0 不变，不能提高检测灵敏度。因此紫外−可见分光光度法灵敏度较荧光分析法低得多。

（2）定量分析方法。

① 标准曲线法。

标准曲线法也称校正曲线法是荧光定量分析常用的方法。在绘制标准曲线时，以标准溶液系列中某一浓度为基准，首先将空白溶液的荧光强度（F）调至 0，再将该标准溶液的荧光强度调至 50 或 100；然后测定标准溶液系列中其他各个标准溶液的荧光强度；最后绘制 $F\text{−}c$ 的标准曲线。根据待测物质的 F_x 值在图中求得 c_x。在实际操作中，当仪器调零后，首先测定空白溶液的荧光强度 F_0；然后测定各个标准溶液的荧光强度 F；最后绘制$(F-F_0)-c$ 的标准曲线，$F-F_0$ 就是标准溶液本身的荧光强度。为了使不同时间绘制的标准曲线前后一致，每次绘制时均应采用同一标准溶液进行校正。

② 比例法。

如果标准曲线通过零点，可以用比例法进行定量分析。首先配制一标准溶液，浓度在线性范围内，测定其荧光强度 F_s；然后在同样的条件下测定试样溶液的荧光强度 F_x。根据两种溶液荧光强度的比及标准溶液的浓度 c_s，求得试样中荧光物质的浓度 c_x 或含量。

由于荧光分析的特点，荧光分析法可广泛用于无机物、有机物、生物大分子的分析。在药物的研究中，常采用直接测定法、间接测定法对药物进行定量、定性研究。间接测定法主要包括生物衍生法、荧光猝灭法、胶束增敏荧光分析法。随着生物技术的不断发展，荧光分析法还被应用于药物小分子与生物大分子、遗传物质相互作用的研究，从分子水平上阐明药物与生物活性大分子的作用机制。随着仪器分析的不断发展，荧光分析的各种新不断涌现，如同步荧光分析法、时间分辨荧光法、激光荧光分析法、三维荧光分析法、导数荧光分析法、荧光联用技术等。

3．荧光测量实例

一种检测水果表面农药残留的激光诱导荧光（LIF）无损检测系统如图 5-32 所示。其激发源多数采用脉冲激光器，因此不需要单色仪，信号处理器则使用光电倍增管+闸门积分器或 ICCD，其余的组态则大致与荧光光谱测量相同。

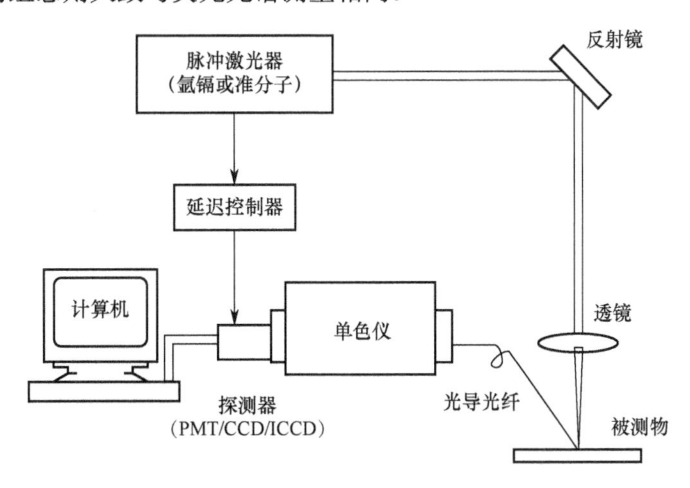

图 5-32　激光诱导荧光（LIF）无损检测系统

采集激光诱导荧光光谱试验装置的光谱仪采样波长范围为 350～1800nm，采样间隔为 1nm。以 405nm 低噪声绿光激光器为激发光，为避免光谱仪饱和，激光的入射角与光纤之间的夹角为 15°。样品放置在一个升降平台上。采集数据时，根据水果果径的大小调整升降平台的高度，以保证水果样品与光纤的距离保持在 30mm。

对获得的光谱数据进行预处理，图 5-33（a）所示为脐橙表面的激光诱导荧光光谱原始图，从图中可看出，波长在 405nm 处形成尖峰，这主要是激光的发射光谱，波长在 405～449nm 之间荧光光谱值迅速下降，波长在 900nm 以后其光谱值几乎为零。因此，所研究的光谱波长范围在 499～900nm。在整个光谱范围内，对光谱数据进行归一化处理，其结果如图 5-33（b）所示。

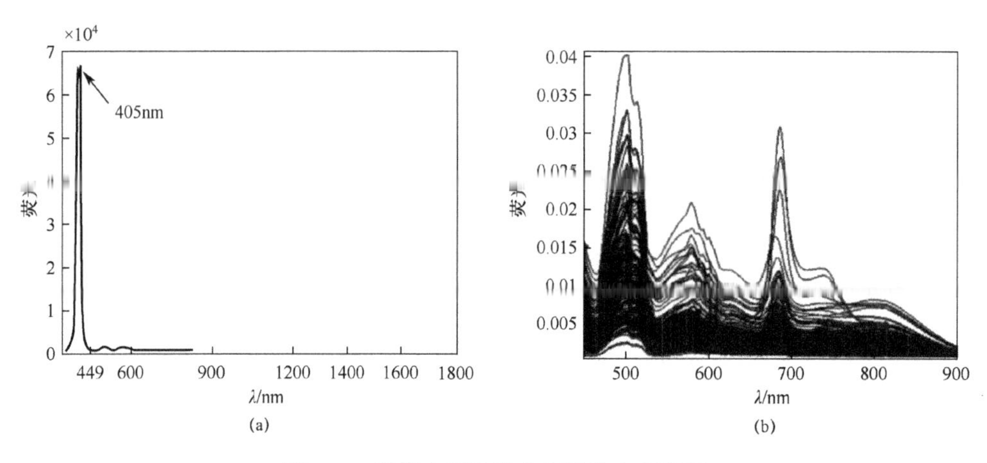

图 5-33 脐橙表面的激光诱导荧光光谱图

（a）原始荧光光谱；（b）归一化后的荧光光谱。

应用偏最小二乘（PLS）法建立敌敌畏农药残留的预测模型，评价模型的指标有交叉验证均方差 RMSECV、预测均方根误差 RMSEP，以及校正集和预测集的预测值与实测值之间的相关系数 R_C 和 R_P。图 5-34（a）所示为波长在 499～900nm 范围内，对建模组建立的 PLS 模型预测结果，其 RMSECV 和 R_C 分别为 0.7287 和 0.9001。而图 5-34（b）所示为所建立的 PLS 模型对预测组数据进行预测的结果，其 RMSEP 和 R_P 分别为 0.8975 和 0.8545。为使建立的模型更佳，可以把整个光谱区间（499～900nm）分成 15 个光谱区间。然后对这 15 个光谱区间进行排列组合，应用 PLS 方法进行回归分析，得出 4 个最佳的区间组合分别是 2、3、8 和 13 区间，对应波长分别为 381～411nm，412～441nm，562～591nm 和 712～741nm。在 4 个最佳特征光谱区间上，对建模组建立 PLS 预测模型，对预测组数据进行预测，能够一定程度提高预测模型精度。

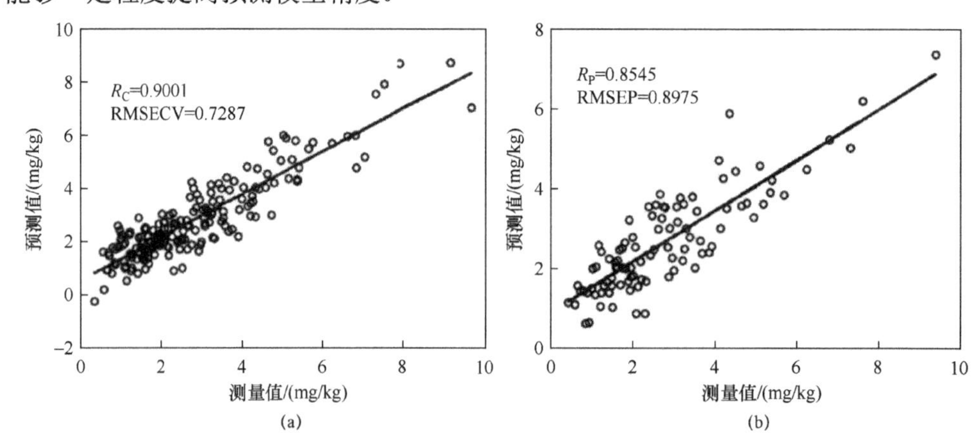

图 5-34 基于荧光光谱的模型预测结果

（a）校正组实际值与预测值相关系数；（b）预测组实际值与预测值相关系数。

5.3.3　文检物证荧光检测

文件检验主要对刑事案件中的文件性质的物证进行检验，文件的检验范围有文件的笔迹、印迹、印刷方法、污损变化、物质材料、言语识别等。文件物证检验是文件检验的一个组成部分，主要是对构成文件的某些物证物理性质、结构和组成进行分析检验，以确定物证属何种类、是何物质，与样本是否相同，为侦查破案提供线索和依据。其检验对象主要是指纸张、墨水、墨汁、圆珠笔油、复写纸、油墨、印泥、印油、胶水、糨糊等。

文件物证检验中除了采用一系列的物理方法对文件物证的各种物理特性进行分析外，仪器分析法也是必不可少的，常用的方法有色谱法、原子光谱法、分子光谱法、X 射线法等，其中荧光分析法可以实现定性测量。文件物证检验系统的光学原理同荧光分光光度计类似，主要由光源、样品池、单色仪、检测放大器、微机组成。利用文件物证检验系统可以对所获取的光谱进行分类，进而可以分析文件检材的类型，区分各种墨水、油墨、纸张等检材。

文检仪是专为满足日益增多的伪造文件案件而特别设计的文件鉴定系统，可以提供刑事科学调查所需要的各种合理配置，用于刑事实验室、机场边防、国际安全机构、防伪印刷工业等方面。这类系统以 CCD 作为探测器对激发光源照射的检材（如文件、痕迹物证）反射的荧光进行成像，可以根据不同光源下对检材产生的荧光光谱的差异而获取图像，基于图像差异进行篡改分析检测，实现对检材防伪技术的鉴别与认定，如图 5-35 所示。某文检仪技术指标：2584×1956（500 万像素）分辨率；光学放大倍率：纯光学放大 170 倍；检验光源：19 种；光谱范围 350～1100nm 宽波段、大范围 LED 环形光源，具有重合比对、分割比对、红绿比对等图像比对方式、图像增强功能图像，以及测量。可进行红外反射、红外吸收、透射、荧光光谱的测量。

图 5-35　文检物证荧光视频文检仪

文检仪可应用于对文件伪造或篡改的辅助侦查，可显示文件的多种安全特征。操作时，将检材置于机箱盖下方的载物台上，文件的图像将显示在屏幕中。通过在软件界面下选择适当的照明和查看条件，可以呈现肉眼所无法识别的安全特征，图 5-36 为文书伪造检测实例，通过荧光检测，明显看到两页纸的油墨荧光特性存在差异，说明其中一页为变造的文书。图 5-37 为文书涂改，在荧光下能看到金额部分的涂改痕迹。

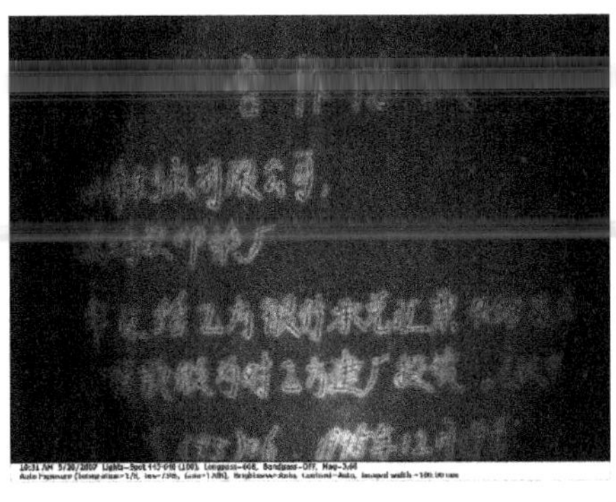
合作协议

旭峰制衣有限公司：

武陟县纺织印染厂

九六年让给乙方银行承兑汇票450万元购买乙方坯布。甲方同意

部分贷款做为对乙方建厂投资。(以甲乙双方财务对帐为准。)甲

合同号为(95)06 1995年12月19号。现经双方协商达成如下协议：

来料在乙方加工 50"40×42/20×10，每米加工费0.90元，50"40×41/24×13

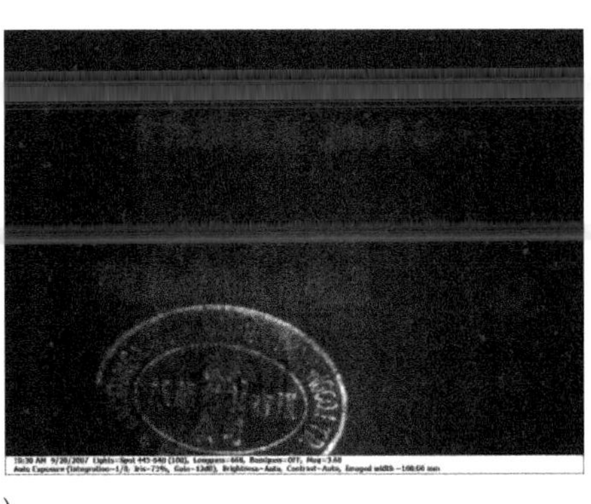
五、合作期限从2000年6月30日至2007年6月30日

甲方：河北保定旭峰制衣有限公司　　乙方：河南省武陟

法人代表　　法人代表

(a)

(b)

图 5-36　文书伪造检测实例

(a) 检材；(b) 荧光检测。

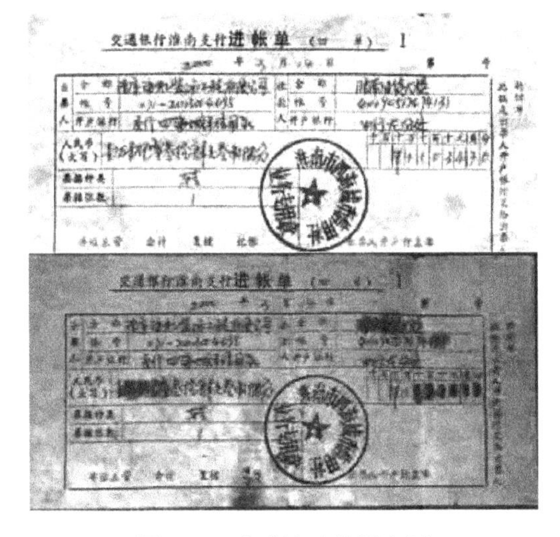

图 5-37　文书涂改检测实例

5.3.4　超分辨荧光显微成像

1．超分辨显微成像

1873 年，德国科学家 E.Abbe 揭示了传统光学显微镜由于光的衍射效应和有限孔径的存在因此产生的分辨率的极限原理。根据瑞利判据，显微镜能分辨的物体上亮点的最小距离为

$$\delta = \frac{0.61\lambda}{n\sin\theta} \tag{5-44}$$

式中：δ 为极限分辨率；λ 为光的波长；n 为物方折射率；θ 为物镜的最大接收半角；$n\sin\theta$ 为数值孔径。为了提高显微镜的极限分辨率，可以减小波长，或者增大数值孔径。增大数值孔径的方法主要是将物镜与样品之间浸入液体提高物方折射率，目前常用的高倍物镜的数值孔径最大为 1.49，对于波长 500nm 的绿光，显微镜的分辨率约为 200nm，而这个 200nm 一般称为光学显微镜的分辨率极限。另外，研究人员用电子束（德布罗意波长）代替光束，发明了电子显微镜，分辨率可以达到 0.1～0.2nm，但严格的来讲，电子显微镜依然受到光学衍射极限限制。

上面极限分辨率公式是用夫琅禾费衍射条件推导出来的，其要求物体与像平面之间的距离远远大于光的波长，即需满足远场条件。Eric Betzig 在 1986 年发明的近场扫描光学显微技术（NSOM）就是使用距离物体远小于波长的光学探针来扫描物体，以达到超分辨的显微图像。

2014 年，诺贝尔化学奖颁给了 3 个物理学家：Eric Betzig、Stefan W. Hell 和 W. E. Moerner，表彰了他们对于发展超分辨率荧光显微镜做出的卓越贡献。超分辨率荧光显微技术起源于 William Moerner 推动的单分子荧光成像等研究，Betzig 等人和庄小威基于单分子荧光成像的特性分别发明了 PALM（Photoactivated Localization Microscopy）和 STORM（Stochastic Optical Reconstruction Microscopy），两种的基本原理类似，都是使样品中随机的单个荧光分子发光，通过点扩散函数数字化获得每个荧光分子中心点的位置。重复这一过程，就可以把所有荧光分子的中心点位置叠加起来形成整幅图像，即实现了对阿贝极限分辨率的超越，这即是超分辨率荧光显微技术。

2．共聚焦激光扫描荧光显微镜

共聚焦激光扫描荧光显微镜（Confocal Laser Scanning Fluorescence Microscope，LSFM）以激光作为激发光源，采用光源针孔与检测针孔共轭聚焦技术，对样本进行断层扫描，以获得高分辨率光学切片的荧光显微镜系统。

1）荧光显微镜基本原理

荧光显微镜是利用一定波长的紫外光照射标本（或经荧光色素处理的标本）受激而产生荧光，然后再通过物镜与目镜观察标本荧光图像的显微镜，基本工作原理如图 5-38 所示。它使荧光分析的敏感性与光学显微术的精细性相结合，借以研究生物的某些结构、形态和物性。由于紫外光是不可见的，故由标本发出的荧光与背景反差很大。荧光显微镜通常是在黑暗的背景下观察彩色图像的，而普通显微镜则是在亮的背景下观察较暗的样品。荧光显微镜的对比度约为普通显微镜的 100 倍，由此可观察到利用普通显微镜看不到的结构和细节，从而大大提高了物镜的分辨能力。

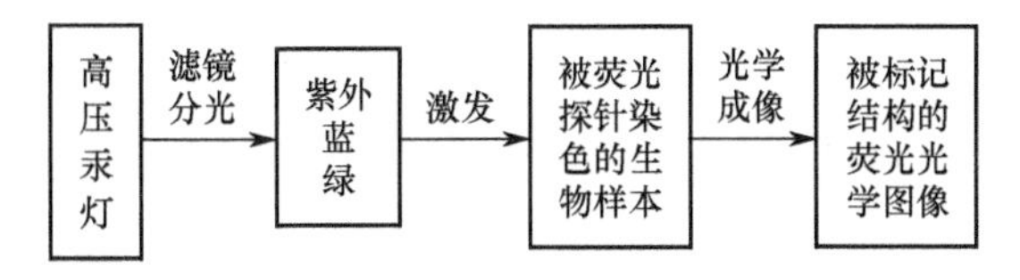

图 5-38　荧光显微镜基本工作原理

荧光显微镜是生物成像的一个主要工具。荧光发射取决于激发波长，并且在单光子吸收时，激发能量要大于发射能量（激发光的波长比发射光的波长短）。荧光有个优势，即能提供较高的信噪比，这使我们能够分辨很低浓度样品种类的空间分布。我们可以利用自发荧光或者用合适的分子（荧光团，它的分布在被照射时会很明显）来标记样品（例如细胞、组织或者胶质体）。荧光显微镜特别适合探测细胞或组织内某种荧光剂。

荧光显微系统结构如图 5-39 所示，包括多种类型滤镜。

（1）激发滤镜（Excitation filter）：用于从光源中分滤出一定波长范围的激发光，又包括；①带通滤色镜（BP）：有宽、窄带之分，如 BP450-490；②长、短通滤色镜组合（LP + KP）：LP450 + KP490；

（2）双色镜（Dichroic mirror）：双色分光镜，反射短波长，透过长波长；

（3）阻断滤镜（Block filter）：多为长通滤色镜，如 LP490。

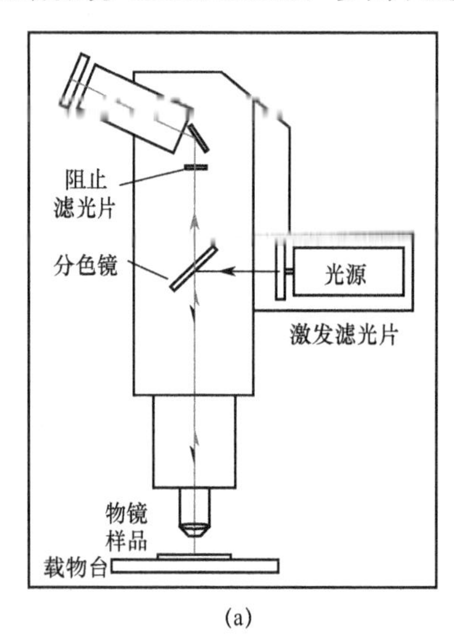

(a)

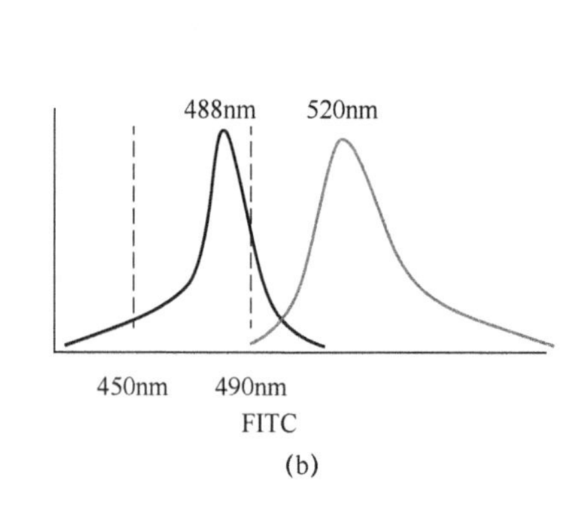

(b)

图 5-39 荧光显微镜结构及荧光光谱

目前，广泛使用的荧光显微镜遵循基本的反射荧光激发设计（利用滤波器和二色分光镜）。样品被来自物镜的激发光照射，荧光被物镜收集以用来成像。分束器（光透射或反射光取决于光波长）用来分开激发光和荧光。在如图 5-40 所示的装置中，分束器使短波长的光透射而长波长的光反射。

随着不同荧光团/荧光剂的出现，标记细胞的不同部分或者探测不同的离子通道过程（例如钙离子指示剂）成为可能，荧光显微镜因此对生物学有很大影响。共聚焦显微镜极大地拓展了荧光显微镜的应用范围。

2）激光共聚焦扫描显微光学原理

激光共焦扫描显微术的独特成像特点来自于点光源和点探测的引入，使其能抑制共焦点外的光信号进入探测器，这是与普通光学显微镜的根本区别。共焦显微图像更能生动地表现样品的三维内部结构，并且比普通光学显微图像具有更高的分辨率和对比度。

共聚焦成像采用点光源照射标本，在焦平面上形成一个轮廓分明的小的光点，该点被照射后发出的荧光被物镜收集，并沿原照射光路回送到由双向色镜构成的分光器。分光器将荧光直接送到探测器。光源和探测器前方都各有一个针孔，分别称为照明针孔和探测针孔。两者的几何尺寸一致，约 100～200nm；相对于焦平面上的光点，两者是共轭的，即光点通过一系列的透镜，最终可同时聚焦于照明针孔和探测针孔。这样，来自焦平面的光，可以汇聚在探测孔范围之内，而来自焦平面上方或下方的散射光都被挡在探测孔之外而不能成像，光学成像原理如图 5-41 所示。以激光逐点扫描样品，探测针孔后的光电倍增管也逐点获得对应光点的共聚焦图像，转为数字信号传输至计算机，最终在屏幕上聚合成清晰的整个焦平面的共聚焦图像。

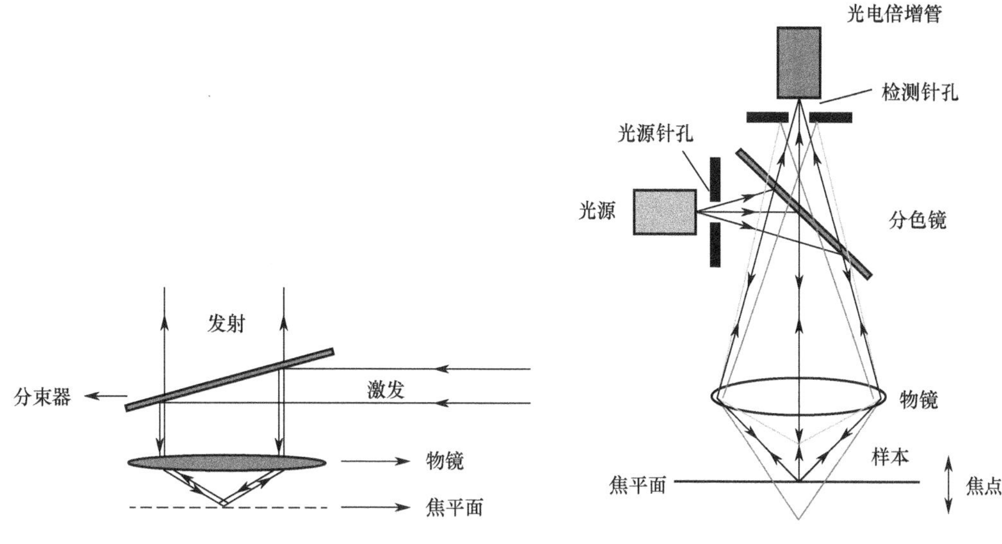

图 5-40　反射荧光照明的基本原理　　　图 5-41　激光共焦扫描显微光学成像原理

每一幅焦平面图像实际上是标本的光学横切面，这个光学横切面总是有一定厚度的，又称为光学薄片。由于焦点处的光强远大于非焦点处的光强，而且非焦平面光被针孔滤去。因此，共聚焦系统的景深近似为零，沿 Z 轴方向的扫描可以实现光学断层扫描，形成待观察样品聚焦光斑处二维的光学切片。把 X–Y 平面（焦平面）扫描与 Z 轴（光轴）扫描相结合，通过累加连续层次的二维图像，经过专门的计算机软件处理，可以获得样品的三维图像。

检测针孔和光源针孔始终聚焦于同一点，使聚焦平面以外被激发的荧光不能进入检测针孔。激光共聚焦的工作原理简单表达就是它采用激光为光源，在传统荧光显微镜成像的基础上，附加了激光扫描装置和共轭聚焦装置，通过计算机控制来进行数字化图像采集和处理的系统。该装置采集的图像及其与普通成像对比如图 5-42 所示。

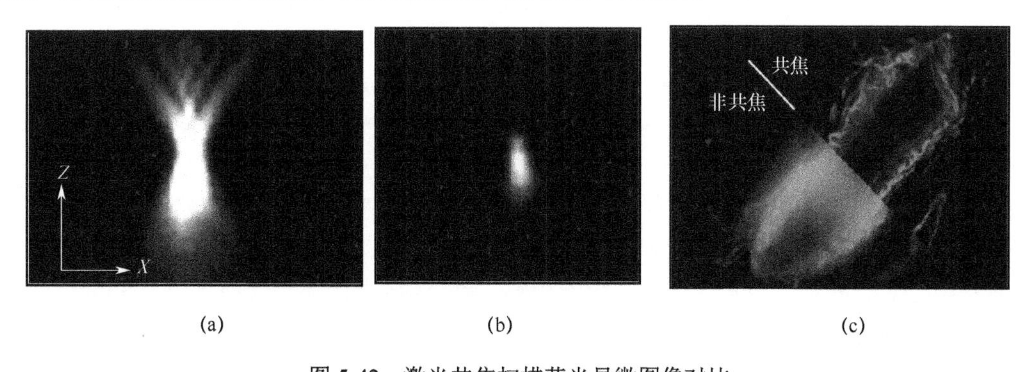

(a)　　(b)　　(c)

图 5-42　激光共焦扫描荧光显微图像对比

（a）常规成像效果；（b）激光共聚焦成像效果；（c）实际成像效果对比。

5.3.5　在体生物光学成像检测

1. 在体生物荧光成像

光在生物组织中传播一般会被大量的吸收，但是在研究中发现，在近红外光频段（700～950nm）“光窗”内，组织对光的吸收自由度可达到数个厘米。也就是说，来自动物组织深处的光就很有可能穿出表面而被探测器接收到。虽然投射出来的光一般都经历了大量的折射，但是根据它的光强、空间分布以及频率分布仍然可以获取到一些实用信息。由于光学成像技术具有灵敏度极高、非电离辐射、操作简便、在肿瘤和良性组织之间有较高的组织对比度等优点，逐渐成为在体成像相关研究中的一种重要手段。

分子影像（Molecular Imaging）是指运用影像学手段显示组织水平、细胞和亚细胞水平的特定分子，反映活体状态下分子水平变化，对其生物学行为在影像方面进行定性和定量研究的科学。其中，生物自发荧光成像和激发荧光成像是其中最具有代表性的光学分子影像模态，如图 5-43 所示。这两种成像模态都在有限深度（10～20mm）范围内具有很高的灵敏度（10.15mol/I），这个深度可以覆盖小动物全身。即使是肝脏这样的深层器官，也可以做到自发荧光成像和激发荧光成像，非常适合小动物在体成像及进行肿瘤模型的成像研究。

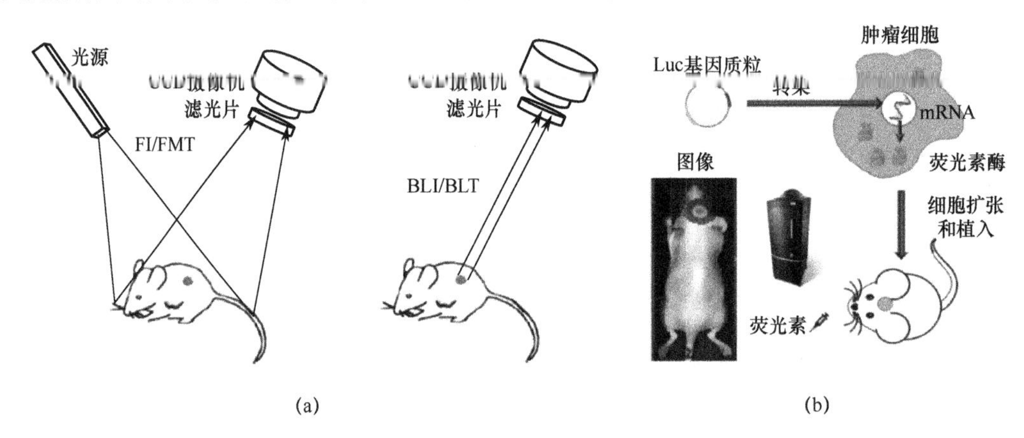

图 5-43　在体生物荧光成像原理

（a）激光荧光成像；（b）自发荧光成像。

（1）激发荧光成像技术。

激发荧光成像技术（Fluorescence Molecular Imaging，FMI）需要采用荧光团等进行标记或作为对比剂，荧光团本身不会主动发光，当有特定波长激发光照射到带有荧光团的生物组织时，荧光团吸收光能使得电子跃迁到激发态，电子从激发态回到基态的过程中会释放出荧光（发射光）。红光在哺乳动物体内的穿透性比蓝绿光要强得多，因此在体荧光成像中通常选择红光为激发光， 得到近红外波段的发射光。和激发光相比，发射光的波长会更长，即发射光的光子能量要比激发光低。发射荧光在组织体内传播并有一部分达到体表，从体表发出的荧光被探测器接收到，从而形成荧光图像，然后用带通滤波片和高灵敏度探测器对荧光图像进行采集，根据荧光的强度将其转化为对应的伪彩，再将伪彩图像叠加到生物体的白光图像上，这样就可以清晰地看到荧光是从生物体表的哪些区域发射出来的。其优点是简单直观、成像快速，如果采用高灵敏度光学相机快速连续拍摄的方式，还可以实现实时激发荧光成像。

（2）生物自发荧光成像技术。

生物自发荧光成像技术（Bioluminescence Imaging，BLI）是另外一种光学分子影像的重要模态，它不需要任何外源性信号激发，而是生物体内直接产生光学信号的内源性光学成像技术。在体生物发光成像采用荧光素酶 （Luciferase） 基因标记细胞或 DNA，荧光素酶与荧光素在氧、Mg^{2+}离子存在的条件下消耗三磷酸腺苷（ATP）发生氧化反应，将部分化学能转变为可见光能释放，该现象只有在活细胞内才会发生，而且发光强度与标记细胞的数目成正比。荧光素酶的每个催化反应只产生一个光子，而且光子在强散射性的生物组织中传输时，将会发生吸收、散射、透射等大量光学行为，经历多次散射和吸收后部分穿出表面被探测器接收。因此，需要采用高灵敏度的光学检测仪器采集并将其转换成图像，该图像能够反应组织内分子细胞水平的代谢变化。常用的荧光素酶主要有 Rluc（取自萤火虫）、CBGr68 与 CBRed 等。在体生物发光成像中的发光光谱范围通常为可见光到近红外光波段，哺乳动物体内血红蛋白主要吸收可见光，水和脂质主要吸收红外线，但对波长为 590～1500nm 的红光至近红外线吸收能力则较差。因此，大部分波长超过 600nm 的红光，经过散射、吸收后能够穿透哺乳动物组织，被生物体外的高灵敏光学检测仪器探测到。传统荧光波长范围为 400～900nm，现在正在开展向近红外 II 区荧光（1000～1700nm，NIR-II）延伸探测研究，以降低散射噪声等影响。

（3）契伦科夫荧光成像技术。

契伦科夫光（Cerenkov Luminescence Imaging，CLI）是高速带电粒子在非真空的透明介质中穿行，当粒子速度大于光在这种介质中的速度时产生契伦科夫辐射，从而发出的一种以蓝紫光为主的可见光。CLI 是新兴的分子影像学方法，运用放射性核素探针，无外部激发光源，能以光学成像设备定量显像临床核素探针发出的光学信号，较原有荧光分子成像技术相比克服了探针毒性这一光学分子成像临床转化应用的关键问题，同时应用一种探针即可实现 PET-光学双模成像，在药物研发、肿瘤检测、疗效检测与评价等多个生物医学研究领域得到应用。

FMI 与 BLI/CLI 的区别主要有以下两个方面。

（1）激发方式不同。FMI 是采用外源性激发信号以产生发射信号的外源性光学成像技术，可以通过控制激光的发射角度及频率等方便地控制光源发射光子的行为，但是由于激发信号会产生较强的反射信号和生物自体光学信号，使得其背景噪声大，信噪比低；BLI 的荧光光源则来自于生物组织内部的标记有荧光素酶的分子探针，由于没有外界激光，因此不存在其他背景光的影响，外界噪声相对较少，但光源发射光子的行为是不可控的。

（2）重建目标不同。FMI 重建的是生物组织内部的光学特性参数（如吸收系数、散射系数）；而 BLI/CLI 感兴趣的是注射的分子探针或药物能否顺利到达期望的生物组织、定位发光光源的位置从而重建出肿瘤或感兴趣区域的大小。

2．荧光三维断层成像

由于 BLI、FMI 这样的二维光学成像都只能对投射出动物体表的信号进行成像，不能够直接对组织内部光源的空间分布信息进行可视化。而像 CT、PET 等成像已经能够对动物体内的结构，病灶等进行三维断层成像。光学成像如果也能通过三维断层成像重建病灶的空间分布，必将极大地推动肿瘤机理研究和药物研发、疗效评估等生物医学应用的发展。融合解剖结构、形态学和功能影像成像模态，应用多模态成像系统，可以有效改善疾病诊断的精度和效率。近年来，与上述模态相对应，出现了生物自发荧光成像技术、激发荧光成像技术、契伦科夫荧光成像技术等三维光学断层成像（optical tomography）。2004 年，美国弗吉尼亚理工大学王革教授等开发出 BLT 系统，系统原理如图 5-44 所示。

光学三维断层成像的重建问题与 CT、PET 等成像模态是存在显著差异的，主要表现在：

（1）γ射线、X 射线在生物组织中主要沿直线传播，散射作用基本可以忽略，而可见光在生物组织中传播则呈现多次散射的特性，其传播规律要采用更加复杂的数学物理模型描述。

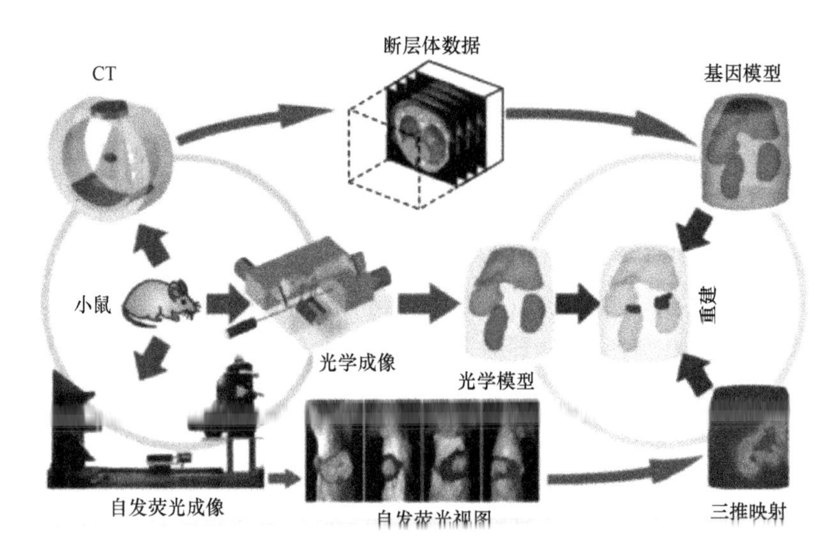

图 5-44 BLI 与 CT 融合成像系统 BLT

（2）可见光在生物组织表面会发生频繁折射，这对光子的传播路径有较大的影响，而在高能粒子的传播过程中，折射效应则是可以忽略的。

因此，大部分的研究人员都采用辐射传输方程或其一阶近似形式扩散方程（Diffusion Equation）来描述光子在动物组织内传播的物理过程。

3．研究的关键问题

虽然在体生物光学成像技术在时/空分辨、实时、动态和多参数测量等方面有一定的优势，但仍然有大量的技术问题需要研究。在体生物光学成像的研究存在前向和逆向问题。

前向过程从物理意义上来说是指已知生物体内部光源的荧光强度分布信息、生物体内部组织、器官相应的光学特性参数，通过光子在生物体中的传输模型得到生物体表面的荧光强度分布信息。从具体的生物实验中来说。例如，将荧光素酶基因整合到小动物细胞 DNA 上，使得小动物在病灶处产生荧光蛋白酶，进而通过静脉注射荧光底物，从而在该蛋白酶的催化作用下发射出可见或近红外光。光在生物组织中的传输将历经多次散射，最终有一部分光子到达小动物皮肤并出射到自由空间中被探测器接收，从而获取小动物的体表光强分布信息，这一过程即是前向过程，即分析近红外荧光在强散射性生物组织中的传播模型与重建算法。

逆向问题则为反向通过获取得到的光强进行生物体内组织特性或荧光源的反演。主要分为两大类：

（1）生物组织光学特性参数的重建： 即已知光源参数、生物组织的几何参数和探测器上得到的投影数据，求解生物组织内部的光学特性参数（如吸收系数、散射系数等）；

（2）生物体内荧光光源位置的反演：即已知生物组织的几何参数、光学特性参数和探测器上得到的投影数据，利用一定的先验知识，定位小动物体内荧光光源的精确位置。

从系统角度而言，主要在提高组织穿透深度、时间分辨率和空间分辨率方面开展研究，包括荧光探针、光谱延伸、高灵敏度成像系统，以及结合新型双光子显微成像、光片成像等方式，以降低强组织吸收、散射，提高成像灵敏度等。

生物荧光成像技术具有独特优势：能够实现实时、无创的在体监测；发现早期病变，缩短评价周期；评价更科学、准确、可靠。在体生物荧光成像是一种崭新的分子、基因表达的分析检测技术，在生命科学、医学研究及药物研发等领域得到广泛应用，例如：在体监测肿瘤的生长和转移，基因治疗中的基因表达，机体的生理病理改变过程以及进行药物的筛选和评价。

5.4 拉曼光谱检测系统

拉曼（Raman）光谱学是一种基于激光与物质相互作用的非弹性光散射（即入射激光的能量/频率发生改变）无损光谱探测方法。通过检测被测分子体系特定的拉曼光谱（即拉曼指纹图谱），可对样品进行快速、可重复的非接触无损检测和定量分析，具有检测时间短，样品用量小，结果准确等特点，广泛应用于化学、物理学、生物学、医学及工农业生产等各个领域。

5.4.1 拉曼光谱

当光入射到物质上时，光与物质作用会产生 4 种现象，反射、折射、吸收和散射。散射又可以分为拉曼散射和瑞利散射，瑞利散射是一种弹性散射，拉曼散射是一种非弹性散射。1928 年，Raman 和 Krishnan 通过实验首次观察到这种现象，之后光的非弹性散射现象被称为拉曼散射。拉曼散射光和入射光的频率不同，这种变化称为拉曼位移。拉曼位移具有高度的特异性，类似于人的指纹，光照射到不同的物质上发生拉曼散射时，物质不同，产生的拉曼位移不同，根据此特性利用光谱仪得到的拉曼光谱可以实现对物质的检测。

图 5-45 展示了散射的基本过程。在室温下，大多数分子存在于最低能量振动状态。由于虚拟态不是分子的真实状态，而是在激光与电子相互作用并产生极化时产生，这些状态的能量由所用光源的频率决定。当光入射到物质上发生散射时，大多发生的是瑞利散射，这个过程中不涉及任何的能量转变，相应的入射光散射后频率不发生改变。处于基态 E_0 的分子吸收能量 $h\nu_0$ 首先上升至激发虚态 $E_0+h\nu_0$；然后回到更高能量的振动激发态 E_1，涉及的能量从散射光子转移至分子。

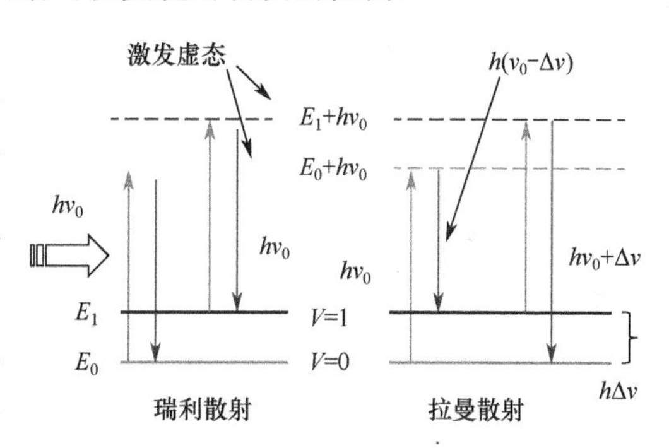

图 5-45 瑞利散射与拉曼散射能级图

这是拉曼散射中的斯托克斯散射，斯托克斯散射光频率变为 $\nu_0-\Delta\nu$，相对于入射光频率 ν_0 减小。然而，由于热能的影响，也存在着处于 E_1 振动激发态的分子，吸收能量 $h\nu_0$ 上升至激发虚态 $E_1+h\nu_0$。从这些状态回到振动态 E_0 的散射称为反斯托克斯散射，该过程是分子将能量转移到散射光子，即反斯托克斯散射光频率为 $\nu_0+\Delta\nu$，相对于入射光频率 ν_0 增加。两个过程的相对强度取决于分子在 E_1 和 E_0 振动态的数量。在常温下，分子在 E_0 振动态下的数量要多于在 E_1 振动态下的数量，因此，斯托克斯散射的强度一般强于反斯托克斯。所以，一般情况下物质的拉曼光谱的研究也是针对斯托克斯散射的过程，但是在存在荧光干扰时，荧光的波长相比入射光波长长，频率低，所以有时也会优先选择反斯托克斯的过程。温度升高，反斯托克斯的强度会增强，斯托克斯和反斯托克斯的强度差异和环境温度紧密相关，因此也可以用两者的差异根据玻尔兹曼等式来测量温度。

拉曼散射的特征量主要包括频移、散射截面、散射光强、退偏比。

（1）频移。

频移是指散射光相对于入射光频率的变化，是非弹性散射最主要的特征量，单位是波数，即 cm^{-1}。其大小取决于介质内部的结构，而与激发光源的种类（功率、波长）无关；对于不同类型、不同物质，频移量有不同的计算公式。一般情况下，首先确定原子间的互作用势，再从该势在平衡位置的平衡条件，求出力常数，进而求出频移量的大小。对不同的材料，或同种材料不同的振动、转动模式及不同元激发、其拉曼频移都不一样。但同一个拉曼频移，与所用的激光波长无关。

（2）散射截面。

只要有粒子流受到某一源的作用转变为其他的粒子或偏离原粒子流路径，就存在散射和散射截面的问题。散射截面是以面积为单位表示入射光的散射率。散射截面直接关系到散射强度大小。不同过程散射截面相差甚远，非弹性散射的散射截面最小；米氏散射的散射截面变化范围最大，即参与散射粒子的尺度分布最广。

（3）散射光强。

光电磁波入射到偶极分子上，可以把永久振荡偶极子看作一个辐射子，一个感生偶极子也可以看作为一个辐射子。此时，总的辐射强度为

$$I=\frac{16\pi^4 v^4}{3c^2}M_0^2 \tag{5-45}$$

式中：v 为感生偶极子的振荡频率，也就是散射光的频率；M_0 为感生偶极矩的振幅；c 为光速。

沿正交坐标系 $(x，y，z)$ 中任意轴方向，单位立体角的散射强度为

$$I=\frac{2\pi^3 v^4}{c^3}M_{0i}^2\ (i=x，y，z) \tag{5-46}$$

假设入射光沿着 y 轴传播，其电矢量偏振方向沿 x 轴，振幅为 E_0，这时在粒子（原子、分子其他结构）中的感生偶极矩振幅为

$$M_{0x}=\alpha_{xx}E_0，\ M_{0y}=\alpha_{yx}E_0，\ M_{0z}=\alpha_{zx}E_0 \tag{5-47}$$

沿 x 轴方向（平行入射光电矢量方向）测得一个粒子的散射光总强度为

$$I=\frac{16\pi^4 v^4}{c^3}(M_{0y}^2+M_{0z}^2)=\frac{2\pi^3 v^4}{c^3}(\alpha_{yx}^2+\alpha_{zx}^2)E_0^2 \tag{5-48}$$

利用电磁场辐射理论的结果，则有

$$I=\frac{16\pi^4 v^4}{c^4}I_0(\alpha_{yx}^2+\alpha_{zx}^2) \tag{5-49}$$

在前面的计算中，仅考虑了单个偶极子散射的情况，而实际测量的是大量分子体系的平均，极化率张量与偶极子在空间的取向有关，而单个分子的取向是任意的。因此，求解大量分子的总散射光强必须对个别分子的所有可能的取向求平均，然后再乘上分子总数。

（4）退偏比。

拉曼散射光的偏振性能的变化与分子结构的对称性和简正振动模式的对称性有关。为了描述拉曼谱带的偏振性能变化的程度，引进了退偏比的概念。退偏比也称退偏振度，是指与入射光电矢量 E 偏振方向垂直的散射强度与平行于 E 的散射强度之比。它表示散射物体各向异性的程度，不仅与极化率的平均值有关，而且与极化率的各向异性有关。非全对称振动所对应的拉曼散射时完全退偏的，对于气体来说，退偏比通常为 10^{-2} 的量级。

5.4.2　拉曼光谱检测系统

与红外光谱仪相比，拉曼光谱仪发展较缓慢，早期拉曼光谱仪以汞弧灯作激发光源，拉曼信号十分微弱，1960 年后，激光的出现为拉曼光谱仪提供了最理想的光源，使传统色散型激光拉曼光谱仪得到很大的发展。但由于这类仪器使用的激发光源在可见光区，对某些荧光很强的物质测量时，拉曼信号被“淹没”在很强的荧光中，需要对拉曼光谱检测系统进行改进以提高探测灵敏度。傅里叶变换近红外激光拉曼光谱仪的出现，消除了荧光对拉曼测量的干扰，FT-Raman 光谱仪以其突出的优点如无荧光干扰、扫描速度快、分辨率高等，越来越受到人们的重视。

1. 拉曼光谱仪结构

激光拉曼光谱检测系统一般由激光光源发射系统、光学接收系统、光谱接收系统、信息处理与显示系统组成，色散型拉曼光谱系统如图 5-46 所示。激光光源发射系统发射激光信号到被检测物质上，光与被检物质作用后，光学接收系统接收激光与被检物质作用激发的拉曼信号，通常采用与激光发射源同轴的结构组合（如反射式望远系统）接收信号，再经过光学滤波滤除干扰信号，并将拉曼信号传递给光谱接收模块。光谱接收模块由光谱仪结合 PMT/CCD/CMOS 探测器组成，响应拉曼光谱信号并实现对光谱数据的记录。信号处理与显示系统利用各种算法对光谱信息进行处理，去除荧光等背景干扰信号，提取被检物质的拉曼特征峰，并与拉曼光谱库的拉曼光谱特征进行匹配，以确定被测物质的成分，最终将被检测物质的拉曼光谱信息及检测结果展示在显示器上。

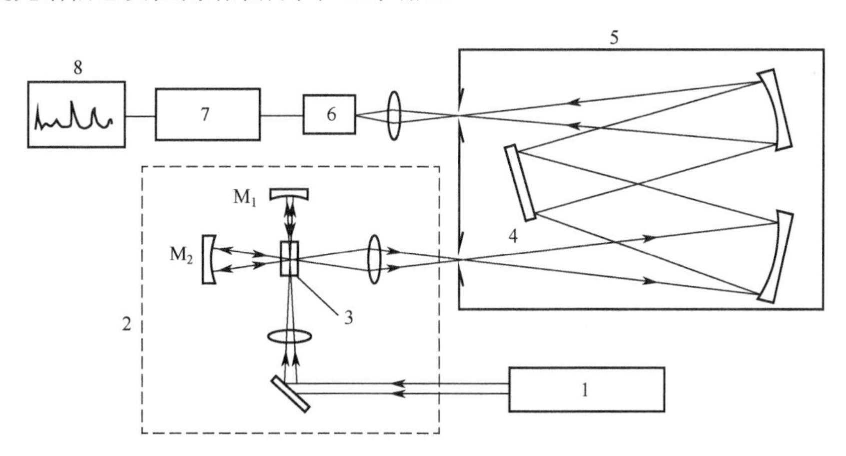

图 5-46　色散型激光拉曼光谱仪结构示意

1—激光；2—外光路系统；3—样品室；4—光栅；5—单色仪；6—光电倍增管；7—信号处理；8—记录显示。

色散型拉曼光谱仪逐点扫描，单道记录，为了得到一张高质量的谱图，必须经多次累加，花费时间长。色散型拉曼光谱仪所用的可见光范围的激光，能量大大超过产生荧光的阈值，很容易激发出荧光并淹没拉曼信号，以致无法测定。傅里叶变换拉曼光谱仪的出现，完全消除了色散型拉曼光谱仪的缺点。无荧光干扰，扫描速度快，分辨率高，从而大大拓宽了拉曼光谱的应用范围。

在傅里叶变换拉曼光谱仪中，以迈克尔逊干涉仪代替色散元件，光源利用率高，可采用红外激光，用以避免分析物或杂质的荧光干扰。傅里叶变换拉曼光谱仪的光路设计类似于傅里叶变换红外光谱仪，但干涉仪与样品池的排列次序不同，它通常由激光光源、样品池、干涉仪、滤光片、检测器等组成（图 5-47）。该类仪器具有扫描速度快、分辨率高、波数精度及重现性好等优点；但对一般分子的研究，由于光源能量低，其拉曼散射信号比常规激光拉曼散射信号低。

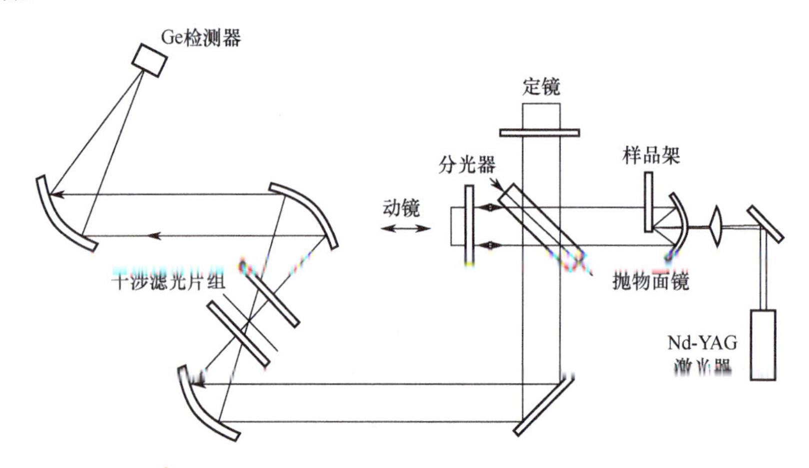

图 5-47 傅里叶变换激光拉曼光谱仪示意

（1）激发光源。

拉曼光谱仪的激发光源使用激光器，传统色散型激光拉曼光谱仪通常使用的激光器有 Kr 离子激光器、Ar 离子激光器、Ar^+/Kr^+激光器、He-Ne 激光器和红宝石脉冲激光器等。目前，FT-Raman 光谱仪大都采用固体激光器，如 Nd:YAG 激光器，红宝石激光器，掺钕的玻璃激光器等。它们的工作方式可以是连续的，也可以是脉冲的，这类激光器的特点是输出的激光功率高，可以做得很小、很坚固，其缺点是输出激光的单色性和频率的稳定性都不如气体激光器。作为激光拉曼光谱仪的光源需符合以下要求：①单线输出功率一般为 20～1000mW；②功率的稳定性好，变动不大于 1%；③寿命长，应在 1000h 以上。

（2）外光路系统。

外光路系统是从激发光源后面到单色仪前面的一切设备，它包括聚焦透镜、多次反射镜、试样台、退偏器等。其中试样台的设计是最重要的一环，激光束照射在试样上有两种方式，一种是 90° 的方式，另一种是 180° 的同轴方式。90° 方式可以进行极准确的偏振测定，能改进拉曼与瑞利两种散射的比值，使低频振动测量较容易；180° 方式可获得最大的激发效率，适于浑浊和微量样品测定。两者相比，90° 方式比较有利，一般仪器都采用 90° 方式，亦有采用两种方式。许多改进装置往往是测试工作者自行设计的。

（3）单色器和瑞利散射光学过滤器。

在色散型激光拉曼光谱仪中要求单色器的杂散光最小和色散性好。为降低瑞利散射及杂散光，通常使用双光栅或三光栅组合的单色器；使用多光栅必然要降低光通量。目前，大都使用平面全息光栅；若使用凹面全息光栅，可减少反射镜，提高光的反射效率。在 FT-Raman 光谱仪中，在散射光到达检测器之前，必须用光学过滤器将其中的瑞利散射滤去，至少降低 3～7 个数量级，否则拉曼散射光将“淹没”在瑞利散射中。光学过滤器的性能是决定 FT-Raman 光谱仪检测波数范围（特别是低波数区）和信噪比好坏的一个关键因素。

（4）检测和处理系统。

对于落在可见区的拉曼散射光，可用光电倍增管作检测器，对其要求是：量子效率高（量子效率是指光阴极每秒出现的信号脉冲与每秒到达光阴极的光子数之比值），热离子暗电流小（热离子暗电流是在光束断绝后阴极产生的一些热激发电子）。现在为了记录与数据处理方便，也可采用高灵敏度 CCD 探测器作为探测器。FT-Raman 常用的检测器为 Ge 或 InGaAs 检测器。对于后续光谱数据处理技术，色散型系统包括基线校正、平滑、多次扫描平均及拉曼位移转换等功能，FT-Raman 光谱仪包括光谱减法、光谱检索、导数光谱、退卷积分、曲线拟合和因子分析等数据处理功能。

2. 典型拉曼光谱技术

传统拉曼光谱技术的弱点是，依据拉曼散射效应所测得的信号强度都比较弱，这是拉曼散射的一个固有特性。散射强度弱就会造成相对较低的检测灵敏度，从而使低浓度分析，尤其是痕量分析遇到困难。需要研究新型拉曼光谱技术（增强拉曼光谱技术）。

由于碰撞释放能量，分子吸收能量也会产生荧光。拉曼散射效果非常微弱，而荧光的强度较大，会严重干扰拉曼光谱的辨别。图 5-48 展示了荧光噪声对 KNO_3 拉曼光谱的影响。从图 5-48（a）可以看出，在未去除荧光时难以正确识别 KNO_3 的拉曼散射线；从图 5-48（b）可以看出，荧光去除后，可正确识别出 KNO_3 的拉曼散射线。在实际使用拉曼光谱仪进行物质检测时，荧光可能来自被测物质也可能来自背景材料，严重时可能导致拉曼信号被背景信号湮没。多数情况下部分荧光与拉曼光谱会叠加在一起，从而在拉曼谱的窄脉冲信号中会混合一个较宽波段的基底信号。此时，需要对混合光谱进行荧光光谱分离与拉曼特征峰提取等操作。对于远程拉曼光谱检测系统而言，其接收到的拉曼散射光谱信号会因为探测距离的增加而进一步减弱，因此在不增强荧光的情况下增强拉曼信号也是研究难点。

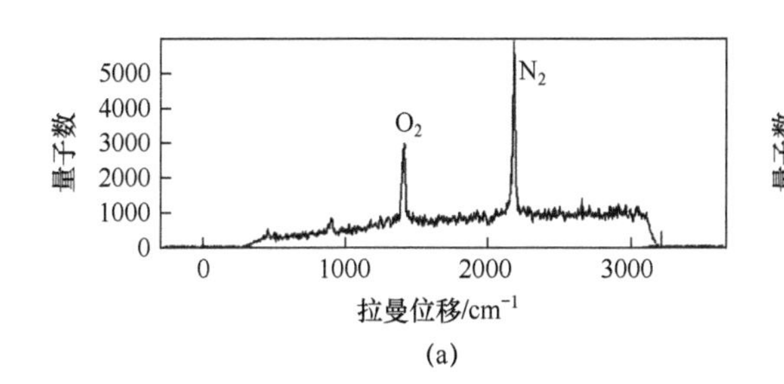

(a)

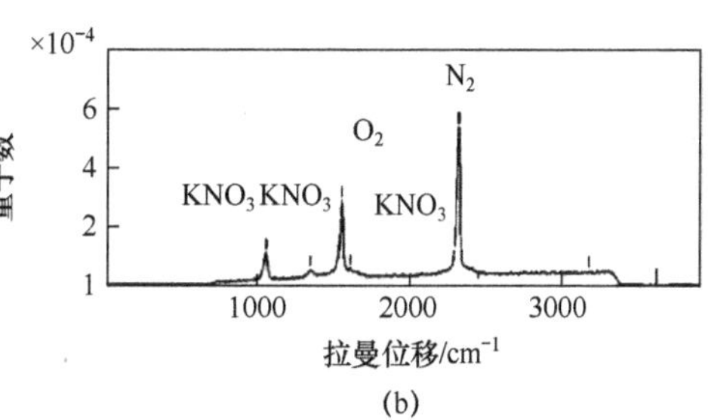

(b)

图 5-48　荧光噪声对 KNO_3 拉曼光谱的影响

（a）未去除荧光的拉曼光谱；（b）去除荧光的拉曼光谱。

因此，在对拉曼光谱进行研究时，必须采取消除荧光干扰的措施。最方便的方法是选择适当的激发光频率，避免产生荧光同时只激发拉曼光，或使产生的荧光不影响拉曼光谱。为此，需要有一个功率足够的、谱线频率稳定的、线宽和频率连续可变的可调谐激光器。但如果荧光出现在很宽的可见光波段内，就必须试用其他技术。例如，在能产生荧光的样品中加入荧光淬灭剂，使荧光熄灭；利用拉曼散射光和荧光产生的时间不同，采用时间分辨技术把它们分开。当用超短脉冲激光器产生一个脉冲激发样品时，可在 10^{-12}～10^{-14}s 的时间内就产生拉曼光信号，这时用有电子开关的探测器，如“时间平均积分器（Boxcar）”在激光脉冲发生后的 10～12s 时间内记录拉曼信号，由于荧光的产生慢得多，约需 10^{-8}～10^{-9}s，这样就可以避免荧光的干扰。在研究表面的共振拉曼光谱时，对吸附物质产生的荧光，可用在实验以前在氧气中加热数小时，而后在高于 0.0133322Pa 真空度下排气的方法清洁表面来消除。要避免样品局部过热而导致光解，可用旋转样品技术和样品扫描技术，也可把样品浸于液体中或冷却样品。在研究表面、界面时可用内反射的方法。

（1）共振拉曼光谱法。

由拉曼效应的基本原理可知，如果分子受到激发后跃迁到受激虚态上，而这一虚态和分子的本征态之一相符合，就产生共振拉曼效应。即当激发频率接近或重合于样品分子的一个电子吸收带时，由于拉曼有效散射截面异常增大，某一个或几个特定的拉曼谱带强度急剧增加，一般比正常拉曼谱带强度增大 10^4～10^6 倍，并出现正常拉曼效应中所观察不到的、强度可与基频相比拟的泛频及组合频振动。这种现象称为共振拉曼效应，基于共振拉曼效应的方法称为共振拉曼光谱法（Resonance Raman Spectroscopy，RRS）。共振和非共振这两种散射过程可用能级图定性地比较，如图 5-49 所示。

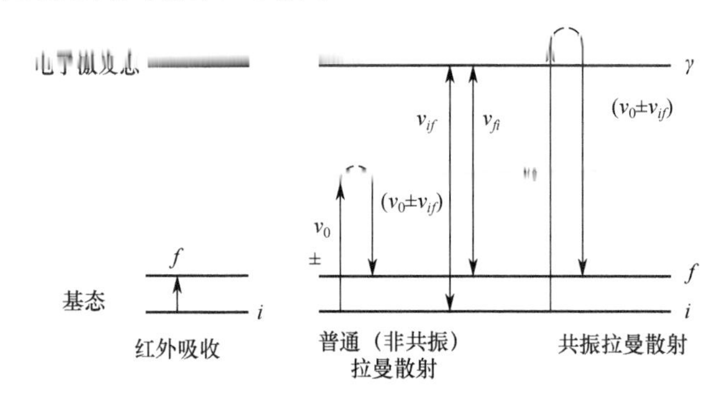

图 5-49 共振拉曼散射的能级图解

共振拉曼光谱法有以下特点：①灵敏度高，由增强的拉曼信号能检测低浓度及微量样品；②不同的拉曼谱带的激发轮廓可给出有关分子振动和电子运动相互作用的新信息；③在共振拉曼偏振测量中，有时可以得到在正常拉曼效应中不能得到的关于分子对称性的情况；④利用标记官能团的共振拉曼效应，可以研究大分子聚集体的部分结构。

共振拉曼光谱的高灵敏度可以用来增强几乎任何类型的拉曼过程，并使其可用于低浓度和痕量试样检测，尤其是生物大分子的检测。紫外光区是很多生物分子的电子吸收区，紫外共振拉曼光谱技术在蛋白质、核酸、DNA 等物质上的研究已获得了显著的成果。然而，实现共振拉曼散射要比通常的拉曼散射困难，因为激发光的波长必须得与待检测的电子发色团的吸收区相吻合才能发生共振拉曼效应，从而使试样厚度对激发强度和散射强度都有影响，使定量分析复杂化。此外，激发强度的吸收在热效应和光化学作用下，可能损伤试样，而且会增强荧光背景。

（2）表面增强拉曼光谱法。

发现在粗糙化的 Ag 电极表面吡啶分子具有极大的拉曼散射现象，其表面增强因子可达 10^6。这种表面增强效应称为表面增强拉曼散射，现已发展为一种新的光谱分析技术——表面增强拉曼光谱法（Surface-Enhanced Raman Spectroscopy，SERS）。

目前主要有两种理论模型来解释 SERS 的增强机理：一种是电磁共振理论，认为超原子级粗糙化（5～100nm）的金属表面与入射光相互作用产生了等离子诱发电磁共振，增加了金属表面的局部电磁场，同时分子的拉曼散射光对等离子的激发也增强了局部电磁场；另一种是化学理论，认为拉曼散射增强是由分子极化率即拉曼散射截面的改变引起的，原子级粗糙化金属表面存在的活性位置引起化合物分子与金属表面原子间的化学吸附而形成复合物，导致分子极化率改变。迄今提出的多种理论模型都能在某一特定情况下解释 SERS，但均存在一定的局限性，SERS 是个复杂过程，可能既有物理增强又有化学增强，还需进一步研究。

SERS 的特性如下：

① 许多分子都能产生 SERS 效应，但只有在少数几种基体上，如 Ag、Cu、Au、Li、Na 和 K 等的表面产生增强效果，其中银基体的 SERS 效应最为明显，可使拉曼散射截面增大 5～6 个数量。SERS 研究大多是在银基上进行的，其中银溶胶和银电极使用最多，也有在化学沉积银膜、真空镀银膜和硝酸蚀刻银膜上进行的。在一些半导体基体上，如 n-CdS 电极、 α-Fe_2O_3 溶胶和 TiO_2 电极上也可观察到 SERS 现象。用金或铜作基体的 SERS 研究则较少，它只有在红光下才能显示出 SERS 效应。

② SERS 效应与基体的粗糙度有密切关系，金属表面的粗糙化是产生 SERS 的必要条件。不同范围的表面粗糙化相应于不同的 SERS 增强机理。

③ SERS 效应表现有长程性和短程性，前者分子离开平面几纳米至 10nm 仍有增强效应，而后者离开表面 0.1～0.2nm 增强效应即减弱。

④ 研究了一些化合物的 SERS 的激发谱，发现 SERS 的强度并不与激发光频率 4 次方成正比。大多数分子的 SERS 强度在黄到红激发光区有一个极大值，而且不同分子或同一分子的不同 SERS 谱峰极大时的激发光波长各不相同。

⑤ SERS 谱峰的退偏度与正常拉曼谱峰不同，不同类型的正常拉曼峰的退偏度有很大差别，但所有的 SERS 谱峰的退偏度很相近。

⑥ 分子的振动类型不同，则增强因子也不相同，增强极大和激发频率关系曲线也不相同。

⑦ 在 SERS 中，有时仅为红外活性的振动类型也会出现在 SERS 光谱中。

⑧ 在分子的吸收带频率内进行激发时，可获得更大的 SERS 信号，其增强因子可达 10^4～10^8。

SERS 技术有效弥补了拉曼散射灵敏度低的弱点，分析功能强于普通拉曼光谱技术，利用增强效应对抗体、蛋白质、DNA 等生物大分子进行标记检测，是拉曼光谱技术的发展所趋，但受到一些因素的制约，SERS 的应用仍不十分广泛。

SERS 需要试样附着在粗糙金属表面，这就丧失了拉曼光谱无损无接触的优点；不同材料在基衬上的吸附性能具有差异。而基衬又难以重现和保持稳定，这使定量分析遇到困难：只有当待测分子中含有芳环、杂环、氮原子硝基、氨基、羰酸基或硫和磷原子之一时，才能进行 SERS 检测，这使检测对象受到一定的限制。尽管有这些限制，SERS 技术在生物研究上仍得到了普遍的应用。

（3）非线性拉曼光谱。

拉曼效应是光的电磁场与物质分子相互作用产生极化而造成的，分子所感生的偶极矩 μ 与入射光的电场强度 E 有如下关系：

$$\mu = \alpha E + \frac{1}{2}\beta E^2 + \frac{1}{6}\gamma E^3 + \cdots \tag{5-50}$$

在一般拉曼光谱中，入射光的电场强度较小，分子振动的振幅很小，式（5-50）中的高次项可以忽略，μ 与 E 之间呈线性关系：$\mu=\alpha E$。

但是，当入射光的电场强度超过 10^9V/m 时，式（5-50）中的高次项不能忽略，就能看到非线性拉曼效应。其中，β、γ 为一级和二级超极化率（从电子平衡构型计算中获得 $\alpha=10^{-24}cm^3/esu$，$\beta=10^{-30}cm^3/esu$ 及 $\gamma=10^{-36}cm^3/esu$）。由于非线性拉曼效应较一般的拉曼效应具有较高的灵敏度和能有效地区分荧光，因此它开拓了许多新的应用。目前已得到应用的非线性拉曼光谱技术有：受激拉曼光谱，超拉曼效应，反拉曼散射，受激拉曼增益，相干反斯托克斯拉曼光谱，相干斯托克斯拉曼光谱和拉曼感生克尔效应光谱等。

（4）紫外拉曼光谱。

为了远距离探测微量物质，研究人员将激光选择由可见光和近红外光转向了紫外波段。相较于可见光和近红外拉曼光谱，紫外拉曼光谱具有较多的优势。

① 信号强度相对较高。

拉曼散射截面和波长倒数的四次方成正比，对应的波长越短，拉曼散射截面越大，拉曼信号强度越强，如波长为 213nm 激光比波长为 785nm 激光的拉曼信号要高出 185 倍。在相同条件下，若要产生同样强度的信号，紫外拉曼散射光谱比可见光和近红外光需要的激光功率也更小。

② 受环境干扰影响小。

近红外和可见光仪器通常须将物体取样放在样品盒内测量，或把物体罩在观察腔内，无法测量距离较远或无法遮光的物体，由于大气臭氧层的存在，波长小于 300nm 的太阳辐射大部分被阻挡在大气层之外，且生活用灯多是可见光和近红外光，紫外光源较少，故紫外激光受周围环境杂散光的影响更少，有利于白天进行远程拉曼光谱检测。

③ 易于荧光光谱分离。

激光照射会产生荧光，紫外光激发的拉曼光谱约有 200～4000cm^{-1} 的拉曼位移，荧光光谱在 280～370nm 波段较强。采用较短波长的紫外光激发可在光谱上有效分离拉曼光谱和荧光光谱，如图 5-50 所示。当激光波长在 250nm 以下时，荧光光谱在紫外和 400nm 之间，拉曼光谱可与荧光光谱彻底分离。

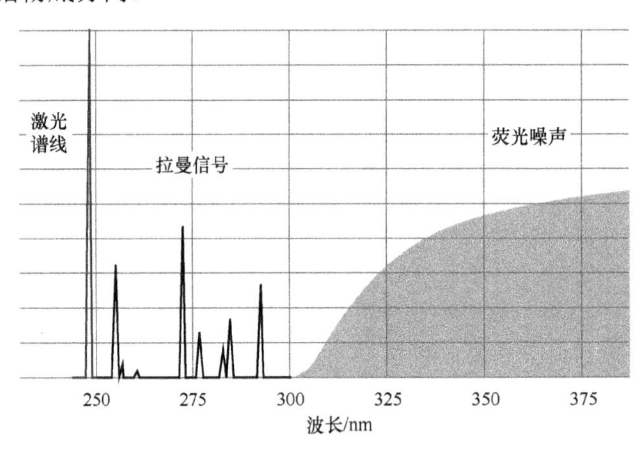

图 5-50 紫外激发下拉曼响应与荧光光谱分离

④ 人眼安全性高。

从人眼安全方面考虑，紫外激光比可见光和近红外激光的人眼最大允许曝光量要大得多，可见光和近红外光透过眼球会损坏视网膜，短波长的紫外光则相对要安全一些。

⑤ 背景光谱影响小。

对于可见光，同一波长下不同颜色的背景光谱变化很大。在 150° 反向散射的紫外光谱中，紫外激光波长和激光功率不会显著影响颜色背景的光谱，且紫外光照射下的背景光谱强度最小，因此使用紫外光可相对减少颜色背景光谱的影响。

⑥ 可用于爆炸性材料。

许多爆炸性材料在紫外光谱部分具有基本吸收带，当激发光在材料的吸收带内时，存在共振拉曼的可能性，其可以将拉曼信号强度增加 3～4 个数量级。此外，低功率的激光也不会引爆被测材料，所以紫外光更适用于爆炸性材料的检测。

采用我们自研的紫外拉曼光谱仪（激发波长266nm，功率30mW，分辨率12cm^{-1}，光谱范围 350～4000cm^{-1}）对典型的小苏打药片、阿司匹林粉末、维生素 C 泡腾片等样品进行了紫外拉曼光谱检测实验，并与国产某型近红外拉曼光谱仪（激发波长 785nm，功率 50mW，分辨率 4cm^{-1}，光谱范围 200～1500cm^{-1}）对同样样品进行拉曼光谱检测，其拉曼谱对比如图 5-51 所示。由于紫外拉曼光谱仪设计的光谱范围较宽，利于提取更丰富的光谱信息，但造成光谱分辨率降低，某些特征峰密集处出现峰的包络，但其位置与近红外拉曼光谱一致，另外，紫外激发功率低于近红外激光，但拉曼强度明显高于近红外，也说明了紫外拉曼探测的优势。

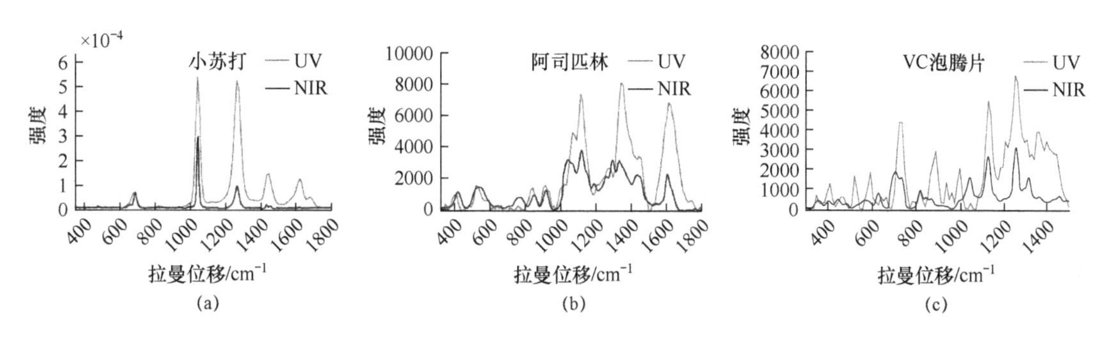

图 5-51 紫外与近红外拉曼光谱对比

（a）小苏打；（b）阿司匹林；（c）VC 泡腾片。

（5）激光诱导击穿–拉曼光谱联用。

激光诱导击穿光谱（Laser-Induced Breakdown Spectroscopy，LIBS）是一种用于快速分析固体、液体和气体中元素成分的原子辐射光谱技术。该技术利用脉冲激光照射待测样品表面形成局域等离子体，采用光谱仪收集等离子体辐射的光并通过分析光谱信号可以对样品中的化学元素成分进行定性和定量分析。

① 激光烧蚀与等离子体形成过程。

在激光束作用下，样品（以固体为例）表面因吸收光子而加热，并发生熔化，这时将有热电子从表面逸出形成自由电子。被熔化的样品（内含原子、分子、离子、团簇、颗粒等）沿着固体的法线方向快速扩展开来，形成等离子体雾气。

② 激光等离子体发射光谱。

激光诱导形成的等离子体是一个温度可以高达 20000K 以上的高温体系。处在这样高温体系中的物质都可以熔化为颗粒，分解成分子或者原子，同时高温体系中粒子之间的激烈碰撞又使分子或原子电离为离子，这些分子、原子或离子可以布居到各个能级上，其中高能级对低能级的辐射跃迁是激光等离子体发射光谱的成因。激光等离子体的发射光谱有如下两个重要特征。

第一个特征是有很强的连续背景。从能级结构来看，原子能级具有分立的结构，离化限以上是能量的连续区，接近离化限处有因原子与离子的能量重叠而造成的准连续能级区。分立光谱来自原子与分子的束缚能级之间的跃迁。电子在连续区或连续与分立能级之间的跃迁构成了连续光谱。连续光谱覆盖从紫外到红外的区域，但持续时间很短，因此用延时测量的技术可以甄别连续与分立的谱结构。在短延时下，连续背景辐射谱的强度高；但随着延时的推移，连续背景强度很快减弱，谱图以分立谱线为主。

第二个特征是分立离子、原子与分子光谱具有不同衰减速率，各谱线随时间变化的速率差别很大。

③ LIBS 光谱定性与定量分析。

原子或离子的反射光谱特征与其本身的性质有关，其中特征谱线的波长和强度分别与元素种类和含量相对应。具体而言，如果某个样品的光谱图中有几种元素的特征谱线出现，就表明该样品中含有这几种元素，谱线强度越大表明该元素的含量越高，因此分立光谱线的波长和强度分布信息为甄别元素种类和确定含量提供了直接依据。通过辨认元素的谱线波长和强度分布特征就可以对待测样品进行定性分析，初步确定样品中的元素成分。利用含量已知的标准样品的特征谱线强度与元素含量之间的比例关系建立定标曲线，就可以根据待测样品同一元素在同一波长位置的特征谱线强度数据反演出该元素的含量。

④ LIBS 与拉曼光谱联用

拉曼光谱技术和 LIBS 技术从仪器构成、光路设计到结果分析等方面都有着诸多相同或相似之处，比如都依靠高密度激光束作用于待测物，都需要光谱仪对光谱信号进行分辨等。此外，这两种技术可以提供互补信息，拉曼可以提供样品中矿物质成分及其晶型信息，以及拉曼活性物质的分子结构信息，LIBS 技术可以提供样品包括微量和痕量元素在内的所有元素信息，而且 LIBS 还可以对拉曼在定量分析上的不足进行补充。因此，将拉曼与 LIBS 结合不仅可以得到样品的分子光谱、原子光谱信息，同时也符合分析仪器小型化、轻量化、低能耗的发展需求。由于 LIBS 与拉曼技术在遥感检测领域具有巨大的应用潜力，近年来，研究人员尝试 LIBS-Raman 联用技术，并在太空探索、文物鉴定、爆炸物检测等领域取得一定研究成果。

由于 LIBS 与拉曼光谱对激光能量具有不同需求，对于 LIBS 技术而言，激光能量密度至少要达到 $1\mathrm{GW/cm^2}$ 才能产生有效的等离子体，因此常用闪光灯泵浦脉冲激光器（Nd:YAG）为激发源；而对拉曼光谱而言，激光束的能量密度一般不超过 $10\mathrm{MW/cm^2}$，通常采用连续激光器为光源。因此，目前对两种技术联用的传统方法是利用两台不同的激光器分别激发出原子光谱和分子光谱信号，虽然该方法可以很好地实现对物质元素和结构的同时分析。但是，采用的是两台不同的激光器，相对独立的光路设计，并没有真正实现两种技术的融合，只是简单地将两种技术放在一起使用。这种传统的实现方法既增加了硬件成本，也增加了分析操作的复杂性，不适用于实际样品的快速分析。

随着研究的深入及光学技术的发展，研究人员设计出一套基于单台 532nm 倍频 Nd:YAG 激光器的 LIBS-Raman 联用技术的移动平台，采用卡塞格伦望远镜对同一束激光激发的 LIBS 和拉曼信号进行收集，经分叉光纤将光信号传输至两台 ICCD 光栅光谱仪，通过时间分辨可获取 20m 远处爆炸物的 LIBS 及拉曼光谱数据，该移动平台可实现现场快速分析。也有采用单台 532 nm 倍频 Nd:YAG 激光器作为激光源设计了一套单脉冲双光束的 LIBS-Raman 联用装置，采用格兰泰勒棱镜对激光束进行分束，一束激光聚焦后在样品上激发等离子体产生 LIBS 信号，另一束激光不经聚焦直接作用于样品产生拉曼信号，在通过光纤探头接收后传输至一台光谱仪使 LIBS 信号和拉曼信号同时呈现在一个光谱图中。虽然使用一台光谱仪可以同时获得原子发射光谱和拉曼散射，但是两种光谱重叠会给后续处理分析带来困难。目前，这项技术已经取得了一定成果并应用，后续还需要更多的研究投入使其发展完善。

5.4.3　拉曼光谱检测的应用

1．应用领域

拉曼光谱有着广泛的应用，遍及化学、物理学、生物学、材料科学、医学、文物学、法庭科学、宝石鉴定及无损检测技术等科学和领域，这些应用的性质可能不同，从纯定性直到精确定量，拉曼光谱常常只是用来鉴别化学物质的种类，这是由于每种不同的散射分子给出各自的拉曼光谱。拉曼光谱和红外光谱相结合，用来鉴别物质的对称性，并确定振动模的波数，这是利用了分子的对称性选择定则和峰形（在气体中），或偏振特性（在气体和液体中），或散射强度对方向的依赖性（在晶体中）之间的关系。根据分子振动理论，确定了振动波数便能得到分子作用力和分子内作用力的定量知识，并计算出热力学函数。根据拉曼峰的强度可测量散射物质的浓度。在另外的一些应用中，拉曼谱的波数、强度和带形的变化可用来研究弛豫现象以及环境温度和压力对化学物质的影响，以及计算出许多分子在振动基态和激发态时的键长和其他结构参量。此类测量对非极性分子特别有用，因为非极性分子不受水溶液的拉曼峰干扰等优点，所以对液态、固态、气态的样品都能测定。拉曼光谱可测量低波数（小于 $50cm^{-1}$）的振动峰，拉曼散射强度与散射物质的浓度呈线性关系。拉曼光谱图中反映了 4 个参数：频率（波数）、强度、偏振特性、峰形。

（1）材料科学。

拉曼光谱既可以用于分析晶体材料、超导体、半导体、陶瓷等固体材料等，也可用于新型材料如金刚石薄膜、微晶硅的研究。在纳米材料研究中，拉曼光谱可以帮助考察纳米粒子本身因尺寸减小而产生的对拉曼散射的影响以及纳米粒子的引入对玻璃相结构的影响。特别是对于研究低维纳米材料，拉曼光谱已成为首选方法之一。由于拉曼光谱具有非破坏性、快速灵敏等优点，因此利用拉曼光谱可以对纳米材料进行物质结构分析和键态分析等。在超晶格材料的研究中，可通过测定超晶格中应变层的拉曼位移计算应变层的应力，根据拉曼谱带峰的对称性，知道晶格的完整性。除此之外，还可以实现对半导体芯片上微小复杂结构的应力及污染或缺陷的鉴定。

（2）石油化工。

拉曼光谱对石油产品中的双键、三键等对称结构官能团的鉴定具有本质上的优势。拉曼光谱技术的快速、无损、样品无须预处理，使其在石化领域的在线检测中占据越来越重要的地位。有机化合物的分子是由各种基团组成的，每种基团都具有特定的振动频率。因此拉曼光谱技术可用于分子组成及结构的鉴定，通过拉曼谱带峰的强度、峰宽以及拉曼位移的大小实现化合物中官能团、化学键的鉴定。此外，拉曼光谱还可以利用偏振性鉴定分子是否为异构体。在无机化学领域，通过拉曼光谱分析：一方面可对催化剂的结构、表面形态以及表面催化活性位等各种情况提供信息；另一方面可对催化过程中吸附在催化剂表面的吸附物进行分析，阐明吸附物的结构，揭示催化机制，从而使人们能更好地提高催化效率。拉曼光谱还可以提供高分子聚合物在结构方面的信息，如分子结构和组成、规整性、结晶和取向、分子相互作用、表明和界面的结构等。拉曼峰的宽度可表征高分子材料的立体化学纯度，高分子材料的晶向可由拉曼位移表现。

（3）生物医药。

目前，拉曼光谱已经用于氨基酸、碳水化合物、维生素、类胡萝卜素、复杂的 DNA、核酸、蛋白质、酶、激素、RNA、染色质、皮肤、肝、胃、视网膜等生物组织的研究，几乎涵盖了整个分子生物学领域。

在医学和药学领域，拉曼光谱的应用主要有以下几个方面：进行体内和体外的医学诊断；研究人体内部的和由外部吸收的外部试剂，其中包括有意摄入的（如药物和探测物和无意感染的（如病毒和污染物）物质与人体的相互作用；药物成分和结构鉴定。

图 5-52（a）展示了肺部正常及癌变组织的拉曼光谱，可以看出，人体肺组织的癌变组织和正常组织有着明显的区别。最常见的不同是 1670cm^{-1} 和 1450cm^{-1} 处的拉曼强度发生了明显改变。这表明组织内的氨基酸 I(1670cm^{-1})和 CH_2 (1450cm^{-1})的弯曲模式发生了变化。图 5-52（b）展示了健康牙齿和龋齿组织的对照图。根据拉曼光谱强度的变化来研究牙组织的方法，相对常规的测量方法而言，要简便、准确得多。

在法庭鉴定领域，拉曼光谱可以分析固体和液体状的爆炸物及微量的枪击残留物，可以探测和分析违禁药品，甚至混在粉末物质中的微量毒品，麻醉品粉末也可被检测出来。由于解决了油漆涂层组分的难点，在分析交通事故物证方面发挥了重要作用。利用显微拉曼光谱还可以对各种碳素笔的微量笔迹进行拉曼光谱研究。

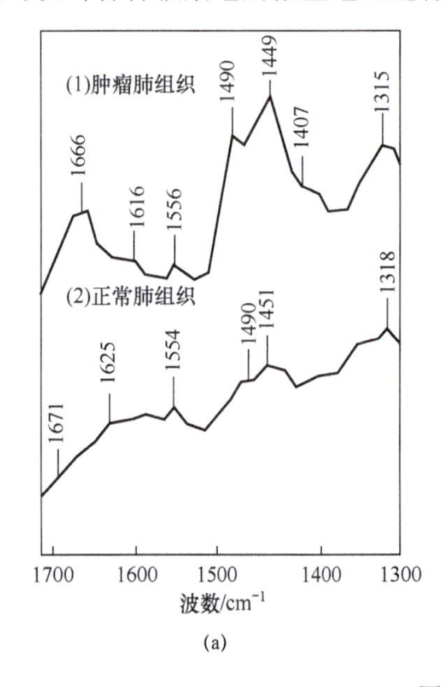

(a)

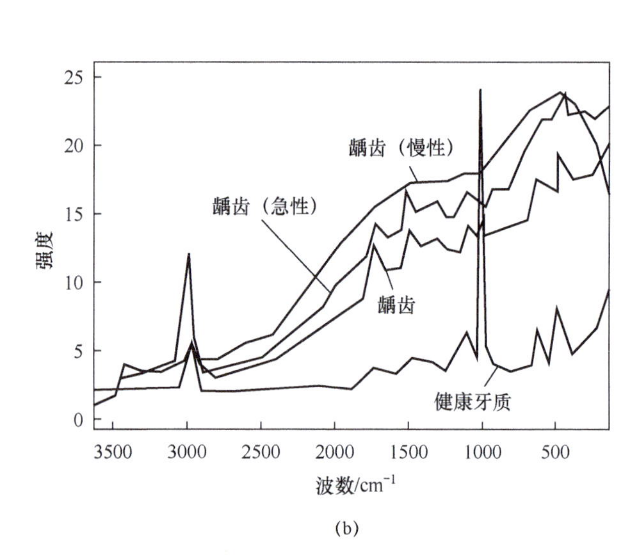

(b)

图 5-52 生物组织拉曼检测

（a）肺部组织拉曼光谱（1064nm 激发）；（b）健康牙齿与龋齿拉曼光谱。

（4）地质考古。

在地质方面，拉曼光谱可以对矿石从成分和结构上进行分析；在宝石鉴定上，宝石伪造者在有缺陷的宝石中填入特别的、折射率相当的树脂或玻璃，使得在正常检测（在显微镜）下无法看出瑕疵，然而拉曼系统能在数秒内根据光谱和影像清楚地显示出瑕疵及其填充物。在考古方面，拉曼光谱可以对古代工艺品进行无损鉴定和分析，也可以对工艺品原始材料的拉曼光谱分析，依其拉曼峰找出吻合的材料来对其进行修复，重现原来的色彩和样貌。

（5）环境保护。

由于拉曼光谱的水吸收比较弱，因此其在水质和大气的检测和分析方面具有很大的应用前景。随着拉曼光谱新技术的发展以及计算机分析方法在拉曼光谱中的应用，拉曼光谱对水质和大气进行准确、高效的定性定量分析已成为可能，并有望弥补传统检测方法的缺陷。在大气检测方面，通过利用拉曼激光雷达技术可探测大气二氧化碳浓度的分布，并且能够达到较高的测量精度和较好的稳定性。

（6）食品检测。

食品的成分主要是维生素、糖分、油脂和蛋白质。通过拉曼谱图不仅可以分析被测物质的分子结构，还可以原位定量检测食品成分含量的大小，避免了传统检测法（如高效液相、液相色谱法）在样品制备过程中化学药品对样品检测的干扰，从而确保了检测结果的准确性。应用拉曼光谱也可以检测植物的油分组成、含油量等。还可利用拉曼光谱检测水果、蔬菜、粮食中的杀菌剂、杀虫剂等，是检测食品质量，保证食品安全的有力手段。

（7）工业生产监测和控制。

在工业生产中，产品质量的控制是一个重要环节，同时生产过程往往强调连续性，拉曼光谱的无损、不接触式的探测和快速的分析方法尤其符合工业生产的实际需要。因此在商品检测、生产流程监控中起到了重要作用。例如，金刚石镀膜生产中，拉曼光谱可以快速分析金刚石的纯度、均匀性结晶化程度及内部应力。另外在半导体芯片生产、聚合物生产、类钻石碳的质量检测、计算机硬盘表面镀膜质量的检测等领域拉曼光谱也有涉及。

2．定量分析

拉曼光谱定量分析的依据为

$$I = K\Phi_0 \int_0^b \mathrm{e}^{-\ln(10)(k_0+k)z} h(z)\mathrm{d}z \tag{5-51}$$

式中：I 为光学系统所收集到的样品表面信号强度；K 为分子的拉曼散射截面积；Φ_0 为样品表面的激光入射功率；k_0、k 分别为入射光和散射光的吸收系数；z 为入射光和散射光的通过距离；$h(z)$为光学系统的传输函数；b 为样品池的厚度。

由式（5-51）可以知，一定条件下的拉曼信号强度与产生拉曼散射的待测场浓度成正比。然而，入射光的功率，样品池厚度和光学系统也对拉曼信号强度有很大的影响，所以一般都选用几个能产生较强拉曼信号并且这些拉曼峰不与待测拉曼峰重叠的基质或者外加物质的分子作内标加以校正。其内标的选择原则和定量分析方法与其他光谱分析方法基本相同。采用单道检测的拉曼光谱，据有关文献报道已对无机盐、化工产品和药品中的杂质，大气中气体浓度，进行了定量分析。采用 CCD 等光学多道检测器所测得的拉曼光谱和采用傅立叶变换技术的 FT-Raman 光谱可快速进行拉曼光谱信号检测，可获得宽波数区域的拉曼光谱全图。配合适当的内标就可以进行半定量和定量分析。据文献报道，已经在维生素 A、烟尘中的硅、燃料、血浆和血清中葡萄糖样品中得到很好的结果。

激光拉曼光谱定量分析的一般步骤如下：

（1）获得待测物质的标准光谱；

（2）利用拉曼光谱仪对已知物质浓度的样本拉曼光谱进行采集；

（3）由拉曼光谱及标准光谱确定光谱分析域；

（4）通过拉曼光谱与物质浓度的线性关系建立定量分析模型；

（5）通过模型对未知物质浓度进行预测。

光谱的定量分析建模流程如图 5-53 所示。

将拉曼光谱定量分析方法应用于葡萄酒发酵过程监控的原理如图 5-54 所示。为了消除实验过程中温度以及仪器自身引起的光谱波数漂移以及强度波动，引入了参考光路。首先，对参考光路中的标准物质的拉曼光谱进行标定，获得光谱强度和波数波动的光谱数据，从而获得较为稳定的回归关系，通过参考光路的标准物质的波数波动情况对测量光路中的波数进行校正；然后，以参考光路中的标准物质的光谱强度为标准进行归一化。从而实现了测量光谱的波数及强度的校正，降低外界环境对定量分析结果的影响。

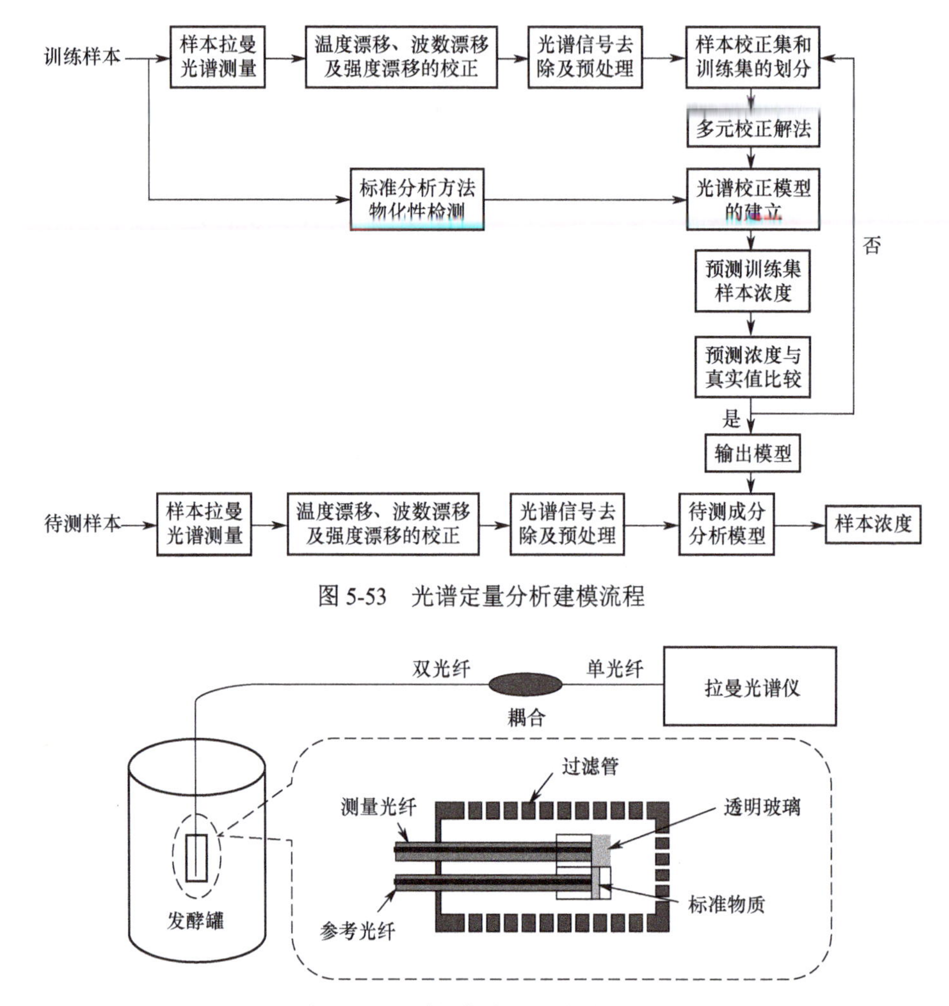

图 5-53　光谱定量分析建模流程

图 5-54　基于拉曼光谱的葡萄酒发酵过程在线监控系统

发酵过程中获得的拉曼光谱如图 5-55 所示。为了确定定量分析的光谱范围，对包含酒精、葡萄糖、甘油和去离子水的拉曼光谱进行比较，确定 4 种物质有明显的指纹图谱。光谱测量的同时，在探头位置进行离线采样，并用高效液相色谱进行分析，获得各组分的浓度作为标准。通过偏最小二乘方法对其进行回归。获得葡萄酒各组分的定量分析模型。利用此模型对在线监测的拉曼光谱数据进行回归，获得不同时刻各物质组分的浓度。该拉曼光谱方法可以精确地监测葡萄酒发酵过程中酒精、葡萄糖及甘油浓度变化，可以通过在线监测器变化情况对发酵过程进行自动控制，提高发酵质量和发酵效率。

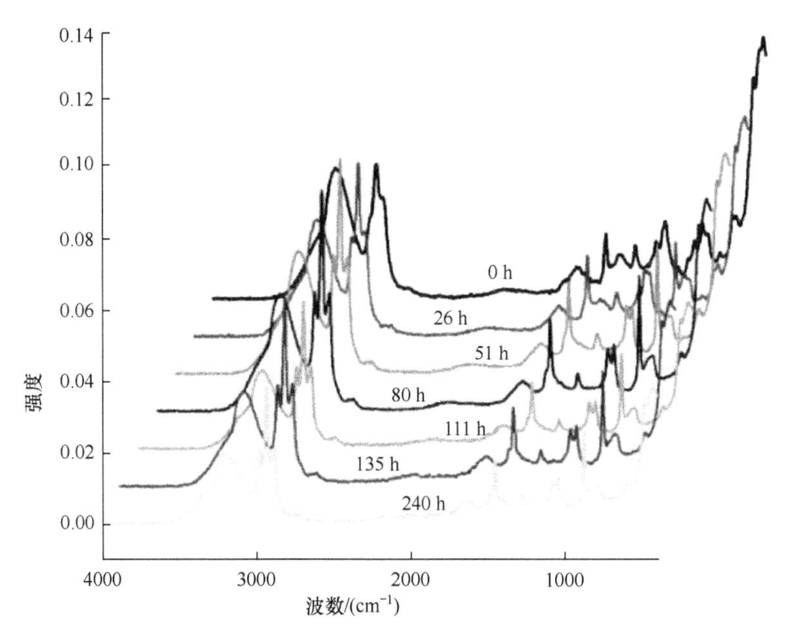

图 5-55　发酵过程不同时刻的拉曼光谱

5.5　太赫兹检测系统

太赫兹（Terahertz，THz）辐射通常指的是波长在 30μm～3mm（0.1～10THz）区间的电磁波，其波段位于电磁波谱中的微波和红外光之间。自 20 世纪 80 年代以来，伴随着一系列新技术、新材料的发展和应用，尤其是超快激光技术的发展，极大地促进了太赫兹辐射的产生机理、检测技术和应用技术的研究。

太赫兹辐射作为一种光源和其他辐射一样，可以作为物体成像的信号源。由于太赫兹电磁波具有能量低、相干测量和超宽带光谱等独特特征，使得太赫兹感测与成像技术在多个领域中展现了巨大的潜在应用价值。

5.5.1　太赫兹波的产生

由于太赫兹产生源的限制，长时间没有被人涉足。近年来，飞秒激光技术的发展和成熟，为太赫兹波的研究提供了有效的激励源。产生太赫兹脉冲的几种常用的光学方法：与超短激光脉冲有关的能产生宽带亚皮秒太赫兹辐射的光电导、光整流、等离子体四波混频（空气产生太赫兹），以及与晶格振动有关的太赫兹波参量源、太赫兹气体激光器等；产生窄带连续波辐射的非线性光学混频技术和自由电子激光技术。

1．光电导

光导激发机制是利用超短激光脉冲泵浦光导材料（如 GaAs 等半导体），使其表面激发载流子，这些载流子在外加电场作用下加速运动，从而辐射出太赫兹波，如图 5-56 所示。光电导天线的基本原理是，在这些光电导半导体材料表面淀积上金属电极制成的偶极天线结构。金属电极的作用是对这些光电导半导体施加偏压，当超快激光（光子的能量要大于或等于该种材料的能隙，即 $h\nu \geqslant E_g$）打在两电极的光电导材料上时，会在其表面瞬间产生大量的电子−空穴对。这些光电自由载流子会在外加偏置电场和内建电场的作用下作加速运动，从而在光电半导体材料的表面形成瞬变的光电流。最终这种快速、随时间变化的电流会向外辐射出太赫兹脉冲。

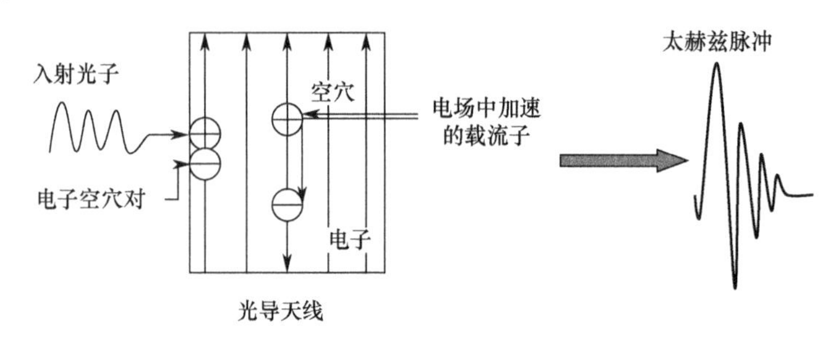

图 5-56 光电导天线产生太赫兹波示意图

2. 光整流

光整流效应是一种非线性效应，是光电效应的逆过程，利用激光脉冲（亚皮秒量级）和非线性介质（如 ZnTe 等）相互作用而产生低频电极化场，此电极化场辐射出太赫兹波，如图 5-57 所示。两束光束在线性介质中可以独立传播，且不改变各自的振荡频率。然而在非线性介质中，它们将会发生混合，产生和频振荡和差频振荡现象。由此，在出射光中，除了和入射光具有相同频率的光波以外还有其他频率（如和频）的光波，而且当一束高强度的单色激光在非线性介质中传播时，会在介质内部通过差频振荡效应激发出一个恒定（不随时间变化）的电极化场。这个电极化场不会向外辐射电磁波，只会在介质内部建立起一个直流电场。

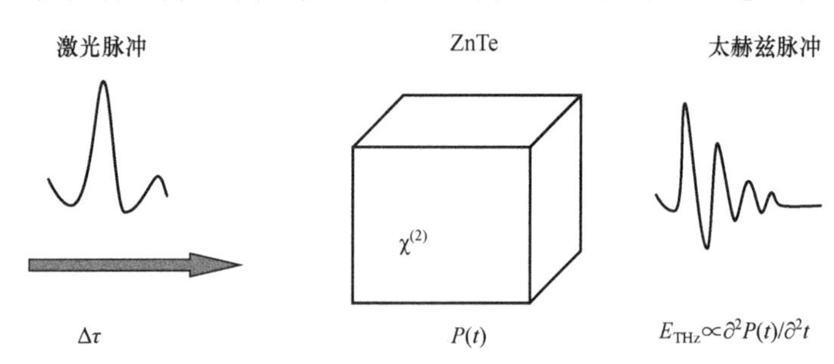

图 5-57 光整流效应产生太赫兹

3. 空气产生太赫兹

将超短强激光脉冲聚焦在周围空气中直接产生太赫兹的技术，近年来引起了人们的广泛关注。当高能量的超短激光脉冲聚焦在空气中时，焦点处的空气会发生电离现象形成等离子体。由此所形成的有质动力（Ponderomotive Forces）会使离子电荷和电子电荷之间形成大的密度差，而且这种电荷分离过程会导致强有力的电磁瞬变现象的发生，从而辐射出太赫兹波来。在空气中产生太赫兹波有 3 种结构，如图 5-58 所示。图 5-58（a）是将波长为 800nm 或 400nm、持续时间为 100fs 的激光脉冲聚焦到空气中产生等离子体从而辐射太赫兹波；图 5-58（b）较之于图 5-58（a）则是在聚焦透镜后添加了一块 BBO 晶体；图 5-58（c）是利用分色镜将波长为 800nm 和 400nm（基频波与二次谐波）的两束光混合在一起，通过干涉相长或干涉相消对太赫兹辐射进行相干控制。

该方法主要机制是在空气等离子体中混合的 ω 与 2ω 光束发生的三阶非线性光学效应，即四波混频过程。太赫兹场的极性和强度完全由 ω 与 2ω 光束间的相对位相控制。当光学脉冲总能量超过空气等离子体形成的阈值时，太赫兹场的振幅与基频波的脉冲能量成正比（线性关系），与二次谐波的脉冲能量的平方根成正比关系。在四波混频过程中，当所有光波（ω、2ω 及太赫兹）的偏振态均相同时产生的太赫兹效果最佳。

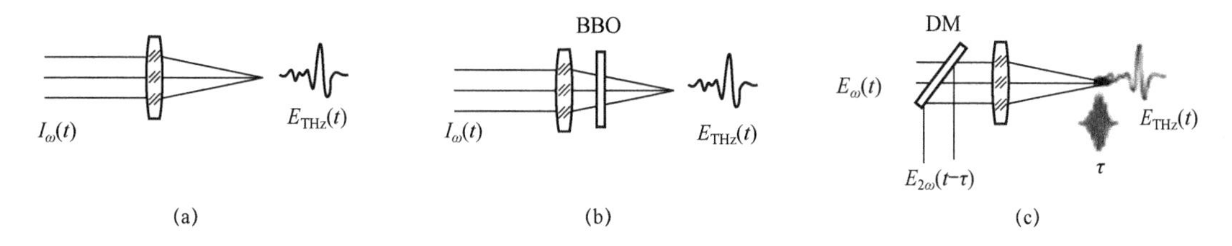

图 5-58　空气产生太赫兹 3 种实验装置示意图

4．太赫兹参量源

光学参量振荡是产生太赫兹辐射的另一种机制，是基于光学参量效应的一种技术。太赫兹参量源通常有太赫兹参量发生器（Terahertz-Wave Parametric Generator，TPG）和太赫兹参量振荡器（Terahertz-Wave Parametric Oscillator，TPO）两种，二者之间的区别在于 TPO 有谐振腔，而 TPG 没有这样的选频结构。太赫兹参量源是具有很高的非线性转换效率、结构简单、易小型化、工作可靠、易于操作、相干性好，并且能够实现单频、宽带、可调谐、可在室温下稳定运转的全固态太赫兹辐射源。

太赫兹参量源是利用晶格或分子本身的共振频率来实现太赫兹波的参量振荡和放大的，是一种与极化声子（Polariton）相关的光学参量技术。当一束强激光束通过非线性晶体时，光子和声子的横波场会发生耦合，产生出光—声混态，即极化声子。由极化声子的有效参量散射，即受激极化声子散射，可辐射出太赫兹。

太赫兹波参量发生器（TPG）利用一个单通泵浦源就可以产生出宽带太赫兹波。TPG 的构造非常简单，它既没谐振腔结构也没有种子注入器，如图 5-59 所示。晶体的两端（沿 x 方向）分别是抛光平面镜和抗反射膜。y 表面也是抛光平面镜，以使棱镜底部与晶体表面的耦合带隙降到最小，同时也能够防止泵浦光束散射。泵浦光束要从尽量靠近 y 表面处射入晶体，以减小太赫兹在晶体中的传输距离。

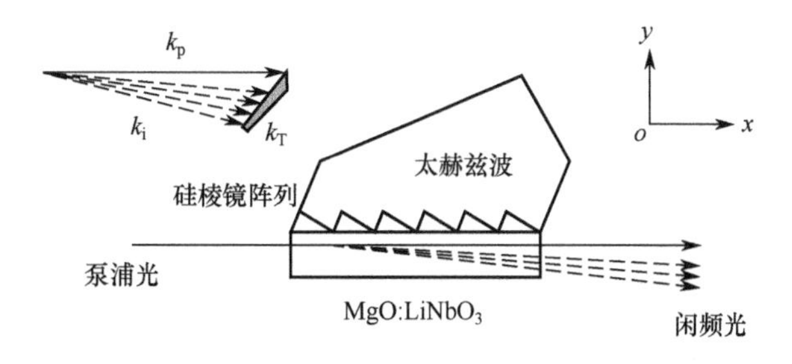

图 5-59　使用硅棱镜阵列的太赫兹参量发生器

太赫兹波参量振荡器（TPO）是在 TPG 的基础之上加装闲频光谐振腔所制成的，它可以产生出相干可调的太赫兹波来，其基本构造如图 5-60 所示。它由一个泵浦源（Q 开关的 Nd：YAG 激光器）、非线性晶体和一个参量振荡器组成。其中，谐振腔是由平面镜和半区域的高反腔镜所组成的，它可对闲频光进行放大，并且当满足非共线相位匹配条件后，闲频光和太赫兹波可同时在参量振荡器中产生。另外，平面镜和晶体被安装在一个由计算机精确控制的旋转台上，以便于能够精确地进行角度调节。

5．光泵浦太赫兹激光器

光泵浦太赫兹激光器（Optically-Pumped THz Laser，OPTL）利用一台 CO_2 激光器的远红外输出光来泵浦一个充有甲烷（CH_4）、氨气（NH_3）、氢化氰（HCN）或是甲醇（CH_3OH）等物质的低压真空腔，由于这些气体分子的转动和振动能级间的跃迁频率正好处于太赫兹频段，所以可以形成太赫兹受激辐射，从而在 OPTL 中直接辐射出太赫兹来。其中，甲醇分子气体激光器是最常见的 OPTL 之一，它利用甲醇分子的转动跃迁来实现太赫兹辐射的。其具体过程是：当泵浦源所发出的红外光（9～11μm）的光子能量接近于甲醇分子从基态的转动能级跃迁到激发态的转动能级所需的能量时，这些红外光子会被甲醇分子吸收；然后在一定的条件下形成转动能级反转，即粒子数反转，由此向外辐射出太赫兹（118.83μm，约为 2.5THz）。

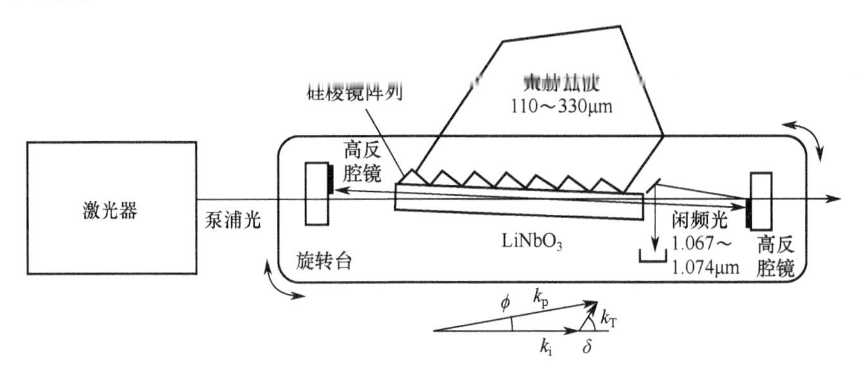

图 5-60　太赫兹参量振荡器的结构原理图

6．可调频太赫兹源

频域光谱仪中所使用的太赫兹辐射源为窄带连续波辐射，产生窄带连续波辐射最常用的两种方法是非线性光学混频技术和自由电子激光技术。

两束或两束以上不同频率的单色强光同时入射到非线性介质后，可以产生频率等于两束激光频率差值的光电流，这是一种可在很宽范围内调谐的类似激光器的光源，可发射从红外到紫外的相干辐射。当频率差位于太赫兹波段时，光电流可沿着发射线传播或通过天线向自由空间辐射。目前有两种光混频器：分离元件光混频器和分布式光混频器。分离元件光混频器使用 MEMS（微机电系统）技术制作具有微小光电导缝隙的电极，在电极之间施加很大的偏置电场。光电导体放置在天线或天线阵列的策动点上，被两束激光所照射。分离元件光混频器工作方式类似极大带宽的电流源，在太赫兹波段驱动天线产生辐射。分布式光混频器基于相似的原理，但由激光所产生的光场将沿着混频器的结构传播，并不像分离元件混频器那样位于一个单独的点上。

自由电子激光器基本原理如图 5-61 所示。利用通过周期性扭摆磁场产生的高速电子束和光辐射场之间的相互作用，使电子的动能传递给光辐射而使其辐射强度增大。利用这一基本思想而设计的激光器称为自由电子激光器（FEL）。由粒子加速器提供的高速电子束（流速接近光速）经偏转磁铁导入一个扭摆磁场。由于磁场的作用，电子的轨迹将发生偏转而沿着正弦曲线运动，其运动周期与扭摆磁场的相同。电子在洛伦兹力作用下加速运动，通过自发辐射，产生太赫兹电磁波。自由电子激光器的频率随入射电子能量的增大而增大，因而是连续可调的，其频谱可以从远红外跨越到 X 射线。同时，自由电子激光器还具有频谱范围广、峰值功率和平均功率大、相干性好等优点。但是它体积庞大，使用不方便，一般只用于科学研究。这是目前可以获得太赫兹最高输出功率的方法。

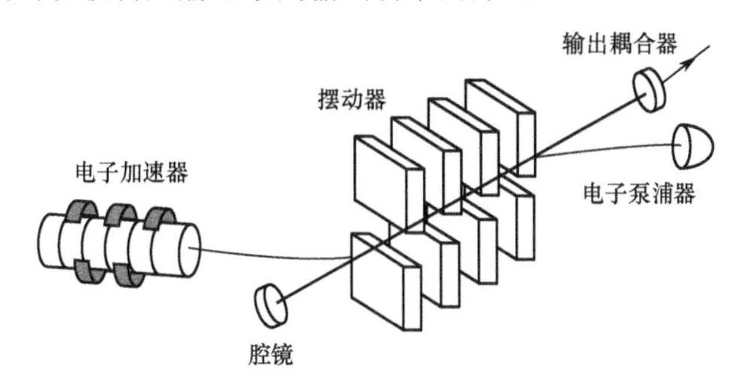

图 5-61 自由电子激光器示意图

5.5.2 太赫兹波的探测

目前，由于太赫兹辐射源的功率普遍都较低，因此发展高灵敏度、高信噪比的太赫兹探测技术尤为重要。太赫兹的探测方法比较多，依据太赫兹辐射的形式不同，可以将它们大致分为太赫兹脉冲辐射的探测和太赫兹连续波信号的探测两类。光电导取样和电光取样技术是两种应用广泛的脉冲太赫兹辐射的探测方法。对于连续太赫兹波的探测，最常用热效应探测器基于热吸收的宽波段直接探测。

1. 光电导取样

光电导取样是基于光导天线（Photoconductive Antenna，PCA）发射机理的逆过程发展起来的一种探测太赫兹脉冲信号的探测技术。如要对太赫兹脉冲信号进行探测：首先，需将一个未加偏置电压的 PCA 放置于太赫兹光路之中，以便于一个光学门控脉冲（探测脉冲）对其门控，其中，这个探测脉冲和泵浦脉冲有可调节的时间延迟关系，而这个关系可利用一个延迟线来加以实现；然后，用一束探测脉冲打到光电导介质上，这时在介质中能够产生出电子-空穴对（自由载流子），而此时同步到达的太赫兹脉冲可作为加在 PCA 上的偏置电场，以此来驱动那些载流子运动，从而在 PCA 中形成光电流；最后，用一个与 PCA 相连的电流表来探测这个电流。其中，这个光电流与太赫兹瞬时电场是成正比的。最常用的光导天线是在低温生长的砷化镓 GaAs 上制作的，PCA 探测器的最大带宽约为 2THz。近年来，利用持续时间约为 15fs 的超快门控脉冲，可使探测带宽达到 40THz。现在这种方法普遍采用的低温生长的 GaAs、Si、半绝缘的 InP 等作为工作介质。

2. 电光取样

电光取样技术具有极宽的频谱响应和很高的信噪比。此外由于其测量孔径大，因而也可以用此项技术进行直接二维成像测量。其中，时分电光取样，即自由空间电光取样是对太赫兹脉冲的时间波形进行取样测量的；而波分电光取样则是将太赫兹脉冲的时域波形一次复制到被啁啾展宽的啁啾脉冲的各频率分量上，再通过对啁啾脉冲的光谱测量得到太赫兹波形。

（1）时分电光取样。

线性电光效应又称帕克尔效应，即电光晶体的折射率与外加电场成比例地改变的现象，是光整流效应的逆效应，是 3 个波束非线性混合的过程。电光取样测量技术基于线性电光效应：当太赫兹脉冲通过电光晶体时，它会发生瞬态双折射，从而影响探测（取样）脉冲在晶体中的传播。当探测脉冲和太赫兹脉冲同时通过电光晶体时，太赫兹脉冲电场会导致晶体的折射率发生各向异性的改变，致使探测脉冲的偏振态发生变化。调整探测脉冲和太赫兹脉冲之间的时间延迟，检测探测光在晶体中发生的偏振变化就可以得到太赫兹脉冲电场的时域波形。

自由空间电光取样太赫兹探测原理如图 5-62 所示。在没有太赫兹电场时，线偏振的探测光先经过$\lambda/4$ 波片后将其转化成圆偏振，然后沃拉斯顿棱镜将该圆偏振光分成等值的两个互相垂直的偏振分量。因此，差分探测器测量两个偏振分量光强之差为零。当有太赫兹波存在时，太赫兹电场就会引起探测光的相位延迟，从而破坏该平衡，差分探测器测量的信号不为零。并且这两个偏振分量光强之差正比于该时刻太赫兹电场。利用时间延迟线可以改变太赫兹脉冲和探测脉冲的时间延迟，通过扫描这个时间延迟可以得到太赫兹电场的时域波形。

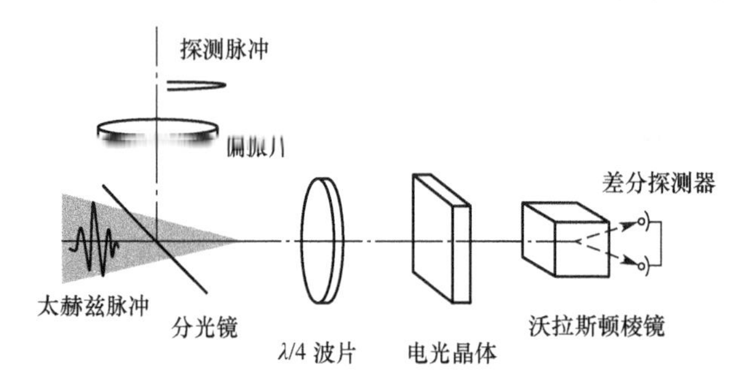

图 5-62　电光取样的平衡检测原理图

通过电光取样技术可以得到太赫兹电磁辐射场的波形。可以采用的电光晶体主要有 ZnTe、ZnSe、CdTe、LiTaO3、LiNbO3 等，其中利用 ZnTe 电光晶体进行探测的灵敏度、测试带宽和稳定性等方面优于其他电光晶体。有机电光晶体 DAST 也可用来探测太赫兹波。

一般的电光取样都需要移动光学延迟线来改变泵浦脉冲和探测脉冲之间的光程差，以此实现对太赫兹时域波形的逐点扫描。通常太赫兹脉冲的持续时间可达到几十皮秒，而为了保证探测的精度往往要求时间延迟线的扫描间隔为几飞秒，加上锁相放大器的积分时间，所以这种取样方法的数据采集速率很慢，一般为几分钟到几十分钟。显然，这种数据采集速率不能满足对快速运动物体的时域太赫兹光谱测量。以上仅仅是对样品上的某一个空间点透射太赫兹脉冲的测量，而太赫兹成像是对样品的 x-y 平面上的每一点进行测量，那么对整个物体的时域波形进行扫描（数据格式为 $S_{x\times y\times t}$）就会需要更多的时间，一般为几个小时甚至是几天。

（2）波分电光取样。

逐点采集太赫兹时域波形通常存在获取时间较长的问题，可以通过采用 CCD 器件作为探测器实现同时对整个的时域波形进行扫描，提高采集速度。更进一步，采用啁啾脉冲探测的方法，在理论上可以实现单冲成像。由于单脉冲检测技术不需要时间延迟，而只需要一个激光脉冲就能够完成对太赫兹脉冲时域波形的测量。因此，该技术极大地提高了太赫兹时域光谱测量的速度。

图 5-63 是利用啁啾展宽测量太赫兹时域波形的原理图。探测光先经过一对光栅组成的啁啾展宽器，由于光栅对的色散效应，激光脉冲的不同频率成分在时间上发生偏离，从而使飞秒脉冲展宽。而且，由于光栅的负啁啾效应，脉冲的短波部分会超前于长波部分。当展宽后的探测光脉冲与太赫兹脉冲在探测晶体中相遇时，啁啾脉冲的不同波长极化分量会被太赫兹脉冲场的不同部分所旋转，而旋转的角度和方向则正比于太赫兹场的强度和极性，这样该

时刻的太赫兹电场强度被记录在探测光脉冲中。由于探测光脉冲的时域展宽是沿其光谱展开的，太赫兹波形被记录在探测光的光谱中。经过检偏器的探测光被引入光谱仪，并利用 CCD 相机将其频谱记录下来。对比有无太赫兹调制下的光谱，它们差值正比于太赫兹电场，如图 5-64 所示。

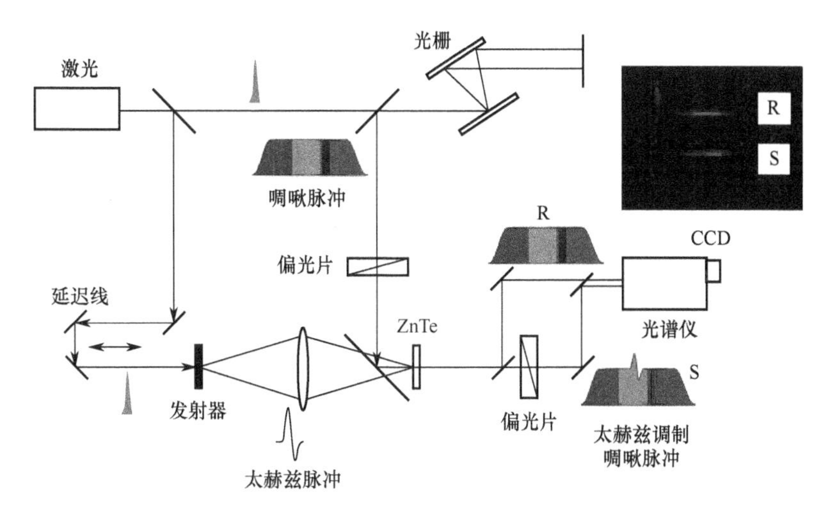

图 5-63　啁啾展宽测量太赫兹波单脉冲的装置图（R 表示参考光谱，S 表示信号光谱）

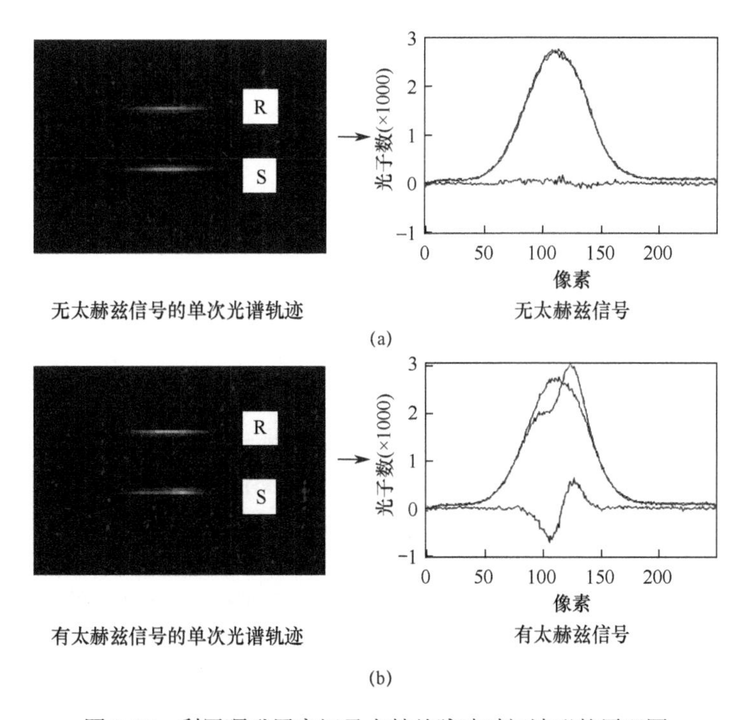

图 5-64　利用啁啾展宽记录太赫兹脉冲时间波形的原理图

采用光导天线法探测太赫兹波时，由于产生光电流的载流子寿命较长，其探测带宽较窄，而电光取样技术的时间响应只与所用的电光晶体的非线性性质有关，有较高的探测带宽，目前用电光取样探测到的频谱已超过 37THz。同时，这种探测方法具有光学平行处理的能力和好的信噪比，使它在实时二维相干远红外成像技术中具有很好的应用前景。

3. 空气探测太赫兹

相对于空气产生太赫兹辐射，同样也可以用空气来探测太赫兹。由于空气无处不在，所以空气传感器的最大优势在于能够灵活选择感测位置。利用三阶非线性极化效应能够在空气中产生太赫兹波，同样，也可以利用三阶非线性效应在空气中探测太赫兹波。

产生和探测太赫兹全过程的太赫兹系统，如图 5-65（a）所示，其中采用空气作为发射器和传感器。光源是钛宝石激光放大器，中心波长 800nm，脉宽 120fs，脉冲能量为 800μJ，重复频率 1kHz。采用 40%～60%的宽带分光镜分束。图 5-65（b）为不同探测能量下测得的太赫兹信号波形。

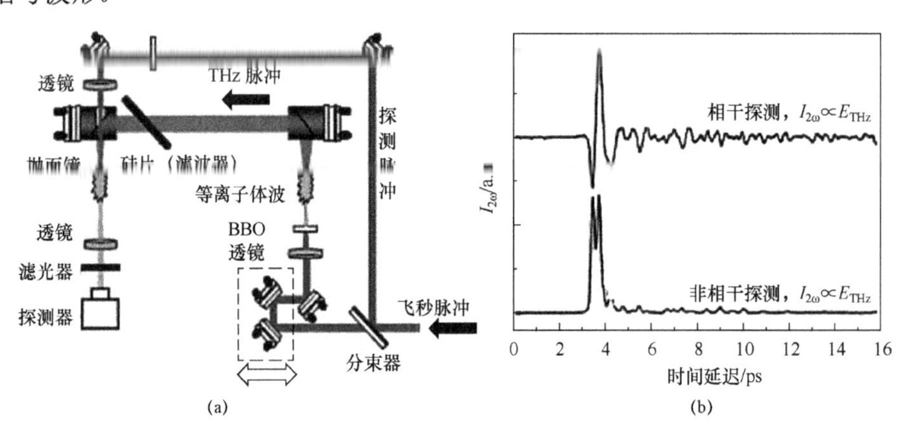

图 5-65　全空气太赫兹系统实验装置示意及其探测信号

（a）全空气太赫兹系统；（b）太赫兹探测信号/波形。

4. 连续太赫兹信号的探测

对于连续太赫兹波的探测，最常用的热效应探测器，它们是基于热吸收的宽波段直接探测。不过它们需要冷却来降低热背景，这类常用的装置有液氦冷却的 Si、Ge 和 InSb 测辐射热计。如果需要更高的频率分辨率时，则需采用另外的窄带探测方法。这类太赫兹波探测目前有电子探测器、半导体探测器等。其中，热效应探测器大都是基于热吸收效应，它们使用方便，但只能做非相干探测，不能获取相干太赫兹波的相位信息。电子探测器是基于电子学的变频技术，它们的特点是成本较低，结构紧凑。

用于连续太赫兹信号探测的器件主要有：测辐射热计（Bolometer）、高莱探测器、热释电探测器、肖特基二极管、场效应晶体管等。测辐射热计的工作温度一般在 1.6K 左右，它的工作物质是半导体材料硅，其工作频率范围在 0.1～100THz 之间，噪声等效功率（NEP）则约为 4.5×10^{-15}W/Hz$^{1/2}$，响应率约是 8.14×10^{6}V/W，调幅为 10～200Hz。高莱探测器的最大输入功率为 10μW，其工作频率在 0.1～1001THz 之间，噪声等效功率约为 10^{-10}W/Hz$^{1/2}$，响应率为 1.5×10^{5}V/W，调幅为 20Hz。肖特基二极管的工作频率可在 0.6THz 以上，带宽约为 50GHz（窄带），噪声等效功率（NEP）约为 10^{-8}W/Hz$^{1/2}$，响应率为 100～3000V/W，其调幅可以达到 kHz 量级。

除了上述常用的探测器之外，还有一些探测器也能够对太赫兹连续波信号进行测量，如利用声子和电子散射冷却机制发展起来的热电子辐射计等。综合比较这些探测器，肖特基二极管、热释电探测器、高莱探测器成本相对比较低。其中，肖特基二极管更适合作为小型连续太赫兹系统的探测器件，它的动态范围与高莱探测器相当，比热释电探测器高很多，而且它的响应速度更快，可以实现更高的数据获取速率，同时体积还很小，很容易使用。

5.5.3　太赫兹光谱系统

1．太赫兹时域光谱系统

太赫兹时域光谱（THz-TDS）技术是太赫兹光谱技术的典型代表，是一种新兴的、非常有效的相干探测技术。THz-TDS 系统可分为透射式、反射式、差分式、椭偏式等，其中最常见的为透射式和反射式 THz-TDS 系统。典型的 THz-TDS 系统如图 5-66 所示，它主要由飞秒激光器、太赫兹辐射产生装置及相应的探测装置，以及时间延迟控制系统组成。

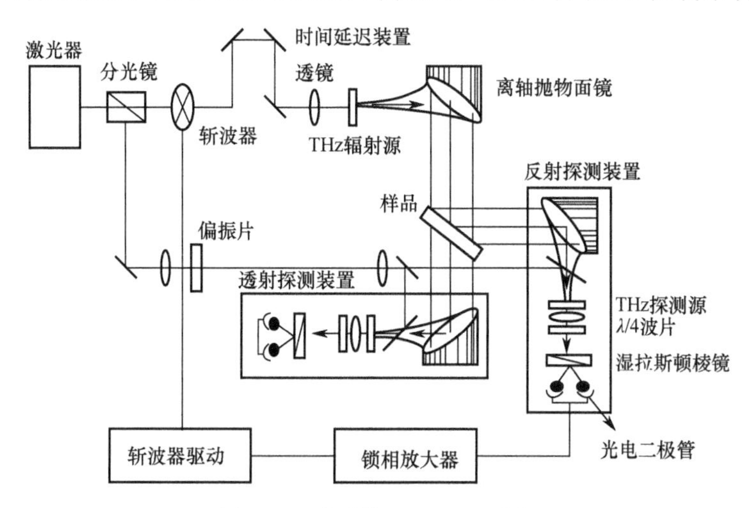

图 5-66　典型的 THz-TDS 系统

在太赫兹脉冲光谱中最常用的飞秒激光器是钛宝石锁模激光器，能产生波长在 800nm 左右的飞秒激光脉冲。飞秒激光脉冲经过分束镜后被分为泵浦脉冲和探测脉冲，前者经过时间延迟系统后入射到太赫兹辐射产生装置上激发产生太赫兹脉冲，后者和太赫兹脉冲一同共线入射到太赫兹探测装置上，以此来驱动太赫兹探测装置，再通过控制时间延迟系统来调节泵浦脉冲和探测脉冲之间的时间延迟，最终可以探测出太赫兹脉冲的整个时域波形，并且通过傅里叶变换就可以得到被测样品的吸收系数和折射率等光学参数。

太赫兹脉冲光谱系统的信噪比和动态范围，除了与太赫兹发射极的材料及辐射机理有关外，主要还取决于飞秒激光器的性能，而且太赫兹脉冲光谱仪的大小和费用也要取决于飞秒激光器。又因为 THz-TDS 系统主要有透射式和反射式两种，所以用它既可以作为透射探测，也可以作为反射探测。在实际的实验当中可以根据不同的样品、不同的测试要求采用不同的探测方式。

图 5-67 给出了由表面活性剂辅助液相方法合成的 PbS 纳米颗粒的透射太赫兹电磁辐射脉冲的信号和没有样品的参考信号，样品的介电性质全部包含在参考波形所发生的改变中。其中，样品信号相对于参考信号大约有 1.95 ps 的延迟，这是由于样品的折射率所导致的附加光程差所引起的。同时，样品信号波形的振幅和形状都有一定的改变，这是因为太赫兹电磁辐射脉冲通过样品后，携带有样品的色散信息和吸收信息。透射型太赫兹时域光谱测量中色散对应着折射率的变化，而吸收对应着振幅的变化。图 5-67 经过快速傅里叶变换后相应的振幅谱如图 5-68 所示。样品信号相对于参考信号，其振幅在不同的频率位置由于样品内部的吸收以及样品表面的反射而使振幅有了相应的减小和变形。

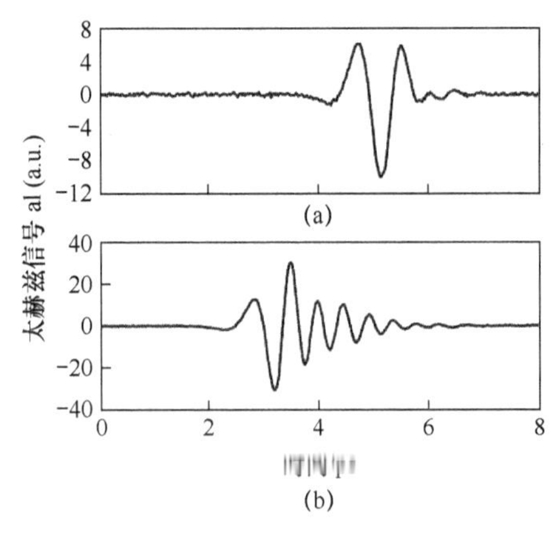

图 5-67　透射检测 PbS 纳米颗粒特性的 THz 波形

（a）参考波形；（b）通过 PbS 的波形。

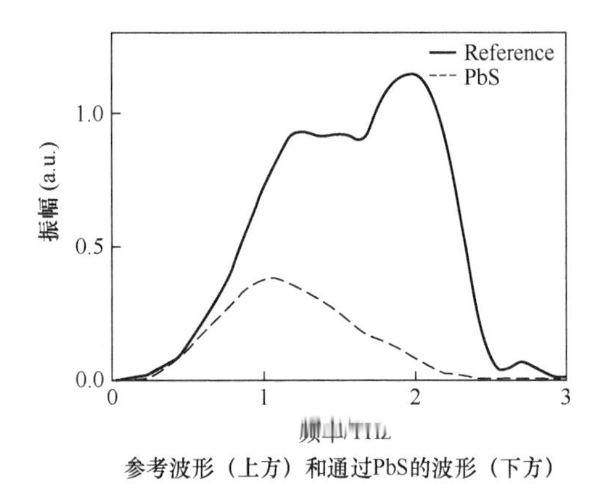

图 5-68　傅里叶变换后的振幅谱

图 5-69 为利用理论推导公式计算出的 PbS 纳米颗粒在 0.5～2.5THz 范围内的折射率色散曲线和吸收系数曲线，反映了 PbS 纳米颗粒在横光学声子的低频边带的吸收特征和色散特性。

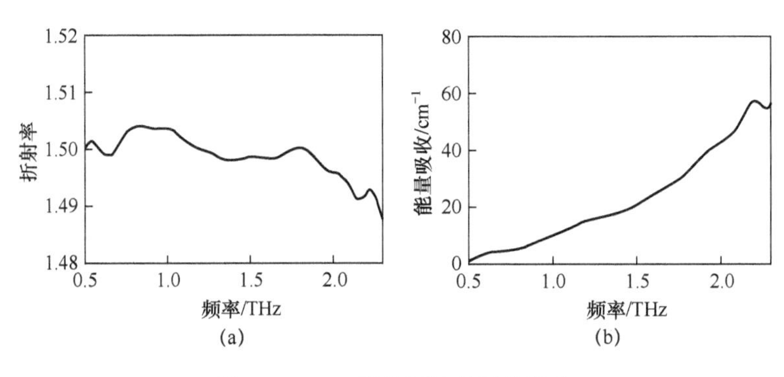

图 5-69　PbS 纳米颗粒的透射特性

（a）折射率色散曲线；（b）吸收系数曲线。

2．太赫兹频域光谱系统

太赫兹频域光谱的核心是利用频率可调谐的窄带、相干太赫兹辐射源完成频谱的扫描，用太赫兹波能量/功率计测量不同频率太赫兹波的能量或功率，直接获得样品在频域上的信息，进而计算获得相关的光学参数。

最初的太赫兹频域光谱仪，都是在回波管（BWO）作为光源的基础上组建起来的。根据测量方式的不同可分为透射式与反射式。然而，由回波管组成的太赫兹频域光谱仪在大于 1THz 时功率很低，常规的辐射热量仪不易探测到太赫兹波。同时，当测量很宽的光谱范围时，需要把很多回波管及其倍频器拼接起来，给实验带来不便。随着技术的发展，更多的可调频太赫兹源与接收器出现，频域光谱仪的结构与原理也得到了改良与优化，性能也有了很大的提升。

目前，太赫兹领域中最典型的频域光谱仪主要以非线性光学混频技术与混频器为结构基础，主要由两个 DFB 半导体激光器、GaAs 混频器、锁定探测装置、加压装置组成，其装置示意图如图 5-70 所示。来自两个 DFB 半导体激光器的光束先汇合再分束，其中一束辐射到加有偏压装置的混频器 TX 上产生太赫兹波，该波经过样品后到达作为探测器的混频器 RX 上与分束的另一束激光汇合，二者混频之后产生出可以探测的电流信号。由于是相干探测，能同时探测到样品太赫兹频谱的相位和幅度。以这种方式组建的太赫兹频域光谱仪，不仅拥有 BWO 系统所有的优点，并且由于 DFB 半导体激光器、混频器等器件的轻便简单与耐用性强，使得整个系统更加精简、容易操作。

除此之外，还有量子级联激光器、微波倍频、气体激光等方法用来产生窄带连续波太赫兹辐射。

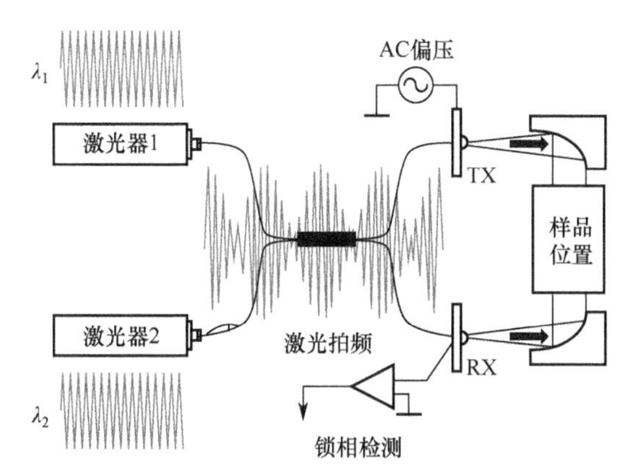

图 5-70　典型太赫兹频域光谱仪实验装置图

5.5.4　太赫兹成像系统

太赫兹辐射作为一种光源和其他辐射，如可见光、X 射线、近/中/远红外、超声波等一样，可以作为物体成像的信号源。而且现在，太赫兹成像技术已经成为了 X 射线成像、毫米波成像、超声成像等成像技术的有力补充。太赫兹成像技术分类有很多种，从大体上它可分为相干成像技术和非相干成像技术，从成像系统对样品成像的方式又可分为透射式成像和反射式成像。

1．基本原理

太赫兹成像的基本原理是：利用成像系统将所记录下来的样品的透射谱或反射谱信息（包括振幅和相位的二维信息）进行分析和处理，最后得到样品的太赫兹图像。太赫兹成像系统的基本结构与太赫兹时域光谱相比，多了图像处理装置和扫描控制装置。利用反射扫描或透射扫描都可以对物体成像，选取哪种成像方式主要取决于样品及成像系统的性质，根据不同的需要，可使用不同的成像方式。如图 5-71 所示，它是一套典型的基于太赫兹时域光谱仪的太赫兹透射成像系统。这套系统是由飞秒激光器、光学延迟线、光学选通发射极、准直和聚焦系统、光学选通探测器、电流前置放大器、A/D 和数字信号处理器等组成。其中，要求被测样品放在透镜的焦平面上，以便于实现对其二维成像。

2．太赫兹实时成像

太赫兹扫描成像技术不能够反映样品的动态变化信息，而且成像时间长。而太赫兹实时成像技术则可以克服这些问题。如图 5-72 所示，实时成像系统是一个 4f 成像系统，它可以对样品进行一次成像，而且还可以对样品进行实时监控。实时成像技术最明显的特征就是利用 CCD 相机来实时采集数据。

实时二维太赫兹成像技术是真正意义上的成像，其基本原理是：泵浦出的太赫兹光透射过样品之后，首先被 4f 系统中的高密度聚乙烯透镜聚焦在电光晶体上，此时，载有样品信息的太赫兹电场的空间分布也已映射在电光晶体之中；然后通过 Pockels 效应，由探测脉冲将反映样品的图像信号转换到光频范围；最后由 CCD 相机接收，从而呈现出直观形象的样品太赫兹图。其中，CCD 相机和太赫兹光没有直接的关系，所以这种成像技术的数据采集速率只与 CCD 相机的响应速率有关。应用这种实时成像技术就可以对运动物体或活体进行成像。

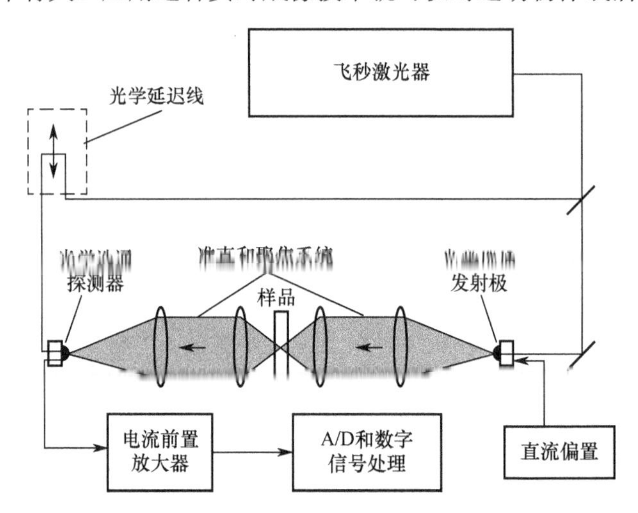

图 5-71　用作透射成像的太赫兹时域光谱仪结构示意图

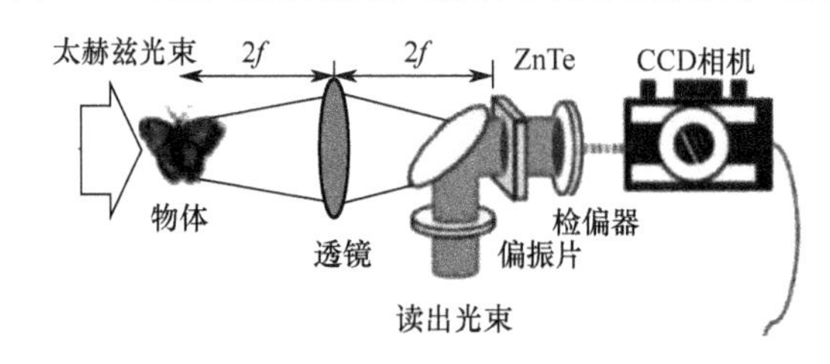

图 5-72　二维实时太赫兹活体昆虫成像

3．太赫兹层析成像

对于反射式太赫兹成像系统所得到的样品数据，如果用层析重构算法的话，再加上太赫兹光的独特性质，就可以用来研究样品的内部结构。层析成像技术使太赫兹成像可以扩展到能够研究物体复杂的内部结构，而且还可以对它进行一维或二维成像。利用延迟时间和强度各不相同的反射脉冲，层析成像可以使样品的内部结构直观的显现出来。例如，对软盘进行层析成像，空气−塑料外壳，塑料外壳−磁性存储介质，磁性存储介质−塑料外壳，外壳−空气以及塑料外壳−金属等界面都能延迟入射脉冲，并改变其强度。如果要研究多层物质的各个复杂介质界面上的信息时，可以利用菲涅尔（Fresnel）方程和迭代算法来解决。另外，根据宽带太赫兹脉冲的各个不同的傅里叶分量，使用菲涅尔透镜也可以得到样品各个深度的图像。这是因为菲涅尔透镜的焦距是与频率相关的。

根据三维成像系统的结构以及原理，太赫兹波层析成像技术分为透射式和反射式两种方式。目前，较为成熟的透射式层析成像技术是太赫兹计算机辅助层析（Computed Tomography，CT），其可以看作是 X 射线 CT 在电磁波段上的扩展。THz-CT 用射线或射线束透过成像样品，并以确定的角度步长旋转之后，获得一系列的物体二维投影像组。实验装置和前面提到的太赫兹逐点扫描成像类似，差别在于样品被固定在一个能转动的二维电动平移台上，转动和平移的角度及幅度由计算机来控制。假设样品以 θ 角为步长转动，在每一角度上仍然是在 x 和 z 方向上平移扫描成像样品。在对射线的传播建立了较好的物理模型后，应用计算机对这组像进行处理，得到成像样品的三维层析立体像。三维层析立体像与通常的三维立体像的区别在于：三维立体层析像是包括物体内部结构的完整的像，而通常意义的三维成像则是指物体的三维外部形貌。在X-CT中，透射的X射线强度作为成像所要处理的物理量，其强度的衰减量是物体在X射线路经上吸收率函数的积分。而在THz-CT中，成像所要处理的物理量可以有多种选择性，它可以是太赫兹波总强度的减小量，可以是太赫兹波电场强度极大值随时间的延迟量，也可以是某一频率太赫兹波强度的衰减量等。

反射式层析成像是根据太赫兹波在样品内部不同深度的反射信号传输延时不同，通过对样品内部反射信号进行处理得出其深度信息，从而实现层析成像。根据实现方式主要分为太赫兹飞行时间层析（THz Time-of-Flight Tomography，THz-TOF）、太赫兹光学相干层析（THz Optical Coherence Tomography，THz-OCT）、太赫兹调频连续波（THz Frequency Modulated Continuous Wave，THz-FMCW）雷达成像等。图5-73为一种Thz-TOF系统结构及层析成像结果图。基于脉宽为17 fs的全光纤飞秒激光器泵浦DAST晶体，产生宽带太赫兹波。通过压窄泵浦脉冲宽度并结合高斯窗口的反卷积信号处理技术来获得单峰分布的太赫兹短脉冲，从而提高纵向分辨率。该系统成功地对叠加的3张纸及包含仅2μm厚的GaAs薄层半导体样品进行了层析成像。

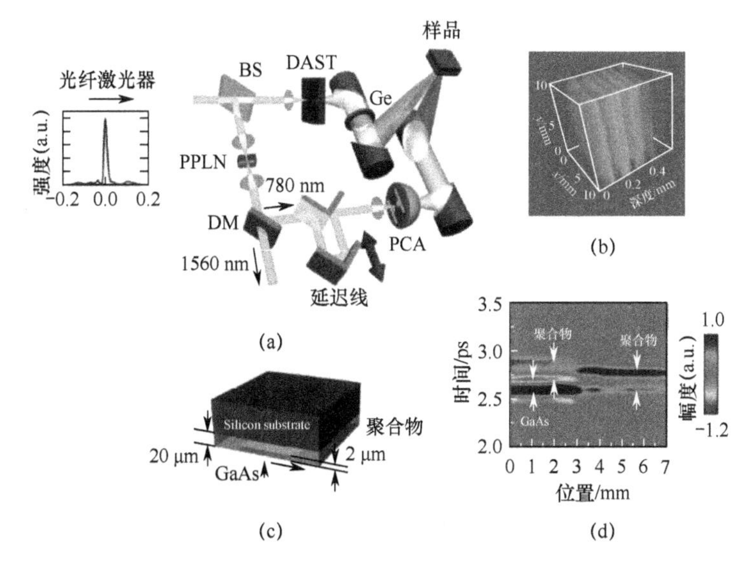

图5-73　基于光纤激光器的高分辨率THz-TOF系统及层析成像图

（a）实验装置；（b）三张纸的三维层析成像结果；（c）半导体样品示意图；（d）GaAs薄层层析成像图。

5.5.5　太赫兹检测应用

太赫兹由于其频率范围处于电子学和光子学的交叉区域，太赫兹波的理论研究处在经典理论和量子跃迁理论的过渡区，其性质表现出一系列不同于其他电磁辐射的特殊性。与其他电磁波相比，太赫兹电磁波具有如下特点。

（1）瞬态性。太赫兹脉冲的典型脉宽在皮秒量级，不但可以方便地对各种材料（包括液体、半导体、超导体、生物样品等）进行时间分辨的研究，而且通过取样测量技术，能够有效地抑制背景辐射噪声的干扰。目前，辐射强度测量的信噪比可以大于10^4，远远高于傅里叶变换红外光谱技术，而且其稳定性更好。

（2）宽带性。太赫兹脉冲源通常只包含若干个周期的电磁振荡，单个脉冲的频带可以覆盖从吉赫兹至几十太赫兹的范围，便于在大的范围里分析物质的光谱性质。

（3）相干性。太赫兹的相干性源于其产生机制，是由相干电流驱动的偶极子振荡产生，或是由相干的激光脉冲通过非线性光学效应（差频）产生。太赫兹相干测量技术能够直接测量出电场的振幅和相位，可以方便地提取样品的折射率、吸收系数，简化了运算过程，提高了可靠性和精度。

（4）低能性。太赫兹光子的能量只有毫电子伏特，与 X 射线相比，不会因为电离而破坏被检测的物质。因此我们可以利用太赫兹做无损检测（毫米波、红外、超声技术也都具有这种优势，但是X射线除外）。

（5）太赫兹辐射对于很多非极性物质，如电介质材料及塑料纸箱、布料等包装材料有很强的穿透力，可用来对已经包装的物品进行质检或者用于安全检查（红外技术，X 射线、超声技术也能实现这种功能）。

（6）大多数极性分子如水分子、氨分子等对太赫兹辐射有强烈的吸收，可以通过分析它们的特征谱研究物质成分或者进行产品质量控制。同时，许多极性大分子的振动能级和转动能级正好处于太赫兹频段，使太赫兹光谱技术在分析和研究大分子方面有广阔的应用前景。

（7）太赫兹成像技术与其他波段的成像技术相比，它所得到的探测图像的分辨率和景深都有明显的增加（超声、红外、X 射线技术也能提高图像分辨率，但是毫米波技术却没有明显的提高），如图 5-74 所示。另外太赫兹技术还有许多独特的特性，例如，在非均匀的物质中有较少的散射，能够探测和测量水汽含量等。

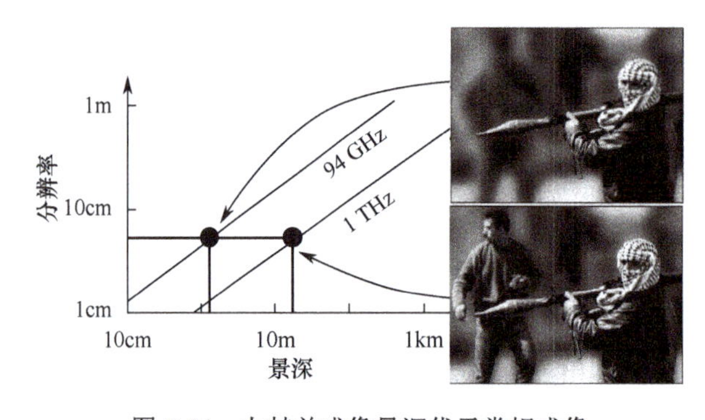

图 5-74 太赫兹成像景深优于常规成像

太赫兹光谱技术不仅信噪比高，能够迅速地对样品组成的细微变化作出分析和鉴别，而且太赫兹光谱技术是一种非接触测量技术，使它能够对半导体、电介质薄膜及体材料的物理信息进行快速准确的测量。以上这些特点决定了太赫兹技术在很多基础研究领域、工业应用领域、医学领域、军事领域及生物领域中有重要的应用前景。下面是生物医学和安全领域的部分检测实例。

中药化合物的太赫兹光谱的特征吸收明显，而天然或全成分中药药材，由于成分复杂，其太赫兹光谱往往不能呈现特征吸收。在中药鉴别应用研究中，可以引入太赫兹成像技术，该技术通过测量材料因各部分吸收，而反映的成分密度分布和位相测量得到折射率的空间分布，可以获得材料的特征信息，进而进行物质识别和成分分析。太赫兹成像技术已在乳糖、蔗糖、阿司匹林、毒品及不同百分含量的化学混合物中各成分的识别和浓度分析等方面得到了很好的应用。另外，太赫兹光谱和成像技术与神经网络结合，有可能实现更高精度的识别。图 5-75 为人工牛黄和天然牛黄的太赫兹吸收谱对比，因此可以将太赫兹技术用于安宫牛黄丸的品质鉴定。

太赫兹可用于植物生理学分析。太赫兹对水有很强的敏感性，可以分析叶片对水的吸收系数。威灵仙叶子在浇水当时和浇水后的 144min 所对应的空间分辨透射强度如图 5-76 所示。在这里假设空气对太赫兹没有吸收，且忽略反射损失。从图中可以看出，在 x=21mm 和 x=26mm 两处有最小的透射强度，而它们又分别对应着含有大量木质导管的维管束。在对其进行浇水后，由于有水分流进叶子，所以整个透射强度有明显的下降，而且在透射强度最小位置的位置处变化最为明显。

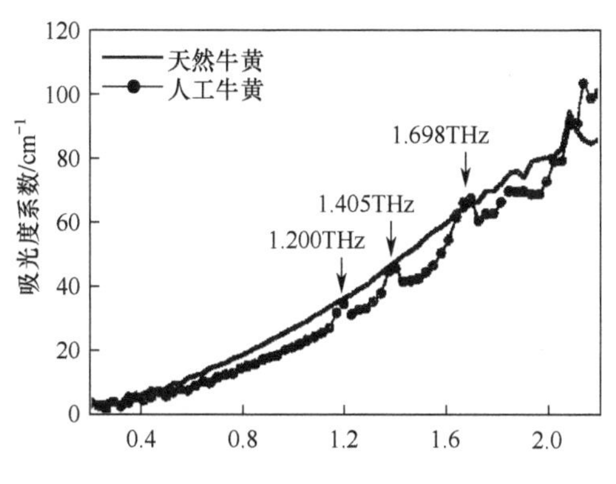

图 5-75　人工牛黄、天然牛黄的太赫兹吸收谱

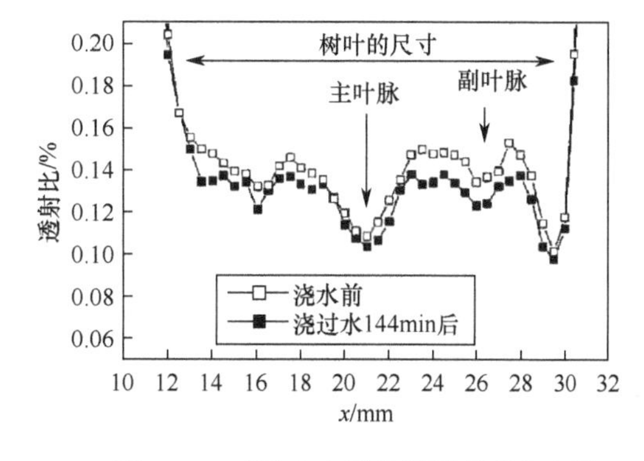

图 5-76　威灵仙叶子的透射强度分布图

太赫兹可有效应用于安检与反恐。目前安检领域常用的方法有 X 射线法和金属探测法。然而这些方法要么对人体会造成一定伤害，只能用于行李、货品检测。要么功能单一，只能报警，无法定位，后续还需要安检人员进行接触性手动搜索。太赫兹技术的兴起，为枪支、刀具、爆炸物或毒品等危险品的安全检查工作提供了一种全新的探测和识别方法。由于太赫兹对大多数包装物具有透视性，可以实现非接触、非破坏性的探测。太赫兹成像可以有效地检测和识别隐藏在各种遮盖物下的枪支、刀具等武器（图 5-77）。现有金属探测器和 X 射线安检等设备无法识别的陶瓷刀具、塑料炸药等新型恐袭武器，同样可以利用太赫兹成像技术进行有效检测。太赫兹光谱技术还可以检测隐藏物质的成分，通过特征光谱将爆炸物、

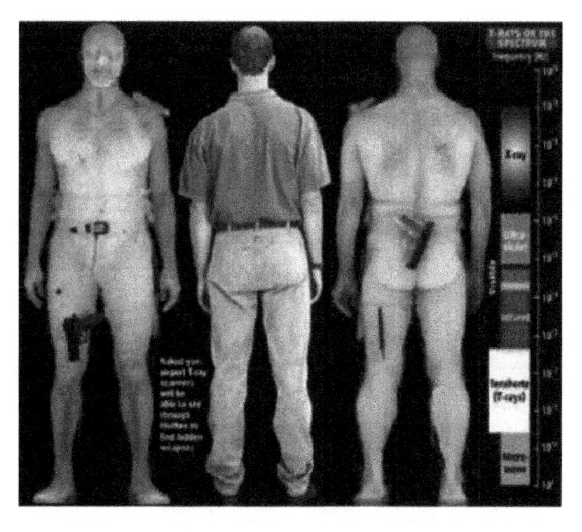

图 5-77　太赫兹探测在安全检查中发现隐藏的手枪

毒品等化学生物制剂从分子层次加以识别。太赫兹安检技术将成像与理化分析结合起来，能同时侦测密闭包装内物品的外形与成分，大大提高了安检的可靠性。太赫兹安检具有快速实时等特点，目前的检测系统完成整个人体安检人均约为 1～2s，是传统安检仪效率的 5 倍以上。从而达到了快速、安全、准确的效果。

由于太赫兹光谱能量低，对人体安全，弥补了当前 X 射线只检物不检人的缺点。将太赫兹成像用于人体探测，避免了金属探测器对人检测只报警无法定形定位的不足。太赫兹由于具有强穿透性和非电离性，可设计成固定式或移动式探测仪，在机场、车站、码头等人口密集区提供大范围预警。如工作频率 0.6THz 的太赫兹探测仪能迅速探测出 25m 外隐藏武器或爆炸物的人员；国际某机构开展的“穿墙计划”，利用太赫兹成像技术从外部获得墙内信息。这些研究成果为反恐斗争提供了进一步保障，对社会安全具有重要意义。

习题与思考题

1．根据辐射与物质发生作用的机理，光谱法检测的基本类型包括哪些？

2．单光路和双光路光谱分析技术有什么优缺点？

3．光谱分析方法中，单色仪可以放置于样品之前，也可以放到样品之后，即前分光和后分光技术，分析这两种技术在检测时是否存在差异。

4．光谱检测技术调研阐述无创血糖测量方法及系统。

5．列举水质污染的光电检测方法。

6．设计一种水果糖度光电检测系统。

7．如何区别荧光、磷光、瑞利光、拉曼光？如何减少散射光对荧光测定的干扰？

8．为什么荧光分子既有激发光谱又有发射光谱？二者是否存在波长差？为什么？

9．对拉曼光谱进行增强有哪些方法？

10．对比拉曼光谱与红外吸收光谱的差异。

11．用紫外激光器作为激发光的拉曼光谱系统有什么特点？

12．用拉曼光谱进行遥测（如物品工作距离 10m 以上）需要从系统结构及技术上进行哪些特殊设计？

13．太赫兹检测有哪些特点？

14．阐述利用太赫兹进行检测应用的实例。

15．以爆炸物检测为例，分析有哪些技术可以实现其检测，各有什么特点及适用性。

第6章　视觉检测系统

视觉检测是将计算机视觉应用于精确测量和定位，并在光电探测、电子学、图像处理和计算机技术不断成熟和完善的基础上快速发展、广泛应用。例如，产品在线质量监控、微电子器件（IC 芯片、PCB、BGA 封装）的自动检测、物体三维形状的测量及生产线中机械手的定位与瞄准等。

本章首先讨论视觉检测系统组成，然后对立体视觉测量和摄像机标定等关键技术进行介绍，最后介绍典型视觉检测系统。

6.1　视觉检测系统的组成

视觉检测系统用机器代替人眼来做测量、定位、判断和识别，也称为机器视觉系统。视觉检测系统是指通过图像摄取装置（如工业相机等）将被摄取目标转换为图像信号，传输给专用的图像处理系统，根据像素分布和亮度、颜色等信息，转变成数字信号；图像系统对这些信号进行各种运算来提取目标特征，进而根据判别的结果来控制现场的设备动作。一个典型的工业机器视觉系统包括：光源、镜头、摄像机、图像采集模块、主处理器、控制机构，如图 6-1 所示，整体可分为图像信息获取、图像信息处理、信息传输和控制三部分。

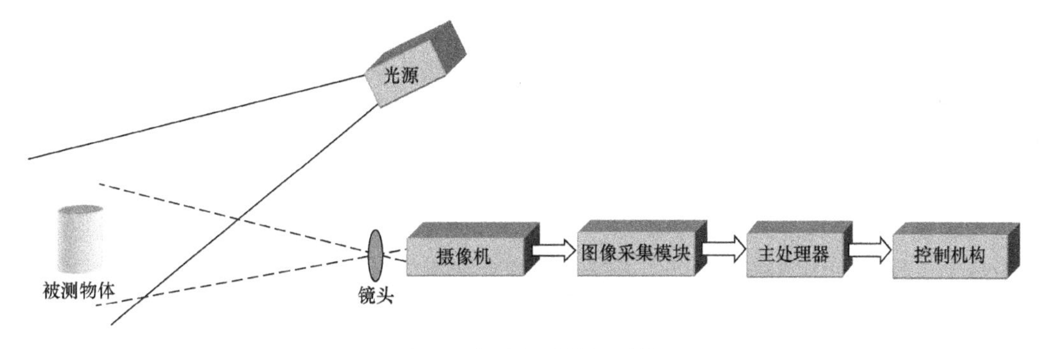

图 6-1　机器视觉检测系统

视觉检测系统具有如下优点。

（1）精度高：精确的测量仪器，能够对多个部件的一个进行空间测量，不需要接触，对脆弱部件没有磨损和危险。

（2）连续性：视觉系统可以使人们免受疲劳之苦，没有人工操作，也没有人为造成的操作变化，多个系统可以设定单独运行。

（3）具有较宽的光谱响应范围：机器视觉则可以利用专用的光敏元件，可以观察到人类无法看到的世界，扩展了人类的视觉范围。

（4）成本效率高：机器成本取代人工成本，系统的操作和维护费用非常低。

（5）灵活性：视觉系统能够进行各种不同的测量，当应用变化以后，只需软件作相应变化或者升级以适应新的需求即可。

6.1.1 图像信息获取

图像的获取实际上是将被测物体的可视化图像和内在特征转换成能被计算机处理的数据，直接影响到系统的稳定性及可靠性。一般利用光学系统、光源、相机、图像处理单元（或图像采集卡）获取被测物体的图像。

1．镜头

镜头是机器视觉系统中的重要组成部件，是连接被测物体和相机的纽带，它的作用类似于人类的眼睛，对相机成像的清晰程度和拍摄效果有直接影响，对成像质量好坏起着决定性作用。镜头的主要作用是把目标的光学图像聚焦，聚焦图像呈现在图像传感器的光敏面上。

镜头的主要参数包括焦距 f、相对孔径与光圈数 F，与图像传感器共同限定了视场角，同时存在工作距离和景深等。

依据焦距是否能够调节，镜头可以分为定焦镜头和变焦镜头 2 种，其中变焦镜头可以分为手动变焦镜头和电动变焦镜头两类。按照焦距长短，镜头可以分为短焦距镜头、中焦距镜头和长焦距镜头 3 种，短焦距镜头适应于整体大场景成像，长焦距镜头适用于细节成像检测。

镜头的相对孔径是指该镜头的入射光瞳直径与焦距之比，其倒数为光圈数 F，它表示物镜的聚光能力，相对孔径跟像面照度的关联性很大。一般来说整个像面照度分布不均匀，由中心向边缘逐渐减弱。增加相对孔径有助于提高像面照度。

视场角描述了镜头能“看”多宽的能力，一般用 2ω 表示。成像靶面有效尺寸 $x \times y$，则水平和垂直视场角分别可表示为

$$\omega_x = \arctan\frac{x}{2f} \tag{6-1}$$

$$\omega_y = \arctan\frac{y}{2f} \tag{6-2}$$

通常在拍摄位置与被摄目标距离不变的情况下，镜头的焦距越短，其视角越宽（视场角越大），拍摄范围越大，物体所成的影像越小；反之，镜头的焦距越长，其视角越窄（视场角越小），拍摄范围越小，物体所成的影像越大。镜头的视场角还与所形成影像的画幅尺寸有关。焦距越短，成像画幅尺寸越大；焦距越长，成像画幅尺寸越小。

工作距离是被摄物体到镜头的距离，也可称为物距。镜头存在最小工作距离，如果镜头在小于最小工作距离的距离工作，将无法得到清晰的图像。

景深指焦平面前后能够生成清晰图像的范围，描述了镜头能够“看”清楚的“度”，如图 6-2 所示。不同距离上的物点，在成像面上形成不同大小的弥散圆斑，当弥散圆直径足够小时，弥散圆仍可视为一个点像，其直径的允许值取决于摄像器件的分辨力。由弥散圆直径允许值所决定的物空间深度范围成为景深。同理，当物距固定时，在焦平面前后能得到清晰图像的范围称为焦深。调节像面位置，使得不同距离的景物在成像面保持清晰图像的过程称为调焦。景深计算公式如下：

$$\Delta L = \Delta L_1 + \Delta L_2 \tag{6-3}$$

$$\Delta L_1 = \frac{F\delta l^2}{f^2 - F\delta l} \tag{6-4}$$

$$\Delta L_2 = \frac{F\delta\rho^2}{f^2 + F\delta l} \tag{6-5}$$

式中：ΔL_1为前景深；ΔL_2为后景深；F为光圈数；δ为弥散斑直径；l为物距 。

由此可以看出，景深与光圈、焦距、物距有关：光圈越大，景深越小，光圈越小，景深越大；焦距越长，景深越小；焦距越短，景深越大；距离越近，景深越小；距离越远，景深越大。

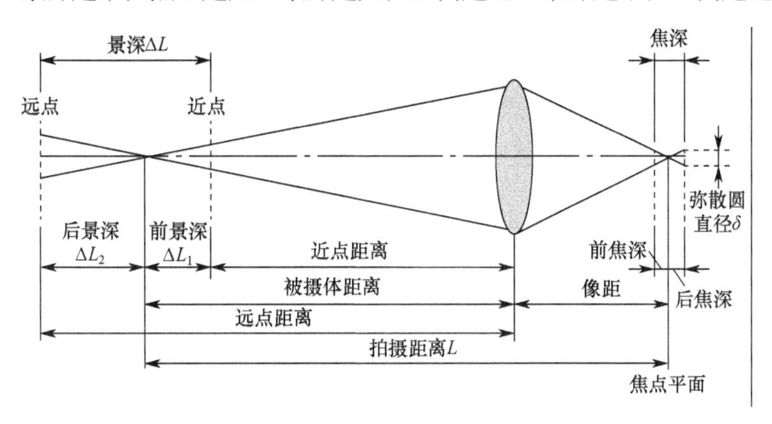

图 6-2　光学成像过程及景深

镜头接口指的是镜头与摄像机之间的接口。镜头相机跟之间的接口有许多不同的类型。工业相机常用的镜头接口有 C、CS，还有 M12、F、EF 等类型，如表 6-1 所示。镜头接口的不同不会影响镜头的性能和质量，但是接口类型不同，生产商的制造方式和与相机的适配就不同。转接环是不同类型镜头接口和相机接口之间的一种转换器，当镜头接口与相机接口不匹配时，需要用到转接环。

表 6-1　镜头接口的分类

类别	接口	法兰后焦	常见镜头
螺纹口	C-Mount	17.526mm	4/3 英寸以下镜头
	CS-Mount	12.5mm	23 英寸以下镜头
	S-Mount (M12)	—	1/1.8 英寸以下镜头
	M42*1/M42*0.75	—	大靶面镜头
	M58*0.75	—	大靶面镜头
卡口	F-Mount	46.5mm	大靶面镜头
	EF-Mount	44mm	Cannon 单反镜头
	E-Mount	18mm	Sony 微单镜头
其他	V-Mount	—	线扫镜头

镜头成像质量一般用像差来描述。像差是实际成像与理想成像之间的差异，常用的像差有 7 种，分别是彗差、球差、场曲、像散、位置色差、畸变和倍率色差。实际的镜头产品中，一般来说畸变是可能表现出来且能够通过后续算法进行校正的，其他像差属于镜头设计时主要考虑的问题。因此，常用畸变表示光学透镜产品固有的透视失真的总称，也就是因为透视原因造成的失真现象。这种失真对于成像质量是非常不利的，但因为这是透镜的固有特性（凸透镜汇光线、凹透镜发散光线），所以无法消除，只能改善。畸变表征镜头成像过程中物体形状的失真程度，常见的有桶形畸变和枕形畸变两种。畸变与视场角有关，与光圈无关。

2．光源

一个稳定可靠的机器视觉系统，不仅局限于在实验室获取一时性的优质图像，更重要的是在实际生产现场持续地获得高品质、高对比度的图像，即必须能够对工业生产现场可能出现的多种多样的外部条件的变化作出正确响应。这些外部条件中最可能出现不确定变化的就是环境光线的变化，所以提高照明光源的品质至关重要。

利用光源照射被观察对象，突出对象特征以利于系统采集图像，进而为随后的图像分析及图像处理奠定基础。因此，光源的选择很大程度上决定了图像特征的采集及后续算法的复杂程度。合适的光源及照明技术有助于采集到特征明显的图像信息，从而使机器视觉系统达到最优化。

光源是影响机器视觉系统输入的重要因素，因为它直接影响输入数据的质量和至少 30%的应用效果。由于没有通用的机器视觉照明设备，所以针对每个特定的应用实例，要选择相应的照明装置，以达到最佳效果。许多工业用的机器视觉系统用可见光作为光源，这主要是因为可见光容易获得，价格低，并且便于操作；对于某些要求高的检测任务，常采用 X 射线、超声波等不可见光作为光源。好的光源设计可以在突出图像特征的同时抑制不需要的干扰特征，在获得清晰的对比信息及提高信噪比的同时，减少光源位置及物体高速运动所带来的不确定性。而不恰当的光源设计则会造成非均匀照明的结果，进而导致图像亮度不均。使得图像特征和背景特征混淆，难以区分，干扰增加。

（1）光源的选择。

合适的光源需要有足够的亮度来突出拍摄目标的特征。机器视觉的对象大多是高速运动的物体，因此，适合的光源在物体位置发生变化时要具备稳定性和均匀性。与此同时还要考虑光源颜色、光源位置以及相机模式对图像采集的影响。

要考虑不同光源是否能被制作成不同尺寸，从而达到对各个角度照明的目的，还要考虑各种光源的反应速度是否足够敏捷，即是否能够在微秒级甚至于更短的时间内达到最大亮度，以及其使用寿命、成本及散热效果等。

最常见的光源是白炽灯，它可以将光传送到很多难以到达的地方，照明的同时产生大量的红外能量，且价格低廉，可以通过低压操作来延长使用时间。但是，白炽灯也存在很多问题，如发光效率低、反应时间长等；卤素灯光色不失真，使用时间长，但发热量较多；高频荧光灯使用寿命长，发热少，但显色性能不好，不容易做成不同尺寸来对各个角度照明；LED 灯单色性好，产生热量少，基本上实现了可见光的所有颜色，并且发光响应速度快，能够在纳秒级时间内达到稳定状态且功耗极低，在面对高速运动的物体时，LED 灯抗冲击性以及防震性好，因此是当前主流的机器视觉光源。

（2）光源位置。

在选定 LED 作为光源的情况下，它的形状和位置的选择也十分重要。光源的位置主要包括结构光照明、前向照明以及后向照明。LED 光源的形状包括环形光源、背光源、同轴光源以及位光源。环形光源主要应用于需要不同颜色组合和照射角度的物体；背光源能够提供高强度背光照明，突出物体特征；同轴光源可以对表面不平整物体带来的阴影干扰起到较好的屏蔽作用；位光源一般应用于高速运转、精度高、体积小的物体。

按照照射方法，将光源照明系统分为如下类型。

① 前向照明，将光源放在相机和被测物体的前方，如图 6-3（a）所示，涉及的光源有条形光源和环形光源。前向照明需要考虑的因素包括背景图像与被测物品特征的区别度，主要针对低速运动物体表面疵点、缺陷或者其他细节特征。

② 后向照明，将光源放在被测物体及相机的后面，如图 6-3（b）所示，涉及的光源有点光源、背光源等。后向照明需要考虑的因素包括光通量及被测物体的透明度，主要应用场合包括具有光通量物体特征的检测及透明物体疵点检测。

③ 结构光照明，如图 6-3（c）所示，是指通过透镜、光圈等技术手段，使光源发出的光具有一定形状，能够满足被测物体与其他背景之间的划分。结构光照明涉及的光源包括专用光源及球积分光源等，主要应用场合包括三维图像及半球面内壁检测。

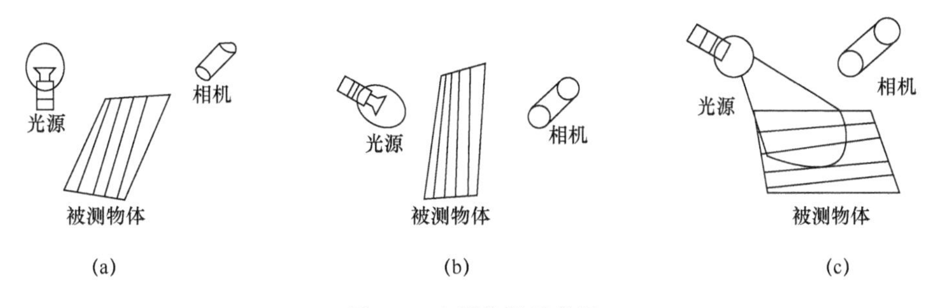

图 6-3　光源位置示意图

（a）前向照明；（b）后向照明；（c）结构照明。

按照光源种类，可以分为扩散光、背光、空间调整光、方向性光等类型，如图 6-4 所示。

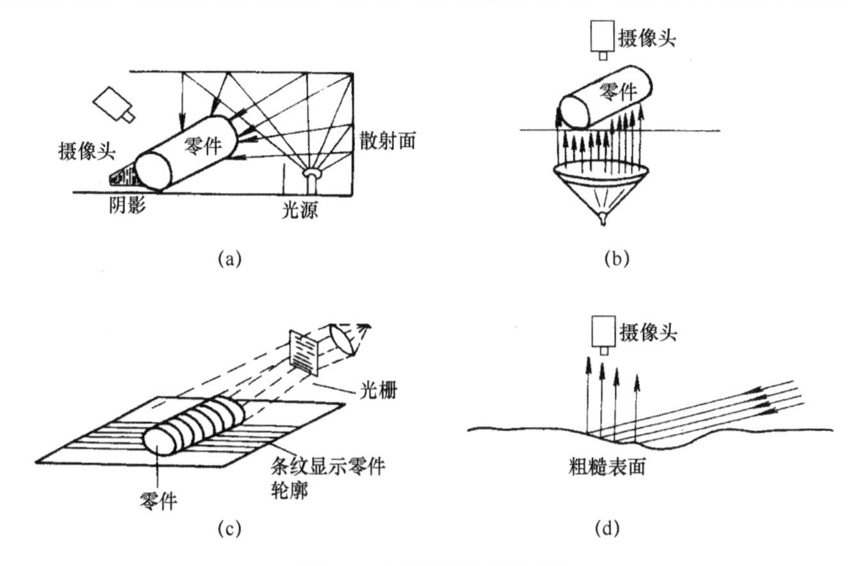

图 6-4　视觉检测光源种类

（a）扩散光；（b）背光；（c）空间调制光；（d）方向性光。

（3）光源与滤光片的配合。

在实际应用中，还要考虑光源颜色对照明效果的影响程度。使用光源的目的是把背景与被测物体之间的特征差别尽量放大，从而获得高对比度、区别明显的图像。光源颜色对处理精度和速度的影响很大，对整个系统的成败起决定性作用。因此，可以通过控制光源的颜色，找出适合在不同照明情况下识别图像特征的最佳光源颜色。从而提高图像的分辨率。进而为后续的图像特征提取与算法编写做好准备。

图像特征的提前理论上取决于光源的功率谱分布，但在现实中，光源三色光的功率谱一般需要经过大量的实验验证，才能够找到合适的色彩对比度。因此。想要得到最佳分辨率的光源，可以配合使用滤光片。

消除不相干光源干扰可以加快图像识别的处理速度，最常用的限制不相干光的装置是滤光片。滤光片通过滤除干扰光的方式，可以使偏振状态发生变化或者改变入射光的光谱强度，从而得到适合的色彩对比度。滤光片提高图像对比度主要通过反射、透射、偏振、密度衰减和散射等方式。各色滤光片可以通过相邻色光的全部或部分，或与本身颜色相同的色光吸收补色光。影响滤光片的因素一般有以下几点：滤光片密度，同一颜色的滤光片密度越大，阻光率越大；滤光片颜色；被测物体感色度；光源性质。

通过使用滤光片，在减小成像畸变时，可以滤除干扰光，改变入射光的光谱强度，从而获得合适的色彩对比度。

3. 工业相机

工业相机（有时也称为摄像机）实际上是一个光电转换装置，即将图像传感器所接收到的光学图像，转化为计算机所能处理的电信号。光电转换器件是构成相机的核心器件。目前，典型的光电转换器件为真空摄像管、CCD、CMOS 图像传感器等。图像传感器对于物体成像的质量起着最为关键的作用。按照成像传感器的扫描类型、分辨率、灵敏度和通信接口协议，可以对工业相机进行分类。

（1）传感器扫描类型。

工业相机在整个机器视觉系统中的功能为摄取细节清晰的图像。总体上现有的工业相机只能保证摄取的某一区域内的图像清晰，能清晰地呈现较宽区域内的图像的工业相机称为面阵相机，只能清晰地呈现较狭长区域内的图像的工业相机称为线阵相机。基于对应的成像特征，面阵相机通常用于静止检测或者低速检测；对于大幅面、高速运动或者滚轴等运动的检测应考虑使用线阵相机，线/面阵相机的工作模式如图 6-5 所示。

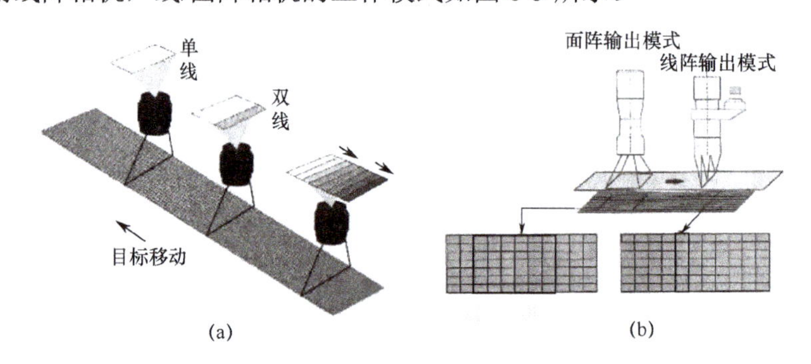

图 6-5 线/面阵相机的工作模式

（a）线阵相机工作模式；（b）线/面阵相机输出模式。

（2）分辨率。

图像的清晰度不是由像素多少决定的，而是由分辨率决定的。分辨率是由选择的镜头焦距（光学系统中衡量光聚集或发散的度量方式，指平行光入射时从透镜光心到光聚集之焦点之间的距离）和成像芯片感光单元（像元）数决定的，能清晰成像的尺寸大小是评价工业相机分辨率的重要标准。单独评价芯片参数时，也把芯片的像元数称为分辨率或像素数。通常面阵相机的分辨率用两个数字表示，如 1920×1080，前面的数字表示每行的像元数，后面的数字表示像元的行数。线阵相机的分辨率通常用每行的像元数表示，如 1K（1024 个像元）、2K（2048 个像元）、4K（4096 个像元）等。在采集图像时，工业相机的分辨率对图像质量有很大的影响。在对同样大的视场（景物范围）进行成像时，工业相机分辨率越高，对细节的展示越明显。

（3）光谱响应与灵敏度。

图像传感器有不同的感光范围，多数对可见光和近红外敏感。但是，对于不同的光谱，有不同的光谱响应，如图 6-6 所示。彩色相机的光谱响应按照 R、G、B 三色进行表示，黑白相机则用单色表示。应该与检测场景及光源配合选择合适光谱响应的相机。

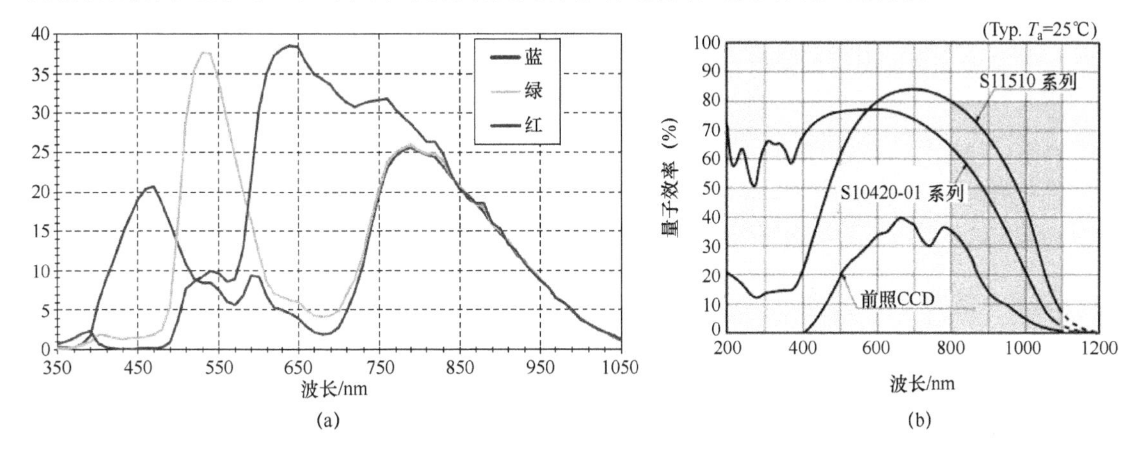

图 6-6　图像传感器光谱响应

（a）彩色图像传感器；（b）不同灵敏度黑白图像传感器。

灵敏度有时用最低照度表示，是图像传感器对环境光线的敏感程度（最暗光线）。用勒克斯（lx）表示，数值越小，需要的光线越少，越灵敏。图 6-6（b）展示了不同类型的传感器具有不同的灵敏度。根据最低照度的相机分类如表 6-2 所列。

表 6-2　根据最低照度的相机分类

类型	工作特性
普通型	正常工作所需照度 1～3lx
月光型	正常工作所需照度 0.1lx 左右
星光型	正常工作所需照度 0.1lx 左右
红外型	采用红外灯照明，在没有光线的情况下也可以成像

（4）通信接口协议。

通信接口协议之间的区别主要体现在信息的传输速率和距离上。早期接口为模拟同轴电缆（BNC）输出，后续随着摄像机数字化，相继出现了 USB 3.0、IEEE 1394、Camera Link、Gig E 等数字接口形式，如表 6-3 所列。

表 6-3　典型数字接口性能

性能/接口	IEEE1394	USB3.0	GigE Vision	Camera Link	CoaXPress
支持本机操作系统	是	是	是	否	否
电缆类型	Firewire	USB	Cat-5/6 或光纤	CX4	Coaxial
最高输出速率	3.2Gb/s	5Gb/s	10Gb/s	N×3.125Gb/s（N 为线缆数）	N×6.25Gb/s（N 为线缆数）
最远传输距离	4.5m	5m	100m	>15m	120m@1.25Gb/s 或 40m@6.25Gb/s
是否实时	是	是	否	是	是
PC 接口	内置	内置	内置或不需要	采集卡	采集卡
网络拓扑结构	树形、星形或环形	基于总线的星状分层	网状	点对点	点对点
标准成熟度	较高	一般	高	高	一般
线缆成本	低	低	低	高	低

4. 图像处理器

图像信息传输到主处理器进行存储与处理。可以根据需要，选择计算机、嵌入式板卡作为主处理器。嵌入式板卡有 DSP、FPGA、ARM 以及树莓派等多种类型。图像采集卡作为图像采集部分和处理部分之间的接口，在硬件上可以理解为相机与主处理器之间的接口。图像经过采样、量化以后转换为数字图像，输入储存到存储器。采集卡有多种规格、种类。早期模拟视频一般通过专用的 PCI 总线采集卡或者转换为 USB 接口输入主处理器中，现在的数字采集卡为配合专用数字相机接口及主处理器进行设置，如 Camera Link 采集卡，Camera Link 转 USB3.0 转换盒、GigE 采集卡等。

6.1.2 图像信息处理

通过图像信息获取，可以将实际的光学图像转换成数字信息。事实上，大多数原始采集的图像数据因为各种各样的原因都很难直接使用。所以，一个完整的机器视觉系统，除了前面介绍的图像采集单元，还需要对获取的图像信息进行处理。常用的信息处理算法有图像增强、图像分割、边缘提取、图像配准、图像识别等。随着计算机性能的提升，现在深度学习算法应用越来越广泛。

1. 图像增强

图像增强属于图像处理的基本内容之一，是一种处理方法，是按特定的需要削弱或去除某些不需要的信息，突出一幅图像中的“有用”信息，从而扩大图像中不同物体特征之间的差别。图像增强的目的是使处理后的图像对应某种特定的应用，可以比原始图像更合适。它的处理结果使得图像更适应于机器的识别系统或人的视觉特性。因为应用的要求和目的不同，所以“有用”的标准和含义也不完全相同。

图像增强无法增加原始图像的信息，需要通过某一种技术手段有选择地突出对于某一个具体应用有价值的信息，即图像增强以压缩其他信息为代价，也就是通过突出某些信息才达到增强对这些信息辨识能力的目的。图像的增强处理并不是一种无损的处理，如低通滤波法是图像平滑处理算法中经常采用的算法。虽然它消除了图像里面的噪声，但是却削弱了图像的空间纹理特性，从而导致图像在整体上看起来比较模糊。

图像增强技术根据其处理过程所在的空间不同，可分为基于空间域的增强方法和基于频率域的增强方法两大类：第一类方法是直接在图像所在的空间进行处理，也就是在像素组成的二维空间里直接对像素进行操作；第二类方法是在图像的变化域对图像进行间接处理。此外，图像增强技术按所处理对象的不同还可分为灰度图像增强和彩色图像增强；按增强的目的还可分为光谱信息增强、空间纹理信息增强和时间信息增强。

2. 图像分割

在图像处理技术中，图像分割是其中一个关键步骤。人们在研究或应用图像时，很可能所感兴趣的仅是图像中的某些部分或区域，这些区域通常称为前景（目标），剩余部分称为背景。前景往往具有一些独特的性质，为了能够更好地辨别和分析前景，最直接的想法就是将它们从图像中分离提取出来，之后才有可能对前景有更进一步的利用和处理。图像分割就是指根据各个区域的特性，如像素的颜色、纹理、灰度等，把图像分成多个区域并将感兴趣的目标提取出来的技术和过程。这里所指的目标可以是多个区域，也可以是单个区域。

图像分割中常用的方法有阈值化分割算法，其包括基于直方图的阈值分割算法、基于最大类间方差分割算法、基于最小误差与平均误差分割算法、基于最大熵法分割算法；基于区域的分割算法，其中包括区域生长、分裂合并；基于边缘检测的分割算法；基于目标几何和统计模型的分割算法。

3. 边缘提取

图像的边缘是图像的最基本特征，被应用到较高层次的特征描述、图像识别、图像分割、图像增强以及图像压缩等图像处理和分析技术中，边缘提取作为图像分析与模式识别的主要特征提取手段，应用于计算机视觉、模式识别等研究领域中。

边缘是图像像素灰度发生显著变化的部分，是灰度值不连续的结果，存在于物体与背景之间、物体与物体之间、区域与区域之间，一般是由图像中物体的物理特性变化引起的。物理特性变化的不同产生了不同的边缘。图像的边缘具有方向和幅度两个特征。水平于边缘走向，像素值变化平缓；垂直于边缘走向，像素值变化剧烈，呈现阶跃状或是斜坡状。因此，通常将边缘分为阶跃型和屋脊型两种。

阶跃型边缘的两侧灰度值变化较明显，而屋脊型边缘位于灰度值增减的交界处。从数学角度一般用导数来刻画边缘点的变化，通常对这两种边缘分别求取一阶、二阶导数即可体现边缘点的变化。阶跃型边缘灰度变化曲线的一阶导数在边缘处达到极大值，其二阶导数在边缘处与横轴零交叉；屋脊型边缘的灰度变化曲线的一阶导数在边缘处与横轴零交叉，其二阶导数在边缘处达到负极大值。

图像边缘检测的目的是采用某种算法提取出图像中对象与背景之间的交界线。在最终提取出图像边缘之前，还需做些前期的图像处理工作，包括滤波去噪、增强边缘部分等，以便提取出真正的、清晰的图像边缘。一般来说，图像的边缘提取包括以下 4 部分内容。

（1）图像滤波。

边缘检测主要是基于图像灰度的导数计算，受噪声影响很大，因此必须采用滤波方法处理受噪声污染的图像，提高边缘检测器的性能。而多数滤波具有低通特性，在去除噪声的同时也会使图像的边缘变得模糊，因此需要选择合适的滤波方法，在保持边缘的同时尽可能地去除噪声，并尽可能地达到增强边缘与降低噪声之间的平衡。

（2）边缘增强。

图像增强是指按照特定需要突出图像中的某些信息，处理的结果使图像更适合人的视觉特性和机器的识别系统。图像边缘的增强是确定图像各邻域强度的变化值，显示出邻域或局部强度有显著变化的点。一般是通过计算梯度幅值完成图像边缘的增强。

（3）边缘检测。

边缘增强的结果是使图像中灰度有显著变化或者说梯度幅值大的点突出显示，但是有些图像中梯度幅值较大的点在某些特定的应用领域中并非边缘点，所以应该用某种算法确定真的边缘点。最简单的是设定梯度幅值阈值作为确定边缘的依据。

（4）边缘定位。

根据具体应用领域，结合以上步骤，精确确定边缘的位置，提取出图像边缘，得到边缘图像。

在边缘检测算法中，前三步基本都包括在内，十分普遍。这是因为在大多数应用中，仅需指出边缘出现在图像某一像素点的附近，而无须指出边缘的精确位置或方向。然而在某些具体的工程应用中，则需要确定并提取出图像边缘。因此边缘定位也是十分重要的。边缘提取的基本步骤如图 6-7 所示。图像边缘提取的基本方法包括：均值滤波法、中值滤波法、微分法、阈值法等。

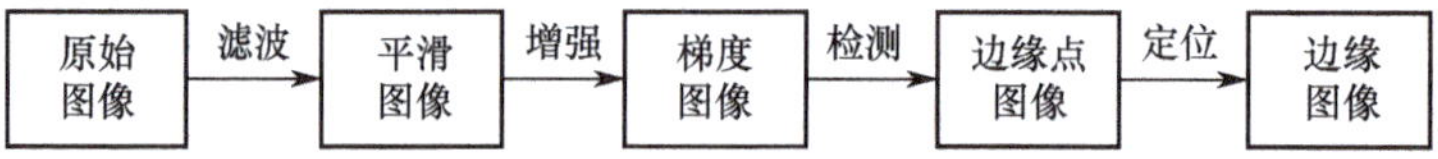

图 6-7 边缘提取的基本步骤

4. 图像配准

图像配准用于将不同时间、不同传感器、不同视角及不同拍摄条件下获取的两幅或多幅图像进行匹配，其最终目的在于建立两幅图像之间的对应关系，确定一幅图像与另一幅图像的几何变换关系式，用以纠正图像的形变。

常用的图像配准方法大致分为 3 类，基于像素的图像配准方法、基于特征的图像配准方法、基于对图像的理解和解释的配准方法。

（1）基于像素的图像配准方法。这类方法根据配准图像的某种度量，即协方差矩阵或相关系数，或者通过傅里叶变换等关系式计算配准参数。最常见也最精确的方法就是最小二乘匹配算法，该算法在基于图像灰度的基础上，估计图像目标窗口和相关窗口几何变形和辐射畸变的影响，使相关的精度达到子像元等级。

（2）基于特征的图像配准方法。这类方法是根据需要配准图像的重要和相同的特征之间的几何关系来确定配准参数，因此这类方法首先需要提取特征，如边缘、角点、线、曲率等，然后建立特征点集之间的对应关系，寻找对应的特征点对，由此求出配准参数。基于特征的图像配准方法具有较高的可靠性，但配准的精度低于基于灰度的最小二乘图像配准方法。

（3）基于对图像的理解和解释的配准方法。这种方法不仅能自动识别相应的像点，而且还可以由计算机自动识别各种目标的性质和相互关系，具有较高的可靠性和精度。这种基于理解和解释的图像配准方法涉及诸如计算机视觉、模式识别、人工智能等众多领域，不仅依赖于理论上的突破，还有待于高速度并行处理计算机的研制。因此，目前这种基于对图像理解和解释的配准方法还没有较为明显的进展。

5. 图像识别

图像的识别过程实际上可以看作是一个标记过程，即利用识别算法来辨别景物中已分割好的各个物体，给这些物体赋予特定的标记，它是机器视觉系统必须完成的一个任务。

按照图像识别从易到难，可分为 3 类问题。

第一类问题中，图像中的像素表达了某一物体的某种特定信息。如遥感图像中的某一像素代表地面某一位置地物的一定光谱波段的反射特性，通过它即可判别出该地物的种类。

第二类问题中，待识别物是有形的整体，二维图像信息已经足够识别该物体，如文字识别、某些具有稳定可视表面的三维体识别等。但这类问题不像第一类问题容易表示成特征矢量，在识别过程中，应先将待识别物体正确地从图像的背景中分割出来，再设法将建立起来的图像中物体的属性图与假定模型库的属性图之间匹配。

第三类问题是由输入的二维图、要素图等，得出被测物体的三维表示。

目前，用于图像识别的方法主要分为决策理论和结构方法。决策理论方法的基础是决策函数，利用它对模式向量进行分类识别，是以定时描述（如统计纹理）为基础的；结构方法的核心是将物体分解成了模式或模式基元，而不同的物体结构有不同的基元串（或称字符串），通过对未知物体利用给定的模式基元求出编码边界，得到字符串，再根据字符串判断它的属类。这是一种依赖于符号描述被测物体之间关系的方法。需要针对待识别图像设计特定的特征提取算法及进行特征匹配完成图像识别。

6. 深度学习算法

近年来，深度学习技术得到了巨大的发展，并广泛应用于图像处理领域。相对于许多传统算法，深度学习技术从海量的训练数据中学习到的先验知识具有更强的泛化能力和更复杂的参数化表达，且无需调节算法参数以适应不同的应用场景。得益于上述优势，深度学习技术已经广泛应用于图像处理领域，这势必将提升现有图像处理系统的性能并开创新的应用领域。

深度学习常见的算法有：卷积神经网络、循环神经网络、生成对抗网络。卷积神经网络（Convolutional Neural Network，CNN）是一类包含卷积计算且具有深度结构的前馈神经网络，是深度学习的代表算法之一。循环神经网络（Recurrent Neural Network，RNN）是一类以序列数据为输入，在序列的演进方向进行递归且所有节点（循环单元）按链式连接的递归神经网络。生成对抗网络（Generative Adversarial Networks，GAN）是一种深度学习模型，是最近出现的一种无监督学习算法。

利用 CNN 等深层神经网络的解决方案，可以逐渐取代基于算法说明的传统图像处理工作。尽管图像预处理、后期处理和信号处理仍采用现有方法进行，但在图像分类应用中（缺陷、对象以及特征分类），深度学习变得越加重要。

深度学习技术在图像识别领域出现的主流卷积神经网络，包括 AlexNet、VGGNet、Inception v1、Inception v2、Inception v3、ResNet、Inception v4、DenseNet 等。用于目标检测识别领域的深度学习算法大致分为 3 类：

（1）基于区域建议的目标检测与识别算法，如 R-CNN、Fast-R-CNN、Faster-R-CNN；

（2）基于回归的目标检测与识别算法，如 YOLO、SSD；

（3）基于搜索的目标检测与识别算法，如基于视觉注意的 AttentionNet、基于强化学习的算法。

深度学习包括神经网络的训练和学习、网络的实现和推断运算、网络的 CNN 算法在图像上的执行与分类结果的输出。用于训练的数据越多，分类的预测精度就会越高。由于数据量庞大，训练神经网络时通常选用 GPU。

6.1.3 信息传输与控制

信息传输与控制包括视频数据信息的传输、控制信息的输出、即时通信等，根据检测系统的不同具有不同类型。

除了可以用采集卡直接将相机与处理器相连，有些可以通过网络传输数据信息，在服务器或者云端进行处理，或者在一些分布式系统中，采用多个信息采集头加一个中心处理器的模式，也需要将信息传输至在中心处理器平台，之后将控制信号输出。

视频传输设计是各类视频处理应用系统中的重要一环，但也往往是整个系统最薄弱的环节。要最终获得好的图像质量，除了需要能采集高质量画面的摄像机和镜头，还需要选择合适的传输方式，使用高质量的器材和设备，并按照专业标准安装。传输介质可以采用同轴电缆、双绞线、网线、光纤或者无线（WIFI、4G/5G、蓝牙）等方式。

控制信号可以通过 RS-232、RS-422、RS-485、USB 等接口与相关外设进行通信。例如，可以通过云台控制实现云台设备转动、镜头聚焦、变倍、快速定位等操作。在串行通信时，要求通信双方都采用一个标准接口，使不同的设备可以方便地连接起来进行通信。RS-

232 是 1970 年由美国电子工业协会（EIA）联合贝尔系统、调制解调器厂家及计算机终端生产厂家共同制定的用于串行通信的标准。最远距离是 50 英尺，可做到双向传输，全双工通信，最高传输速率 20kb/s。在要求通信距离为几十米到上千米时，广泛采用 RS-485 串行总线。RS-485 采用平衡发送和差分接收，因此具有抑制共模干扰的能力。加上总线收发器具有高灵敏度，能检测低至 200mV 的电压，故传输信号能在千米以外得到恢复。

RS-485 具有以下特点：数据最高传输速率为 10Mb/s；采用平衡驱动器和差分接收器的组合，抗共模干扰能力强，即抗噪声性能好；最大传输距离标准值为 4000 英尺，实际上可达 3000m；在总线上允许连接多达 128 个收发器，即具有多站能力，这样用户可以利用单一的 RS-485 接口方便地建立设备网络。

6.2 立体视觉

客观世界在空间上是三维的，所以对视觉的研究和应用从根本上说应该是三维的。现有的大多数图像采集装置所获取的图像本身是在二维平面上的，尽管其中可以含有三维物体的空间信息。要从图像认识世界，就要从二维图像中恢复三维空间信息，这里的关键是要测量出景物各点距观察者（或任意参考点）的距离，而立体视觉是解决这个问题的一种重要方法。

立体视觉主要研究如何借助（多图像）成像技术从（多幅）图像里获取场景中物体的距离（深度）信息。立体视觉的基本方法是从两个或多个视点去观察同一场景，获得在不同视角下的一组图像，然后通过三角测量原理获得不同图像中对应像素间的视差（同一个三维点投影到两幅二维图像上时，其两个对应点在图像上位置的差），从中获得深度信息，进而计算场景中目标的形状和它们之间的空间位置等。

6.2.1 双目立体视觉

基于视差原理，双目立体视觉由多幅图像获取物体三维几何信息。在机器视觉系统中，双目立体视觉一般由双摄像机从不同角度同时获取景物的两幅数字图像，或由单摄像机在不同时刻从不同角度获取景物的两幅数字图像，并基于视差原理即刻恢复出物体三维几何信息，重建周围景物的三维形状与位置。

1. 测量原理与数学模型

通过立体视觉设备采集图像，并通过计算共轭对的视差得到物点的三维坐标。共轭对指场景中同一点在不同图像中的投影点。视差指图像对正确放置后共扼点对之间的距离。

立体视觉测量最为常见的结构有两种：平行结构和汇聚结构，如图 6-8 所示。这两种结构都是线性模型，即针孔模型。针孔模型是成像的理想模型，不需要考虑镜头的畸变、采样、量化效应和其他的一些因素。

图中：$P(x,y,z)$ 是物点在摄像机坐标系中的坐标值，B 是基线距，$p_1(x_1,y)$ 是左投影点在左图像中的图像坐标值，$p_2(x_r,y)$ 是右投影点在右图像中的图像坐标值，f 为摄像机焦距（Focus Length），D 为左、右图像对应点的视差（Disparity）。

根据平行结构的三角几何性质，所测物点在摄像机坐标系中的三维坐标值可通过式（6-6）得到，两摄像机对应点的水平坐标之差称为“视差”，可通过 $D = x_1 - x_r$ 表示：

$$\begin{cases} X = \dfrac{B \times x_1}{D} \\ Y = \dfrac{B \times y}{D} \\ Z = \dfrac{B \times f}{D} \end{cases} \tag{6-6}$$

由式（6-6）可以看出，给定两幅图像，获得对应点的视差 D、基线距 B、焦距 f 以及像素点的图像坐标，便可计算出实物在摄像机坐标系中的三维坐标点。此结论存在的前提条件是两摄像机参数一致，如焦距、视场、摄像机观察角度等，且位置完全平行。若参数不一致，则成像点的大小和位置及视差都失去了意义。因此可以采用单摄像机在轨道上平移获得左、右两幅图像，但该方法不能同时获取两幅图像，只能在获取静态图、拍摄时间要求不严格的情况下采用。

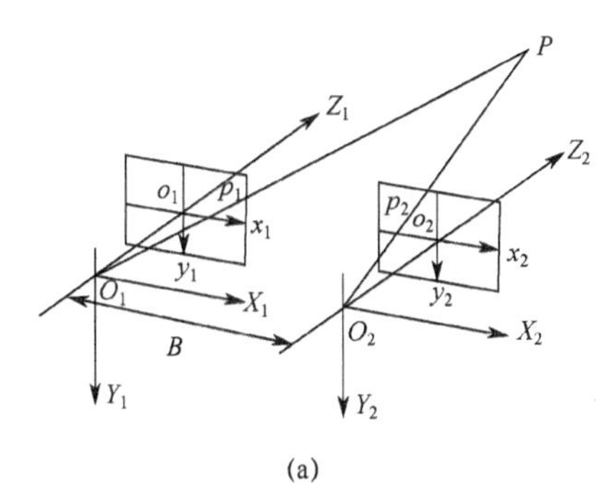

(a)

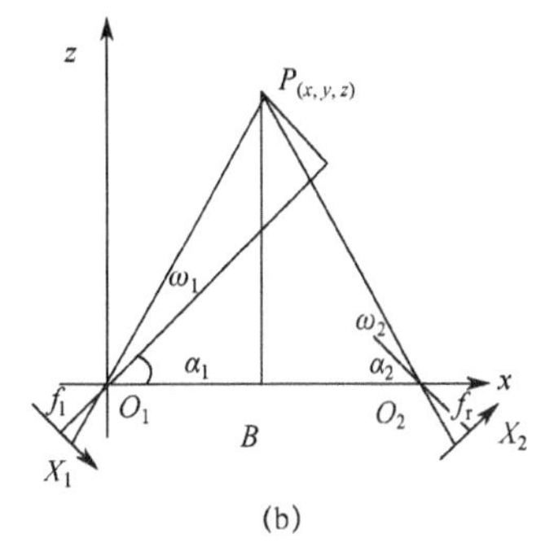

(b)

图 6-8　双目立体视觉测量原理图

（a）平行结构；（b）汇聚结构。

在汇聚结构中，(x_1, y) 为点在左图像中的坐标值，f_1 为左摄像机的焦距，$\boldsymbol{R} = \begin{bmatrix} r_1 & r_2 & r_3 \\ r_4 & r_5 & r_6 \\ r_7 & r_8 & r_9 \end{bmatrix}$ 为两摄像机之间的旋转矩阵，$\boldsymbol{T} = \begin{bmatrix} t_x \\ t_y \\ t_z \end{bmatrix}$ 为两摄像机之间的平移矩阵。

在世界坐标系中，两摄像机像点之间的关系为

$$Z_r \begin{bmatrix} x_r \\ y_r \\ l \end{bmatrix} = \begin{bmatrix} f_r r_1 & f_r r_2 & f_r r_3 & f_r t_x \\ f_r r_4 & f_r r_5 & f_r r & f_r t_y \\ r_7 & r_8 & r_9 & t_z \end{bmatrix} \begin{bmatrix} \dfrac{Z x_1}{f_1} \\ \dfrac{Z y_1}{f_1} \\ Z \\ l \end{bmatrix} \tag{6-7}$$

则点在世界坐标系中的三维坐标值为

$$\begin{cases} X = \dfrac{Z x_1}{f_1} \\ Y = \dfrac{Z y_1}{f_1} \\ Z = \dfrac{f_1 (f_r t_x - x_r t_z)}{x_r (r_7 x_1 + r_8 y_1 + f_1 r_9) - f_r (r_1 x_1 + r_2 y_1 + f_1 r_3)} \end{cases} \tag{6-8}$$

式中：f_l、f_r 为左、右摄像机的焦距；(x_l, y_l) 分别为空间点在左、右摄像机中的图像坐标。

根据式（6-8）可知，基线距、焦距、两摄像机之间的位置关系及对应点匹配确定后即可结合图像对求得物点坐标。

2. 两图像对应点匹配

立体匹配是在左右图像对中找到同一特征点的左右成像点，又称为匹配点，如图 6-9 所示，并且特征点必须在左右图像对共同成像范围内。

图 6-9　立体匹配

立体匹配通常以左图像为参考图，经过立体校正后，根据极线约束在右图像中寻找匹配点，并通过相似性测度函数来确定最佳匹配点。通过计算出匹配点的像素坐标差值，即视差值 $d = x_l - x_r$，形成视差图，从而根据前面介绍的双目立体视觉测距原理实现测距与定位。

立体匹配主要过程包括，匹配基元选择、相似性测度函数确定以及进行视差求解和优化。

1）匹配基元的选择

匹配基元用于表示目标点的图像特征，是立体匹配过程中的基础要素，匹配基元的选择会直接影响匹配算法的效率和准确性。目前存在各式各样的匹配基元以及对应的匹配算法。但匹配基元的选择应该以唯一性、可分辨性、稳定性以及抗干扰性等作为衡量指标，常见的匹配基元如下。

（1）点匹配基元。

点特征描述子是用来描述单个像素点的图像信息，属于小尺度特征、局部特性。点匹配基元包含的信息较少，易于提取描述，但数量较多，存在误匹配问题。点特征描述子要有 3 种：①图像灰度，是最原始、最直接的匹配基元，主要有图像像素灰度信息和颜色空间信息；②卷积描述子，主要是通过对图像像素信息进行“再加工”，如通过差分算子对图像信息进行卷积，得到灰度信息的梯度值等；③图像角点，如 Harris 角点、SUSAN 角点等。在图像中，角点通常指的是像素值发生突变或满足某种数学特性的极值点。这类基元特征明显易于匹配，但数量较少。

（2）区域匹配基元。

区域匹配基元用来描述图像在某个区域内的特征和分布信息，能够表示较大尺度的图像特征，表征的图像信息较为丰富。其匹配窗口大小可调，可实现快速立体匹配。针对纹理信息丰富、视差连续的区域，区域匹配基元可快速准确描述局部特征；并且区域立体匹配基元在复杂环境中，可利用信息多，区分不同对象的能力较强。但针对视差不连续情况，区域匹配基元会导致描述信息失真，造成误匹配。

（3）相位匹配基元。

图像相位值就是描述图像的结构信息，可设定匹配点的局部相位相等，因而相位匹配基元具备较好的抗畸变性和抗干扰性，但相位匹配在相位寻找过程中存在相位偏差、相位奇点、图像畸变区相位混乱等问题，并且精度随视差范围的增大而降低。

2）相似性测度函数

立体匹配算法中，如何衡量图像对中两个点的匹配程度，即如何确定图像对中的两个点是空间中同一目标点的投影点、确保两点之间存在匹配关系，此时就需要建立相似性测度函数。由于匹配基元的多样性，相似性测度函数的形式也是各不相同，因而针对不同匹配基元，需要根据匹配基元的特性建立合适有效的相似性度量函数。

相似性度量函数设计思想主要分为 3 步：首先根据匹配基元计算匹配代价；然后对设定区域内所有代价进行聚合；最后在设定的视差范围内求取度量函数的极值，极值对应的视差值即此时最佳视差值。基于区域灰度匹配基元的度量函数一般分为 3 类：距离测度函数，如灰度差绝对值、灰度差平方和、灰度差绝对值和函数；相关性度量函数，如归一化互相关、均值归一化相关函数；非参数测量函数，主要有 Rank 变换和 Census 变换。

3）立体匹配算法

具体来说，匹配算法可以分为 3 类，即局部、全局和半全局匹配算法。局部立体匹配算法简单易实现，匹配速度较快，但所获取的视差图结果较差。全局立体匹配算法能够生成效果较好的视差图，但部分匹配算法计算复杂耗时，虽然有些全局立体匹配算法实时性较好，但存在诸如“条纹效应”等问题；而半全局立体匹配算法介于二者之间。

（1）局部立体匹配算法。

局部匹配（Local Maching，LM）算法，又称为块匹配（Block Matching，BM）算法，其算法思路简单，主要分为 3 步：首先计算匹配代价，然后对局部窗口内单个像素的代价值进行聚合，最后根据 WTA 算法获取视差值从而得到视差图。

具体过程如图 6-10 所示，设参考图像中有一待匹配点 $P(x_1, y_1)$，以该点为中心建立 $m \times n$ 的匹配窗口 W，直接以窗口 W 内图像灰度信息表征点 $P(x_1, y_1)$；在右图像中，以对应位置处点 $P(x_r, y_r)$ 为中心建立同样大小的匹配窗口，同样采用灰度信息表征该点，采用测度函数进行匹配代价计算与聚合，最后在搜索范围 d 内求解相似性测度函数的最小值，以此时的 d 作为视差值。

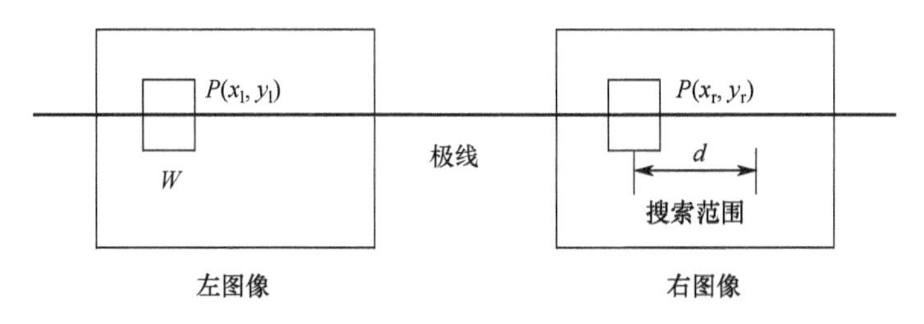

图 6-10　局部立体匹配原理

（2）全局立体匹配算法。

全局立体匹配（Global Matching，GM）算法通过图像约束信息，需要构建基于匹配代价和平滑约束的全局能量函数，然后在视差范围内求取使得全局能量函数最小时，能量函数对应的视差值。常见全局立体匹配算法一般有动态规划法、置信传播法以及图像分割算法等，其他全局立体都是在这些算法的基础上进行优化和改进的。置信度传播算法和图像分割算法匹配效果好，精度高，但计算较大且复杂，导致算法实时性较差。动态规划算法将求解图像对的视差问题分解成多个子问题进行分别求解，在求解过程中利用极线约束，通过寻找最小匹配代价获得视差值。算法简单高效，视差效果较好，但存在“条纹效应”。

（3）半全局立体匹配算法。

半全局立体匹配（Semi-Global Matching，SGM）算法最早由 Heiko Hirschmuller 在 2005 年 CVPR 上发表的论文中所提出，该论文奠定了 SGM 算法在立体匹配领域的重要地位，此后关于 SGM 算法都是基于该论文进行改进的。

SGM 算法的主要思想是通过多扫描线的局部优化来实现全局优化，主要过程分为 3 步：首先计算单个像素点的匹配代价；然后根据视差平滑约束方程，聚合多个扫描路径上的匹配代价；最后根据 WTA 算法获取聚合匹配代价极值时对应的视差值。

6.2.2 单目立体视觉

除了双目立体视觉，近年来，单目立体成像系统由于体积小、定点观察等特点，越来越多地被采用。

1. 结构光三维视觉

在双目立体视觉中，当用光学投射器代替其中一台摄像机时，光学投射器投射出一定的光模式，如光平面、十字光平面和网格状光束等，对场景对象在空间的位置进行约束，同样可以获取场景对象上点的唯一坐标值，这样就形成了结构光三维视觉。在诸多的视觉方法中，结构光三维视觉以其大量程、大视场、较高精度、光条图像信息易于提取、实时性强及主动受控等特点，近年来在工业环境中得到了广泛应用。

（1）测量原理。

结构光三维视觉测量是基于光学三角法测量原理，如图 6-11 所示，光学投射器将一定模式的结构光投射于物体表面，在表面上形成由被测物体表面形状所调制的光条三维图像。该三维图像由处于另一位置的摄像机探测，从而获得光条二维畸变图像。光条的畸变程度取决于光学投射器与摄像机之间的相对位置和物体表面形廓（高度）。直观上，沿光条显示出的位移（或偏移）与物体表面高度成比例，扭结表示了平面的变化，不连续显示了表面的物理间隙。当光学投射器与摄像机之间的相对位置一定时，由畸变的二维光条图像坐标便可重现物体表面的三维形廓。由光学投射器、摄像机和计算机系统即构成了结构光三维视觉测量系统。

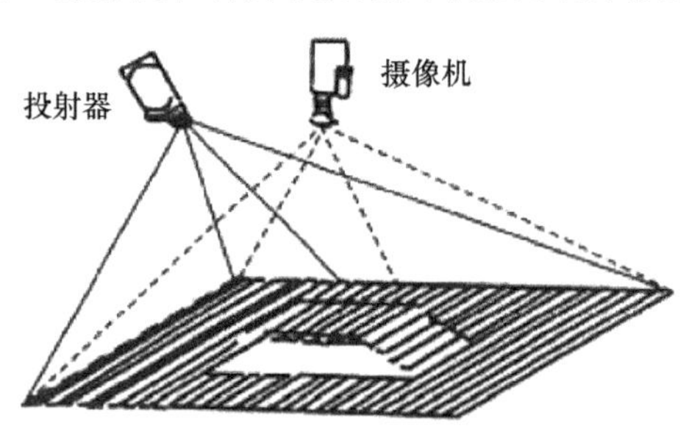

图 6-11 结构光三维视觉测量原理

（2）解析几何模型。

为了便于理解，先考虑如图 6-12 所示的结构配置，光平面在物坐标系（被测物自身坐标系）中由 O_p 点以 θ 角入射，且光平面平行于物坐标系的 Y_g 轴交 X_g 轴于 O_o 点（当没有物体时），投射点 O_p 在 Z_g 轴上的坐标为（0，0，D_{gp}），故光平面方程为

$$Z_g = -\cos\theta \cdot X_g + D_{gp} \tag{6-9}$$

图 6-12 中，光平面与物体 W 表面相交，形成交线 AB。设物坐标系为 $O_gX_gY_gZ_g$，图像坐标系为 O_cXYZ，O_c 为像平面的中心，O_cXY 为像平面。设 AB 曲线上任意点在物坐标系下的坐标为（X_{gi},Y_{gi},Z_{gi}），在图像坐标系下的坐标为（X_i,Y_i,Z_i）（Z_i 没有实际意义），相应的齐次坐标为 $\tilde{V}_o=(X_o,Y_o,Z_o,k)$ 和 $\tilde{V}_i=(X_i,Y_i,Z_i,k)$。由物坐标系的齐次坐标 (X_o,Y_o,Z_o,k) 到图像坐标系的齐次坐标 (X_i,Y_i,Z_i,k)，其变换模型可看作是物坐标系先平移至图像坐标系的像平面中心点 O_c（平移变换矩阵为 $\boldsymbol{T}_{\text{tra}}$）然后绕自身的 X_g 轴旋转 180°（旋转变换矩阵为 $\boldsymbol{R}_x$），再绕 Y_g 轴旋转 β 角（旋转变换矩阵为 $\boldsymbol{R}_y$），从而使摄像机的光轴在 O_cO_o 的连线上，最后对物点进行透视投影变换（透视投影变换矩阵为 $\boldsymbol{P}$），就得到了物点的齐次像坐标 $(X_i,Y_i,Z_i,1)$。变换关系可用下式表示：

$$\tilde{\boldsymbol{V}}_i=\boldsymbol{H}\tilde{\boldsymbol{V}}_o \tag{6-10}$$

式中：$\boldsymbol{H}$ 为物点由物坐标系到像坐标系的总变换换矩阵，在摄像机和光平面如图 6-16 所示的位置，可以表示为

$$\boldsymbol{H}=\boldsymbol{P}(f)\cdot\boldsymbol{R}_y(\beta)\cdot\boldsymbol{R}_x(180°)\cdot\boldsymbol{T}_{\text{tra}} \tag{6-11}$$

式中：f 为摄像机镜头的有效焦距。

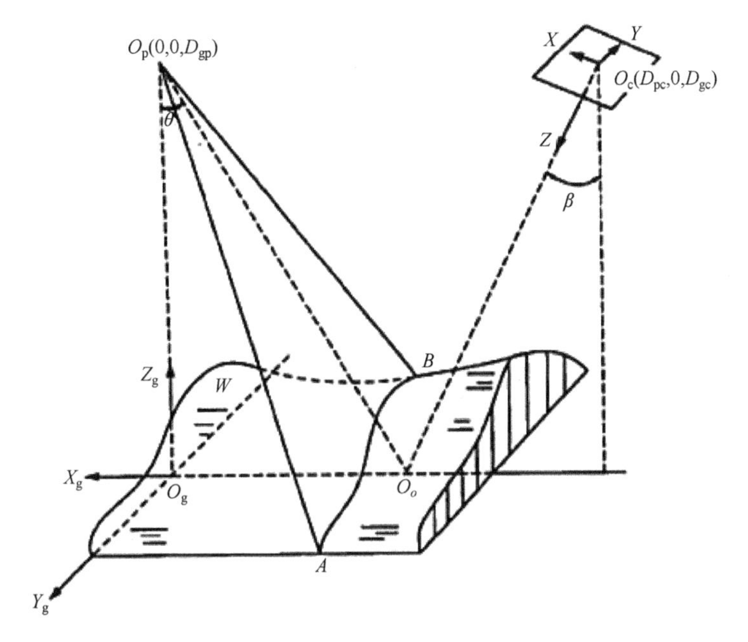

图 6-12　结构光三维视觉测量解析几何模型

由于 $\boldsymbol{H}$ 可逆，故有下式成立：

$$\tilde{\boldsymbol{V}}_o=\boldsymbol{H}^{-1}\cdot\tilde{\boldsymbol{V}}_i \tag{6-12}$$

即

$$\begin{bmatrix} X_o \\ Y_o \\ Z_o \\ k \end{bmatrix}=\boldsymbol{H}^{-1}\begin{bmatrix} X_i \\ Y_i \\ Z_i \\ k \end{bmatrix} \tag{6-13}$$

其中

$$H^{-1} = T_{ta}^{-1} \cdot [R_X(180°)]^{-1} \cdot [R_Y(\beta)]^{-1} \cdot [P(f)]^{-1} = \frac{1}{f^2}\begin{bmatrix} f\cos\beta & 0 & f\sin\beta - D_{pc} & fD_{pc} \\ 0 & -f & 0 & 0 \\ f\sin\beta & 0 & f\cos\beta - D_{gc} & fD_{gc} \\ 0 & 0 & -1 & f \end{bmatrix} \tag{6-14}$$

由式（6-14）可得齐次坐标为

$$\begin{cases} X_o = X_i f\cos\beta + (f\sin\beta - D_{pc})Z_i + fD_{pc} \\ Y_o = -fY_i \\ Z_o = X_i f\sin\beta - (f\cos\beta + D_{gc})Z_i + fD_{gc} \\ k = -Z_i + f \end{cases} \tag{6-15}$$

转换成笛卡儿坐标系为

$$\begin{cases} X_g = \dfrac{1}{f - Z_i}[X_i f\cos\beta + (f\sin\beta - D_{pc})Z_i + fD_{pc}] \\ Y_g = -\dfrac{1}{f - Z_i} fY_i \\ Z_g = \dfrac{1}{f - Z_i}[X_i f\sin\beta - (f\cos\beta + D_{gc})Z_i + fD_{gc}] \end{cases} \tag{6-16}$$

可求出物坐标（X_g，Y_g，Z_g）为

$$\begin{cases} X_g = \dfrac{X_i(\varDelta\cos\beta + D_{pc}\sin\beta - f) + f(\varDelta\sin\beta - D_{pc}\cos\beta)}{X_i(\cos\beta\cos\theta + \sin\beta) + f(\sin\beta\cos\theta - \cos\beta)} \\ Y_g = \dfrac{f\cos\beta - \varDelta + (D_{pc} - f\sin\beta)\cos\theta}{X_i(\cos\beta\cos\theta + \sin\beta) + f(\sin\beta\cos\theta - \cos\beta)} Y_i \\ Z_g = -\cos\theta X_g + D_{gp} \end{cases} \tag{6-17}$$

式中：$\varDelta = D_{gp} - D_{gc}$；$\tan\beta = -D_{pc}/D_{gc}$。

式（6-17）就是在上述视觉系统结构下的结构光三维视觉测量模型。式（6-17）是在由式（6-14）表示的物点和由物坐标系到像坐标系的总变换阵下得出的。从上面的分析可以看出，不能由摄像机二维像点坐标（X_i，Y_i）得到唯一对应的三维物点坐标（X_g，Y_g，Z_g），还需要增加一个方程的约束，才能够消除这种多义。实际上，结构光三维视觉测量就是用已知的光平面消除这种多义。

2．单目双焦立体视觉

不同于双目立体视觉中水平视差的特点，单目双焦立体视觉中视差表现为成像点关于成像中心的位移。

单目双焦立体视觉系统中，通过变焦方式来获得物点的深度信息。实际摄像系统的光学图如图 6-13 所示，它由两个双焦距成像透镜 l_1 和 l_2 组成。f_1、f_2 是成像系统的两个透镜的焦距；O_1、O_2 分别是两个透镜的光学中心，它们距离为 L。物点距离透镜 2 的物距为 Z，距离光轴距离为 R，r_1 和 r_2 是分别是两成像点在双焦图片对中离图像中心的距离。

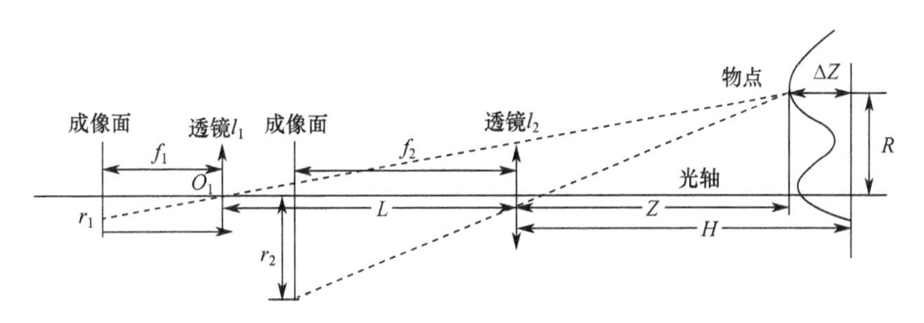

图 6-13　实际摄像系统光学图

物点的深度计算公式如下：

$$\begin{cases} \dfrac{r_1}{f_1} = \dfrac{R}{L+Z} \\ \dfrac{r_2}{f_2} = \dfrac{R}{Z} \end{cases} \tag{6-18}$$

$$Z = \frac{f_2 \times L}{\dfrac{r_2}{r_1} \times f_1 - f_2} \tag{6-19}$$

$$\frac{r_2}{r_1} = \frac{f_2}{f_1} + \frac{L}{Z} \text{¡Á} \frac{f_2}{f_1} = \left(1 + \frac{L}{Z}\right)\frac{f_2}{f_1} \tag{6-20}$$

式（6-19）是双焦单目立体中深度计算公式。从式（6-20）中可以看到，像点在两幅双焦图片中离图像中心的距离 r_1 和 r_2 的比值与系统光学参数 L、系统双焦距 f_1 和 f_2 以及像点深度 Z 有关。

双目立体视觉中，深度信息反映为像点在立体图对中的水平视差，类似地在单目双焦立体视觉系统中，物体深度信息反映为像点距离光学中心的径向位移缩放，随着 Z 的增大而减小。将像点在双焦单目的图片中投影的径向长度之比作为像点的视差值，即 $d = r_2 / r_1$。

图 6-14 中，P、Q 为空间中的两个物点，OO' 是两双焦透镜成像光学中心连线，O_1 和 O_2 是双焦图像对的成像中心，P、Q 像点通过两透镜成的像分别为 P_1、P_2 和 Q_1、Q_2。把双焦图像对的中心记成 O_c，由于双焦立体图像对的视差径向辐射特性，像点 P_2 在 O_cP_1 的延长线上，O_2 在 O_cQ_1 的延长线上。单目双焦立体视觉中，把 O_cP_1 称为 P 点的极线，O_cQ_1 称为 Q 点的极线。

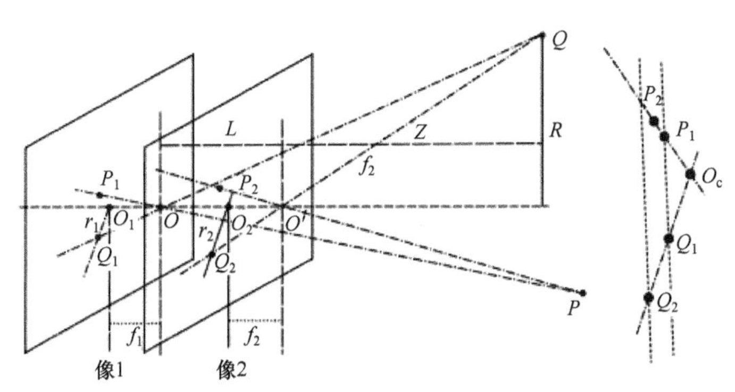

图 6-14　双焦单目成像示意图

与双目立体视觉系统一样，单目双焦立体系统的极线，是由物点、两透镜光心组成的平面与成像平面相交行程的直线。单目双焦立体的极线约束条件表现为：物点在双焦图像对中的像点必定落在极线上，并且两点与图像中心连线的距离之比与物点深度有关，深度越大，比值越小，即单目双焦视差越小。

6.2.3 新型立体视觉系统

1．Kinect

Kinect 是由微软开发，应用于 Xbox 360 主机的三维体感设备，可以让玩家不需要手持或踩踏控制器，使用语音指令或手势来操作 Xbox360 的系统界面，也能捕捉玩家全身上下的动作，用身体来进行游戏，带给玩家“免控制器的游戏与娱乐体验”。

如图 6-15 所示，Kinect 有 3 个器件，中间的是 RGB 彩色摄影机，用来采集彩色图像。左右两边则分别为红外线发射器和红外线 CMOS 摄影机所构成的三维结构光深度感应器，用来采集深度数据（场景中物体到摄像头的距离）。彩色摄像头最大支持 1280×960 分辨率成像，红外摄像头最大支持 640×480 成像。Kinect 还搭配了追焦技术，底座电机会随着对焦物体移动跟着转动。Kinect 也内建阵列式麦克风，由 4 个麦克风同时收音，比对后消除杂音，并通过其采集声音进行语音识别和声源定位。传感器以 30 帧/s 的速度生成景深图像流，周围环境由完全实时三维再现。

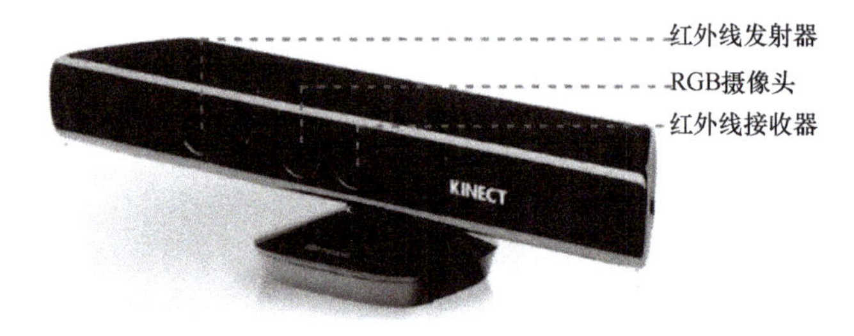

图 6-15 Kinect 结构示意图

Kinect 技术中最核心的就属三维深度信息处理技术，深度信息是通过红外线发射器获取的。并通过红外线摄影机，通过这样来判断所标记物体的距离。微软采用的三维深度信息技术是源于与 PrimeSense 公司的合作。PrimeSense 提供了检测芯片 PS1080 以及动作检测技术，同时采用光编码（Lightcoding）专利技术，这与一般的结构光方法不同的地方是，它发出的不仅是具有周期性变化的二维图像编码，甚至具有三维纵深数据的“体积编码”。我们把这种光源称为激光散斑（Laser Speckle），是指当激光照射到粗糙物体或穿透毛玻璃后形成的随机衍射斑点。这些散斑具有高度的随机性，并且会根据距离改变图案，也意味着空间中任意的两点，散斑图案都是不同的。CMOS 红外传感器根据设定的距离参考平面来收集摄像头视野范围空间内的每一点，通过反射，可以获取距离信息，并以黑白灰度进行表示，如纯黑代表无穷远，纯白代表无穷近，黑白间的灰色地带对应物体到传感器的物理距离。再通过层叠峰值和插值计算，形成一幅代表周围环境的景深图像。

该技术的前提是需要记录下整个空间的散斑图案，因此在此之前要作一次光源的标定。标定是指：每隔一段距离，取一个参考平面，把参考平面上的散斑图案记录下来。假设用户活动空间是距离电视机 1～4m 的范围，每隔 10cm 取一个参考平面，那么标定下来就保存了 30 幅散斑图像。需要进行测量的时候，拍摄一幅待测场景的散斑图像，将这幅图像和保存下来的 30 幅参考图像依次作互相关运算，这样会得到 30 幅相关度图像，而空间中有物体存在的位置，在相关度图像上就会显示出峰值。把这些峰值一层层叠在一起，再经过一些插值，就会得到整个场景的三维形状了。

2．TOF 深度相机

TOF（Time of Flight）成像是一种主动成像方式，通过给目标连续发送光脉冲，然后用传感器接收从物体返回的光，通过探测光脉冲的飞行（往返）时间来得到目标物距离。TOF 相机有两个核心器件：光源与光电响应模块。出于成本与功耗考虑，光源多采用激光光源，光电响应采用 CMOS 感光阵列。近年来高效光源发展迅速，使得在移动设备中集成 TOF 相机成为可行的方案。TOF 的测距原理跟三维激光传感器原理基本类似，只不过三维激光传感器是逐点扫描，而 TOF 相机则是同时得到整幅图像的深度（距离）信息。

1）工作原理

TOF 传感器工作原理中主要有两种，基于脉冲波的技术原理、基于连续调制波的技术原理。

脉冲调制：脉冲调制方案的原理比较简单，如图 6-16 所示，直接根据脉冲发射和接收的时间差来测算距离。

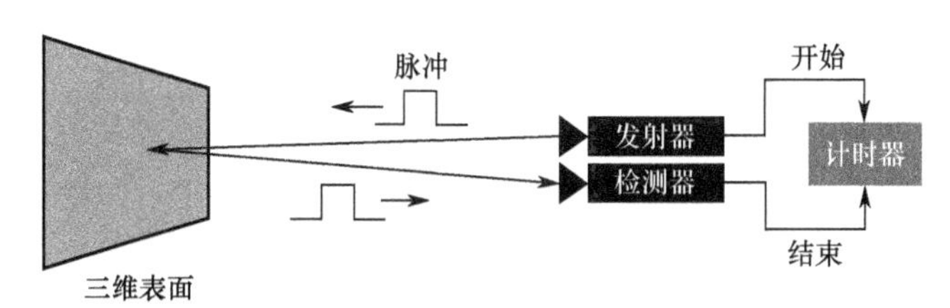

图 6-16　TOF 脉冲调制原理

连续波调制：实际应用中，通常采用的是正弦波调制，如图 6-17 所示。由于接收端和发射端正弦波的相位偏移和物体距离摄像头的距离成正比，因此可以利用相位偏移来测量距离。连续调制波在脉冲波的基础上而来，连续调制波通常是连续正弦波调制，与脉冲不同的是，连续调制波开启了 4 个窗口，通过其间的关系实现深度信息的计算。

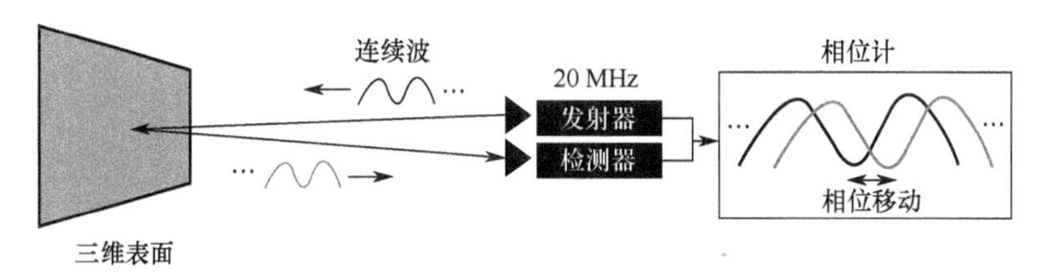

图 6-17　TOF 连续波调制原理

2）系统组成

TOF 深度相机通常包括以下几个部分。

（1）照射单元。照射单元需要对光源进行脉冲调制之后再进行发射，调制的光脉冲频率可以高达 100MHz。因此，在图像拍摄过程中，光源会打开和关闭几千次。各个光脉冲只有几纳秒的时长。相机的曝光时间参数决定了每次成像的脉冲数。要实现精确测量，必须精确地控制光脉冲，使其具有完全相同的持续时间、上升时间和下降时间。因为即使很小的只是 1ns 的偏差即可产生高达 15cm 的距离测量误差。如此高的调制频率和精度只有采用精良的 LED 或激光二极管才能实现。一般照射光源都是采用人眼不可见的红外光源。

（2）光学透镜。光学透镜用于汇聚反射光线，在光学传感器上成像。不过与普通光学镜头不同的是这里需要加一个带通滤光片来保证只有与照明光源波长相同的光才能进入。这样做的目的是抑制非相干光源减少噪声，同时防止感光传感器因外部光线干扰而过度曝光。

（3）成像传感器。成像传感器是 TOF 的相机的核心。该传感器结构与普通图像传感器类似，但比图像传感器更复杂，它包含 2 个或者更多快门，用来在不同时间采样反射光线。因此，TOF 芯片像素比一般图像传感器像素尺寸要大得多，一般 100μm 左右。

（4）控制单元。相机的电子控制单元触发的光脉冲序列与芯片电子快门的开/闭精确同步。它对传感器电荷执行读出和转换，并将它们引导至分析单元和数据接口。

（5）计算单元。计算单元可以记录精确的深度图。深度图通常是灰度图，其中的每个值代表光反射表面和相机之间的距离。为了得到更好的效果，通常会进行数据校准。

3. 激光雷达

激光雷达主要利用激光脉冲或相位测距原理：首先向目标发射激光探测信号；然后将其接收到的同波信号与发射信号相比较，从而获得目标的位置（距离、方位和高度）、运动状态（速度、姿态）等信息，实现对目标的探测、跟踪和识别。激光雷达可以实现三维立体场景成像，在自动驾驶技术中是一个关键器件。

随着激光测距技术的发展与成熟，激光扫描技术已经由最初的单点激光测距，发展到带有反射旋转棱镜的二维激光扫描，再发展到带有伺服云台的三维激光扫描。其中单点激光测距系统，仅能感知物体上某一点到达观测点的距离，信息量过小，不足以形成可用于立体视觉的点云信息。因此，在立体视觉中使用的激光点云传感器主要是由后两类组成，即二维激光扫描器和三维激光扫描器。

二维激光扫描雷达，简称激光雷达，是将单点激光测距仪与单轴旋转伺服机构相结合，能够实现在一定区域内的扇面二维扫描，其原理图如图 6-18 所示。

激光发射器发出激光脉冲波，激光脉冲波首先射向由单轴旋转伺服机构带动的反射棱镜或反光镜上，将激光脉冲发射向某一平面各个方向从而形成一个二维区域的扫描，通过对一个二维区域的扫描，激光雷达能够感知目标物体的外定轮廓，并配以相应的目标定位与识别算法，实现主动激光机器视觉检测（图 6-19），这种类型为单线激光雷达。

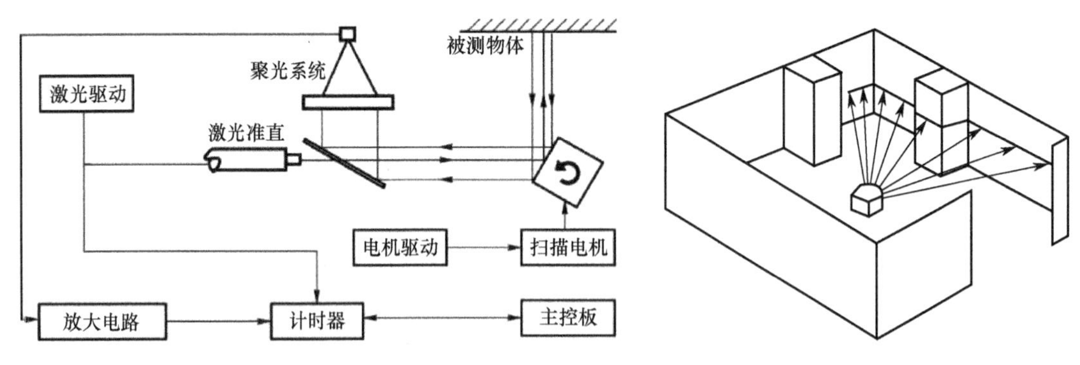

图 6-18　激光雷达原理图　　图 6-19　二维激光雷达示意图

三维激光扫描雷达，简称三维激光雷达，与二维激光雷达最大的不同在于：其反射棱镜或反光镜是由一组双轴旋转伺服机构带动，可以实现跨平面多方向扫描，能够精确扫描三维激光雷达四周的物体三维形状。普遍采用多个激光发射器和接收器，建立三维点云图，从而达到实时环境感知的目的。因为其能够扫描整个空间三维形状，故也被称为实景复制技术（图 6-20）。三维激光雷达具有多个激光线束，常见的有 4 线/16 线/32 线/64 线激光雷达。

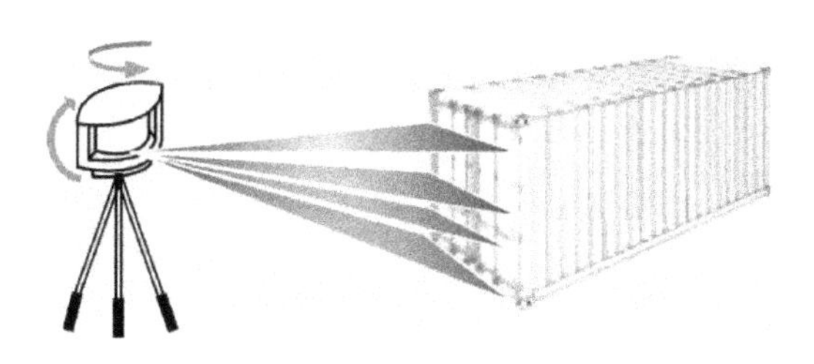

图 6-20　三维激光雷达示意图

6.3　视觉检测系统的标定

视觉检测系统标定具有重要的作用，直接影响视觉测量系统的性能。一般来讲，要求视觉系统标定方法简单、快速、精度高、调整方便、现场性好。视觉系统标定主要包括摄像机标定、视觉传感器局部标定，对于多传感器视觉系统，还要进行全局标定。

6.3.1　系统标定概述

摄像机标定的目的是建立图像中像素位置和空间物体场景点位置的对应关系。这是因为建立图像平面坐标和绝对坐标之间的关系，必须首先确定摄像机的位置和方向以及摄像机常数，建立图像阵列位置（像素坐标）和图像平面位置之间的关系，必须确定主点的位置、行列比例因子、透镜有效焦距和透镜变形。

1．摄像机标定参数

摄像机标定问题涉及两组参数：用于刚体变换的外部参数和摄像机自身所拥有的内部参数。摄像机标定是确定摄像机内部参数或外部参数的过程。内部参数是指摄像机内部几何和光学特性，外部参数是指摄像机相对世界坐标系原点的平移和旋转位置。

摄像机内部参数是由摄像机内部几何和光学特性决定的，主要包括以下参数。

（1）主点(u_0,v_0)：图像平面原点的计算机图像像素坐标；

（2）有效焦距 f：图像平面到投影中心（光心）距离；

（3）透镜畸变系数 k：畸变包括径向畸变和切向畸变，由于一般切向畸变较小，对映射关系影响不大，不予考虑；

（4）轴方向的尺度因子 $\mathrm{d}x,\mathrm{d}y$：表示单位像素的实际尺寸。

摄像机外部参数是指从世界坐标系到摄像机坐标系的平移向量和旋转变换矩阵 $\boldsymbol{R}$、$\boldsymbol{T}$。

2．摄像机透视投影模型

摄像机通过成像透镜将三维场景投影到摄像机二维像平面上，这个投影可用成像变换（或几何透射变换）来描述。摄像机成像模型分为线形模型和非线性模型。本节仅讨论在针孔成像这种线形模型下，某空间点与其图像投影点在各种坐标系下的变换关系。一般情况下，客观场景、摄像机和图像平面各有自己不同的坐标系统，所以投影成像涉及在不同坐标系统之间的转换。如图 6-21 所示，这里考虑以下 3 个坐标系统。

（1）世界坐标系$(X_\mathrm{w},Y_\mathrm{w},Z_\mathrm{w})$：也称真实或现实世界坐标系，或全局坐标系，是客观世界的绝对坐标，一般的三维场景都用这个坐标系来表示。

（2）摄像机坐标系(x,y,z)：以小孔摄像机模型的聚焦中心 o 为原点（光心），以摄像机光轴为 z 轴建立的三维笛卡儿坐标系，x、y 一般与图像物理坐标系的 X_f、Y_f 平行，且采取前投影模型。

（3）图像坐标系，分为图像像素坐标系 $X_fO_fY_f$ 和图像物理坐标系 XOY 两种。图像物理坐标系，其原点为透镜光轴与成像平面的交点，X 与 Y 轴分别平行于摄像机坐标系的 x 与 y 轴，是平面直角坐标系，单位为 mm。图像像素坐标系，固定在图像上的以像素为单位的平面笛卡儿坐标系，其原点位于图像左上角，X_f、Y_f 平行于图像物理坐标系的 X 和 Y 轴。对于数字图像，分别为行列方向。像面 $X_fO_fY_f$ 表示的是视野平面，其到光心的距离即 oO 为 f（镜头焦距）。

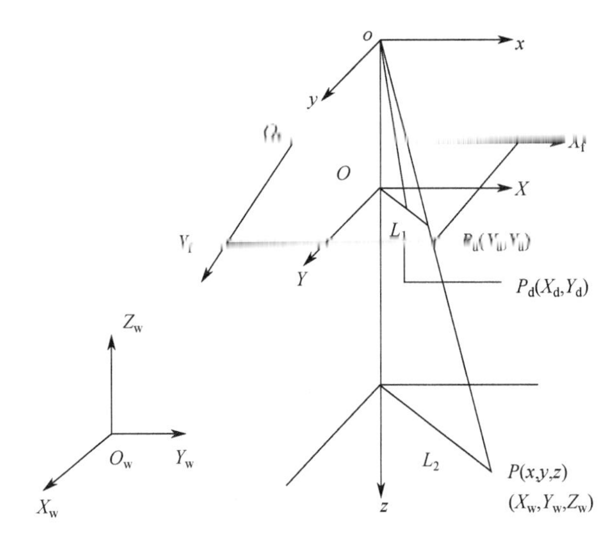

图 6-21　标定系统的坐标系

空间某点 P 到其像点 p 的坐标转换过程主要是通过这 4 套坐标系的 3 次转换实现的。当世界坐标系、摄像机坐标系、像平面坐标系、图像坐标系都分开且不考虑畸变影响时：首先将世界坐标系（X,Y,Z）进行刚体变换（如平移 $\boldsymbol{T}$ 和旋转 $\boldsymbol{R}$）得到摄像机坐标系；然后根据透视投影变换得到图像物理坐标系；最后经仿射变换（即根据像素和公制单位的比率）得到图像像素坐标系(u,v)（实际的应用过程是这个的逆过程，即由像素长度获知实际的长度）。上述过程的通用摄像机模型可表示为

$$z\begin{bmatrix}u\\v\\1\end{bmatrix}=\begin{bmatrix}1/S_x & 0 & u_0\\0 & 1/S_y & v_0\\0 & 0 & 1\end{bmatrix}\begin{bmatrix}f & 0 & 0 & 0\\0 & f & 0 & 0\\0 & 0 & 1 & 0\end{bmatrix}\begin{bmatrix}\boldsymbol{R} & \boldsymbol{T}\\0 & 1\end{bmatrix}\begin{bmatrix}X\\Y\\Z\\1\end{bmatrix}$$

$$=\begin{bmatrix}f/S_x & 0 & 0 & 0\\0 & f/S_x & 0 & 0\\0 & 0 & 1 & 0\end{bmatrix}\begin{bmatrix}\boldsymbol{R} & \boldsymbol{T}\\0 & 1\end{bmatrix}\begin{bmatrix}X\\Y\\Z\\1\end{bmatrix}=\boldsymbol{M}_1\boldsymbol{M}_2\boldsymbol{W}_h \tag{6-21}$$

式中：z 是尺度因子；S_x、S_y 分别为像平面上 x 和 y 方向像素之间的距离；$\boldsymbol{R}$ 为3×3的旋转矩阵（两坐标系 3 组对应坐标轴夹角的倒数）；$\boldsymbol{T}$ 为1×3的平移矢量。$\boldsymbol{M}_1$ 只与摄像机内部结构有关，称摄像机内部参数，主要包括：x 方向尺度因子 $f_u=f/S_x$，y 方向尺度因子

$f_v = f/S_y$，像主点在图像坐标系中的坐标(u_0, v_0)，畸变因子μ。$\boldsymbol{M}_2$只与摄像机相对世界坐标系的方位有关，称为摄像机的外部参数，外部参数可以定义为 12 个，包括旋转矩阵 $\boldsymbol{R}$ 的 9 个参数和平移矩阵 $\boldsymbol{T}$ 的 3 个参数，也可以定义为 6 个；包括旋转矩阵 $\boldsymbol{R}$ 的 3 个偏转角和平移矩阵 $\boldsymbol{T}$ 的 3 个参数。$\boldsymbol{W}_h$ 为空间点在世界坐标系下的齐次坐标。

上述摄像机模型为线性模型，如果已知摄像机的内外参数，即已知 $\boldsymbol{M}$ 矩阵，对任何空间点，知道其世界坐标，就可以求出其图像像素坐标系中该图像点的坐标，反过来，如果已知空间某点的图像坐标，即使已知其内外参数，空间坐标也不是唯一确定的，它对应空间的一条射线。当考虑摄像机镜头畸变时，摄像机模型为非线性模型。

6.3.2　摄像机标定方法

根据标定物的形状不同，大致可分为三维靶标、二维靶标和虚拟靶标 3 种。

三维靶标是一种传统的标定物，标定物上的几个点的三维坐标能通过精确测量得到。三维靶标制作复杂，要求 2～3 个面相互垂直，精度要求较高。标定技术根据采用的数学模型不同大致分为 3 种：线性标定法、非线性标定法和两步标定法。

自标定（Self-Calibration）中不应用任何标定物，通过在固定场景中移动摄像机获得场景中的特征点，来求解摄像机的内部参数，该方法非常灵活，但是还不成熟。多个参数需要估计，且不能保证每次都能得到稳定的结果。

传统的摄像机标定方法可以适用于任意的摄像机模型，标定精度高，过程比较复杂，需要高精度的已知结构信息，而且在很多实际应用的场合无法应用标定物。二维靶标是近几年发展起来的，最重要的代表是张正友的方法和 Tsai 的方法。20 世纪 80 年代中期，Tsai 提出了一种基于径向约束的两步法（RAC 方法）。第一步是利用最小二乘法解超定线性方程，给出外部参数；第二步是求解内部参数。如果摄像机无透镜畸变，可由超定线性方程解出。如果存在径向畸变，则可结合非线性优化的方法获得全部参数。该方法计算量适中，精度较高，平均精度可达 1/4000，深度方向可达 1/8000。基于 RAC 方法的最大好处是它所使用的大部分方程是线性方程，从而降低了参数求解的复杂性，因此其定标过程快捷、准确。

1．基于三维立体标靶的摄像机标定

对图像点的坐标和世界点的坐标之间建立联系，考虑 11 个变量（此处考虑了 f_x 和 f_y 之间的倾斜度），需要通过 6 个对应点的坐标联立解方程，求出内、外参数矩阵，该方法也称为“直接线性法”（direct linear transformation，DLT）。

直接线性法需要一个放在摄像机前的特制的标定参照物，摄像机获取该物体的图像，并由此计算摄像机的内、外参数，标定参照物上的每一个特征点相对于世界坐标系的位置在制作时应精确测定。在得到这些已知点在图像上的投影位置后，得出一个超定方程组，根据最小二乘法计算出摄像机的内、外参数。

基于三维立体靶标上的特征点直接求解摄像机线性和非线性模型参数是较为传统的方法。要对三维立体靶标进行标定，精度较高，操作步骤比较复杂，所需条件比较高。

$$s_i\begin{bmatrix} u_i \\ v_i \\ 1 \end{bmatrix}\begin{bmatrix} m_{11} & m_{12} & m_{13} & m_{14} \\ m_{21} & m_{22} & m_{23} & m_{24} \\ m_{31} & m_{32} & m_{33} & m_{34} \end{bmatrix}\begin{bmatrix} X_{\omega i} \\ Y_{\omega i} \\ Z_{\omega i} \\ 1 \end{bmatrix} \tag{6-22}$$

式中：$(X_{\omega i},Y_{\omega i},Z_{\omega i},1)$ 为三维立体靶标第 i 个点的坐标；$(u_i,v_i,1)$ 为第 i 个点的图像坐标；m_{ij} 为投影矩阵 $\boldsymbol{M}$ 的第 i 行第 j 列元素，式（6-22）中包含 3 个方程：

$$\begin{cases} s_i u_i = m_{11}X_{\omega i} + m_{12}Y_{\omega i} + m_{13}Z_{\omega i} + m_{14} \\ s_i v_i = m_{21}X_{\omega i} + m_{22}Y_{\omega i} + m_{23}Z_{\omega i} + m_{24} \\ s_i = m_{31}X_{\omega i} + m_{32}Y_{\omega i} + m_{33}Z_{\omega i} + m_{34} \end{cases} \tag{6-23}$$

将式（6-23）中的第一式除以第三式，第二式除以第三式分别消去 s_i 后，可得如下两个关于 m 的线性方程：

$$\begin{cases} X_{\omega i}m_{11} + Y_{\omega i}m_{12} + m_{14} - u_i X_{\omega i}m_{31} - u_i Y_{\omega i}m_{32} - u_i Z_{\omega i}m_{33} = u_i m_{34} \\ X_{\omega i}m_{11} + Y_{\omega i}m_{12} + m_{14} - u_i X_{\omega i}m_{31} - u_i Y_{\omega i}m_{32} - u_i Z_{\omega i}m_{33} = u_i m_{34} \end{cases} \tag{6-24}$$

式（6-24）表示，如果靶标上有 n 个特征点，并已知它们的空间坐标与它们的图像点坐标 $(u_i,v_i,1)$，我们可以采用直接线性变换方式来解出 $\boldsymbol{M}$ 矩阵元素。对于 n 个特征点，我们有 $2n$ 个关于 $\boldsymbol{M}$ 的线性方程。

$$\begin{bmatrix} X_{\omega 1} & Y_{\omega 1} & Z_{\omega 1} & 1 & 0 & 0 & 0 & 0 & -u_1X_{\omega 1} & -u_1Y_{\omega 1} & -u_1Z_{\omega 1} \\ 0 & 0 & 0 & 0 & X_{\omega 1} & Y_{\omega 1} & Z_{\omega 1} & 1 & -v_1X_{\omega 1} & -v_1Y_{\omega 1} & -v_1Z_{\omega 1} \\ \vdots & \vdots & \vdots & \vdots & \vdots & \vdots & \vdots & \vdots & \vdots & \vdots & \vdots \\ X_{\omega n} & Y_{\omega n} & Z_{\omega n} & 1 & 0 & 0 & 0 & 1 & -u_1X_{\omega n} & -u_1Y_{\omega n} & -u_1Z_{\omega n} \\ 0 & 0 & 0 & 0 & X_{\omega n} & Y_{\omega n} & Z_{\omega n} & 0 & -v_1X_{\omega n} & -v_1Y_{\omega n} & -v_1Z_{\omega n} \end{bmatrix} \times \begin{bmatrix} m_{11} \\ m_{12} \\ m_{13} \\ m_{14} \\ m_{21} \\ m_{22} \\ m_{23} \\ m_{24} \\ m_{31} \\ m_{32} \\ m_{33} \end{bmatrix} = \begin{bmatrix} u_1m_{34} \\ v_1m_{34} \\ \vdots \\ \vdots \\ \vdots \\ \vdots \\ \vdots \\ \vdots \\ \vdots \\ u_nm_{34} \\ u_nm_{34} \end{bmatrix} \tag{6-25}$$

在式（6-25）中，可以指定 $m_{34}=1$，从而得到关于矩阵 $\boldsymbol{M}$ 其他元素的 $2n$ 个线性方程，这些未知元素的个数是 11 个，记为 11 维向量 $\boldsymbol{m}$，将式（6-26）写为

$$\boldsymbol{Km} = \boldsymbol{U} \tag{6-26}$$

式中：$\boldsymbol{K}$ 为 $2n\times 11$ 矩阵；$\boldsymbol{m}$ 为 11 维向量；$\boldsymbol{U}$ 为 $2n$ 维向量；$\boldsymbol{K}$、$\boldsymbol{U}$ 为已知向量。

当 $2n>11$ 时，我们可用最小二乘法求出上述线性方程的解为

$$\boldsymbol{m} = (\boldsymbol{K}^{\mathrm{T}}\boldsymbol{K}^{-\mathrm{T}})^{-1}\boldsymbol{K}^{\mathrm{T}}\boldsymbol{U} \tag{6-27}$$

向量 $\boldsymbol{m}$ 与 $m_{34}=1$ 组成了所求解的矩阵 $\boldsymbol{M}$。由此可见，由空间 6 个已知点与它们的图像点坐标可求出 $\boldsymbol{M}$ 矩阵。

求出矩阵 $\boldsymbol{M}$ 后，还需要算出摄像机的全部内部参数。

将矩阵 $\boldsymbol{M}$ 与摄像机内外参数的关系写成下式：

$$m_{34}\begin{bmatrix} \boldsymbol{m}_1^{\mathrm{T}} & m_{14} \\ \boldsymbol{m}_2^{\mathrm{T}} & m_{24} \\ \boldsymbol{m}_3^{\mathrm{T}} & 1 \end{bmatrix} = \begin{bmatrix} \alpha_x & 0 & u_0 & 0 \\ 0 & \alpha_y & v_0 & 0 \\ 0 & 0 & 1 & 0 \end{bmatrix} \begin{bmatrix} \boldsymbol{r}_1^{\mathrm{T}} & t_x \\ \boldsymbol{r}_2^{\mathrm{T}} & t_y \\ \boldsymbol{r}_3^{\mathrm{T}} & t_z \\ 0^{\mathrm{T}} & 1 \end{bmatrix} \tag{6-28}$$

可以看出

$$m_{34}\boldsymbol{m}_3 = \boldsymbol{r}_3 \tag{6-29}$$

因为 $\boldsymbol{r}_3$ 是正交单位阵的一个向量，所以 $|\boldsymbol{r}_3|=1$。因此，可以求出 $m_{34}=\dfrac{1}{\boldsymbol{m}_3}$，则

$$\begin{cases} \boldsymbol{r}_3 = m_{34}\boldsymbol{m}_3 \\ u_0 = (\alpha_x \boldsymbol{r}_1^{\mathrm{T}} + u_0 \boldsymbol{r}_3^{\mathrm{T}})\boldsymbol{r}^3 = m_{34}^2 \boldsymbol{m}_1^{\mathrm{T}} \boldsymbol{m}_3 \\ v_0 = (\alpha_y \boldsymbol{r}_2^{\mathrm{T}} + u_0 \boldsymbol{r}_3^{\mathrm{T}})\boldsymbol{r}^3 = m_{34}^2 \boldsymbol{m}_1^{\mathrm{T}} \boldsymbol{m}_3 \\ \alpha_x = m_{34}^2 |\boldsymbol{m}_1 \times \boldsymbol{m}_3| \\ \alpha_y = m_{34}^2 |\boldsymbol{m}_2 \times \boldsymbol{m}_3| \end{cases} \tag{6-30}$$

$$\begin{cases} r_1 = \dfrac{m_{34}}{\alpha_x}(\boldsymbol{m}_1 - u_0 \boldsymbol{m}_3) \\ r_2 = \dfrac{m_{34}}{\alpha_y}(\boldsymbol{m}_2 - u_0 \boldsymbol{m}_3) \\ t_x = \dfrac{m_{34}}{\alpha_x}(m_{14} - u_0) \\ t_y = \dfrac{m_{34}}{\alpha_y}(m_{24} - v_0) \\ t_a = m_{34} \end{cases} \tag{6-31}$$

综上所述，由空间 6 个以上已知点以及它们的图像点坐标可求出矩阵 $\boldsymbol{M}$，并可求出所有内、外参数。

2．基于径向约束的摄像机标定

1987 年，Roger Tsai 提出了基于径向约束的两步法标定。第一步：利用最小二乘法解超定线性方程，给出外部参数；利用径向一致性约束，求解旋转矩阵 $\boldsymbol{R}$，平移矩阵 $\boldsymbol{T}$ 的 t_z 分量及尺度因子 s。第二步：求解内部参数，如果摄像机无透镜畸变，可由一个超定线性方程解出，求解焦距 f、平移矩阵 $\boldsymbol{T}$ 的 t_z 分量和径向畸变参数 k（只考虑一阶径向畸变）。该方法计算量适中，精度较高，平均可达 1/4000，深度方向可达 1/8000。

Roger Tsai 的两步法是基于以下径向排列约束的事实实现的，有时简称为“RAC 两步法”，如图 6-22 所示。

本来点 P 的成像应该是点 p，但因为畸变，像点在点 p'，这就是径向畸变。由上述模型可知，径向畸变不改变 $O'p'$的方向，因此，无论有无透镜畸变都不影响上述事实。有效焦距 f 的变化也不会影响上述事实，因为 f 的变化只会影响 $O'p'$的长度而不是方向。这样，就意味着由 RAC 约束所推导出的任何关系式都是与有效焦距 f 和畸变系数 k 无关的。

假设标定点位于绝对坐标系的某一平面中，并假设摄像机相对于这个平面的位置关系满足下面两个重要条件：绝对坐标系中的原点不在视场范围内；绝对坐标系中的原点不会投影到图像上，接近于图像表面坐标系的 Y 轴。

前一个条件消除了透镜变形对摄像机常数和到标定平面距离的影响；后一个条件保证了刚体平移的 Y 分量不会接近于 0，因为 Y 分量常常出现在下面引入的许多方程的分母中。这两个条件在许多成像场合下是很容易满足的。下面介绍下 RAC 两步法标定过程。由摄像机坐标系与世界坐标系关系式可得

$$\begin{cases} x = r_1 X_\omega + r_2 Y_\omega + r_3 Z_\omega + T_x \\ y = r_4 X_\omega + r_5 Y_\omega + r_6 Z_\omega + T_y \\ z = r_7 X_\omega + r_8 Y_\omega + r_9 Z_\omega + T_z \end{cases} \tag{6-32}$$

设采用 N 个非共面点进行标定，计算机图像坐标为(u_i,v_i)，相应三维世界坐标为(X_i,Y_i,Z_i)，则标定的过程分以下两步实现。

（1）求解旋转矩阵 $\boldsymbol{R}$、平移矩阵 $\boldsymbol{T}$ 的 T_x 、T_y，分量以及图像尺度因子；

（2）求解有效焦距 f、$\boldsymbol{T}$ 的 t_z 分量和透镜畸变系数 k。

3．摄像机自标定

摄像机自标定不需要靶标，但需要精确控制摄像机的运动，需要做 6 次平移运动，前 3 次和后 3 次运动方向都互相垂直，得出 6 个方向。

自从 1992 年 Hartley 首次提出摄像机自标定的思想后，摄像机自标定及相关研究便成为计算机视觉领域的研究热点。摄像机自标定技术中有一类重要的方法，就是基于主动视觉系统的自标定方法。主动视觉系统是指摄像机被固定在一个可以精确控制的平台上，且平台的运动参数可以在计算机中读出。在基于主动视觉系统的自标定方法中，不需要靶标，只需要控制摄像机作特殊的运动，利用在不同位置上所拍摄的多幅图像便可同时标定出摄像机的内部参数和摄像机坐标系与平台坐标系之间的旋转矩阵和平移向量。

4．双摄像机标定

根据双目立体视觉的原理，可以得出双目立体视觉的数学模型。

根据图 6-23 中两个摄像机之间的几何关系，可得：

$$\begin{cases} x_1 = R_1 X_\omega + t_1 \\ x_2 = R_2 X_\omega + t_2 \end{cases} \tag{6-33}$$

消去 X_ω 项，可以得到两者之间的约束方程：

$$x_1 = R_1 R_2^{-1} x_2 + t_1 - R_1 R_2^{-1} t_2 \tag{6-34}$$

对立体视觉双摄像机定标，只需分别对两个摄像机定标以求出它们的投影矩阵 $\boldsymbol{M}_1$ 和 $\boldsymbol{M}$，则双摄像机的相对位置和极线方程均可从矩阵 $\boldsymbol{M}_1$ 与 $\boldsymbol{M}_2$ 求出，但这种方法求出的 $\boldsymbol{R}_1$、$\boldsymbol{T}_1$ 和 $\boldsymbol{R}_2$、$\boldsymbol{T}_2$ 精度不高。

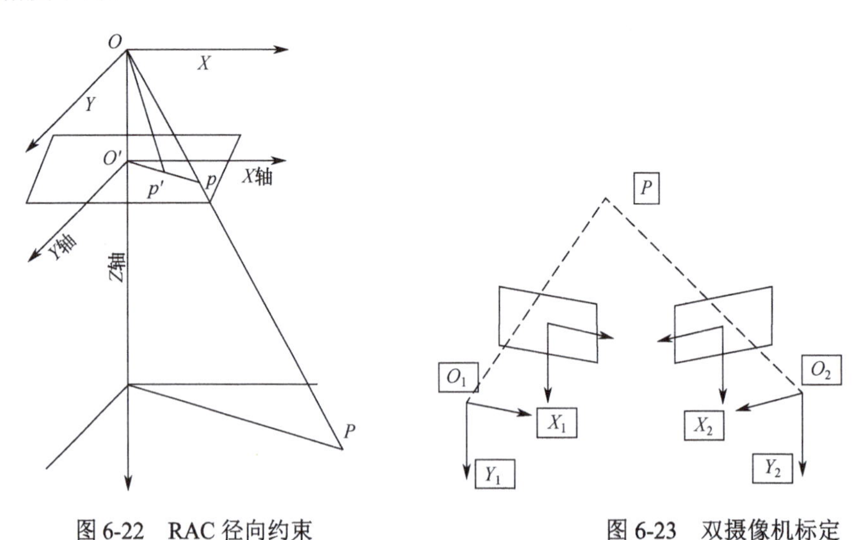

图 6-22　RAC 径向约束　　　　图 6-23　双摄像机标定

5．平面靶标定

平面靶标定要求摄像机在两个以上不同的方位拍摄一个平面靶标，摄像机和二维平面靶标都可以自由移动，不需要知道运动参数。在标定过程中，假定摄像机内部参数不变。

对二维平面进行标定，操作比较简单，针对桌面视觉系统，弹性比较大，比较灵活，要求条件比较低，精度比较高。

标定板通常有两种：棋盘标定板和圆点标定板，如图 6-24 所示。圆点标定板在拍摄时因角度的不同会出现椭圆图像，求其圆心时有一定的误差，而棋盘图像不会出现该问题。

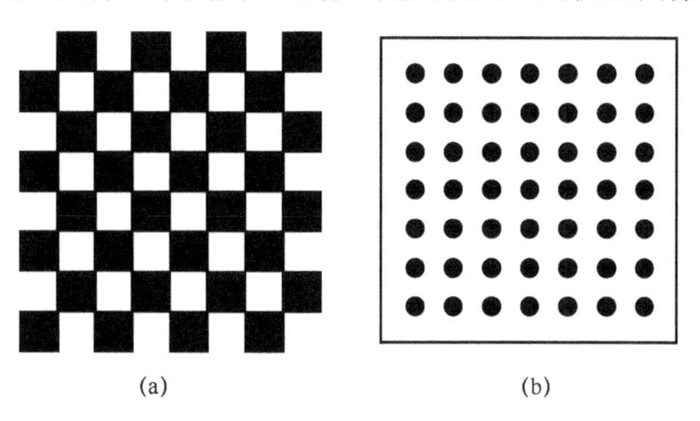

图 6-24　标定板类型

6.3.3　畸变校正

1. 镜头畸变校正

由于透镜设计的复杂性和工艺水平等因素的影响，实际透镜成像系统不可能严格满足针孔模型，产生镜头畸变。常见的如径向畸变、偏心畸变、薄棱镜畸变等，因而在远离图像中心处会有较大的畸变。径向畸变只产生径向位置的偏差，后两类则既产生径向偏差，又产生切向偏差，图 6-25 为无畸变理想图像点位置与有畸变实际图像点位置之间的关系。在精密视觉测量等应用方面，应该对畸变进行校正。

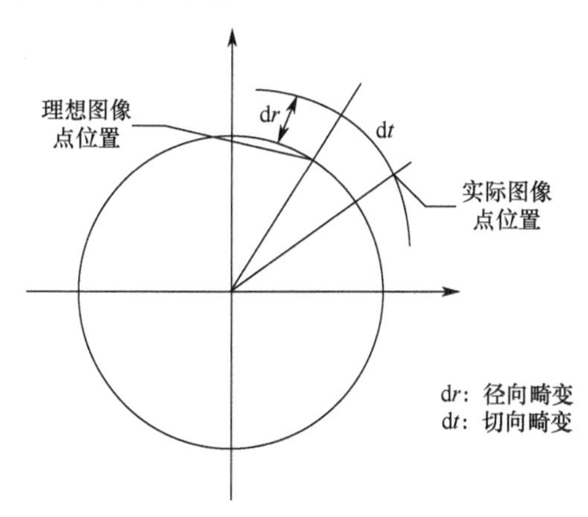

图 6-25　理想图像点与实际图像点

一个综合的畸变模型，被称为铅锤模型，也就是径向复合畸变加薄棱镜畸变，即

$$\begin{cases}\bar{x}=(1+k_1r^2+k_2r^4+k_5r^6)x+2k_3xy+k_4(r^2+2x^2)\\ \bar{y}=(1+k_1r^2+k_2r^4+k_5r^6)y+k_3(r^2+2y^2)+2k_4xy\end{cases}\tag{6-35}$$

式中：$r^2=x^2+y^2$，空间点 P 在图像平面上的正常投影坐标向量为(x，y)，镜头畸变后的投影坐标值用向量($\tilde{x}$，$\tilde{y}$)来表示；k 是径向和切向畸变系数，为 5×1 的向量；k=(k_1，k_2，k_3，k_4，k_5)。

由于考虑到非线性畸变时对摄像机标定需要使用非线性优化算子，引入过多的非线性参数会引起解的不稳定，这里采用张正友的畸变模型，摄像机的畸变模型简化为

$$\begin{cases}\overline{x}=(1+k_1r^2+k_2r^4)x\\ \overline{y}=(1+k_1r^2+k_2r^4)y\end{cases} \tag{6-36}$$

畸变校正即求解非线性方程组：

$$\begin{cases}f_1(x,y)=(1+k_1r^2+k_2r^4)x-\tilde{x}=0\\ f_2(x,y)=(1+k_1r^2+k_2r^4)y-\tilde{y}=0\end{cases} \tag{6-37}$$

式中：$r^2=x^2+y^2$。通过畸变后的投影坐标来计算畸变前的投影坐标 x 和 y，即求解二元高阶方程组，可以使用牛顿迭代法来解此非线性方程组。解非线性方程的牛顿法是把非线性问题线性化，对非线性问题线性化的方法也可用来解决方程组的问题。设方程组的一组初始近似值为$(x_0,\ y_0)$，把 $f_1(x,y)$ 和 $f_2(x,y)$ 都在$(x_0,\ y_0)$附近用二元泰勒展开，并取其线性部分，得到方程组：

$$\begin{cases}\dfrac{\partial f_1(x_0,y_0)}{\partial x}(x-x_0)+\dfrac{\partial f_1(x_0,y_0)}{\partial y}(y-y_0)=-f_1(x_0,y_0)\\ \dfrac{\partial f_2(x_0,y_0)}{\partial x}(x-x_0)+\dfrac{\partial f_2(x_0,y_0)}{\partial y}(y-y_0)=-f_2(x_0,y_0)\end{cases} \tag{6-38}$$

只要系数矩阵行列式等于 0，则方程组的解就可以写成为

$$\begin{cases}x_1=x_0+\dfrac{1}{J_0}\begin{vmatrix}\dfrac{\partial f_1(x_0,y_0)}{\partial y} & f_1(x_0,y_0)\\ \dfrac{\partial f_2(x_0,y_0)}{\partial y} & f_2(x_0,y_0)\end{vmatrix}\\ y_1=y_0+\dfrac{1}{J_0}\begin{vmatrix}f_1(x_0,y_0) & \dfrac{\partial f_1(x_0,y_0)}{\partial x}\\ f_2(x_0,y_0) & \dfrac{\partial f_2(x_0,y_0)}{\partial x}\end{vmatrix}\end{cases} \tag{6-39}$$

如此继续，直到相邻两次近似值$(x_k,\ y_k)$和$(x_{k+1},\ y_{k+1})$满足条件：$\max(\delta_x,\delta_y)<\varepsilon$为止，其中$\delta_x=|x_{k+1}-x_k|$，$\delta_y=|y_{k+1}-y_k|$，$\varepsilon$为容许误差。

镜头的畸变像差与透视畸变的并不是同一个概念。镜头的畸变是镜头成像造成的，在设计镜头时可以采取各种手段（如非球面镜）来减小畸变。透视畸变是由视点、视角、镜头指向（俯仰）等因素决定的，这是透视的规律。无论是何种镜头，如果视点相同，视角相同，镜头指向相同的话，产生的透视畸变是相同的。

2．图像畸变校正

图像在获取的过程中，由于成像系统的非线性特性，原始场景中各部分之间的空间关系与图像中各对应像素间的空间关系不一致了，即成像后的图像与原景物图像相比会产生比例失调，甚至扭曲，把这类的变形称为几何畸变。典型的几何畸变如图 6-26 所示。

需要通过几何变换来校正失真图像中的各像素位置，以重新得到像素间原来应有的空间关系。对灰度图像，除了考虑空间关系以外，还要考虑灰度关系，即同时需要进行灰度校正以还原本来像素的灰度值。

设原图像为$f(x, y)$，受到几何失真的影响变成$g(x', y')$。校正几何失真既要根据(x, y)和

(x', y')的关系由(x', y')确定(x, y)，也要根据$f(x, y)$和$g(x', y')$的关系由$g(x', y')$确定$f(x, y)$。这样对图像的几何失真校正主要包括两个步骤。①空间变换：对图像平面上的像素进行重新排列以恢复像素原来的空间关系。②灰度插值：对空间变换后的像素赋予相应的灰度值以恢复原位置的灰度值。

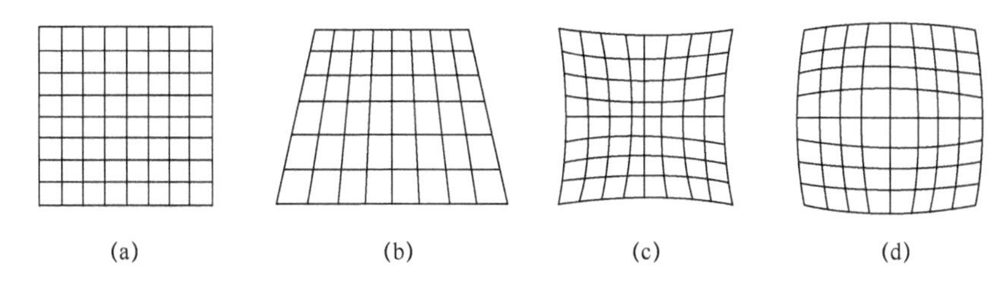

图 6-26　几种典型的几何畸变

（a）原图像；（b）梯形失真；（c）枕形失真；（d）桶形失真。

（1）空间变换。

失真图像$g(x', y')$的坐标是(x', y')，已不是原坐标(x, y)，上述变化在一般情况下可表示为

$$x' = s(x, y) \tag{6-40}$$

$$y' = t(x, y) \tag{6-41}$$

式中：$s(x, y)$和$t(x, y)$代表产生几何失真图像的两个空间变换函数。线性失真时，$s(x, y)$和$t(x, y)$可写为

$$s(x, y) = k_1 x + k_2 y + k_3 \tag{6-42}$$

$$t(x, y) = k_4 x + k_5 y + k_6 \tag{6-43}$$

对一般的（非线性)二次失真，$s(x, y)$和$t(x, y)$可写为

$$s(x, y) = k_1 + k_2 x + k_3 y + k_4 x^2 + k_5 xy + k_6 y^2 \tag{6-44}$$

$$t(x, y) = k_7 + k_8 x + k_9 y + k_{10} x^2 + k_{11} xy + k_{12} y^2 \tag{6-45}$$

如果知道$s(x, y)$和$t(x, y)$的解析表达，就可以通过反变换来恢复图像。在实际中通常不知道失真情况的解析表达，为此需要在恢复过程的输入图（失真图）和输出图（校正图）上找一些其位置确切知道的点（称为约束对应点），然后利用这些点根据失真模型计算出失真函数中的各个系数，从而建立两幅图像间其他像素空间位置的对应关系。

现在来看图 6-27，其中给出了一个在失真图上的四边形区域和在校正图上与其对应的四边形区域。这两个四边形区域的顶点比较容易检测，且不易混淆，所以可作为对应点。

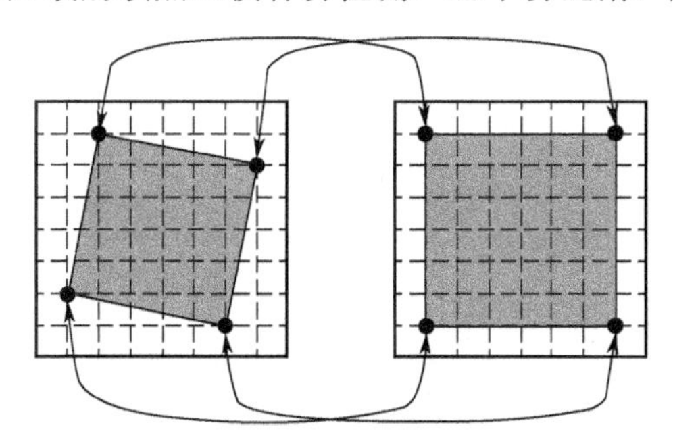

图 6-27　失真图和校正图的对应点

设在四边形区域内的几何失真过程可用一对双线性等式表示（是一般非线性二次失真的一种特例），则失真前后两图像坐标间的关系为

$$x' = k_1 x + k_2 y + k_3 xy + k_4 \tag{6-46}$$

$$y' = k_5 x + k_6 y + k_7 xy + k_8 \tag{6-47}$$

由图 6-27 可知，两个四边形区域共有 4 组（8 个）已知的对应点，所以以式（6-46）和式（4-47）中的 8 个系数 k_i, i=1, 2, …, 8 可以全部解得。利用这些系数可建立将四边形区域内的所有点都进行空间映射的公式。一般来说，可将一幅图分成一系列覆盖全图的四边形区域的集合，对每个区域都找足够的对应点以计算进行映射所需的系数。如能做到这点，就很容易得到校正图了。

（2）灰度插值。

尽管实际图像中的(x, y)总是整数，但由式（6-46）和式（6-47）算得的(x', y')值一般不是整数。失真图 $g(x', y')$的像素灰度值仅在像素坐标为整数处有定义，而非整数处的像素灰度值就要用其周围一些整数处的像素灰度值来计算，称为灰度插值，可借助图 6-28 来解释，图（a）是原始不失真图，图（b）是实际采集的失真图。几何校正就是要把失真图恢复成原始图，由于失真，原图中的整数坐标点(x, y)会映射到失真图中的非整数坐标点(x', y')，而 g 在该点是没有定义的。前面讨论的空间变换可将应在原图(x, y)处的(x', y')点变换回原图(x, y)处，现在要做的是估计出(x', y')点的灰度值以赋给原图(x, y)处的像素。

灰度赋值可用不同的插值方法实现。最简单的是最近邻插值，也称为零阶插值，就是将离(x', y')点最近的像素的灰度值作为(x', y')点的灰度值赋给原图(x, y)处的像素（图 6-28）。这种方法计算量小，但缺点是有时不够精确。

为提高精度，可采用双线性插值。它利用(x', y')点的 4 个最近邻像素的灰度值来计算(x', y')点处的灰度值。如图 6-29 所示，设(x', y')点的 4 个最近邻像素分别为 A、B、C、D，它们的坐标分别为(i, j)，$(i+1, j)$，$(i, j+1)$，$(i+1, j+1)$，它们的灰度值分别为 $g(A)$，$g(B)$，$g(C)$，$g(D)$。

首先计算 E 和 F 这两个点的灰度值 $g(E)$和 $g(F)$，即

$$g(E) = (x' - i)[g(B) - g(A)] + g(A) \tag{6-48}$$

$$g(F) = (x' - i)[g(D) - g(C)] + g(C) \tag{6-49}$$

则(x', y')点的灰度值为

$$g(x', y') = (y - j)[g(F) - g(E)] + g(E) \tag{6-50}$$

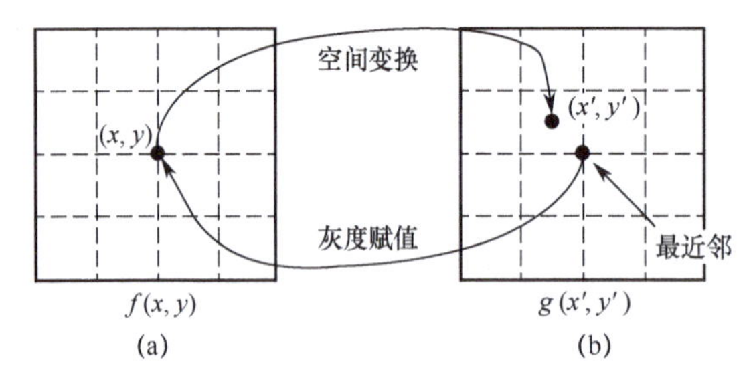

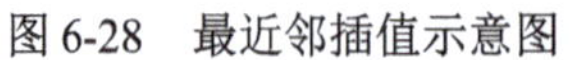
图 6-28　最近邻插值示意图

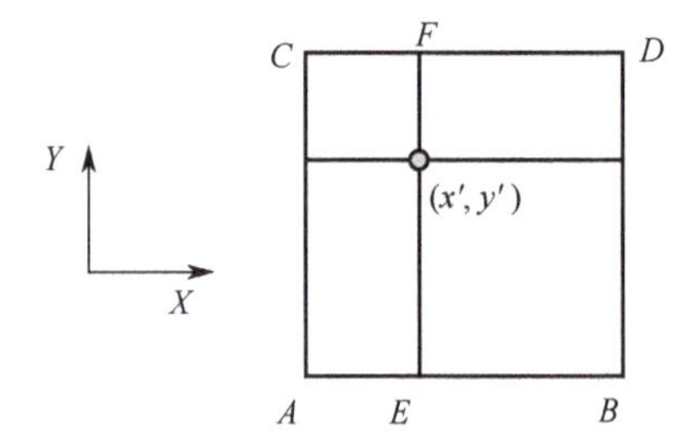

图 6-29　双线性插值示意图

6.4　典型视觉检测系统

视觉检测系统在工业有很多应用，如尺寸、二维位置、表面缺陷及三维形貌检测，也可也用于机械臂目标定标、目标检测识别跟踪等。

6.4.1　尺寸测量

1．小尺寸的检测

小尺寸的检测是指待测物体可与光电器件尺寸相比拟的场合，其测量原理框图如图 6-30 所示。被测对象经放大倍率为 β 的光学系统成像到线阵 CCD 光敏感面上，在 CCD 光敏区域形成电荷信号，经 CCD 驱动与检测输出一组视频信号，经信号处理后可以得到被测对象的尺寸结果。

光学系统成像公式为

$$\frac{1}{a}-\frac{1}{b}=\frac{1}{f'} \tag{6-51}$$

$$\beta=\frac{a}{b}=\frac{np}{L} \tag{6-52}$$

式中：f' 为透镜焦距；a 为物距；b 为像距；β 为放大倍率；n 为像元数；p 为像元中心距。联立式（6-51）和式（6-52）可得

$$L=\frac{np}{\beta}=\left(\frac{a}{f'}+1\right)np \tag{6-53}$$

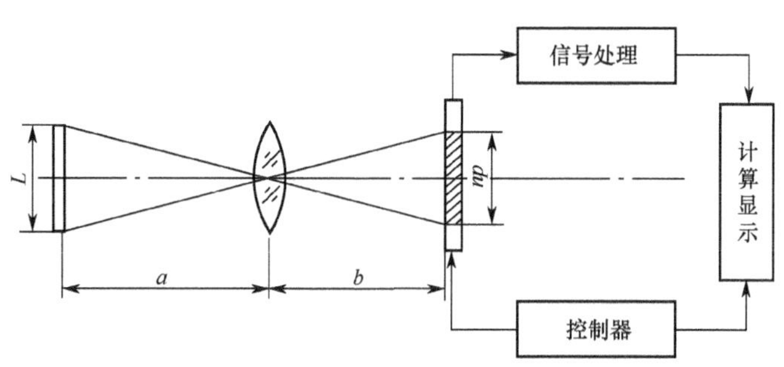

图 6-30　小尺寸对象测量原理

2．大尺寸检测

对于大尺寸工件或测量精度要求高的工件，可采用“双 CCD”系统检测物体的两个边沿视场，如图 6-31 所示。这样，可用较低位数的传感器，达到较高的测量精度，即

$$L_1(或L_2)=\frac{np}{\beta} \tag{6-54}$$

单个像元代表的实际尺寸 $\frac{L_1}{np}=\frac{1}{\beta}$。当 L 很大时，成缩小的像（$\beta<1$，且 L_1 越大，则每个像元代表的实际尺寸也越大，精度就差。分辨率 $R=p/\beta$（p 为像元中心距），则

$$L_1(或L_2)=nR \tag{6-55}$$

缩小视场只测 L_1 或 L_2 可提高 β，增大分辨率 R，提高精度。考虑物体水平偏转 θ，用 CCD3 测出 b，得

$$\theta=\arctan\frac{b}{a} \tag{6-56}$$

待测物宽度为

$$L=(L_0+L_1+L_2)\cos\theta \tag{6-57}$$

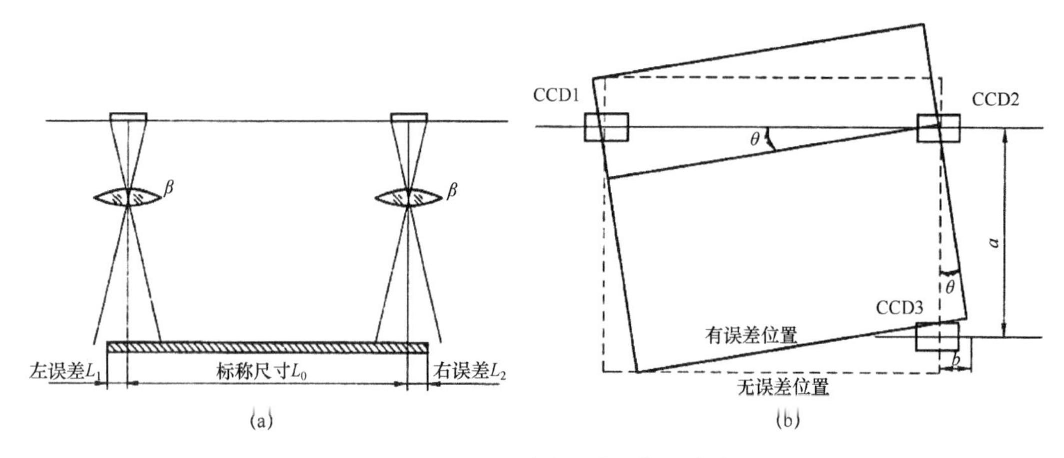

图 6-31　双 CCD 方法大尺寸对象测量原理

例： 若 $L=1700\text{mm}$，$\theta=5^\circ$，求不考虑角度误差θ时的测量误差。

解： $C=\dfrac{L}{\cos\theta}=\dfrac{1700}{\cos 5^\circ}\text{mm}=1706.49\text{mm}$，则

$$\Delta L=C-L=6.49\text{mm}$$

可见不考虑角度误差是不能准确测量的。

若 $\Delta L=1\text{mm}$，则 $\cos\theta=\dfrac{L}{L+\Delta L}=\dfrac{1700}{1701}$，可得 $\theta=1.96^\circ$。

3．透明材料厚度检测

1）测量原理

激光光束以一定的角度入射到石英玻璃管侧面上，这束光线被分为两部分：一部分直接被石英玻璃管外表面反射；另一部分经外表面折射后入射到内表面上，被内表面反射后再入射到外表面，并再次折射后形成一个平行于外表面反射光线的折射光线。这两束平行光线的空间位置与石英玻璃管的壁厚有关，其测量原理如图 6-32 所示。

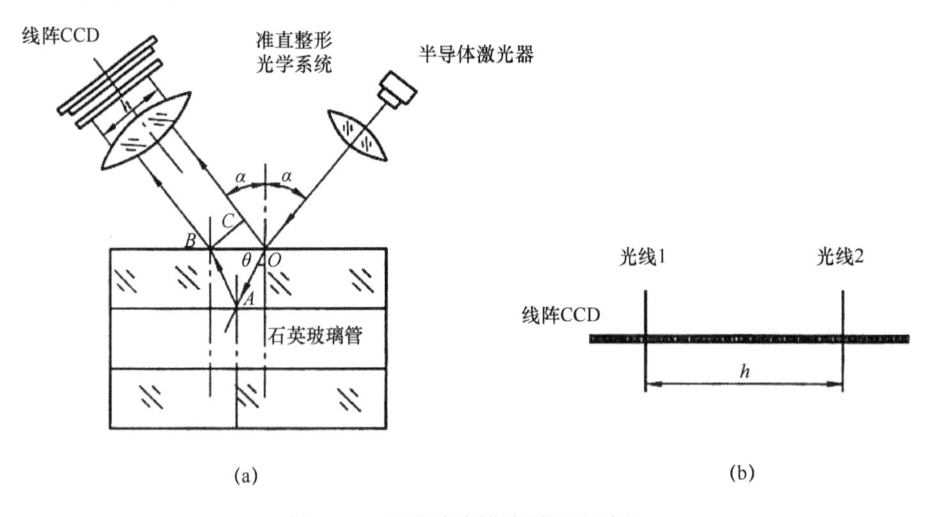

图 6-32　石英玻璃管壁厚测量原理

（a）测量原理分析图；（b）光线在 CCD 成像位置图。

当准直整形的半导体激光光束以α角度入射到玻璃管上，由反射定律可知将形成一束与

入射光线对称的反射光线OC，同时有一部分光在管壁内折射，折射角为θ，根据折射定律则有$\sin\theta=\frac{1}{n}\sin\alpha$（$n$为玻璃折射率）。玻璃管壁内的光线入射到内表面$A$处时，同样遵循反射和折射定律，形成反射光线会再次入射到外表面，根据折射定律形成与OC平行的光线射出。设石英玻璃管的壁厚为H，根据几何关系由ΔOAB和ΔOBC边角关系，可以求出BC值。

$$BC=2K_{\alpha}H \tag{6-58}$$

式中：$K_{\alpha}=\tan\left[\arcsin\left(\frac{1}{n}\sin\alpha\right)\right]\cos\alpha$。

光线经放大系数为β的接收光学系统后，便得到光束宽度$h=2K_{\alpha}\beta H$。此光束被线阵 CCD 接收，输出两个携带有被测玻璃管壁厚信息的光强脉冲信号，经电子学系统采集和数据处理后，可以得到h的值，并求得玻璃管壁厚H：

$$H=\frac{h}{2K_{\alpha}\beta} \tag{6-59}$$

为了使测量精度能够达到 1μm，还需要对实现基本测量原理的各部分元件进行合理地选择，并对光束进行适当处理，减少测量误差。

2）设计实例与分析

设计一个石英玻璃管壁厚在线检测系统，其主要技术指标为：测量范围 1.5～15mm；测量精度±0.01mm。

（1）光源及光源准直系统。本系统采用半导体红光激光器为光源，波长 650nm，激光器额定功率为 3mW。需要对其发出的高斯光束准直、扩束和整形，形成准直线状激光光束。可使光束的发散角小于 0.2mrad。测量光束的扩束准直整形原理如图 6-33 所示。

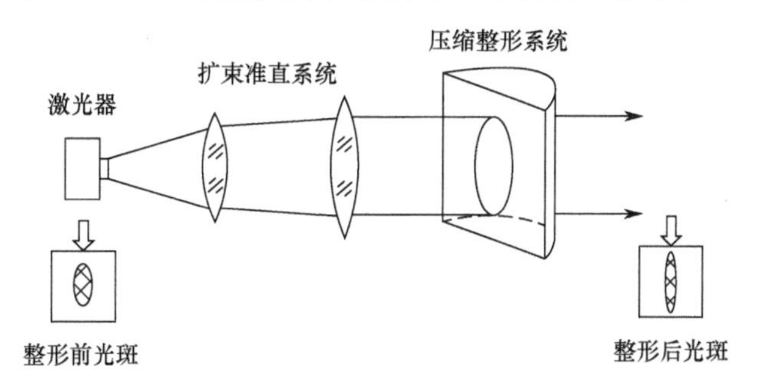

图 6-33　测量光束的扩束准直整形原理

设半导体激光传播 250mm 到达被测石英玻璃管表面，再次传播约 250mm 后到达 CCD 光敏面。取最大发散角 0.2mrad，则可以计算到达被测面时的光束宽度$h_0=0.4\text{mm}$。

（2）接收光学系统和参数。接收光学系统由扩束透镜组和 CCD 接收器件组成，从被测件出射的两束光带着被测件的厚度信息进入准直扩束系统。本系统的扩束系统是两个镜片组成的无焦透镜组，扩束倍率为 4，扩束倍率主要受接收器件 CCD 的尺寸限制。为了提高测量精度，使反射出来的两束光有最大的宽度距离。因此，取入射激光光束与石英玻璃管表面法线的夹角$\alpha=49°$，此时$K_{\alpha}=0.3927$，$BC=0.7854\text{mm}$。系统测量范围为 1.5～15mm，从被测件出射的两光束最大距离为 1.19～11.91mm，经扩束准直透镜组后的距离为 4.76～47.64mm。所以本系统的 CCD 选用有效像元为 7500，像元尺寸为 7μm 的黑白线阵 CCD 器件，其有效接收范围为 52.5mm，满足测量范围要求。

（3）石英玻璃管壁厚测量的精度分析。石英玻璃管壁厚测量系统的误差包括下列因素：入射激光光束与石英玻璃管轴线的夹角误差；石英玻璃管中心轴与水平面平行误差；CCD接收器件与光束的垂直度误差；CCD感光像元选取所带来的误差。要全面分析石英玻璃管壁厚度测量系统的整体精度需对每个系统和部件、主要零件逐个分析，掌握大量资料才能进行。这里仅对仪器误差做初步分析与估算。

① 入射激光光束与石英玻璃管轴线的夹角误差。设入射激光光束的偏差角为$\varDelta_1$，则$K_{\varDelta_1}=\tan\left\{\arcsin\left[\dfrac{1}{n}\sin(\alpha+\varDelta_1)\right]\right\}\cos(\alpha+\varDelta_1)$，由$BC=2Kl$可知，当值变化时，系统的测量值也会发生变化，取偏差角$\varDelta_1\pm0.5^\circ$，引起的误差$\varDelta'_{1\max}=-0.00664\text{mm}$。

② 由石英玻璃管水平度引起的误差。石英玻璃管轴线如果不在参考平面（水平面）内，设石英玻璃管轴线与水平面的夹角为$\varDelta_2$，则会使从石英玻璃管表面出射的两束激光光束不能垂直入射到CCD接收表面上，使CCD接收到的两光束宽度大于实际光束宽度，从而会带来误差。取石英玻璃管水平度误差角为$\varDelta_2\pm0.5^\circ$，引起的误差为$\varDelta'_{2\max}=-0.00492\text{mm}$。

③ CCD器件与光束的垂直度误差带来的误差。当CCD感光面与理想接收面有一定的偏差角时，即CCD器件接收表面没有和入射到CCD表面的激光束垂直，设存在的角度误差为$\varDelta_3$；则会使CCD接收到的光束宽度值大于实际入射到CCD表面的两激光光束宽度值，从而会带来$\varDelta'_3$的测量误差，取$\varDelta_3\pm0.5^\circ$，则CCD接收器件的角度误差所带来的测量误差为$\varDelta'_{3\max}=-0.00053\text{mm}$。

④ CCD像元选取所带来的误差。由于选用的激光器最大扩散角为0.2mrad，光束传播500mm到达CCD表面，则可计算出CCD表面光斑的宽度为$(0.4\times10^{-3}\times500\times4)\ \text{mm}=0.8\text{mm}$，设计中选用的线阵CCD像元尺寸为7μm，所以每个光斑可被0.8/0.007=116个像元同时接收，所以在像元选取时就会带来测量误差，如果选取两光斑能量极大值所对应的像元位置，所带来的最大误差值为$\varDelta'_4=\dfrac{2\times0.007}{4.766}\text{mm}=0.00294\text{mm}$。

由上面部分误差的计算，可以综合得到的总误差。根据标准偏差合成法可得

$$\varDelta_{总}=\sqrt{\sum_{i=1}^{4}(\varDelta'_i)^2}=0.00889\text{mm}<0.01\text{mm} \tag{6-60}$$

可见达到精度指标设计要求。

4．BGA管脚三维尺寸测量

球栅阵列（Ball Grid Array，BGA）芯片是一种集成电路芯片，其管脚均匀地分布在芯片的底面，这样，在芯片体积不变的情况下可大幅度地增加管脚的数量。在安装时要求管脚具有很高的位置精度，如果管脚三维尺寸误差较大，特别是在高度方向，将造成管脚顶点不共面；安装时个别管脚和线路板接触不良，会导致漏接、虚接。美国RVSI（Robotic Vision System，Ine.）公司针对BGA管脚三维尺寸测量，生产出一种基于单光束三角成像法的单点离线测量设备，摩托罗拉公司也在使用该设备。这种设备每次只能测量一根管脚，测量速度慢，无法实现在线测量。另外整套测量系统还要求精度很高的机械定位装置，对成百根管脚的BGA芯片，测量需大量时间。应用激光线结构光传感器，结合光学图像的拆分、合成技术，通过对分立点图像的实时处理和分析，一次可测得BGA芯片一排管脚的三维尺寸。通过步进电机驱动工作台做单向运动，让芯片每排管脚依次通过测量系统，完成对整块芯片管

脚三维尺寸的在线测量。

（1）测量原理。

图 6-34 所示为 BGA 芯片管脚三维在线测量系统原理图。半导体激光器 LD 发出的光经光束准直和单向扩束器后形成激光线光源，照射到 BGA 芯片的管脚上。被照亮的一排 BGA 芯片管脚经两套由成像物镜和 CCD 摄像机组成的摄像系统采集，互成一定角度的图像。将这两幅图像经图像采集卡采集到计算机内存进行图像运算。利用摄像机透视变换模型，以及坐标变换关系，计算出芯片引线顶点的高度方向和纵向的二维尺寸。将芯片所在的工作台用步进电机带动做单向运动，实现扫描测量；同时，根据步进电机的驱动脉冲数，获得引线顶点的横向尺寸，从而实现三维尺寸的测量。另外，工作台导轨的直线度误差，以及由于电机的振动而引起的工作台跳动都会造成测量误差，尤其是在引线的高度方向。为此，引入电容测微仪，实时监测工作台的位置变动，有效地进行动态误差补偿。

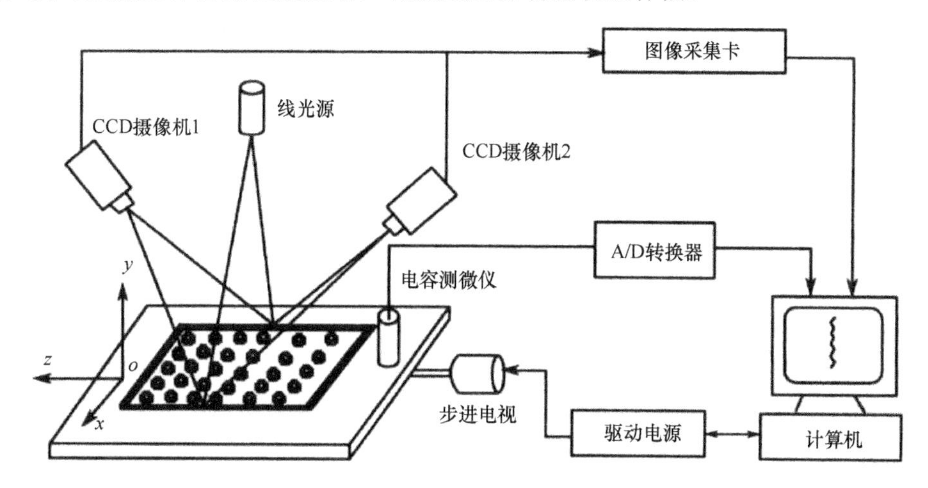

图 6-34　三维在线测量系统原理图

（2）数学模型。

根据以上整体测量方案，我们建立了测量系统的数学模型，如图 6-35 所示。在光平面内建立光平面坐标系 $O_1-x_1y_1z_1$ 沿垂直于光平面的方向建立 z_1 轴，则在光平面内 $z_1=0$；沿垂直于待测芯片表面的方向建立 y_1 轴再按右手法则确定坐标系的 x_1 轴。由于光平面垂直于被测芯片表面，则光平面坐标系的坐标值可以直接反映出芯片管脚的位置信息。

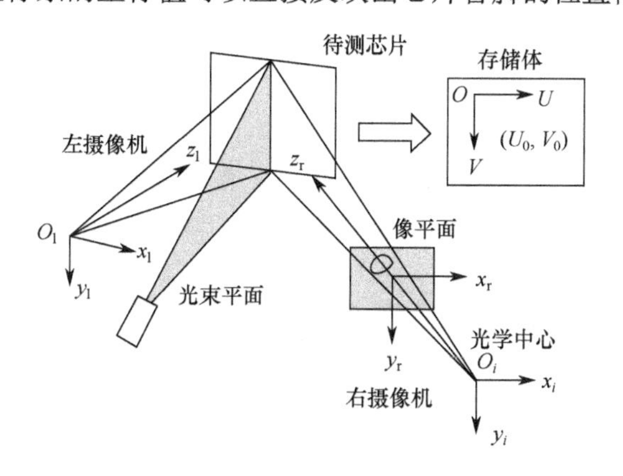

图 6-35　测量系统坐标示意图

设光平面与芯片管脚相交形成的圆弧线上的任意一点在传感器光平面坐标系 $O_1 - x_1y_1z_1$ 中的坐标为（x_1, y_1, 0），在右摄像机坐标系 $O_r - x_ry_rz_r$，中的坐标为（x_r, y_r, z_r），在右像平面上对应的理想像点的坐标为（x_i, y_i），实际像点为（x_d, y_d），实际像点对应于计算机图像坐标系（帧存体坐标系中对应的像素位置）U-V 中的坐标为（U, V）。设主点 O 在帧存体坐标系中的坐标为（U_0, V_0）。在 CCD 摄像机的像平面中，光敏单元在 x_i 方向（水平方向）相邻光敏单元中心距离为 δ_u；在 y 方向（垂直方向）相邻光敏单元中心距离为 δ_v。在帧存体坐标系中，沿 V 轴方向（垂直方向）相邻像敏单元数所代表的距离与 CCD 像平面中 y_i 轴方向相邻像敏单元之间的中心距离 δ_v 相等。而在水平方向上则与 CCD 驱动频率和图像采集卡的采集频率有关。为此，引入不确定因子 s_x，且 $\delta_u' = s_x^{-1} \cdot \delta_u$。

$$\begin{cases} x_i = (U - U_0) \cdot \delta_u \cdot s_x^{-1} \\ y_i = (V - V_0) \cdot \delta_v \\ x_d = x_i + k_p(x_i^2 + y_i^2) \\ y_d = y_i + k_p(x_i^2 + y_i^2) \\ r = \sqrt{x_d^2 + y_d^2} \\ f\dfrac{r_1x_1 + r_2y_1 + t_x}{r_7x_1 + r_8y_1 + t_z} = x_d(1 + k_p \cdot r^2) \\ f\dfrac{r_4x_1 + r_5y_1 + t_y}{r_7x_1 + r_8y_1 + t_z} = y_d(1 + k_p \cdot r^2) \end{cases} \tag{6-61}$$

根据透视变换理论，以及摄像机坐标系、光平面坐标系和帧存体坐标系之间的转换关系，可以获得光平面内待测芯片管脚上任一点（x_1, y_1, 0）与帧存体坐标系中的像素位置（U, V）之间的关系。

式（6-61）即为测量系统的数学模型。其中，$(r_1, r_4, r_7)^T$、$(r_2, r_5, r_8)^T$、$(t_x, t_y, t_z)^T$ 分别为光平面坐标系 $O_1 - x_1y_1z_1$ 的 x_1 轴，y_1 轴在右摄像机坐标系 $O_r - x_ry_rz_r$ 中的方向矢量及平移矢量；k_p 为摄像机镜头的畸变系数。

（3）系统的标定。

由式（6-61）可知，该测量系统中，需要确定的参数有系统内部参数：k_p、s_x、δ_u、δ_v、U_0、V_0、f，以及外部参数 r_1、r_4、r_7、r_2、r_5、r_8、t_x、t_y 和 t_z。

对于内部参数，应用 Tsai 的 RAC（Radial Alignment Constraint）方法求解。标定使用的圆盘靶标。

对于外部参数，采用如图 6-36 所示的标定块，其上设置两个互相垂直的基准面。各棱相对于两个基准面的位置关系精确已知。光平面垂直投射到靶标上，与其相切，如图 6-37 所示。在光面内建立光平面坐标系 $O_1 - x_1y_1z_1$，其中，x_1 轴和 y_1 轴分别平行于两个基准面。在光平面内的靶标的各棱上取点 $p_i(x_1, y_1)$，则各点在光平面内的坐标是精确已知的，且 z_1=0。将各已知点 $p_i(x_1, y_1)$ 代入式（6-61），并由正交约束条件：

$$\begin{cases} r_1^2 + r_4^2 + r_7^2 = 1 \\ r_2^2 + r_5^2 + r_8^2 = 1 \\ r_1r_2 + r_4r_5 + r_7r_8 = 0 \end{cases} \tag{6-62}$$

得

$$\begin{cases} r_7 \cdot x_1[k] \cdot x_i[k] + r_4 \cdot y_1[k] \cdot x_i[k] + t_z \cdot x_i[k] - \\ \quad f \cdot r_1 \cdot x_1[k] - f \cdot r_2 \cdot y_1[k] - f \cdot t_x = 0 \\ r_7 \cdot x_1[k] \cdot y_i[k] + r_4 \cdot y_1[k] \cdot y_i[k] + t_z \cdot y_i[k] - \\ \quad f \cdot r_4 \cdot x_1[k] - f \cdot r_5 \cdot y_1[k] - f \cdot t_y = 0 \\ r_1^2 + r_4^2 + r_7^2 = 1 \\ r_2^2 + r_5^2 + r_8^2 = 1 \\ r_1 r_2 + r_4 r_5 + r_7 r_8 = 0 \end{cases} \tag{6-63}$$

式中：$k = 1,2,3,\cdots,n$，$n \geqslant 3$。用最小二乘法求解上述非线性方程组，即可得外部参数。

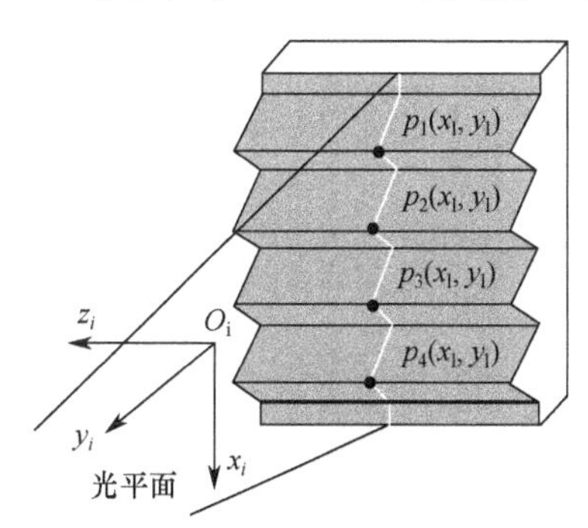

图 6-36 标定靶标示意图

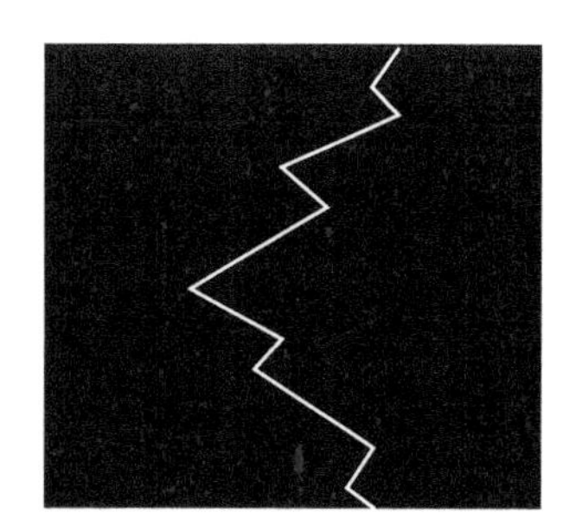

图 6-37 测量系统坐标示意图

6.4.2 二维位置检测

利用两个线阵 CCD 图像传感器和球面镜与柱面镜组合成像的光学系统能够实现对物面上点的平面坐标位置进行二维测量。

1. 球面镜与柱面镜组合成像特征

在介绍高精度二维位置测量系统之前，先介绍球面镜与柱面镜组合成像的特性，这是构成 CCD 光学成像系统的基础。如图 6-38 所示，球面镜焦距为 f_1，柱面镜焦距为 f_2，它们共轴且距离 l 分别小于 f_1 和 f_2。图 6-39 中，O 点是球面镜的焦点；xOy 平面是球面镜的焦平面；M 是焦平面上的一点，该点发出的光线通过球面镜后为一束平行光，平行光经柱面镜汇聚成一条直线，这样，M 点通过球面镜与柱面镜成像为一条直线 a，直线 a 位于柱面镜的焦平面上且与柱面镜的圆柱轴线方向平行。同理，过 M 点平行于 y 轴的直线上的任意一点成的像都在直线 a 上。这样，a 到 z 轴的距离对应于 M 点的 x 轴坐标。设 a 到 z 轴的距离为 b，由透镜成像公式可得

$$\frac{b}{f_2} = \frac{OM}{f_1} \tag{6-64}$$

若取 $f_1 = f_2$，则 a 到 z 轴的距离 $b=OM$。

2. 二维位置测量光学系统

如图 6-39 所示，二维位置测量光学系统由一组光学仪器组成，包括主球面镜、球面镜、分光棱镜、两个柱面镜和两个线阵 CCD。主球面镜、球面镜及分光棱镜共轴，分光棱镜分出两条相互垂直的光路，在两条光路轴上分别加上柱面镜，柱面镜的圆柱轴线方向相互垂直。这样，分光棱镜的引入构成了两组球面镜与柱面镜的组合，它们分别测定 x 轴和 y 轴

方向的位置。为方便设计，选取具有相同焦距 f_1 的球面镜和柱面镜。

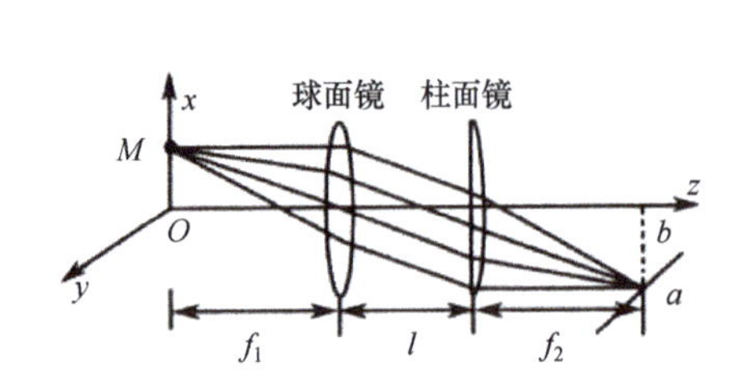

图 6-38 球面镜与柱面镜组合成像

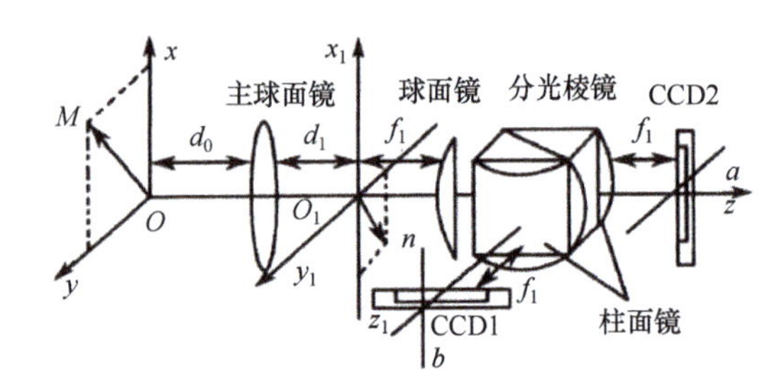

图 6-39 二维位置测量光学系统

图 6-39 中，主球面镜的焦距是 f，M 为平面 xOy 上任意一点，坐标为（x，y），物距为 d_0。M 点通过主球面镜成像于 n 点。n 点在平面 $x_1O_1y_1$ 上，像距为 d_1。n 点的坐标（x'，y'）由下式得出，即

$$\frac{1}{d_1}-\frac{1}{d_0}=\frac{1}{f'} \tag{6-65}$$

$$\frac{d_0}{d_1}-\frac{x_0}{x'}=\frac{y_0}{y'} \tag{6-66}$$

主球面镜与球面镜之间的距离为 d_1+f_1，这样像点 n 位于球面镜的焦平面上。由此可知，n 点通过球面镜、分光棱镜和两个柱面镜成像为两条直线 a 和 b。直线 a 位于柱面镜的焦平面上且与 z 轴的距离为 x_1，直线 b 位于柱面镜的焦平面上且与 z_1 轴的距离为 y_1。分别在柱面镜的焦平面上过 z 和 z_1 轴与柱面镜圆柱轴线方向垂直放置线阵 CCD1。这样，像线 a 和 b 分别与 CCD2 垂直且相交，线阵 CCD2 测出直线 a 的位置 x_1，而线阵 CCD1 测出直线 b 的位置 y_1，通过式（6-66）可以求出 M 点的坐标（x，y）。

3. 高精度二维位置测量系统

高精度二维位置测量系统原理如图 6-40 所示。设计任务是：M 点为一点光源，它在靶面上做随机运动，靶面范围是边长为 1m 的正方形。要求精确测量 M 点的位置，测量距离为 3m，测量精度为 0.1mm。

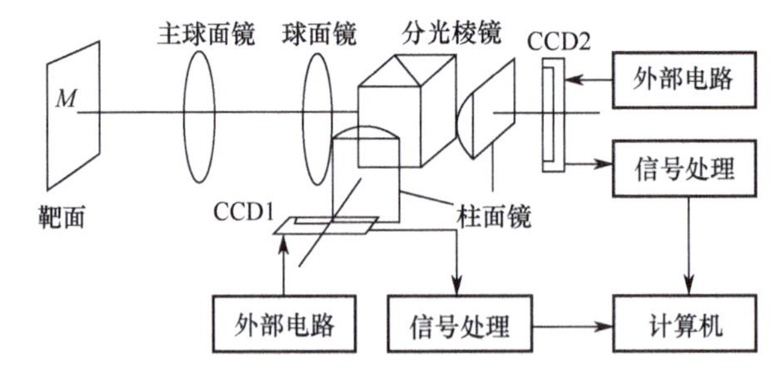

图 6-40 高精度二维位置测量系统原理

参数选取：为满足测量精度的要求，线阵 CCD 的像敏单元数应大于 10000（靶面尺寸/测量精度）。选取英国 EV 公司的 12288 像敏单元的线阵 CCD，光敏区总长 l 为 98.3mm，工作视场边长 Y 为 1100mm（大于靶面尺寸）。通过下面的公式可以确定主球面镜焦距的物距 d_0、放大倍数 β_0，即

$$\frac{1}{f'}=\frac{1}{d_1}-\frac{1}{d_0} \tag{6-67}$$

$$\beta_0=\frac{d_0}{d_1}=\frac{Y}{l} \tag{6-68}$$

将物距 d_0=3000mm 代入式（6-67），求得焦距 f'=294.1mm，像距 d_1=268.1mm。确定焦距后，还要确定镜头的孔径。孔径越大，收集的光能量越高，视场的照度也就越强。CCD 像敏面的照度为

$$E=\frac{\pi}{4}\left(\frac{D}{f}\right)^2\gamma L \tag{6-69}$$

式中：γ 为透过率；L 为物面亮度（物为被激光照亮的光斑，亮度很高）。取 $\gamma=1$，E/L=0.008，则 D=29mm。

选取相同焦距的球面镜和两个柱面镜。基于物像几何关系，得到球面镜–柱面镜组不改变像的大小。取焦距 $f_1=150\text{mm}$，可以求出主球面镜与球面镜之间的距离为：d_1+f_1=418.1mm。加入分光镜，组成如图 6-40 所示的光学系统（由主球面镜、球面镜、分光棱镜和柱面镜等光学器件构成）。线阵 CCD 放置在柱面镜的焦平面上过光轴，并分别与柱面镜的圆柱轴线方向垂直。

整个测量系统的数据采集电路原理方框图如图 6-41 所示。在外部驱动电路的驱动下，线阵 CCD 输出的信号经过视频处理电路进行予处理后，送 A/D 转换器，再通过计算机总线接口送入计算机内存，在软件的支持下计算出 M 点的坐标（x，y）。

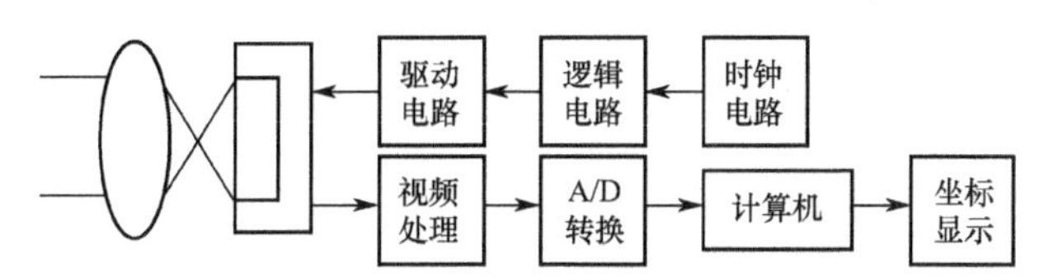

图 6-41　线阵 CCD 数据采集电路原理框图

6.4.3　表面缺陷检测

本节介绍对高速印品进行在线缺陷检测的机器视觉检测系统，通过独特的光学系统，可以检测到印品上的微小印刷缺陷。

1．系统组成

印刷品质量在线检测系统的结构如图 6-42 所示。该系统采用多个彩色线阵摄像头对大幅面印刷品进行同步采集，图像数据通过 FPGA/DSP 采集卡进行辅助处理，由对应处理单元进行图像比较、缺陷提取和分类，缺陷数据通过高速以太网传送到服务器进行统计和管理，输出报警信号和缺陷位置信息；通过光电编码器与生产线保持同步，通过张力传感器获取印刷品张力信息，通过生产线接口获得纸张拉伸形变信息。

2．成像设计

检测系统的硬件核心器件是 CCD 相机，它将影响到系统的检测方式、检测能力以及后续图像处理的运算量和数据处理方式等。线阵 CCD 相机由于其成像系统占用空间小，光源设计简单等原因，在表面检测中应用很广泛。

线阵 CCD 相机的线扫描操作与传统的扫描仪非常相似，相机中的传感器在运动物体通

过它时每次扫描一行图像，然后通过一个图像采集卡将所有采集到的行合并成为一个完整的二维图像，其成像原理如图 6-43 所示。

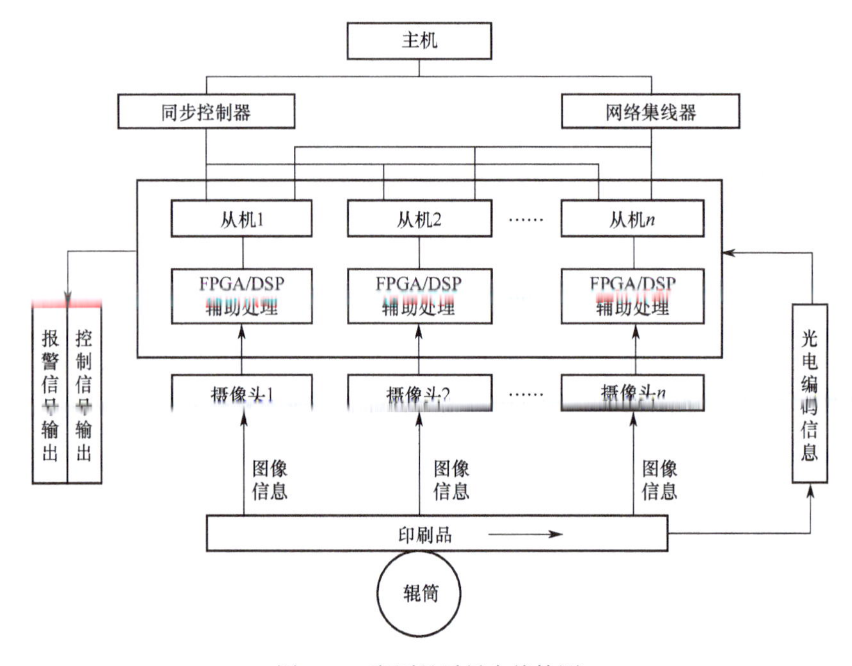

图 6-42 印刷品质量在线检测

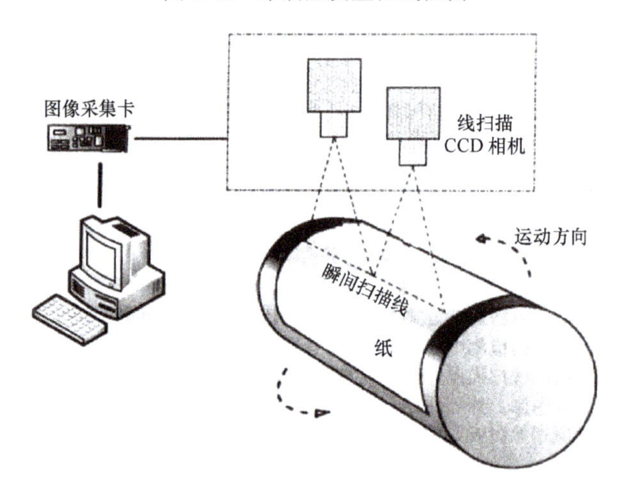

图 6-43 线阵相机成像原理

3. 照明设计

印刷品摄像对照明系统的要求如下：

（1）亮度足够；

（2）防止炫光进入摄像头；

（3）无频闪；

（4）光源波长分布均匀；

（5）照射幅面大。

根据上述要求，有两种光源可以选用：白光 LED 光源和三基色荧光光源。白光 LED 光源与白炽钨丝灯泡及荧光灯相比，具有体积小、发热量低、耗电量小、寿命长、反应速度快、环保、可平面封装易开发成轻薄短小产品等优点，没有白炽灯泡高耗电、易碎及日光灯废弃物含汞污染等问题，但价格昂贵，维护困难。稀土三基色直管荧光灯是一种高效、节能的新型电光源，显色性好，是名副其实的日光型光源，已被广泛应用于电视摄像照明，虽然寿命不及 LED 光源，但价格低廉，维护方便，本系统选用此类光源。

光源结构设计如图 6-44 所示，4 根荧光灯分别以高角度和低角度入射到辊筒表面，低角度光突出印刷品表面轮廓，高角度光补偿整体亮度。为防止镜面反射光射入镜头，对高角度光采用漫透射面过滤。通过这种照明技术，还能实现对烫金和全息商标特征的准确提取。

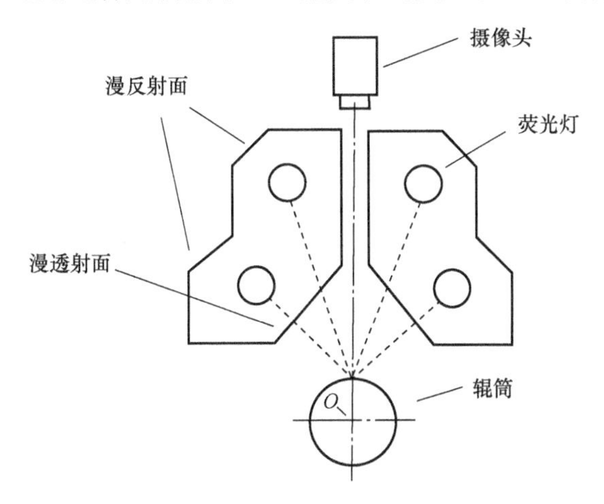

图 6-44　光源结构设计

4. 处理器结构

在印刷生产时，印品观测面较大（650mm 以上），印刷精度要求很高（0.1mm/像素），单摄像头和单处理器无法完成庞大数据量的处理（100MB/s 以上）。因此采用多摄像头结构，对不同区域进行同步并行处理，处理结果通过高速以太网传送至服务器进行数据管理和统计。系统要解决的关键问题是同步问题。

同步问题有两类：一是采集和处理的同步；二是缺陷数据传输的同步。采集和处理的同步通过脉冲编码器实现，各处理器由脉冲编码信号同时触发工作。同一版面的印品缺陷数据上传的同步通过脉冲编码器产生的固定时序来保证。

5. 系统工作流程

图 6-45 为印刷品在线检测系统的软件结构图。图中用户直接和人机交互界面交流。系统能够实现的功能有：

（1）对系统进行设置。主要包括生产设置，含生产的批次信息、检验人、检测时间等基本信息；检验产品设置，含标准产品的建立、产品缺陷等级的划分、检验产品的区域设置等。

（2）反馈系统状态和数据显示，系统的工作状态能实时反馈到交互界面，便于用户管理。

另外，实时数据和数据通过交互界面呈现给用户，用户通过查看、编辑对这些进行管理。人机界面将用户设置以控制流的方式传送给数据管理模块，通过通信层传给图像处理分析模块和存储模块。给模块根据设定起用相应的功能。图像分析处理模块从相机板卡处获得图像数据，处理完后得到缺陷数据，并将其以信息流的方式传送给数据管理模块。存储模块根据需要，将原始图像数据分为图像数据或加工后的数据存储于磁盘中，并且在控制指令的调度下将其送于实时显示模块。实时显示模块获得图像数据源后，在用户的控制下可以全局或局部地查看产品状态。

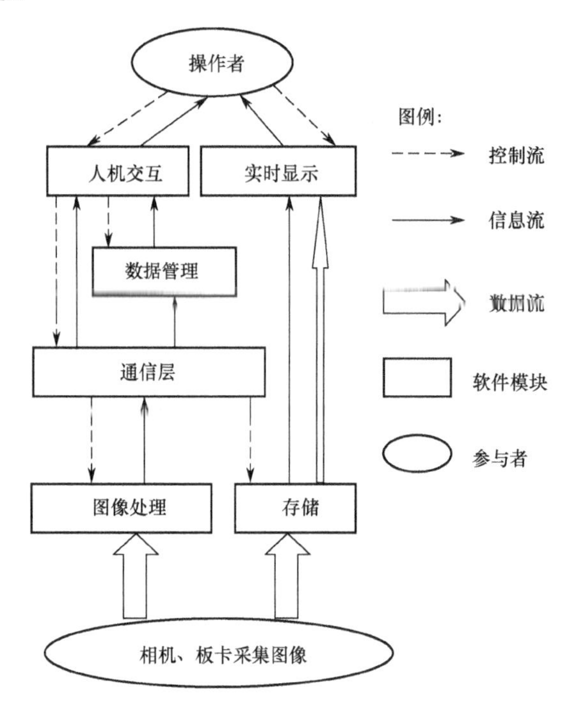

图 6-45　高速印刷品检测系统软件工作流程

6.4.4　三维形貌检测

1. 三维形貌测量原理

向被测物体投射特定的结构光，如可控制的光点、光条或光面结构，结构光受被测物体高度调制发生形变，再通过图像传感器获得图像，通过系统几何关系，利用三角原理解调得到被测物体的三维轮廓。

光点式结构光测量时需要逐点扫描物体，图像采集和处理需要的时间随着被测物体的增大而急剧增加，难以完成实时测量。线结构光测量示意图如图 6-46 所示，利用辅助的机械装置旋转光条投影部分，从而完成整个被测物体的扫描，测量时只需要进行一维扫描就可以获得物体的深度图，图像采集和处理的时间相对减少。面结构光测量示意图如图 6-47 所示，将二维的结构光图案投射到物体表面上，这样不需要扫描的过程就可以完成三维轮廓测量，测量速度很快。常用的方法就是投影光栅条纹到物体表面，投影的结构光图案比较复杂时，为了确定物体表面点与其像素点之间的关系会采用图案编码的形式。

2. 相移法三维形貌测量

相移法三维形貌测量原理图如图 6-48 所示，主要由光栅投影仪、摄像头、计算机以及参考面 4 个部分组成，光栅投影仪将光栅投射到被测物体上，摄像头将拍摄不同相位的变形光栅图像并导入计算机进行图像处理与分析。

图 6-48 中，投影仪光心与摄像头的光心摄像头水平距离为 d，且两光心的水平线与参考面平行，摄像头与参考面的垂直距离为 L。当投影仪的出射光照射到参考平面的 A 点时由于受到高度调制作用使照射在 A 点的光转移至 C 点。

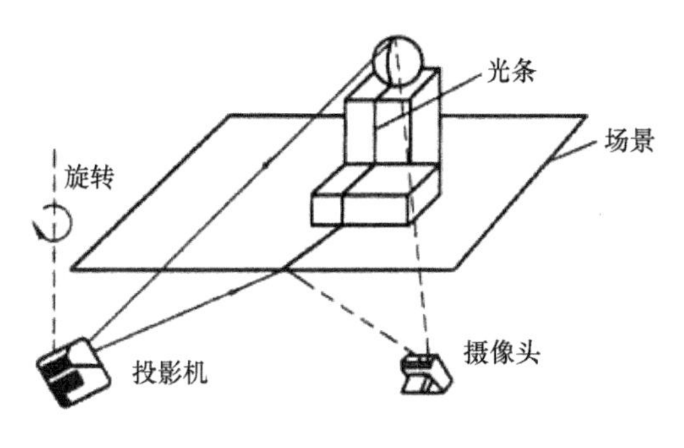

图 6-46　线结构光测量示意图

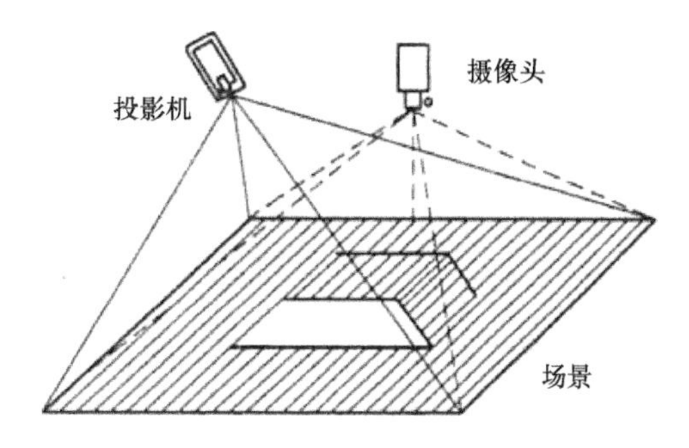

图 6-47　面结构光测量示意图

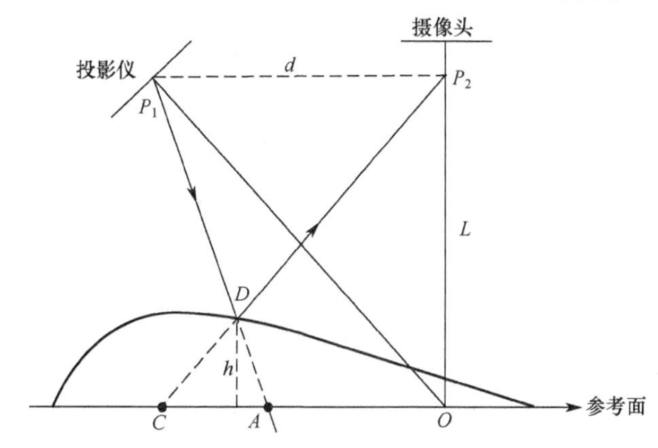

图 6-48　相移法三维形貌测量原理

若设物体 D 点的高度为 h，则由三角形原理可得

$$h=\frac{LT\Delta\varphi}{2\pi d+LT\Delta\varphi} \tag{6-70}$$

式中：T 为投射光栅的空间周期图；$\Delta\varphi$ 为由于高度调制引起的相位变化。

由式（6-70）分析，可以通过测量 L、d 与 $\Delta\varphi$ 得到三维形貌的高度参数 h，$\Delta\varphi$ 通过对变形光栅进行相位展开得到。

以四步相移法为例，由于正弦光栅投射到漫反射物体表面后，摄像头获取的变形栅像可以表示为

$$I(x,y)=R(x,y)[A(x,y)+B(x,y)\cos\varphi(x,y)] \tag{6-71}$$

式中：$R(x,y)$ 为所测物体表面的不均匀分布反射率；$A(x,y)$ 为背景强度；$B(x,y)/A(x,y)$ 为光栅条纹的对比度；$\varphi(x,y)$ 是相位值。

采用移相的方法则可以比较准确地获取相位值。在相移法中，每次移动光栅周期的 1/4，相移量为 $\pi/2$。则采集到的对应的四帧条纹图分别为 I_1～I_4。

由式（6-71）可以计算出相位为

$$\varphi(x,y)-\arctan\frac{I_4(x,y)-I_2(x,y)}{I_1(x,y)-I_3(x,y)} \tag{6-72}$$

位相展开的精确程度直接决定三维形貌测量的精度。由于要获取所测物体和参考平面的相位值，需要对正弦光栅相移量分别为 0、$\frac{\pi}{2}$、π、$\frac{3\pi}{2}$ 的 4 对图像进行采集。采集到的图像如图 6-49 所示。

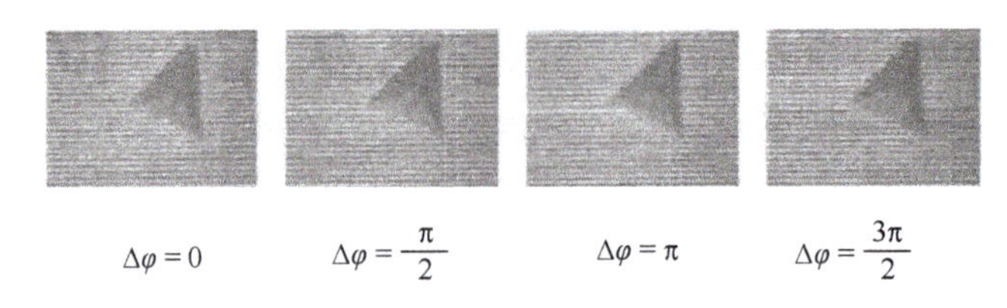

图 6-49　采集到的图像

光栅相移量分别为 0、$\frac{\pi}{2}$、π、$\frac{3\pi}{2}$，投影到被测物体上，当光栅投射到被测物体时由于受到物体高度的调制而发生了扭曲变形。获取所需图像之后进行相移，相移后得到的变形光栅如图 6-50 所示。

进行相位展开将包裹在[−π，π]之间的相位信息提取出来，再将背景去掉，得到的相位差图像如图 6-51 所示。要想准确获取物体的三维尺寸，还需确定投影图像在二维坐标系的位相与三维坐标系的位置之间的对应关系，即物像之间的比例因子。使用正方形标定板，根据图像相应像素点个数及几何特征来建立摄像机与参考平面之间的相对关系，通过标定板的尺寸与图像中对应边的像素点个数计算出真实物体与图像之间的比例关系。

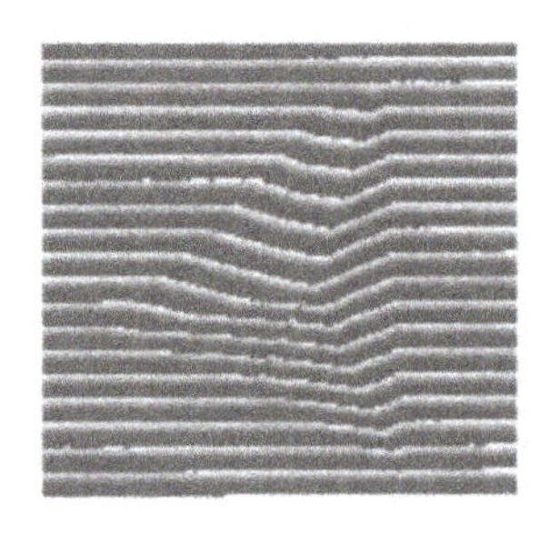

图 6-50　线结构光测量示意

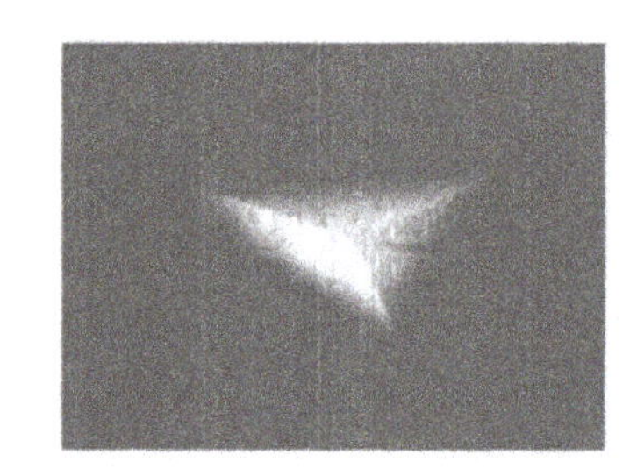

图 6-51　面结构光测量示意图

6.4.5　机械臂目标定位系统

筒子纱染色的工业生产中，获取机械臂及纱杆锁扣的相对位置实现机械臂的精确定位和抓取目标是染色过程的关键技术。本节介绍一种基于单目视觉的机械臂目标定位及光学测量系统，通过单目光学成像的方式实时获取锁扣目标的图像，结合图像分析算法解算出目标空间位置以及目标与机械臂的相对位置。

1. 机械臂定位系统方案

图 6-52 所示为实验装置的位置设计图及实际系统图。受到机械臂抓取部位空间较小的限制，工业相机固定在机械臂的侧臂底部，在工业相机的外侧固定着环形光源。在实际工作时，位于机械臂两端的侧臂固定不动，由机械臂中间的部分进行抓取。工业相机与机械臂之间的相对位置是固定的，且相机坐标系的 X 轴、Y 轴、Z 轴与机械臂坐标系对应的 3 条坐标轴是相互平行的，工业相机的成像平面与锁扣所在平面平行。

对于每个锁扣的抓取，均进行机械臂移动至锁扣的过程。首先根据纱笼安装时给出的初始位置信息，控制机械臂移动到相应的位置，由机械臂上的工业相机进行光学成像采集锁扣图像，将锁扣图像传输给工控机，在工控机中对图像进行处理与分析，计算出锁扣在图像中的位置坐标，结合系统参数，解算锁扣目标的空间位置及目标与机械臂的精确相对位置，最后将得到的数据传输给控制模块去控制机械臂的运动，实现单一锁扣的抓取。

系统的具体参数通过如下方法设计。设需要的工业相机的分辨率为 $x \times y$，工业镜头的焦距为 f，成像距离为 h 时对应的视场大小为 $a \times b$。已知单个锁扣的直径为 D=160mm，为了保证拍摄时整个锁扣在视场范围内，需满足 $b>1.5D$。由于定位精度为 2mm，取 1mm 所占像素数不小于 4 个像素，需满足长 $\frac{y}{b} \geqslant 4$，即 $y \geqslant 4b > 960$。根据上述分析，工业相机在单方向的分辨率至少应大于 960 像元。工业镜头的焦距 f 满足如下的关系：

$$\frac{f}{h} = \frac{n}{b} \tag{6-73}$$

其中，工业相机的靶面尺寸为 $m \times n$。如果选定了摄像机，则摄像机靶面尺寸 n 就能得知。结合物方成像范围 b，则焦距 f 和物距 h 之间存在着固定的关系，因此它们之间的选择具有关联性。物距大时则采用长焦镜头，物距小时则采用短焦距镜头。

2．目标图像分析及空间位置解析

对于成像得到的目标图像，通过霍夫变换检测圆的方法，对图像中锁扣区域进行检测，得到目标在图像中的像素坐标，再通过计算得到目标在实际空间中的坐标，具体流程如图 6-53 所示。

由于锁扣的形状在图像中表现为圆形如图 6-54（a）所示，可以通过边缘检测加霍夫变换进行圆形锁扣的检测，具体分析流程如图 6-54 所示。

首先对采集的锁扣目标图像进行边缘提取，目的是筛选出来边缘点给霍夫变换进行统计投票计算，采用 Canny 算子，能够检测出较多较细的边缘点信息。之后，通过霍夫变换进行锁扣目标的位置分析。霍夫变换的原理就是利用图像全局特征将边缘像素连接起来组成区域封闭边界，它将图像空间转换到参数空间，在参数空间对点进行描述，达到检测图像边缘的目的。该方法把所有可能落在边缘上的点进行统计计算，根据对数据的统计结果确定属于边缘的程度。

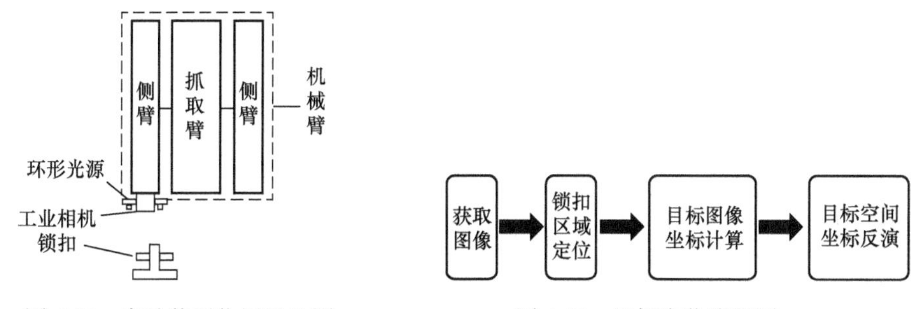

图 6-52　实验装置位置设计图　　　图 6-53　目标定位流程图

获得目标在图像中的坐标后，需要通过计算将目标在图像中的坐标转换成目标在空间中的坐标。如图 6-55 所示，$O_c - X_cY_cZ_c$ 为相机坐标系，$O - XY$ 为图像坐标系，$O_w - X_wY_wZ_w$ 为世界坐标系。

给定一张图片，通过对图片进行图像处理，得到锁扣在图像中的坐标 p（x，y）以及半径 r，同时已知锁扣实际的半径 R，镜头的焦距 f。根据图 6-57 中的几何比例关系，得到锁扣实际位置的计算公式为

$$\begin{cases} X_c = x\dfrac{R}{r} \\ Y_c = y\dfrac{R}{r} \end{cases} \tag{6-74}$$

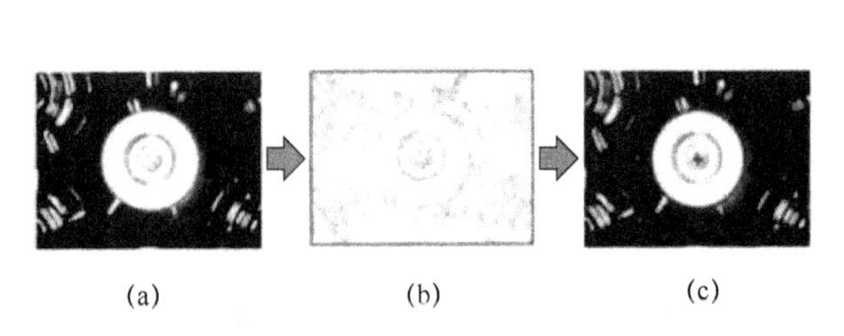

图 6-54 锁扣目标图像分析流程

(a) 原始图像；(b) 边缘提取；(c) 锁扣区域检测。

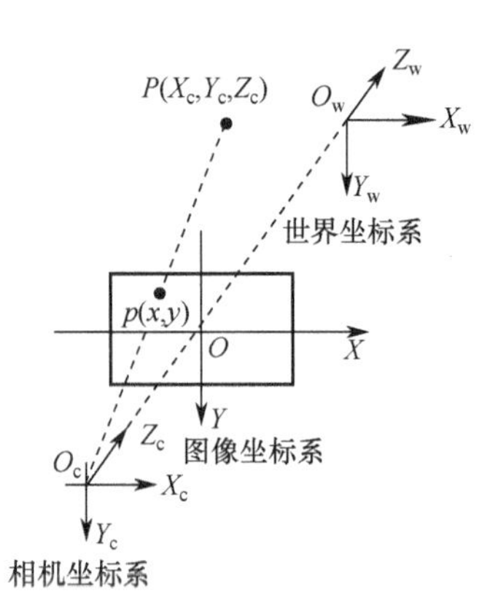

图 6-55 定位系统坐标图

对于距离 Z_c 的计算，已知相机中图像传感器的分辨率为 $m \times n$，靶面尺寸为 $a \times b$，可以求出单个像素所占的尺寸。Z_c 满足如下的比例关系：

$$\frac{Z_c}{f} = \frac{R \times m}{r \times a} \tag{6-75}$$

从而得到 Z_c：

$$Z_c = \frac{Rmf}{ra} \tag{6-76}$$

通过以上计算，得到了锁扣在相机坐标系下的空间位置坐标 $P(X_c, Y_c, Z_c)$。通过测量可得相机坐标系原点在机械臂坐标系下的空间位置为 $O_c(X_1, Y_1, Z_1)$，通过坐标转换，可得锁扣在机械臂坐标系下的空间位置坐标为：$P'(X_c + X_1, Y_c + Y_1, Z_c + Z_1)$。

6.4.6 高速运动目标跟踪系统

高山滑雪项目以其独有的刺激性及挑战性吸引着大批的滑雪爱好者，同时，由于该运动具有运动速度快，回转运动多等特点，运动场地地形复杂、天气环境多变，气候恶劣，环境温度通常会达到-20℃以下，这给赛事摄像师和转播师的工作造成了极大的困扰。

2022 年，北京冬奥会在高山滑雪项目上采用了北京理工大学开发的“高速运动目标跟踪拍摄系统”，摄像头通过智能控制台可实现自动对焦、快速锁定高速运动对象、自动实时跟踪拍摄，能够实现在 500m 距离外跟拍时速 170km 运动目标。

这是冬奥场景中首次实现高速运动目标的无人化全局搜索、自动捕捉与智能跟踪拍摄，提高拍摄质量的同时也提升了效率。作为一种能够以小于 1/1000s 的曝光或超过 250 帧/s 的帧率捕获运动图像的设备，高速摄像机因为帧速率高，所以录制后，存储在介质上的图像以常规速度放映时，可以提供“超慢动作”的观看体验。

图 6-56 所示是针对远距离高速运动目标的智能跟踪拍摄转播系统，包括光学系统、稳定平台系统和显控系统。以全景摄像机作为视觉传感器，将自适应目标检测跟踪方法与车载两轴三维稳定平台相融合，在目标跟踪方法中，结合全局相机引导特写相机跟踪拍摄与特写相机闭环检测双机制，提升整体系统的跟踪精度，保证目标处于视频画面中央。在多路视频输出时，该系统通过实时视频流智能切换方法对多路视频流进行实时评价、自动切换，实时输出稳定的视频画面，实现在恶劣环境、复杂场景下对高速运动目标的稳定跟拍，实时剪

辑，能够为后续远程导播、云端重建、个性化转播等扩展应用提供良好的技术支持。

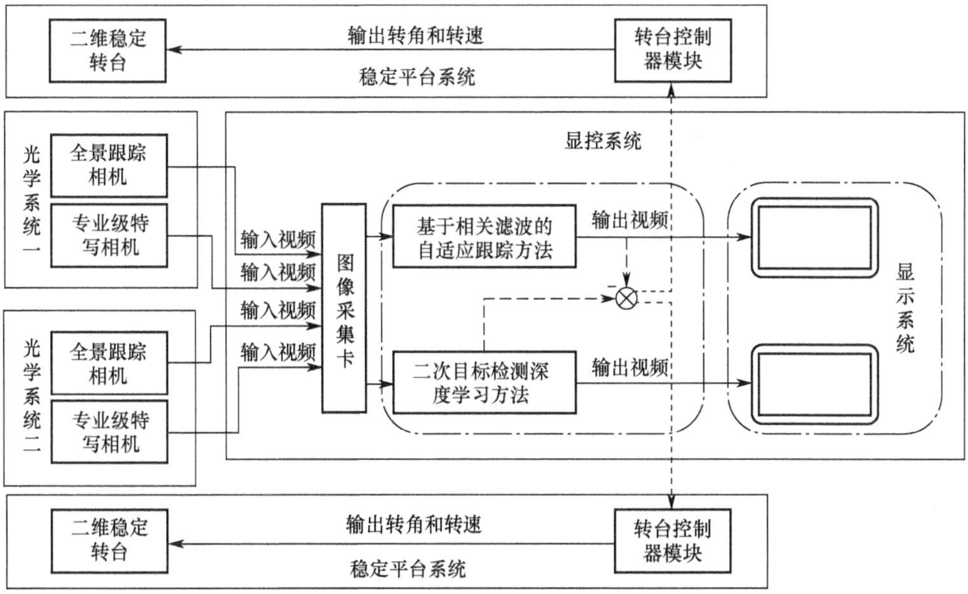

图 6-56　高速运动目标的智能跟踪拍摄系统图

光学系统包括全景跟踪相机以及专业级特写摄像机，固定于稳定平台系统上，用于在大范围全景中捕获和跟踪要拍摄的目标，并拍摄较远目标的特写画面。

稳定平台系统包括二维稳定转台以及配合控制稳定平台的转台控制器模块。二维稳定转台用于负载所述光学系统。转台控制器模块用于驱动二维稳定平台进行旋转，以便光学系统完成跟踪拍摄的功能。

显控系统包括图像采集卡、软件控制系统和显示系统，其中图像采集卡用于采集全景跟踪相机和专业级特写摄像机的实时图像数据；软件控制系统用于处理图像采集卡所采集的实时图像数据，并实现目标检测、目标跟踪、实时视频流智能切换功能，包括用于搭载上位机程序的中央控制单元、实现目标检测跟踪的视频跟踪器模块和电源模块；软件控制系统通过中央控制单元发送指令，实现系统电源开关、目标手动与自动检测转换、特写摄像机镜头焦距和光圈的调节、稳定平台二维转向、图像处理、目标跟踪、路径规划拍摄、图像显示和画面录制。图像处理包括对全景跟踪相机和专业级特写摄像机画面的显示参数调节和参数字符嵌入。

1．目标检测跟踪

路径规划拍摄是指在全局跟踪画面中预设 N 个像素点形成一条轨迹，使得二维稳定平台依照该轨迹进行循迹拍摄；所述目标跟踪是指通过中央控制单元在全景跟踪相机画面中划定检测区域，通过按钮进行手动目标选择模式和自动目标检测模式的转换，采用目标检测跟踪方法进行目标检测、跟踪，可使稳定平台跟随目标转动，保持目标一直呈现在专业级特写摄像机的特写画面中。随后，对特写画面中目标采用自适应检测跟踪算法进行二次检测跟踪，微调跟踪目标在特写画面中的位置和特写摄像机的焦距、光圈，可以使目标处于画面的最佳位置。

显示系统用于显示全景跟踪相机以及较远目标的特写画面，同时也用于显示二维稳定转台和光学系统的信息。光学系统与显控系统中的视频跟踪器模块进行连接，稳定平台系统与显控系统进行连接。

2．目标检测跟踪算法

目标检测跟踪算法是整体伺服系统的关键技术，影响整体跟踪精度。具有基于图像清晰度与跟踪稳定性条件的目标检测跟踪方法，具体实现步骤如下。

（1）使用目标检测算法对视频内容进行检测，得到候选的待跟踪目标及目标区域，通过比较候选目标的置信度得分与预设阈值 T_{detect} 对候选目标进行筛选，将筛选得到的 n 个待跟踪目标组成目标集 $D=\{D_1, D_2,\cdots, D_i,\cdots, D_n\}$，其中，$D_i$ 表示第 i 个待跟踪目标；同时存储每个目标的中心位置和边界框信息。

具体为使用 YOLOv4 目标检测算法，对视频图像进行逐帧检测，在每帧图像上得到候选的待跟踪目标及矩形目标区域。同时存储待跟踪目标区域的中心位置与尺寸信息，中心位置集合 $P=\{P_1(x_1,y_1),\ P_2(x_2,y_2),\ \cdots,\ P_i(x_i,y_i)\}$，边界框尺寸集合 $S=\{S_1(w_1,h_1),\ S_2(w_2,h_2),\cdots,\ S_i(w_i,h_i)\}$，其中，$x_i$ 为目标区域中心点像素的横坐标，y_i 为目标区域中心点像素的纵坐标，w_i 和 h_i 分别为目标区域的宽度和高度。

（2）从步骤（1）得到的待跟踪目标集合 D 中确定跟踪目标，对首帧中所确定跟踪目标的目标边界框内容进行特征提取，将得到特征矩阵 $\boldsymbol{x}$ 作为目标特征模型 $\hat{\boldsymbol{x}}^t$，并使用 Tenengrad 函数对首帧图像中确定跟踪目标的目标区域进行计算，得到目标区域的清晰度 C_{cur}。随后应用相关滤波方法计算首帧与当前帧目标特征响应矩阵，响应峰值的位置为当前帧目标的中心位置，进一步获取当前帧目标区域内的特征矩阵 $\hat{\boldsymbol{x}}$。再通过判断前一帧目标特征矩阵 $\hat{\boldsymbol{x}}^{t-1}$ 与 $\hat{\boldsymbol{x}}$ 变化情况对特征模型进行模型更新，以便更好地适应跟踪目标的变化，即

$$\hat{\boldsymbol{x}}^t=(1-l)\hat{\boldsymbol{x}}^{t-1}+l\hat{\boldsymbol{x}} \tag{6-77}$$

式中：l 为学习率。

对于待跟踪目标，分别提取目标的 HOG 特征、颜色直方图特征和灰度特征，并将 3 个特征向量分别列向量化后纵向连接形成 $\boldsymbol{x}=\begin{bmatrix}\mathrm{HOG}\\ P\\ Q\end{bmatrix}$，其中，HOG 表示候选目标的 HOG 特征，$P$ 表示候选目标的颜色直方图特征，Q 表示候选目标的灰度特征。并通过相关滤波模板进行计算：

$$\boldsymbol{f}(\boldsymbol{z})=\boldsymbol{x}^{\mathrm{T}}\boldsymbol{z} \tag{6-78}$$

$$\hat{f}(\boldsymbol{z})=\hat{k}^{xz}\odot\hat{a} \tag{6-79}$$

$$k^{xz}=\mathrm{e}^{\left(-\frac{1}{\sigma^2}\left(\|x\|^2+\|z\|^2-2F^{-1}(x\odot z)\right)\right)} \tag{6-80}$$

式中：$\boldsymbol{z}$ 为下一帧图像的特征矩阵；$\boldsymbol{f}(\boldsymbol{z})$是特征响应矩阵，$k^{xz}$ 是核相关函数；$\hat{k}^{xz}$ 为核相关函数在频域中的表示形式；α 为非线性系数在频域中的表示形式；$\hat{f}(\boldsymbol{z})$ 表示在频域内计算特征响应矩阵函数。

每次进行相邻帧目标的计算特征响应矩阵函数之后，都要对现有模型进行更新：

$$\hat{a}^t=(1-l)\hat{a}^{t-1}+l\hat{a} \tag{6-81}$$

$$\hat{x}^t=(1-l)\hat{x}^{t-1}+l\hat{x} \tag{6-82}$$

式中：$\hat{x}$ 为观测模型；l 为学习率。

（3）自适应更新目标特征模型，实时计算当前帧目标区域的图像清晰度 C_{cur}，通过计算

基本清晰度与当前帧清晰度的差值，调节模型更新的学习率。

通过 Sobel 算子提取图像 I 在水平和垂直方向的梯度值，进一步计算图像清晰度函数 Tenengrad 值，即

$$S(x,y)=\sqrt{G_x * I(x,y)^2 + G_y * I(x,y)^2} \tag{6-83}$$

$$\mathrm{C}_{\mathrm{cur}} = \frac{1}{n} * \sum_x \sum_y S(x,y)^2 \tag{6-84}$$

$$G_x = \begin{bmatrix} -1 & 0 & 1 \\ -2 & 0 & 2 \\ -1 & 0 & 1 \end{bmatrix},\ G_y = \begin{bmatrix} -1 & -2 & -1 \\ 0 & 0 & 0 \\ 1 & 2 & 1 \end{bmatrix} \tag{6-85}$$

式（6-83）～式（6-85）中：Sobel 在水平和竖直方向的卷积核分别为 G_x、G_y，$S(x,y)$为点(x,y)处的梯度表达式，n 为评价区域像素总数。

通过 Tenengrad 的值来计算模型的学习率，即

$$\begin{cases} l = L_{\mathrm{base}} + 0.01 * \left| C_{\mathrm{cur}} - C_{\mathrm{cur-1}} \right| & (C_{\mathrm{cur}} > T_{\mathrm{c}}) \\ l = 0 & (C_{\mathrm{cur}} \leqslant T_{\mathrm{c}}) \end{cases} \tag{6-86}$$

式中：l 为当前帧特征模型更新的学习率；C_{cur} 为当前帧目标区域的清晰度值；$C_{\mathrm{cur-1}}$ 为前一帧目标区域的清晰度值；L_{base} 为基本学习率；T_{c} 为清晰度阈值，若清晰度低于该阈值 T_{c}，则立即使学习率调至 0，停止更新目标特征模型，避免模型被污染。清晰度阈值 T_{c}=0.5，基本学习率 L_{base}=0.02。

（4）建立目标重新检测机制，结合步骤二计算得到的目标特征响应矩阵进行计算，得出平均峰值相关能量值 APCE：

$$\mathrm{APCE} = \frac{|F_{\max} - F_{\min}|^2}{\mathrm{mean}(\sum_{x,y}(F_{x,y} - F_{\min})^2)} \tag{6-87}$$

式中：$F_{\max}$ 为响应峰值；$F_{\min}$ 为响应最低值；$F_{x,y}$ 为响应图中$(x，y)$位置的响应值。

若最大响应值与 APCE 值均小于预先设定的阈值 $T_{\mathrm{max\_respos}}$ 和 T_{APCE} 时，保存前一帧图像中目标特征模型 M_0，一旦目标被遮挡连续若干帧后，停止更新目标特征模型，同时开启目标重新检测模式。

（5）待跟踪目标匹配，通过 YOLOv4 目标检测算法得到新的待跟踪目标集合 $D=\{D_1, D_2, D_3,\cdots, D_i\}$。计算集合 D 中所有候选目标的 HOG 特征、颜色直方图特征和灰度特征，并将各自的 3 个特征向量分别列向量化后纵向连接形成 $M_i = \begin{bmatrix} \mathrm{HOG}_i \\ P_i \\ Q_i \end{bmatrix}$，其中，$\mathrm{HOG}_i$ 表示第 i 个候选目标的 HOG 特征，P_i 表示第 i 个候选目标的颜色直方图特征，Q_i 表示第 i 个候选目标的灰度特征。特征模型集合 $M=\{M_1, M_2, M_3,\cdots, M_i\}$。应用相关滤波方法分别计算候选目标特征模型 M_i 与步骤 4 中所保存的目标特征模型 M_0 之间的特征响应矩阵。取峰值响应最大值对应的目标特征模型 M_i 作为初始跟踪模型，继续执行步骤（2）所述的跟踪算法对目标进行跟踪。

（6）重复步骤（2）至步骤（5），实现基于图像清晰度与跟踪稳定性条件的目标检测跟踪。

习题与思考题

1．视觉测量系统的基本组成是什么？
2．举例说明在检测系统的哪些位置可以放置光源照明，其成像有什么特点。
3．双目立体视觉中平行结构和汇聚结构有什么优缺点?
4．比较结构光测距、双目立体测距与激光测距的优缺点。
5．摄像机的内外参数包括哪些？如何进行标定？
6．对图像进行畸变校正的步骤包括哪些?
7．阐述一种视觉检测系统的基本结构、工作原理及结果。

第 7 章　光电成像系统综合特性测试

光学与光电成像系统的综合特性是光电检测系统所关注并要研究解决的重要问题之一。在系统设计、制造和使用中，检测成像系统的综合特性是评价成像系统性能优劣的前提。

7.1　典型成像系统综合特性

一般情况下，系统特性或性能评价是对各种输入/输出变换的测量，每项测试对特定目标靶的形状和强度均有要求。传感器把一个输入转换成可测量的输出量，也就是“像”。像可以有多种不同的形式，比如在显示器上所表现出来的图像、模拟视频信号，或是保存在存储器中的数字化数据等。输出可以量化为电压、显示器亮度、A/D 转换器变换后的结果（用数字量即 DN 来表示），还可以是观察者对像质的印象。

在任何测量成像开始之前，都必须首先定义像质。只有明确定义像质，测量方法才能更为精确。由于“好”的像质难以用语言描述，因此成像系统的特性要用很多参数来定义。有了完全明确的定义，才可以制定正确的测试步骤，确定恰当的测试设备和数据采集方法，并为数据分析选择合理的统计方法。一个完整的测试计划，其对光电成像系统客观评价和主观评价的结果都应具备可重复性。

图像评价，即对像质的物理测量，对预先建模、系统设计、性能评价和像质控制来讲是一个不可或缺的手段，不仅可以用来检验最终的设计结果，其结果还可以被分析人员用来验证他们的各种模型。预先建模有助于后继系统设计、系统需求和像质保证规范。把这些规范和易于理解的物理参数联系起来，可以使设计者、制造者和使用者更加确信设计目标已经实现。成像评价包括对给定探测器的光谱、时间、空间、强度特性方面进行测试。在某种程度上，这些测试可以通过对分辨率、响应率、噪声、调制传递函数、对比度传递函数以及畸变的测量来完成。

对观察者来说，由于内在和外在因素的不同，使他们对像质的认识也不相同。这些因素包括一整套不易被量化的生理学方面的内容，是一种主观测量。在依据像质排定等级顺序（即从最好到最坏）时，不同的观察者会存在很大的判断上的差异，其结果是，在任何包含观察者主观因素的测试中，都存在相当大的可变性。

7.1.1　图像观察要求

成像系统最主要的功能是要对图像进行观察，因此需要考虑下面几个因素的要求。

（1）分辨力。

图像的分辨力是光学与光电成像系统中最重要的性能指标，是指能清楚地分辨、识别图像中两个特征点之间的最小间距。可以取输入像面上每毫米所能分辨的等宽黑白条纹数表示（lp/mm），或者取扫描线方向相当于帧高距离内能分辨的等宽黑白条纹数（TVL）。对于具有线性、时间空间不变性成像条件的光电成像过程，MTF 是全面评价光学与光电成像系统成像特性的参量。

（2）对比度。

为了在一定背景中把目标鉴别出，需要目标与背景之间具有一定的对比度。根据瑞利判据，对于相邻的两个艾里斑，需要将相邻两个物点的像进行分开，如图 7-1 所示。因此。对比度需要满足一定要求。但是在实际应用时，由于分辨目标的本领与对比度、背景亮度和目标张角有关，实际的极限对比度可以达到 2%。

（3）功率。

一般来说，人眼感知光强至少需要接收 45 个光子，才能刺激视网膜，此时对应的照度约为 10^{-9}lx。

（4）信噪比。

光电转换的过程存在噪声，使得图像上出现不同的亮暗变化。噪声会严重影响观察效果，研究表明，人眼对图像的信噪比要求因图案而不同，如方波图案约为 1～1.5；余弦图案约为 3～3.8。在弱光、微光条件下，噪声是影响观察的主要因素。

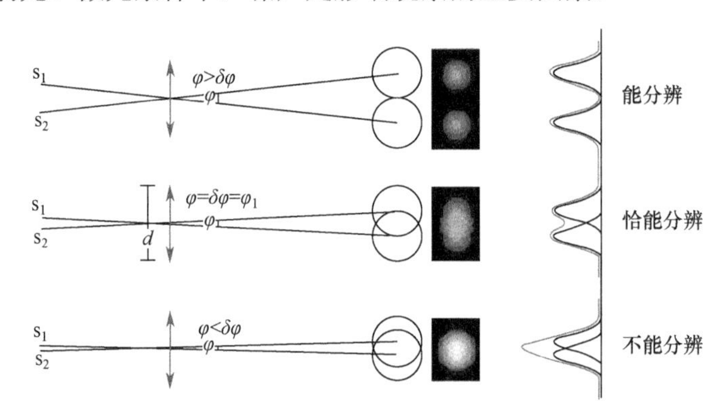

图 7-1　基于瑞利判据的像点分辨能力

7.1.2　典型成像系统的综合特性

典型成像系统包括强光、微光和热成像系统等，下面对其综合特性进行分析。

1．强光成像系统

强光成像系统的主要结构包括望远镜、照相机、显微镜等。强光成像系统的主要限制是分辨力和对比度。在强光成像系统中，常用极限分辨率作为该系统的综合特性，但是该指标评价较不全面，近些年来又提出了使用光学传递函数（Optical Transfer Function，OTF）及其模——调制传递函数（Modulation Transfer Function，MTF）作为系统成像质量的综合特性。

OTF 是指以空间频率为变量，表征成像过程中调制度和横向相移的相对变化的函数，是光学系统对空间频谱的滤波变换。如图 7-2 所示，MTF 给出了系统对不同空间频率 N 的图像（余弦或正弦）的传递特性，即对比度随频率增加而下降的规律，它不仅反映极限分辨率（对比度 C=0.02）的情况，还全面反映了不同空间频率情况下对比度的变化。MTF 可作为估算系统工作距离的依据，显然这一特性是衡量一切成像系统的重要特性。

2．微光成像系统

微光成像系统是指在夜天微弱光照条件下，被物体反射的自然光经过大气传输，再通过光电转换器件和电子倍增器件对夜天光照亮的微弱目标像进行增强，转化为可见图像的系统。微光成像系统是特性较为复杂的系统，因此在评价时，除 MTF 外，还应该进行信噪比测试和极限分辨率特性的测试。信噪比是在像增强器或系统在一定照度的点目标作为输入的条件下，测定的输出信号值 S（低频信号值）和均方根电压值 N（噪声）之比。

另外，通常认为极限分辨率特性可以作为微光成像系统的综合特性和估计视距的依据。实际上极限分辨率特性包括了基本要素的综合，如图 7-3 所示，极限分辨率特性横坐标为光电阴极面上的照度 E_k，纵坐标为空间频率 N_{cp}，曲线组的参考量是目标的对比度。曲线是在目视条件下测定的，它表达了在一定对比度 C 下阴极面照度与分辨率（空间频率）的关系。

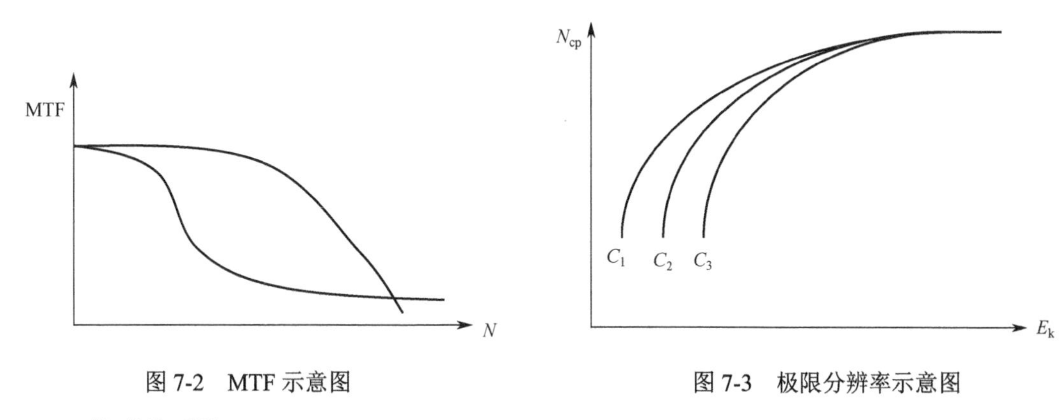

图 7-2　MTF 示意图　　　图 7-3　极限分辨率示意图

3. 热成像系统

热成像系统是对景物自身的辐射进行探测。对热成像系统来说，辐射的绝对量并非主要问题，有人统计过 300K 物体单位面积辐射的功率折合成 10μm 波长的光子数要比夏日太阳直射（10^5lx）条件下可见光的光子数还要高出一个数量级。

影响热成像系统观察最重要的因素为分辨力和反映对比度的目标与背景的温差，而由它们组成的特性称为最小可分辨温差（MRTD）、最小可探测温差（MDTD）。目前国内 MRTD 的度量主要采用主观测量法，即用人眼直接观察被测热像仪显示器上的靶标像。图 7-4 给出了某热成像系统的 MRTD 值随着空间频率变换的曲线。

MRTD 是综合评价热成像系统温度分辨力和空间分辨力的重要参数，它不仅包含系统特征，也包含观察者的主观因素，其定义是：对于处于均匀黑体背景中具有某一空间频率高宽比为 7∶1 的 4 条带黑体目标的标准条带图案（图 7-5），由观察者在显示屏上作无限长时间的观察。当目标与背景之间的温差从零逐渐增大到观察者确认能分辨（50%的概率）出 4 条带的目标图案为止，此时目标与背景之间的温差称为该空间频率的最小可分辨温差 MRTD。当目标图案的空间频率变化时，相应的可分辨温差将是不同的，也即 MRTD（f）。

MDTD 定义是：当观察者的观察时间不受限制时，在显示屏上恰好能分辨出一块一定尺寸的方形或圆形黑体目标及其所处的位置时（图 7-6），黑体目标与黑体背景之间的温差称为最小可探测温差 MDTD。

在红外热成像系统中，还常采用噪声等效温差（NETD）来描述红外探测器或者红外热成像系统的噪声特性。通俗地讲，噪声等效温差就是红外探测器（系统）输出信号功率与噪声功率相等时黑体目标与黑体背景的温度之差。NETD 的测量一般采用角尺寸 $\omega\times\omega$、温度为 T_t 的均匀方形黑体目标，使其处在温度 T_b（小于 T_t）的均匀黑体背景中，构成测试图案（图 7-7）。红外热像仪对测试图案进行观察，当在基准电子滤波器的输出信号等于系统本身的均方根噪声时，辐射系统黑体目标和背景之间的温差就是 NETD。

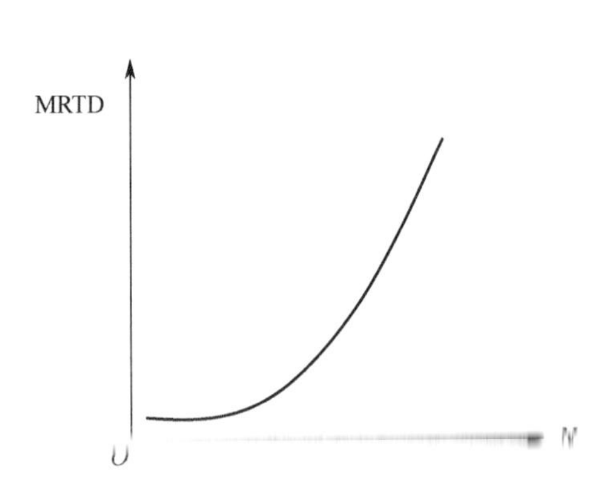

图 7-4　MRTD 值随着空间频率变换的曲线

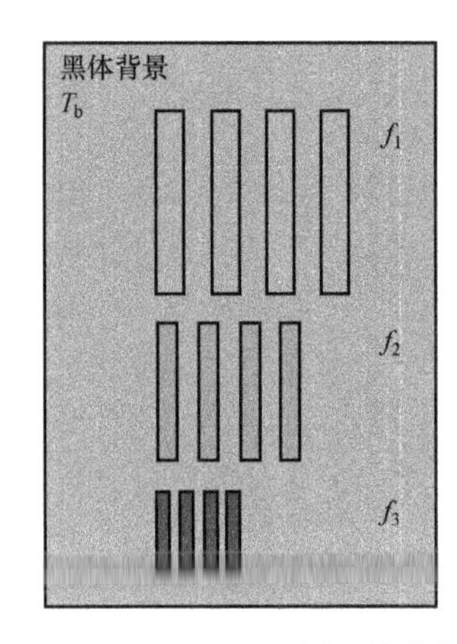

图 7-5　MRTD 测试四条带图案

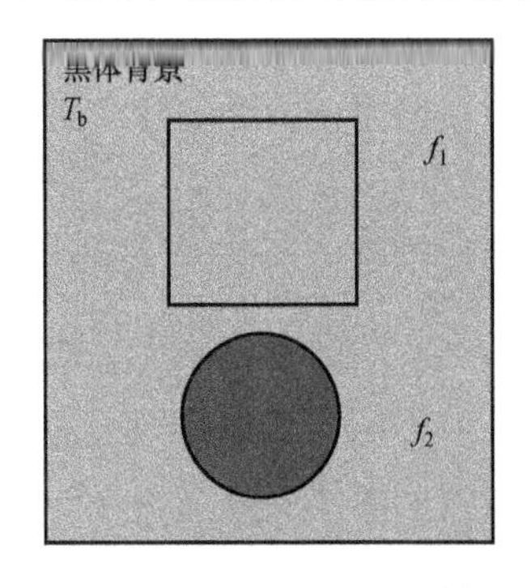

图 7-6　MDTD 的测试图案

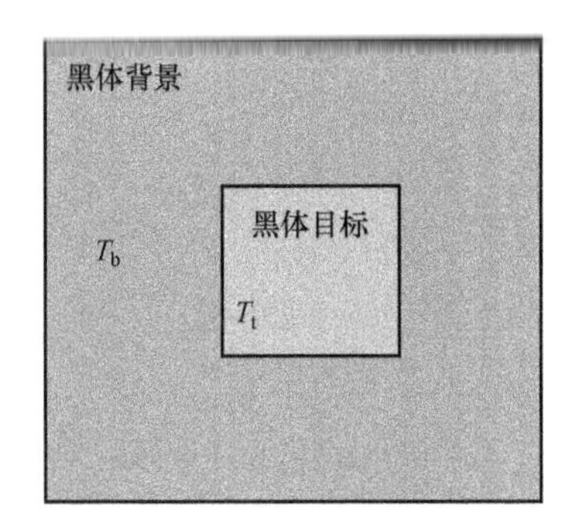

图 7-7　NETD 测试图案

7.1.3　成像系统性能测量的基本装置

测量成像系统性能参数的基本装置的主要部分包括硬件系统、软件系统，下面以红外热成像系统为例，对其进行简要说明。

1．硬件系统

（1）可变温差目标发生器（辐射器）。可变温差目标发生器为热像仪产生一个相对标准的目标。目标发生器由平面黑体和可变靶板组成，靶板为目标，可做成多种图案，如图 7-8 所示。例如，标准四条带图样（高宽比为 7∶1）用以测量 MRTD；圆孔（或方形）用以测量 MDTD 和 SiTF（信号传递函数）；窄缝用以测量 MTF。各种靶标均有不同频率，每块板根据空间频率（或尺寸）不同做成一组或多组图案。靶盘的功能是相对于已知背景，为测试提供一个辐射特性和几何形状都已知的目标。通常，我们通过靶面上挖去的空隙来观察辐射源。按照习惯，靶面上挖空的部分称为目标，而看上去从靶面上发生的辐射称为背景。

平面黑体和目标靶整体装在一个屏蔽罩内，以避免周围环境的影响，目标和背景的辐射发射率相等且应大于等于 0.95。

（2）准直光学系统。准直光学系统的作用是模拟无穷远目标，靶标位于准直光学系统焦平面上。准直光学系统可采用折射系统或反射系统。折射系统易变焦，可改变空间频率，但价格昂贵。反射式准直光学系统通常采用离轴抛物面反射镜，系统参数选择取决于待测热像仪性能。被测热像仪要置于准直光学系统像空间辐射照度均匀的位置上，使光束照射与被测系统到准直物镜的距离无关。

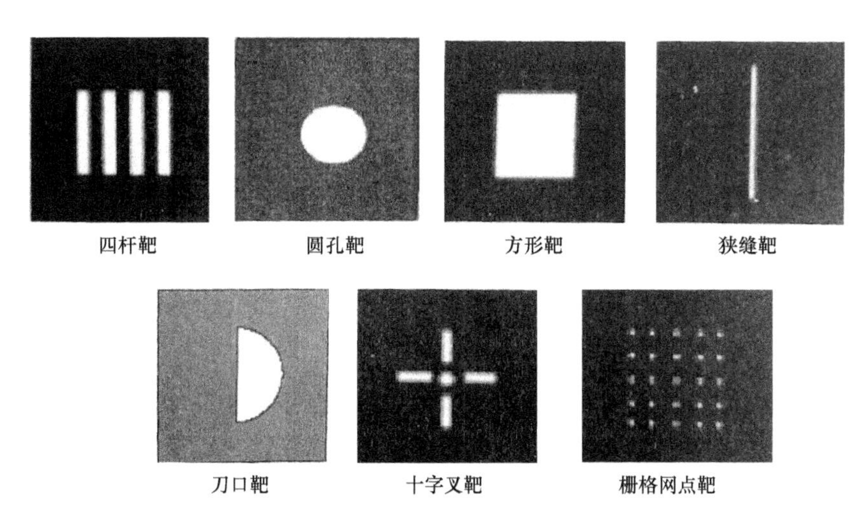

图 7-8　常用的测试靶标

假设准直物镜为一薄透镜，则被测热像系统的入瞳到准直物镜的距离 l 应满足

$$l \leqslant r_{\mathrm{m}} f' / y \tag{7-1}$$

式中：r_{m} 为准直物镜半径；f'为准直物镜焦距；y 为圆形辐射源半径，如果准直光学系统用双反射镜，则 y 为次镜所形成的辐射源像的半径。

双反射镜准直光学系统由离轴抛物面反射镜主镜和平面反射次镜构成，平面镜中心对 O_x 轴偏离，以使目标辐射完全通过平面镜反射，无损失地充满抛物面反射镜成像，此时平面反射镜相对于抛物面反射镜的位置坐标为

$$x=\frac{D_{\mathrm{M}}+r_{\mathrm{s}}}{1-\tan\alpha}-f',\ y=\frac{D_{\mathrm{M}}+\tan\alpha+r_{\mathrm{s}}}{1-\tan\alpha},\ \tan\alpha=\frac{2R_{\mathrm{M}}+D_{\mathrm{M}}-r_{\mathrm{s}}}{f'} \tag{7-2}$$

式中：α 为光线与光轴夹角；R_{M} 为主轴抛物面反射镜半径；D_{M} 为目标到次镜的距离；r_{s} 为目标半径。

辐射源、靶和准直光学系统组合在一起，就可以把已知尺寸和亮度的标准靶投射到测试成像系统中。

（3）扫描微光度计。扫描微光度计由光学耦合部件、光电接收器、扫描器和电子探测单元构成，在 MTF 和 SiTF 测量中用以测量热像仪输出屏上的图像亮度。光学耦合部件把热像仪显示屏上的目标像耦合（用透镜或光纤）到光电接收器（光电倍增管或线阵 CCD 等）的光敏面上；扫描器（扫描狭缝或转动装置）使目标像准确成于光敏面上；电子控制单元则接到各相应部分并把光电接收器输出的电信号经放大和 A/D 转换后送入计算机。

2．软件系统

软件系统主要进行系统控制，包括温度控制软件、靶标运动驱动软件和采集数据处理与分析软件等。测试软件可以在内部集成数据分析方法，制作方便快捷的人机交互界面，并能够直观显示测量结果。

7.2　成像系统 MTF 测试

光学传递函数已在国际上被确认为是光学与光电仪器成像质量可靠性的评定方法，能把衍射、像差、渐晕及杂散光等影响成像质量的各种因素综合在一起反映，客观地评定光学系统的成像质量，既适用于光电系统的设计阶段，也适用于光电仪器的产品检验阶段，而且可

以用于各类型的光学系统与光电系统，它已成为检验光学系统像质的主要方法。MTF 是光学系统成像质量较为完善的评价指标，几乎所有的光学系统都要进行传递函数测试。某一频率的正弦波经系统后，衰减为对比度下降了的同频正弦波，如图 7-9 所示，将空间这一按频率排列的特性称为 MTF。为计量方便，通常将其转变成为随时间变换的电信号。

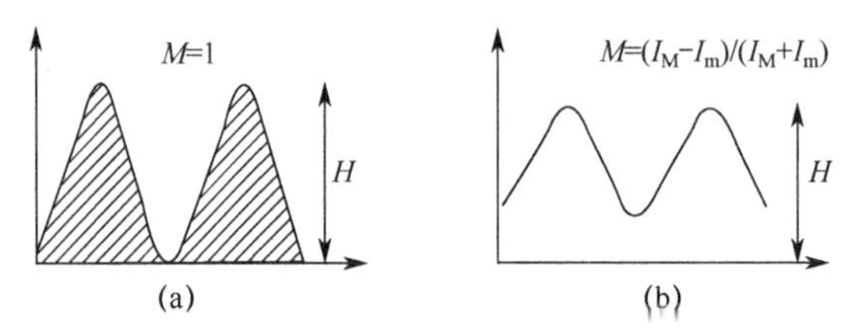

图 7-9　正弦波经光电成像系统后的信号衰减

（a）原始信号；（b）经过系统的衰减信号。

成像系统的 MTF_s 是传感器 MTF_d、光学 MTF_o、电学 MTF_e 和显示 MTF 之乘积，不包含任何信号强度的信息，是系统精确再现场景的一个测量值，是系统设计、分析和规范化的基本参数。根据线性滤波理论，对于一系列具有一定频率特性的分系统所组成的热成像系统，只要逐个求出分系统的传递函数，其乘积就是整个系统的传递函数。如果眼睛的探测阈值能被精确模拟，那么可用它来计算 MRTD 和 MDTD。

对于热成像系统的调制传递函数，一般只考虑 3 项，探测器的传递函数 MTF_d、电子处理系统的传递函数 MTF_e 和光学系统的传递函数 MTF_o，整个系统的调制传递函数是各个子系统的传递函数的乘积。以下是这 3 种 MTF 的数学表达式，即

$$\mathrm{MTF_d}=\frac{\sin(\pi W^{1/2} f)}{\pi W^{1/2} f} \tag{7-3}$$

$$\mathrm{MTF_e}=[1+(2W^{1/2} f)^2]^{1/2} \tag{7-4}$$

$$\mathrm{MTF_o}=\frac{\pi}{2}\{\arccos(f/f_0)-(f/f_0)[1-(f/f_0)^2]^{1/2}\} \tag{7-5}$$

则整个系统的调制传递函数为

$$\mathrm{MTF_s}=\mathrm{MTF_d}\times\mathrm{MTF_e}\times\mathrm{MTF_o} \tag{7-6}$$

红外热成像系统 MTF 的测试通常有 3 种方法。

（1）建立在正弦信号和条带目标响应基础上的直接法；

（2）建立在对所测量的线扩展函数傅里叶变换计算基础上的间接法；

（3）由相干激光束或激光散斑法产生的杨氏干涉条纹法。

测试结果中 MTF 曲线下方的面积通常可作为像质的一个评价值，所以系统空间截止频率的微小变化通常并不影响系统像质的定义，但当给出一条单一的曲线时，MTF 可能就不是一个非常好的评价量。

7.2.1　基本原理

调制传递函数 MTF 的测试方法按共轭方式的不同，可以分为有限共轭和无限共轭两种，如图 7-10 所示。有限共轭系统是指物体在待测镜头前面一个有限距离并且在待测镜头后一个有限距离形成物体的实像。有限共轭透镜的实例包括照相放大镜头、超近摄镜头、光纤面板、显像管和影印镜头等。对于有限共轭系统，放大率等于图像高度除以物体高度。要进行有限共轭测量，将光源置于距检测装置有限距离处并要求知道测试时的物距和像距，以

精确计算目标物按几何光学理论换算到像平面的尺寸，作为目标物频谱计算的依据。无限共轭系统要用准直仪将目标物呈现在待测镜头上，像平面的图像尺寸 d' 可以由物体宽度，准直仪焦距和待测镜头焦距计算，即

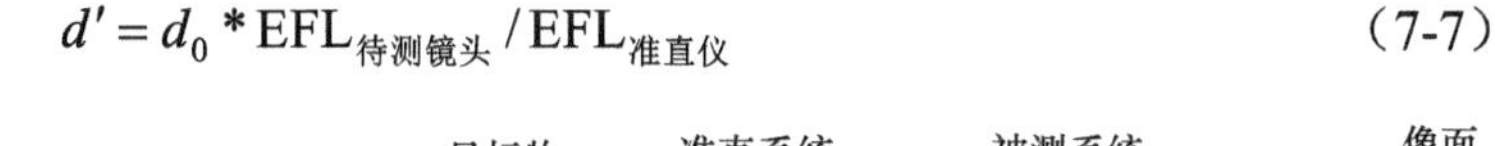

$$d' = d_0 * \mathrm{EFL}_{\text{待测镜头}} / \mathrm{EFL}_{\text{准直仪}} \tag{7-7}$$

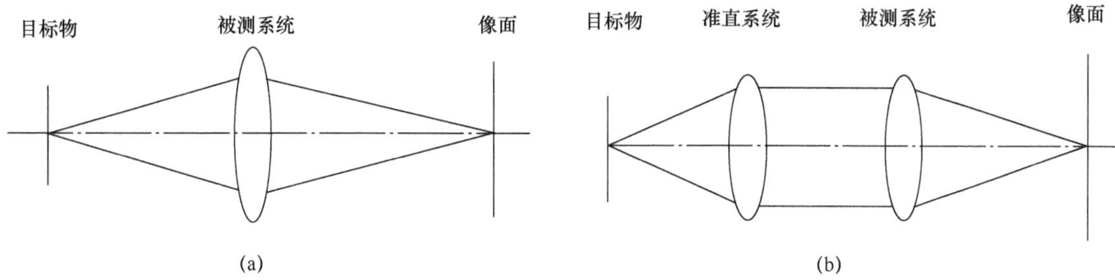

图 7-10　有限共轭和无限共轭光学系统

（a）有限共轭；（b）无限共轭。

按扫描方式的不同，MTF 测试方法又可以分为物理扫描法和视频扫描法两大类。目前光学系统 MTF 测试的仪器基本有两类：物理扫描仪和视频扫描仪。物理扫描仪的工作原理是将孔径滑过一个图像来生成一个刀形边缘函数或线扩展函数，在成像面由扫描屏对像进行扫描，透过扫描屏的光通量由光电器件接收，通过光电转换后，对电信号进行处理得到光学传递函数。测量仪器中的目标物可以是光栅或狭缝，扫描屏也可以是光栅、狭缝或刀口等，探测器则多采用光电二极管等分立成像元件。这种测量方法中的误差来源较多，测试装置也比较复杂笨重。视频扫描仪与物理扫描仪的不同之处在于采用图像传感器 CMOS 或 CCD 直接捕获目标物的像，具有自扫描功能，能实时采集数据，测量速度快，操作方便，并且测试的效率和准确度也大为提高。

对于视频扫描法，根据计算方法的不同，又大体可分为两大类：图像分析傅里叶法和物像频谱对比法。图像分析傅里叶法属于间接测量方法，其基本原理是采用被测系统对具有已知形状的目标物成像，通常为针孔、狭缝或刀口，在像面上用成像器件接收，经图像采集卡获取目标物的数字图像，再由计算机对数字图像进行分析，其分布经过修正后直接对应于被测系统的点扩展函数、线扩展函数或刀口扩展函数，然后进行傅里叶变换得到系统的光学传递函数。这种方法只需一个特征目标物即可获得被测系统在各个空间频率的 OTF 值。物像频谱对比法属于直接测量方法，主要采用固定频率的目标物，通常为正弦条纹或矩形栅条板，通过物像对比度的比值，获得固定空间频率的 MTF 或对比传递函数（CTF）。采用多个空间频率的条纹多次测量，根据 MTF 数据与对应的空间频率，最后拟合 MTF 曲线。

商用传递函数测试仪通常采用图像分析傅里叶法，使用狭缝或刀口做目标物，一次计算可获得被测系统在某一视场下全部空间频率的 MTF 值。工程上，在没有标准传函测试仪的情况下，考虑到操作上的方便，通常选择物像频谱对比度法进行测试。物像频谱对比度法一次可以测得全视场在某一固定空间频率下的 MTF 值，要想获得完整的 MTF 曲线，需要更换不同空间频率的矩形靶标。

7.2.2　MTF 的测量方法

1. 狭缝法测 MTF

根据 MTF 的定义，可以利用狭缝相对该图案横向扫描来完成，即目标发生器（正弦

板）和信号转换器（狭缝）相互的扫描运动实现 MTF 的测量，如图 7-11 所示。狭缝像可以提供比星点像更多的能量，并且可以采用沿同一个方向多次平均的方式减少噪声的影响，其缺点在于一次只能获得一个方向的光学传递函数。不过目前有的标准传递函数测试仪采用十字狭缝作为目标物，则可以同时获得两个方向的 MTF。另外也可以通过旋转狭缝来获得光学系统不同方向的 MTF 值。很多公司如德国的 TRIOPTICS，美国的 Optikos 等生产的光学传递函数测试仪都采用狭缝做目标物，除此之外，有些卫星的在轨 MTF 测试也采用适合宽度的桥梁、河流等来替代理想的线光源。

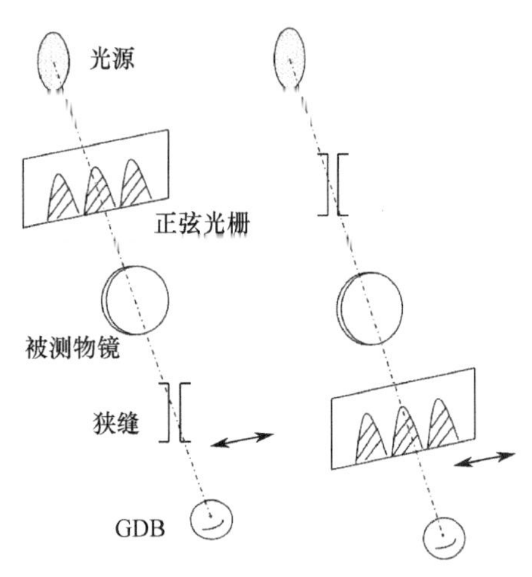

图 7-11　狭缝法测 MTF 示意图

根据 MTF 的定义和 LSF（线扩展函数）与 MTF 的关系可知，狭缝法测试 MTF 的原理就是采用狭缝对一个被测光学系统成像，对于采集到的带有原始数据和噪声的图像信号数字化然后进行去噪处理，再对处理过的 LSF 进行傅里叶变换取模得到包括目标物在内的整个系统的 MTF，最后对影响因素进行修正得到最终被测系统的 MTF。对于无限共轭光学系统，这个影响因素主要包括目标狭缝、准直系统，中继物镜和 CCD 各部分本身的 MTF；对于有限共轭光学系统，则主要是狭缝和 CCD 的影响。

狭缝宽度的选择：狭缝目标物是实现理想线光源的一种重要手段。从理论上来讲，狭缝宽度应该越小越好，但是实际测量中如果狭缝做的太小，通过狭缝的光强就很微弱，信噪比太低，会增加狭缝衍射的影响，因此狭缝宽度应该满足一定的条件。

设狭缝宽度为 d，则目标狭缝可以看作一个矩形函数，即

$$f(x)=\left(\frac{1}{d}\right)\mathrm{rect}\left(\frac{x}{d}\right) \tag{7-8}$$

其傅里叶变换为 sinc 函数，即

$$F(v)=\frac{\sin(\pi dv)}{\pi dv}=\mathrm{sinc}(dv) \tag{7-9}$$

设系统横向放大率为 β，将系统 MTF 曲线统一到像面，则狭缝宽度对测量结果的影响为

$$G(v)=\frac{\sin(\pi\beta dv)}{\pi\beta dv}=\mathrm{sinc}(\beta dv) \tag{7-10}$$

即计算的系统 MTF 要除以 $G(v)$ 对狭缝宽度影响进行修正。由 $G(v)$ 可见，空间频率的第一个零点位置在 $\frac{1}{\beta d}$ 处，缝宽越宽，零点位置越向低频靠近。系统的极限分辨率 μ_c，由于结果修正要除以 $G(v)$，所以只有当 μ_c 在零点的左侧，修正才有意义。即需要满足

$$\mu_c < \frac{1}{\beta d} \tag{7-11}$$

由此可以得出狭缝宽度的上限为

$$d < \frac{1}{\beta \mu_c} \tag{7-12}$$

常用线扩展函数处理算法：由 CCD 采集狭缝像，则狭缝像的灰度分布就是线扩展函数。噪声是引起误差的最大来源，直接影响基频分量，进而影响整个空间频率的归一化，导致测得的 MTF 曲线低频部分出现折谷或高滑，因此，首先要对采集到的狭缝像进行有效的去噪处理，既要能够很好地抑制噪声的影响，又要保证不破坏原始图像的细节。最常用的方法是对狭缝像多次取平均去除随机噪声，另外，还要进行背景光校正以消除底光的影响，一般取狭缝像的最小值或取几个最小值的平均值作为背景光的值。

去噪处理完成后，然后由 LSF 经过傅里叶变换计算 MTF。这一步常用的方法主要有：①直接对去噪后的 LSF 进行离散傅里叶变换。②先对离散的 LSF 数据进行曲线拟合，然后再进行傅里叶变换。

2．刃边法测试 MTF

狭缝法测试 MTF 对狭缝宽度有一定的要求，同一套测试系统，对于不同倍率的镜头，应该选择不同宽度的狭缝。但是有些情况下狭缝像提供的能量还是不够，比如在轨卫星的 MTF 测试，寻找合适宽度的目标物作为狭缝也有一定的难度。边缘扩展函数 ESF 与 MTF 的关系为人们提供了另一种间接测试 MTF 的方法，那就是刃边法，通常也称为刀口法。刃边法的原理就是采用刀形边缘作为目标物对被测系统成像，得到系统的 ESF，利用 ESF 与 LSF 的微分关系求得 LSF，进而间接得到 MTF，如图 7-12 所示。

3．对比度法测试 MTF

物像频谱对比度法的基本原理源于 MTF 的物理意义。根据通信理论中线性系统分析的原理，一个复杂的光学信号可以看作是由各种频率不同的光波组成的周期函数，用傅里叶变换可以将其分解为频率各异的正弦函数。所有系统都以一定方式对输入信息进行某种调制，利用光学传递函数来评价光学系统的成像质量，是基于把物体看作由各种频率的谱组成的，也就是把物体的光强分布函数展开成傅里叶级数或傅里叶积分的形式，若把光学系统看成线性不变系统，那么物体经光学系统成像，可视为输入的光学信号经成像光学系统传递后，其传递效果是频率不变，但对比度下降，相位发生推移，并且对比度和相位的变化因频率不同而不同，并在某一频率处截至，即对比度为零，这种关系就是光学传递函数。假设被测系统的横向放大率为 1，输入信号为空间频率为 v 的正弦信号，如图 7-13 所示。

为了表示输入信号与输出信号的差异，引入无线电中调制度的概念，把振幅与信号平均亮度的比值称为调制度 M，则

$$M = \frac{a}{b} = \frac{I_{\max} - I_{\min}}{I_{\max} + I_{\min}} \tag{7-13}$$

式中：$I_{\max}$ 和 $I_{\min}$ 为给定空间频率 v 在 CCD 上产生的像素灰度的最大值和最小值。

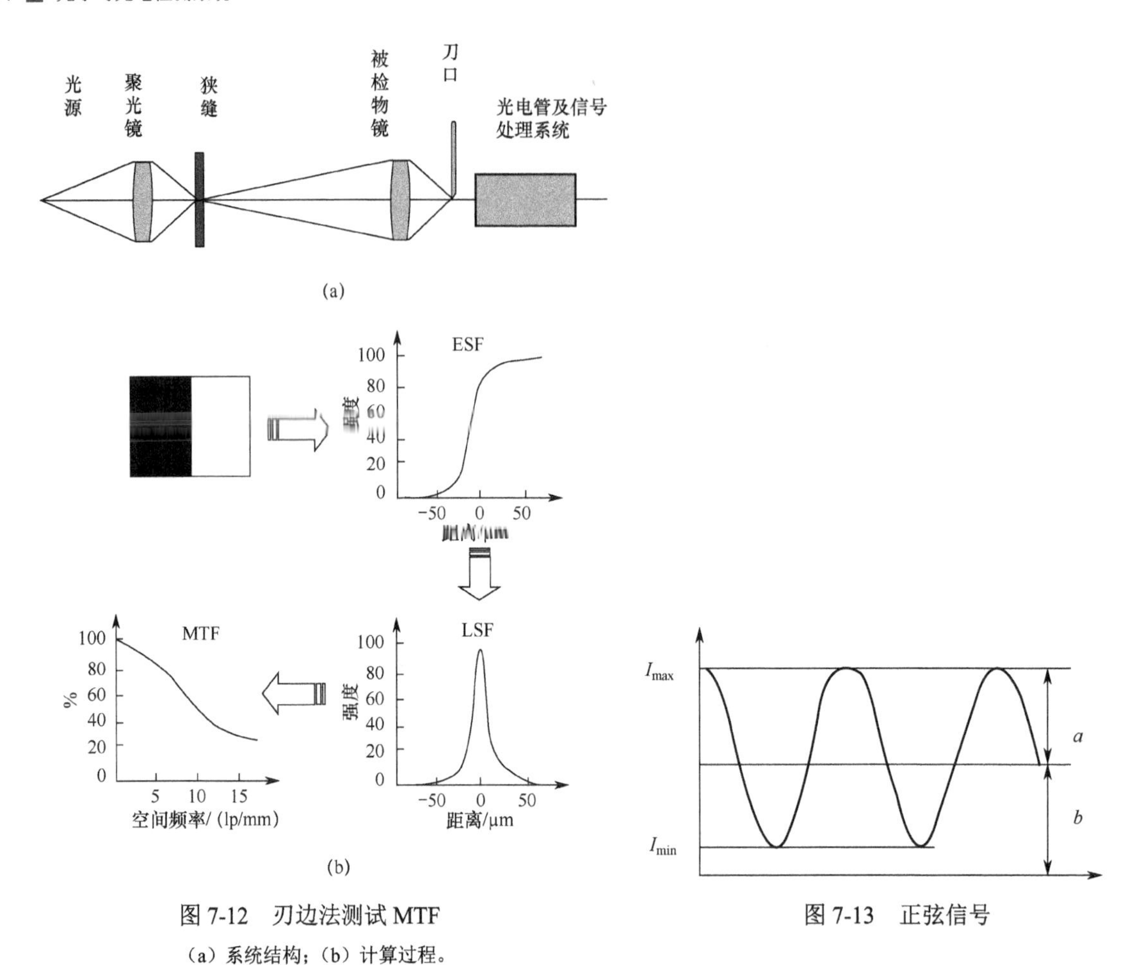

图 7-12 刃边法测试 MTF

（a）系统结构；（b）计算过程。

图 7-13 正弦信号

正弦信号通过镜头后，经过系统的调制作用，输出信号的调制度 M' 有所衰减，相位发生偏移。在数值上即等于被测光学系统在给定空间频率 v 下输出调制度与输入调制度之比。即

$$\mathrm{MTF}(v)=\frac{输出调制度M'}{输出调制度M} \tag{7-14}$$

因此，光学系统的 MTF 可以表示为

$$\mathrm{MTF}(v)=\frac{M'}{M}=\frac{\dfrac{I'_{\max}-I'_{\min}}{I'_{\max}+I'_{\min}}}{\dfrac{I_{\max}-I_{\min}}{I_{\max}+I_{\min}}} \tag{7-15}$$

式（7-15）正是物像频谱对比度法测试的计算依据。通常选择高对比度的正弦靶标（$I_{\min}\approx 0$）进行测试，则物方调制度 M 如下式表示，近似为 1，那么系统的 MTF 在数值上可以近似等于输出调制度 M'。

$$M=\frac{I_{\max}-I_{\min}}{I_{\max}+I_{\min}}\approx\frac{I_{\max}-0}{I_{\max}+0}=1 \tag{7-16}$$

根据传递函数的定义，标准的 MTF 测试应该选用正弦条纹标靶作为目标物，每一个线对的宽度 $2a$ 称为空间周期，单位为 mm。每毫米内所包含的空间周期数称为空间频率，因此空间频率的单位为“线对/毫米”，表示每毫米内包含的线对数。由于靶标制造工艺的限制，所以工程上一般选择易于制造的矩形靶标进行测试，如图 7-14 所示。

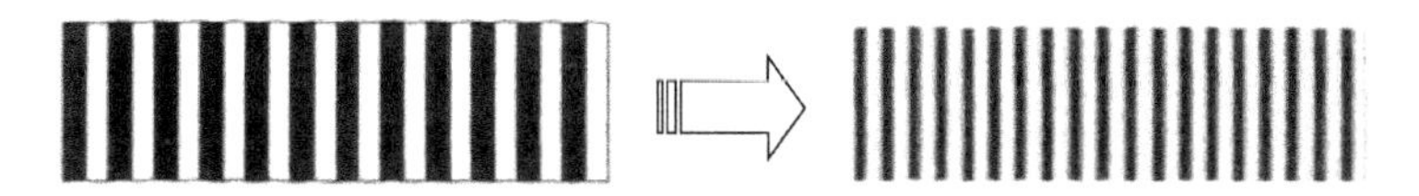

图 7-14　矩形靶标和矩形靶标图像

由此计算得到的是对比传递函数 CTF。MTF 和 CTF 均是反映成像系统空间分辨能力的函数，区别在于 MTF 是成像系统对正弦信号的响应，CTF 是对方波信号的响应，但是二者可以相互转化，如图 7-15 所示。根据矩形函数的傅里叶级数及 MTF 理论，CTF 与 MTF 之间存在如下关系：

$$\mathrm{MTF}(v)=\frac{\pi}{4}\left[\mathrm{CTF}(v)-\frac{\mathrm{CTF}(3v)}{3}+\frac{\mathrm{CTF}(5v)}{5}-\cdots\right] \tag{7-17}$$

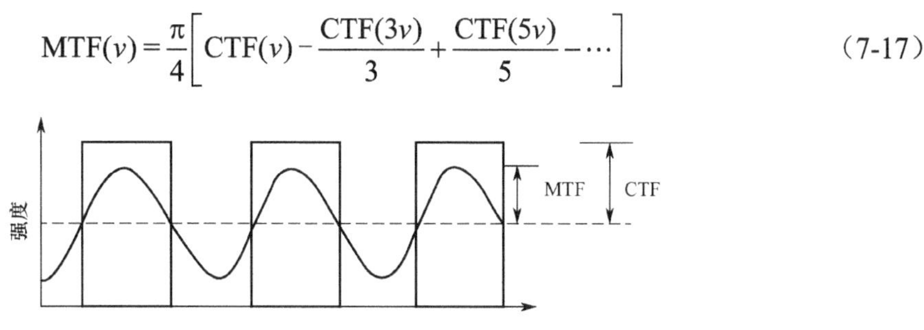

图 7-15　MTF 与 CTF 的关系

在实际测试中，通常省略高频部分的值，因此 MTF 和 CTF 的关系可以简单地表示为

$$\mathrm{MTF}(v)=\frac{\pi}{4}[\mathrm{CTF}(v)] \tag{7-18}$$

采用对比度法测试光学系统的 MTF，通常是选择一系列不同空间频率的矩形光栅做目标物，通过 CCD 采集镜头所成的像，获得含有灰度信息的位图，然后对其像进行抽样处理，通过像的归一化直方图计算不同空间频率的 MTF 值。每个灰度对象都具有从 0%（白色）到 100%（黑色）的亮度值，分为 0～255 共 256 个级别，0 即全黑，255 即全白。直方图则用来统计一幅矩形栅条图像中 256 个灰度级分别对应的像素个数，横坐标是灰度级，纵坐标是该灰度出现的概率（像素的个数）。对于对比度为 1 的矩形栅条板，直方图的灰度分布全部集中在 0 和 255，即图像中只有全黑和全白。经过被测系统调制作用，直方图的两个峰值之间的间距缩小，理想情况下，直方图中高端最高点对应的横坐标就是光强的最大值 $I_{\max}$，同理，低端最高点对应的横坐标就是光强最小值 $I_{\min}$。如图 7-16 所示。

由调制度的定义可知，$I_{\min}$ 越靠近 0，$I_{\max}$ 越靠近 255，说明镜头的成像质量越好。

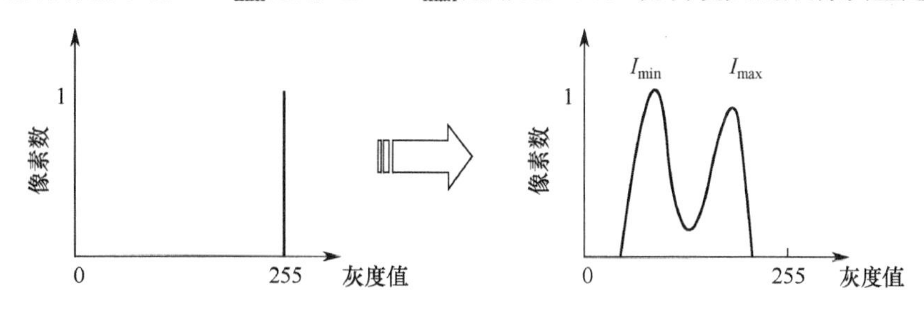

图 7-16　直方图计算 MTF

4. Acofam（阿克法）MTF 测试

对于热成像系统，由于需要对目标与背景产生温差才能进行测试，因此，可以用细热丝代替狭缝，用黑体炉加室温狭缝作为目标，探测器 D 根据测试波段进行适当选择。系统构成

如图 7-17 所示。光栅 G 的空间频率可以采用 0.1lp/mm、0.2 lp/mm、0.4 lp/mm、0.6 lp/mm、0.8lp/mm、1lp/mm，显微物镜如采用 25×、50×、100×3 种，则空间频率可扩展到 2.5～100lp/mm。

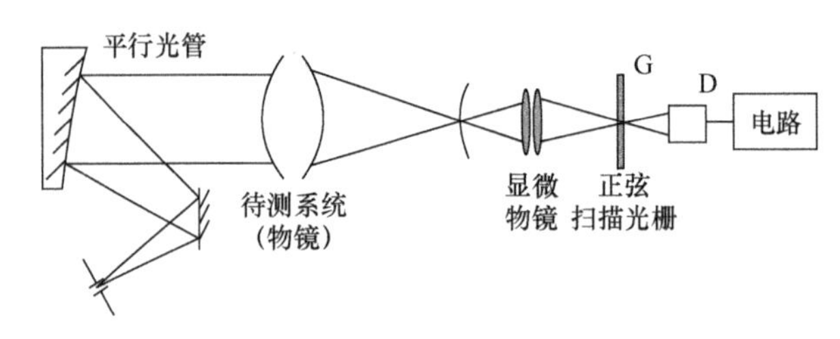

图 7-17　阿克法测量 MTF

7.3　热成像系统 MRTD 测试

在红外热成像系统的多项性能参数中，由于 MRTD 既反映了系统的热灵敏度特性，又反映了系统的空间分辨力，同时还与人眼的主观观察相联系，因此成为综合评价红外成像系统性能的最主要参数。MRTD 的测量有主观和客观两种方法。

7.3.1　主观测量法

MRTD 主观测量法为用人眼直接观察被测热像仪显示器上的靶标像。位于准直光学系统焦面上的测试靶标可装在步进电机带动的转轮上，根据测试需要把不同空间频率、大小和形状的靶标装到轮上。测试 MRTD 时安装高宽比为 7∶1 的不同频率的四杆靶板，以靶板温度为背景温度，靶板图案镂空部分透过面黑体的辐射而形成目标。测试 MRTD 时，先要使背景（环境）温度稳定，再调节平板黑体温度使目标和背景产生不同的温差，观测不同温差靶标对应的输出图像。测试系统如图 7-18 所示，包含如下部分：可变温目标发生系统、平行光管、待测热像仪与监视器。

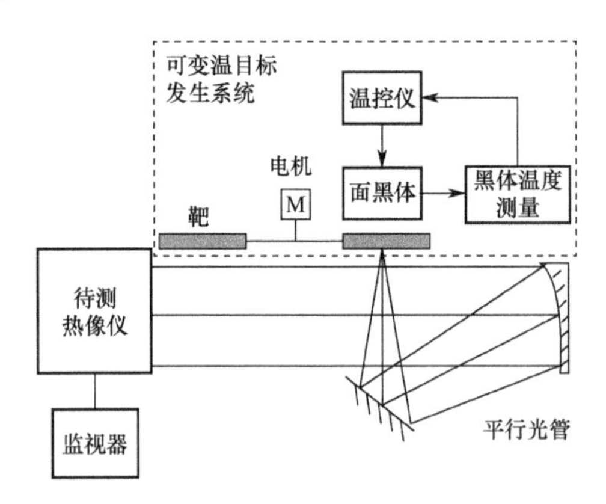

图 7-18　MRTD 测量系统

典型的 MRTD 曲线测量过程如下。

（1）系统标定。标定用的仪器是标准黑体和扫描辐射计。先用标准黑体对扫描辐射计进行标定，然后用扫描辐射计对测试系统的温度均匀性进行校定，由此可以得出仪器常数 Φ。它与测试仪器的 MTF、透射比及目标发生器的辐射发射率有关。

（2）空间频率选择。MRTD 测量规定，测量至少应在 4 个能反映热像仪性能的空间频率 f_1、f_2、f_3、f_4（单位为 cyc/mrad）上进行。通常选择 $0.2f_0$、$0.5f_0$、$1.0f_0$ 和 $1.2f_0$ 值。f_0 为特征频率 $l/[2\ \text{DAS}]$，其中，DAS 是热像仪探测器尺寸对物镜的张角（单位：mrad），但需要评价热像仪用于恶劣气候条件或低温差目标的性能时，应选择更低的空间频率。

（3）测量方法如下。

① 首先将较低频率的标准四杆图案靶标置于准直光学系统焦平面，并把温差调到高于规定值进行观察。调整热像仪，把各种控制及观察调到最佳，使靶标清晰成像。

② 降低温差，继续观察。把面形黑体温度从背景温度以下调到背景温度以上，分辨黑白图样，记录当观察到每杆面积的 75%和两杆间面积的 75%时的温差，称为热杆（白杆）温差。继续降低温差，直到冷杆（黑杆）出现，记录并判读冷杆温差。判读时以 75%的观察人员能分清图像为准。

③ 对其他规定空间频率靶重复上述过程。

（4）测试结果的计算。

假设 T_0 为环境温度，白杆测量时，人眼能分辨出四杆白条纹图样的目标温度为 T_1，正温差$\Delta T_1=T_1-T_0$；黑杆测量时，人眼能分辨出四杆黑条纹图样的目标温度为 T_2，负温差$\Delta T_2=T_2-T_0$。考虑到准直仪的透射比（准直仪 MTF 不计）及目标发生器的发射率校正，则被测热像仪的 MRTD(f)值可表示为

$$\text{MRTD}(f)=\frac{|\Delta T_1|+|\Delta T_2|}{2}\Phi \tag{7-19}$$

7.3.2　客观测量法

由于主观 MRTD 测试结果包含了观察者的主观性，导致不同人员和不同实验室的测量结果有较大的不确定性，因此测试人员希望寻求一种更客观的 MRTD 测试方法，以获得稳定的测试结果。此外，MRTD 的主观测量方法是一个非常耗时的过程，使用客观测量方可以缩短测试时间。计算机技术、图像处理技术的迅速发展，使 MRTD 的客观测试成为可能，目前的客观测试方法包括视频采集 MTF 法、光度法和智能神经网络测试法。

1. MTF 法

客观测试 MRTD 的 MTF 法是基于从热成像系统的视频信号测量其 MTF、信号传递函数（SiTF）、NETD（噪声等效温差）和噪声功率谱（NPS）来确定的，其测量系统工作原理如图 7-19 所示。

可变温差目标发生器由面辐射源（黑体）和狭缝目标组成，构成目标源（线目标）。数字瞬态记录仪从热像仪的视频信号中选择相应的行，数字化后传给微机。微机经计算处理，给出所需计算的性能参数。行选择器为瞬态记录仪提供行开始时的同步脉冲。

LSF 和 MTF_v 测试时，热像仪瞄准一狭缝目标，得到的视频信号是 LSF。LSF 的傅里叶变换就是视频信号的调制传递函数 MTF_v。

SiTF 测试时，热像仪瞄准一相对较大的圆形或方形目标图案，得到与不同目标温差值相对应的视频信号电平，从而确定 SiTF。目标温差可通过计算机自动设置。

噪声（均方根噪声 RMSN、NETD 和 NPS）测试时，热像仪瞄准一个较大的均匀目标。均方根噪声技术可以消除直流不均匀性和非均匀的本底电平的影响，它是根据差信号来计算的。

从 SiTF 和 RMSN 这两个参数可以得到：NETD=(RMSN)/($\mathrm{d}v/\mathrm{d}T$)，其中，($\mathrm{d}v/\mathrm{d}T$)是曲

线的斜率。在测量 RMSN 的同时，测得：NPS=(FT(signal))^2，这里 FT 表示傅里叶变换。NPS 需要归一化，以保证下式成立，(RMSN)^2=NPS 曲线下的面积。客观 MRTD 的确定是将测量得到的 MTF_s、NETD、NPS 等值代入 MRTD 表达式计算 MRTD 值：$MRTD(f)=(k\cdot(NETD)\cdot A\cdot B\cdot C)/MTF_s(f)$，其中 f 是 4 条带目标图案的空间频率（c/mrad），k 对给定热像仪为常数，A 和 B 为水平和垂直方向的噪声空间滤波函数，C 为时间滤波函数，$MTF_s(f)$是整个系统的调制传递函数。

$MTF_s(f)$及 A、B、C 的计算式为 $MTF_s(f)=MTF_V(f)\ MTF_d(f)\ MTF_e(f)$，其中 $MTF_V(f)$为视频信号测量的 MTF，$MTF_d(f)$为热像仪显示器的 MTF、$MTF_e(f)$为人眼的 MTF，则

$$\begin{cases} A^2 = \int [\mathrm{NPS}(f)\cdot \mathrm{MTF}_d^2(f)\cdot \mathrm{MTF}_e^2(f)]\mathrm{d}f / \int \mathrm{NPC}(f)\cdot \mathrm{d}f \\ B^2 = \mathrm{FOV_v}/R = \mathrm{FOV_h}/(R\cdot I) \\ C^2 = 1/(f_\tau \cdot \tau) \end{cases} \tag{7-20}$$

式中：FOV_v 和 FOV_h 为热像仪的垂直和水平视场；R 为图像扫描线数；I 为图像宽高比；f_τ 是帧频；τ 是眼睛积分时间。

2．光度法

光度法是使用 CCD 摄像机对热像仪的显示器进行测试，可得到 4 条带图案目标与背景的信噪比。根据温差与信噪比的线性关系，利用线性插值方法即可得到特定信噪比对应的温差，即为某一频率下的 MRTD 值。

测试系统原理如图 7-20 所示。可变温差目标发生器由面辐射源（黑体）和标准 4 条带图案组成。CCD 摄像机从热像仪的显示器上获取图像信号，控制单元将信号传给微机，微机对信号进行处理，同时还控制可变温差目标发生器。

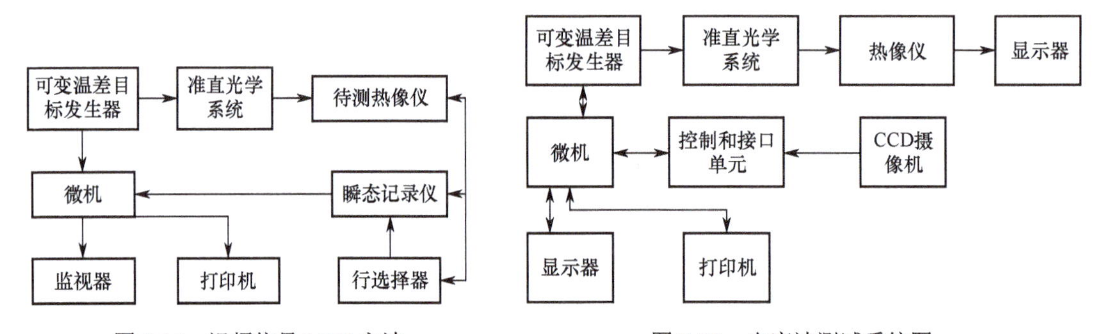

图 7-19　视频信号 MTF 方法

图 7-20　光度法测试系统图

测量方法如下。

（1）选择某一频率的标准 4 条带图案，设定目标与背景温差为一较高值。

（2）当所希望的温差得到满足时，CCD 阵列的一帧数据被存入微机存储器中，微机使用这些数据来建立与 4 条带目标相对应的图像。

（3）将温差减小到接近 MRTD 值（对于所选目标的空间频率），此值由操作者预选。

（4）当达到这个温度时，CCD 阵列的数据又被存入微机中，在对暗电流和响应率变化进行修正之后，这些数据与（2）中的数据一起被用来计算信噪比 SNR。

（5）将此信噪比与阈值信噪比进行比较，如果等于阈值信噪比，那么现在的温差就是 MRTD，如果不等于阈值信噪比，就使用线性插值方法来求 MRTD。如果只进行了 1 次测量，可利用原点与该测量点的连线，利用线性插值方法得到与阈值 SNR 对应的值（MRTD

值)；如果进行了 2 次测量，则可利用这 2 个测量点的连线，用线性插值方法得到与阈值 SNR 对应的ΔT（MRTD 值）；计算方法见图 7-21。

（6）设置目标与背景温差为所求得的值，重复测量过程，直到得到正确的信噪比。

（7）对目标与背景的负温差，重复上述过程，计算正、负温差所得 MRTD 的平均值。

（8）选择其他频率的目标，对每个目标重复上述过程，直到能画出 MRTD-f 曲线为止。

实际计算信噪比的关系如图 7-22 所示。信号被取为条纹和背景的平均亮度差，噪声被取为目标与背景标准差平方和的一半。图中：$\overline{L}_1$ 为条纹的平均亮度，$\overline{L}_2$ 为间隔的平均亮度。对比度 CONTRAST=$(\overline{L}_1-\overline{L}_2)/(\overline{L}_1+\overline{L}_2)$，信噪比 SNR=$I(\overline{L}_1-\overline{L}_2)/[\mathrm{SD}(L_1)^2+\mathrm{SD}(L_2)^2]$。

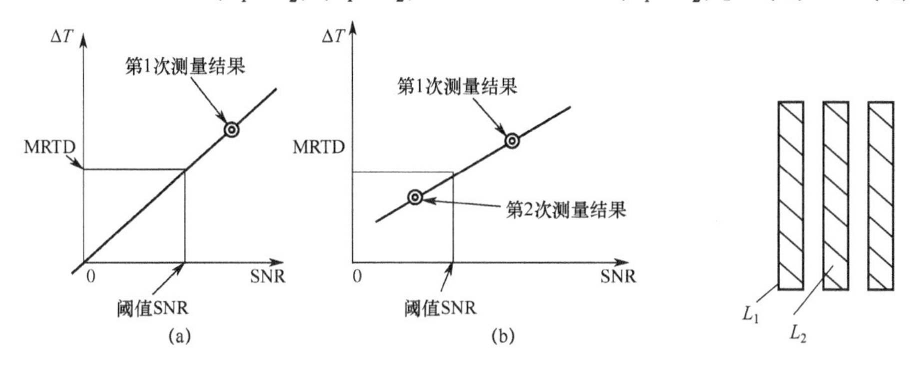

图 7-21　MRTD 的确定

（a）单次测量；（b）两次测量。

图 7-22　信噪比 SNR 的确定

3．神经网络测量法

神经网络测量法与主观测量相类似，但其应用了神经网络技术模拟人眼进行图像判读：4 条靶红外目标经被测热成像仪系统成像后，其输出图像信号被采集到计算机中进行处理与图像特征提取，由主观测试数据训练后的神经网络对图像特征向量进行判断，并输出 MRTD 测量结果。

实际上，上述客观测量方法的原理复杂、技术难度大，所用的检测仪器多，成本也较高，因此设计了更简单、方便的方法，依据 NETD 和 MTF 进行测量计算。MRTD 的一般表达式为

$$\mathrm{MRTD}(f)=\frac{\pi^2}{4\sqrt{14}}\mathrm{SNR}_{\mathrm{TH}}f\frac{\mathrm{NETD}}{\mathrm{MTF}(f)}\cdot\left(\frac{\alpha\beta}{t_{\mathrm{e}}f_{\mathrm{p}}\Delta f_{\mathrm{n}}\tau_{\mathrm{d}}}\right)^{1/2} \tag{7-21}$$

式中：MTF(f)为系统总的传递函数；$\mathrm{SNR}_{\mathrm{TF}}$ 为阈值显示信噪比；α、β 为横向和纵向瞬时视场；f_{p} 为帧频；NETD 为噪声等效温差；Δf_{n} 为噪声等效带宽；f 为目标的空间频率；t_{e} 为人眼的积分时间；τ_{d} 为元件滞留时间常数。

式（7-21）还可以写为

$$\mathrm{MRTD}(f)=\frac{\pi^2}{4\sqrt{14}}\mathrm{SNR}_{\mathrm{TH}}f\left(\frac{\alpha\beta}{t_{\mathrm{e}}f_{\mathrm{p}}\Delta f_{\mathrm{n}}\tau_{\mathrm{d}}}\right)^{1/2}\cdot\frac{\mathrm{NETD}}{\mathrm{MTF}(f)} \tag{7-22}$$

令 $K(f)=\dfrac{\pi^2}{4\sqrt{14}}\mathrm{SNR}_{\mathrm{TH}}f\left(\dfrac{\alpha\beta}{t_{\mathrm{e}}f_{\mathrm{p}}\Delta f_{\mathrm{n}}\tau_{\mathrm{d}}}\right)^{1/2}$，在红外成像系统确定的情况下，$K(f)$是仅与目标空间频率 f 有关的常数。式（7-22）可以简写为

$$\mathrm{MRTD}(f)=K(f)\cdot\frac{\mathrm{NETD}}{\mathrm{MTF}(f)} \tag{7-23}$$

式中：$K(f)$为目标空间频率的函数；NETD 为噪声等效温差；$\mathrm{MTF}(f)$为调制传递函数。

根据式（7-23），测量将变得简单。对 NETD 和 $\mathrm{MTF}(f)$是一个客观测量值，并且测量过程很快，大约需要 10min。

7.4 热成像系统 NETD 测试

如果我们查看热成像系统制造商提供的数据可以发现，热灵敏度、热分辨率、温度分辨率或者 NETD 常被用于表征系统的总噪声信息。尽管参数具有不同的名字，但通常是指噪声等效温差 NETD。

在测量标准的 NETD 时，一般采用角尺寸 $W \times W$，温度 T_t 的均匀方形黑体目标，使其处在温度 $T_B(<T_t)$的均匀黑体背景中构成测试图案（图 7-7）。热像仪对测试图案观察，当在基准电子滤波器的输出信号等于系统本身的均方根噪声时，辐射系统的黑体目标和背景之间的温差就是噪声等效温差 NETD。

7.4.1 NETD 的推导

测量标准的 NETD 时，通常要求测量标准的 NETD 时的目标尺寸 W 超过瞬时视场若干倍，目标和背景的温差ΔT 超过 NETD 数十倍，使信号峰值电压 V_S 远大于均方根噪声电压 V_N，然后按下式计算 NETD：

$$\mathrm{NETD}=\frac{\Delta T}{V_S / V_N} \tag{7-24}$$

测量 NETD 时，从系统的基准电子滤波器输出后的信噪比可表示为

$$\mathrm{SNR}=\frac{\Delta \Phi_\lambda R}{\int_0^{\infty} s(f)\mathrm{MTF}_e^2(f)\mathrm{d}f} \tag{7-25}$$

式中：$\Delta\Phi$ 为目标与背景的辐射通量差；R 为探测器的响应度；$s(f)$为系统的噪声功率谱；$\mathrm{MTF}_e(f)$为电子滤波器的传递函数。分母积分项为噪声均方根，若假定 V_n 为在测量归一化探测率 D^*时，测量点 f_0 处单位带宽所对应的噪声电压，Δf 为测量带宽，A_d 为探测器面积，则 D^*与 R 的表达式为

$$R(\lambda)=\frac{D^*(\lambda)V_n}{\sqrt{A_d \Delta f}}=D^*(\lambda)\sqrt{\frac{s(f_0)}{A_d}} \tag{7-26}$$

将式（7-26）代入式（7-25），得

$$\mathrm{SNR}=\frac{S}{N}=\frac{\Delta\Phi_\lambda D^*}{\sqrt{A_d}\int_0^{\infty} S(f)\mathrm{MTF}_e^2(f)\mathrm{d}f}=\frac{\Delta\Phi_\lambda D^*}{\sqrt{A_d \Delta f}} \tag{7-27}$$

式中：$S(f)=s(f)/s(f_0)$为归一化噪声功率潜；Δf_n 为噪声等效带宽，其定义为

$$\Delta f_n=\int_0^{\infty} S(f)\mathrm{MTF}_e^2(f)\mathrm{d}f \tag{7-28}$$

白噪声的 $S(f)=1$，Δf_n 称为噪声标准带宽Δf_0。由于 $\mathrm{MTF}_e(f)$一般为低通滤波器，可得到 Δf_n 与 3dB 频率点 f_{t_0} 的关系为$\Delta f_n=\pi f_{t_0}/2$。由于一般为保持光脉冲波形能达到最大值，要求

$f_{t_0}=1/(2\tau_d)$。因此，噪声标准带宽Δf_0与τ_d的关系为

$$\Delta f_0=\frac{\pi}{4\tau_d} \tag{7-29}$$

对于成像系统，黑体目标与背景辐射通量差可表示为

$$\Delta\Phi_\lambda=\frac{A_d}{4F^2}\tau_0(\lambda)\frac{\partial M_\lambda}{\partial T}\Delta T \tag{7-30}$$

式中：$\tau_0(\lambda)$为光学系统的辐射透射比；F 为透镜的 F 数；ΔT 为景物温差；$\partial M_\lambda/\partial T$ 为相对背景温度 T_B 下的光谱辐射出射度对温度的变化率。

如果热成像系统限定在某波长段工作，对大多数光学材料，可以认为 $\tau_0(\lambda)=\tau_0$=常数，则

$$\mathrm{SNR}=\Delta T\frac{\alpha\beta D_0^2\tau_0}{4\sqrt{ab\Delta f_n}}\int_{\lambda_1}^{\lambda_2}D^*(\lambda)\frac{\partial M_\lambda(T_B)}{\partial T}\mathrm{d}\lambda \tag{7-31}$$

由 NETD 定义，当 SNR=1 时，得到（n_s为串扫元数）

$$\mathrm{NETD}=\frac{4F^2\sqrt{\Delta f_n}}{\sqrt{A_d n_s}\tau_0\int_{\lambda_1}^{\lambda_2}D^*(\lambda)\frac{\partial M_\lambda(T_B)}{\partial T}\mathrm{d}\lambda} \tag{7-32}$$

其中

$$D^*(\lambda)=\frac{R(\lambda)\sqrt{\Delta f A_d}}{\sigma} \tag{7-33}$$

式中：σ 为均方根噪声；$R(\lambda)$为探测器电压响应率。

SiTF 为信号传递函数，可表示为

$$\mathrm{SiTF}=\frac{\sqrt{A_d}}{4F^2}\int_{\lambda_1}^{\lambda_2}\tau_0(\lambda)R(\lambda)\frac{\partial M(\lambda,T_B)}{\partial T}\mathrm{d}\lambda \tag{7-34}$$

将式（7-33）、式（7-34）代入式 （7-32）可以得出测试中常用 NETD 的表达式为

$$\mathrm{NETD}=\frac{\sigma}{\mathrm{SiTF}} \tag{7-35}$$

或

$$\mathrm{NETD}=\frac{\Delta T}{S/\sigma} \tag{7-36}$$

7.4.2 NETD 的测量

1. 测试标准

国标“红外焦平面阵列参数测试方法”（GB/T 17444—2013）规定了 NETD 的测试条件、测试步骤和计算方法。

（1）测试条件。

采用面源黑体测试，中波、长波红外焦平面器件件测试的黑体温度 T、T_0 推荐分别取 308 K、293K，短波红外焦平面器件测试的黑体温度 T、T_0 采用规定温度，T_0 通过 $T-\Delta T$ 确定，ΔT 一般为 10K、15K、20K、30K。黑体温度，输出不加调制；黑体辐射应保证焦平面各像元均匀辐照。

（2）测试步骤。

① 连接测试系统，进行系统预置。

② 调节测试系统，给被测器件加上规定电压，使器件处于正常工作状态。

③ 利用测试系统，分别在黑体温度 T_0 和黑体温度 T 下，连续采集 F 帧数据（推荐取 $F \geqslant 100$）（若被测器件为线列焦平面，则连续采集 F 行数据），得到两组 F 帧两维数组。在温度 T_0、T 条件下，分别测得的 F 帧两维数组为 $V_{\mathrm{DS}}[(i,j),T_0,f]$和 $V_{\mathrm{DS}}[(i,j),T,f]$，其中$(i,j)$为第 i 行第 j 列像元，f 为测量次数。

④ 在测得 2 组 F 帧两维数组后，NETD 可按公式计算得到。

（3）计算方法。

像元响应电压按下式计算：

$$V_{\mathrm{s}}(i,j)=\frac{1}{K}\{\bar{V}_{\mathrm{DS}}[(i,j),T]-\bar{V}_{\mathrm{DS}}[(i,j),T_0]\} \tag{7-37}$$

式中：K 为系统增益（测试中放大器的放大倍数）；$\bar{V}_{\mathrm{DS}}[(i,j),T]$、$\bar{V}_{\mathrm{DS}}[(i,j),T_0]$ 分别为在黑体温度 T、T_0 条件下第 i 行第 j 列像元输出信号电压 F 次测量的平均值。

像元噪声电压按下式计算：

$$V_{\mathrm{N}}(i,j)=\frac{1}{K}\sqrt{\frac{1}{F-1}\sum_{f=1}^{F}\{\bar{V}_{\mathrm{DS}}[(i,j),T_0]-V_{\mathrm{DS}}[(i,j),T_0,f]\}^2} \tag{7-38}$$

像元噪声等效温差为

$$\mathrm{NETD}(i,j)=\frac{T-T_0}{V_{\mathrm{s}}(i,j)/V_{\mathrm{N}}(i,j)} \tag{7-39}$$

平均像元噪声等效温差为

$$\mathrm{NETD}=\frac{1}{M\times N-(d+h)}\sum_{i=1}^{M}\sum_{j=1}^{N}\mathrm{NETD}(i,j) \tag{7-40}$$

式中：M 为像元的总行数；N 为像元总列数；d 为坏像元；h 为过热像元。

2. 整机测试方法

目前，国内各大科研机构相继引进国外的红外成像系统整机测试设备，其中主要有美国 SBIR、Optikos、EOI 公司、法国 HGH 公司、以色列 CI 公司的测试产品。现阶段利用以上公司测试产品主要应用两种方法进行测试。

（1）通过黑体的温度变化控制温差，来获得不同温差下的温差信号，得到相应的关系函数，在信号区域或者背景区域求取，通过式（7-35）获得测量值。

（2）利用特定靶标进行测试，控制黑体与靶标的温差以获得信号，选定信号区域或者背景区域来获得，黑体显示温差为ΔT，通过式（7-36）求得。

目前的测量常采用两种方法进行，一种是将黑体置于离轴抛物镜面的焦点，采用平行光成像进行测量；一种将黑体置于有效成像距离，利用短距离成像进行测量，两种方法测试原理相同。具体步骤如下。

（1）调整好被测系统焦距，使系统处于正常使用状态，关闭自动增益功能，关闭图像增强功能，关闭自动亮度功能。

（2）选择适当的靶标，使被测系统响应率最大。

（3）选择适当的温度点，利用软件记录下各点的温差与信号值，计算相应的噪声均方根。

（4）记录下测量时的环境温度值，将其归一化为 25℃的标准值。

7.5　极限分辨特性测试

本节主要介绍基于目视判读分辨率测量的相关理论和方法，包括测量望远镜、照相机等典型光学系统的分辨率和星点测量装置，以及像增强器极限分辨特性的测量方法。

7.5.1　星点检验

1. 星点检验原理

星点检验法，是通过考察一个点光源经光学系统后在像面及像面前后不同截面上所成衍射像（通常称为星点像）的形状及光强分布来定性评价光学系统成像质量好坏的一种方法。

光学系统对相干照明物体或自发光物体成像时，可将物光分布看成是无数个具有不同强度的独立发光点的集合。每一发光点经过光学系统后，由于衍射和像差以及其他工艺疵病的影响，在像面处得到的星点像光强分布是一个弥散光斑，即点扩散函数 PSF，而不再是单位脉冲函数。在等晕区内，每个光斑都具有完全相似的分布规律，像面光强分布是所有星点像光强的叠加结果。星点像光强分布规律决定了光学系统成像的清晰程度，也在一定程度上反映了光学系统对任意物分布的成像质量。通过考察该光学系统的点扩散函数 PSF，就可以了解和评定光学系统对任意物分布的成像质量，这就是星点检测的基本原理。

由光的衍射理论得知，一个光学系统对一个无限远的点光源成像，其实质就是光波在其光瞳面上的衍射结果，焦面上的衍射像的振幅分布就是光瞳面上振幅分布函数（也称光瞳函数）的傅里叶变换，光强分布则是振幅模的平方。

对于一个理想的光学系统，光瞳函数是一个实函数，而且是一个常数，代表一个理想的平面波或球面波，因此星点像的光强分布仅仅取决于光瞳的形状。在圆形光瞳的情况下，理想光学系统焦面内星点像的光强分布就是圆函数的傅里叶变换的平方（爱里斑光强分布），即

$$\begin{cases} \dfrac{I(r)}{I_0} = \left[\dfrac{2J_1(\varphi)}{\varphi}\right]^2 \\ \varphi = kr = \dfrac{\pi \cdot D}{\lambda \cdot f'} r = \dfrac{\pi}{\lambda \cdot F} r \end{cases} \tag{7-41}$$

式中：$k=(2\pi/\lambda)\sin u'$、$I(r)/I_0$ 为相对强度（在星点衍射像的中央规定为 1.0），r 为在像平面上离开星点衍射像中心的径向距离，$J_1(\varphi)$为一阶贝塞尔函数。通常，光学系统也可能在有限共扼距内是无像差的，在此情况下，其中 $k=(2\pi/\lambda)\sin u'$记为成像光束的像方半孔径角。

无像差星点衍射像如图 7-23 所示，在焦点上，中心圆斑最亮，外面围绕着一系列亮度迅速减弱的同心圆环。衍射光斑的中央亮斑集中了全部能量的 80%以上，其中第一亮环的最大强度不到中央亮斑最大强度的 2%。在焦点前后对称的截面上，衍射图形完全相同。

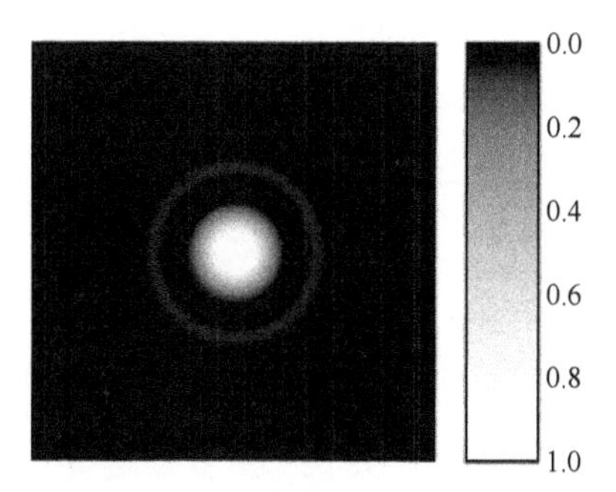

图 7-23　无像差星点衍射像

光学系统的像差或缺陷会引起光瞳函数的变化，从而使对应的星点像产生变形或改变其光能分布。待检系统的缺陷不同，星点像的变化情况也不同。故通过将实际星点

衍射像与理想星点衍射像进行比较，可反映出待检系统的缺陷并由此评价像质。

2. 星点检验装置

星点检验光路如图 7-24 所示。检验时，使被检验的系统对无限远星点成像。产生无限远星点的方法是在平行光管物镜的焦平面上安置一个星孔板，光源通过聚光镜成像在星孔板上，使星孔得到照明。星孔经平行光管物镜成像于无穷远处，通过被检验的光学系统以后，由于星点像非常小，因此需要用显微镜观察。在检验显微物镜时，被检验物镜可直接对星孔板成像。需要时，可在显微镜后安上照相装置进行拍照。为了得到正确的观察结果，应注意以下几点。

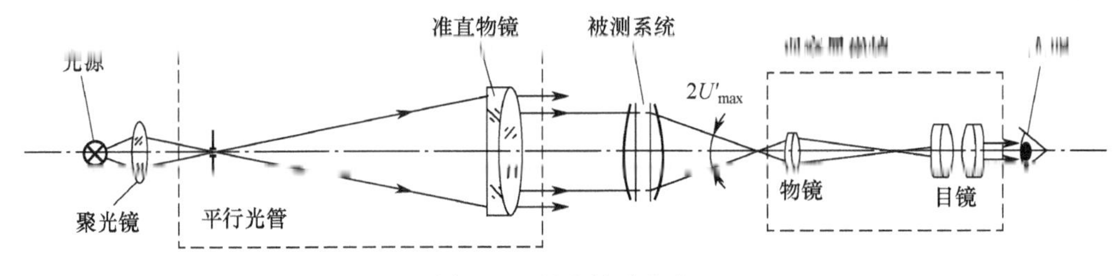

图 7-24　星点检验光路

（1）平行光管应有足够长的焦距和优良的像质，且其通光孔径应大于待检物镜的入瞳直径。

（2）为使衍射环有足够的亮度对比和足够的衍射细节，对星孔的大小必须有一定的要求，根据衍射环宽度所做的理论估算和实验表明，星孔允许的最大角直径 α_{max} 应等于被检系统艾里斑第一暗环角半径 θ_1 的 1/2。

艾里斑各极值点的数据如表 7-1 所示。

表 7-1　艾里斑各极值点相关数据

$v=(2\pi/\lambda)\ \alpha\theta$	θ/rad	I/I_0	能量分配/%	备注
0	0	1	83.78	中央亮斑
1.220π	$0.610\ \lambda/\alpha$	0	0	第一暗环
1.635π	$0.818\ \lambda/\alpha$	0.0175	7.22	第一亮环
2.233π	$1.116\ \lambda/\alpha$	0	0	第二暗环
2.679π	$1.339\ \lambda/\alpha$	0.0042	2077	第二亮环
3.233π	$1.619\ \lambda/\alpha$	0	0	第三暗环
3.699π	$1.849\ \lambda/\alpha$	0.0016	1.46	第三亮

通过表 7-1 可得

$$\theta_1=\frac{0.61\lambda}{\alpha}=\frac{1.22\lambda}{D} \tag{7-42}$$

则

$$\alpha_{max}=\frac{0.61\lambda}{D} \tag{7-43}$$

式中：D 为被检物镜的入瞳直径；λ 为照明光源的波长，如用白光则可取 0.56μm。根据平行光管物镜焦距 f_c'，可得允许的最大星孔直径：

$$d_{\max}=\alpha_{\max}f_c'=\left(\frac{0.61\lambda}{D}\right)f_c' \tag{7-44}$$

如果星点尺寸过大，星点像将掩盖星点的衍射现象，而不易发现像点的缺陷。但星点也不宜过小，如果星点过小，衍射图形的亮度减弱，不便于观察。星点法常用在锡箔或紫铜箔上扎小孔或在镀铝玻璃上选择小通孔，用强光照明即可。为了能研究色差情况，应选发射连续光谱而亮度大的灯照明，如电弧灯、碘钨灯和超高压水银灯等。

（3）星点像非常细小，需借助显微镜（检验物镜时）或望远镜（检验望远系统时）放大后进行观察。在用显微镜观察时，除了需要确保观察显微镜具有良好的像质外，还应该注意合理选择显微物镜的数值孔径和放大率。

显微物镜的物方最大孔径角应大于或等于被检物镜的像方孔径角，使经被检物镜射出的光束全部进入显微物镜。否则由于显微物镜的入瞳切割部分光线，无形中减小了被检物镜的通光口径，因而得到的是不符合实际的检验结果。为保证孔径要求，根据被检物镜的相对孔径选择显微物镜，后者的物方孔径角由其数值孔径得知，如表 7-2 所示。

表 7-2　显微物镜的选择

被检物镜的 D/f'	显微物镜的 NA
＜1/5	0.1
1/5～1/2.5	0.25
1/2.5～1/1.4	0.40
1/1.4～1/0.8	0.65

（4）显微物镜的总放大率应合理选择，不宜太大或太小。太小不能把各个衍射环分辨开；太大则会使衍射像变暗和模糊，影响正确判断衍射像的形状。显微镜放大率选择以人眼观察时能够分开星点像的第一、第二衍射亮环为准。通过表 7-1 可查得第一与第二衍射亮环的角间距为

$$\Delta\theta=(1.339-0.818)\lambda/\alpha \tag{7-45}$$

被检物镜焦平面上对应的线间距为

$$\Delta R=\Delta\theta\cdot f'=1.042\lambda f'/D \tag{7-46}$$

设经过显微镜放大后两衍射环的角间距为 δ_e 时人眼就能分辨，则

$$\frac{1.042\lambda f'\beta}{Df_e'}\geqslant\delta_e \tag{7-47}$$

式中：β 为显微物镜垂轴放大率；f_e'为显微目镜焦距。又因为显微镜的总放大率为

$$\Gamma=\beta\frac{250}{f_e'} \tag{7-48}$$

则

$$\Gamma\geqslant\frac{250D\delta_e}{1.042\lambda f'} \tag{7-49}$$

若取 λ=0.56×10^{-3} mm，δ_e=2′=0.00058rad，则式（7-49）可简化为

$$\Gamma\geqslant250\frac{D}{f'} \tag{7-50}$$

（5）许多时候需要根据在像平面附近不同截面上的衍射像的变化情况判定像质，因此显微镜需要相对最小弥散圆前后来回移动，同时注意观察和研究衍射像的变化。在进行轴上星

点检验时，应注意将待检验物镜光轴调到与平行光管光轴准确一致，以排除调校缺陷对检验结果的干扰。

星点检验虽然能很灵敏地反映出多种像质缺陷，但无法对星点像地强度分布进行定量分析和测定，通常只能根据经验进行主观定性判断，给不出明确的数值结果，并且对测试人员的专业技能和经验要求较高。

7.5.2 分辨率测量

分辨率测量所获得的有关被测系统的像质信息虽然不及星点检验多，发现像差的灵敏度也不如星点检验高，但分辨率测量能以确定的数值作为评价被测系统像质的综合性指标，并且不需要多少经验就能获得正确的分辨率数值。对于有较大像差的光学系统，分辨率会随像差变化呈现明显变化，因而能用分辨率数值区分系统间的像质差异，这是星点检验法所不及的。分辨率测量设备几乎和星点检验一样简单，因此分辨率测量始终是生产检验一般成像光学系统质量的主要手段之一。近期，由于采用了高性能 CCD 等光电成像器件及数字图像处理技术，这种因人而异的主观和人工操作的目视检测分辨率方法的局限性也已经被突破。特别是对数字摄像机、数码相机和热像仪等光电成像系统的分辨率指标，可以通过对视频接口输出的分辨率图像处理而获得其分辨率的客观评价。下面主要介绍基于目视判读分辨率测量的相关理论和方法。

1. 分辨率板

要直接用人工方法获得两个非常靠近的非相干点光源作为检验光学系统分辨率的目标物是比较困难的。通常采用由不同粗细的黑白线条组成的特制图案或者实物标本作为目标物来检验光学系统的分辨率。

由于各类光学系统的用途不同、工作条件不同、要求不同，所以设计制作的分辨力板在形式上也很不一样。图 7-25 为分辨力板的两种图案形式。

A 型：由线宽递减的 25 个线条组合单元、菱形图案以及两对短线标记组成。

B 型：由明暗相间的楔形线组成的圆状辐射形图案。

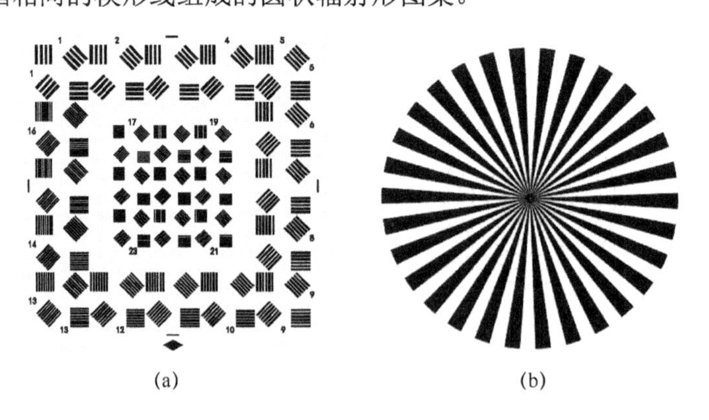

图 7-25 分辨率测试图案

（a）A 型（国家专业分辨率图案）；（b）B 型（辐射式分辨率图案）。

2. 望远镜系统分辨率的测量

在光具座上测量望远镜系统分辨率时的光路安排与星点检验类似，只是将星孔板换成分辨率板并增加一块毛玻璃即可，如图 7-26 所示。对前置镜的要求也与星点检验时相同。

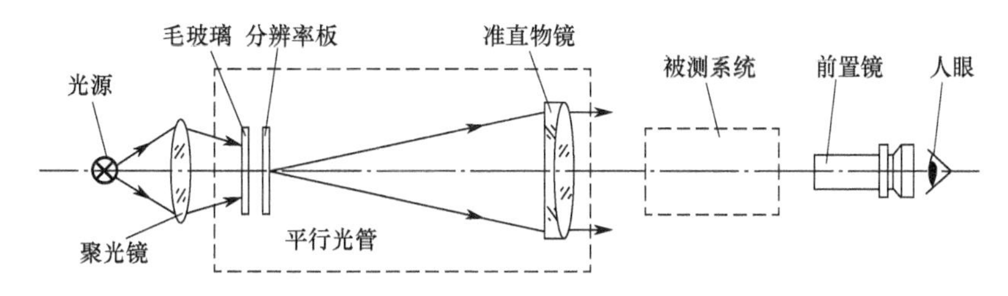

图 7-26　望远镜系统分辨率测量光路

测量时，从线条宽度大的单元向线条宽度小的单元顺序观察，找出 4 个方向的线条都能分辨开所有单元中单元号最大的哪个单元（简称刚能分辨的单元）。根据此单元号和分辨率板号，查表 7-3 得到该单元的线条宽度 P，再根据平行光管焦距 f_c'，由下式计算出被测望远系统的分辨率：

$$\alpha = \frac{2P}{f_c'} 206265'' \tag{7-51}$$

由于望远系统的视场通常很小，一般只需测量视场中心的分辨率。测量时应注意将分辨率图案的像调整到视场中心。

表 7-3　ZBN 35003—1989 国家专业标准分辨率图案（图 7-25 A 型）线条参数

分辨率板号		A_1	A_2	A_3	A_4	A_5	A_6	A_7
单元号	单元中每组明暗线条总数	线条宽度/μm						
1	7	160	80.0	40.0	20.0	10.0	7.50	5.00
2	7	151	75.5	37.8	18.9	9.44	7.08	4.72
3	7	143	71.3	35.6	17.8	8.91	6.68	4.45
4	7	135	67.3	33.6	16.8	8.41	6.31	4.20
5	9	127	63.5	31.7	15.9	7.94	5.95	3.97
6	9	120	59.9	30.0	15.0	7.49	5.62	3.75
7	9	113	56.6	28.3	14.1	7.07	5.30	3.54
8	11	107	53.4	26.7	13.3	6.67	5.01	3.34
9	11	101	50.4	25.2	12.6	6.30	4.72	3.15
10	11	95.1	47.6	23.8	11.9	5.95	4.46	2.97
11	13	89.8	44.9	22.4	11.2	5.61	4.21	2.81
12	13	84.8	42.4	21.2	10.6	5.30	3.97	2.65
13	15	80.0	40.0	20.0	10.0	5.00	3.75	2.50
14	15	75.5	37.8	18.9	9.44	4.72	3.54	2.36
15	15	71.3	35.6	17.8	8.91	4.45	3.34	2.23
16	17	67.3	33.6	16.8	8.41	4.20	3.15	2.10
17	11	63.5	31.7	15.9	7.94	3.97	2.97	1.98
18	13	59.9	30.0	15.0	7.49	3.75	2.81	1.87
19	13	56.6	28.3	14.1	7.07	3.54	2.65	1.77
20	13	53.4	26.7	13.3	6.67	3.34	2.50	1.67
21	15	50.4	25.2	12.6	6.30	3.15	2.36	1.57

（续）

分辨率板号		A_1	A_2	A_3	A_4	A_5	A_6	A_7
单元号	单元中每组明暗线条总数	线条宽度/μm						
22	15	47.6	23.8	11.9	5.95	2.97	2.23	1.49
23	17	44.9	22.4	11.2	5.61	2.81	2.10	1.40
24	17	42.4	21.2	10.6	5.30	2.65	1.99	1.32
25	19	40.0	20.0	10.0	5.00	2.50	1.88	1.25
线条长度/mm	1～16 单元	1.2	0.6	0.3	0.15	0.075	0.05625	0.0375
	17～25 单元	0.8	0.4	0.2	0.1	0.05	0.0375	0.025

3．照相机物镜目视分辨率测量

在光具座上测量照相物镜的分辨率时通常采用目视法。

图 7-27 所示为光具座上测量照相物镜目视分辨率的光路图。当采用 ZBN35003-1989 型分辨率板和测量轴上点的分辨率时，根据刚能分辨的单元号和板号由表 7-4 直接查出线条宽度 P 或算出每毫米的线对数 N_0（$N_0=1/(2P)$），再根据下面简单关系式即可求出被测物镜像面上轴上点的目视分辨率，即

$$N = N_0 f_c' / f' \tag{7-52}$$

式中：f_c'为平行光管焦距；f'为被测物镜焦距。

在光具座上测量轴外点的目视分辨率时，通常将被测物镜的后节点调整在物镜夹持器的转轴上，旋转物镜夹持器即可获得不同视场角的斜光束入射，此时物镜位置如图 7-27 中虚线所示。为了保证轴上与轴外都在同一像面上进行测量，当物镜转过视场角ω时，观察显微镜必须相应地向后移动一段距离$\varDelta$，由图 7-27 可知

$$\varDelta = \left(\frac{1}{\cos\omega} - 1\right) f' \tag{7-53}$$

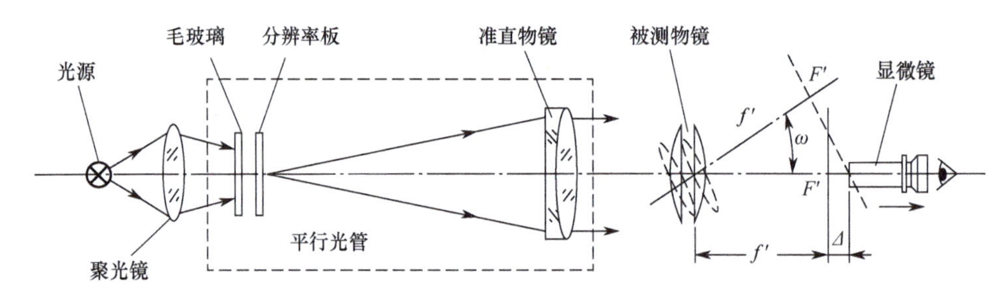

图 7-27　照相物镜目视分辨率测量光路图

在光具座上测量轴外点的目测分辨率时，如图 7-28 所示，由于分辨率板通过被测物镜后的成像面与其高斯像面之间有一个倾角，而且像的大小随视场的增大而增大，所以分辨率板上同一个单元对轴上点和轴外点有不同的 N 值。由图 7-28 看出，视场角下子午面内的线对间距为

$$2P_t' = \frac{f'}{\cos\omega} \cdot \alpha \cdot \frac{1}{\cos\omega} = 2P_t \frac{f'}{f_c'} \frac{1}{\cos^2\omega} \tag{7-54}$$

则

$$N_t = \frac{1}{2P'_t} = N_0 \frac{f'_c}{f'} \cos^2 \omega = N \cos^2 \omega \tag{7-55}$$

在弧矢面内，有

$$2P'_s = \frac{f'}{\cos\omega} \cdot \alpha = 2P_s \frac{f'}{f'_c} \frac{1}{\cos\omega} \tag{7-56}$$

则

$$N_s = \frac{1}{2P'_s} = N_0 \frac{f'_c}{f'} \cos\omega = N \cos\omega \tag{7-57}$$

照相物镜分辨率测量还涉及感光材料的分辨特性，有些情况下要采用照相方法来测量照相物镜分辨率，这里不再详细讨论。随着光学仪器的现代化，光学系统不论是对成像质量要求，还是对其他性能要求都越来越高。对不同光学系统（如摄影镜头、微缩摄影系统、空间侦察系统等），各专业部门和国家技术监督局均颁布了不同的分辨率标准，并且随着对外科技交流的深入发展，这些标准也在不断更新和完善。因此，这里只对分辨率测量做了初步介绍，在实践中要针对具体被测光学系统的要求严格遵照有关标准进行检测。

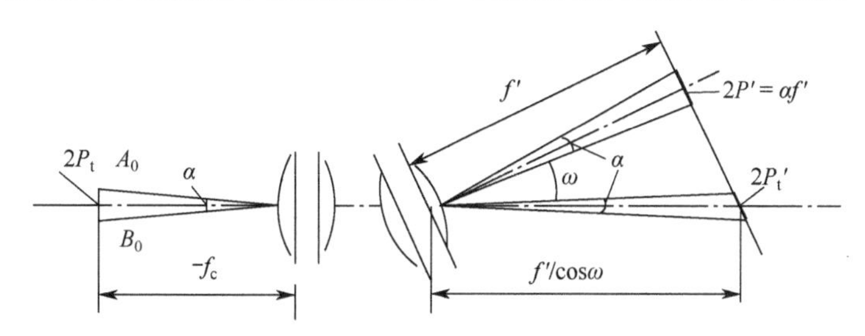

图 7-28　子午面内物面上的线宽 P_t 与像面上对应线宽 P'_t 的关系

7.5.3　像增强器的极限分辨特性测量

像增强器的分辨力是指把具有一定对比度的标准测试图案聚焦在像管的光阴极面上，用目视的方法得到从荧光屏上每毫米能分辨得开的黑白相间等宽矩形条纹的对数，即 lp/mm。测试靶通常要变频率、变对比度，不同系统测试靶不同，图 7-29 为直视微光系统测试靶和电视系统测试靶。

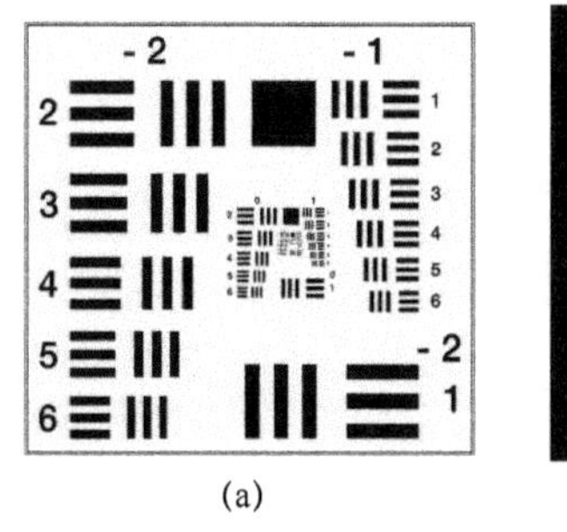

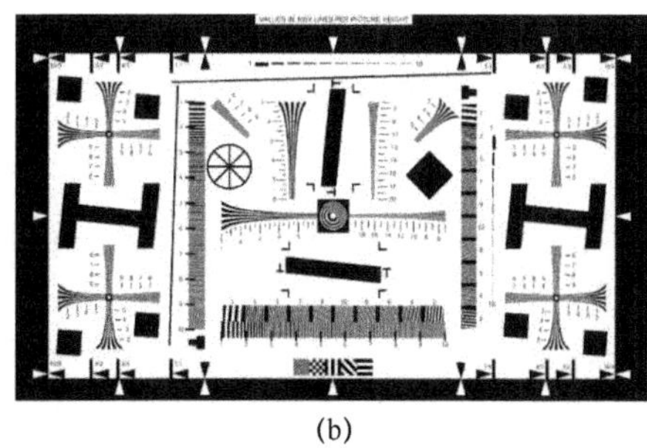

(a)　　　　(b)

图 7-29　分辨力测试示意图

(a) 微光测试靶；(b) 电视测试靶。

微光夜视技术的应用中，人们观察的多是低对比度、低照度下的目标。在规定的低照度 10^{-3}lx 条件下，将标准分辨力测试靶板置于平行光管的焦面上，对被试像增强器形成无穷远的分辨力测试靶标，如图 7-30 所示。如果是主观测试，由观察者直接观察微光夜视仪目镜中的分辨力测试靶标图像；如果是客观测试，则由 CCD 摄像机取代观察者眼睛，从微光夜视仪目镜中获取分辨力测试靶标视频图像，经过对靶标图像采集、处理，得到分辨力测试结果。测试结果应该为分辨率与照度、对比度之间的关系 $N_{cp}=f(E_k)c$。

直视微光成像系统性能受 3 个方面限制。即光子噪声的限制、系统光学性能的限制和人眼视觉性能的限制。正确设计和使用成像系统可使这些限制减小到最小。这 3 个因素都和空间分辨力相联系，又都与光度水平有关。如果用 a_0 表示系统总分辨角，a_1、$a_2 \cdots a_n$ 为系统各部分的分辨角 m_0、m_1、$m_2 \cdots m_n$ 为相应的空间分辨力，则它们之间的关系可用下面的经验公式表示：

$$\begin{cases} a_0^2 - a_1^2 + a_2^2 + a_3^2 + \cdots a_n^2 \\ \dfrac{1}{m_0^2} = \dfrac{1}{m_1^2} + \dfrac{1}{m_2^2} + \dfrac{1}{m_3^2} + \cdots \dfrac{1}{m_n^2} \end{cases} \tag{7-58}$$

在纯光子噪声限制下理想内部无噪声像增强器系统的极限性能由下式给出，即

$$\alpha_k = \frac{2(S/N)}{D_c}\sqrt{\frac{(2-c)e}{L_0 \tau t s}} \tag{7-59}$$

式中：α_k 为系统受光子噪声限制的极限分辨角；D 为物镜有效直径；c 为目标对比度；e 为电子电荷；L_0 为目标亮度；τ 为物镜透射比；t 为系统累计时间；s 为阴极的光灵敏度。

在较高输入光度下，像增强器的光学性能为主要限制因素，若像增强器光阴极面上极限分辨率为 m，物镜焦距为 f'，则系统的最小光学分辨角为

$$\alpha_t = \frac{1}{f'm} \tag{7-60}$$

由式（7-58）～式（7-60）可知光子噪声和光学分辨力共同限制的理想系统极限分辨角为

$$\alpha_0 = (\alpha_k^2 + \alpha_t^2)^{1/2} = \left[\left(\frac{2(S/N)}{D_c}\right)^2 \frac{(2-c)e}{L_0 \tau t s} + \left(\frac{1}{f'm}\right)^2\right]^{1/2} \tag{7-61}$$

由式（7-61）确定的极限分辨角随目标亮度变化曲线示于图 7-31 中。

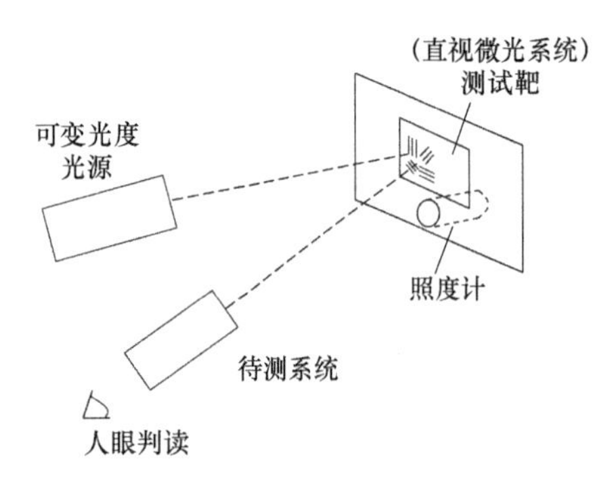

图 7-30　像增强器极限分辨特性测试系统图

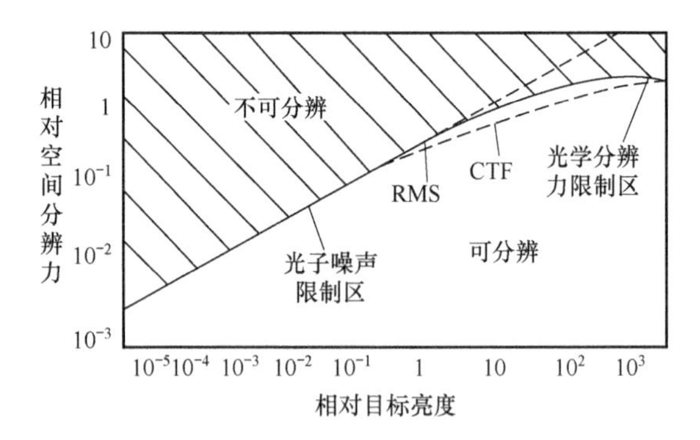

图 7-31　理想像增强器系统的极限分辨特性

位于实曲线下面条件的物体细节是可分辨的，而该曲线上面所有目标细节是不可分辨的。当考虑光学系统和像增强器的 MTF 时，系统极限分辨力在不同目标亮度下都有所下降。

习题与思考题

1．狭缝法测量 MTF 的具体方式是什么？
2．对于红外热成像系统，测量 MTF 方法与可见光成像系统有什么不同？
3．遥感卫星在轨后，如何测量其光学载荷的 MTF？
4．简述 MRTD 的定义及其测量方法。
5．简述 MDTD 的定义及其测量方法。
6．简述 NETD 的定义及其测量方法。
7．查询分辨率测试靶有哪些图案，各应用于哪类系统？
8．CCD 最低工作照度如何进行测量？阐述其具体原理及系统构成。

第 8 章　光电检测系统应用实例

光电检测系统包含丰富的功能，从光信息获取、光电转换到电信号处理和智能化控制方面都有很大差异。同样是探测光信号，不同系统关注的信息也不同。最常用也最容易直接探测的光波参数是光强。例如，观测记录仪器，如显微镜、摄像机等记录下的是被观测对象所反射或透射的光强分布；计量仪器是从光强变化中提取各种被测量，其中干涉仪可以从光强变化得到距离，或从光强分布变化得到面形等。另外，光波的光谱成分同样携带丰富的信息。例如，控制分析仪器，包括光谱仪、色谱仪等，可利用光谱对被测物进行成分分析。激光的强方向性使得利用激光进行定位或对准成为可能，位置探测或瞄准定位类仪器主要关注光斑位置的变化等，还可以利用激光对物质的作用产生的光谱特性进行检测。这些光电检测技术的产生使人类能更有效地扩展自身视觉，长波延伸到亚毫米波、短波延伸到紫外线、X射线，并可以在超快速度条件下检测诸如核反应、航空器发射等变化过程；除了检测与人们生活相关的非光物理量，还可以探测宇宙辐射等信息。本章介绍一些光学与光电检测系统实例，如色选机、硝棉含氮量测试仪、数字显微硬度计、激光雷达和航空航天光学载荷等典型光电仪器和现代新型光电检测技术，关注其工作原理、系统基本组成、总体设计方法和重要的模块单元设计。使大家对光电检测系统的原理和应用有较全面的感性认识，为光电检测系统原理的学习和设计工作奠定基础。

8.1　色选机

色选机是根据物料光学特性的差异，利用光电探测技术将颗粒物料中的异色颗粒自动分拣出来的设备，广泛用于散体物料或包装工业品、食品品质检测和分级领域，例如，石英砂色选等加工制造矿石分选设备，番茄、茶叶、种子色选机等食品分选设备。色选主要通过颜色区分来清除物料中的受损粒、异色粒和其他杂质（简称疵品）进行分选。色选机主要工作原理是在一定的光照条件下，根据物体对特定波长的光的反射与透射率的差异将不同物体分开，即根据颜色的差异将不同的物体分开。当不合格粒与合格粒之间因粒度、密度都十分接近而无法用其他分选设备进行分离时，色选是唯一可选择的精选方式。物料通过喂料器进入溜槽后以恒定的速度顺势滑下进入光电传感器仓，信号处理系统对比物料的颜色，喷除异色粒实现分选。精细地识别各种不同颗粒物料的色差并进行快速分类识别及实现智能化是色选机研制的目标。

8.1.1　石英砂色选机

石英砂凭借独特的物理、化学性质，得到广泛应用，而且纯度越高，其价值越高。近些年随着新能源、半导体、光伏等高新技术产业的发展，高纯石英的需求极大地增长。我国石英矿产资源虽然丰富，但优质石英资源紧缺。因此提高提纯的技术工艺，更加广泛地利用普通石英砂成为业内研究的重点。石英砂是炼制石英玻璃的材料，其颗粒的线度约为 2～

3mm。为保证石英玻璃的质量，需将其中的杂粒和带有共生铁质的黄色颗粒去除，而保留洁白的纯度较高的石英砂颗粒。

光电选矿技术是根据矿石表面的颜色、纹理结构及对光反射率的差异进行有用矿物与脉石矿物分离的方法，是矿石预选抛废的重要方法之一。基于矿物表面分析、光线透射技术，激光分选、单双面图像色选等智能光电分选技术均得到了快速发展和工业应用。其中 X 射线透射技术和图像色选技术已成功应用于有色金属、非金属和煤炭等矿种预选抛废，智能光电分选机技术已成为代替人工拣选的主流解决方案。

这一精选工艺可利用石英砂色选机来完成，其原理框图如图 8-1 所示。待选石英砂置于振动落料箱内，在机械振动的作用下，石英砂依次落入上通道中。上通道和下通道在光箱中对准并相距一段检测距离。光箱内腔为白色漫射面，在光源的照射下形成各处均匀的漫射光照明。在光箱的两侧各装有一个色选头，色选头的结构原理如图 8-2 所示。它主要由物镜、狭缝、滤光片和光电倍增管组成。石英砂由上通道落到下通道的过程中，其信息恰可为色选头接收，这时使石英砂通过物镜成像在狭缝处。若石英砂为白色，与光箱背景一致，虽通过检测色选头的视场，但不产生信号。当有杂色，特别是黄色石英砂通过色选头视场时，经蓝紫色滤光片产生黑色信号，即产生负脉冲。由光电倍增管输出的负脉冲经放大整形电路后，再经或门输出。两色选头中只要一个接收到黑色信号，都可从或门得到负脉冲信号。该信号经延时器 1 后控制电磁阀工作。即当不合格砂粒正好从下通道落出时，电磁阀控制气源产生气流将其吹到不合格品的盒子中，打开电磁阀的信号经延时器 2 控制产生关闭电磁阀的信号，使吹气停止。合格石英砂经过光箱不产生信号，将直接落到合格品的盒子中去。

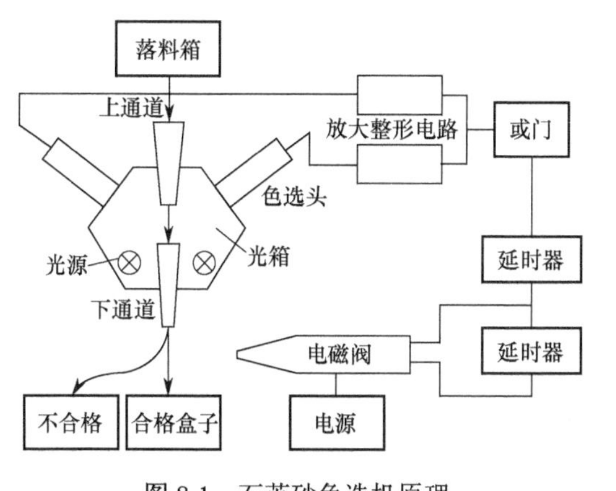

图 8-1 石英砂色选机原理

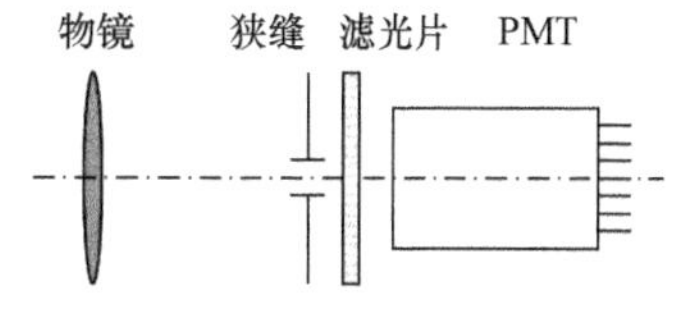

图 8-2 色选头结构原理

该装置的关键问题如下。

（1）色选头中滤光片的选择，总的原则是使合格品不产生信号，而使不合格品产生脉冲信号。

（2）延时器 1 所延时间应是砂粒通过下通道的时间，需仔细调整。

（3）延时器 2 所延时间应是砂粒通过下通道时间的最大偏差时间。

上述石英砂色选机的原理，实际上可适用于各种颗粒状物品的精选工作。例如，精选大米，以去除砂粒及杂物；精选种子，如花生、大豆、蚕豆等。

8.1.2 大米色选机

在色选机工作过程中，被选物料从顶部的料斗进入机器，通过供料装置（振动器）的振动，将被选物料沿供料分配槽下落，通过米道上端，顺米道加速下滑进入分选室内的观察口，并从图像处理传感器 CCD 和背景装置间穿过。在光源的作用下，CCD 接受来自被选物料的合成光信号，使系统产生输出信号，并放大处理后传输至数据运算处理系统，然后由控制系统发出指令驱动喷射电磁阀动作，将其中异色颗粒吹至出料斗的废料腔内流走。好的被选物料继续下落至接料斗的成品腔内流出，从而使被选物料达到精选的目的。色选机的主体部分是由喂料系统、光电检测系统、信号处理系统、分类系统等组成，系统工作原理如图 8-3 所示。

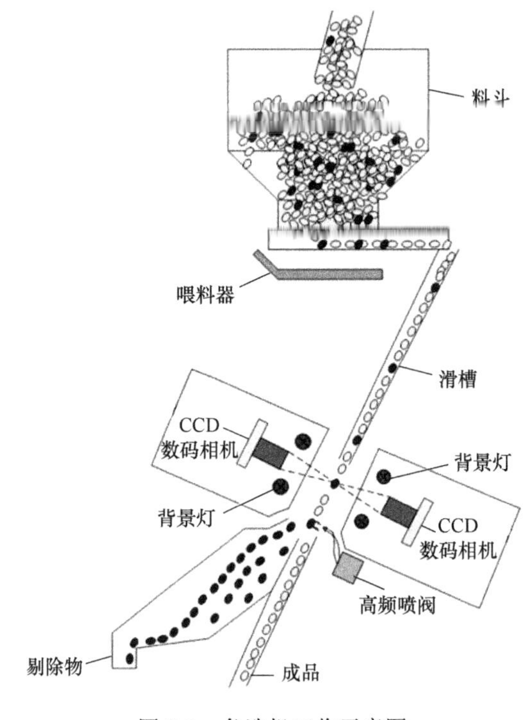

图 8-3　色选机工作示意图

1．喂料系统

喂料系统一般由进料斗、振动喂料器和溜槽等组成，如图 8-4 所示，待分选物料在供料系统中通过振动和导向溜槽自动形成连续的线状排列，以恒定的速度进入光电系统探测区。喂料对于色选效果来说是至关重要的。为了使色选机的通用性，有多种不同的溜槽，如平板槽、UV 槽、U 平槽。喂料系统主要是为了确保物料精确地呈现在光学区和喷射区内，料斗的设计确保物料平铺直流而不是柱状流动。平铺直流能使物流均匀地连续地送到振荡盘，几乎自动清理。所有颗粒都以相同速度流动，柱状流动则是中间流速快，两侧的速度慢，其结果是卸料不均匀，会产生潜在死角造成堵塞。料斗将原料送到振荡盘上时经可调节料门控制，该料门有二个螺丝可进行上下调节，保证原料平铺直流到振荡盘上，整个喂料系统的零部件均由不锈钢制成，坚固耐磨。滑槽的加热装置可以处理那些在常温下喂料困难的物料。这种喂料系统色选产量大，损耗小。

2．光电检测系统

光电检测系统是色选机的关键部分，主要由光源、相机和其他辅助装置组成，如图 8-5 所示。光源照到被测物料会产生不同的反光特性，背景板则提供基准信号，其反光特性与合格品等效，与瑕疵品差异较大，之后光信号通过传感器转化成电信号传达给电控系统。

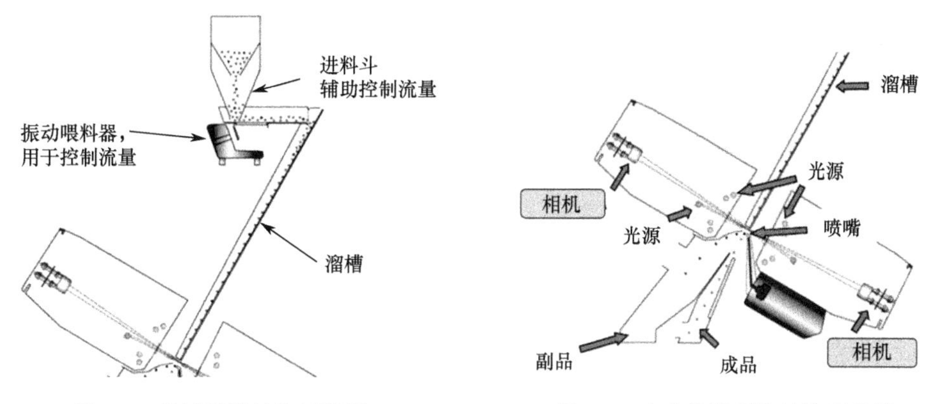

图 8-4　喂料系统结构示意图　　图 8-5　光电检测系统结构示意图

色选机可比作是工具箱，根据不同的需要可以配置不同颜色的前景灯和背景灯；光源系统可选用灯管式和 LED，LED 因使用寿命长，光源稳定，启动快，现在得到更多的使用。光电检测系统按照使用的传感器类型可分为：传统光电技术色选机（如光电倍增管）、CCD 技术色选机、红外技术色选机。

采用高分辨率 CCD 传感器，把食品安全方面的光学分选技术提升到一个新的高度，甚至在高含杂率的情况下，也能剔除高难度的异物和异色颗粒，确保产品的安全性并使得产品颜色均一，同时最大程度地减少花费。

目前市面上用得最多的是大米色选机，最大分辨率是 2048 像素高速线扫描型 CCD。光电色选机与 CCD 色选机区别在于传感器，CCD 色选机配合采用高清晰镜头，使得色选精度由光电色选机的 2mm^2 提升到 $0.04\sim0.08\text{mm}^2$，色选精度提高，产量相比较普通光电色选机也大有提高。所以如果对于色选精度较高产量有需求的用户可以使用 CCD 色选机。另外由于传感器的区别光电色选机只能局限在黑白色的物料进行色选，对于颜色种类有要求的可以选择 CCD 色选机。价格上 CCD 色选机要比光电色选机成本价格要高很多，但随着 CCD 机型研发技术的进一步提升，成本下降，价格与光电机差距也逐渐在缩小。

3．信号处理系统

信号处理系统由信号调理部件、时序部件和微机控制装置等组成，如图 8-6 所示。电控系统负责将光电系统传达过来的电信号进行识别和分析，然后对分选系统下达操作指令。

4．分离系统

如图 8-7 所示，分离系统由喷嘴电磁阀、喷嘴、驱动底板等组成，在接收到驱动底板传达的电控系统指令之后，喷阀会将瑕疵品吹入次品槽中，从而达到分选目的。喷嘴是利用压缩空气将不良品剔除出去的元件，每组盒装阀中有 16 个小喷嘴，喷嘴电磁阀可维修，可替换。

大米色选机是可将黄粒米、红粒米、腹白米、死米、霉变米、黑色病斑米等异色米粒，以及砂石、土块等异色颗粒状杂质从良品米、优质米中剔除出去的一种集光、机、电、气动等技术于一体的现代化、高科技粮食加工设备。可用于农业粮食、油料、化工、医药等行业，特别适合于茶叶、芝麻、豆类、瓜子仁、葡萄干、小黄米、荞麦、玻璃、塑料、煤渣、矿石、花生、棉籽、枸杞、花椒等色选。相较于人工挑选，色选机不仅省工、省时、效率高、加工成本低，而且提高被选产品的质量与经济效益和社会效益。

为适应以上发展目标，色选机行业在自主创新的基础上，将逐步取得如下重大技术突破：①新光源的应用；②动态性能更好的喷阀，以提高产量，减少带出比，适应更多粮食产品的色选；③新型 CCD 综合应用，以进一步提高成品选净率，适应更多杂粮的色选需求；④高速超大规模微处理器的应用，以嵌入更多识别算法，提高系统的实用性；⑤混合光源的应用。

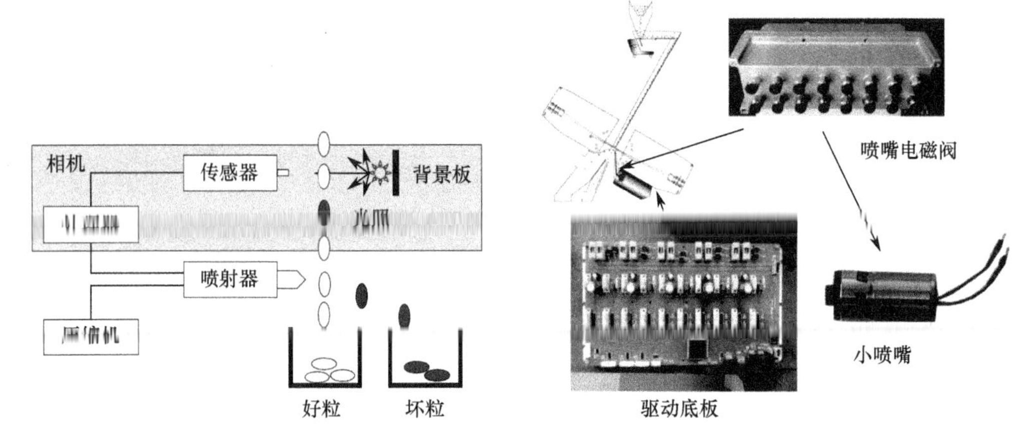

图 8-6　信号处理系统的原理示意图　　　　图 8-7　分离系统的原理示意图

8.2　硝棉含氮量测试仪

硝化棉（NC）为各向异性结晶材料，根据颜色的不同，含氮量 13%以上的称为强棉，可用于制造火药；含氮量 12.6%的称为胶棉，用于制造爆胶（即硝酸纤维素溶解于硝化甘油中而形成的胶体）和代那迈特（见工业炸药）；含氮量为 8%～12%称为弱棉，可用于制造电影胶片、赛璐珞和硝基清漆等。硝化棉在长期储存及保管过程中，由于受到环境温度、湿度以及储存时间的影响而逐渐分解，导致含氮量降低，因此准确测定硝化棉的含氮量十分重要，关系到军用及民用硝化棉的生产和质量稳定、性能测定以及新工艺、新方法的研制，成为硝化棉质量保证体系中重要的一环。

8.2.1　含氮量检测方法

三十多年来，我国军用硝化棉的标准棉选择中硝化度（含氮量）作为定值的主要特性项目，其标准定值由过去的五管氮量法（简称五管法）发展到狄瓦尔德合金还原法（简称合金还原法）、干涉仪法等。近年来又不断出现新的测量方法，如硫酸亚铁法、色谱法、水杨酸–亚钛法、红外光谱法等。

（1）五管氮量计法。

五管氮量计法采用浓硫酸溶解 NC 和游离的 HNO_3，再以金属汞还原生成氧化氮，通过测量生成的氧化氮气体体积，再换算成氮量。这种方法适用于各种硝化棉含氮量的测定，精度较高。但是该方法操作手续繁琐，工时较长，测量过程中大量使用金属汞，易引起操作人员汞中毒，目前仅作为仲裁方法。

（2）硫酸亚铁法。

硫酸亚铁法采用硫酸亚铁作为滴定剂，将硝化棉溶解于 H_2SO_4 中，硝化棉中的氮转化为 HNO_3，HNO_3 和 $FeSO_4$ 作用，过量的 $FeSO_4$ 用 KNO_3 测定。采用梅特勒·托利多（METTLER TOLIDO）设备进行终端滴定，操作简单、快速，可用作快速测氮的常规方法。

（3）狄瓦德合金还原法。

狄瓦德合金还原法在 H_2O_2 的存在下，用碱液皂化硝化棉，生成的硝酸盐用铜、铝、锌合金还原成氨，用酸吸收，然后用标准溶液滴定，测定出硝化棉中的—ONO 基团，进而换算成氮量。该方法可以直接测定出硝化棉的含氮量，精度符合要求，不存在汞蒸汽，操作条件比五管法好，但操作繁琐，较难掌握。

（4）干涉仪法。

干涉仪法则是将硝化棉在密闭容器中爆燃，生成 CO、CO_2、N_2、H_2、H_2O、微量 CH_4 及其他气体，这些气体组分的含量与 NC 氮含量密切相关。不同含氮量的硝化棉，其分子组成不同，爆燃后生成的气体组分不同，导致混合气体折射率存在差异。根据此原理，将爆燃后气体引入干涉仪中，测量出它的相对折射率差，就可换算出硝化棉的含氮量。该法快速、高效，但它必须以五管法为对照，作出基准曲线后才能使用，这是它的一大缺点。

（5）色谱法。

先将硝化棉在密闭容器中爆燃，然后通过色谱测定燃气中组分。该方法简便、迅速，不受复杂成分的限制，但样品处理时间长，仪器昂贵，设备体积大，不便于在在线测试中应用。

（6）热量法。

硝化棉的热量和硝化度有密切关系，首先通过测量硝化棉燃烧时释放的热量；然后换算为硝化度，但测量耗时较长，操作复杂。

（7）水杨酸-亚钛法。

在硫酸溶液中：首先硝化棉的硝酸酯基使水杨酸生成硝基水杨酸；然后硝基水杨酸被亚钛盐（$TiCl_3$）还原成氨基水杨酸；最后剩余的亚钛盐用硫酸铁铵标准溶液进行滴定。但是，此法存在较难掌握、亚钛盐价格昂贵等缺点，不适宜大批量生产。

（8）红外光谱法。

通过对材料在特定波段吸收的红外光谱特性进行分析，此法制膜较难，膜厚难测，耗时长，基准点较难找到，并且红外光谱仪器体积大，不适于在线检测。

（9）元素分析仪法。

该法采用气相色谱的原理，硝化棉在 1020℃的高温条件在催化剂（Cr_2O_3）作用下进行燃烧，其中所含的氮、碳、氢等元素定量地转化为相应的氧化物（氮氧化合物、CO_2、H_2O）。H_2O 被吸收管吸收，氮氧化合物在 630℃条件下，经铜还原生成 N_2 和 CO_2，再经色谱柱分离、热导池检测，最后由数据处理机计算出氮的质量分数。单基药试样经预处理后，可直接进行含氮量的测定。氮分析仪法对单基无烟药中硝化棉含氮量的测定结果比干涉仪法准确。

（10）偏光显微镜法。

偏光显微镜法是目前较好的方法。硝棉为各向异性结晶材料，利用双折射 o、e 光的光程差与含氮有直接联系 o、e 光可产生偏振光干涉，产生与含氮量有关的色偏振。该方法以硝化棉偏光显色原理为基础，采用色那蒙法测定了平均光程差，测试硝化棉含氮量。

硝化棉中氮含量决定着硝化棉的能量水平，因此建立高效、快速、准确的硝化棉测定方法对硝化棉生产质量控制至关重要。传统的检测方法存在着操作繁琐、测定周期长、系统误差大、操作较难掌握等不足。近几年陆续出现的偏光显微镜法、元素分析仪法等具有自动化程度高、分析速度快、操作简单方便、毒害小、准确度高等优点，正在推广应用。

8.2.2 偏光显微镜法

1. 色偏振原理

色偏振是基于光偏振原理而加以改进的一种光现象。如果光源使用包含各种颜色的白光，对于一定的晶片，各种不同波长的光不可能同时满足相同的干涉亮条纹，而是有些波长的光满足干涉亮条纹条件，有些波长的光满足干涉暗条纹条件，结果在偏振光的干涉中呈现一定的颜色，即色偏振，图 8-8（a）为实现色偏振的方法。2 个偏振片 A、B 间插入 1 个波晶片，3 个元件的平面平行且轴心大致同高，使平行光线正入射。

图 8-8（b）中 P_1、P_2 分别为偏振片 A、B 的振透方向。入射光通过偏振片 A 后呈线偏振，其矢量为 E_1、振幅为 A_1。它投射到波晶片上分解为 e 光和 o 光（o 轴为波晶片光轴），设 e 轴与 P_1 夹角为 α。光线再次通过偏振片 B，P_2 与 e 轴夹角是 β，则从偏振片 B 出射的光 E_2 是 E_{e2} 和 E_{o2} 的叠加，根据同方向上简谐振动合成，E_2 的振幅 A_2 表示为

$$A_2 = \sqrt{A_{e2}{}^2 + A_{o2}{}^2 + 2A_{e2}A_{o2}\cos\delta} \tag{8-1}$$

式中：A_2 值取决于 α、β 和交叉项 δ。δ 主要由两个因素决定

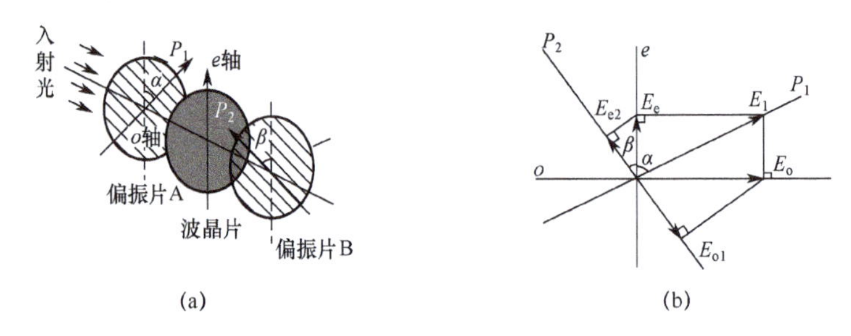

图 8-8 色偏振的实现方法

（a）光通过夹有波晶片的二偏振片；（b）电矢量的平面分解。

（1）波晶片引起的相位差 δ_1。e 光和 o 光通过波晶片的相位差为

$$\delta_1 = \frac{2\pi}{\lambda}(n_o - n_e)\,d \tag{8-2}$$

式中：n_e、n_o 分别为 e 光和 o 光的折射率；d 为波晶片厚度；λ 为入射光在真空中的波长。

（2）坐标轴的投影分量引起的相位差 δ_2。如果 e 光和 o 光投影在 P_2 上的分量方向一致，则 $\delta_2 = 0$；若相反，则 $\delta_2 = \pi$。

综上，$\delta = \delta_1 + \delta_2$ 为总相位差。当入射光是白光（D65，即黑体在 6500K 时发出的含有各种波长的光，其能量–波长分布遵从普朗克公式，不是指两种互补色光或三种基色迭加成的白光）时，如有某波长 λ_1 满足

$$\delta = \frac{2\pi}{\lambda_1}(n_o - n_e)\,d = 2k\pi \tag{8-3}$$

式中：k 为整数。则有对 $P_1 \perp P_2$ 时是消光，$P_1 /\!/ P_2$ 时是极大；λ_2 满足

$$\delta = \frac{2\pi}{\lambda_2}(n_o - n_e)\,d = (2k+1)\,\pi \tag{8-4}$$

则有对 $P_1 \perp P_2$ 是极大，$P_1 /\!/ P_2$ 时是消光。透过光具组的光成为彩色，此现象即色偏振。

2. 偏光显微镜法的工作原理

根据光的单折射性与双折射性原理：光线通过某一物质时，如光的性质和进路不因照射

方向而改变，这种物质在光学上就具有“各向同性”，又称单折射体，如普通气体、液体以及非结晶性固体；若光线通过另一物质时，光的速度、折射率、吸收性型偏振、振幅等因照射方向而有不同，这种物质在光学上则具有“各向异性”，又称双折射体。

偏光显微镜重要的部件是偏光装置——起偏器和检偏器。过去两者均为尼科尔棱镜组成，是由天然的方解石制作而成，但由于受到晶体体积较大的限制，难以取得较大面积的偏振，偏光显微镜则采用人造偏振镜来代替尼科尔棱镜。人造偏振镜是以硫酸喹啉又名 Herapathite 的晶体制作而成，呈绿橄榄色。当普通光通过它后，就能获得只在一直线上振动的线偏振光。偏光显微镜有两个偏振镜，一个装置在光源与被检物体之间的“起偏镜”；另一个装置在物镜与目镜之间的“检偏镜”，有手柄伸手镜筒或中间附件外以方便操作，其上有旋转角的刻度。从光源射出的光线通过两个偏振镜时，如果起偏镜与检偏镜的振动方向互相平行，即处于“平行检偏位”的情况下，则视场为明亮。反之，若两者互相垂直，即处于“正交检偏位”的情况下，则视场完全黑暗，如果两者倾斜，则视场表明出中等程度的亮度。由此可知，起偏镜所形成的线偏振光，如其振动方向与检偏镜的振动方向平行，则能完全通过；如果偏斜，则只通过一部分；如若垂直，则完全不能通过。因此，在采用偏光显微镜时，原则上要使起偏镜与检偏镜处于正交检偏位的状态下进行。

在正交的情况下，视场是黑暗的，如果被检物体在光学上表现为各向同性单折射体，无论怎样旋转载物台，视场仍为黑暗，这是因为起偏镜所形成的线偏振光的振动方向不发生变化，仍然与检偏镜的振动方向互相垂直的缘故。若被检物体具有双折射特性或含有具双折射特性的物质，则具双折射特性的地方视场变亮，这是因为从起偏镜射出的线偏振光进入双折射体后，产生振动方向不同的两种线偏振光，当这两种光通过检偏镜时，由于另一束光并不与检偏镜偏振方向正交，可透过检偏镜，就能使人眼看到明亮的像。光线通过双折射体时，所形成两种偏振光的振动方向，依物体的种类而有不同。

双折射体在正交情况下，旋转载物台时，双折射体的像在 360° 的旋转中有四次明暗变化，每隔 90° 变暗一次。变暗的位置是双折射体的两个振动方向与两个偏振镜的振动方向相一致的位置，称为“消光位置”。从消光位置旋转 45°，被检物体变为亮，这就是“对角位置”，这是因为偏离 45° 时，偏振光到达该物体时，分解出部分光线可以通过检偏镜，故而明亮。根据上述基本原理，利用偏光显微术就可能判断各向同性单折射体、和各向异性双折射体、物质。

硝化棉为光学非均质体，当光波沿非晶轴方向进入纤维时，会分解为振动方向相互垂直的 o 光和 e 光，二者的传播速度不同，折射率不等，因而产生双折射。因此，当它们离开纤维时便会产生一定的光程差，再经偏光显微镜的物镜和检偏镜的干涉作用使其中某种波长的光被增强，另一种波长的光被抵消，而所观察到的偏光色，正是被抵消了特定波长的光波的补色。

在正交偏光显微镜下，当线偏振光进入硝化棉纤维试样时会因为双折射而产生光程差，再经显微镜的物镜和检偏镜形成偏振光干涉而呈现偏光色。偏光色与光程差间有着一一对应关系，光程差又与硝化棉的含氮量呈线性关系。因此，可根据已知含氮量的硝化棉偏光色的变化建立含氮量与光程差间的数学关系，从而求出未知样品的含氮量。采用色那蒙（Senarmont）法通过测定补偿角获得光程差，补偿器由 1/4 玻片和检偏镜构成，使硝化棉纤维消光时检偏镜旋转的角度即为补偿角，光程差与补偿角间的关系为

$$\varDelta = \frac{\beta}{180^\circ} \cdot \lambda \tag{8-5}$$

式中：$\varDelta$为光程差；β为补偿角；λ为光源的平均波长。

检测系统结构如图 8-9 所示。将硝化棉样品烘干后铺在检玻片上使其分散，滴上浸液使之充分浸润，盖好盖玻片，驱除检玻片和盖玻片之间的气泡待用。将显微镜起偏镜调至 135°并在测量过程中保持不变，检偏镜调至 45°。把制备好的样品放在载物台上，调整显微镜焦距至清楚看到纤维。选定一根纤维，转动检偏镜使其消光，光电倍增管（GDB）探测并采集数据，处理得到光程差。重复之，直到样品测试完毕。作样品含氮量—平均光程差工作曲线，通过工作曲线计算含氮量。该检测系统以偏光显微镜为核心，后续可以在智能检测方面集成角度传感器和彩色摄像机，以实现自动测量。

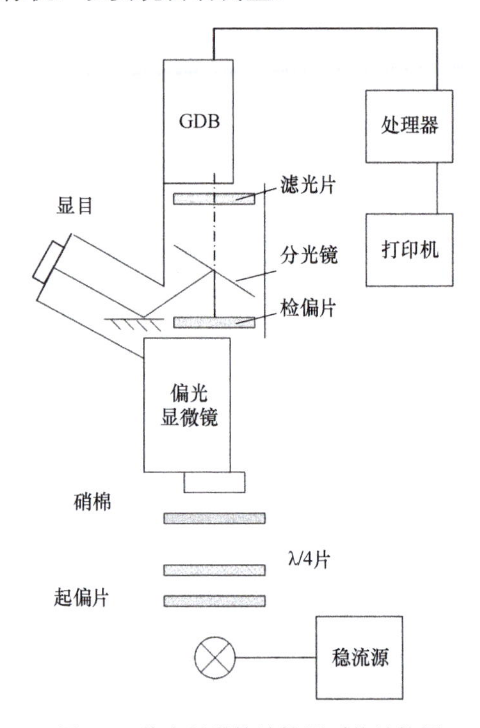

图 8-9　偏光显微镜法检测系统结构图

8.3　数字显微硬度计

数字显微硬度计是一种由精密机械光学系统和电子部分组成的材料硬度的测定仪器，它既能单独测定硬度，也能作金相显微镜使用，观察和拍摄材料的显微组织，并测定其金相组织的显微硬度。

8.3.1　系统组成

数字显微硬度计是在现有显微硬度计的基础上，配置数字摄像部件，视频信号通过与计算机匹配的图像捕捉卡实现图像的数字化，数字图像输入计算机储存、远程传输、打印输出等。设计编制实时数据测量软件，快速获得试样硬度测试数据，建立与测试软件相连的数据库。对测试参数与测试结果存档保存，便于分析处理。数字显微硬度计由 CCD 摄像机、显微目镜、显微物镜、光源、加压装置、金刚锤体压头、三维工作台构成，如图 8-10 所示。其工作原理为：通过光学放大，测出在一定负荷下由金钢钻角锥体压头压入被测物（金相试样）后所残留的对角线长度来求出被测物的硬度。显微目镜是用来观察金相或显微组织，确定测试部位，测量对角线长度，数据的采集等；硬度计主机则是完成目镜与压头的切换，在确定的测试部位进行施加载荷，完成三维工作平台的移动寻找像点等；还包括相关附件，主要是为了试件的夹持稳固等。

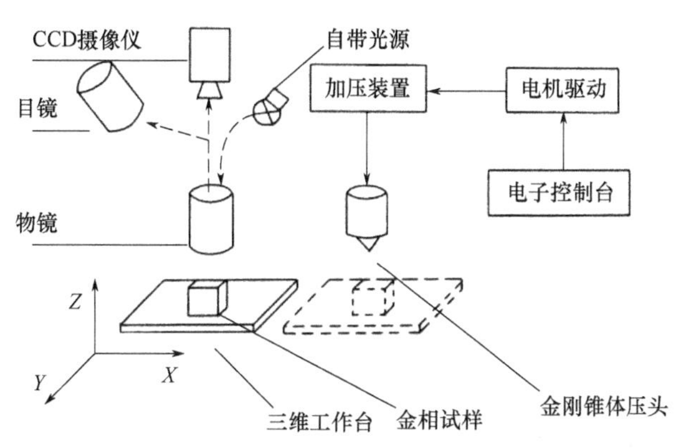

图 8-10　数字显微硬度计系统构成

测量硬度的主要步骤包括：①工作台升降（Z 轴），进行对焦；②调整 *XY* 位置，视场里找到试样需测试的部位；③粗调 *X* 轴，使测试部正好移到金刚石锥体压头下，按试验压力参数进行压痕；④微调 *X* 轴，返回物镜下，进行观察、测量计算。

图 8-11 展示了不同尺寸下陶瓷薄膜表面的压痕形貌。

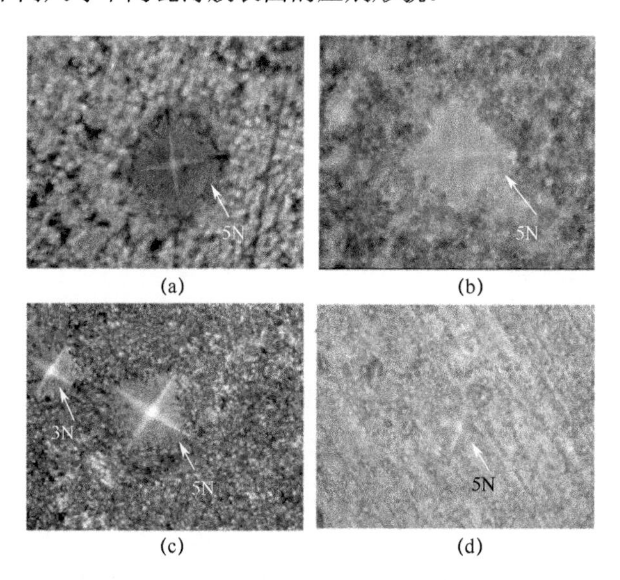

图 8-11　不同尺寸下陶瓷薄膜表面的压痕形貌

（a）条宽 1mm；（b）条宽 2mm；（c）条宽 3mm；（d）条宽 5mm。

1．基本光路

某型显微硬度计其基本参数为：物镜放大率 40×；目镜放大率 15×；总放大倍数

600×；测微目镜最小分辨率 0.01mm 折合到物镜放大前的实际测试最大分辨率为 0.25μm。为实现显微硬度计数字化，CCD 的安装位置有两种方法：一种是把 CCD 摄像机安装在目镜后面，但此时目镜出射的是平行光，所以摄像机必须要附加成像透镜，把出射的平行光在 CCD 靶面上成像；另一种方法是显微压痕经物镜放大后直接成像在 CCD 靶面上。前者可以通过使用不同的镜头对放大率进行放大或缩小（根据视场角要求而定），后者结构简单、紧凑有诸多优点。采用后一种方法其光路示意图如图 8-12 所示，由显微镜原理，压痕位于物镜前焦面之外，经物镜成一实像，CCD 靶面与像平面重合。

2．CCD 摄像机

选用的 CCD 为 1/3″彩色摄像头。基本参数为：有效像元数 41 万；感光灵敏度 0.8Lux；信号输出为标准 PAL/NTSC 制式；靶面尺寸 4.8mm×3.6mm，光敏元列阵 740×555；各光敏元尺寸（像元中心到中心）为 6.5×6.5μm^2。需要图像采集卡将摄像头得到标准电视 PAL 制式的模拟图像信号转换为数字信号。现在如果选用了数字摄像机，则可以不用图像采集卡。

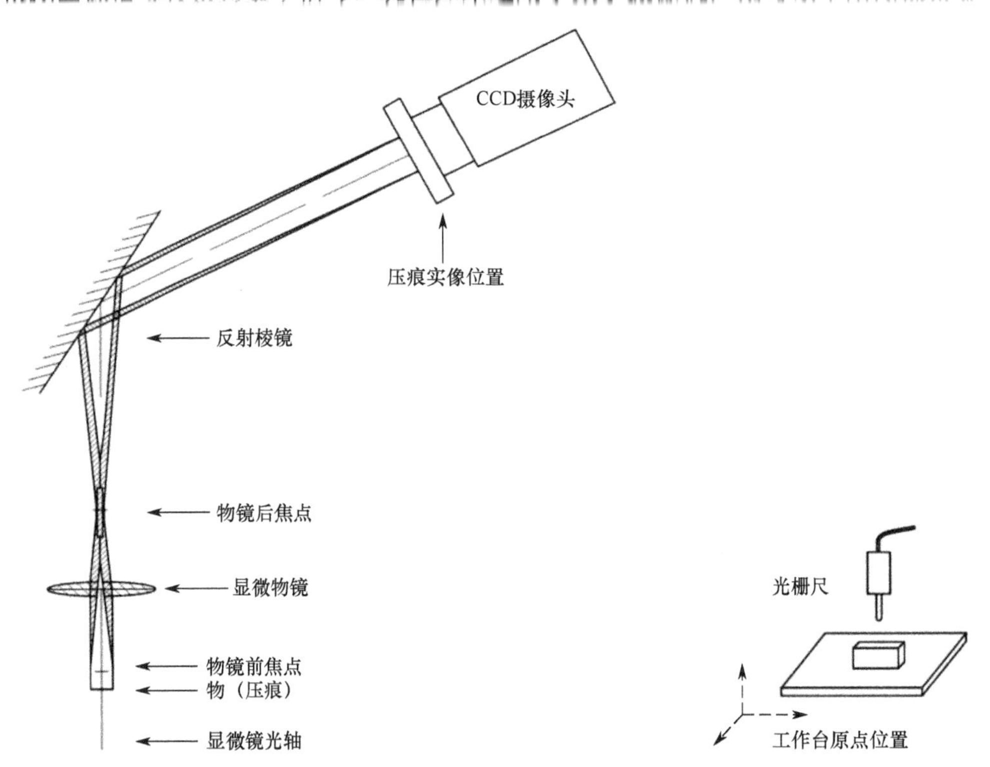

图 8-12　CCD 位置及显微硬度计光路示意图　　　图 8-13　光栅尺与工作台位置示意

3．摄像机机械调节架

机械接口配件把 CCD 固定在显微硬度计目镜位置，使物镜放大的实像成像于 CCD 靶面上。因考虑到物距、像距（即 CCD 靶面位置）、放大率之间存在相互联系，所以在设计机械接口时必须使 CCD 靶面上下有调节机构，同时为方便最终统调，还需使 CCD 在平面内可微调。具体地，在 CCD 摄像机标准的 CS 接口上接套筒，套筒与目镜管滑动配合，使之可以利用原光路定位滑动，以调节 CCD 靶面位置。固定 CCD 的支架带有调节机构以满足上述要求。

4．控制系统

控制系统实现对步进电机的高性能控制，实时提供每轴的相对/绝对位置信息、运动中可变速度、加速度和减速度等。步进电机与微调焦手轮相连，实现精确控制；还安装了光栅尺，用于工作台位于原点位置时，通过Z轴上升来测量放在指定测量点的试样的高度，如图8-13所示，作用是在物镜下拍摄金相图时确定工作台上升的极限位置（以免碰坏物镜）。

8.3.2 硬度测量与性能分析

1．数字显微硬度测量

显微硬度试验就是将两相对面夹角为136°的金刚石四棱锥体压头，在一定的试验力作用下压入试样表面，保持一定的时间后，卸除试验力，测量压痕对角线长度，然后查对角线长度与显微硬度值对应表，得到显微硬度试验值。这种试验原理是一种简化后的试验操作过程，真正显微硬度是试验力除以压痕锥形表面积所得的商，压痕锥形表面积可由压头锥角和压痕直径计算得出，最后得到显微硬度计算公式：

$$HV = \frac{0.1891F}{d^2} \tag{8-6}$$

式中：HV为显微硬度值；F为试验力；d为压痕直径。

压痕对角线长度与显微硬度计值的对应关系就是由公式计算出来的。显微硬度计所用的载荷为：1kg、2kg、3kg、5kg、10kg、20kg、30kg、50kg、100kg、120kg等，常用的为1kg、2kg、5kg、10kg、30kg、50kg。载荷的大小主要取决于试件的厚度。测试的最终硬度是通过压痕单位面积上所能承受的载荷来表示。将选定的固定实验力（载荷）压入试样表面，并经过规定的保持时间（保荷），然后卸除实验力（卸荷）后，在试样表面残留出一个底面为正方形的正四棱锥或克努普压痕，通过测微目镜及摄像机测量其对角线的长度，得到压痕的面积，显微硬度值就是实验力与压痕表面积的比值。

2．系统总调与系统定标

对CCD机械接口、采集卡及其操作软件、自编功能测试软件安装完毕的整个系统必须进行系统总调 与系统定标。

CCD靶面位置确定：在原有状态下调节物距，使在目镜中观察到清晰的图像固定物距。换下目镜，装上摄像头调节CCD靶面位置与左右在平面内的位置使在显示屏幕上能观察到清晰的图像并尽可能使压痕居于整个图像的中央。固定CCD靶面上下与左右位置，完成机械结构统调。此时物镜的放大率为40×（根据硬度计参数指标）。

系统测量定标：对统调好的系统，利用已知尺寸的标准尺通过显微、采集系统得到标准尺刻度的像，用软件的测试校准功能计算出显示屏上的距离单位与实际尺寸之间的比例因子，该因子将作为系统参数存在。在以后的使用中该参数不再需要改变，直到系统需要重新统调、校准时再次进行本过程。

3．光学放大与数字放大

经过数字化以后的图像的最终放大倍数由光学放大与数字放大两部分构成。微小压痕经过物镜放大（光学放大）且已知物镜放大倍数为40×即$\beta_{光}=40$。1/3″CCD靶面尺寸为4.8mm×3.6mm；采集分辨率为640×480；则640×480在17寸屏幕显示图像尺寸为216mm×162mm；放大率为二者之比得到$\beta_{数}=45$；显微硬度计总放大倍数为二者之积，即$\beta_{总}=\beta_{光}\times\beta_{数}=40\times45=1800$。

4．分辨率与测量范围

测量分辨率是硬度计的关键指标。选用的CCD规格像元尺寸为6.5μm×6.5μm，CCD最小可分辨的线度为一个像元尺寸。已知物镜放大率为40倍，所以折算到物空间线度为

0.1625μm，由此可知数字化以后系统分辨率为 0.1625μm。由此得出结论，本系统的分辨率高于用测微目镜测量时的 0.25μm 的分辨率。

测量范围是硬度计的另一关键指标。已知 CCD 靶面为 4.8mm×3.6mm 物镜放大率为 40 倍由此可得到物空间最大尺寸为 90μm，即此硬度计测量范围为 90μm。表 8-1 是几种不同硬度材料在最小、最大载荷情况下的压痕对角线尺寸及相对应的硬度范围值。

表 8-1 不同材料的硬度范围值

典型材料类型	最小载荷（10g）压痕对角线	最大载荷（200g）压痕对角线	*HV* 值
铝合金/μm	18.19	81.38	56.1～180.7
黑色金属/μm	4.22	18.91	211～1037
硬质合金/μm	3.21	14.35	1050～1800

8.1 光电倍增管的应用

光电倍增管（PMT）是将微弱光信号转换成电信号的真空电子器件。光电倍增管用在光学测量仪器和光谱分析仪器中。它能在低能级光度学和光谱学方面测量波长 200～1200nm 的极微弱辐射功率。闪烁计数器的出现，扩大了光电倍增管的应用范围。激光检测仪器的发展与采用光电倍增管作为有效接收器密切有关。电视电影的发射和图像传送也离不开光电倍增管。光电倍增管广泛地应用在冶金、电子、机械、化工、地质、医疗、核工业、天文和宇宙空间研究等领域，主要应用如下。

（1）光谱学：紫外/可见/近红外分光光度计、原子吸收分光光度计、发光分光光度计、荧光分光光度计、拉曼分光光度计，其他液相或气相色谱如 X 射线衍射仪、X 射线荧光分析和电子显微镜等。

（2）质量光谱学与固体表面分析：固体表面分析，这种技术在半导体工业领域被用于半导体的检查中，如缺陷、表面分析、吸附等。电子、离子、X 射线一般采用电子倍增器或 MCP 来测定。

（3）环境监测：尘埃粒子计数器，浊度计，NO_X、SO_X检测。

（4）生物技术：组织分类计数和用于对组织、化学物质进行解析的荧光计。

（5）医疗应用：γ 相机，正电子 CT，液体闪烁计数，血液、尿液检查，用同位素、酶、荧光、化学发光、生物发光物质等标定的抗原体的定量测定。其他如 X 射线时间计，用于保证胶片得到准确的曝光量。

（6）射线测定：低水平的 α 射线，β 射线和 γ 射线的检测。

（7）资源调查：石油测井，用于判断油井周围的地层类型及密度。

（8）工业计测：厚度计、半导体检查系统。

（9）摄影印刷：彩色扫描，把彩色分解成三原色（红、绿、蓝）和黑色，作为图像数据读出。

（10）高能物理——加速器实验：辐射计数器、TOF 计数器、契伦柯夫计数器、热量计。

（11）中微子、正电子衰变实验，宇宙线检测：中微子实验、空气浴计数器、天体 X 射线探测、恒星及星际尘埃散乱光的测定。

（12）激光：激光雷达，荧光寿命测定。

（13）等离子体：等离子体探测，使用光电倍增管用来计测等离子中的杂质。

8.4.1 高通量 PET 系统

作为一种全身检查工具，正电子发射计算机断层显像技术（Positron Emission Tomography，PET）正逐渐用于癌症、心脏病，甚至痴呆的早期普查和诊断。PMT 应用在 PET 上，极大推进了 PET 的发展，使它灵敏度更高，响应速度更快。用 PET 做健康检查，能够对很多疾病进行早期征兆，优于超声、CT、核磁等检查手段。PET 系统结构及扫描图像如图 8-14 所示。

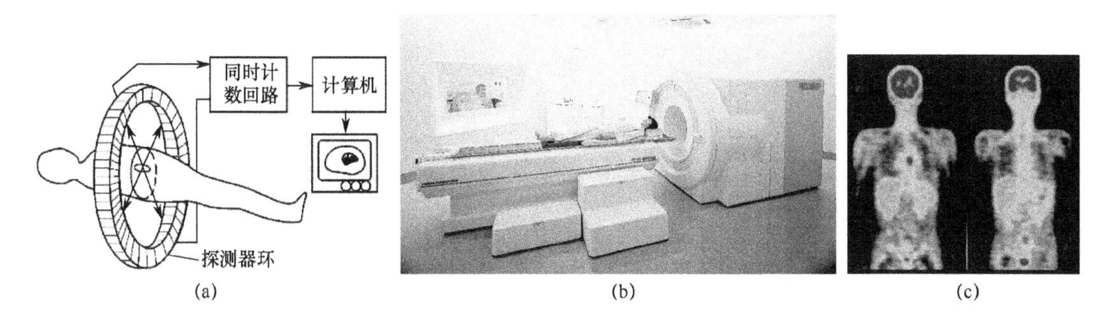

图 8-14 PET 系统结构、外观及扫描图像

（a）系统结构；（b）装置图；（c）扫描图像。

PET 采用湮没辐射和正电子准直（或光子准直）技术，从体外无损伤地、定量地、动态地测定 PET 显像剂或其代谢物分子在活体内的空间分布、数量及其动态变化，从分子水平上获得活体内 PET 显像剂与靶点（如受体、酶、离子通道、抗原决定簇和核酸）相互作用所产生的生化、生理及功能代谢变化的影像信息，为临床研究提供重要资料。

PET 分子显像基本原理为：PET 示踪剂（分子探针）→引入活体组织组织内→PET 分子探针与特定靶分子作用→发生湮没辐射，产生能量同为 0.511MeV 但方向相反互成 180° 的两个 γ 光子→PET 测定信号→显示活体组织分子图像、功能代谢图像、基因转变图像。

这些 γ 射线由人体周围排列的光电倍增管 PMT 与闪烁体组合的探测器接收，可以确定患者体内淬灭电子的位置，得到一个 CT 像。利用对向排列在发射体两边的闪烁探头，同时接收一对 γ 光子，即可确定正电子湮灭（发射）的位置。连接这一对向排列探头的连线被称为响应线（LOR）或符合线，这种探测方式则称为符合探测（图 8-15）。

在 PET 探测器中，接收 γ 光子的闪烁体一般被切割成底面为 4mm×4mm、高为 10～30mm 的长方体。一套 PET 系统需要 10000～28000 个（甚至更多）这样的晶体块，排列成探测器环。由于单块闪烁体的尺寸远小于光电倍增管，因而在组装时把多条闪烁体排列成一组与光电倍增管匹配，形成一个探测器模块。每个探测器模块有 4 个光电倍增管用于收集荧光，通过 4 个光电倍增管同时接收的荧光强度确定接收 γ 光子的闪烁体块，即位置信息。每个探测器模块都有独立的读出电路。由模块组成 PET 探测器环，探测器环的多少决定了轴向视野的大小和断层面的多少，如图 8-16 所示。PET 一般有 18～40 个探测器环，甚至更多，在人体长轴方向可以获得 15～20cm 的视野。对于比较小的人体组织，如心脏，一个床位就可以完成对其成像。

符合线自身携带空间位置信息，即通过探测正负电子对湮灭所产生的 γ 光子对，可以反映正电子湮灭时的位置。因此，PET 与 γ 照相机和 SPECT（单光子计算机断层）不同，不需要笨重并降低分辨率的准直器，所以又被称为电子准直方式。足够多的探头对产生的千万条符合线，通过计算机，利用反投射或迭代方式重建正电子发射体（湮灭）在空间中的分布，并以断层方式加以显示，就生成了 PET 图像。

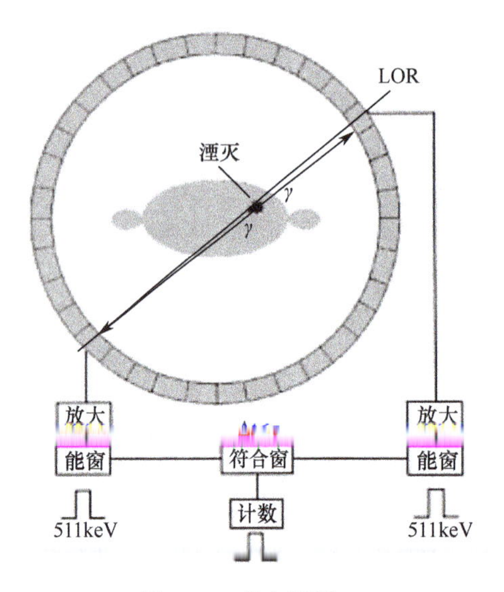

图 8-15　符合探测

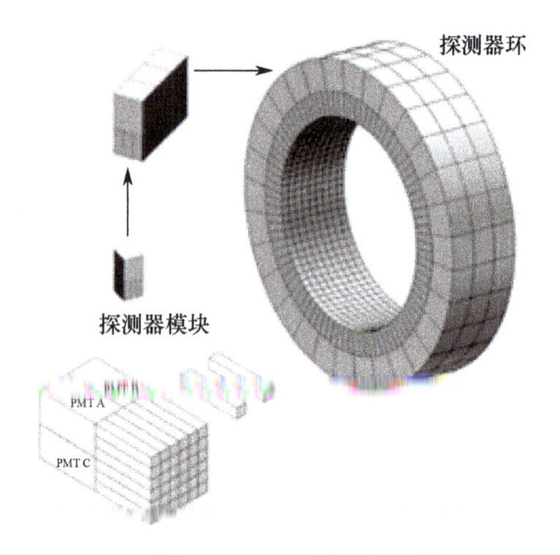

图 8-16　PET 探测器模块

符合探测依赖并利用湮灭光子对的两个特性：两个湮灭光子沿直线向反方向飞行，与以光速发射的光子同时到达对向排列的两个探测器。由于湮灭可发生于符合线的任何位置，两个光子与相应探测器的距离略有不同，加上光子转换为最后脉冲信号过程中的延迟，符合事件的两个光子到达相应探头的时间并非绝对一致，该时间间隔称为符合窗（Coincidence Windows）。通常，符合窗的大小为 10～20ns。只有在符合窗内探测到的两个光子，才被认为是来自同一湮灭事件。超过符合窗时间间隔所探测到的两个光子则被认为是来自两个不同的湮灭事件而不予记录。

符合测量中，如果时间窗口内测量的两个 γ 光子来自于同一个湮灭事件，称为真符合事件，或称为真事件。但也存在时间窗口内测量的两个 γ 光子分别来自两个湮灭事件的情况，称为随机符合事件。此外湮灭产生的 γ 光子可能在受检体内因康普顿散射而改变方向，但同样会被两个探测器探测，形成散射符合事件。无论随机符合事件还是散射符合事件，接收探测器的连线并不是真实的湮灭事件，这些信号成为噪声，会导致图像对比度变差。随机符合事件可以通过缩短符合时间窗口宽度来降低，但这又受探测器和电子学系统的性能制约：散射符合事件则可以通过 γ 光子的全能峰进行剔除，由于 γ 光子探测器能量分辨的限制，不可能完全剔除散射符合事件。

PET 成像时可以是二维数据采集，也可以是三维采集。对于二维数据采集，探测器环之间加一个由铅或钨等重金属制成的栅隔（Septa），使每一个探测器环只接收环内（或者邻近环）的 γ 光子。二维数据采集虽然时间延长，但是图像分辨率较好，可以有效减少随机符合事件。三维采集中探测器环之间没有栅隔，任意环之间都可以进行符合测量，图像重建也可以按任意方向进行。实现受检体的三维成像。三维采集可以显著提高探测计数率，适用于低剂量放射性活度和需要快速扫描时的临床应用，但会引入大量的随机符合事件（某些情况下随机符合事件甚至占总事件的 50%），在图像重建前必须通过软件对数据进行去噪声处理。

PET 分子显像应具备以下条件。

（1）具有高亲和力和合适药代动力学的 PET 分子探针。PET 分子探针是 PET 分子影像学研究的先决条件。PET 分子探针为正电子核素（如 11C 和 18F）标记分子（PET 显像剂），可为小分子（如受体配体、酶底物），也可为大分子（如单克隆抗体），应易被正电子核素标记。PET 分子探针应与靶有高度亲和力，而与非靶组织亲和力低，靶/非靶放射性比值高，易穿过组织膜与靶较长时间作用，不易被机体迅速代谢，并可快速从血液或非特异性组织中清除，以便获得清晰图像。

（2）PET 分子探针应能克服各种生物传输屏障，如血管、组织间隙、组织膜等。

（3）有效的化学或生物学放大技术。如 PET 报告基因表达显像。

（4）具有快速、高空间分辨率和高灵敏度的成像系统。如高分辨率微型 PET（microPET）扫描仪的研制成功，已成为连接实验科学和临床科学的重要桥梁。

8.4.2　光谱探测与分析

1．时间分辨荧光免疫分析

时间分辨荧光免疫分析（Time-Resolved Fluoro-Immuno Assay，TRFIA）法是一种非同位素免疫分析技术。用镧系元素作为标记物，标记抗原或抗体，用时间分辨技术测量荧光，同时利用波长和时间两种分辨方法，有效地排除了非特异荧光的干扰，提高了分析灵敏度。

波长和时间两种分辨是指用激光器发出的高能量单色光激发镧系元素作为标记物的螯合物，螯合物将在不同的时间段发出不同波长的辐射光。辐射光载荷着抗原或抗体的信息，通过测量不同波长的辐射光便可分析抗原或抗体。另外，螯合物对不同配位体发射最强光谱波长的衰变时间不同。表 8-2 所列为一些镧系元素螯合物的荧光特性。从表中可以看出不同配位体螯合物会发出不同波长的辐射光谱，光谱的衰变时间也各不相同。

表 8-2　一些镧系元素螯合物的荧光特性

镧系元素离子	配位体	激发光峰值波长/nm	发射光谱波长/nm	衰变时间/μs	荧光相对强度/%
Sm^{3+}	β-NTA	340	600.643	65	1.5
Sm^{3+}	PTA	295	600.643	60	0.3
Eu^{3+}	β-NTA	340	613	714	100.0
Eu^{3+}	PTA	295	613	925	36.0
Tb^{3+}	PTA	295	490.543	96	8.0
Dy^{3+}	PTA	295	573	～1	0.2

图 8-17 所示为镧系元素螯合物与典型配位体β-NTA 的吸收光谱与发光光谱，曲线 1 为镧系元素螯合物与配位体β-NTA 的吸收光谱。由曲线 1 可以看出螯合物与配位体β-NTA 对 320～360nm 的紫外光具有很高的吸收，因此，常用含有 320～360nm 光的脉冲氙灯或氮激光器作为激发光源，使装载配位体的螯合物激发荧光。Eu^{3+}β-NTA 螯合物在激发光源的作用下将发出如图中曲线 2 与曲线 3 所示的荧光光谱。曲线 3 的光谱载荷着配位体β-NTA 的信息。图为双坐标曲线图，其中 $r_{e,r}$ 为螯合物的相对吸收系数，I_v 为螯合物激发出的荧光光强。

图 8-18 所示为载荷配位体β-NTA 的螯合物荧光时间特性，激发光刚刚结束的时刻为初始时刻（t=0），在最初的很短时间内，短寿命荧光很快结束，长寿命荧光也会在 400ns 内消失或降低到很低的程度，而有用的荧光出现在 400～800ns 时间段内（图中斜线所标注的时间段）。在 800～1000ns 时间段内有用的荧光将衰减到零，1000ns 后开始新的循环。

根据图 8-17 所示荧光光谱的特性和图 8-18 所示荧光时间特性就可以设计 TRFIA 的测量系统。图 8-19 所示为一种双波长时间分辨荧光光电分析仪的原理图。氮激光器作为激发光源，发出 320～360nm 的脉冲激光；经透镜 2 扩束，并经干涉滤光片 3 后，使 337nm 激发光经分光镜分得部分光；经聚光透镜 5 聚焦到被测样品 6 上，样品受光激发后分时发出的荧光经聚光透镜 5 光束分解器 4 及光束分解器 7 分为两路。一路经 620nm 干涉滤光片 10 和聚光透镜将波长为 620nm 的信号光汇聚到光电倍增管 8 上，光电倍增管 8 输出波长为 620nm 光谱的强度信号。另一路经 665nm 干涉滤光片 11 和聚光透镜将波长为 665nm 的信号光汇聚到光电倍增管 9 上，光电倍增管 9 输出波长为 665nm 光谱的强度信号。

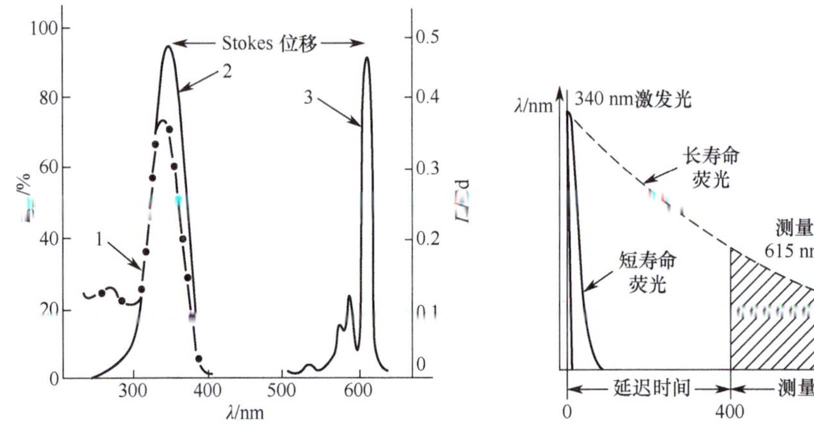

图 8-17 镧系元素螯合物与典型配位体β-NTA 的吸收光谱和发光光谱

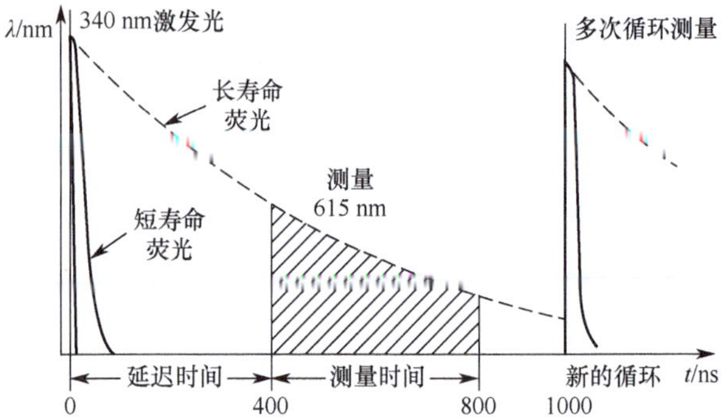

图 8-18 载荷配位体β-NTA 的螯合物荧光时间特性

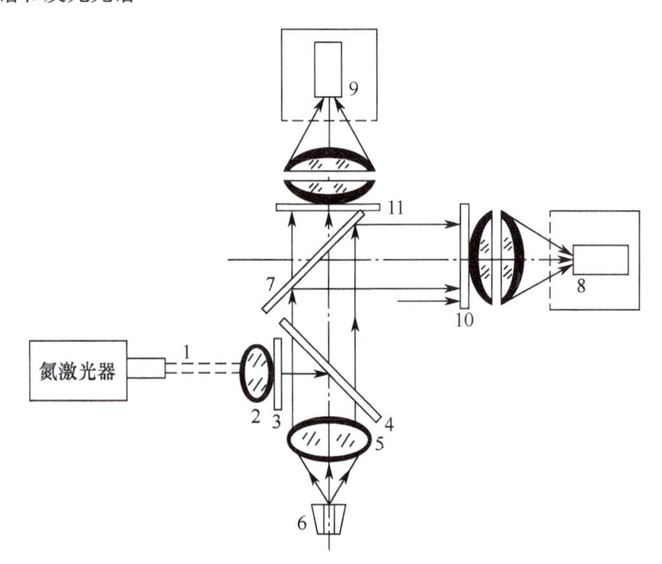

图 8-19 双波长时间分辨荧光光电分析仪原理图

1—氮激光光束；2—透镜；3—337nm 滤光片；4—光束分解器；5—聚光透镜；6—被测样品； 7—光束分解器；8—光电倍增管；9—光电倍增管；10—620nm 滤光片；11—665nm 滤光片。

光电倍增管 8 与 9 分别由同步控制器和时间延时电路控制，在激发光脉冲结束后的 400～800ns 时间段内测出两个光电倍增管的输出信号，将其转换成数字信号后送入计算机，计算出配位体 BNTA 的信息。

光电倍增管在双波长时间分辨荧光光电分析仪中的应用，既发挥了光电倍增管时间响应快、灵敏度高的特点，又发挥了光电倍增管的增益受供电电源电压控制的特点。利用光电倍增管的增益受供电电源电压控制的特点可以完成定时检测的功能，实现时间分辨。

2．激光拉曼癌变诊断治疗

PMT 可以应用于癌症诊断治疗新技术，按分子分离癌组织和正常组织。PMT 主要是作为激光拉曼信号的探测器，对微弱信号进行检测。当激光照射在一种材料上时就会发生拉曼散射效应；光线是散射的，其中一小部分散射光发生能量损失，转换为分子的振动能，分子的振动频率是特有的，通过分析这些散射光，就能获悉材料的结构和化学组成特征。激光拉曼光谱原理在 5.4 节已有介绍，本节不再赘述。

使用时空分解拉曼散射光谱技术可实现对癌组织和正常组织进行分子分离。可以利用由生物活体上切除下来的肺癌样品对拉曼散射光的光谱进行观测，也可以对在体样品进行检测，需要开发像光纤内窥镜那样的装置，能够以数百 nm 的空间分辨率实时地观测癌组织，有望用于对癌症的早期发现和治疗等。使用可见光作为光源时产生的荧光由于比拉曼散射光要强，因此难以检测出光谱。将波长为 1064nm 的近红外激光用作光源，激发拉曼光谱，如图 8-20 所示。后端利用 PMT 进行微弱信号的接收，精确区分出癌组织和正常组织的不同的生物分子结构。另外，还能够区分出不同癌症的分子结构差异。时空分解拉曼光谱技术能够对由空间和时间所导致的拉曼散射光光谱变化进行分析。因此可根据患部的位置，检测出不同的光谱。进行癌症切除手术时，还能够一边确认癌组织的范围，一边进行切除。为了应用于实际诊断，须收集各种癌组织及正常组织的拉曼散射光光谱，以便将其作为基本数据来构筑数据库。另外还必须配合设计诊断系统应用软件，分析光谱对应于哪种癌组织，以及癌组织和正常组织各占多大的比例等。

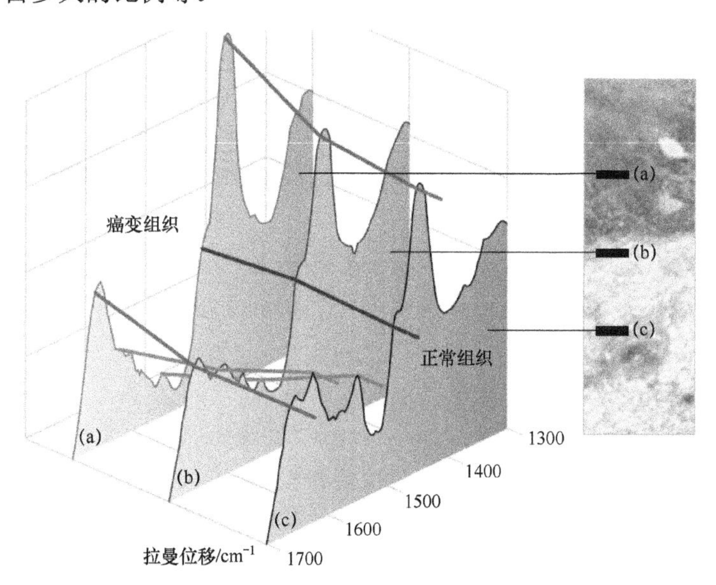

图 8-20　肺部癌组织近红外激励的拉曼光谱

（a）癌变组织；（b）癌变与正常组织分界；（c）正常组织。

8.4.3　光子与粒子探测

可以利用 PMT 构建单光子探测系统，如光子计数器、光子成像系统，4.4 节已对系统构成进行了介绍，本节仅给出部分应用实例。

1．植物生长的光子分析技术

植物光子是从藻类和植物等“光合生物”中检测到的非常弱的发光，它可以通过光子探测器检测到，例如通过光电倍增管或 MPPC，或者具有倍增功能的高灵敏度相机。通过测量植物光子，可以直接看到光合作用的运动。在光合作用中，叶绿素使用光能量分解水并提取电子。电子储存在载体分子中，大部分用作光合作用的能量。一小部分存储的电子被转换回“植物光子”。在外部光熄灭后，植物光子在黑暗中缓慢发光，这可以通过带有光电倍增管的高灵敏度相机进行检测，如图 8-21（a）所示，通过滨松的“平板正电子发射成像（Planar Positron Emission Imaging）”技术，可以实时观察到西红柿植株新陈代谢和化学物质的移动，这项技术在农业科学方面有非常广泛的应用前景。

2．跟踪“电子发光”优化 IC 设计

现在的集成电路技术可以在很小的硅片上集成数以百万计的晶体管，但是如何确定电路是否正常工作成了新的问题。一种全新的方法是跟踪电子的“发光轨迹”。如果能捕获到电子通过晶体管时发出的数个光子，就能十分精确地评估电子线路的工作状态。但是这需要专门的超高灵敏度的光探测器，它不仅能进行单光子计数，还能确定光子在平面上的确切位置，而且时间响应在10^{-11}s 以内。如图 8-21（b）所示，采用这项技术，IC 制造商可以在设计初期通过记录光子发射观察电子轨迹，从而发现隐藏的问题，改进产品设计。

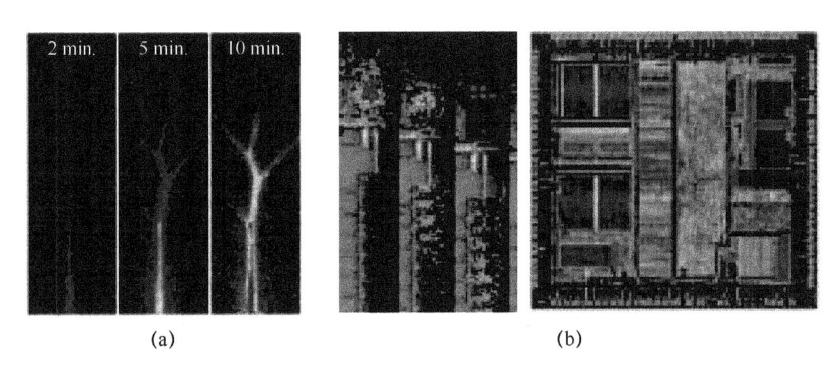

(a)　　(b)

图 8-21　光子分析示例

（a）水被西红柿植株吸收的过程；（b）通过记录光子发射观察电子轨迹。

3．宇宙射线探测

中微子作为基本粒子之一，不带电，质量极其微小，是目前唯一实验验证的超出粒子物理“标准模型”的新的物理学突破口。由于中微子只参与弱相互作用，很难与物质发生反应，穿透能力强，这就意味着需要非常庞大的探测器来捕获中微子信号。为屏蔽来自外太空的宇宙射线与地球大气层相互作用产生的缪子以及其他背景噪声对探测精度的影响，中微子探测器大多位于地下数千米的深度运行。目前，全球范围内先后建造了美国霍姆斯特克（Home-stake）中微子望远镜、日本神冈（Kamiokande）系列探测器、加拿大萨德伯里中微子观察站（Sudbury Neutrino Observatory，SNO）、Baikal 中微子望远镜、南极洲 Ice Cube 阵列探测器以及我国大亚湾中微子探测器等大型科学研究装置。图 8-22 所示分别为加拿大 SNO、日本 Super-Kamiokande 探测器以及我国大亚湾中微子探测器内景图，内部安装有成千上万只 PMT 用以探测穿过闪烁体的高能中微子与周围物质相互作用产生的带电粒子引发的切仑科夫（Cerenkov）光信号。中微子研究已成为当代国际上粒子物理、天体物理与宇宙学研究的热点之一，测量中微子质量顺序以及 CP 破坏相位已成为下一代国际中微子实验竞争的焦点。

(a)

(b)

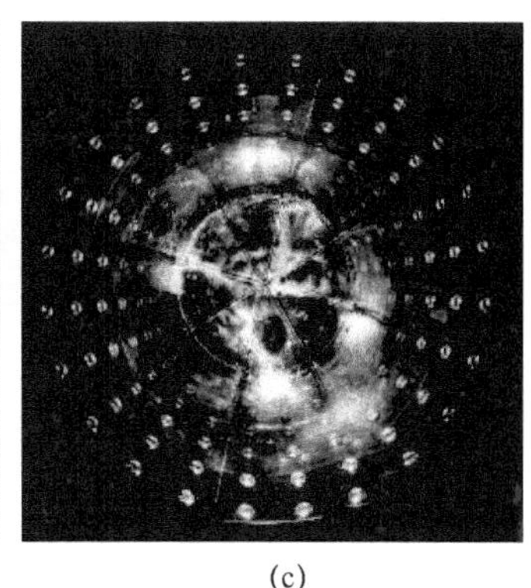
(c)

图 8-22　大型中微子探测器内景图

（a）加拿大 SNO 探测器；（b）日本 Super-Kamiokande 探测器；（c）我国大亚湾中微子探测器。

位于日本神冈的 Super-Kamiokande（其前身为 Kamiokande），原是为了测量质子衰变所建造的实验装置，不过至今尚未测量到衰变的实例，可是其设计同样相当适合用来观测中微子。身处地底一千公尺深的神冈矿山下，注入了 50000t 纯水的超大水缸，其内层布满了 11200 颗光电倍增管。当中微子与水中的电子发生电子散射（ES，Electron Scattering）时，中微子的能量便会传给电子或经反应制造出的 μ 子，而这些带电粒子因为其行进速度超过光在水中的速度，使得它们会在行进方向辐射出一锥状的电磁波，也就是所谓的 Cerenkov 光锥，而这些光锥就会在表面的探测器上留下一圈圈的讯号。Super-Kamiokande 于 1998 所发表的论文之中，首度凭借测量大气层中微子的比例而间接验证了中微子振荡的效应，并给出大气层中微子的质量平方差。荣获 2002 诺贝尔物理奖的东京大学教授小柴昌俊便是因为领导此实验而获此殊荣。

8.5　光电传感人机交互

光电传感器可以用于人机交互（Human Computer Interaction，HCI）。例如：基于光电传感器实现接触/非接触屏幕人机交互；利用数据手套、数据服装或光电传感器等装置，对手和身体的运动进行跟踪，感知姿态，完成自然的人机交互；利用电磁、超声波、光电等方法，对头部的运动进行定位交互；基于光电传感器对眼睛运动过程进行定位等交互方式。

8.5.1　光学触摸屏

触摸屏是一种可以根据显示屏表面接触（手指、笔）、依靠计算机识别其触摸的位置，做出相应反映的一种电子设备。目前，市场上的触摸屏大致可以分为电容式触摸屏，四线电阻式触摸屏，五线电阻式触摸屏，表面声波触摸屏、红外线式触摸屏及光学触摸屏 5 种类型。光学触摸屏的种类包括红外触摸技术、CCD/CMOS 触摸技术、非全内反射触摸技术、激光平面触摸技术、发光二极管平面触摸技术。

1．红外触摸技术

红外触摸屏是利用 X、Y 轴方向上密布的红外线光束栅格来定位触摸位置。图 8-23 展示了红外触摸屏的结构，红外触摸屏需要安装电路板外框，作用是在屏幕四边排布红外线发射管和红外接收管，就对应成了横竖交叉的光束栅格。当有物体遮断了光束，就会在相应光传感元件处引起光测量值的减弱，因而可以判断出触摸点在屏幕的位置。控制器是扫描光传感阵列的，而不是同时测量所有的光传感器。

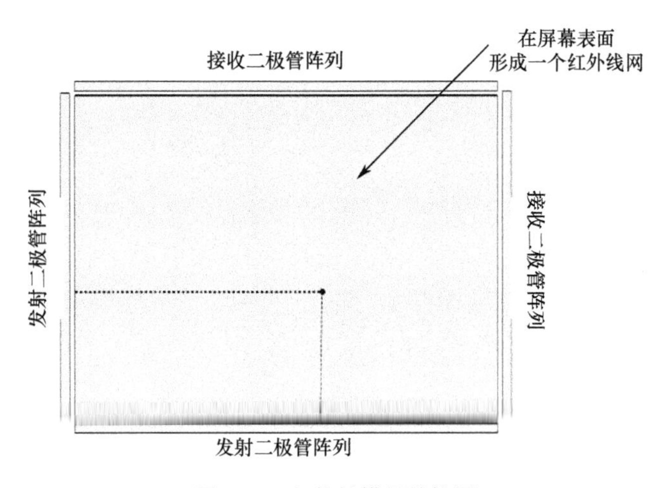

图 8-23 红外触摸屏结构图

2．CCD/CMOS 光学触摸技术

CCD/CMOS 光学触摸结构图如图 8-24（a）所示，安装在顶部左上角的 CCD 摄像头位置的 LED 灯发射出光线，经过四周反射条（贴在右，左，下 3 边）反射，进入右上角的 CCD 摄像头中。同理，右上角的 CCD 摄像头位置发射的光线传入左侧的 CCD 摄像头中。密布的光线在触摸区域内形成一张光线网，经过多次反射的光线之间的空间在 1mm 以内。当触摸一点时，这个点与两个 CCD 会构成一个三角形，形成几个重要的角度。控制器通过分析 CCD 中的图像、触摸物体位置的三角形关系，得到触摸点的准确坐标，实现触摸反应。8-24（b）展示了 CCD/CMOS 光学触摸定位原理。

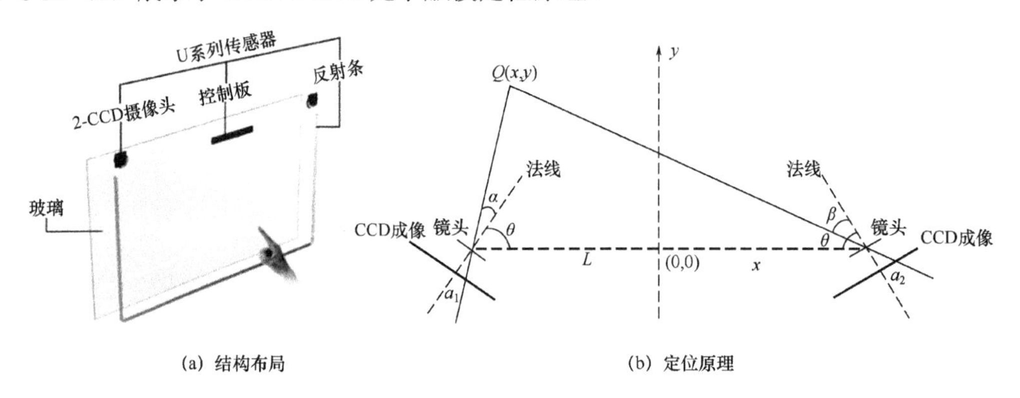

(a) 结构布局　　(b) 定位原理

图 8-24 CCD/CMOS 光学触摸结构及原理图

（a）结构布局；（b）定位原理。

定位（x,y）根据式 8-7 计算得到

$$\begin{cases} x = \dfrac{L}{2} \times \dfrac{\tan(\beta+\theta)-\tan(\alpha+\theta)}{\tan(\beta+\theta)+\tan(\alpha+\theta)} = \dfrac{L}{2} \times \dfrac{\sin(\beta-\alpha)}{\sin(\alpha+\beta+2\theta)} \\ y = L \times \dfrac{\tan(\alpha+\theta)\tan(\beta+\theta)}{\tan(\alpha+\theta)+\tan(\beta+\theta)} = L \times \dfrac{\sin(\alpha+\theta)\sin(\beta+\theta)}{\sin(\alpha+\beta+2\theta)} \end{cases} \tag{8-7}$$

3．非全内反射触摸技术

如图 8-25 所示，将红外 LED 光从一端射入，发生全反射。该技术应用非全内反射，即当手指触摸玻璃表面时，光从手指处散射出去，被光学传感器（垂直于普通玻璃表面）检测

到。这里，光学传感器是投影机旁边的一个摄像机。

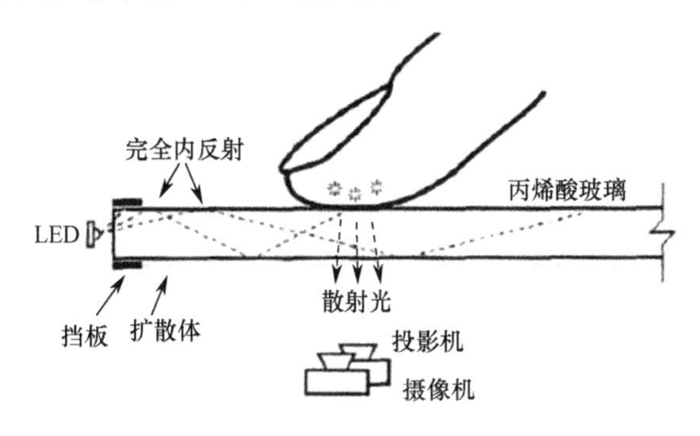

图 8-25　非全内反射触摸原理图

4．激光平面触摸技术

激光平面触摸技术同样是基于全反射原理，与非全内反射触摸技术相区别的是，发生非全内反射不形成红外面，而在触摸时会形成红外点，如图 8-26 所示。使用过程中，要考虑激光的安全性，不要直视激光头。

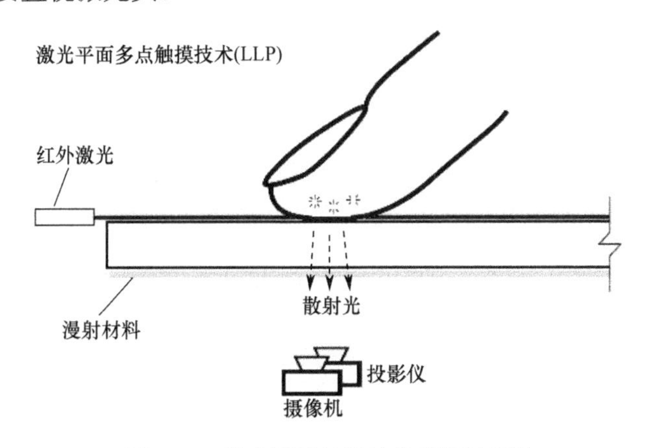

图 8-26　激光平面触摸技术触摸原理图

5．发光二极管平面触摸技术

如 8-27 所示，红外发光二极管放置在触摸屏幕的四周，让光线更好地分布在表面上。这和激光平面多点触摸技术类似，二极管平面多点触摸技术同样在触摸屏幕上创造了一个红

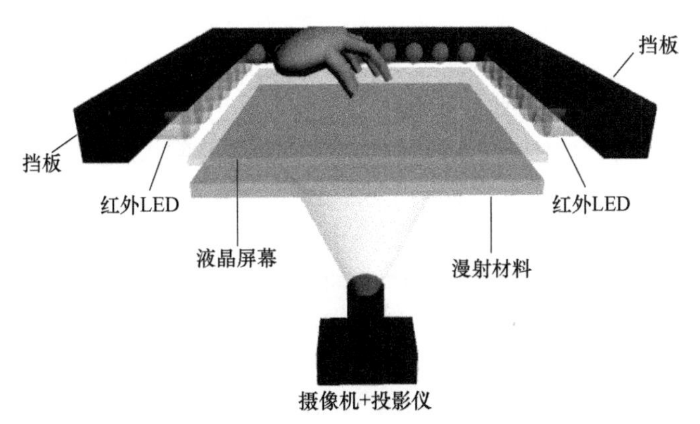

图 8-27　发光二极管平面触摸技术触摸原理图

外线平面，光线会使放在屏幕上方的物体发亮而不是触摸，然后通过软件调节滤镜来设置仅当物体被提起或者接近屏幕的时候被照亮，一般利用一块挡片放置在二极管的上方，让更多的光集中在平面上。

8.5.2 非接触人机交互

非接触交互技术可以应用在医疗领域，在教育、设计、制造、商业、游戏等领域也有着很广阔的应用前景，目前的光学感应技术原理的非接触人机交互设备采用摄像头作为主要的传感器件，通过高分辨率的图像，对交互主体的动作进行捕捉和识别，从而实现人机交互。

2010 年微软发布的 Xbox360 体感周边外设 Kinect 以及 2013 年 Leap 公司推出的 Leap Motion 都是典型光学感应非接触交互设备。Kinect 实质上是一种三维体感摄像机，它利用即时动态捕捉和影像识别技术使操作者能够摆脱鼠标、键盘，仅用肢体动作实现对主机的操作。如图 8-28 所示，Kinect 是由一对红外发射器和 CMOS 接收器组成的深度摄像头和一个 RGB 摄像头构成的。红外发射器向前方发出红外结构光，用 CMOS 接收器接收反馈，由于不同的距离光反射强度不同，深度摄像头就能够得到前方物体的深度信息，并根据不同的距离得到多个切面图像。通过对这些切面图像对比分析，提取出目标物体的轮廓，再结合 RGB 摄像头得到的场景颜色信息，最终完成对目标物的虚拟映射。Kinect 能够在其前方 57°，距离 1.2～3.5m 的扇形区域以 30 帧/s 的速度生成图像流，再现周围环境。Kinect 凭借其独特的操作方式，已经在制造、医疗、零售、教育、游戏等应用领域拥有大量的经典应用。然而它也存在一些缺陷，由于使用摄像头作为传感器件，当环境光照条件发生较大改变或者光照较强烈时，动作捕捉跟踪会有差错，容易出现操作指令误判的现象；另外实时性也是个很大的问题，摄像头每秒只能采集 30 帧画面，再加上复杂的图像处理，从操作者动作到屏幕体现往往会有 0.2～0.5s 的延迟，对于快速的肢体动作无法捕捉。

图 8-28 Kinect 相机结构原理图

Leap Motion 的工作核心是两个摄像头，可以从不同角度捕捉画面。如图 8-29 所示，Leap Motion 工作原理主要是通过双摄像头模拟人眼捕捉经过红外 LED 照亮的手部影像，利用双摄像头的视觉差分析手势的变化。机体内内置的通信芯片采用标准 USB 传输技术将采集的图像信息数字化传输到计算机内，计算机经过图像识别和运算还原手势变化并将手部动作反馈至桌面应用程序实现手势的直接控制。它能在其上方 4 立方英尺（约 0.12m^3）的感应范围内同时追踪多个目标，Leap Motion 会给这些目标分配一个单独的 ID，并检测运动数据，产生运动信息，再通过算法复原物体在真实三维空间的运动信息。与 Kinect 不同的是，Kinect 更侧重于肢体的整体动作，能够将人整个身体的运动生成模型并输出，对于一些精细的动作例如翻腕、手指点击等无法识别；而 Leap Motion 则更偏向于细节操作，主要功能是识别高精度的手指运动，它能以每秒 200 帧的速度跟踪手指的移动，几乎让人手和影像融为一体。通过手指运动，操作者可以轻松控制计算机，包括指令操作、图片缩放、非接触书写等，精确度可达 0.01mm，可广泛应用于游戏、音乐、医疗、设计等各种领域。然而，Leap Motion 也不是十全十美的，和 Kinect 一样，由于同样采用摄像头作为传感器件，环境光照条件对 Leap Motion 也有不小的影响。而且 Leap Motion 的摄像头是朝上的，天花板的灯光对它的影响会比较明显。

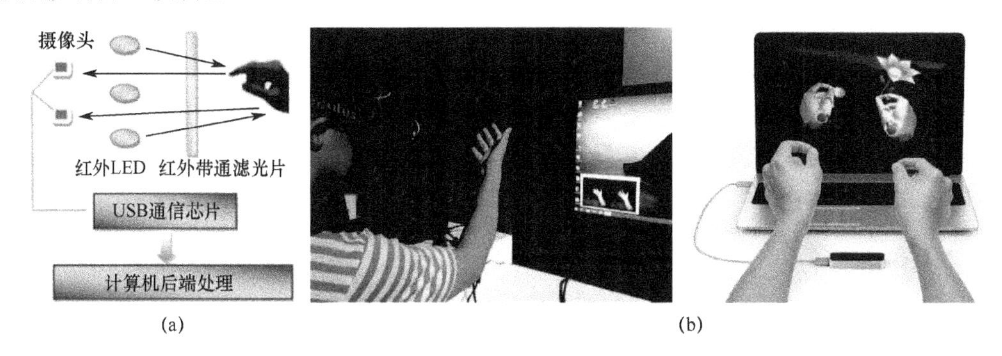

图 8-29　Leap Motion 交互及工作原理图

（a）工作原理图；（b）交互场景。

与大屏幕进行人机交互的方式有两种：一种利用激光笔进行远距离交互；另一种通过人体的一部分（手、眼）远距离交互。后一种由于不需要任何外部设备，是一种更友好和自然的交互方式。其中利用人眼交互称为基于视线跟踪的人机交互，通过获取眼球的转动信息得到用户注视的位置，从而实现对计算机的控制，由于必须采集眼球视频图像，因此摄像头必须离眼睛较近，实际操作中妨碍人的观察视线；而通过人手与大屏幕进行人机交互，称为基于手势识别的人机交互，由摄像头负责采集用户手部的图像，利用图像中手的位置和运动轨迹控制大屏幕的显示内容。结合视线跟踪和手势识别提出的一种人机交互方式，当人们指向屏幕时，其视线也会沿着指尖到屏幕，因此由人眼和指尖的连线确定用户指向屏幕的位置；通过识别用户的单击动作模拟鼠标的单击操作，从而实现对计算机的远距离操作。这种交互方式的实现建立在人脸检测、人眼定位的基础上，增加了实现的复杂度，同时当距离稍远时，人眼识别误差成为影响定位准确性的关键问题。

8.5.3　视线跟踪系统

基于视频的视线跟踪系统（也称为眼动仪）通过使用一台摄像机来记录眼睛的活动。Tobii 公司的眼动仪实现人眼控制 surface 打字等操作。在增强现实（AR）和虚拟现实（VR）中，视线跟踪可以在 AR/VR 的成像显示、交互控制、身份验证、健康监测等多个方面应用，对视线跟踪的使用几乎覆盖全部的环节。在智能驾驶的研究中，视线跟踪技术可以辅助驾驶，根据驾驶员视线判断盲区，及时提醒可能存在的危险。通过检测驾驶员瞳孔的遮挡眼皮下垂（犯困）或眨眼次数减少（走神）等，判断驾驶员是否疲劳并及时给出提醒。视线跟踪技术可解放双手完成与设备的自然交互。例如，在外科手术中，医生会用探针等设备进入人体内观察，医生通常一边观察屏幕一边控制探针有时候还需要根据情况放大缩小图片非常不方便。使用视线跟踪技术医生可以用眼睛控制设备，这样可以解放双手更专注于手术。在医学诊断中的神经系统疾病分析、心理学与行为学研究中的文字注视轨迹和热点图、用户体验中的用户关注度测试、人因工程的人机环境交互分析、军事方面的目标导引系统等方面，视线跟踪技术均有应用。

基于视频的视线跟踪方法是一种非侵入式的视线跟踪技术，使用时不需要给受试者眼部安装装置，这使受试者的视线跟踪过程自然舒适。基于视频的视线跟踪方法是通过摄像机记录眼球的运动之后由计算机分析处理估算出用户的视线信息。这类方法有眼动检测和视线估计两步过程。眼动检测与非视频结果类似，一般会有瞳孔、虹膜、反射光斑和眼角等特征；视线估计是根据眼动检测结果计算注视点。

根据眼动仪结构和外形可将其分为头戴式和遥测式（桌面式），如图 8-30 所示。头戴式眼动仪一般将微型摄像机和光源安装到头盔或眼镜上，使用计算机或者微处理系统运行视线跟踪算法，其最大的特点是人可以自由移动不受空间的影响。目前，这些商业的系统仅仅实现了相对于场景相机的视线估计，主要应用于市场行为分析、体育研究、驾驶行为研究等方面。遥测式眼动仪（桌面式眼动仪）将摄像机和红外光源安置在桌面或屏幕上，采用二维或三维的眼球模型视线跟踪技术求解出注视点。该系统主要应用于用户观看屏幕的场景，对使用环境要求较高。该系统的特点是用户无需佩戴任何实验设备，允许用户头部在一定范围内自由运动。在遥测式系统中为了提高系统的精度，有的眼动仪使用下巴托或者头托等设备将头部固定进行视线跟踪。

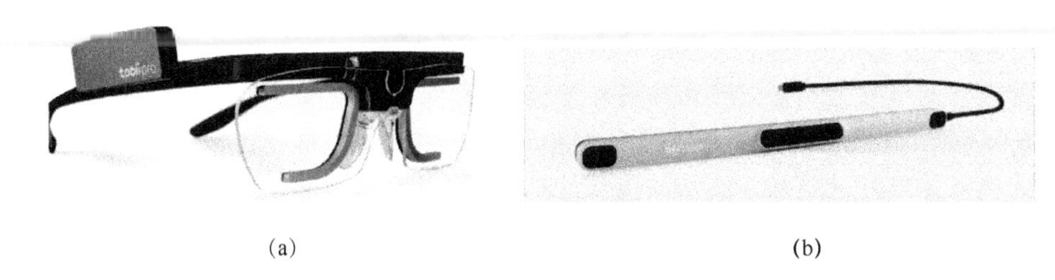

(a) (b)

图 8-30 眼动仪形式

（a）头戴式；（b）遥测式。

视线跟踪系统的模型如图 8-31 所示。首先通过光源 I_i 照射眼球，并在角膜表面上形成反射点 q_{ij}，o_j 是相机的光节点，从角膜表面反射出来的光线会经过相机节点并在相机感光平面上成像，即 u_{ij}。其中角膜曲率中心与反射点的连线是法线，它的入射光线为 I_iq_{ij}，反射光线为 $q_{ij}o_j$。同理，从瞳孔发出的光线也会在角膜表面形成反射点 r_j，因为瞳孔到眼球壁之间均是由房水等内容物等组成，而眼球壁之外又是空气，它们的反射率不一样，因此会在 r_j 处形成折射，此处的折射率 n 我们需要根据经验值估计。折射出来的光线同样会经过相机节点并在成像平面上成像，为 v_j。把中央凹与角膜曲率中心的连线定义为视线，瞳孔中心与角膜

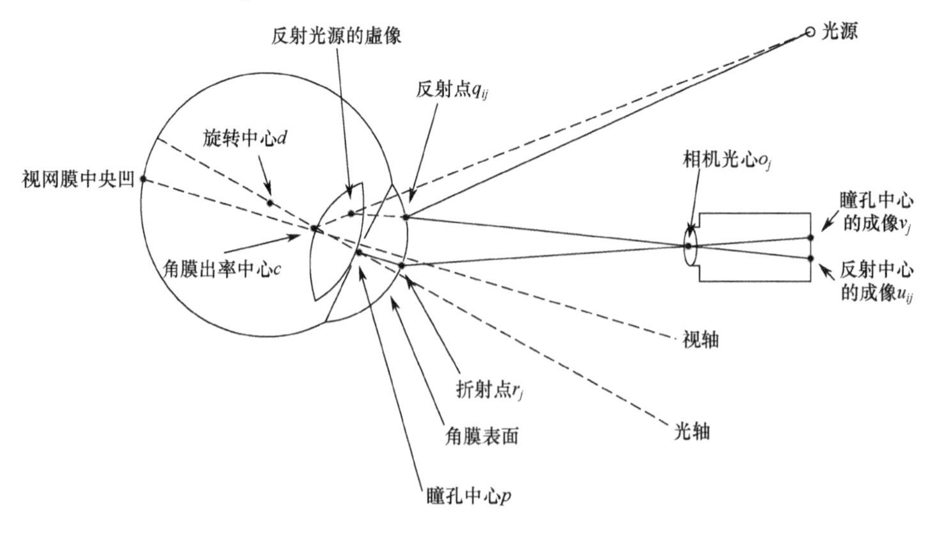

图 8-31 视线跟踪系统模型

曲率中心的连线定义为光轴。一般来说，人眼的视线与光轴并不重合，而是有一个小小的夹角。因为视线的落点才是主要的研究对象。因此，需要通过算法首先计算出角膜曲率中心和瞳孔中心，然后计算出光轴向量，最后根据角膜曲率中心和光轴计算出视线落点。

能否正确快速地提取瞳孔中心以及在角膜上反射的光斑中心是影响视线跟踪系统精度的关键因素之一。要正确地提取到光斑中心，一般必须先定位到瞳孔，然后再以瞳孔为中心并在它周围定位光斑中心。目前，瞳孔定位和检测的方法针对不同的环境而有所不同，主要分为四大类：第一类是首先利用硬件产生亮瞳和暗瞳图像，然后将亮瞳和暗瞳图像差分再继续定位瞳孔的方法；第二类是利用机器学习训练正负样本的方法；第三类是基于模板的方法；第四类是对图像进行积分投影再选取特征区域的方法。图 8-32 为瞳孔和光斑定位结果。

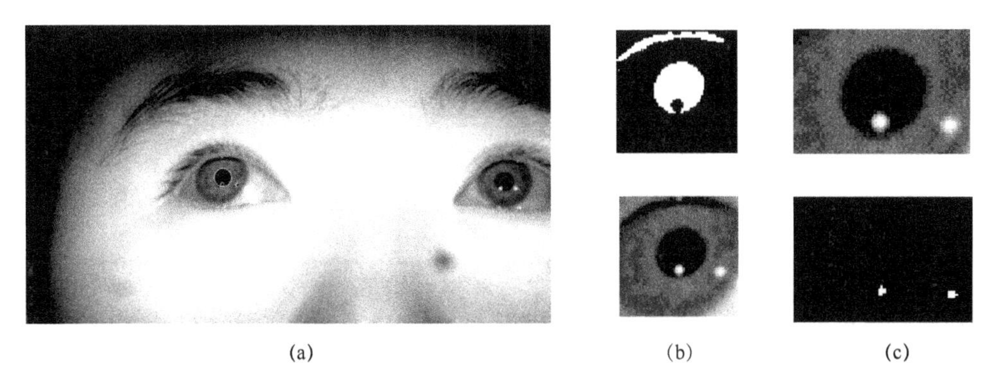

(a)　　(b)　　(c)

图 8-32　瞳孔和光斑定位结果

(a) 原始图及定位结果；(b) 瞳孔定位；(c) 光斑定位。

8.6　激光雷达的应用

激光雷达（LIDAR）是一种遥感技术，使用光并以脉冲形式发射光，然后将接收到的从目标反射回来的信号（目标回波）与发射信号进行比较，作适当处理后，就可获得目标的有关信息。相对于激光辐照测量散射光，用于分析物体的特性。

8.6.1　激光雷达原理

激光雷达是以发射激光束探测目标的位置、速度等特征量的雷达系统。从工作原理上讲，与微波雷达没有根本的区别：向目标发射探测信号（激光束），然后将接收到的从目标反射回来的信号（目标回波）与发射信号进行比较，作适当处理后，就可获得目标的有关信息，如目标距离、方位、高度、速度、姿态、甚至形状等参数，从而对飞机、导弹等目标进行探测、跟踪和识别。

激光雷达根据测量原理可以分为三角法激光雷达、脉冲法激光雷达、相干法激光雷达。基于脉冲法的激光雷达利用光速测距。激光发射器发射激光脉冲，计时器记录发射时间；脉冲经物体反射后由接收器接受，计时器记录接受时间；时间差乘上光速即得到距离的 2 倍。用此方法来衡量雷达到障碍物之间的距离。

激光雷达一般由激光发射机、激光接收机、光束整形和激光扩束装置、光电探测器、回波检测处理电路、计算机控制和信息处理装置和激光器组成，激光雷达结构和工作原理如图 8-33 所示。激光雷达是以激光器作为辐射源，通过激励源激励，发出空间呈高斯分布的激光束。为了能得到质量更好的激光束，经由光束整形和激光扩束装置，使激光束空间分布均匀，加大了激光作用距离。整形和扩束好的激光束作为激光雷达探测信号，以大气为传播媒介，辐射到目标物表面上；激光接收机接收目标物反射和散射信号，光信号经由光电探测器转变为电信号，回波检测处理电路从传来的电信号中分出回波信号和杂波干扰脉冲，并放大回波信号，将回波信号送往计算机进行数据采集与处理，提取有用信息。

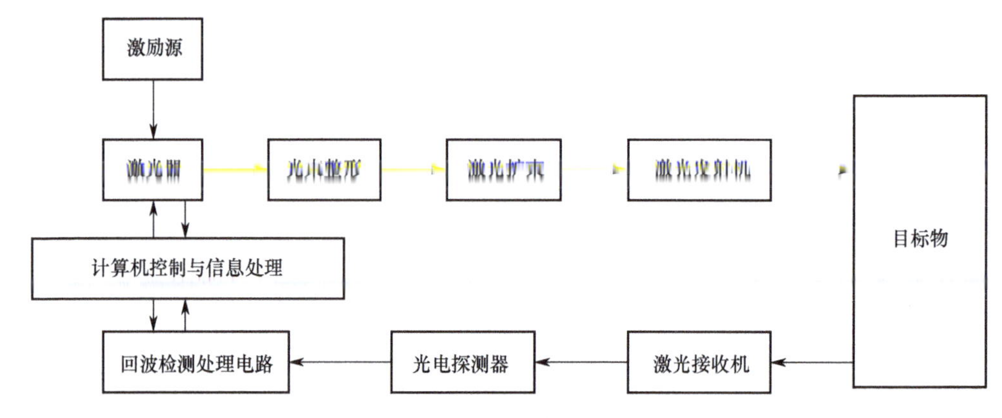

图 8-33　激光雷达工作原理

另外，计算机控制和信息处理系统不仅可以控制激光发射机和接收机等激光雷达部件，还可通过其强大计算能力，把激光信号到达目标物时间、频率和目标物反射激光信号回到激光雷达的时间、频率相比较；再结合激光波束传播方向得出目标物距离、速度等信息，形成距离、速度等各种图像，把获得图像进行存储和显示，为下一步激光雷达探测、跟踪以及识别未知情况下目标物体作准备。

激光雷达光学部分的探测原理图如 8-34 所示，发射机是各种形式的激光器，如二氧化碳激光器、掺钕钇铝石榴石激光器、半导体激光器及波长可调谐的固体激光器等，经过扩束后发射到目标；天线是光学望远镜；接收机采用各种形式的光电探测器，如光电倍增管、半导体光电二极管、雪崩光电二极管、红外和可见光多元探测器件等。激光雷达采用脉冲或连续波两种工作方式，探测方法分直接探测与外差探测。

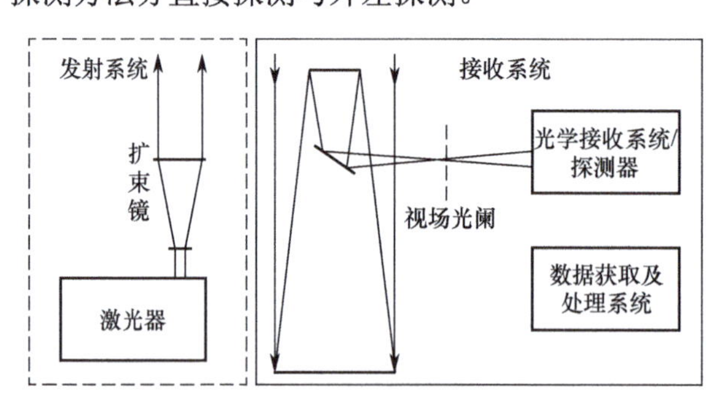

图 8-34　激光雷达的光学结构原理图

信号接收部分的主要功能是接收回波光信号，并根据不同波长分别导入相应的探测通道。主要包括接收望远镜、小孔光阑、分光装置、滤光片及探测器等。常用的接收望远镜类型有卡塞格林及牛顿反射式系统。卡塞格林系统结构和体积比较紧凑，而牛顿反射式结构和调整比较简单。接收望远镜焦平面处通常放置小孔光阑，以限制接收视场角。分光装置包括普通的光学分色片、光栅光谱仪、标准具及法布里珀罗干涉仪等。探测器前通常放有窄带干涉滤光片或原子蒸汽滤光器等，用来压低天空背景光噪声及其他光的干扰。常用的探测器有光电倍增管及雪崩光电二极管，除要求它们具有较高的量子效率，较低的暗电流和热噪声以及良好的线性度等，还要求其能够覆盖若干个量级动态范围的信号。数据采集及控制部分主要是用于确保激光发射、回波信号接收、数据采集、传送和存储步调一致地工作，其主要包括前置放大器、模数转换器、多道光子计数器、同步触发控制器、门控控制器及主控计算机。

8.6.2 激光雷达的应用

1. 移动机器人位姿估计方法

位姿估计方法是移动机器人研究的一个核心问题，精确地位姿估计对于机器人的定位、自动地图生成、路径规划等具有重要意义。传统的位姿估计方法在不同程度上都有位移误差较大、成本较高的缺点。而激光雷达刚好解决了这个问题。目前常用的激光雷达为二维脉冲式激光雷达，这种方法有两个重要的步骤：距离数据的表示和距离数据的对应。

（1）距离数据的表示。利用一对脉冲近红外发射器和接收器，通过测量发射到接受的时间差，即可计算出目标的距离，从而得到关于环境的水平剖面图。对于静态环境的表示方法目前比较好的方法是 Gonzalez 提出的混合式表达方法，这种方法综合了基于特征的表示方法和占据网格的表示方法而提出的一种同时具有两者各自优点的方法。

（2）距离数据的对应。目前，已有的对应方法有特征-特征、点-特征和点-点等。特征-特征对应方法：首先从参考扫描和当前扫描中分别抽取出一组特征；然后用特征的属性和特征间相对关系对两组特征进行匹配，得到一组特征对；最后使用迭代的方法求解机器人的位姿，使特征对之间的误差最小。点-特征与特征-特征方法的不同主要在于它直接使用当前的原始数据与参考扫描的特征进行匹配，匹配的依据是点到线段的距离。由于这种方法在匹配中直接使用了原始的距离数据，避免了中间的特征抽取过程，因此这种方法的精度略高于特征-特征方法。点对点的方法是利用一个合适的规则直接匹配两个扫描中的数据，从而得到相对位姿的关系，目前这个常用的规则是最近点规则。

2. 城市三维空间数据建模

激光雷达技术可以快速完成三维空间数据采集，它的优点使它有很广阔的应用前景。机载雷达系统的组成包括：激光扫描器、高精度惯性导航仪、应用差分技术的全球定位系统、高分辨率数码相机。通过这四种技术的集成可以快速地完成地面三维空间地理信息的采集，经过处理便可得到具有坐标信息的影像数据。机载三维激光雷达系统，综合了激光雷达技术、摄影测量技术等国际先进技术，具有高精度、高密集度、快速、低成本的获取地面三维数据等优势，成为空间数据获取的一种重要技术手段。

机载三维激光雷达系统不但可以用于无地面控制点或仅有少量地面控制点地区的航空遥感定位和影像获取，而且可实时得到地表大范围内目标点的三维坐标，可以快速、低成本、高精度地获取三维地形地貌、数字影像及其他方面的海量信息。机载三维激光雷达技术获取的原始数据有数码影像和激光数据，可直接进行图像调色、坐标转换、激光点云分层、自动生成数据表面模型 （Digital Surface Model，DSM）数据、编辑生成数字高程模型（Digital Elevation Model，DEM）、自动生成数字正射影像图（Digital Orthophoto Map，DOM），处理后直接得到数码影像、点云数据、DEM、DSM、DOM。

采用机载三维激光雷达技术可获取数据并建立数据城市，如图 8-35 激光点云数据形成的城市轮廓，具有如下特点。

（1）可以直接快速获取三维空间数据、高精度数据成果。

（2）DOM 数据以及激光点云数据的支持，使得对地形的判读、空间信息的量测与获取更加准确和便捷。

（3）数据处理自动化程度高、数据精度高、作业成本低、便于成本控制等。

（4）航飞时在建筑密集区难免少量侧面纹理无法采集完整，对于采集不完整的地区根据制作要求进行一定程度的数据地面补拍工作。

3．大气环境监测

激光雷达由于探测波长短、波束定向性强，能量密度高，因此具有高空间分辨率、高的探测灵敏度、能分辨被探测物种和不存在探测盲区等优点，已经成为目前对大气进行高精度遥感探测的有效手段。利用激光雷达可以探测气溶胶、云粒子的分布、大气成分和风场的垂直廓线，对主要污染源可以进行有效监控。图 8-36 展示了不同成分大气的激光雷达回波信号。

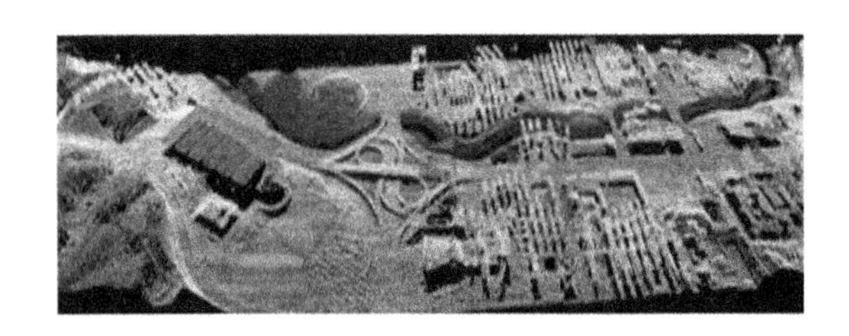

图 8-35 激光点云数据

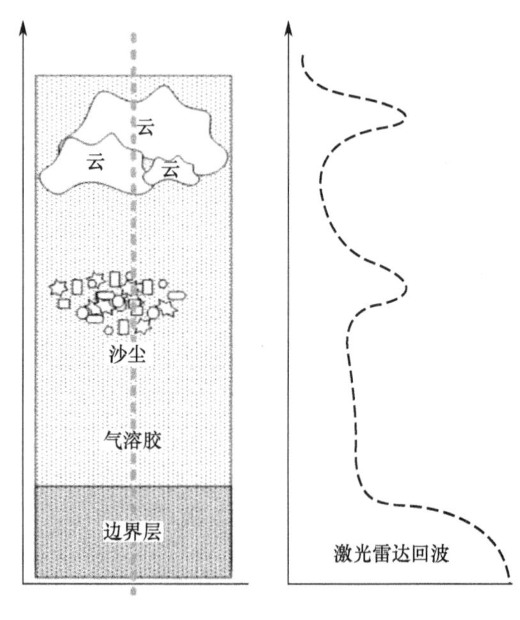

图 8-36 大气探测激光雷达探测原理示意图

对大气污染物分布的观测。当激光雷达发出的激光与这些漂浮粒子发生作用时会发生散射，而且入射光波长与漂浮粒子的尺度为同一数量级，散射系数与波长的一次方成反比，米氏散射激光雷达依据这一性质可完成气溶胶浓度、空间分布及能见度的测定。

差分激光雷达主要用于大气成分的测定。差分激光雷达的测试原理是使用激光雷达发出两种不等的光，其中一个波长调到待测物体的吸收线，而另一波长调到线上吸收系数较小的边翼，然后以高重复频率将这两种波长的光交替发射到大气中，此时激光雷达所测到的这两种波长光信号衰减差是待测对象的吸收所致，通过分析便可得到待测对象的浓度分布。

在大气中间层，金属蒸汽层的观测主要采用荧光共振散射激光雷达。其原理是利用 Na、K、Li、Ca 等金属原子作为示踪物开展大气动力学研究。由于中间层顶大气分子密度较低，瑞利散射信号十分微弱，而该区域内的钠金属原子层由于其共振荧光截面比瑞利散射截面高几个数量级，因此，利用钠荧光雷达研究钠层分布，进而研究重力波等有关性质更展示其独有的特性。

4. 空间交会对接

交会对接范围为 1m～100km，在实际的空间对接中，当距离大于 100km 时，航天员可以通过机载微波交会雷达和潜望镜获得两个航天器之间的相对位置。随着两航天器的逼近，当相对距离小于 100 m 时，由于硬件的限制，微波雷达不能为最后逼近提供足够精度的测量信息。由于激光本身的波束窄、相干性好、工作频率高等优点，激光雷达能在交会阶段直到对接的整个过程中提供高精度的相对距离、速度、角度和角速度的精确测量，因此它既能用于目前的自动寻的、接近和最后的手动逼近操作过程，又能为未来无人交会对接任务提供自主导航的扩展功能。

激光雷达的测距、测速和测角原理与微波雷达基本相同。因此用于空间交会对接的激光雷达包含连续波测距器和位置敏感器两个部分，这两部分通过共用光学装置混合起来。其中对于位置敏感器，用激光二极管分别发射测量距离和位置的激光光束经极化混合光学系统进入目标反射器。然后光束再反射出来经分光到距离和位置接收器。为了区别测距和测位置信息，分别把光信号调制在 f_1 和 f_2，其中测距工作频率 f_1 为几兆赫兹到几百兆赫兹，可以利用边带频率的相位延迟之差测距，图 8-37 所示为其实现结构图。

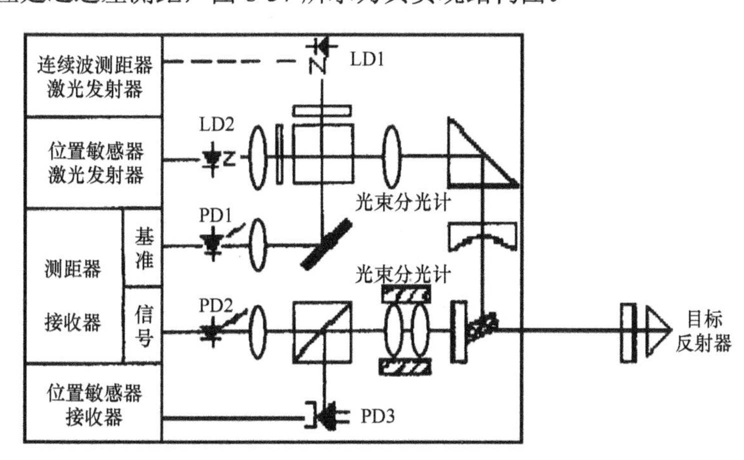

图 8-37　距离敏感器技术实现结构

5. 油气直接勘察

利用遥感直接探测油气上方的烃类气体的异常是一种直接而快捷的油气勘探方法。激光雷达是激光技术和雷达技术相结合的产物，将其应用于油类勘测已经成为可能。激光器的工作波长范围广，单色性好，而且激光是定向辐射，具有准直性，测量灵敏度高等优点，使其在遥感方面远优于其他传感器。

6. 自动驾驶

激光雷达可以提供精准的三维测量数据，在相对苛刻的天气和光照条件下可以更好地完成工作。激光雷达可以与毫米波雷达，摄像头等传感器数据结合，为车辆在行驶环境中提供静态和动态物体的可靠识别数据，有助于障碍物检测、避免碰撞和安全导航，并且激光雷达是一个高度可用、可量产的解决方案。具体优势包括：①分辨率及精度：在车辆自动行驶中，产生大量的可靠测量数据，精确到厘米量级别，清晰识别物体；②工作环境：受外界环境变化干扰小，能够适应恶劣的天气和光线下正常工作，保障车辆自动行驶过程中的安全；③反应速度：发射光脉冲通过往返时间计算距离，周围行人和物体皆可探测，实时感知四周环境，做出及时判断。

8.6.3 激光雷达大气探测

用激光来进行大气污染监测的优点是：由于激光的强度高和方向性好，因而探测灵敏度高，探测的距离比较远，探测目标准确；由于激光的谱线线宽比较窄，因而探测的分辨率高；激光连续可调的范围大，因而同一台仪器可以探测的污染气体的个数多；而且还可以测定污染物的空间分布和定时检测，不用取样；与微波、毫米波相比，激光的频率高，因此多普勒效应显著。

针对不同类型的介质，其与激光辐射间的相互作用可细分为：球形气溶胶粒子对入射光的米（Mie）散射和分子的瑞利（Rayleigh）散射，由于它们的散射并不改变入射激光波长，属于弹性散射。大气成分对入射光产生的拉曼散射、原子或分子的共振荧光散射及粒子运动产生的多普勒频移效应等，这些相互作用改变了入射激光波长，称为非弹性散射。吸收过程主要指微量气体成分的光谱吸收效应。根据所探测大气成分和采用的探测原理不同，激光雷达所分的几种类型：米散射激光雷达、差分吸收激光雷达、拉曼激光雷达、高光谱分辨率激光雷达、瑞利激光雷达、共振散射激光雷达、荧光激光雷达、多普勒激光雷达。表 8-3 给出了激光与大气介质的相互作用截面数值与其可探测大气成分类型。

表 8-3 激光与大气介质相互作用的类型及可探测大气成分（λ_0 为入射波长，λ_r 为散射波长）

作用过程	介质类型	波长关系	作用截面/（cm^2/sr）	可探测大气成分
瑞利散射	分子	$\lambda_r=\lambda_0$	10^{-27}	大气密度、温度
米散射	气溶胶	$\lambda_r=\lambda_0$	$10^{-26}\sim10^{-8}$	气溶胶、烟羽、云等
拉曼散射	分子	$\lambda_r\neq\lambda_0$	10^{-30} （非共振）	痕量气体（H_2O、SO_2、CH_4）气溶胶、大气密度、温度等
共振散射	原子、分子	$\lambda_r=\lambda_0$	$10^{-23}\sim10^{-14}$	高层金属原子 Li 等和离子 Na^+、K^+、Ca^+等
荧光散射	分子	$\lambda_r\neq\lambda_0$	$10^{-25}\sim10^{-16}$	污染气体（SO_2、NO_2、O_3、I_2）
吸收效应	原子、分子	$\lambda_r=\lambda_0$	$10^{-21}\sim10^{-14}$	痕量气体（O_3、SO_2、NO_2）等
多普勒效应	原子、分子	$\lambda_r\neq\lambda_0$		风速风向

下面对部分比较成熟的激光大气污染监测技术进行阐述。

1．激光拉曼雷达技术

激光拉曼雷达的原理如图 8-38 所示。通常，这种装置要有较强的激光辐射，它利用可调谐染料激光器发出的高强度单色光照射待测的气体，污染气体分子产生的拉曼散射为探测望远镜所接收，将大气中各种固有的气体分子的拉曼频移和强度与被测气体得到的拉曼频移和强度相比较，则可测得污染物的成分和污染物的浓度．而对污染物进行定性和定量分析。由于利用的是污染物的拉曼散射光，因此可能得到的光信号非常弱，故它可以测定的距离较短，现在一般只有几百米，如用来测定高大烟囱排出的烟和各种机动车辆排出的废气等。

2．共振荧光激光大气污染监测

利用极强的可调谐激光照射污染气体的分子或原子，使之受到激励，受激励的污染物分子向激励光的来源方向发出共振荧光，检测共振荧光的波长和强度也就能检测出污染物的成分和浓度。图 8-39 所示为这类装置的示意图。

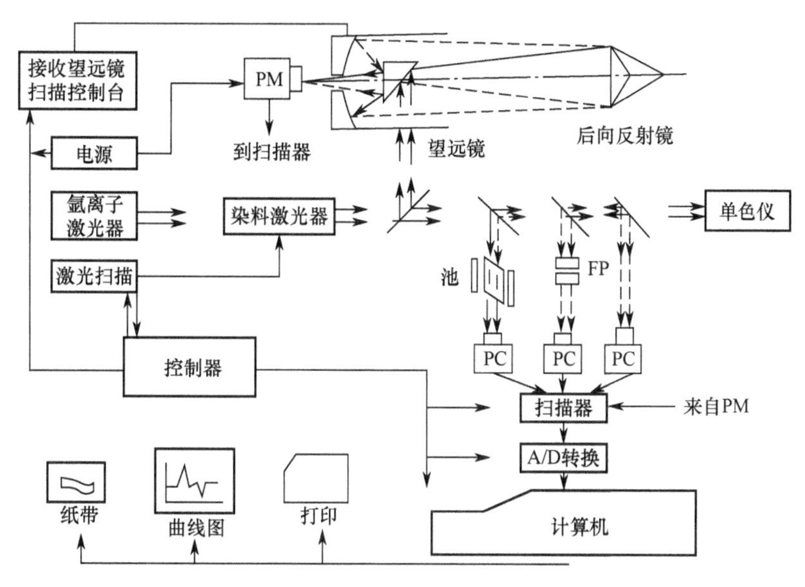

图 8-38　用连续扫描染料激光器作光源的污染检测系统

（FP—法布里干涉仪　PM—偏振光　PC—计算机）

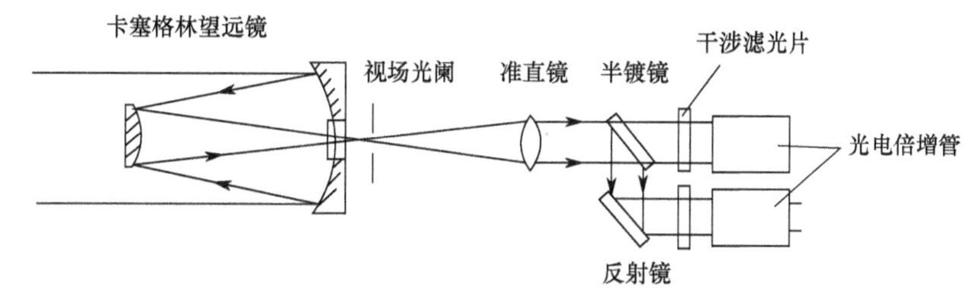

图 8-39　激光荧光大气污染监制装置示意图

如果利用其分子共振荧光，则使用的激光器调谐在红外辐射区，可用可调谐半导体激光器、可调谐光参量振荡器以及一氧化碳泵浦的自旋反转——拉曼激光器等作为光源。在红外区有许多大气窗口，而且分子的红外跃迁共振荧光，红外吸收的谱线较窄，且是每种污染分子所特有。因此，用这个区域的激光可测定的距离较大，通常能达到几千米至几十千米。

8.7　天文观测应用

在天文观测方面，近些年比较新的技术同时也是比较热门的话题是引力波探测、黑洞照片的拍摄等。下面我们对其检测技术原理进行阐述。

8.7.1　激光干涉引力波探测

2016 年，LIGO（激光干涉引力波观测站）科学团队与 VIRGO 团队共同宣布，在 2015 年 9 月 14 日测量到在距离地球 13 亿光年处的两个黑洞合并所发射出的引力波信号。之后，又陆续探测到多次引力波事件。引力波的存在是爱因斯坦在广义相对论中提出的一个重要预言，引力波探测是当代物理学最重要的前沿领域之一。经过近半个世纪的艰苦努力，随着几个大型激光干涉仪引力波探测器在 21 世纪初的出现并于近几年达到前所未有的灵敏度，引力波探测进入了一个崭新的时代。人类在第二代地基激光干涉仪引力波探测器科学运行后的几年内，终于直接探测到了引力波，打开一扇观测宇宙的新窗口。引力波探测也将成为继电磁辐射、宇宙线和中微子之后，人类探索宇宙奥秘的又一重要手段。而作为观测工具的激光干涉仪引力波探测器更是有着广阔的发展前景。

1．工作原理

LIGO 使用的干涉仪是迈克耳孙干涉仪，其应用激光光束来测量两条相互垂直的干涉臂的长度差变化。在通常情况下，不同长度的干涉臂会对同样的引力波产生不同的响应，因此干涉仪很适于探测引力波。在每一种干涉仪里，通过激光光束来量度引力波所导致的变化，可以用数学公式来描述；换句话说，假设从激光器发射出的光束，在传播距离 L 之后，被反射镜反射回原点，其来回过程中若受到引力波影响，则行程所用时间将发生改变，这种时间变化可以用数学公式来[illegible]描述。

更仔细地描述，假设一束引力波是振幅为 h 的平面波，其传播方向与激光器的光束传播方向的夹角为θ，并假设光束的发射时间与返回时间分别为 t、t_{return}，则返回时间对发射时间的变化率为

$$\frac{\mathrm{d}t_{\text{return}}}{\mathrm{d}t}=1+\frac{1}{2}\{(1-\cos\theta)h(t+2L)-(1+\cos\theta)h(t)+2\cos\theta h[t+L(1-\cos\theta)]\} \tag{8-8}$$

伯纳德·舒尔茨把式（8-8）称为“三项公式”，其为分析所有干涉仪对信号响应的出发点。单径系统也可以使用三项公式，但其灵敏度是被时钟的稳定性所限制。干涉仪的两条干涉臂可以相互做时钟比较，因此，干涉仪是非常灵敏的光束探射器。

假设干涉臂长超小于引力波的波长，则干涉臂与引力波相互作用的关系可近似为

$$\frac{\mathrm{d}t_{\text{return}}}{\mathrm{d}t}=(1+\sin^2\theta)L\dot{h}(t) \tag{8-9}$$

假设引力波传播方向垂直于光束传播方向，即两者之间的夹角为$\{\theta=\pi/2\}$，则三项公式变为

$$\frac{\mathrm{d}t_{\text{return}}}{\mathrm{d}t}=1+\frac{1}{2}\{h(t+2L)-h(t)\} \tag{8-10}$$

注意到这导数只跟返回时的引力波振幅 $h(t+2L)$与出发时的引力波振幅 $h(t)$有关。假设这激光光束是初始发射的频率为ν的电磁波，则这导数是电磁波的频率变化：

$$\frac{\mathrm{d}t_{\text{return}}}{\mathrm{d}t}=\frac{\nu_{\text{return}}}{\nu} \tag{8-11}$$

因此，只要能够度量返回电磁波的红移，则可估算引力波振幅的改变。假设干涉臂长超小于引力波的波长，则干涉臂与引力波相互作用的近似关系式为

$$\frac{\mathrm{d}t_{\text{return}}}{\mathrm{d}t}=1+L\dot{h}(t) \tag{8-12}$$

假设干涉仪的两条干涉臂相互垂直，并且垂直于引力波传播方向，则类似地，可以计算出另一条干涉臂与引力波相互作用的近似关系式为

$$\frac{\mathrm{d}t_{\text{return}}}{\mathrm{d}t}=1-L\dot{h}(t) \tag{8-13}$$

引力波对于干涉仪所产生的响应是这两个关系式的差值：

$$\frac{\mathrm{d}\delta t_{\text{return}}}{\mathrm{d}t}=2L\dot{h}(t) \tag{8-14}$$

对式（8-14）做时间积分，可以得到光束传播于两条干涉臂的时间差：

$$\delta t_{\text{return}}(t)=2h(t)L \tag{8-15}$$

换算成单条干涉臂的长度差

$$\delta L_{\text{return}}(t)=h(t)L \tag{8-16}$$

LIGO 的长度为 4km 的干涉臂由振幅为 10 的引力波所引起的长度变化为 $\delta L_{\text{GW}} \sim hL \sim 4\times10^{-18}\text{m}$。

光束只需 10^{-5}s 就可以走完干涉臂的往返距离，这比一般典型的引力波周期要短很多。因此，让激光在这段距离内反复多走几次也不会影响观测，而且有显著的好处。如果让激光在这段距离内往返 100 次，则有效光程长度提高了 100 倍，而特定激光相位变化等效的长度变化也因此提升到 10～16m 的量级。大多数干涉仪都使用低透射率平面镜制成的光学腔，即法布里–珀罗干涉仪，来提升激光在干涉臂内的往返次数。

2．系统结构

激光干涉仪引力波探测器是由光学部分、机械部分和电学部分等组成。光学部分的主体结构如图 8-40 所示，包括激光器、法布里–珀罗迈克尔逊干涉仪、光循环镜、清模器、光电二极管等。

激光器要求输出光束的横截面是纯净的 TEM00 模式。清模器可以清除高阶横向模式，清模器的主体部分是一个具有较高透射率的行波谐振腔，常采用由三面光学镜组成的锐三角形结构，其优点是清模效果好，光束抖动噪声小，能选择偏振形式，具有高的频率稳定性，没有光从清模器返回激光器。合理设计三面镜子的反射和透射系数并适当调节锐角上的镜子，使载频激光和两个旁频都能共振通过。光循环镜是把从干涉仪亮口射出来的光重新收集起来，再注入干涉仪中，进行循环利用。因为 LIGO 的工作点选择在暗纹条件，如果干涉仪内的光损耗很小，几乎所有的入射光功率都会经载频口射出，这是极大的浪费。在激光器和分光镜之间放上一面镜子，就能实现光能的回收，干涉仪内的有效功率将大大增加。法布里珀罗腔由前后两面镜子组成，入射的激光束在腔内多次来回反射，发生共振。

在迈克尔逊干涉仪中，引力波引起的相位变化与臂长 L 成正比，臂长越大，相位变化越大。这种正比关系直到臂长增大到引力波波长的 1/4 时成立，此时光在臂中往返一次的时间等于引力波的半个周期。例如，对于频率为 100Hz 的引力波来说，为了获得最佳探测效果，根据计算，迈克尔孙干涉仪的臂长应为 75km。在地球上建造这么大尺度的干涉仪是不可能的：第一，造价太高，技术太复杂；第二，在这么大的距离上，地表的球面效应很大，不能再把它看成一个平面。法布里–珀罗腔 （Fabry-Perot Cavity）则能够把迈克尔逊干涉仪的臂折叠起来，使光在其中的行程达到对引力波的最佳探测效果，而折叠后的长度又合适，使我们有可能在地球上建造它、维修它。LIGO 由两个干涉仪组成，每一个都带有两个 4km 长的臂并组成 L 型，它们分别位于相距 3000km 的美国南海岸 Livingston 和美国西北海岸 Hanford。每个臂由直径为 1.2m 的真空钢管组成。图 8-41 为美国 LIGO 基地图。

功率循环系统是把从干涉仪中反射出来的光重新收集起来，再注入干涉仪中，进行循环利用。在激光器功率不变的情况下，能够利用该技术提高干涉仪内的有效功率。激光器是激光干涉仪引力波探测器的光源，用于引力波探测的干涉仪对光源有特殊要求。即高输出功率和好的功率稳定性；单一的振动频率；输出光束光斑的横截面是纯净的 TEM00 模式；线性极化；内在噪声低。

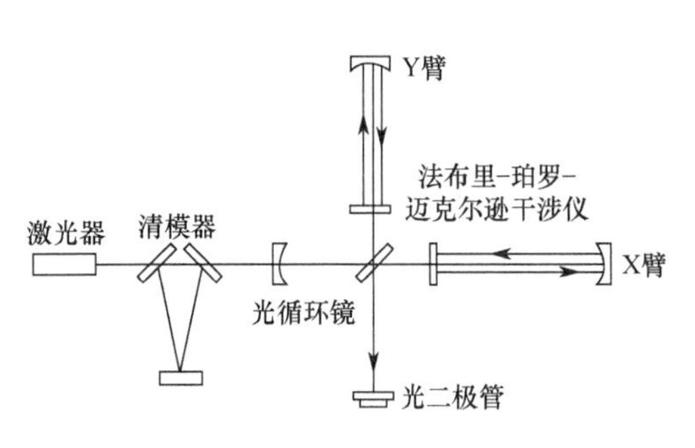

图 8-40 激光干涉仪引力波探测器的主体光学部分示意图

图 8-41 美国 LIGO 基地

LIGO 使用的主要技术特点如下：

（1）光学方面，它用到高功率的连续稳定激光，加工极为精细的低吸收镜子以及 FP 腔和功率循环腔。

（2）机械方面，它用到被动阻尼和主动阻尼的隔震技术以及真空技术。

（3）信息技术方面，例如，它于 2015 年秋天的运算量相当于一个四核计算机运算 1000 年。

3．技术发展

（1）空间引力波激光干涉仪。

以地球为基地的激光干涉仪引力波探测器，由于臂长的限制和地表噪声的影响，探测频率一般都在 1Hz 以上。许多天体物理的引力波源所辐射的引力波主要都集中在 1Hz 以下（如银河系内的双白矮星、宇宙中的大质量双黑洞等），在太空建立大臂长的激光干涉仪是探测这种低频引力波的理想选择。其中一个引人注目的工程就是 LISA （Laser Interferometer Space Antenna）。

设计中的 LISA 含有 3 艘宇宙飞船，彼此相距 5×10^6km，呈正三角形排列，处于绕太阳运行的轨道上。在绕太阳公转的同时，3 艘宇宙飞船也围绕它们的质心旋转。每艘飞船上都装有一对带有镜面的测试质量 （每个 1kg）和 2 台独立的激光器。当引力波通过时，3 艘宇宙飞船中每 2 艘之间的距离都会发生变化。安装在飞船内的激光器发出的光在测试质量的镜面间来回穿行，产生干涉，用光电转换器件可以探测干涉引起的光强度变化。空间引力波激光干涉仪 LISA 的探测频率为 1.0 Hz～0.1MHz。

（2）地下引力波激光干涉仪。

为了减小地球表面震动及引力梯度的干扰，提高激光干涉仪引力波探测器的灵敏度（特别是在低频部分的灵敏度），把干涉仪建在地下是一个很好的选择。中国科学家汤克云、朱宗宏、王运永、钱进等人提出的 CEGO （China Einstein Gravitational-wave Observatory）就是这样一种方案。该地下探测站的主要特点是探测频带位于地面探测站和空间探测站之间，具有独特的研究区域，而且地表震动噪声低，低频部分（低于几十赫兹）的灵敏度高。该方案设想在约 500m 的地下，建造一个臂长 4～5km 的激光干涉仪，探测频率为 1～2000Hz。此外，KAGRA（Kamiooka Gravitational Wave Detector） 和设计中的爱因斯坦望远镜也计划建于地下。

8.7.2 黑洞成像仪

2019 年，EHT（Event Horizon Telescope，事件水平线望远镜）研究团队发布重大新闻，公布了人类首次拍到的黑洞“照片”，同时公布了 7 篇由 200 多名科学家署名的相关论文。黑洞是爱因斯坦引力方程的一个理论解。由于黑洞强大的引力，即使是无线电波在一定的距离内也无法挣脱。Event Horizon 是指信号消失的那个分界，对于没有转动的黑洞来说，这是一个球面。如果黑洞周围有大量尘埃绕黑洞形成一个吸积盘，这些物质绕黑洞旋转、最终吸入黑洞，在这个过程中，引力能转换为热能使其尘埃温度升高，尘埃中加速运动带电的粒子会发出无线电波，向空间传播出去。但是带电粒子离黑洞近到一个距离后，它们发出的无线电波也会被吸入黑洞，信号也就无法被接收到了，那么 EHT 是如何给 M87 黑洞拍照的呢？

1．工作原理

黑洞强大的引力可以把周围的等离子体俘获，这些被俘获的物质会围绕着黑洞旋转，形成“吸积盘”，距离黑洞不同的距离旋转速度不同。吸积盘会有电磁辐射，让我们有机会看到它。

普通光学照相机的成像是把来自被拍摄物体不同点的光折射到感光片的不同点。无论是传统的胶片还是现代的数码感光芯片，理论上感光片上的一点与被拍摄物的一点对应。这是一个被拍摄物与感光片的直接空间对应关系。M87 的黑超级洞周围布满的星际尘埃阻挡了可见光，无法利用普通相机给它拍照。EHT 给黑洞“拍照”使用的是射电望远镜，其收集信号的装置是一个接收无线电信号的圆盘天线。射电望远镜收到的只是一个信号。以 M87 黑洞为例，整个黑洞及其周围空间在射电望远镜处产生的只是一个随时间变化的电压信号。

图 8-42 中，S 为信号源，它的不同处以不同的强度向空间发出信号。T_1 与 T_2 为两个信号接收装置，两者的距离为 D。这两个信号接收器收到的是 S 各处发出的信号的总和。我们的任务是找出收到的信号与 S 上信号分布的关系而生成 S 的“图像”（也就是 S 上各处信号强度变化图）。数学分析的基本线路是，先找出 S 上任意一点在两个接收器产生的信号，然后把 S 上各点的信号加起来（又称积分）。该面虽然图像是一个黑洞假想照，但是相关分析适用于其他应用。

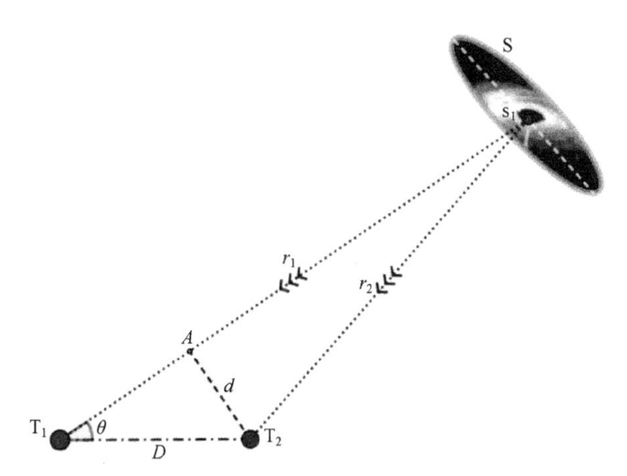

图 8-42　黑洞拍摄原理图

依照图 8-42，考虑信号源上某一点 s_1 发出的信号波，其数学形式是 $\exp(\mathrm{i}kr)/r$，$(k=2\pi/\lambda)$，s_1 到 T_1 的距离为 r_1，到 T_2 的距离为 r_2。从图中看出，信号达到 T_1 要多走一段距离，如果我们假设 r_1、r_2 远远大于 T_1、T_2 之间的距离，那么 $r_1-r_2=D\cos\theta$。T_1、T_2 两处

收到信号的相位差是这个距离差除以波长 λ 乘上 2π：$2\pi D\cos\theta/\lambda$。把 T_1/T_2 两处的信号相乘并进行时间平均，计算两个信号的交叉相关度，我们得到：$I(\theta)\exp(-\mathrm{i}kr_1)\cdot\exp(\mathrm{i}kr_2)=I(\theta)\exp(-\mathrm{i}2\pi D\cos\theta/\lambda)$。

其实部为 $I(\theta)\cos(2\pi D\cos\theta/\lambda))$，其中，$I(\theta)$ 是 θ 方向也就是来自 s_1 点处的平均信号强度。知道了 I 随角度的变化就完成了拍照。我们接收到的信号来自整个信号源，而不是一点。接下来我们要把信号源 S 各处产生的效果加起来。由于 S 上不同处的信号源是彼此独立的，这只是一个简单的叠加。进一步计算之前，我们假设信号源 S 距离我们非常遥远，对应的观察角度变化范围非常小。以 M87 为例，从地球观察其展开的角度只有十亿分之一度的量级。如果 θ 为 60°，那么整个 M87 只是在 60° 左右十亿分之一的范围变化。设 θ_0 为信号源中心处的角度，我们引入一个新的变量 α 来表达这个角度的微小变化，$\theta=\theta_0+\alpha$。这样信号相关量公式可以得到简化：

$$
\begin{aligned}
I(\theta)\exp(-\mathrm{i}2\pi D\cos\theta/\lambda) &= I(\theta)\exp\left(-\mathrm{i}\frac{2\pi D}{\lambda}\cos(\theta_0+\alpha)\right) \\
&\approx I(\theta)\exp\left(-\mathrm{i}\frac{2\pi D}{\lambda}(\cos\theta_0-\sin(\theta_0)\alpha)\right) \\
&= I(\theta_0+\alpha)\mathrm{e}^{-\frac{\mathrm{i}2\pi D\cos\theta_0}{\lambda}}\exp\left(\mathrm{i}\frac{2\pi D\sin\theta_0}{\lambda}\alpha\right)
\end{aligned}
\tag{8-17}
$$

上面的结果中带有一个固定的相差 $2\pi D\cos\theta_0/\lambda$，我们可以在计算中人为引进一个与之相反的相差将其抵消。引入 $J(\alpha)=I(\theta_0+\alpha)$，我们的信号相关函数简化为

$$
J(\alpha)\cos\left(\frac{2\pi D\sin\theta_0}{\lambda}+\alpha\right) \tag{8-18}
$$

从式（8-18）可以看出，T_1/T_2 组合的有效孔径大小为 $D\sin\theta_0$，也就是图中的 d。其对应角分辨率约为 $\lambda/D\sin\theta_0$，式（8-18）是 S 上一点信号在两个望远镜产生的相关量，望远镜实际接受的是来自 S 的全部信号。要把信号源 S 中白线上发出的信号加起来，得就不同的 α 值对上面的式子求和（或者说积分）。引入符号 $u=D\sin\theta_0/\lambda$，这个“求和”可以表达为

$$
\mathcal{J}(u)=\int_\alpha J(\alpha)\mathrm{e}^{\mathrm{i}2\pi u\alpha} \tag{8-19}
$$

2. 系统结构

以 M87 黑洞为例，尽管黑洞半径有几十亿千米之大，但是该黑洞距离我们有 5500 万光年之遥，因此该黑洞的角大小非常小。引用 EHT 国际合作团队喜欢用的一个比方：“想在地球上看到该黑洞，相当于要从巴黎看清楚放在纽约的一张报纸上的文字”。

根据角分辨率的公式 $\theta\sim\dfrac{\lambda}{D_{\max}}$ 可知，增大角分辨率的方法只有两个，采用短波长探测，或者增大望远镜口径 D。因此，采用甚长基线干涉技术（Very-Long-Baseline Interferometry，VLBI）在毫米波段进行黑洞观测。从技术上来说，就是把位于地球上不同地方的射电望远镜联合在一起进行观测。这样系统的分辨率效果相当于能够获得一个口径如地球直径这么巨大的虚拟射电望远镜。如图 8-43 所示。这样构建的系统角分辨率达到空前的 20 微角秒。

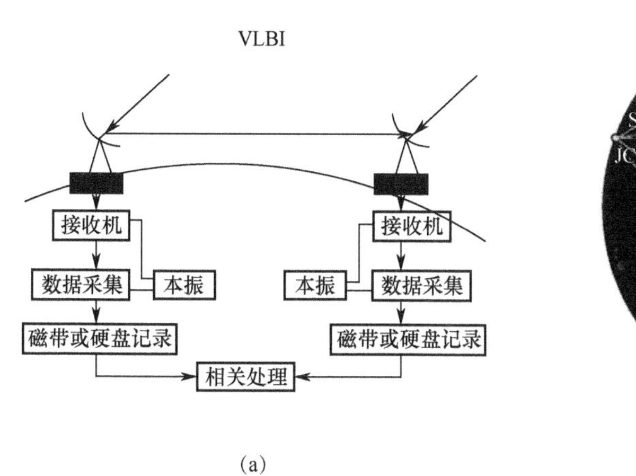

(a)

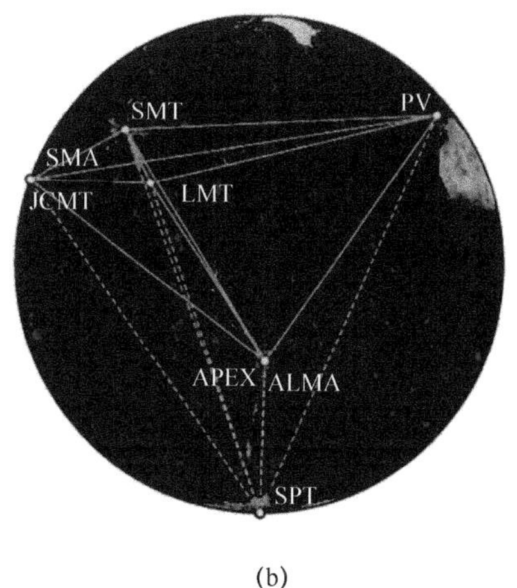

(b)

图 8-43　VLBI 黑洞观测系统构成及分布

（a）系统构成；（b）全球系统分布。

M87 中心黑洞质量约为太阳质量是 60 亿倍，离地球距离约 5400 万光年。一个太阳质量的黑洞视界半径约为 3km。因此，M87 黑洞的半径为 180×10^8km。这是 $180\times10^8/3/10^5/3600/24\approx0.7$ 光天（光一天走的距离）。其观测角度只有 $2\times0.7/5400/10000/365\times180/3.14\approx4\times10^{-9}$°，按照天文单位，1 弧分等于 1/60°，1 弧秒等于 1/60 弧分（或者说 1/3600°）。因此，M87 黑洞的视界角度只有 4×3.6 微弧秒。黑洞周围的“光环”半径约为视界半径的 2.6 倍，因此光环的观测角度为约 40 微弧秒。

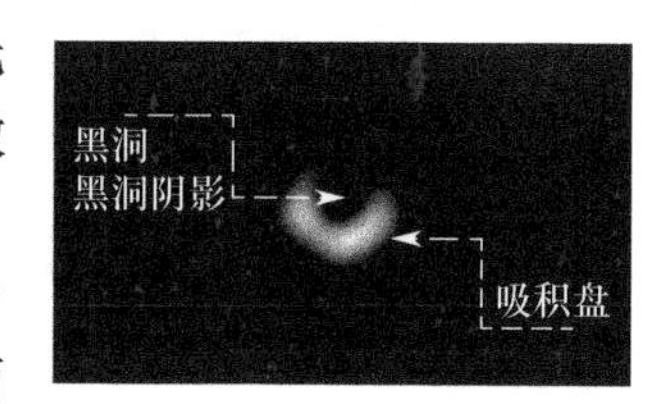

图 8-44　M87 黑洞观测照片

EHT 观测波长为 1.3mm 左右，两台望远镜之间距离约 10000km，分辨率约为 $1.3/10000/1000/1000\times180/3.14\approx7\times10^{-9}$°。两者相比，EHT 能拍出略显模糊的黑洞片，如图 8-44 所示，已经是对数据已经进行了很多的智能优化处理后的结果。

8.8　航空航天光学载荷

航天光学遥感通常是指从距离地面 100km 以上的高空对地面的目标进行探测或从高空对天体进行探测以获得有关信息，很多技术与光电检测相关。航天光学遥感用的空间载体是人造卫星、空间站或航天飞机等，所用的光学遥感装备则是它的有效载荷。光学遥感装备是借助可见光（或）紫外线、红外线进行探测的空间相机、扫描仪或成像光谱仪等。航天光学遥感用光学系统来收集地面物体反射和发射到太空中的辐射，经光探测器转换成电信号，再进行存储、数据分析等处理，从而获取地物的空间、时间和光谱信息，提供用户进行分析、监测和识别。航空航天光学载荷是卫星的核心部分，是决定卫星性能水平的主要分系统。光学有效载荷是利用光学谱段获取目标信息的航天有效载荷，又称为光学遥感器，航天相机，是集光学、精密机械、电子、热控和航天技术等多学科为一体的综合性高科技光电检测系统。

航天光学有效载荷主要分为对天观测和对地观测，对地观测包括军事卫星、资源卫星、气象卫星和海洋卫星，对天观测主要包括天文卫星和深空探测。其中军事卫星采用的光学载荷有侦察相机、测绘相机、导弹预警相机等；资源卫星的光学载荷则包括多光谱 CCD 相机、多光谱光机扫描仪和超光谱成像光谱仪等；气象卫星则有多通道扫描成像仪、扫描成像大气探测仪等；海洋卫星光学载荷包括 CCD 成像仪和海洋水色仪。

8.8.1 探月光学载荷

1. 载荷概况

探月工程发射了嫦娥系列卫星，其上根据探月任务的差异搭载了不同的光学载荷。

“嫦娥”1 号（CE-1）卫星共搭载 8 套有效载荷，其中 3 套为光学载荷，如图 8-45 所示。CCD 立体相机和激光高度计联合实现获取月球表面三维立体影像；干涉成像光谱仪、γ 射线谱仪、X 射线谱仪联合实现分析月球表面元素含量和物质类型的分布特点；微波探测仪获取月球微波亮度温度数据，探测月壤特性；高能粒子探测器和太阳风离子探测器联合探测地月空间环境。CE-1 卫星最大的贡献是实现中国深空探测零的突破，创造出中国航天发展史上继“两弹一星”、载人航天之后的第三个里程碑，也标志着中国航天正式迈入深空探测的新时代。通过它获取的数据，科研人员绘制了月球地形图和模型，在精度、分辨率、图像清晰度方面，均明显优于其他各国已有的月面地形模型。

CE-2 卫星共搭载 7 种探测设备，包括 CCD 立体相机、激光高度计、γ 射线谱仪、X 射线谱仪、微波探测仪、太阳高能粒子探测器和太阳风离子探测器，载荷与 CE-1 相同，但每种载荷在性能指标上较 CE-1 有所提高。

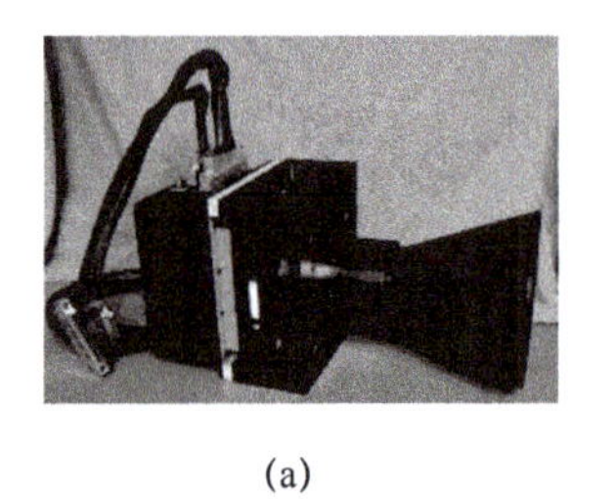

(a)

(b)

(c)

图 8-45　CE-1 卫星搭载的光学载荷

（a）立体相机；（b）激光高度计；（c）干涉成像光谱仪。

CE-3 探测器是中国探月工程二期的关键任务，突破月球软着陆、月面巡视勘察、月面生存、深空测控通信与遥操作、运载火箭直接进入地月转移轨道等关键技术，实现中国首次对地外天体的直接探测。着陆器上搭载了地形地貌相机、降落相机、月基光学望远镜和极紫外相机；巡视器（月球车）上搭载了全景相机、粒子激发 X 射线谱仪、可见-近红外成像光谱仪和测月雷达。降落相机第一个开机工作，在“嫦娥”落月过程中获取着陆区域的光学图像。着陆器上的地形地貌相机除了承担月表地形地貌光学图像的科学任务外，还对月球车进行静态拍照和动态摄影。落月后，月球车的全景相机将对着陆区和巡视区月表进行光学成像，用于对巡视区地形地貌、撞击坑、地质构造的综合研究。此外，它会“回望”着陆器，为之拍照。红外成像光谱仪进行巡视区月表红外光谱分析和成像探测，粒子激发 X 射线谱仪对月表物质主量元素含量进行现场分析。月基望远镜可以在月球观测星空，对各种天文源的亮度变化进行长时间连续监测。极紫外相机从月球上能观测到地球赤道附近等离子体层全貌。通过对地球周围的等离子体层产生的辐射进行全方位观测研究，获取地球等离子体层三维图像，测月雷达可以测巡视路线上月壤厚度及其结构和地底下 30m 土壤层的结构和 100m 深的次表层结构。

CE-4 探测器实现了人类首次月球背面软着陆和巡视勘察。着陆器上装有降落相机、地形地貌相机，并增加了国内新研发的低频射电频谱仪，以及德国的中子与辐射剂量探测仪。月球车上装有全景相机、探月雷达、红外成像光谱仪，同时增加了瑞典的中性原子探测仪。

CE-5 探测器实现了中国首次月球无人采样返回，这也是中国“探月工程”规划的“绕、落、回”中的第三步。CE-5 探测器于 2020 年 11 月 24 日凌晨 4 时 30 分在海南文昌航天发射场发射升空，完成月球表面自动采样任务后，于 12 月 17 日凌晨 1 时 59 分在内蒙古四子王旗着陆场着陆。CE-5 探测器的科学目标是着陆区的现场调查分析和月球样品的分析与研究两个方面。CE-5 探测器的科学载荷均搭载在着陆器上，包括降落相机、全景相机、月球矿物光谱分析仪和月壤结构探测仪等有效载荷。

2．CCD 立体相机

（1）工作原理。

CE-1 的 CCD 立体相机采用一个大视场光学系统加一片大面阵 CCD 芯片，用一台相机取代 3 台相机的功能，实现了拍摄物的三维立体成像。在面阵 CCD 前增加一个带有 3 条狭缝的金属面罩，3 天平行狭缝对准 3 行 CCD。立体相机在工作时，采用一个广角、远心、消畸变光学系统，只采集 3 行 CCD 的输出，分别获取前视、正视、后视图像，随后进行处理形成立体图像，如图 8-46 所示。由于立体相机固定在卫星上不能自由转动，所以它只是随卫星与月球间的相对运动，对月球表面进行扫描成像。立体相机在 200km 轨道高度上，相机扫描速度设为 11.89f/s，三视角分别为 16.7°、0°、−16.7°，读取第 11 行、512 行、1013 行影像阵列，获取月表地元分辨率为 120m，月表成像幅宽 60km，光谱波长范围 500～750nm，量化等级 8bits。CE-1 CCD 相机的曝光时间，在纬度为 45°～90° N，45°～90° S 时采用 7ms，其他采用 3ms，增益均采用 1 档。CE-2 立体相机采用单镜头两视角同轨立体成像、时间延迟积分图像传感器（TDICCD）推扫、速高比补偿技术，可同时满足在 100km 圆轨及 15km×100km 椭圆轨道上的立体成像要求。

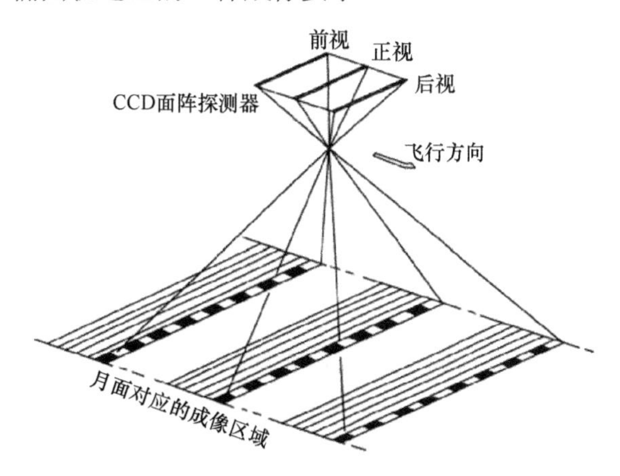

图 8-46　广角物镜加面阵 CCD 的立体成像方案原理

（2）数据处理。

在 CE-1 卫星在轨运行时，立体相机获取的 CCD 原始图像数据在星上被打包成遥测源包，通过虚拟信道组帧，进行 RS 编码、加扰码、加同步码后，形成完整的传输帧发送给地面接收天线。地面站接收到 CE-1 信号后，其处理过程实际上是星上数据/信号处理的逆过程，主要经历信号和基带数据处理、信道处理、辐射校正、几何校正和光度校正，生成二级数据产品，用于图像镶嵌和制图。

首先进行基带数据和信道处理。CE-1 卫星采用 S 波段进行数据传输，地面接收天线收集到 S 波段信号后，需变频为 70 MHz 中频信号，进入地面站基带处理系统。基带接收机对探测器信号进行同步、解扰码和译码后，生成原始数据。两个地面站的原始数据需要进行排序、优选和拼接，通过解包后得到探测仪器获得的有效科学数据，用于进一步的数据预处理。

系统几何校正是在辐射校正的基础上，利用 CE-1 卫星的轨道、姿态数据和立体相机参数，同时考虑月球自转、形状以及各坐标系之间的转换，计算 CCD 像元点对应的月面位置，建立输入图像到输出图像的变换关系，并纠正图像的几何畸变。几何校正工作主要包括像素点坐标解算和数字高程模（DEM）修正。因为 CE-1 相机的每一条 CCD 线阵上像素之间的相对位置具有严格的数学关系，为了节省计算资源，在建立几何定位模型后，解算像元点对应的月面几何定位信息时，只对图像中一定量的基准点进行精确计算，其他像元点的位置信息则根据这些基准点进行插值处理。月面地形起伏是影响图像数据月面定位精度的主要因素之一，为了提高定位精度，在全月球制图中，引入了 CE-1 激光高度计获取的 DEM 数据，对图像数据进行月表高程修正，以提高像元的空间定位精度。

光度校正是校正由于太阳距离、太阳入射角、出射角和相位角等参数不同而引起的目标物辐射亮度的变化。CE-1 卫星的光学成像探测数据都统一被归一到太阳入射角 i=30°、出射角 e=0° 和太阳相角 α=30° 情形下的太阳辐亮度数值。月球表面反射的太阳辐亮度 $I(i, e, \alpha)$ 与光照几何参数（入射角 i、出射角 e 和太阳相 α）和表面物质的性质（矿物成分、月壤颗粒形状和大小、月壤致密度、表面崎岖程度等）有关。光学校正模型采用 Lommel-Seelinger 模型，根据轨道、姿态数据和月球星历、太阳星历数据，对每一行每一个像元都使用独立的光度校正参数进行了逐一校正，提高了图像质量。

（3）全月球影像制图。

全月球影像图制作，分为南北纬 70° 以内、南极和北极 3 个区域，主要包括拼接与镶嵌、投影与比例尺、影像图设计等内容。

（1）对相邻轨图像进行几何配准。由于预处理后的图像数据是以轨为单位的数据文件，为制作高质量的影像图，需要进行轨与轨之间的拼接。相邻轨之间的位置偏差是影响全球影像图制图的重要因素。“嫦娥”1 号轨间重叠率达 40%以上，因此可以通过统计相邻两轨道图像上同名像点的位置偏差，检查和修正邻轨数据的相对定位误差。

（2）进行比例尺与投影设计。影像图的制图比例，需要综合考虑图像分辨率和相对定位精度的因素。CCD 立体相机的星下点空间分辨率为 120 m 左右，根据成图比例与影像分辨率的关系式（$P_s=8.47\times10^{-5}\times I_s$，其中 I_s 为月图成图比例分母，P_s 为影像月面分辨率）计算，CCD 影像的成图比例理论上可达到 1∶150 万。根据嫦娥工程的任务要求，CCD 影像图的制图比例尺设为 1∶250 万。全月球制图采用球形月固坐标系，参考椭球体为正球体，球形半径为 1737400m，本初子午线定在月球正面的视中心（中央湾），经纬度、方向等定义采用与地球相似的方法。

（3）进行影像图的镶嵌和编辑。全月球影像图制作过程中，使用的图像数据很大，辅助数据繁多。考虑到文件大小和多人协同工作，影像图拼接和镶嵌时，将南北纬 70° 制图区分为 4 个拼接区，加上南北极两部分，全月球共 6 个拼接区。轨间影像的拼接，采用影像最小灰度与梯度变化算法，绘制拼接线，进行自动拼接。拼接区之间影像的拼接，则利用相邻影像的拼接线和自动色彩均衡算法，实现相邻影像的拼接和重叠区影像灰度的平滑过渡，完成全月球影像数据的拼接镶嵌。全月球影像数据镶嵌完成后，按选择的投影和比例对图像进行投影转换和缩编，添加各项成图要素，按制图规范完成影像图的编辑和整饰。

（4）全月球影像图定位精度分析。

CCD 数据定位的各种影响因素中，探测器轨道和姿态测量精度的影响程度，远远大于其他误差源，因此轨道和姿态的误差，实际上决定了 CCD 立体相机数据的月面定位精度。选用克莱门汀月球基础影像图（Clementine Basemap V2）作为参考影像进行比较，对 CE-1 全月球影像图进行定位精度的检查。综合嫦娥一号 CCD 图像数据的定位精度计算分析，CE-1 卫星全月影像图平面定位精度约 100 m～1.5 km。

3．激光高度计

激光高度计实现了卫星星下点月表地形高度数据的获取，为月球表面三维影像的获取提供服务。通过星上激光高度计测量卫星到星下点月球表面的距离，为光学成像探测系统的立体成图提供修正参数；并通过地面应用系统将距离数据与卫星轨道参数、地月坐标关系进行综合数据处理，获得卫星星下点月表地形高度数据。激光高度计技术是从激光测距中演化来的，激光测距在我国的应用已经有好多年的历史，但是在此前仅限于在地面或机载的情况，CE-1 卫星激光高度计是我国第一个星载激光高度计。其主要性能参数如表 8-4 所示。

表 8-4　CE-1 激光高度计性能参数

参数	数值	参数	数值
作用距离/km	200±25	测距频率/Hz	1
月面激光足印大小/m	<Φ200	接收望远镜有效口径/mm	128
沿卫星飞行方向上月面足印点距离/km	～1.4	发射望远镜口径/mm	40
激光波长/nm	1064	望远镜焦距/mm	533.333
激光能量/mJ	150±10	瞬时视场/mrad	1.5
激光脉宽/ns	5～7	测距分辨率/m	1
激光发散角/mrad	0.6	测距不确定度/m	5(3δ)

激光高度计的测量原理和工作流程：激光器向目标发射一束功率为 P，脉宽为 τ 的脉冲激光，目标表面返回的散射光被光学系统接收，光电探测器件将发射脉冲的一小部分及探测到的激光回波信号转变为电信号，分别触发测距计数器开始和结束计时，由此获得光脉冲飞行时间，经数据计算得到距离值 $z=C\Delta T/2$，其中 c 表示真空中的光速，ΔT 表示激光往返时间。

激光束与月面之间的夹角 θ 接近 90°，月面最低的反射率 ρ 为 3%，根据表 8-4 的激光高度计的工作轨道高度等参数，以及激光高度计接收到的回波信号功率 P_r 的功率测距方程，可以计算得出在距离远、月面反射率低的时候，激光高度计接收系统接收到的回波功率约为几十纳瓦左右，接近激光高度计的设计探测灵敏度。考虑回波展宽变形以及系统最大测程的系统设计余量，因此，系统设计时需对激光光源输出功率稳定性、激光收发光轴同轴稳定度、背景光噪声抑制技术等方面展开研究。

考虑到星载激光高度计的作用距离很远，要求脉冲具有较高的瞬时功率，同时体积、重量又有严格的控制，因此，系统采用了 Nd:YAG 主动电光调 Q 激光器作为发射激光器。为减少发射光束的发散角，系统采用了激光光束扩束准直技术。为解决发射激光能量过强，激光扩束镜采用伽利略式的球面透镜系统，使得激光在镜筒内具有没有汇聚点，可以有效防止激光损伤；系统无中心挡光，不损失发射的激光能量；光路短，且结构简洁等特点。扩束镜的扩束倍数为 5 倍，扩束后的激光发散角为 0.6 mrad。

CE-1 卫星激光高度计中的激光器是我国第一个应用到空间中的激光器，在综合分析国外星载激光器及国内研制水平和加工工艺的前提下，其采用的技术路线为：①激光二极管泵浦的 Nd：YAG；②采用直角棱镜和平面镜输出的谐振腔形式和直线结构；③主动电光调 Q。采用激光二极管泵浦、电光调 Q 的固体 Nd：YAG 激光器，利用 Porro 棱镜改善激光器的失调灵敏度。设计激光谐振腔，激光器输出后接扩束望远镜，腔内偏振片输出的一部分激光衰减后，由 PIN 管接收，作为能量监测和主波取样。整个光学系统的组成如图 8-47 所示。

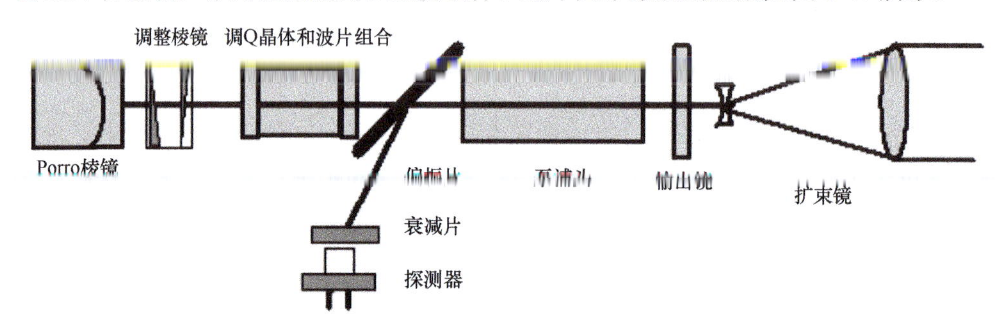

图 8-47　激光器光学系统组成

由于月球探测距离较远，为了收集到更多的回波能量，需要接收系统口径较大，为了减小体积和重量，并兼顾到系统焦距设计要求，接收望远镜采用了结构紧凑的双非球面反射式卡式系统。在系统中设置有中继镜组，中继镜组产生平行光路。中继镜组的平行光路中设置有前截止滤光片和窄带滤光片，用于滤除外界的非信号光。接收光学系统设计结构如图 8-48 所示。

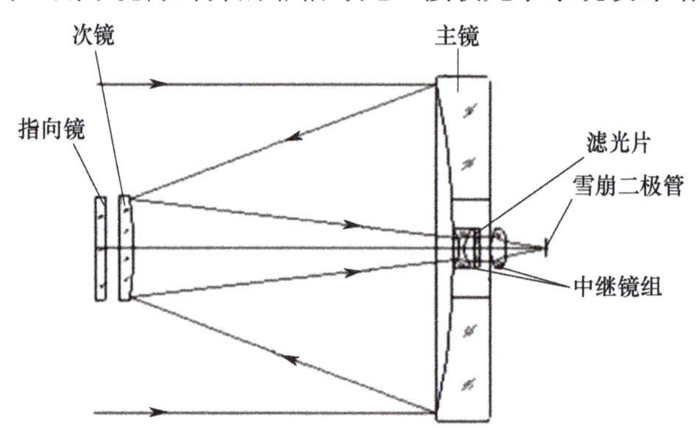

图 8-48　接收光学系统设计结构

激光探测电路（图 8-49）由雪崩光电二极管探测器、信号处理电路、脉冲形成电路、峰值检测电路和偏压调整电路组成，将收集到的光信号转换为电信号，并进行处理后得到测量距离数据。

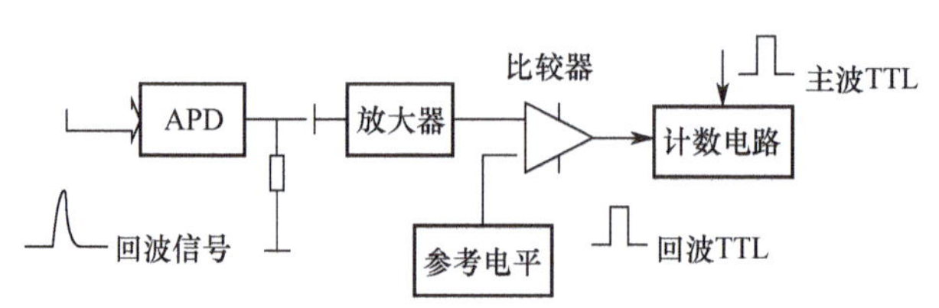

图 8-49　激光高度计回波接收电路原理

激光高度计在对月球的探测过程中，由于月面背景光照条件噪声和雪崩光电二极管工作温度的变化，在放大器的输出端的噪声电平就会不断变化，从而导致在恒定阈值条件下的虚警率变化。由于地面测控系统无法实时对激光高度计的比较阈值进行注入调整，为了保证对应一个阈值下的恒定虚警率，需要在不同的工作环境下实现噪声电平的基本不变，以保证不变的虚警率。雪崩光电二极管经匹配滤波器输出的噪声可以近似为高斯分布，如果对该噪声作检波处理，则噪声的包络将是瑞利分布的，噪声包络的统计平均值与总输出噪声的方差成正比。从而在理论上来说，可以首先求得噪声的方差值；然后由它去对噪声进行归一化，就可以使噪声恒定，从而达到一定阈值电平下的恒定虚警的目的，其框图如图 8-50 所示。噪声检波后的平滑结果将通过控制器改变探测器的工作状态，从而实现类似的归一化操作，使得电路总输出的噪声电平基本保持恒定。

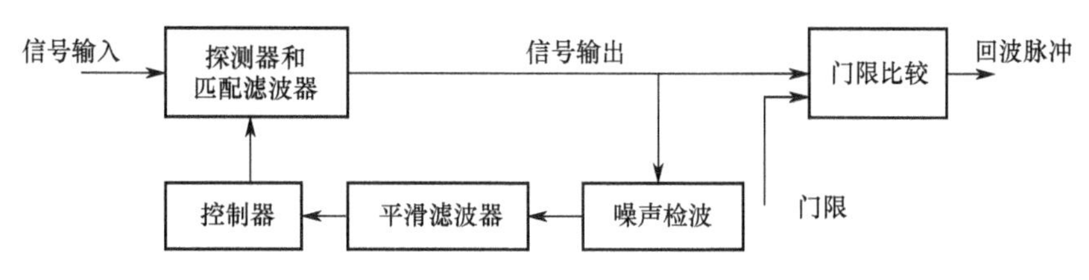

图 8-50　恒定虚警率信号控制框图

激光高度计上还设计了回波峰值采样电路，可对月面返回的回波信号进行峰值采样，在一定程度上可以表征月面对 1.06μm 波段激光能量的反射强度。

“嫦娥”1 号卫星的发射和空间运行环境比较复杂，空间的太阳辐照、紫外辐照、真空、极端温度、等离子体、带电粒子辐射都有可能给系统带来很大的影响，所以在系统设计时要充分考虑到空间环境给系统结构、光学和电路带来的影响，并进行相应的空间适应性设计。包括结构的空间适应性设计、光学的环境适应性设计、环境适应性热设计。雪崩管响应波长为 0.4～1.1μm，极容易受到外部太阳光线的影响。在机械结构设计时，采取了高强度、高温度稳定性设计，周密设计外形结构和布局。为了满足力学环境，激光高度计的所有光学元件均采用修磨基座来调整光路、安装螺钉直接固定的安装。在光学系统中设计了窄带滤光片和中继光学镜组，以便减少太阳光直射和辐照对探测器的影响；设计了遮光罩以抑制空间杂散光进入探测器；光学系统选用 JGS1 作为镜体材料，该材料对 1.064μm 波长的光有较好的透过率，并且在空间性能稳定，能够经受空间恶劣环境（如高真空、温度交变、高能粒子轰击、电子束照射等）。为了保证激光输出能量的稳定性，必须对激光器进行温度控制。激光高度计整机在舱内，舱内的工作温度是−10～45℃。激光发射器的安装板与卫星隔热安装，通过温度控制，确保激光二极管工作区域的温度范围达到(18±3)℃。结构上光学元件的夹具选择与光学元件接近的材料，发射部件与导热良好的金属连接在一起，确保良好的导热。激光器的底部与安装底板之间采用填铟膜，增加传热效果。

激光高度计获得的原始数据是卫星相对于固态月表的距离测量值。但这一原始测量值要具备“高程”意义，需要通过一系列的数据处理，主要包括无效数据的剔除、系统校正、几何定位和高程解算等。之后，通过数据滤波、空间分辨率分析和插值与制图等步骤，制作了空间分辨率为 3km 的全月球 DEM 模型，如图 8-51 所示。

4．干涉成像光谱仪

干涉成像光谱仪可以同时获取目标的“形影信息”和“光谱信息”，在空间遥感探测方面具有不可替代的优势。由于物质的属性与它的光谱密切相关，太阳光照射到月表后被漫反射，不同的物质将呈现不同的反射光谱，成像光谱仪就利用了这个原理，通过不同的反射光谱与已知的矿物典型多光谱序列图像进行比较，就可以得出探测目标矿物类型和含量信息。如图 8-52 所示，干涉成像光谱仪工作原理是将空间同一点发出的一束光分成两束，经空间不同传播途径后又会合在一起，两束光经过的光程不同将产生干涉（图 8-52（a）），可获得物质的干涉曲线（图 8-52（b）），经反演后得到物质的光谱曲线（图 8-52（c））。

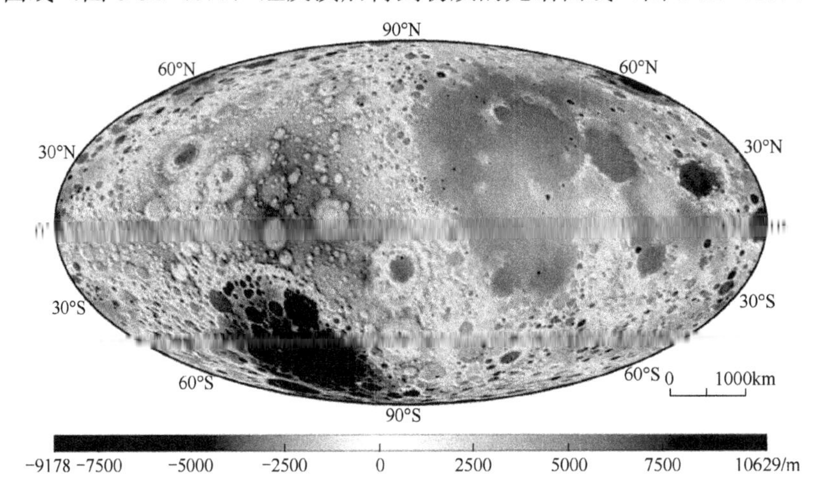

图 8-51 利用 CE-1 激光高度计探测数据制作的全月面 DEM 模型

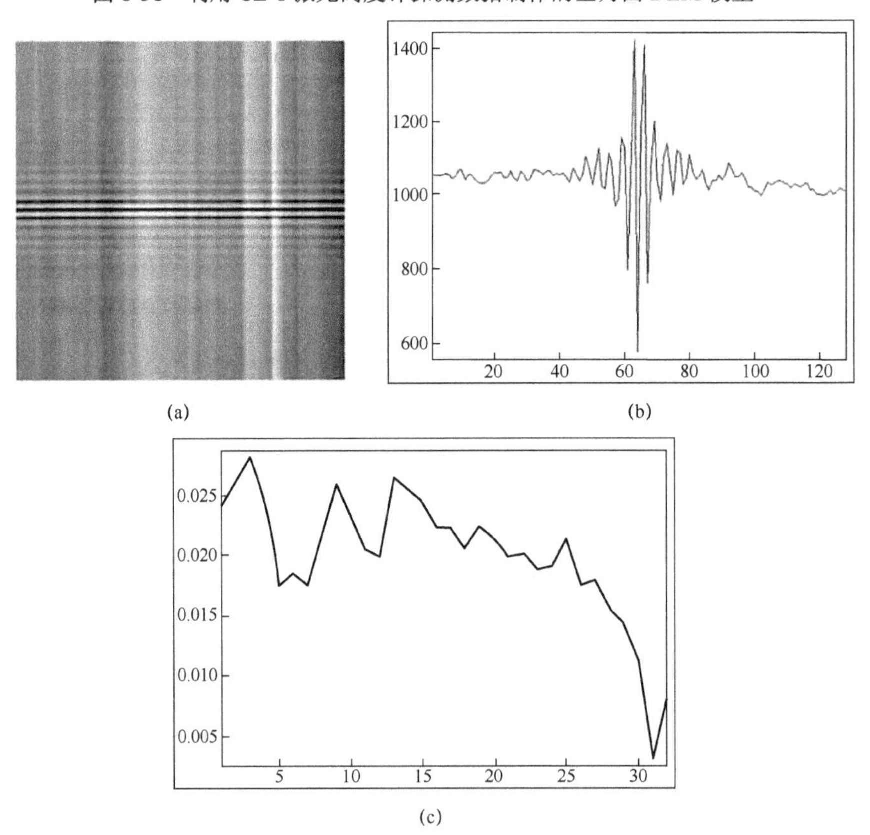

(a)

(b)

(c)

图 8-52 干涉成像光谱仪干涉图及光谱曲线图

（a）干涉图横轴为空间像元（纵轴为干涉曲线采样点数）；（b）干涉曲线横轴为干涉曲线采样点数（纵轴为灰度值）；（c）光谱曲线（横轴为通道数，纵轴为轴亮度，本图是图（b）反演的光谱曲线）。

CE-1 卫星干涉成像光谱仪当轨道高度 H=200km 时达到的技术指标为：月表地元分辨率 GSD=200m；月表成像宽度 L=25.6km；光谱范围 λ=0.48～0.96μm；光谱通道数 N=32 个谱段；光谱分辨率 $\delta\sigma$=325cm^{-1}；量化等级为 12bit；MTF≥0.2；S/N≥100；太阳高度角 θ≥15°，即要求当太阳高度角 θ≥15° 时仪器可以获得有用数据图像。

采用 Sagnac 型的干涉成像光谱仪。图 8-53 是抽取干涉仪后的干涉原理，图中 $S'1$ 与 $S''1$ 是由同一个实体狭缝被 Sagnac 干涉仪横向剪切作用而产生的一对孪生相干虚光源，它们对傅里叶透镜透镜光心的张角 θ 称为剪切角，由于 $S'1$ 与 $S''1$ 位于傅里叶透镜透镜的前焦面上，所以经傅氏透镜后出射的光束结构为两个平面波 $S'1$ 与 $S''1$ 两个平面波在傅里叶透镜透镜的后焦点上相交，夹角也为 θ，并且上下对称。从图中可以看出在轴上点，两个波面的光程差理论上为零（当 CCD 像元尺寸不计时），而在 Y 轴方向上随着距离 O 点距离的增加两个波面间的光程增大，如果 CCD 探测器的相邻像元间中心距为 δ，则相邻两个像元的光程差增量 $x\approx\delta\cdot\theta$，最大光程差为干涉图单边像元数 N 乘以 x。

图 8-53 是一个二次成像光学系统，可以把它看作是前置照相物镜加上一个由傅里叶透镜透镜与柱面镜组成的投影物镜。设系统总焦距为 f'_G，前置物镜焦距为 f'_F，由傅里叶透镜透镜与柱面镜组成的投影倍率为 β，则有 $f'_G=f'_F\times\beta$。

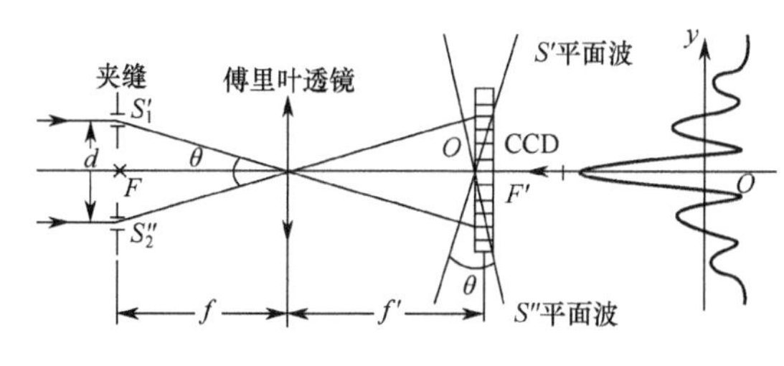

图 8-53　Sagnac 横向剪切原理

8.8.2　航天光学载荷

航天光学有效载荷起源于军事应用，侦察相机的研制水平代表了航天光学有效载荷的最高水平。1960 年，美国 KH-1 普查型照相侦察卫星发射成功，标志着这一技术在军事领域应用的开始，开创了航天遥感事业。目前，美国研制的 KH-12 侦察卫星分辨率能达到 0.1m。

美国已研制了 6 代相机，前四代为胶片型相机，后两代为 CCD 传输型相机（KH-11, KH-12）。主要可分为 3 个发展阶段：前三代相机以提高空间分辨率为主要目标；第四代开始以提高单星的综合侦察能力为主，实现普查和详查的有机结合；第三阶段形成了可见光和微波成像侦察的结合体系。

1992 年，美国首发成功 KH-12 侦察卫星，光学系统采用全反式 R-C 系统。主镜口径约达 3m，焦距约 27m，采用自适应光学技术，分辨率达到 0.1m，增加了红外侦察能力，幅宽 3～5km，并且卫星与有效载荷一体化设计。KH-12 照相侦察卫星，是美国最新型的数字成像无线电传输卫星，它不用胶卷而是用 CCD 摄像机拍摄地物场景图像，然后把图像传送给地面。

导弹预警卫星是一种用于监视和发现敌方战略弹道导弹发射的预警侦察卫星，通常发射到地球静止卫星轨道上，由几颗卫星组成预警网。现代的洲际弹道导弹飞行速度非常快，可以达到 7km/s，即声速的 20 倍。由于地球是圆的，有曲率的限制，所以如果在地面上监测，导弹从地平线出现后 2s 左右就会掠过天顶，消失在地平线的另一端。而且导弹在飞出大气层后发动机就已经与弹头分离，导弹不发出任何辐射，观测设备几乎无法探测到它，因此必须由高高在上的导弹预警卫星来临测敌方的导弹。卫星上装有高敏感的红外探测器，可以探测导弹在飞出大气层后发动机尾焰的红外辐射，并配合使用电视摄像机跟踪导弹，及时准确判明导弹并发出警报。

1989 年，美国第三代国防支援计划（DSP）可探测洲际导弹和潜射弹道导弹的发射，提供预警，做出相应反应，目前在轨 5 颗卫星组成星座。采用扫描型相机和凝视型相机，全反射 R-C 光学系统，谱段分别为中心波长 4.3～4.4μm 的红外谱段和 2.7～2.9μm 的紫外谱段。红外相机分辨率分别为 1km 和 300m，40～50s 确定导弹发射和飞行方向。

SBIRS 是由美国空军研制的下一代天基红外监视系统，是 DSP 的代替卫星，也是美国导弹防御系统的一个组成部分。它可用于全球和战区导弹预警、国家和战区导弹的防御、技术情报的提供和战场态势的分析等。SBIRS 包括天基红外系统高轨道计划和天基红外系统低轨道计划两部分。低轨道卫星将与高轨道卫星共同提供全球覆盖能力。高轨卫星上有高速扫描型红外探测器和高分辨率凝视型红外探测器。扫描型探测器用于对地球的北半球和南半球进行快速扫描：首先对导弹在发射时所喷出的尾焰进行初始探测；然后将探测信息提供给凝视型探测器，后者进行精确跟踪，将导弹的发射画面拉近放大，并紧盯可疑目标，获取详细的目标信息。低轨卫星的两种红外探测器称为捕获探测器和跟踪探测器。一旦低轨卫星的捕获探测器锁定了一个目标，信息将传送给跟踪探测器，后者能锁定一个目标并对整个弹道中段和再入阶段的目标进行跟踪。这些探测器将按从地平线以下到地平线以上的顺序工作，捕获和跟踪目标导弹的尾焰及其发热弹体、助推级之后的尾焰和弹体以及最后的再入弹头。此时，卫星上的处理系统将预测出最终的导弹弹道以及弹头的落点。低轨卫星星座能够几颗卫星合作实现对导弹发射的立体观测，而且卫星之间可相互通信。一旦导弹飞出一颗卫星的视线，该卫星能通过卫星之间的通信链路将收集的导弹信息传给其他卫星。

资源相机主要经过了三代的发展和更迭。第一代（1972—1986 年）是最初应用，1972 年美国 Landsat-1 卫星发射成功标志着空间对地遥感时代的开始，它首次能持续的提供一定分辨率的地球影像，使利用卫星进行地球资源调查成为可能。其主要载荷为多光谱扫描仪 MSS（分辨率 80m）和光导摄像管 RBV（分辨率 100m）。第二代（1986—1999 年）则开始应用广泛，技术发展，1986 年法国 SPOT-1 卫星发射成功，标志着对地观测进入了新的历史时期，星上载有两套高分辨率可见光传感器（HRV），首次采用线阵 CCD 传感器，推扫式成像，全色地面分辨率达 10m，是第一个具有立体成像能力的卫星。第三代（1999 年至今）则是新一代高分辨率卫星，1994 年美国允许私人公司研制商用 1m 分辨率高分辨率卫星，促进了高分辨率遥感相机的产业化和商业化。1999 年 IKONOS-2 卫星的发射成功，标志着民用对地观测卫星进入高分辨率成像阶段。

第三代资源相机的主要特点包括：空间分辨率分为全色 0.6～3m，多光谱 4m，超光谱 8m；幅宽达到 4～40km；光谱分辨率为 0.4～2.5um（200 通道 10nm 谱分辨率）；重访时间小于 3 天；数据传输能够实时到地面站。如我国发射的资源系列卫星，资源三号（ZY-3）卫星是中国第一颗自主的民用高分辨率立体测绘卫星，于 2012 年 1 月 9 日发射，主要目标是获取三线阵立体影像和多光谱影像，实现 1∶5 万测绘产品生产能力以及 1∶2.5 万和更大比例尺地图的修测和更新能力。其搭载了 4 台光学相机，包括 1 台地面分辨率 2.1m 的正视全色 TDI CCD 相机、2 台地面分辨率 3.5m 的前视和后视全色 TDI CCD 相机、1 台地面分辨率 5.8m 的正视多光谱相机。ZY-3 卫星的立体观测，可以测制 1∶5 万比例尺地形图，为国土资源、农业、林业等领域提供服务；ZY-3 卫星的多光谱数据拥有很好的空间分辨率（最高 2.1m）和幅宽（52km×52km），包括红、绿、蓝和近红外波段。

ZY-3 卫星可对地球南北纬 84° 以内地区实现无缝影像覆盖，自发射以来，ZY-3 卫星获取了大量的卫星数据，圆满实现了 ZY-3 首颗卫星工程的各项任务，技术指标达到国际同类领先水平，为我国测绘地理信息事业提供了可靠的数据保障，极大地推动了地理信息产业的发展和航天遥感技术的应用，为国民经济和社会发展做出重要贡献。

8.8.3　气象卫星光学载荷

1960 年，美国发射第一颗实验型太阳同步轨道气象卫星（TIROS-1），使用电视摄像机拍摄云图，具有气象价值。目前，美国运行的卫星为 NOAA-14/15。1970 年发射第一代实用化地球同步轨道 GOES 气象卫星，将光机扫描型的可见和红外扫描辐射计。目前，美国运行的为 GOES-8/10。主要光学有效载荷有：可见光红外扫描辐射计、红外分光计、成像光谱仪、紫外臭氧探测器、闪电成像仪等。

我国研制的气象卫星包括“风云”一号（FY-1）、FY-3 极轨卫星和 FY-2、FY-4 静止轨道卫星。FY-1 太阳同步轨道气象卫星 10 通道扫描辐射计，分辨率 1.1km 数字云图，图像质量与美国 NOAA-15 相当。FY-2 地球同步轨道气象卫星扫描辐射计的通道数为 5，可见光分辨率 1.25km，红外分辨率为 5km。与美国目前用的 GOES I-M 卫星探测通道数相同，是继美国、法国后第三个拥有该先进技术的国家。FY-3 装载的探测仪器有：10 通道扫描辐射计、20 通道红外分光计、20 通道中分辨率成像光谱仪、臭氧垂直探测仪、臭氧总量探测仪、太阳辐照度监测仪、4 通道微波温度探测辐射计、5 通道微波湿度计、微波成像仪、地球辐射探测仪和空间环境监测器等。FY-4 卫星的辐射成像通道由 FY-2G 星的 5 个增加为 14 个，覆盖了可见光、短波红外、中波红外和长波红外等波段，接近欧美第三代静止轨道气象卫星的 16 个通道。星上辐射定标精度 0.5 K、灵敏度 0.2 K、可见光空间分辨率 0.5km，与欧美第三代静止轨道气象卫星水平相当。同时，FY-4 卫星还配置有 912 个光谱探测通道的干涉式大气垂直探测仪，光谱分辨率 0.8cm^{-1}，可在垂直方向上对大气结构实现高精度定量探测，这是欧美第三代静止轨道单颗气象卫星不具备的。

1．中分辨率成像光谱仪

中分辨率成像光谱仪是新一代气象和地球环境探测卫星中的一种主要遥感器，在可见光、近红外、短波红外和热红外波段设几十个通道，光谱分辨率大大提高，具有云、地表、海表和大气多种参数的综合探测能力。典型仪器是美国 EOS 中装载的 MODIS，它具有 36 个通道。在可见光至短波红外波段有 20 个通道，其中两个通道星下点分辨率具有 250m，其中心波长与 NOAA 卫星中 AVHRR 的第 1、2 通道相当，另有 5 个通道星下点分辨率为 500m，因而大大提高了对自然灾害和生态环境的监测能力；在星下点分辨率 1000m 的通道中，有 9 个海洋水色通道，具有美国专用的海洋水色卫星中海洋水色探测仪 Seaw ifs 同样的探测能力，它还有 3 个低层水汽探测通道，利用 0.94μm 水汽吸收带对太阳光的吸收探测大气低层水汽，此外还有 1 个中心波长在 1.375μm 的卷云探测通道。在热红外波段有 16 个通道主要用于陆地和海表温度、云参数、大气温湿廓线、臭氧含量等的探测，具有 NOAA 卫星中扫描辐射计红外通道的探测能力，同时还具有红外分光计的一定的探测能力，然而却将其空间分辨率由 17km 提高到 1km。

FY-3（01 批）的中分辨率成像光谱仪具有 20 个通道，其中 19 个处于可见光、近红外和短波红外波段，其通道的设置基本上与 EOS 中的 MODIS 一致，所不同的是减掉了 1.240μm、1.375μm 两个通道，原因是前者探测器灵敏度太低，后者因为在扫描辐射计中已具有此通道，同时增加了一个 0.94μm 水汽吸收带通道。然而在热红外光谱区，MODIS 的 16 个通道所具有的性能我国技术水平还难于达到，因此留在 FY-3 的 02 批卫星中再补上这一光谱区的通道，即分阶段实现。为了使 FY-3 现在的中分辨率成像光谱仪加强对地表特性的监测能力，将 250m 空间分辨率的通道增加到 5 个，其中包含一个 10.5～12.5μm 热红外窗区通道，这也是一个特色。FY-3 中分辨率成像光谱仪与 MODIS 还有一个差别是扫描范围较大，具有±55.4°，和扫描辐射计一致。

图 8-54 为 MERSI 对地场景扫描示意图。MERSI 用 45° 扫描镜并在消旋 K 镜协同下观测地球，每次扫描提供 2900km（跨轨）×10km（沿轨，星下点）刈幅带，实现每日对全球覆盖。它采用多探元（10 个或 40 个）并扫，其星下点地面瞬时视场为 250m 或 1000m，具有 5 个通道星下分辨率为 250m，其余 15 个通道空间分辨率为 1000m。仪器指标的详细说明如表 8-5 所列。

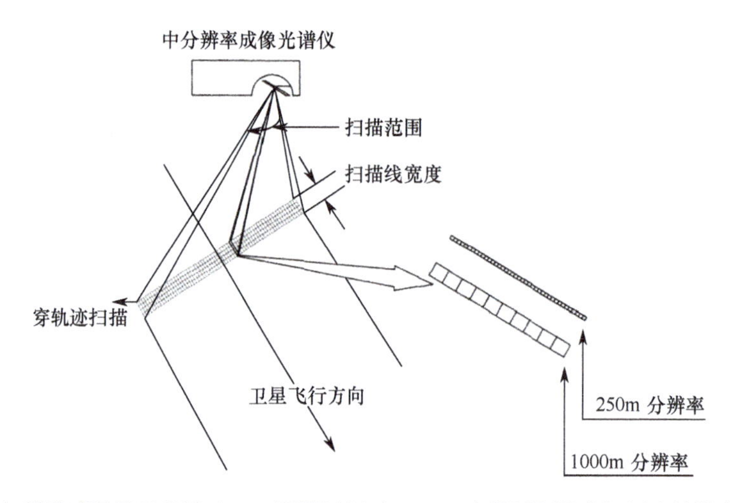

图 8-54 MERSI 扫描地球场景示意图（FY-3 卫星运行于 836km 高的近极地太阳同步轨道上，MERSI 每个扫描带垂直于地面航迹，对地扫描张角为 110°（±55°），每次扫描对应不同分辨率将步进 10 条或者 40 条线）

表 8-5 FY-4 卫星主要光学载荷技术指标

参数	指标	参数	指标
扫描宽度	±55.1°（±0.1）	光谱特征精度	中心波长偏移< 10%带宽，带外响应<3%
量化等级	12 bits	通道间图像配准精度	<0.3 像素
扫描镜转速	40 转/min	饱和恢复	≤6 像素（1000m，2km 区域内）
扫描稳定度	<0.5 IFOV（1000 m）	亮目标还原	≤24 像素（250m）
每行采样像素	2048（1000m）、8192（250m）	调制传递函数（MTF）	≥0.27（1000m），≥0.25（250m）
扫描镜定位精度	120±30 弧秒，1（星下±100m）	辐射定标精度	可见光通道<7%，热红外通道<1K（270K）
衰减率	<20%/3a	通道内探元一致性	不一致性≤5%～7%

图 8-55 为 MERSI 光学系统及焦平面探元器结构示意图。扫描镜为椭圆形镀镍铍平面，表面镀银，能实现宽光谱范围内具有高反射率低散射特性。扫描镜以 40 转/min 的转速连续旋转，地面场景辐射能量经过其反射，照到主镜（入瞳）上，再经视场光阑进入次镜上。经次镜反射的辐射再传到 K 镜作图像消旋，用以消除因扫描镜 45° 旋转及多探元并扫导致的遥感图像旋转。K 镜以扫描镜的一半转速旋转，在连续对地扫描过程中会有两个镜面交替进行。光线经过 K 镜后便是双色分光镜组件（由 3 个分光镜组成），随后通过 4 个折射组件经各自的带通滤光片到达 4 个焦平面阵列（FPA）。分光镜的作用实现光谱分离，将 MERSI 探测到的光谱域分成 4 个光谱区，即可见光（VIS，412～565nm）、近红外（NIR，650～1030nm）、短波红外（SWIR，1640～2130nm）以及热红外（TIR，12250nm）。利用被动辐射制冷器，短波红外以及热红外焦平面组件被冷却到 90K 左右。由图 8-45（b）可见，所有通道均有多个探元（1000m 和 250m 分辨率分别有 10 和 40 个探元）组成，多探元沿飞行方向排列在 4 个焦平面上。每个探元信号经放大器放大后由一个 12 位模数 A/D 转换器进行数字化。可见光及近红外焦平面阵列采用 P-I-N 光伏型硅光二极管，短波红外为碲镉汞（HgCdTe）光伏探测器，长波红外波段采用碲镉汞（HgCdTe）光导探测器。

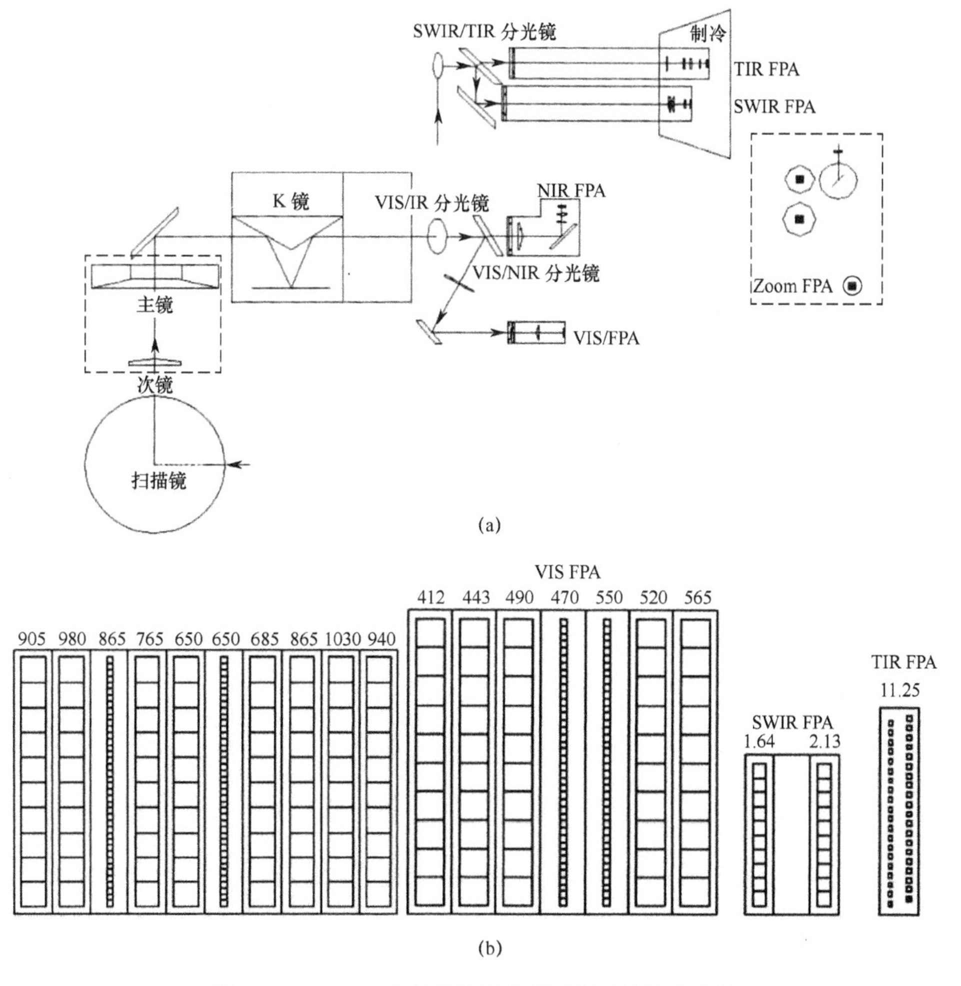

图 8-55　MERSI 光学系统及焦平面探元结构示意图

（a）MERSI 内部光学构造及光路传递；（b）焦平面各通道探元排列。

2．多通道扫描辐射计

可见光红外扫描辐射计是气象卫星遥感应用中比较成熟的探测仪器之一。经过近 40 年的不懈努力，美国研制的甚高分辨率扫描辐射计已经过 5 次改进，发展了 3 个型号，获取的资料在全球天气、气候和环境监测中发挥了重要作用。1978 年，美国第三代极轨气象卫星 TIROS-N/NOAA 投入业务使用，TIROS-N 和 NOAA-7～NOAA-17 都装有改进的甚高分辨率扫描辐射计（Advanced Very High Resolution Radiometer，AVHRR）。与前一个型号相比，其主要改进是增加了第二个热红外通道，用于海温计算时进行水汽订正。到目前为止，AVHRR 是发射的长寿命、极具影响力的地球观测仪器之一，拥有很强的数据收集能力。其数据广泛应用于气象学、气候学、海洋学和陆表环境研究中。AVHRR 分别装载于上午和下午轨道的 NOAA 极轨气象卫星上，每日 4 次获取全球数据，分别以 HRPT、GAC、LAC 和 APT 的数据传送方式向地面发送。其中 GAC 和 LAC 分别为星上记录的降低分辨率（4km）的全球数据和原分辨率区域探测数据。HRPT 为实时发送数据，星下点分辨率 1.1 km，AVHRR/HRPT 为世界各国的地面接收站提供了大量的免费数据，已成为各国在气象、海洋、环境监测以及气候学应用中不可缺少的遥感信息。

美国在极轨气象卫星上搭载扫描辐射计的同时，也积极发展静止轨道卫星平台上的扫描辐射计。1975 年，美国第一代业务静止气象卫星 GOES-1 发射成功，装载了可见光红外扫描辐射计（Visible In-frared Spin-Scan Radiometer，VISSR），并在其第二代静止气象卫星（GOES-4 到 GOES-7）VISSR 上增加了大气垂直探测器，增加了垂直温度、湿度探测，简称 VAS。这两代卫星都是自旋稳定卫星。1994 年，第三代三轴稳定静止气象卫星 GOES-8 发射成功，以 5 通道的成像仪（imager）代替了原有的 VISSR。我国第一代静止气象卫星（FY-2）首发星于 1997 年 6 月 10 日成功发射，迄今已发射 5 颗。其中，02 批卫星（FY-2C，FY-2D 和 FY-2E）搭载的 VISSR 已具备 5 个通道的探测能力，并成功实现了在轨双星业务运行和在轨备份，其光学系统如图 8-56 所示。

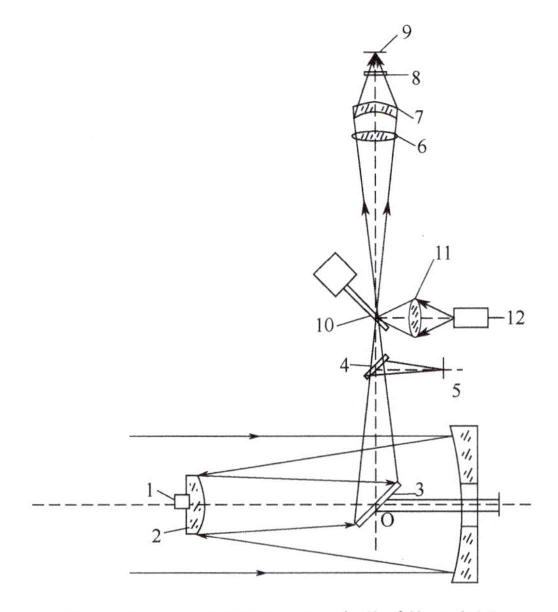

图 8-56　FY-2 卫星 VISSR 光学系统示意图

1—主镜；2—次镜；3—折镜；4—分离镜；5—硅探测器 PIN 列阵；6—第一中继透镜；7—第二中继透镜；8—滤光片；9—HgCdTe 元件；10—定标平面镜；11—定标透镜；12—定标黑体。

可见光红外扫描辐射计依据地物的波谱特性，从可见光至远红外波谱范围选择透过率较高的大气窗区波段，对地球进行连续观测，计算反演各类目标的特性。以 FY-3A 卫星 VIRR 为例，通道 1 和通道 2 对于叶绿素吸收有较强的反差，可用于地表植被监测；通道 3 位于 800 K 目标物（接近于草原火灾区的温度）的辐射峰值区，含火点的像元与周围像元产生明显反差，适合于探测高温火点；通道 4 和通道 5 是热红外分裂窗通道，是地表处于常温（约 300 K）时的辐射峰值范围，可用于反演地球表面和云顶温度；通道 6 对于云和雪的吸收有较大差异，可用于云雪判识；通道 7～9 是可见光通道，具有较高的探测灵敏度和较窄的动态范围，用于海洋水色监测；通道 10 是水汽吸收带，地面和中低云的辐射很难到达传感器，而高云湿度很小，反射率又很大，可用于卷云检测。综合利用以上各通道探测信息，可定量反演出不同种类的地球表面和大气参数。

FY-4 卫星搭载的光学载荷主要技术指标如表 8-6 所示，其中多通道扫描辐射计性能对比如表 8-7 所示。

表 8-6　FY-4 卫星主要光学载荷技术指标

名称	指标要求	
扫描辐射计	空间分辨率	0.5～1.0km（可见光），2.0～4.0km（红外）
	成像时间	15min（全圆盘），3min（1000km×1000km）
	定标精度	0.5～1.0 K
	灵敏度	0.2 K
干涉式大气垂直探测仪	空间分辨率	2.0 km（可见光），16.0 km（红外）
	光谱分辨率	700～1130 cm^{-1}, 0.8 cm^{-1},1650～2250 cm^{-1}, 1.6 cm^{-1}
	探测时间	3min（1000km×1000km）；67min（5000km×5000km）
闪电成像仪	空间分辨率	7.8 km
	成像时间	2ms（4680 km×3120 km）

表 8-7　FY-4 卫星与其他卫星多通道扫描成像辐射计性能

卫星	美国	日本	欧洲航天局	印度	俄罗斯	中国
	GOES-R（在研）	Himawari-8	MTG（在研）	INSAT 系列	ELECTRO-L	FY-4
波段数	16	16	16	6	10	14
空间分辨率	0.5～2.0km	0.5～2.0km	0.5～2.0km	1～4km	1～4km	0.5～4.0km
灵敏度	SNR 300（反照率 100%），NEΔT 0.1～0.3 K（温度 300K）	SNR<300（反照率 100%），NEΔT<0.1（温度 300K）	SNR12-30（反照率 1%），NEΔT 0.1～0.2 K （温度 300K）	SNR 6（反照率 2.5%），NEΔT 0.2 K（温度 300K）	NEΔT 0.1～0.8 K（温度 300K）	SNR 90-200（反照率 100%），NEΔT 0.2～0.5 K（温度 300K）

8.9　生物医学光电检测

光学检测因无创性和精准性等特点，已经成为医学诊断领域定性和定量判断的最重要的技术之一。生物医学光学的研究目标是实现微创或无创的诊断与治疗。诊断方面，医学光子学发展的趋势是研制小型、便携、微创/无创、可连续操作且功能完备的医疗仪器，具体可以分为 3 个方面。

（1）基于光学成像的检测和诊断。

当前的研究重点是开发超高时空分辨的成像技术和设备、大穿透深度的成像技术和设备以及多模态的成像技术和设备，更好地实现多层次、大动态范围的图像呈现。在体非侵入的生物成像技术也得到了迅猛发展。非侵入性生物成像领域目前已经采用各种显微技术和共聚焦等技术，提高了图像的精细度，使得人们能深入探索活组织中组织活动过程的分子事件。

（2）基于光谱技术的检测和诊断。

当前研究最为活跃的领域是基于拉曼散射光谱的各种检测技术，如表面增强拉曼散射光谱技术已实现对细菌和病毒的多参数、大通量检测。基于荧光光谱技术的检测和诊断，包括本征自体荧光光谱的肿瘤检测，外源荧光的组织识别与计数等。

（3）基于光学技术的生物传感。

能够实现在体可穿戴的生理参数和生化指标的连续监测的传感技术研究，如血氧饱和度、连续血压、血糖监测等；开发小型化固体激光器，同时寻求更敏感且适用于人体的荧光物质，改进肿瘤病变组织等疾病的检测、诊断造影；应用于光动力学治疗。

8.9.1 检测方法

生物医学光电检测技术主要包括光学检测技术、光学成像技术和光学辅助治疗手段。其中光学检测技术主要包括红外光谱、荧光检测、拉曼检测和光学传感器；光学成像技术主要包括光声显微系统、共聚焦显微镜和光学频谱成像；辅助治疗手段则包括反射透射光谱辅助手术和光镊技术，图 8-57 展示了不同光谱波段的光学诊断和分析仪器。

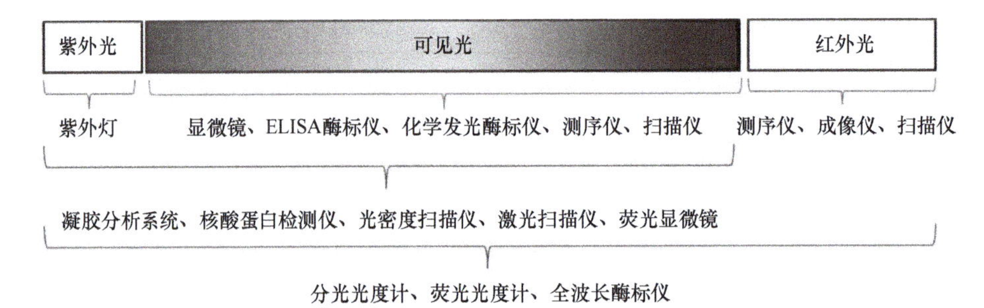

图 8-57　不同光谱波段的光学诊断和分析仪器

1. 红外光谱

红外光谱技术是一种根据分子内部原子间的相对振动和分子转动等信息进行分子结构和鉴别的方法。红外光谱和病理学图像有着高度的一致性，可以研究图谱与疾病不同阶段的联系，其优点在于对组织有着良好的穿透性，有着高度的分辨本领，不会破坏标本，且可以进行大规模数据验证。在组织水平上，通过红外光谱技术可以快速获得单位组织的光学特征，这些特征与蛋白质有着密切联系，可借以研究组织的分化。将干组织光谱图按时间分化，识别组织分化过程中光谱的变化，通过比较，可以对人工培养的胚胎干组织进行实时监测。不同组织相应的红外光谱图像特征存在较大的差异，联合数字成像技术还可以提取组织彩色的红外光谱图像。这项研究起到了分析组织分化，预测组织的病理状态的作用，并且为医学发展提供了大量数据资料。这些成果在传统的医学技术中是很难实现的。

2. 荧光检测

荧光技术已经被研究了很多年，荧光技术可以应用于每一个层面，从微小的分子层面到完整的有机层。最初的方法是将有机染料的小分子与各种抗体连接起来，以研究各种目标蛋白质，这种方法较为复杂，需要研究组织的固定和透明化操作。在后来的发展中，某些组织器、核酸分子或某些离子的荧光标记物可以直接标记在活组织中。使得荧光蛋白技术成为了研究非侵入性的活体组织成像的基础，对活体组织中的目标蛋白进行定位，可研究其表达情况，活性状态、蛋白质寿命等。

3. 拉曼检测

拉曼成像利用激光和化学键的相互作用发生的散射引起激光能量波动，获得光谱。在医学中最广泛的运用是聚焦显微镜。在分子水平诊断上，拉曼光谱比荧光光谱更为有效，因为荧光检测被限制在 300μm 以内的深度，大约只有 20 个生物分子产生荧光，而拉曼检测技术检测深度可达 1mm 左右，认识到将拉曼检测技术和荧光检测技术的优势，将其结合起来可更准确的研究组织新陈代谢的变化，准确的判断组织活性。目前拉曼光谱仪器已经开始运用于动脉硬化和各种癌症的检查。

4. 光学传感器

光学传感器种类多样，可以分为物理传感器、化学传感器、生物传感器，一般由敏感元件、转换元件和电子线路组成。物理传感器分为压力传感器和温度传感器，压力传感器利用光纤终端膜片，通过测量颅内压力，心内压力和血管压力获得反馈。温度传感器是利用光纤终端的液晶膜，温度变化时，观测液晶膜的移动现象。化学传感器则利用光纤上的反应物，光源照射到反应物上时，反应物和待测目标发生反应导致光学特征变化，利用这种变化制作的检测仪器，读取光信号。

5. 光声显微系统

光声显微系统是光声成像的一种主要形式，该系统使用聚焦光束激发光声信号，其分辨率达到微米级别，达到光学聚焦的量级，所以称为光声显微镜。光声显微镜在医学中运用于微血管成像，内窥镜成像和淋巴结成像。与传统血管内超声成像和相干层析成像相比，不仅可以对血管内壁的形态结构进行成像，还可以针对生物组织成分差异或特异性进行成像。光纤的出射光线在聚焦透镜处汇集，经棱镜反射，照射在血管内壁上，激发出光声信号波，再使用超声波接收仪器接收信号，制作出血管内壁的光声图像。此项技术可用于对血管内壁脂质成分进行检测，为诊断提供信息。

6. 共聚焦显微镜

共聚焦显微镜的原理是从一个点光源发射的探测光通过透镜聚焦到被观测物体上，当物体处于焦点上，那么反射光通过原透镜再汇聚回到光源，形成共聚焦，简称共焦。共焦显微镜在反射光的光路上加上了一块半反半透镜，将已经通过透镜的反射光折向挡板成像。利用共聚焦技术扫描成像，可以制作出组织的光学切片图像，用于观察。共聚焦显微镜利用很小的激光就可以获得清晰的组织图像，且对组织造型的损伤非常小，可以用于长时间的观测。共聚焦显微镜并不是最近的研究成果，却因为其实用性在生物医学中存在不可改变的地位。

7. 光学频谱成像

无论荧光的还是无标记成像，都是单次照射，单次成像，而光学频谱成像可以连续时间内以很高的帧率捕捉事件，但是由于使用的近红外波长的光，所以分辨率达不到那么高，只能用于观测不同组织的状态，寻找特殊组织。

8．反射透射光谱辅助手术

反射透射光谱辅助手术主要用于肝癌切除手术，肝癌复发率极高，并且手术时偶尔出血量极大。很难分辨分离区域大小。然而正常肝脏的光学性质比较稳定，且体积大表面光滑，比其他器官更容易测定反射透射光谱。由光谱变化测定此区域是否病变从而实施辅助分离术。

9．光镊技术

光镊的原理就是将光聚焦到非常小的点，在小范围内产生巨大的光强梯度，改变光的传播方向，导致受到由此产生的力，带动物体移动。这个方法广泛用于生物领域，用于精确地控制、移动、研究组织等微小对象，也常用于研究和操作 DNA、蛋白质、酶甚至是单个分子。研究活体组织生长跃迁以及蛋白质的相互作用，对医学有着重大意义，2013 年利用光镊技术首次实现对活体内血红组织进行了实时观察和操控。实验将小鼠耳朵毛细血管内的红组织进行操作，利用光阱力聚集了多个红组织，引起毛细血管的堵塞，又用光镊将其疏通，证实了此项技术的实用性。

8.9.2 生物医学光学成像

生物医学光学的主要趋势是应用光学方法对生物进行成像。光学生物成像能够用来研究很大范围的生物样品，例如从组织、离体组织样品到活体在体成像。光学生物成像也包含了很宽的尺寸范围，从亚微米的病毒和细菌到大尺寸的生物物种。

1．成像方法概述

光学生物成像利用了待成像区域与环境区域（背景）之间的光学对比，如光透射、反射和荧光等。并且使用了各种被用来加强对比度和用来成像的光学原理和显微方法。许多基于光学特性监控的方法被用到成像上。这些方法归总在图 8-58 中。透射显微成像利用了微观和宏观生物组织结构的吸收及散射在空间上变化。组织是高散射介质。当光通过组织时，穿透光由 3 部分组成：非散射光（相干散射光）、微散射光和高散射光。这些不同部分，可以用一个脉冲穿过组织后的例子来说明，如图 8-59 所示。

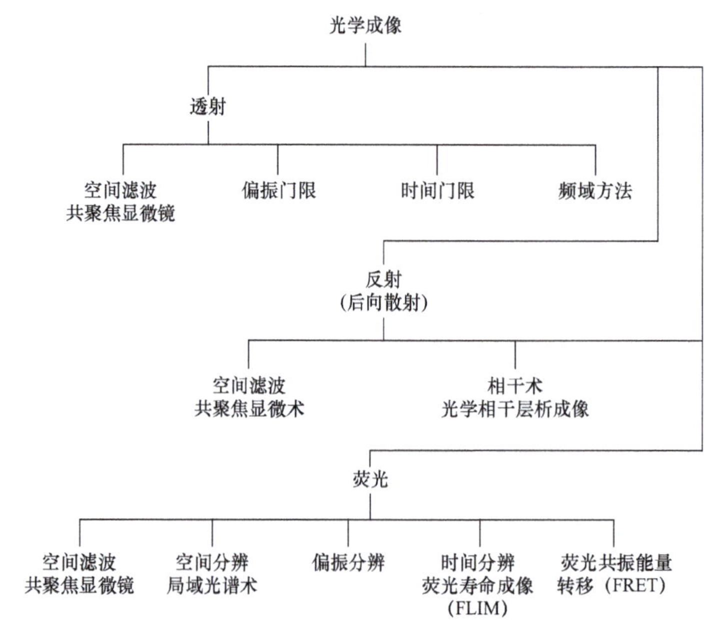

图 8-58　生物医学成像技术

相干散射光，也称为弹道光（Ballistic Light），沿着入射光的方向传播。弹道光带有组织内部结构最丰富的信息。微散射但依然基本与入射光同向传输的那部分光，也称蛇行光（Snake Diffuse），因为它沿着前行的方向左右摇摆前进。这些光相对弹道光有一点滞后，但也带有比较丰富的关于散射介质的信息。然而，最大部分的光经过多次散射在组织内走了较长距离，它们出射得最晚，并被称为漫射光（Scattered Light）。它们几乎不带有任何组织微观的信息。因此在利用弹道光和蛇行光成像时应该去除它们。一些用来去除漫射光的方法如下。

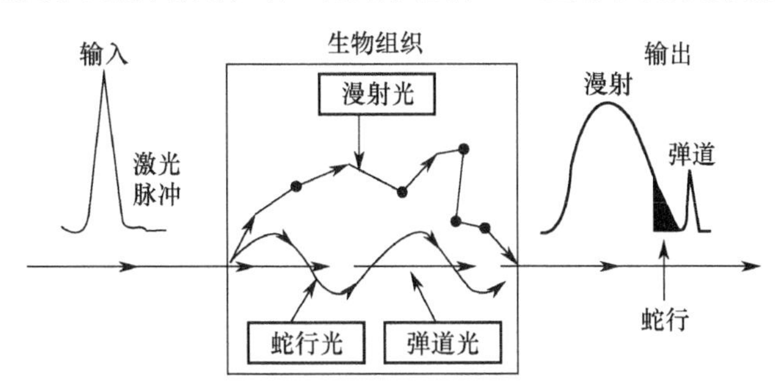

图 8-59　一个激光脉冲在浑浊介质里传播

（1）空间滤波。这是一种最简单的方法。由于漫射光经过多次散射以后会离开中轴扩散开来，因此用一个孔径（针孔或者小直径的光纤）来收集光以实现空间滤波，可以摒除大量的离轴漫射光。共聚焦显微镜是一种应用极为广泛的成像工具，它就是在收集光路里放了一个共聚焦孔径（针孔）来进行空间滤波的。共聚焦显微镜中的共聚焦孔径也能够用来增强对比度并且在反射和荧光成像中提供深度上的分辨力。

（2）偏振门。这里我们使用偏振光。穿透的弹道光和蛇行光保持了原来的偏振状态，然而漫射光则不能保持。因此，通过在收集光路上放置偏振片可以让偏振方向与之平行的光通过，而挡掉部分漫射光。

（3）时间门。这种方法使用短脉冲激光作为照射源。透射光通过一个时间快门（开/关），使得只有弹道光和蛇行光能够通过。利用与参考光脉冲同步可以实现快门的开与关。脉冲快门技术有很多种，例如光学 Kerr 门、非线性光学门、时间相关单光子计数等。

（4）频域方法。这种方法中，时间被变换成频域的强度调制。利用强度调制的连续激光照射样品，透射信号的交流调制振幅和相移用诸如外差法的方法测量。这种方法的优势是，它所使用的连续光源不算昂贵，不足之处是现在可用的频率只有几亿赫兹，相当于几个纳秒的时间门。

反射成像需要收集后向散射的光。必须注意的是，相干散射光需要剔除多次散射光分量。可用的两种方法是共聚焦和干涉计量，后者产生了有效适用于高散射组织的显微术——光学相干层析成像（OCT），有时将 OCT 和共聚焦技术结合在一起以提高剔除漫射光的能力。

荧光显微术是光生物成像中用途最广的技术之一，它为组织的结构和动态信息（无论是活体还是离体，大尺度还是小尺度的生物样品）提供了全面细致的探测方法。非线性方法在生物成像上的潜力已经初现端倪：多光子荧光显微术是一个正在兴起的新的成像方法，二次谐波显微术也正受广泛关注。

现在出现的生物医学光学成像系统主要基于显微镜技术进行设计，如暗场显微镜、相差显微镜、偏光显微镜、微分干涉相衬显微镜（DIC）、荧光显微镜、扫描近场光学显微镜、共聚焦显微镜、荧光共振能量转移（FRET）成像、荧光寿命成像显微术（FLIM）等。

2．光学相干层析成像

光学相干层析（Optical Coherence tomography，OCT）作为一种非侵入的光学活检技术，能实现疾病的筛查与早期诊断、过程监视和手术介导等多种医学功能，并已在眼疾病检查、肿瘤早期诊断、骨关节炎早期诊断、粥样斑块确认与介导消融等诸多领域得到应用。

OCT 是通过低相干的方法测量后向散射光的振幅和回波信号的时延来对组织进行层析成像。20 世纪 90 年代，MIT 的研究人员在光学低相干反射仪（Optical Low Coherence Reflectometry，OLCR）的基础上增加探测光束相对于生物样品的横向扫描，成功演示了人眼视网膜和动脉粥样硬化噬菌斑的活体成像。与其他成像技术相比较，OCT 采用近红外低相干光源，因此能够高分辨地鉴别出生物的不同软组织；利用光纤传光可以使成像系统结构更加紧凑灵活；结合多普勒性质、光谱吸收特性、光的偏振特性能得到组织的各种功能信息参数，如多普勒 OCT、光谱 OCT、偏振 OCT 等。

OCT 本质是一个基于迈克尔逊干涉仪的低相干系统，一般的 OCT 原理图如图 8-60 所示。来自弱相干性光源发出的光被耦合到一个 2×2 光纤耦合器，出射方向上一根光纤经准直透镜照射在一反射镜上被原路返回，作为参考光与样品光会合后实现干涉；样品臂光纤出射光被准直后经二维扫描镜反射到样品表面并对样品实现二维扫描，反射（散射）回来的光与参考光经光纤耦合器同时返回到探测器。由于采用的是低相干光源，只有当参考臂和样品臂的光程差在相干长度 L_c 之内时，才能发生干涉，实现相干探测。具体三维成像像方式为：不同层面在时间延迟上的强度探测称为 A-Scan 或一维扫描；被扫描的光束进入组织，探测的信号作为深度方向（Z 方向）的函数，再做横向（X 方向）位置扫描就形成了一个二维横截面扫描图像（B-Scan），不同的横向位置（Y 方向）再被堆叠就形成了三维成像。

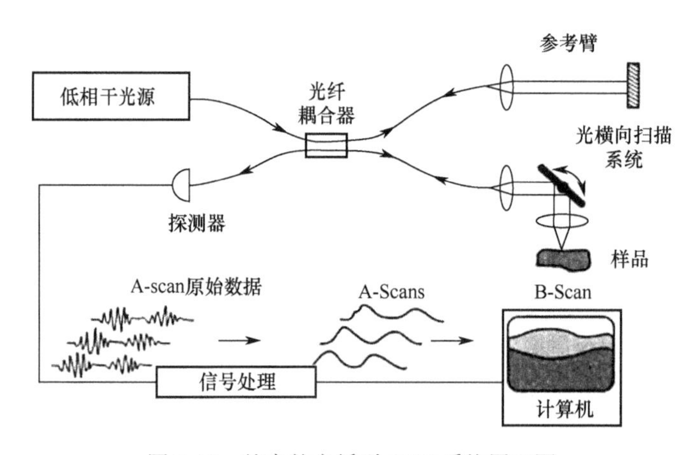

图 8-60　基本的光纤型 OCT 系统原理图

图 8-61 显示的是 OCT 与超声成像和显微成像技术在分辨率和成像深度上的区别。超声成像的分辨率取决于所用声波的频率（3～40MHz），通常为 0.1～1mm。这些常规超声频率的声波穿透性很强，在生物组织中吸收很小，因此可以对人体内部深处的组织进行成像。后来，随着高频超声的发展，被血管成像等临床应用所采用。当频率达到 100MHz 左右时，高频超声成像可以实现 15～20μm 的分辨率甚至更高。然而，高频超声在生物组织中衰减很严重，成像深度被限制在几毫米。OCT 技术填补了超声和显微成像这两种技术之间的空缺。OCT 的轴向分辨率由光源的带宽所决定，目前可以达到的分辨率在 1～15pm，是常规超声

成像分辨率的 10～100 倍。OCT 的高分辨率能清楚反映组织的精细结构形态。尤其在眼科应用方面，因为 OCT 非常适用于对眼睛的成像（包括眼前节和眼底视网膜），它已经发展成为一种临床标准，目前在眼科领域还没有其他成像手段能实现这样高分辨的非侵入成像。OCT 技术的重要缺陷在于它的成像深度只能达到 1～3mm，这是由于光在生物组织中的强散射和衰减所限制的。然而，OCT 可以与很多仪器（例如内窥镜、导管、腹腔镜、针头等）相集成，从而实现人体内成像。OCT 还有很多技术类型，在此不再赘述。

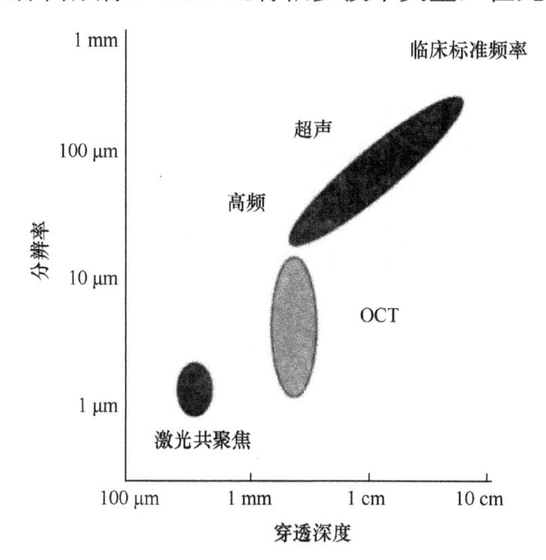

图 8-61 OCT 与超声成像、共焦显微成像在分辨率和成像深度方面的对比

8.9.3 基于光活检的肿瘤检查

光活检通过分析光和组织的相互作用，在体或离体地为临床组织病理学提供一种无损、实时、精确和客观的与人体组织状态的有关信息。相对于 CT 等影像技术，光活检具有以下优势：非辐射性；对软组织早期生化和癌病变（尤其是非占位性病变）更敏感，分辨率更高；实时或近实时性；使用便捷，禁忌少；费用相对低。目前发展的光活检技术主要包括：OCT、近红外成像（Near Infrared Spectroscopy，NIRS）、扩散光断层扫描（Diffuse Optical Tomography，DOT）、光声断层扫描（Photoacoustic Tomography，PAT）、荧光成像（Fluorescence）、拉曼成像（Raman Scattering）等。

OCT 利用弱相干光干涉仪的基本原理，通过改变扫描频率或扫描距离，检测生物组织不同深度层面对入射弱相干光的背向反射或几次散射信号，可得到生物组织二维或三维结构图像。目前，OCT 分为两大类：即时域 TD-OCT 和频域 FD-OCT。时域 OCT 是调整参照反光镜深度或角度，把在同一时间从组织中反射回来的光信号与参照反光镜反射回来的光信号叠加、干涉，然后成像。频域 OCT 的特点是参考臂的参照反光镜固定不动，通过改变光源光波的频率来实现信号的干涉。如图 8-62 所示，将 OCT 技术应用于眼科成像，用于软组织病理（早期癌病变）及脑部手术介导。

近红外成像仪（NIRS）利用探测仪测量目标本身与背景间的红外线差可以得到不同灰度梯度的图像。仪器波长范围一般为 0.78～2.0μm，其发射光可穿透身体而不被水和血红蛋白强烈吸收。NIRS 在医学诊断上的主要应用是根据对微循环中血红蛋白氧饱和度的敏感度对人体外周组织的成像。尤其，NIRS 被广泛应用在大脑血流成像上（一般会先注射吲哚菁绿 ICG）和 EEG 研究，以及心脏、乳房、前列腺、皮肤等癌症辅助诊断和手术上。儿科心脏手术也开始采用 NIRS 实时监控静脉需氧饱和度。另外，NIRS 也被应用于血液样品等实验室检验分析。如 8-63 所示，采用 NIRS 技术拍摄人体的非正常组织。

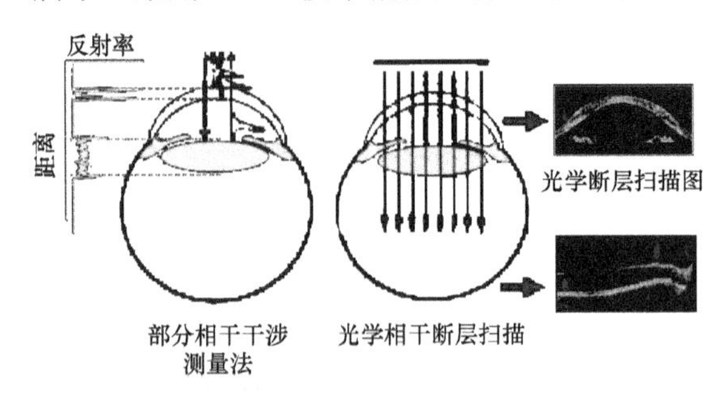

图 8-62　眼科 OCT 成像示意图

荧光成像仪（FS）是根据荧光效应而发展的成像技术：原子核外电子受到激发从基态跃迁到激发态后，会通过非辐射跃迁的方式快速降落在最低振动能级，随后由最低振动能级回到基态，以光子辐射的形式释放出能量，具有这种性质的出射光称为荧光。荧光成像的理论基础是人体组织的荧光物质被激发后所发射的荧光信号的强度在一定的范围内与荧光素的量呈线性关系。其主要应用于肿瘤疾病的检测和诊断，如 8-64 所示，在肿瘤检测中采用 FS 拍摄病变组织，因其高分辨率和操作便捷性及费用低，已经在软组织肿瘤诊断中越来越多的应用。另外荧光成像还用于蛋白质、金属离子的检测，药物新剂型研究。

扩散光断层扫描仪（DOT）是一种面向厚组织体的利用红外组织光谱技术 NIRS（光波长 600～900nm）或荧光效应，通过探测透过生物组织的 3 种光（弹道光、蛇行光和扩散光），结合光子输运模型、图像重建技术和扩散光测量系统获得三维组织图像的技术。其应用领域主要为乳腺成像−早期癌症筛查、脑成像、软组织内窥等。

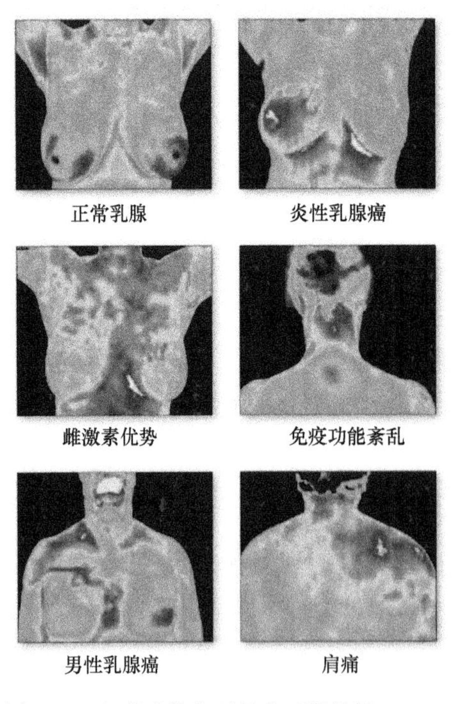

图 8-63　红外成像仪下的非正常组织

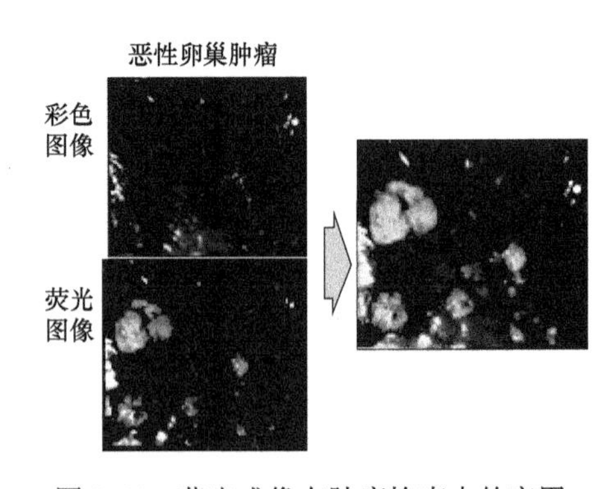

图 8-64　荧光成像在肿瘤检查中的应用

拉曼成像仪（RSS）是基于拉曼效应的仪器：激光与化学键/晶格相互作用而发生非弹射散射，导致激光能量增加或损失，即为拉曼光谱。因每种分子的拉曼光谱都是唯一的（分子指纹），所以通过拉曼光谱可对生物分子进行定性和定量分析。在医学上，共焦激光（两束满足共振条件的激光和斯托克斯光）显微镜应用最为广泛。图 8-65 展示了拉曼组织成像病变区域的不同彩色图片。

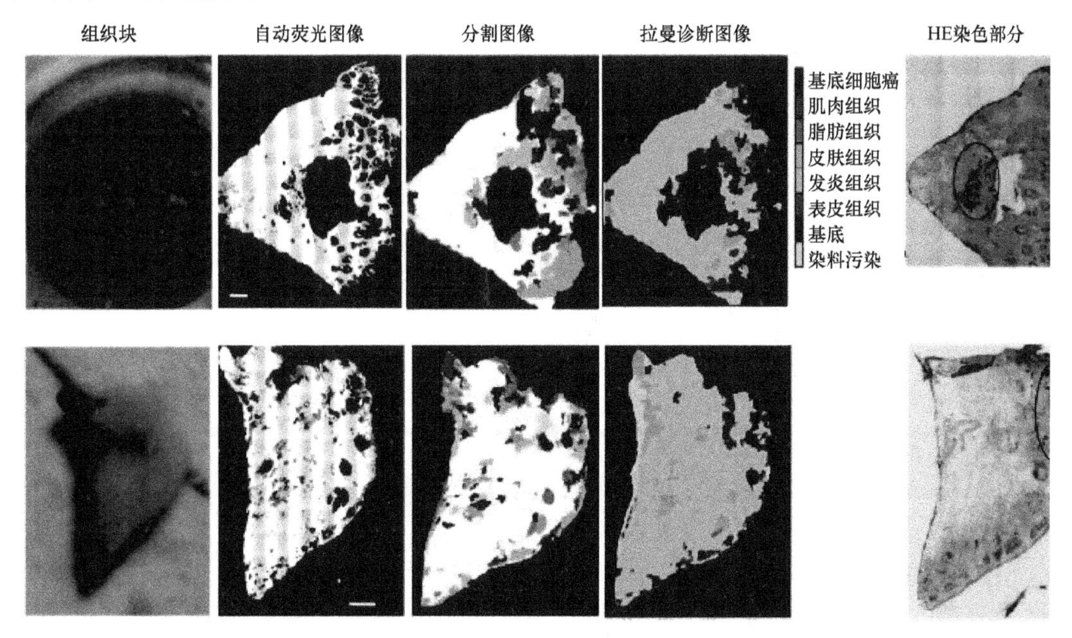

图 8-65　拉曼成像仪用于组织成像

光声断层扫描（PAT）是一种结合了纯光成像的高对比度和纯超声成像的高穿透深度特点，以超声作为媒介，利用光生效应（短脉冲如 10nm 激光照射到生物组织被快速吸收而膨胀，产生压力波）的生物光子成像方法。如图 8-66 所示，展示了小鼠的光声断层扫描，图 8-66（a）为成像示意图，通过照射短脉冲激光到小鼠头部，产生光生效应，通过检测压力波进行光子成像；图 8-66（b）展示了实际的成像效果图。

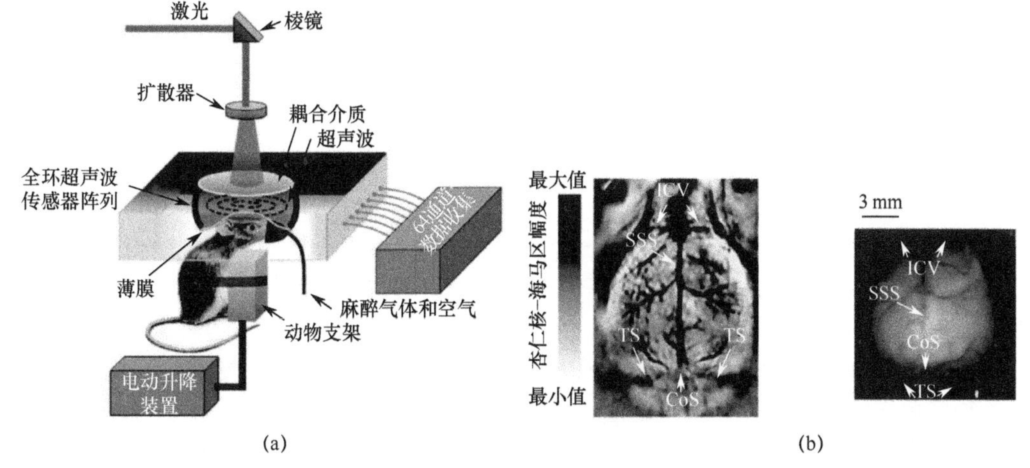

图 8-66　光声断层扫描示意图

（a）光声断层扫描对小鼠的成像原理图；（b）小鼠大脑成像效果图。

8.9.4 新型冠状病毒核酸检测

检测新型冠状病毒（SARS-CoV-2）感染的方法包括核酸检测、血清学检测和病原学检测。核酸检测，尤其是实时荧光定量聚合酶链反应（RT-PCR） 检测方法具有诸多优势，是目前检测 SARS-CoV-2 感染的首选方法。RT-PCR 检测结果的准确性很大程度上依赖于病毒载量，低病毒载量易出现假阴性结果。血清学检测方法主要针对血液中病毒的特异性抗体进行检测，与核酸检测有着较好的互补性。病原学检测是直接检测机体内病毒感染情况的方法，是检测 SARS-CoV-2 的金标准，病毒的分离、培养、鉴定及电镜观察是目前主要使用的病原学检测方法。其对实验室环境要求极为苛刻，必须在 P3 级及以上的实验室内进行，同时操作过程繁琐、耗时且难度高，难以满足现阶段 SARS-CoV-2 的检测需求，只适用于基础科学研究。

1．核酸检测原理

所有生物都含有核酸，核酸包括脱氧核糖核酸（DNA）和核糖核酸（RNA），SARS-CoV-2 是一种仅含有 RNA 的病毒，病毒中特异性 RNA 序列是区分该病毒与其他病原体的标志物。机体感染 SARS-CoV-2 后会产生大量 RNA，而免疫系统产生的抗体往往出现较晚，因此核酸检测仍是目前最主要的检测方法。

新型冠状病毒肺炎诊疗方案（试行第九版）将实时荧光 PCR 核酸检测技术作为疑似病例确诊检测“金标准”之一。实时荧光 PCR 的工作原理是在 PCR 反应系统中加入一个荧光标记探针，通过对反应管内荧光值的实时监测，通常 1.5h 内实现模板的定量检测。相比普通 PCR 检测，实时荧光定量 PCR（RT-PCR）除了定量检测以外，还具有较高的特异性与灵敏度。

新型冠状病毒出现后，我国科学家在极短的时间里完成了对新型冠状病毒全基因组序列的解析，并通过与其他物种的基因组序列对比，发现了新型冠状病毒中的特异核酸序列。因 PCR 反应模板仅为 DNA，因此在进行 PCR 反应前，应将新型冠状病毒核酸 RNA 逆转录为 DNA。在 PCR 反应体系中，包含一对特异性引物以及一个 Taqman 探针，该探针为一段特异性寡核苷酸序列，两端分别标记了报告荧光基团和淬灭荧光基团。探针完整时，报告基团发射的荧光信号被淬灭基团吸收；如反应体系存在靶序列，PCR 反应时探针与模板结合，DNA 聚合酶沿模板利用酶的外切酶活性将探针酶切降解，报告基团与淬灭基团分离，发出荧光。每扩增一条 DNA 链，就有一个荧光分子产生。RT-PCR 方法采用的是循环阈值（cycle threshold，Ct 值），即每个反应管内的荧光信号到达设定阈值时所经历的循环次数，它是一个半定量的数值，与体内的病毒载量呈负相关，Ct 值越低，说明标本中病毒浓度越高。

2．荧光定量 PCR 技术

（1）TaqMan 探针法。

TaqMan 技术的要点是，在普通 PCR 原有的一对特异性引物的基础上增加了一条特异性的荧光双标记探针。该探针同样与核酸特异性结合，而且结合部位位于引物结合区域的中间。探针的 5′端和 3′端分别标记不同的荧光素，如 5′端标记 FAM 荧光素，它发出的荧光能够被检测仪器接收，称为报告荧光基团；3′端一般标记 TAMRA 荧光素，它在近距离内能吸收 5′端报告荧光基团发出的荧光信号，称为淬灭荧光基团。当 PCR 反应在退火阶段时，一对引物和一条探针同时与目的基因片段结合，探针位于引物之间。此时探针 5′端的报告荧光基团发出的荧光信号被 3′端的淬灭荧光基团吸收，仪器检测不到荧光信号。当 PCR 反应进行到延伸阶段时，Taq 酶在引物的引导下，以 4 种核苷酸为底物，根据碱基配对的原则，沿着模板链合成新链。当链的延伸进行到探针结合部位时，受到探针的阻碍而无法继续，此时的 Taq 酶发挥它的 5′→3′外切核酸酶的功能，将探针切成单核苷酸，消除阻碍，将链延伸过程进行到底，合成新链。而被水解的探针，其 5′端和 3′端的荧光素此时都游离于溶液中，5′端荧光素发出的荧光信号不再被 3′端的淬灭基团吸收，荧光信号即被仪器接收。PCR 进行一个循环，合成了多少条新链就水解了多少条探针，释放了相应数目的荧光基团，荧光信号的强度与 PCR 反应产物的量呈对应关系。随着 PCR 过程的进行，重复上述过程，PCR 产物呈指数形式增长，荧光信号也相应增长。整个过程如图 8-67 所示。

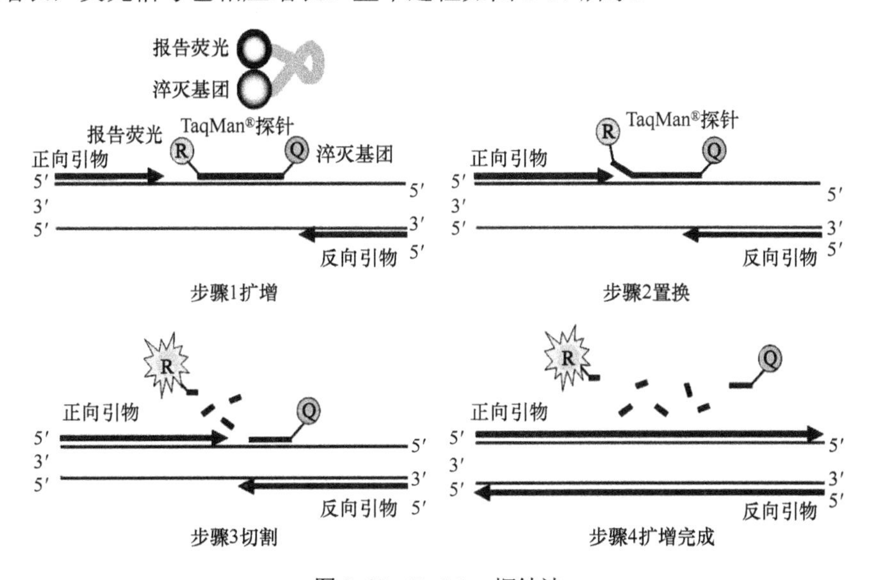

图 8-67　TaqMan 探针法

（2）荧光定量 PCR 仪的光学原理。

图 8-68 显示了 PCR 仪的定量工作过程：光源灯发出激发光，通过滤镜等光学组块到达 96 孔板上；样品中发射的荧光按照原路返回，在双色镜处，由于波长与入射光不同，因此可以透过该镜到达滤镜轮；滤镜轮是可以旋转选择不同滤镜的一个部件，它可以使特定波长的光通过，从而达到区分产物的目的；通过滤镜轮的荧光经过多元镜后被仪器自带的 CCD 相机所捕捉到，从而产生一个荧光信号，输入计算机进行计算分析。

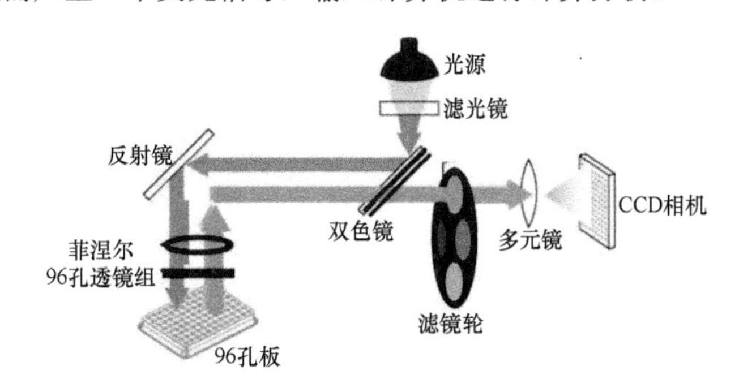

图 8-68　PCR 仪的光学原理

（3）荧光定量原理。

在荧光定量 PCR 技术中，有一个很重要的概念 Ct 值。C 代表 Cycle，t 代表 threshold，

Ct 值的含义是：每个反应管内的荧光信号到达设定的域值时所经历的循环数，如图 8-69 所示。荧光域值的设定以 PCR 反应的前工 15 个循环的荧光信号作为荧光本底信号，荧光域值的缺省设置是 3～15 个循环的荧光信号的标准偏差的 10 倍，即 threshold=10×$Sdcycle_{3\sim15}$。

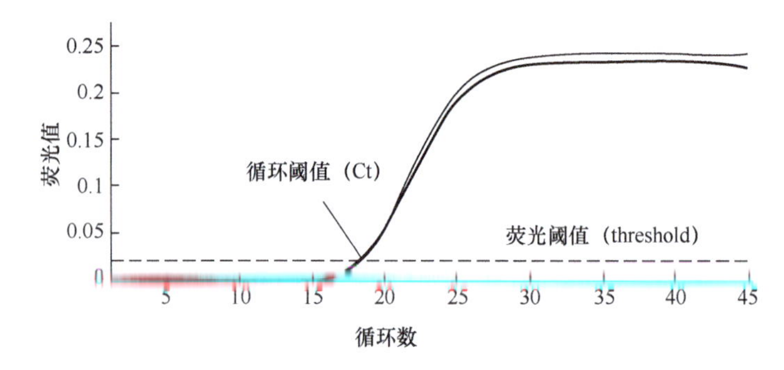

图 8.69 荧光阈值 （threshold）和循环阈值（Ct）

Ct 值与起始模板的关系研究表明，每个模板的 Ct 值与该模板的起始复制数的对数存在线性关系，起始复制数越多，Ct 值越小。利用已知起始复制数的标准品可作出标准曲线。因此，只要获得未知样品的 Ct 值，即可从标准曲线上计算出该样品的起始复制数。

3．荧光定量 PCR 的应用

实时荧光 PCR 是分子诊断的热点技术，它将先进的定量 PCR 与实时 PCR 技术相结合，由于其极高的灵敏度、极宽的检测范围，以及精确定量、方便快速、无窗口期等优点，目前荧光定量 PCR 仪和基因扩增仪都被广泛应用于临床及生物学、医学研究。

（1）临床疾病诊断：各型肝炎、艾滋病、禽流感、结核、性病等传染病诊断和疗效评价，地中海贫血、血友病、性别发育异常、智力低下综合征、胎儿畸形等优生优育检测，肿瘤标志物及肿瘤基因检测实现肿瘤病诊断，遗传基因检测实现遗传病诊断。

（2）动物疾病检测：禽流感、新城疫、口蹄疫、猪瘟、沙门菌、大肠埃希菌、胸膜肺炎放线杆菌、寄生虫病、炭疽芽孢杆菌。

（3）食品安全：食源微生物、食品过敏源、转基因、乳品阪崎肠杆菌等检测。

（4）科学研究：医学、农牧、生物相关分子生物学定量研究。

以基因检测为例，具体应用如下。

（1）对基因核酸进行定量检测。绝对定量可以用于基因表达研究、转基因食品检测、病原体检测。相对定量可用于基因在不同组织中的表达差异、药物疗效考核。

（2）检测与疾病相关的等位基因点突变。实时荧光定量 PCR 的一个应用前景是，用于检测基因突变和基因组的不稳定性。基因突变的检测基于两条探针，一条探针横跨突变位点；另一条为锚定点突变检测探针，与无突变位点的靶序列杂交。两条探针用两种不同的发光基团标记。如靶序列中无突变，探针杂交便完全配对；如有突变，则探针与靶序列不完全配对，会降低杂交体的稳定性，从而降低其熔解温度。这样便可对突变和多态性进行分析。

8.9.5 生物芯片检测

生物芯片技术是一种融合了生命科学、化学、微电子学、计算机科学、统计学和生命信息学等多种学科的最新技术，它的出现使得大规模、高效率地分析基因的功能及其在各种情况下的表达成为可能，可有效地解决传统生物学手段所遇到的困难，并以检测方便、信息量大的优点，引起了科技界的极大重视和极高的研究热情，其广阔的应用前景也吸引了产业界的关注。生物芯片技术的创意来自于计算机芯片，与和计算机芯片一样，也具有超微化、高度集成、信息储存量大等特点，所不同的是，计算机芯片采用的是半导体集成电路，而生物芯片以基因片段作为“探针”进行工作。“探针”是利用碱基配对的原理检测基因的一种技术。以前的基因检测技术一次只能找到一种基因，而基因芯片突出的优点是能在庞大的基因库中，一次发现众多的异常基因，从而实现快速多样化检测。

生物芯片是指通过机器人自动打印或光引导化学合成技术，在硅片、玻璃、凝胶或尼龙膜上制造的生物分子微阵列探针。生物芯片上的探针在与经过荧光标记或经过酶标记的目标样品杂交后，产生荧光图像。以实现对组织、蛋白质、DNA 以及其他生物组分的准确、快速、大信息量的检测。常用的生物芯片分为 3 类，即基因芯片、蛋白质芯片和芯片实验室。生物芯片的主要特点是高通量、微型化和自动化。芯片上集成的成千上万密集排列的分子微阵列，能够在短时间内分析大量的生物分子，使人们快速准确地获取样品中的生物信息，效率是传统检测手段的成百上千倍。它将是继大规模集成电路之后的又一次具有深远意义的科学技术革命。除芯片方阵的构建技术、样品制备技术和生物分子反应技术外，生物芯片检测技术也是其重要组成部分。

生物芯片在与荧光标记的目标 DNA 或 RNA 杂交后，或与荧光标记的目标抗原或抗体结合后，必须用扫读装置将芯片测定结果转换成可供分析处理的图像数据，这便是芯片的扫描测定步骤，扫读装置便是芯片扫描仪。与芯片的制作、芯片的杂交一样，芯片扫读也直接影响芯片分析结果的质量。因此，生物芯片检测仪是生物芯片能否得到广泛应用的关键，也是生物芯片技术向前发展的主研究课题之一。随着芯片集成度的提高，使用的反应样品越来越少，产生的信号越来越微弱，对检测系统的要求也就越来越高，必须满足很高的检测灵敏度、高信噪比及大动态范围。另外，为提高检测效率，适应快速扫描，对检测系统的响应速度也提出了更高的要求。

大部分生物芯片采用荧光染料标记，它利用强光照明生物芯片激发荧光，并用探测器探测荧光强度，以获取生物芯片信息，然后经过分析软件处理成有用的生物信息。目前生物芯片检测仪主要有两种方法对荧光信号进行获取和定量分析。一种是基于 CCD 的方法检测；另一种则是基于 PMT 的激光共聚焦检测系统。利用 CCD 摄像原理的图像检测系统相对于利用激光共聚焦原理的扫描检测仪结构简单，检测速度快，能够检测多种荧光，对于点阵中斑点直径相对较大的生物芯片采用 CCD 生物芯片检测仪有明显的优势；但在探测灵敏度和分辨率方面，激光共聚焦扫描检测仪仍具有较大的优势。

1. CCD 生物芯片检测仪

CCD 生物芯片检测仪基于荧光图像原理，这种成像技术需要特殊波长的光来激发样片上的荧光，原理如图 8-70 所示。由氙灯发射出来的光经由均匀照明系统变成一束光强均匀的平行光，经激发窄带干涉滤光片（带宽通常为几十纳米），过滤除去其他波长的光，以降低检测背景，斜入射到生物芯片上。标记有荧光染料的靶分子在单色光的激发下产生的荧光，经发射窄带干涉滤光片由摄像镜头捕获成像在 CCD 上。图像信号可由 CCD 直接传送到插在计算机的 PCI 插槽中的图像采集卡上，将图像信号转变为数字信号，再由计算机进行处理。CCD 每次只能读取一个激发波长下的图像，对于多色荧光染料标记的芯片，需要通过驱动电机更换激发和发射干涉滤光片，再次读取。

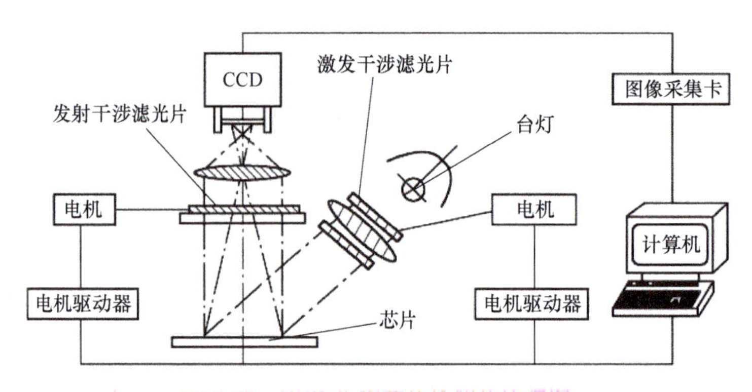

图 8-70　CCD 生物芯片检测仪原理图

2．激光共聚焦生物芯片扫描仪工作原理

如图 8-71 所示，由激光器发射出来的激光由透镜 A 先扩展成直径较粗的光束，经激发窄带干涉滤光片 B，过滤除去其他波长的光，这样可大大降低检测的背景，再由透镜 C 重新聚焦后，由二色分光镜 D 反射至物镜组 E，物镜组 E 将激光聚焦生物芯片上（光斑直径小于 5μm）；标记有荧光染料的靶分子在激光激发下产生的荧光由物镜 E 捕获后变成平行光，再通过二色分光镜 D、反射镜 F 使发射的荧光进入到干涉滤光片组 G，以滤除发射荧光以外的光，再由透镜 H 聚焦在共聚焦光阑 I 上，通过光阑的光最后由光电倍增管接收变成电信号，经放大、滤波、A/D 转换等处理后送入计算机，即完成了对一点的测量，再由计算机控制二维扫描工件台，就可实现对整个芯片的扫读。由于采用了共聚焦光路，且光阑孔的孔径设计得较小，使正确聚焦在生物芯片表面所产生的荧光能由第二个透镜组聚焦通过光阑小孔，相反，芯片下表面或芯片上表面灰尘粒以及杂散光不能聚焦到光阑小孔而被挡住，这样可大大减少由于基片和灰尘产生的背景荧光。

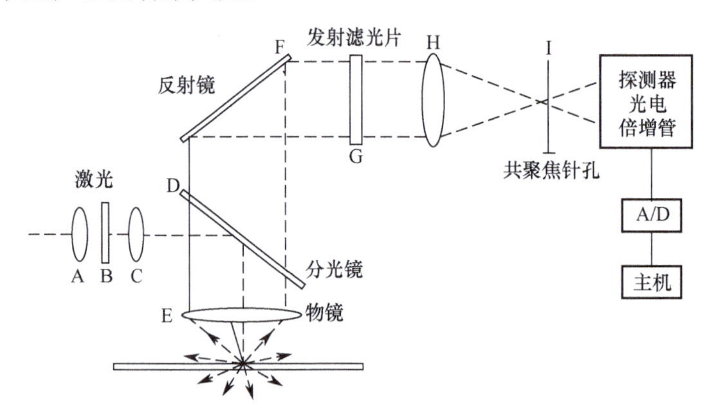

图 8-71　激光共聚焦测量光路原理图

3．生物芯片检测技术的评价指标

（1）荧光通道。

荧光通道表示一种生物芯片检测仪能够检测几种荧光，能衡量生物芯片检测仪器的基本检测能力，能够检测的荧光通道越多，表明检测能力越强。激光共聚焦扫描仪一般配置两种激光器，只能检测两种荧光染料，如果需要检测其他的荧光染料，则需要更换激光器，代价高昂，并且激光器受激光离散性及中心频率的限制，只能有几种荧光染料能用。例如，用

CY3 和 CY5 荧光染料标记，激光器价格就不算太高，而其他的则非常昂贵。CCD 生物芯片检测仪的激发光源为氙灯，发光波长在整个可见光范围内，需要检测其他的荧光染料，只需更换发射和激发滤光片，不需要设备升级。

（2）检测效率。

检测效率是衡量一种生物芯片检测仪的主要指标，它是指检测一片生物芯片所需要的时间，对于医院尤其显得重要。激光共聚焦扫描仪采用 PMT 作为探测器，需要高速二维扫描台逐点成像，结构复杂，检测时间长，一般为 5～10min；而 CCD 生物芯片检测仪是一次成像，结构简单，检测时间短，一般为 0.1～1min。由于检测时间短，可以多采集几幅图片做图像滤波处理，有利于减少噪声。

（3）探测灵敏度。

探测灵敏度是指生物芯片检测仪器能够将芯片斑点从背景区分开，并且探测到的斑点荧光的最小浓度值，单位一般用荧光分子数/每平方微米表示。

激光共聚焦扫描仪的探测器采用的是光电倍增管，其在可见光范围内是灵敏度最高的探测器，可探测到一个光子的存在，光电倍增管内的功率放大器可将光信号转化为电信号并放大 100 万倍，通过改变光电倍增管的电压可以很方便地改变光电倍增管的增益即灵敏度，目前最好的共聚焦扫描仪能够达到 0.1 荧光分子/μm^2。CCD 对微弱信号的放大功能不及 PMT，在低亮度背景下，限制了微弱信号的检测，CCD 检测仪的灵敏度能够达到 0.5 荧光分子/μm^2。

（4）分辨率。

生物芯片检测仪的分辨率表示的是能够分辨生物芯片斑点的最小细节的能力。生物芯片的微阵列点的直径范围通常在 150～500μm，对点进行精确的分析就要求检测仪能够将每个阵列点分割成尽可能多的像素。有意义的像素越多，在进行荧光信号的定量分析时每个点的边缘就可以分析的越准确，就越易与其他非特异的信号区分开。一般来说，微阵列的像素大小（或者说空间分辨率）不应大于最小微阵列点直径的 1/8～1/10，例如，20μm 的分辨率可以检测 160μm 的点。

激光共聚焦扫描仪的分辨率是由针孔的大小和其扫描步距决定的，激光经聚焦后产生极小的光斑，在光电倍增管前运用了探测针孔，因而具有较高的分辨率，可达几微米。CCD 检测仪的分辨率由其 CCD 相机的像元尺寸和像素、成像视场、成像物镜的缩小倍率等决定，以 CCD 靶面尺寸 16mm×12mm（像元尺寸 10μm）为例，要达到整个芯片面积 20mm×50mm，必须缩小成像才能完成，检测仪的空间分辨率就只能达到 30μm 左右，如果要提高分辨率，则只有采取图像拼接技术，增加二维机械扫描台，增加系统的复杂程度和成本。

（5）探测均匀性。

均匀性是指在整个芯片视场内测量的一致性，与激发光的均匀性、探测器的均匀性、样品的时间性都有着直接的关系。如果均匀性控制不好，会影响到结果的真伪。激光共聚焦扫描仪的特点限制了成像的焦深，通常只有几微米，要保持整个芯片的探测均匀性，就意味着给扫描运动的平整度和样片的平整度提出了严格的要求，这就大大增加了仪器的加工难度和成本，放大针孔加大了焦深，但同时也牺牲了均匀性，增加了噪声。另外，长时间的逐点扫描，对有些不稳定荧光染料，使得前后点的时间差异大而引起探测信号的衰减，也是一个影响均匀性的原因。CCD 检测仪的探测均匀性与激发光源、CCD 探测器的均匀性有关，目前的 CCD 检测仪对激发光源的照明均匀性只做了一般处理，照明均匀性只能达到±15%左右，通过定期对标准样片进行测定，测出整个照明视场的不均匀性，在每次芯片检测中通过校正软件对信号进行修正，这种方法不是实时校正，并且激发光能对发射荧光的激发作用也存在非线性的影响，因此这种方法也有很大的局限性。

（6）光脱色。

激光共聚焦扫描仪每个像素的曝光时间比 CCD 检测仪的还短，但激光照明每单位时间里有很多高尖峰，这些尖峰毛刺足以造成样片光脱色，不仅降低了芯片的再成像能力，而且也降低了图像获取中的图像数据更新。每个荧光探测器的非线性光脱色都会降低计算比的完整性。相反，CCD 检测仪在照明期间具有较低的光通密度，这就大大降低了光脱色的危险。

4. 生物芯片数据处理分析

以基因芯片检测为例，其数据结果的处理和分析主要包括以下几点。

（1）荧光检测图像分析。

基因芯片与荧光样品杂交后，用探测器件捕获芯片上的荧光图像。基因芯片图像处理最基本的目标是确定每个芯片单元的荧光强度或荧光强度对比值（多色荧光标记的情况下）。对齐网格线，保证正确标定每个芯片单元的位置，同时还要能够去除图像上的污点以及其他形式的图像噪声。

（2）数据处理。

丢失数据和极端值是微阵列实验中数据质量控制的两个基本问题。数据丢失的原因很多，包括分辨率不够、图像失败或只是由于芯片上的灰尘或划痕所引起。数据丢失还可由自动化方法中的系统误差产生。微阵列中数据丢失的情况是荧光强度为零，或者其背景强度高于样品点。对此类数据采用数据替换方法，即根据同一芯片上其他点的情况进行统计分析而得到一个预计值进行替换。对偏离群体的极端数据进行去除。在数据分析前后都必须检查数据的正态性和线性，这是由于微阵列数据分析所用统计方法中基本都假定数据呈正态分布。如果数据不呈正态分布，而是向一侧偏移，这些统计方法所得的结果将不可靠，除非选用不依赖正态分布的非参数统计方法。常用的鉴定变化的显著性或基因表达模式的识别方法包括：监测两个或多个样品基因差异表达，减少维数并进行归类的主成分分析，以及用作类型发现和类型预测的聚类分析和分类分析。

（3）检测结果分析。

如果芯片检测的目的是测定序列，则要根据芯片上每个探针的杂交结果判断样品中是否含有对应的互补序列，并利用生物信息学中的片段组装算法连接各个片段，形成更长的目标序列；如果检测的目的是进行序列变异的分析，则要根据正确匹配探针以及错配探针（错配探针是指探针中有一个或几个与靶基因核苷酸序列不同的探针）在基因芯片对应位置上的荧光强度，给出序列变化的位点，并指明发生什么变化；如果芯片检测的目的是进行基因表达分析，则需要给出芯片上各个基因的表达谱，定量描述基因的表达水平，进一步分析还包括基因表达模式进行聚类，寻找基因之间的相关性，发现协同工作的基因。

（4）检测结果可靠性分析。

基因芯片是一个非常复杂的系统，包括许多环节，由于目前技术上的限制，在基因芯片制备、杂交及检测等方面都可能出现误差，芯片检测结果并非 100%可靠。因此，必须对芯片检测结果作出可靠性的评价。可靠性分析主要从两个方面进行：一是根据实验统计误差（如探针合成的错误率、全匹配探针与错误探针的误识率等），计算出基因芯片最终结果的可靠性；二是对基因芯片与样品序列杂交过程进行分子动力学研究，建立芯片杂交过程的计算机仿真实验模型，以便在制作芯片之前分析所设计芯片的性能，预测芯片实验结果的可靠性。

习题与思考题

1. 分析色选机在设计时基于物料的不同在系统构成方面有哪些差异？
2. 什么是色偏振，有哪些应用？
3. 分析眼动仪的构成及工作原理，对比头戴式和遥测式系统的差异。
4. 详细阐述一种 PMT 应用系统的构成、工作原理及结果。
5. 详细阐述一种激光雷达应用系统的构成、工作原理及结果。
6. 详细阐述一种航空航天光学载荷的系统构成、特性，列举其获取的数据的实际应用。
7. 生物医学光学检测方法包含哪些途径？
8. 详细阐述一种生物医学光学成像系统的结构、工作原理，分析其数据结果。

参考文献

[1] 高稚允，高岳. 光电检测技术[M]. 北京：国防工业出版社，1995.

[2] 王霞，王吉晖，高岳，等. 光电检测技术与系统[M]. 3 版. 北京：电子工业出版社，2015.

[3] 刘铁根. 光电检测技术与系统[M]. 2 版. 天津：天津大学出版社，2017.

[4] 郭培源，付扬. 光电检测技术与应用（第 4 版）[M]. 北京：北京航空航天大学出版社，2021.

[5] 童敏明，唐守锋，等. 传感器原理与检测技术[M]. 北京：机械工业出版社，2017.

[6] 徐科军. 传感器与检测技术[M]. 5 版. 北京：电子工业出版社，2021.

[7] 刘存，李晖. 现代检测技术[M]. 北京：机械工业出版社，2005.

[8] 金伟其，王霞，等. 辐射度、光度与色度及其测量[M]. 2 版. 北京：北京理工大学出版社，2016.

[9] 刘华锋. 光电检测技术及系统[M]. 2 版. 杭州：浙江大学出版社，2020.

[10] 余文勇，石绘. 机器视觉自动检测技术[M]. 北京：化学工业出版社，2013.

[11] 向世明，高教波，焦明印等. 现代光电子成像技术概论[M]. 2 版. 北京理工大学出版社 2013.

[12] 顾行发. 航天光学遥感器辐射定标原理与方法[M]. 科学出版社，2013.

[13] 胡秀清，孙凌，刘京晶，等. “风云”3 号 A 星中分辨率光谱成像仪反射太阳波段辐射定标[J]. 气象科技进展，2013，3(4)：71-83.

[14] 李天钢，马春排.生物医学测量与仪器：原理与设计[M]. 西安：西安交通大学出版社，2009.

[15] 付敏，程弘夏. 现代仪器分析[M]. 北京：化学工业出版社，2018.

[16] 柯以侃，董慧茹. 分析化学手册. 3B. 分子光谱分析[M]. 3 版. 北京：化学工业出版社，2015.

[17] 田捷，杨鑫，等. 光学分子影像技术及其应用[M]. 北京：科学出版社，2010.

[18] 李志刚. 光谱数据处理与定量分析技术[M]. 北京：北京邮电大学出版社，2017.

[19] 赵曼，郭一新，何玉青，等. 改进的紫外拉曼光谱分段线性拟合基线校正方法[J]. 光谱学与光谱分析，2020，40(6)：1862-1868.

[20] 何玉青，魏帅迎，郭一新，等. 远程紫外拉曼光谱检测技术研究进展[J]. 中国光学，2019，12(6)：1249-1259.

[21] 张存林，等. 太赫兹感测与成像[M]. 北京：国防工业出版社，2008.

[22] 张玉平. 太赫兹成像技术[M]. 北京：中央民族大学出版社，2008.

[23] 胡涛，赵勇，王琦. 光电检测技术[M]. 机械工业出版社.2014.

[24] 徐德，谭民，李原. 机器人视觉测量与控制[M]. 3 版. 北京：国防工业出版社，2017.

[25] 白廷柱，等. 光电成像技术与系统[M]. 北京：电子工业出版社，2015.

[26] 章毓晋. 计算机视觉教程[M]. 3 版. 北京：人民邮电出版社，2021.

[27] 张广军. 光电测试技术与系统[M]. 北京：北京航空航天大学出版社，2010.

[28] 邵欣，马晓明，徐红英. 机器视觉与传感器技术. 北京：北京航空航天大学出版社，2017.

[29] 闫龙. 双目视觉测量系统相关技术研究[M]. 济南：山东大学出版社，2017.

[30] 王庆有，图像传感器应用技术[M]. 3 版. 北京：电子工业出版社，2019.

[31] 徐熙平. 光电检测技术及应用[M]. 2 版. 北京：机械工业出版社，2016.
[32] 来佳伟，何玉青. 基于单目视觉的机械臂目标定位系统设计[J]，光学技术，2019，45(1)：6-11.
[33] 董立泉，赵祺森，等. 一种针对远距离高速运动目标的智能跟踪拍摄系统[P]. CN113838098A，2021.
[34] 王晓蕊. 光电成像系统—建模、仿真、测试与评估[M]. 西安：西安电子科技大学出版社，2017.
[35] 沙定国. 光学测试技术[M]. 北京：北京理工大学出版社，2010.
[36] 林宋，尚国清，等. 光机电一体化技术产品典型实例[M]. 北京：化学工业出版社，2015.
[37] 王庆有. 光电技术[M]. 4 版. 北京：电子工业出版社，2018.
[38] 陈绍亮. 临床核医学进展：SPECT-CT 与 PET-CT 技术与应用[M]. 科学出版社，2017.
[39] LIGO Scientific Collaboration and Virgo Collaboration. GW170104: Observation of a 50-Solar-Mass Binary Black Hole Coalescence at Redshift 0.2. Physical Review Letters. 1 June 2017, 118: 221101.
[40] Abbott B P, et al. (LIGO Scientific Collaboration and Virgo Collaboration). Observation of Gravitational Waves from a Binary Black Hole Merger. Physical Review Letters. 2016, 116: 061102.
[41] 王运永，钱进，韩森，等. 激光干涉仪引力波探测器的基本光学结构[J]. 光学仪器，2015(4)：371-376.
[42] 赵葆常，杨建峰，汶德胜，等. 嫦娥一号卫星 CCD 立体相机的设计与在轨运行[J]. 航天器工程，2009，18(01)：30-36.
[43] 常凌颖，赵葆常，杨建峰，等. 两线阵立体测绘 CCD 相机光学系统设计[J]. 中国激光，2011，38(08)：245-249.
[44] 李春来，刘建军，任鑫，等. 嫦娥一号图像数据处理与全月球影像制图[J]. 中国科学：地球科学，2010，40(03)：294-306.
[45] 王建宇，舒嵘，陈卫标，等. 嫦娥一号卫星载激光高度计[J]. 中国科学：物理学 力学 天文学，2010，40(08)：1063-1070.
[46] 李春来，任鑫，刘建军，等. 嫦娥一号激光测距数据及全月球 DEM 模型[J]. 中国科学：地球科学，2010，40(03)：281-293.
[47] 赵葆常，杨建峰，常凌颖，等. 嫦娥一号卫星成像光谱仪光学系统设计与在轨评估[J]. 光子学报，2009，38(03)：479-483.
[48] 董瑶海. 风云四号气象卫星及其应用展望[J]. 上海航天.2016，(2)33.
[49] 王成. 生物医学光学[M]. 南京：东南大学出版社，2017.
[50] 刘爱平. 细胞生物学荧光技术原理和应用[M]. 2 版. 合肥：中国科学技术大学出版社，2012.